PySide 6/PyQt 6

快速开发与实战

孙洋洋　王硕◎著

U0178373

电子工业出版社
Publishing House of Electronics Industry
北京·BEIJING

内 容 简 介

本书共 9 章，内容包含 PySide 6/PyQt 6 的常用知识及一些经典应用。每章的侧重点不同，且相对独立，读者根据目录即可获取自己所需的内容。第 1 章介绍 PySide/PyQt 的入门知识，第 2 章介绍 Qt Designer 的详细用法，第 3 章和第 4 章介绍 PySide/PyQt 的基本窗口控件的使用方法，第 5 章介绍 PySide/PyQt 的特殊控件——表格与树，第 6 章介绍一些高级窗口控件，第 7 章介绍信号/槽和事件，第 8 章介绍 Python 的扩展应用，第 9 章介绍 PySide/PyQt 的实战应用。

本书旨在帮助读者以最短的时间掌握 PySide 6/PyQt 6 的基础知识并且能够实战应用，希望本书对有 Python 程序开发需求的读者有所帮助。

图书在版编目（CIP）数据

PySide 6/PyQt 6 快速开发与实战 / 孙洋洋，王硕著. —北京：电子工业出版社，2023.1

ISBN 978-7-121-44525-5

Ⅰ. ①P… Ⅱ. ①孙… ②王… Ⅲ. ①软件工具－程序设计 Ⅳ. ①TP311.561

中国版本图书馆 CIP 数据核字（2022）第 213399 号

责任编辑：黄爱萍　　　　特约编辑：田学清
印　　刷：涿州市般润文化传播有限公司
装　　订：涿州市般润文化传播有限公司
出版发行：电子工业出版社
　　　　　北京市海淀区万寿路 173 信箱　　　　邮编：100036
开　　本：787×1092　　1/16　　印张：41.25　　字数：990 千字
版　　次：2023 年 1 月第 1 版
印　　次：2024 年 3 月第 6 次印刷
定　　价：139.00 元

凡所购买电子工业出版社图书有缺损问题，请向购买书店调换。若书店售缺，请与本社发行部联系，联系及邮购电话：（010）88254888，88258888。

质量投诉请发邮件至 zlts@phei.com.cn，盗版侵权举报请发邮件至 dbqq@phei.com.cn。

本书咨询联系方式：（010）51260888-819，faq@phei.com.cn。

前 言

  Python 是应用最广泛、最简单的编程语言之一，Qt 是最好的桌面程序开发库之一。PyQt 是 Python 与 Qt 结合的产物。PyQt 借助 Qt 和 Python 两大生态，一诞生就广受欢迎，可以说是 Python 中应用最广泛的桌面程序开发（GUI）库。由于 PyQt 是 Python 与 Qt 的结合，因此它既可以利用 Python 强大而又简洁的语法和强大的生态，又不会丢失 Qt 强大的功能。

  事实上，PyQt 是第三方提供的 Qt for Python 绑定，而 Qt 官方提供的 Python 绑定为 PySide。PySide 的第一个版本在 2018 年发布，是基于 Qt 5.11 的 PySide 2。PyQt 最早的版本可以追溯到 1998 年的 PyQt 0.1，当前最新版本为 PyQt 6（截至 2022 年 8 月，最新版本基于 Qt 6.3），并且实现了 PyQt 与 Qt 的同步更新。随着 PySide 2 的逐渐完善，我们有了除 PyQt 之外的另一个选择，在此之前基本上只会选择 PyQt。PySide 和 PyQt 都是 Qt 对 Python 的绑定，两者绝大部分的方法和用法都一样，并且两者之间的代码相互转换也非常容易，对于初学者来说随便选取一种学习即可。学习 PySide 6/PyQt 6 的好处是原来 PySide 2/PyQt 5 的绝大部分案例都能用，少部分代码在进行微调以后就能运行。因此，对于想要学习 GUI 的读者来说，从 PySide 6/PyQt 6 开始是最好的选择。

  本书既可以说是《PyQt 5 快速入门与实战》的第 2 版，也可以说是一本新书。与《PyQt 5 快速入门与实战》相比，本书增加了很多新的知识点，包含了初学者学习 PySide 6/PyQt 6 需要掌握的绝大多数内容。

  在开始撰写本书时，PySide 生态已经非常完善，PySide 6 比 PyQt 6 的更新速度更快。本书提供了 PySide 6 和 PyQt 6 两套源代码，所以本书命名为《PySide 6/PyQt 6 快速开发与实战》。读者可以把本书作为 PySide 6/PyQt 6 的小百科，因为本书涉及 PySide 6/PyQt 6 绝大多数常用的知识点，并且内容足够丰富。如果读者想快速入门 PySide/PyQt，那么本书绝对可以满足你的需求。

  经过一年多的不懈努力，本书终于得以出版，希望能够帮助更多的朋友快速掌握 PySide 6/PyQt 6 开发技术，少走弯路，节约时间成本。在笔者最初接触 PyQt 的时候，查找各种资料非常痛苦，因此让更多的人减轻这种痛苦是笔者完成本书最大的动力。本书若能帮助更多的读者快速入门 PySide 6/PyQt 6，将是笔者莫大的荣幸。

本书结构

本书共 9 章，包含 PySide 6/PyQt 6 常用知识及一些经典的应用。每章的侧重点不同，并且相对独立，读者根据目录即可获取自己所需的内容。

第 1 章介绍 PySide/PyQt 的入门知识，主要介绍 PySide 和 PyQt 的基本概念、PySide 6/PyQt 6 的安装和使用（包括 Qt Designer 等工具的初步用法）、常见 IDE（PyCharm、VSCode、Eric 7）的安装、配置与使用。已经有一定基础的读者可以略过本章。

第 2 章介绍 Qt Designer 的详细用法。Qt Designer 是 PySide/PyQt 的可视化界面编辑程序，通过拖曳鼠标等可视化操作就可以快速开发出 GUI 文件（*.ui 文件），可以通过官方提供的 uic 工具把.ui 文件自动转换为.py 文件。本章介绍了 PySide/PyQt 程序开发流程，如布局管理、信号与槽关联、菜单栏与工具栏、添加与转换资源文件等。对于 PySide/PyQt 初学者来说，这些是实现快速入门和快速进步的重要内容。

第 3 章和第 4 章介绍 PySide/PyQt 的基本窗口控件的使用方法。第 1 章介绍了 PySide/PyQt 的环境配置，第 2 章介绍了 PySide/PyQt 完整的开发流程，接下来读者最想知道的是 PySide/PyQt 有哪些常用控件和如何使用这些控件，这就是第 3 章和第 4 章要解决的问题。

第 5 章介绍 PySide/PyQt 的特殊控件——表格与树。本章主要介绍表格与树的用法，入门非常简单。如果想要更进一步，还需要理解 Model/View/Delegate（模型/视图/委托）框架，这也是表格与树的特殊之处。此外，数据量较大的表格往往需要数据库的支撑，所以本章会涉及数据库的相关内容。

第 6 章介绍一些高级窗口控件。本章主要介绍第 3~5 章没有涉及的其他常用控件或内容，这也是介绍控件的最后一章。本章介绍的控件相对高级一些，比较常用的是布局管理与多窗口控件（容器）。本章还介绍了窗口风格、多线程、网页交互、QSS 的 UI 美化等内容，最后以 Qt Quick（QML）收尾。

第 7 章介绍信号/槽和事件。本章对 PySide/PyQt 的高级内容进行收尾，是介绍 PySide/PyQt 框架的最后一部分内容。前面几章初步介绍了信号/槽的使用方法，但不够详细，本章会对信号/槽和事件进行系统性的介绍，如内置信号/槽、自定义信号/槽、装饰器信号/槽、信号/槽的断开与连接、多线程信号/槽、事件处理的常用方法等。

第 8 章介绍 Python 的扩展应用。第 1~7 章介绍的是 PySide/PyQt 框架的内容，本章介绍 Python 对 PySide/PyQt 的扩展。学习 PySide/PyQt 的一大好处是可以结合 Python 生态提高开发效率。Python 生态非常多，本章只介绍部分常用生态，如 PyInstaller、Pandas、Matplotlib、PyQtGraph 和 Plotly 等，使用这些生态可以更快地开发出 GUI 程序。

第 9 章介绍 PySide/PyQt 的实战应用。本章介绍了两个应用供读者参考，一个是在量化投资中的应用，另一个是在券商投研中的应用。

此外，本书的附录内容也很重要。

附录 A 介绍 PySide/PyQt 各个版本之间相互转换的问题，主要包括以下两部分内容。

- PySide 6/PyQt 6 之间的相互转换。
- 将 PySide 2/PyQt 5 转换为 PySide 6/PyQt 6。

附录 B 通过一个案例来分析如何把 Qt 的 C++代码转换为 PySide/PyQt 的 Python 代码。Qt 的生态比 PySide/PyQt 更丰富一些，有时需要把 Qt 的 demo 转换成 PySide/PyQt 的 demo，读者可以参考这部分内容。

附录 C 列举一些常用表格目录。本书将很多枚举、属性和函数参数等的用法以表格的形式呈现，绝大部分表格可以根据目录快速定位到，比较常用但又没有办法快速定位到的在这里以表格形式列出。

附录 D 列举一些笔者了解的基于 PySide/PyQt 的优秀开源项目。本书只会对这些项目进行简单介绍，感兴趣的读者可自行研究。

本书源代码和附赠内容

本书提供了 PySide 6 和 PyQt 6 两套源代码，这两套源代码在 Gitee 或 GitHub 官网上都可以查到（打开 Gitee 或 GitHub 官网，搜索关键字 sunshe35/PyQt6-codes 或 sunshe35/PySide6-codes）。源代码在 Gitee 和 GitHub 官网上会同步更新，国内用户访问 Gitee 官网的速度会更快一些。若读者运行本书代码存在困难，可参考源代码 readme.md 文件中的运行环境部分。

此外，本书剥离出部分章节的内容，以附赠电子版的形式呈现。附赠电子版与源代码放在一起，路径名称为"appendix/《PySide 6-PyQt 6 快速开发与实战》附赠电子版.pdf"，也可以扫描封底二维码索取。

本书读者

本书适合具有一定 Python 基础并且对 Python 桌面程序开发感兴趣的读者阅读。只要读者掌握了 Python 的基本语法就可以阅读本书，同时在学习 PySide 6/PyQt 6 的过程中又可以加深与巩固 Python 基础知识。本书结构合理，内容充实，适合对 Python、Qt 和 PySide/PyQt 编程感兴趣的科教人员和广大计算机编程爱好者阅读，也可以作为相关机构的培训教材。

为了方便读者交流，笔者为本书建立了 QQ 群（群号：588695379），欢迎读者入群交流。祝广大读者学习顺利、事业有成。

致谢

本书得以出版要特别感谢电子工业出版社的黄爱萍，她在选题策划和稿件整理方面为笔者提供了很多建议。感谢生活与工作中的朋友与同事的理解和支持。祝愿每个朋友、同事及读者身体健康、心想事成、财源广进。

孙洋洋

2022 年 10 月 1 日

目　录

第 1 章

认识 PySide 6/PyQt 6

本章先介绍 PySide 和 PyQt 的基本概念，然后介绍环境配置，最后运行一个完整的案例。

PyQt 和 PySide 都是 C++的程序开发框架 Qt 的 Python 实现。PyQt 是第三方组织对 Qt 官方提供的 Python 实现，也是 Qt for Python 最主要的实现。Qt 官方对 Python 的支持力度越来越大，但是由于各种原因，Qt 官方选择使用 PySide 提供对 Python Qt 的支持。所以，Python Qt 实际上有两个分支：Qt 4 对应 PyQt 4 和 PySide；Qt 5 对应 PyQt 5 和 PySide 2；Qt 6 对应 PyQt 6 和 PySide 6。对于读者来说，Python Qt 的两个分支在学习上基本没有区别。笔者开始撰写本书的时候 Qt 6 刚刚诞生，官方提供的 PySide 6 在功能上明显领先于 PyQt 6，如 designer、rcc、uic 等功能 PySide 6 都能在第一时间提供支持，因此，本书的主要内容是围绕 PySide 6 展开的，但是这些内容同样适用于 PyQt 6，两者在使用上基本没有区别。

1.1 PySide 6/PyQt 6 框架简介

1.1.1 从 GUI 到 PySide/PyQt

在目前的软件设计过程中，GUI 的设计相当重要，美观、易用的用户界面能够在很大程度上提高软件的使用量，因此，许多软件的用户界面的设计需要花费大量的精力。

在介绍 PySide/PyQt 框架之前，先介绍什么是 GUI。

> GUI 是 Graphical User Interface 的简称，即图形用户界面，准确地说，GUI 就是屏幕产品的视觉体验和互动操作部分。GUI 是一种结合计算机科学、美学、心理学、行为学及各商业领域需求分析的人机系统工程，强调将人、机、环境这三者作为一个系统进行总体设计。

Python 最初是作为一门脚本语言开发的，并不具备 GUI 功能。但是，由于 Python 本身具有良好的可扩展性，能够不断地通过 C/C++模块进行功能性扩展，因此目前已经有相当多的 GUI 控件集（Toolkit）可以在 Python 中使用。

在 Python 中经常使用的 GUI 控件集有 PyQt、Tkinter、wxPython、Kivy、PyGUI 和 Libavg，其中 PySide/PyQt 是 Qt 官方专门为 Python 提供的 GUI 扩展。

> Qt for Python 旨在为 PySide 模块提供完整的 Qt 接口支持。Qt for Python 于 2015 年 5 月在 GitHub 上开始开发，计划使 PySide 支持 Qt 5.3、Qt 5.4 和 Qt 5.5。2016 年 4 月，Qt 官方正式为其提供接口支持。2018 年 6 月中旬发布的技术预览版支持 Qt 5.11，同年 12 月发布的正式版支持 Qt 5.12。
>
> 2020 年 12 月，PySide 6 跟随 Qt 6 一起被发布，与旧版本相比该版本有以下不同之处。
>
> （1）不再支持 Python 2.7。
>
> （2）放弃对 Python 3.5 的支持，最低支持到 Python 3.6+（最高支持 Python 3.9）。
>
> Qt for Python 在 LGPLv3/GPLv2 和三大平台（Linux、Windows、macOS）的商业许可下可用。

截至本书完稿之时，PySide 6/PyQt 6 的最新版本是 6.2.3，这个版本和 Qt 的最新版本一致，由此可见，Python Qt 的同步速度是非常快的。PySide 6/PyQt 6 是 Python 下为数不多的非常好用的 GUI，可以在 Python 中调用 Qt 的图形库和控件。

PySide 6/PyQt 6 是 Python 对 Qt 框架的绑定。Qt 是挪威的 Trolltech（奇趣科技公司）使用 C++开发的 GUI 应用程序，包括跨平台类库、集成开发工具和跨平台 IDE，既可以用于开发 GUI 程序，也可以用于开发非 GUI 程序。使用 Qt 只需要开发一次应用程序，便可跨不同桌面和嵌入式系统部署该应用程序，而无须重新编写源代码。和 Python 一样，Qt 也具有相当优秀的跨平台特性，使用 Qt 开发的应用程序能够在 Windows、Linux 和 macOS 这三大平台之间轻松移植。

开源软件需要解决的最大问题是如何处理开发人员使用开源软件来完成个人或商业目标，其中包括版权与收益的问题。当一个软件开发人员打算将自己写的代码开源时，通常选择自由软件协议，即 GPL（GNU General Public License，GNU 通用公共许可证）协议。因此，PySide 6/PyQt 6 选择了 GPL 协议，开发人员可以放心使用 PySide 6/PyQt 6 开发软件。

> GPL 协议：软件版权属于开发人员本人，软件产品受国际相关版权法的保护。允许其他用户对原作者的软件进行复制或发行，并且可以在更改之后发行自己的软件。发布的新软件也必须遵守 GPL 协议，不得对其进行其他附加的限制。在 GPL 协议下不存在"盗版"的说法，但用户不能将软件据为己有，如申请软件产品"专利"等，因为这将违反 GPL 协议并且侵犯了原作者的版权。

本书主要以 PySide 6 为例进行讲解，在提供 PySide 6 代码的同时也会提供一份 PyQt 6 代码。

1.1.2　PySide 6/PyQt 6 的进展

2020 年 12 月，PySide 6 跟随 Qt 6 一起发布，这时就可以使用 Python Qt 6 模块。但是 Qt 6 还不够完善，所以 Qt 官方于 2021 年 4 月发布了 Qt 6.1，并于 2021 年 9 月底发布了 Qt 6.2 LTS，这是 Qt 6 的第一个 LTS 版本，也是比较完善的版本。

Qt 6 支持的模块如表 1-1 所示。

表 1-1　Qt 6 支持的模块

序号	模　　块	序号	模　　块	序号	模　　块
1	Qt Concurrent	12	Qt Quick 3D	23	Qt Wayland Compositor
2	Qt Core	13	Qt Quick Controls	24	Qt Widgets
3	Qt Core Compatability APIs	14	Qt Quick Layouts	25	Qt XML
4	Qt D-Bus	15	Qt Quick Timeline	26	Qt 3D
5	Qt GUI	16	Qt Quick Widgets	27	Qt Image Formats
6	Qt Help	17	Qt Shader Tools	28	Qt Network Authorization
7	Qt Network	18	Qt SQL	29	M2M package: Qt CoAP
8	Qt OpenGL	19	Qt SVG	30	M2M package: Qt MQTT
9	Qt Print Support	20	Qt Test	31	M2M package: Qt OpcUA
10	Qt QML	21	Qt UI Tools		
11	Qt Quick	22	Qt Wayland		

Qt 6.1 将在 Qt 6 的基础上增加如表 1-2 所示的模块。

表 1-2　Qt 6.1 在 Qt 6 的基础上增加的模块

序　　号	模　　块
1	Active Qt
2	Qt Charts
3	Qt Quick Dialogs (File dialog)
4	Qt ScXML
5	Qt Virtual Keyboard

Qt 6.2 又在 Qt 6.1 的基础上增加了如表 1-3 所示的模块。

表 1-3　Qt 6.2 在 Qt 6.1 的基础上增加的模块

序　　号	模　　块	序　　号	模　　块
1	Qt Bluetooth	9	Qt Sensors
2	Qt Data Visualization	10	Qt SerialBus
3	Qt Lottie Animation	11	Qt SerialPort
4	Qt Multimedia	12	Qt WebChannel
5	Qt NFC	13	Qt WebEngine
6	Qt Positioning	14	Qt WebSockets
7	Qt Quick Dialogs: Folder, Message Box	15	Qt WebView
8	Qt Remote Objects		

由此可知，Qt 6.2 是比较完善的版本，这也是本书的主要内容围绕 PySide 6 展开介绍的原因。有一些模块没有在表 1-1～表 1-3 中列出，这是因为：有的模块可能已经从 Qt 6 中删除，如 Qt KNX、Qt Script 和 Qt XML Patterns 等；有的模块被合并成其他模块的一部分，不再需要作为单独的模块，如特定于平台的附加功能；有的模块是在 Qt 6.2 LTS 之后发布的或通过 Qt Marketplace 提供的；有的模块并不是 Qt 框架的一部分，如 Qt Safe Renderer、Qt Automotive Suite 等。

如果读者想查看更多关于 Qt 的资料，则可以参考 Qt 官方网站。

Qt 自从问世以来就受到了业界的广泛欢迎。在《财富》全球 500 强企业排行榜中，前 10 家企业中有 8 家在使用 Qt 开发软件。

每当 Qt 6 的版本进行更新时，PySide 6/PyQt 6 也会随时跟进更新。PySide 6/PyQt 6 严格遵循 Qt 的发布许可，拥有双重协议，开发人员可以选择使用免费的 GPL 协议，如果要将它们用于商业活动，则必须为此交付商业许可费用。

PySide 6/PyQt 6 正受到越来越多的 Python 程序员的喜爱，这是因为它们具有如下几方面特性。

- 基于高性能的 Qt 的 GUI 控件集。
- 能够跨平台运行在 Windows、Linux 和 macOS 等平台上。
- 使用信号/槽机制进行通信。
- 对 Qt 库进行完全封装。
- 可以使用 Qt 成熟的 IDE（如 Qt Designer）进行图形界面设计，并且自动生成可以执行的 Python 代码。
- 提供了一整套种类繁多的窗口控件。

1.1.3 PySide/PyQt 相对于 Qt 的优势

首先，PySide/PyQt 都是简单易学且功能强大的框架。PySide/PyQt 作为 Qt 框架的 Python 语言实现，为程序员提供了完整的 Qt 应用程序接口的函数，几乎可以使用 Python 做任何 Qt 能做的事情。PySide/PyQt 使用 Qt 中的信号/槽机制在窗口控件之间传递事件和消息非常方便。不同于其他图形界面开发库所采用的回调（Callback）机制，使用信号/槽机制可以使程序更加安全。

其次，在运行效率上，由于 PySide/PyQt 的底层是 Qt 的 dll 文件，也就是说，底层是基于 C++运行的，所以可以在一定程度上保证程序开发的性能。

再次，PySide/PyQt 可以充分发挥 Python 的语法优雅、开发快速的优势。Python 相对于 C++的优点是编程效率高，在标准的 Qt 例子移植到 PyQt 后，虽然代码具有相同的功能，也使用相同的应用程序接口，但 Python 版本的代码只有原来的 50%～60%，并且更容易阅读。在开发效率上，Python 是一种面向对象的语言，语法简单。相对于 C++而言，使用 Python 编写程序可以降低开发成本。另外，可以借助 Qt Designer 进一步降低 GUI 开发的难度，减少代码量，提高开发效率。

最后，PySide/PyQt 既可以使用 Qt 的生态，也可以使用 Python 自己的生态。例如，Python 在人工智能、大数据、可视化绘图等方面都有非常成熟的开源项目，这些项目使用起来非常容易，结合 PySide/PyQt 可以快速开发出具有生产力的作品。

1.1.4　PySide 6/PyQt 6 与 PySide 2/PyQt 5 的关系

PySide 6/PyQt 6 都基于 Qt 6，它们之间的代码基本上没有区别；PySide 2/PyQt 5 都基于 Qt 5，它们之间的代码也基本上没有区别。Qt 6 能够向下兼容 Qt 5，因此，对于绝大部分应用来说，PySide 6/PyQt 6 和 PySide 2/PyQt 5 的代码是可以通用的。也就是说，以下 4 行代码一般可以相互替换：

```
from PySide6 import *
from PySide2 import *
from PyQt6 import *
from PyQt5 import *
```

但是它们之间还是有细微的区别的，初学者最关心的可能是 PySide 6/PyQt 6 之间的区别。下面介绍 PySide 6/PyQt 6 之间的两个最重要的区别，掌握这两个最重要的区别基本上就可以帮助开发人员解决 PySide 6/PyQt 6 之间约 95%的兼容性问题。

一是信号与槽的命名，PySide 6 和 PyQt 6 关于信号与槽的命名不同，使用下面的方法可以统一起来：

```
from PySide6.QtCore import Signal,Slot
from PyQt6.QtCore import  pyqtSignal as Signal,pyqtSlot as Slot
```

二是关于枚举的问题。PySide 6 为枚举的选项提供了快捷方式，如 Qt.DayOfWeek 枚举包括星期一到星期日的 7 个值，在 PySide 中星期三可以直接用 Qt.Wednesday 表示，而在 PyQt 6 中需要完整地使用 Qt.DayOfWeek.Wednesday 表示。当然，在 PySide 6 中使用 Qt.DayOfWeek.Wednesday 也不会出错。在 PySide 6 中可以使用快捷方式，但在 PyQt 6 中不可以使用快捷方式。为了解决这个问题，最简单的方法是从 Qt 官方的帮助文档中查询枚举的完整路径，如图 1-1 所示。

另一个方法是使用 qtpy 模块。使用 qtpy 模块可以把 PySide 和 PyQt 统一起来，假设在 Python 环境下只安装了 PyQt 6 和 qtpy 模块，没有安装 PySide 等，该环境就会为 PyQt 6 的枚举添加快捷方式，简单来说就是通过以下方式导入的 Qt 模块可以直接使用 Qt.Wednesday：

```
from qtpy.QtCore import Qt
```

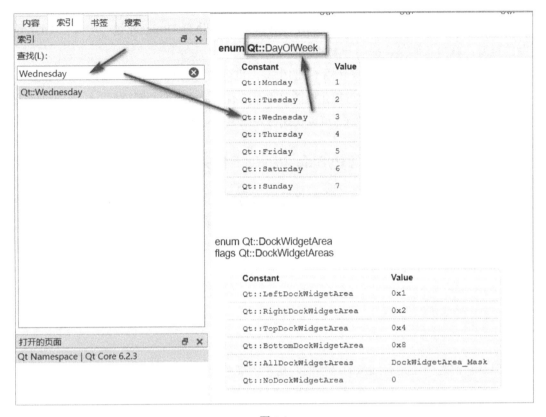

图 1-1

1.1.5 PyQt 5 与 PyQt 4

对于 Qt 4 和 Qt 5 来说，Python Qt 主要使用 PyQt 4 和 PyQt 5。

PyQt 5 不再向下兼容使用 PyQt 4 编写的程序，因为 PyQt 5 有如下几个较大的变化。

（1）PyQt 5 不再为 Python 2.6 以前的版本提供支持，而对 Python 3 的支持比较完善，官方默认只提供 Python 3 版本的安装包，如果需要使用 Python 2.7，则需要自行编译 PyQt 5 程序。

（2）PyQt 5 对一些模块进行了重新构建，一些旧的模块已经被舍弃，如 PyQt 4 的 QtDeclarative 模块、QtScript 模块和 QtScriptTools 模块；一些模块被拆分到不同的模块中，如 PyQt 4 的 QtWebKit 模块被拆分到 PyQt 5 的 QtWebKit 模块和 QtWebKitWidgets 模块中。

（3）PyQt 5 对网页的支持是与时俱进的。PyQt 4 的 QtWebKit 模块是 Qt 官方基于开源的 WebKit 引擎开发维护的，但是由于 WebKit 引擎的版本比较老，因此对互联网的新生事物，尤其是对 JavaScript 的支持不是很完美；PyQt 5 所使用的 QtWebEngineWidgets 模块（PyQt 5.7 以上版本）是基于 Google 团队开发的 Chromium 内核引擎开发和维护的，该内核引擎更新维护的速度很快，基本上可以完美地支持互联网的新生事物。

（4）PyQt 5 仅支持新式的信号与槽，对旧式的信号与槽的调动不再支持，新式的信号与槽使用起来更简单。

（5）PyQt 5 不支持在 Qt 5.0 中标记为已放弃或过时的 Qt API 部分。

（6）PyQt 5 在程序需要时才释放 GIL，而 PyQt 4 是执行完程序后强制释放 GIL。

1.1.6　其他图形界面开发库

自 Python 诞生之日起，就有许多 GUI 工具集被整合到 Python 中，使 Python 也可以在图形界面编程领域大显身手。由于 Python 的流行，许多应用程序都是用 Python 结合这些 GUI 工具集编写的。下面分别介绍 Python GUI 编程的各种实现。

1. Tkinter

Tkinter 是绑定了 Python 的 Tk GUI 工具集，就是 Python 包装的 Tcl 代码，通过内嵌在 Python 解释器内部的 Tcl 解释器实现。先将 Tkinter 的调用转换为 Tcl 命令，然后交由 Tcl 解释器进行解释，使用 Python 实现 GUI 设计。Tk 和其他语言的绑定，如 PerlTk，是直接由 Tk 中的 C 库实现的。

Tkinter 是 Python 事实上的标准 GUI，在 Python 中使用 Tk GUI 工具集的标准接口，已经包含在 Python Windows 安装程序中，IDLE 就是使用 Tkinter 实现 GUI 设计的。

2. wxPython

wxPython 是 Python 对跨平台的 GUI 工具集 wxWidgets（用 C++编写）的包装，作为 Python 的一个扩展模块来实现。wxPython 是 Tkinter 的一个替代品，在各种平台上的表现都很好。

3. PyGTK

PyGTK 是 Python 对 GTK+GUI 库的一系列包装，也是 Tkinter 的一个替代品。GNOME 下许多应用程序的 GUI 都是使用 PyGTK 实现的，如 BitTorrent、GIMP 等。

在上面的图形界面开发库中，都没有类似于 Qt Designer（UI 工具可以通过可视化操作创建.ui 文件，并通过工具快速编译成 Python 文件，因此，也可以把它视为一个代码生成器）的工具，所有的代码都需要手动输入，学习曲线非常陡峭，并且这几个 GUI 框架远没有 Qt 的生态成熟与强大。所以，对于 Python 使用者来说，使用 PySide/PyQt 进行 GUI 开发是最好的选择，这也是笔者介绍 PySide 6/PyQt 6 的原因。

1.2　搭建 PySide 6/PyQt 6 环境

本节主要讲解如何在常见的计算机平台上搭建 PySide 6/PyQt 6 环境，包括搭建 PySide 6/PyQt 6 环境的流程和一些注意事项。

1.2.1　在 Windows 下使用 PySide 6/PyQt 6 环境

对于初学者来说，独立搭建 PySide 6/PyQt 6 环境比较困难。为了减轻读者的负担，笔者为本书封装了可以运行书中所有程序的绿色版的 PySide 6/PyQt 6 环境，解压缩后即可使用，不会影响系统的默认环境，适合对 Python 刚入门的初学者或不想为本书重新安装一个环境的老手使用。该绿色环境获取方式参见本书源代码的 readme.md 文件，源代码获取方式参见本书前言。

那么如何使用这个环境呢？以 PySide 6 环境为例，笔者的计算机目录的位置为 D:\WinPython\ WPy64-3870-pyside6，如果读者想安装与管理模块，则可以通过这个文件来管理（D:\WinPython\WPy64-3870-pyside6\WinPython Command Prompt.exe）。打开文件，如图 1-2 所示，在这里可以看到当前 Python 环境下的所有信息，可以使用这个环境作为 PyCharm 和 VSCode 等 IDE 的解析器。

图 1-2

1.2.2　在 Windows 下自行搭建 PySide 6/PyQt 6 环境

如果读者要自行搭建 PySide 6/PyQt 6 环境，则应首选 Anaconda。Anaconda 是开源的 Python 发行版本的安装包工具，包含 Conda、Python 等 180 多个包及其依赖项。因为 Anaconda 包含大量的包，所以下载文件比较大，如果只需要某些包，或者需要节省带宽/存储空间，那么也可以使用 Miniconda 这个比较小的发行版。建议初学者直接使用 Anaconda，这样可以不用考虑安装包相互依赖的问题，本书也以 Anaconda 为基础进行介绍。

Miniconda 是一个免费的 Conda 最小的安装程序软件，是 Anaconda 的一个小型引导版本，仅包含 Conda、Python、它们所依赖的包，以及少量其他有用的包。使用 conda install 命令可以从 Anaconda 存储库中安装 720 多个额外的 Conda 包。

截止到 2022 年 2 月，Conda 还未实现对 PyQt 6 的支持，其最新版本支持 Qt 5.9，和 Qt 6.2 存在一些冲突，需要额外解决冲突，而使用 Miniconda 则没有这个问题，所以本书以 Miniconda 为例介绍 PySide 6/PyQt 6 环境的搭建。

需要注意的是，本节内容默认以 Python 主环境运行，熟悉 Python 环境的读者可自行虚拟环境。

1．下载 Anaconda 或 Miniconda

读者可以根据自己计算机安装的系统选择相应的版本进行下载，下面以 Windows 为例展开介绍。下载 Python 3.9 和 64 位的 Anaconda，如图 1-3[①]所示。

图 1-3

Miniconda 可下载最新版本，笔者下载的是 Windows 64 位安装包，对应 Python 3.9，如图 1-4 和图 1-5 所示。

图 1-4

---

① 图中"MacOS"的正确写法应为"macOS"。

Windows installers

Python version	Name	Size	SHA256 hash
			Windows
Python 3.9	Miniconda3 Windows 64-bit	70.4 MiB	6013152b169c2c2d4bcd75bb03a1b8bf208b8545d69116a59351af695d9a0081
Python 3.8	Miniconda3 Windows 64-bit	69.8 MiB	29d8d1720034df262b079514e5f200140f7303b37bfe90ae8a2b40b8f294d2d8
Python 3.7	Miniconda3 Windows 64-bit	68.1 MiB	0b4890b2b1782c91ae2de2f77a2f6c5cecb9b54729565771f5301c1fc60fa024
Python 3.9	Miniconda3 Windows 32-bit	66.5 MiB	12a3a7e8aab7a974705ea4ee5bfc44f7c733241dd1b022f8012cbd42309b8472
Python 3.8	Miniconda3 Windows 32-bit	65.6 MiB	df115c77915519a9a4de9c04ca26f81703be6ac0344762023557fc7659659ac0
Python 3.7	Miniconda3 Windows 32-bit	64.2 MiB	64a18114bc66aaa73f431ef8ca1edc7b16ad5564a16e18f13e1a69272d85ca5d

图 1-5

接下来简单介绍 Miniconda 的安装步骤，供读者参考。在安装 Miniconda 的过程中，一直采取默认方式并单击 Next 按钮，如图 1-6 所示。笔者习惯安装在 D:\Anaconda3 目录下，当然，也可以使用其他目录或默认目录。

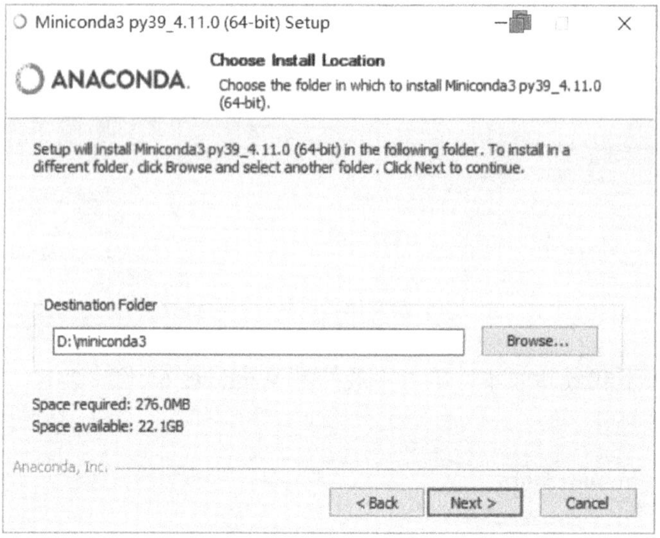

图 1-6

对于最后一个安装界面中的复选框，建议 Python 初学者全部勾选，如图 1-7 所示，这样 Conda 会提供最全的 Python 环境。如果读者对 Python 很熟悉，并且不打算破坏本地 Python 环境，那么可以不勾选。

如果勾选图 1-7 中的第 1 个复选框，则自动添加环境变量，随便打开一个 cmd 窗口就可以使用 Conda 的 Python 环境，如图 1-8 所示。

如果不勾选图 1-7 中的第 1 个复选框，则系统默认找不到 Conda 的 Python 环境，此时可以将 Conda 看作一个便携版的 Python 环境，需要使用另一种方法进入 Conda 环境，即选择"开始"→"最近添加"命令，找到命令行 Anaconda Prompt (miniconda3)，这样就可以进入 Conda 默认的 Python 环境，如图 1-9 所示。需要注意的是，每次使用这个环境都要按照上述步骤操作一次。

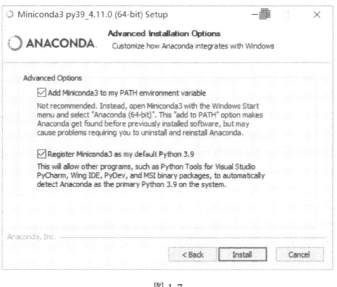

图 1-7

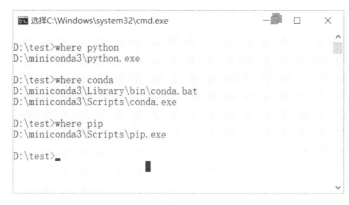

图 1-8

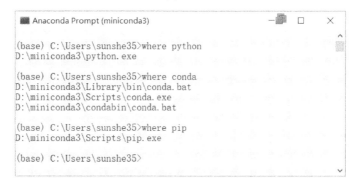

图 1-9

右击 Anaconda Prompt (miniconda3)文件，打开该文件的属性窗口，查看该文件的属性，可以看到这是一种快捷方式，如图 1-10 所示。

图 1-10

该文件执行的是如下命令：

```
%windir%\System32\cmd.exe "/K" D:\miniconda3\Scripts\activate.bat
D:\miniconda3
```

读者可以复制一个副本，在重装系统时通过副本也能使用这个环境，当然，也可以自行创建这样的快捷方式。

如果勾选图 1-7 中的第 2 个复选框，则可以方便 IDE 查找 Python 环境，读者可以根据需求进行选择。

当勾选了图 1-7 中的两个复选框之后，系统环境变量会添加几条路径。查看环境变量的方法如下：右击"此电脑"，在弹出的快捷菜单中选择"属性"命令，在打开的窗口中单击"高级系统设置"链接，在打开的"系统属性"对话框中单击"环境变量"按钮，在"变量"列打开 Path 选项即可。这里有两个 Path，上面的 Path 只影响当前用户，下面的 Path 会影响整个系统，也就是说会影响系统的所有用户。以笔者的计算机为例，会添加包含 D:\miniconda3 的几个目录，如图 1-11 所示。

图 1-11

因为 D:\miniconda3 已经被添加到环境变量中，系统会从这些环境变量中查找 python.exe 并返回，所以使用 where python 能返回 D:\miniconda3\python.exe。

安装好 Miniconda 之后，在"开始"菜单中有两种进入 Conda 环境的快捷方式，如图 1-12 所示。

如果是 Anaconda，则"开始"菜单中会多出一些非常好用的工具，如 Jupyter Notebook、Spyder 等，如图 1-13 所示，可以通过双击来使用这些工具。

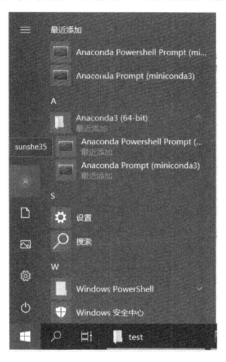

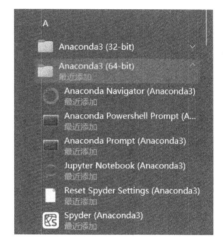

图 1-12   图 1-13

2. 安装 PySide 6/PyQt 6

安装 PySide 6 最简单的方法是使用 pip 命令。使用以下两条命令（其中第 2 条命令是使用国内镜像下载，速度非常快）都可以安装 PySide 6：

```
pip install PySide6
pip install PySide6 -i https://pypi.tuna.tsinghua.edu.cn/simple
```

同理，安装 PyQt 6 可以使用以下两条命令：

```
pip install PyQt6
pip install PyQt6 -i https://pypi.tuna.tsinghua.edu.cn/simple
```

如果使用的是 Miniconda，那么到这里 PySide 6/PyQt 6 的安装就结束了。如果使用的是 Anaconda，那么还需要下面的步骤。

在安装好 Anaconda 之后，默认自带 Python Qt 环境，因为开源的 IDE Spyder 是基于这个环境开发的（默认是 PyQt）。在本书完稿之际，Spyder 依赖的环境还是 PyQt 5.9，这也是 Anaconda 的 Python Qt 环境，但这不符合笔者的要求，所以需要手动更新，

代码如下：

```
* Spyder version: 5.1.5 None
* Python version: 3.9.7 64-bit
* Qt version: 5.9.7
* PyQt5 version: 5.9.2
* Operating System: Windows 10
```

此时的 Spyder 使用的是 PyQt 5，在安装 PySide 6/PyQt 6 时和 Spyder 有版本冲突，如果运行 PySide 6/PyQt 6 代码，那么会出现 qt.qpa.plugin: Could not find the Qt platform plugin "windows" in ""错误，产生这种错误的原因是 Conda 找到的 Qt 版本信息是由 PyQt 5 提供的，解决方法是把 D:\Anaconda3\Lib\site-packages\PySide6\plugins 路径下的所有文件复制到 D:\Anaconda3\Library\plugins 路径下完成替换。但采用这种方法会导致系统的 PyQt 5 不能使用，基于 PyQt 5 的 Spyder 也不能使用。

1.2.3　在 macOS 和 Linux 下搭建 PySide 6/PyQt 6 环境

1. 在 macOS 下搭建 PySide 6/PyQt 6 环境

在 macOS 下搭建 PySide 6/PyQt 6 环境的步骤和在 Windows 下搭建 PySide 6/PyQt 6 环境的步骤基本一致，笔者在这里仅测试了 Miniconda 的安装。在官方网站下载 Miniconda 安装包，笔者选择的是 pkg 版本，如图 1-14 所示，可以进行可视化安装。在安装过程中，一直采取默认方式并单击 Next 按钮即可，直接进入 Conda 环境。

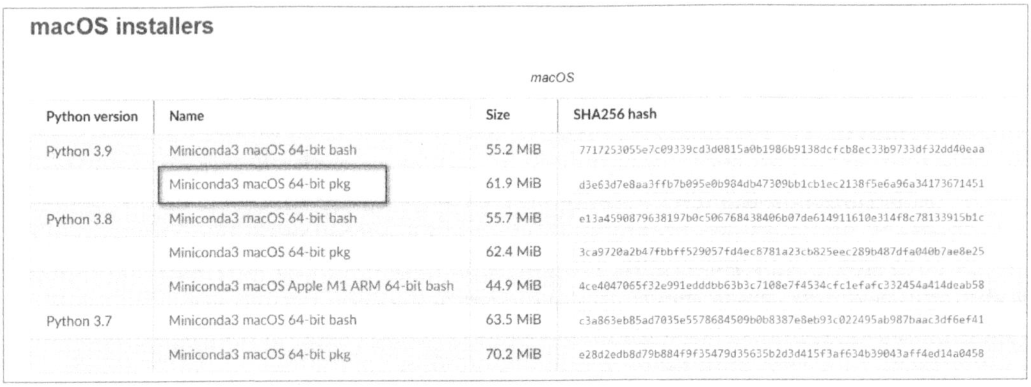

macOS installers			
		macOS	
Python version	Name	Size	SHA256 hash
Python 3.9	Miniconda3 macOS 64-bit bash	55.2 MiB	7717253055e7c09339cd3d0815a0b1986b9138dcfcb8ec33b9733df32dd40eaa
	Miniconda3 macOS 64-bit pkg	61.9 MiB	d3e63d7e8aa3ffb7b095e0b984db47309bb1cb1ec2138f5e6a96a34173671451
Python 3.8	Miniconda3 macOS 64-bit bash	55.7 MiB	e13a4590879638197b0c5067684338406b07de614911610e314f8c78133915b1c
	Miniconda3 macOS 64-bit pkg	62.4 MiB	3ca9720a2b47fbbff529057fd4ec8781a23cb825eec289b487dfa040b7ae8e25
	Miniconda3 macOS Apple M1 ARM 64-bit bash	44.9 MiB	4ce4047065f32e991edddbb63b3c7108e7f4534cfc1efafc332454a414deab58
Python 3.7	Miniconda3 macOS 64-bit bash	63.5 MiB	c3a863eb85ad7035e5578684509b0b8387e8eb93c022495ab987baac3df6ef41
	Miniconda3 macOS 64-bit pkg	70.2 MiB	e28d2edb8d79b884f9f35479d35635b2d3d415f3af634b39043aff4ed14a0458

图 1-14

在安装完 Miniconda 之后，就需要安装 PySide 6，使用 pip 命令安装即可：

```
pip install PySide6
```

至此，macOS 的 Python 环境和 PySide 6 环境就搭建完成，后面在安装 IDE 时可以自动识别这个环境。

笔者只测试了 PySide 6，没有对 PyQt 6 进行测试，因为截止到 PySide 6～PySide 6.2.3，pyside6-designer.exe 文件在命令行中打不开，出现的错误提示如图 1-15 所示。

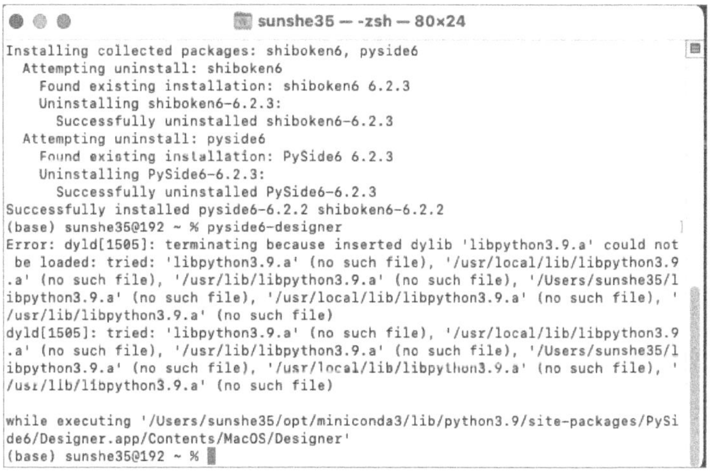

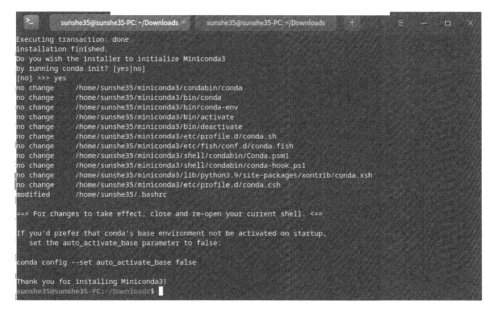

图 1-15

2. 在 Linux 下搭建 PySide 6/PyQt 6 环境

测试计算机使用的是国产深度系统社区版（版本号为 20.4），因为用的是最新的 Python 和 PySide 6，如果系统版本太老，就会由于编译器版本太低而出现兼容性问题，这一点需要注意。

在官方网站下载 Miniconda 安装包，选择 Linux 的第 1 个版本。下载完成后，需要在控制台安装，命令如下：

```
bash Miniconda3-latest-Linux-x86_64.sh
```

单击操作过程中的"下一步"按钮，直到输入 yes 等就完成了安装，效果如图 1-16 所示，重启终端就会自动进入 Conda 环境。

图 1-16

在重启终端之后，再次打开终端就可以安装 PySide 6：

```
pip install PySide6
```

这样 Python 环境和 PySide 6 环境就搭建好了，如图 1-17 所示，系统已经可以正确识别这个环境。

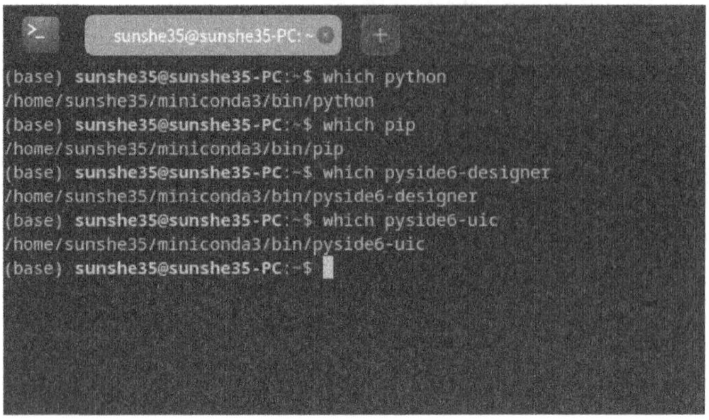

图 1-17

1.2.4 测试 PySide 6/PyQt 6 环境

在搭建好 Python 环境之后，就需要对环境进行测试。如果要测试 PySide 6 环境是否安装成功，则使用 PySide6/Chapter01/testFirst.py 文件；如果要测试 PyQt 6 环境是否安装成功，则使用 PyQt6/Chapter01/testFirst.py 文件。以 PySide 6 为例，其完整代码如下：

```
import sys
from PySide6 import QtWidgets

app = QtWidgets.QApplication(sys.argv)
widget = QtWidgets.QWidget()
widget.resize(360, 360)
widget.setWindowTitle("hello, PySide6")
widget.show()
sys.exit(app.exec())
```

在 Windows 系统中，双击 testFirst.py 文件，或者在 Windows 命令行窗口中运行如下命令：

```
python testFirst.py
```

如果没有报错，则弹出如图 1-18 所示的窗口（Widget），说明 PySide 6/PyQt 6 环境安装成功。

图 1-18

1.3 PySide 6 快捷工具简介

PySide 6 默认提供了很多 Qt 快捷工具，如 Qt 帮助工具

pyside6-assistant.exe、将.ui 文件转换为.py 文件的工具 pyside6-uic.exe 和资源管理工具 pyside6-rcc.exe 等，在安装好这些工具之后就可以直接使用，如图 1-19 所示。

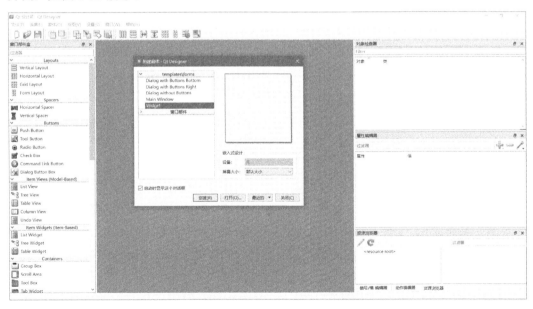

图 1-19

那么如何使用这些快捷工具呢？可以先通过"开始菜单"→Anaconda3(64-bit)→ Anaconda Prompt(miniconda3)快捷方式进入 Conda 环境，然后通过命令行打开。如果在安装 Miniconda 时勾选了"设置系统 Python 环境"复选框，则可以直接双击文件打开，也可以在任意位置通过命令行打开。

1.3.1 Qt Designer

Qt Designer 就是我们常说的 Qt 设计师。它是一个可视化的代码生成器，有一个 GUI 界面，如图 1-20 所示。

图 1-20

在搭建好 Anaconda 环境之后，既可以通过双击 pyside6-designer.exe 文件直接打开，也可以通过如下命令打开：

```
pyside6-designer.exe
```

打开 Chapter02\layoutWin.ui 文件，效果如图 1-21 所示，可以通过可视化的方式对该文件进行编辑。

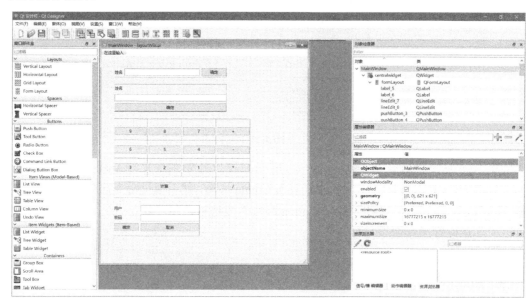

图 1-21

1.3.2　Qt 用户交互编译器

上面介绍了如何通过可视化的方式生成.ui 文件，但是我们最终需要的是.py 文件，这就需要使用 Qt 的 uic.exe 工具。这个工具在 PySide 6 上对应 pyside6-uic.exe，作用是把.ui 文件转换为.py 文件，但其没有 GUI，只能通过命令行使用，使用方式如下：

```
pyside6-uic.exe -o test.py test.ui
pyside6-uic -o test.py test.ui
```

1.3.3　Qt 资源编译器

pyside6-rcc.exe 是 PySide 6 提供的资源编译工具，作用是把一些.qrc 文件（包含图片等资源）编译成.py 文件。如下所示，下面任意一行代码都可以把 test.qrc 文件转换为 test_rc.py 文件，以方便 Python 直接调用（这样做的好处是 test_rc.py 文件已经包含图片资源，可以直接使用，不受原始图片位置变更的影响）：

```
pyside6-rcc.exe -o test_rc.py test.qrc
pyside6-rcc -o test_rc.py test.qrc
```

1.3.4　Qt 帮助文档

pyside6-assistant.exe 是 PySide 6 的帮助文档，来源于 Qt 6 的帮助文档。其界面如图 1-22 所示。

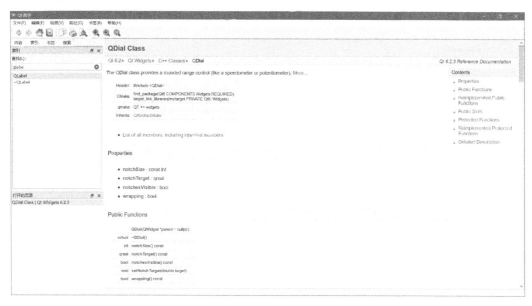

图 1-22

该帮助文档对 PySide 6 的介绍非常详细，也非常全面，读者在学习 PySide 6 中的每个模块时都可以通过这个工具查到。可以通过双击打开 pyside6-assistant.exe，也可以在任意位置打开 cmd 窗口，输入以下命令打开该帮助文档：

```
pyside6-assistant.exe
```

1.3.5　Qt 翻译器与其他

pyside6-linguist.exe（Qt 翻译器）为 PySide 程序增加了翻译功能，方便程序的国际化业务。这个工具有 GUI 功能，既可以通过双击打开该工具，也可以通过如下命令行打开该工具：

```
pyside6-linguist.exe
```

这里随便打开一个文件（打开的是.po 文件），效果如图 1-23 所示，把 Save 翻译成中文"保存"。

还有几个不常用的工具，下面进行简要介绍。

- pyside6-genpyi.exe：为 PySide 模块生成.pyi 文件，只能在命令行中使用。
- pyside6-lrelease.exe：是 Qt Linguist 工具链的一部分，只能在命令行中使用。
- pyside6-lupdate.exe：是 Qt Linguist 工具链的一部分，从 QTUI 文件，以及 C++、Java 和 JavaScript/QtScript 源代码中提取可翻译的信息。提取的信息存储在文本翻

译源文件（通常是 Qt-TS-XML）中。新信息和修改后的信息可以合并到现有的 TS
文件中。该工具只能在命令行中使用。

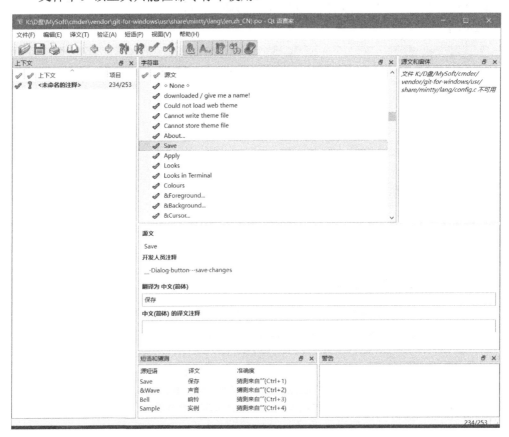

图 1-23

1.3.6　PyQt 6 中的 Qt 工具

上面介绍的都是 PySide 6 提供的工具。PyQt 6 默认提供了 uic 工具，该工具和 pyside6-
uic.exe 都位于 D:\miniconda3\Scripts\pyuic6.exe 目录下。uic 工具可以像 pyside6-uic.exe 一
样使用。

如果想使用其他 Qt 工具，如 Designer 等功能，则需要额外安装其他模块，如 pyqt6-
tools，代码如下：

```
pip install pyqt6-tools
```

这个模块为 PyQt 6 提供 Designer、QML Scene 和 QML Test Runner 的支持，可以使
用子命令来获取这些支持，如打开 Qt Designer 需要运行如下命令：

```
pyqt6-tools designer
```

遗憾的是，这个模块更新得比较慢，和 PyQt 6 不同步。截止到 2022 年 2 月，该模块
只支持到 PyQt 6.1，而最新版本的 PyQt 是 6.2.3，会产生版本冲突，建议使用虚拟环境单

独安装这个模块。

另一个补充工具是 qt6-applications，安装方法如下：

```
pip install qt6-applications
```

完成安装之后可以在 D:\miniconda3\Lib\site-packages\qt6_applications\Qt\bin 目录下找到一些 Qt 工具，如图 1-24 所示，一些常用软件 assistant.exe、designer.exe 等都可以使用。遗憾的是这个工具更新得比较慢，最新版本只支持到 Qt 6.1。

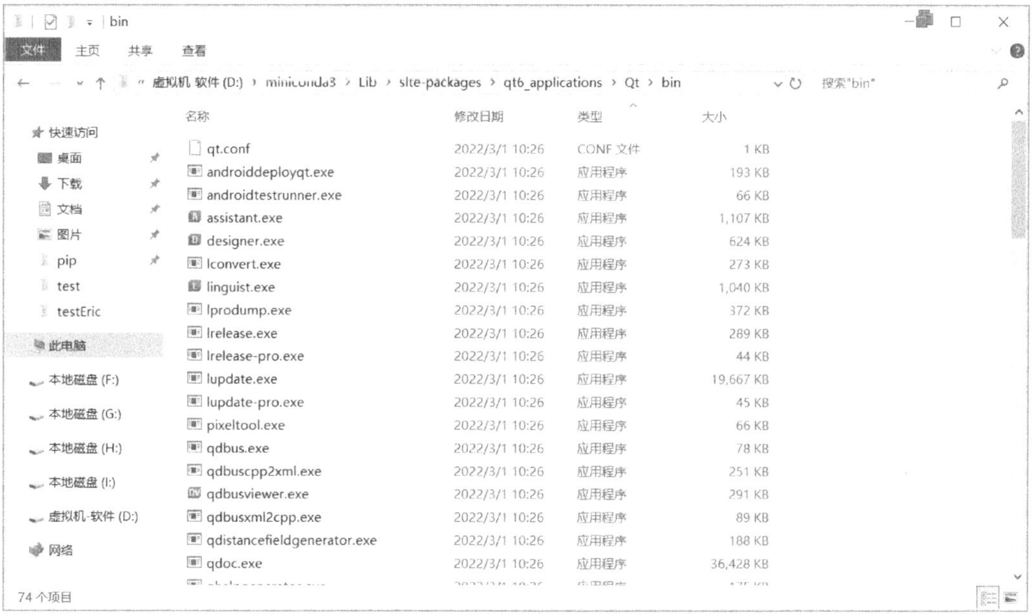

图 1-24

1.4　常用 IDE 的安装配置与使用

本节介绍使用 Python 开发 PySide/PyQt 的过程中会用到的 3 个 IDE 工具，分别为 Eric、PyCharm 和 VSCode。这 3 个 IDE 工具中的任何一个都可以用来开发 PySide/PyQt，读者可以根据自身需求选择使用。Eric 对初学者比较友好，当读者对 PySide/PyQt 熟悉之后，使用专业的 IDE 工具（如 PyCharm）会更好一些。

以下内容都是基于 Windows 系统进行介绍的。

1.4.1　Eric 7 的安装

Eric 是一个功能齐全的 Python 编辑器和 IDE，使用 Python 编写。它基于跨平台 Qt UI 工具包集成了高度灵活的 Scintilla 编辑器控件。Eric 既可以作为编辑器，也可以作为专业的项目管理工具，为 Python 开发人员提供许多高级功能。Eric 包括一个插件系统，不仅允许用户自行下载插件，还可以轻松扩展 IDE 功能。最新的稳定版本是基于 PyQt 6

和 Python 3 的 Eric 7，Eric 有如图 1-25 所示的一些特征。

☑ 无限数量的编辑

☑ 可配置的窗口布局

☑ 可配置的语法高亮

☑ 源代码自动完成

☑ 源代码提示

☑ 源代码折叠

☑ 花括号匹配

☑ 错误突出显示

☑ 高级搜索功能，包括项目范围的搜索和替换

☑ 集成类浏览器

☑ Mercurial、Subversion 和 Git 存储库的集成版本控制接口（作为核心插件）

☑ 集成协作功能（聊天、共享编辑器）

☑ 集成源代码文档系统

☑ 集成的 Python 调试器，包括对调试多线程和多处理应用程序的支持

☑ 集成分析和代码覆盖支持

☑ 集成的自动代码检查器（语法、错误和样式 [PEP-8]）

☑ 集成任务（ToDo 项）管理

☑ 先进的项目管理设施

☑ 交互式 Python shell，包括语法高亮和自动完成

☑ 应用图

☑ 从 IDE 中运行外部应用程序

☑ 集成单元测试支持

☑ 基于omniORB的集成CORBA支持

☑ 对 Google protobuf 的集成支持

☑ 集成的"虚拟环境"管理

☑ 对 Python 包管理 (pip) 的集成支持

☑ 集成的绳索重构工具（作为可选插件）

☑ 各种打包程序的集成接口（作为可选插件）

☑ PyLint 的集成接口（作为可选插件）

☑ 许多用于正则表达式和 Qt 对话框的集成向导（作为核心插件）

☑ 本地化：目前 Eric 提供英语、德语、俄语和西班牙语版本

☑ 用于预览 Qt 表单和翻译的工具

☑ 集成网络浏览器

☑ 附魔拼写检查库的集成接口

☑ ...很多很多这里没有提到

图 1-25

访问 Eric 官网，下载最新的 Windows 系统下的 Eric 7 安装包。

截至本书成书时，Eric 的最新版本为 7-22.2，如图 1-26 所示。

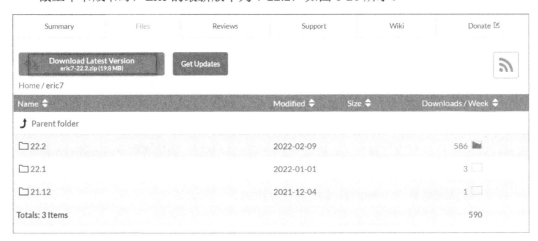

图 1-26

准备好安装环境之后，就可以开始安装 Eric 7。在下载完安装包之后先对其进行解压缩，然后进入解压缩目录，双击 install.py 文件开始安装 Eric 7，或者在命令行输入 python install.py，使用方式如图 1-27 所示。

图 1-27

安装完成之后，会在桌面生成快捷方式 eric7(Python3.9)，其目标路径为 D:\miniconda3\Scripts\eric7.cmd，如图 1-28 所示。

图 1-28

1.4.2　Eric 7 的相关配置

Python 环境是系统默认的，可以被 IDE 识别到，因此不需要进行额外的配置，如果读者有其他需求则可以根据自己的需求进行其他设置。

打开 Eric 7，选择 setting→show external tool 命令，可以看到，PySide 6/PyQt 6 的环

境已经被识别到，如图 1-29 所示，Qt 的各种工具都能够被检测到。

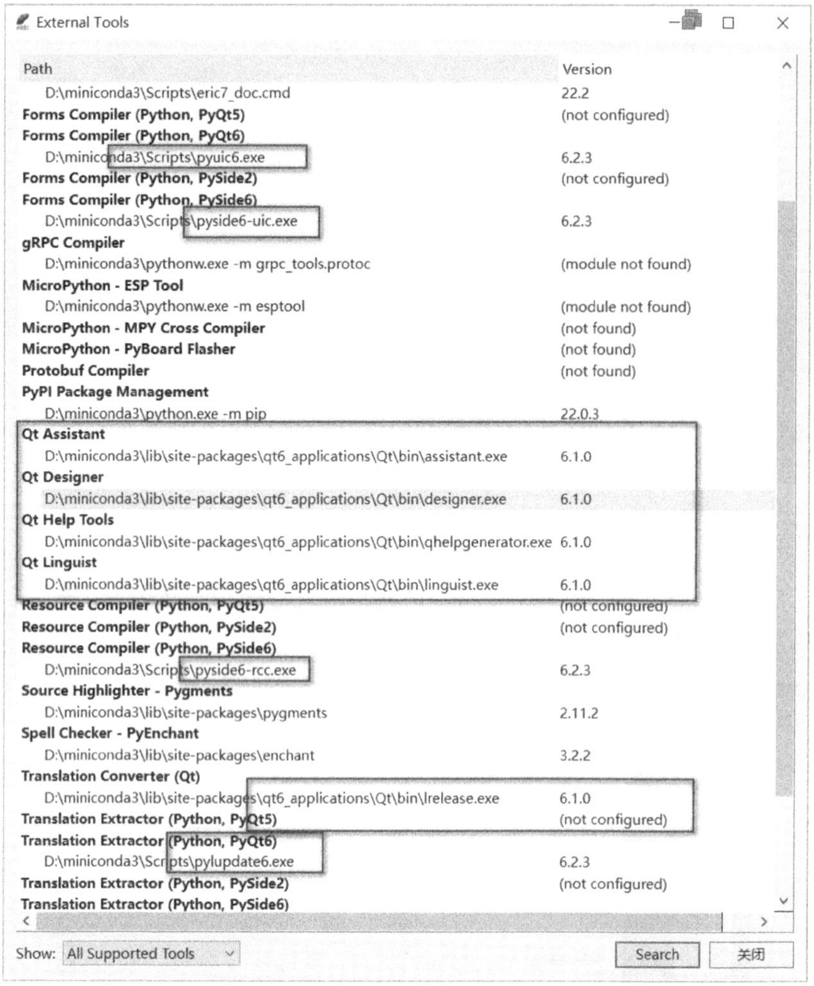

图 1-29

1.4.3　Eric 7 的基本使用

本节主要讲解使用 Eric 7 开发 PySide 6/PyQt 6 应用。本节以开发 PySide 6 应用为例进行介绍，工程文件保存在 Chapter01/ericProject 目录下。下面讲解初学者使用 Qt Designer 开发 PySide 6 应用的典型流程。

（1）打开 Eric 7，选择 Project→Open 命令，打开项目工程文件 Chapter01\ericProject\ericPySide6.epj，可以看到如图 1-30 所示的视图。

图 1-30 中有 1、2、3 这 3 个选项。第 1 个选项用于编辑代码文件（.py 文件）；第 2 个选项的功能是使用 Qt Designer 编辑.ui 文件，以及使用其他工具编译.ui 文件（转换成.py 文件）；第 3 个选项用来编译资源文件.qrc。

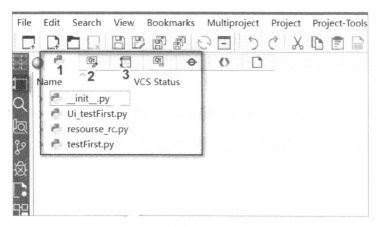

图 1-30

（2）切换到第 2 个选项，双击 testFirst.ui 文件，通过可视化的方式创建 GUI 文件，如图 1-31 所示。

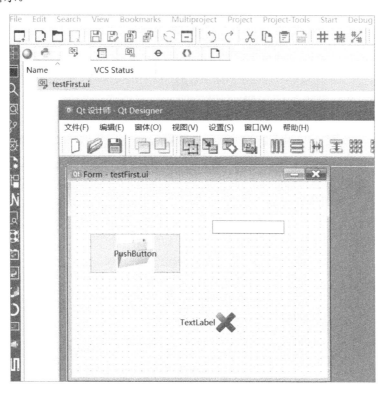

图 1-31

双击 testFirst.ui 文件，对应的 cmd 命令行如下：

```
pyside6-designer.exe testFirst.ui
```

先保存编辑完的.ui 文件，右击 testFirst.ui 文件，在弹出的快捷菜单中选择 Compile form 命令，如图 1-32 所示，编译文件，把 testFirst.ui 文件转换为 Ui_testFirst.py 文件。

图 1-32

这一步对应的 cmd 命令行如下：

```
pyside6-uic.exe -o Ui_testFirst.py testFirst.ui
```

可以看到，此时更新了 Ui_testFirst.py 文件。

（3）切换到第 3 个选项，进入资源管理界面，可以看到.qrc 文件，即资源管理文件，里面存储的是图片与引用路径信息。右击 resource.qrc 文件，在弹出的快捷菜单中选择 Compile resource 命令，如图 1-33 所示，这样就可以把 resource.qrc 文件编译成 resource_rc.py 文件。

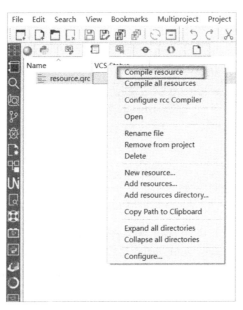

图 1-33

这一步对应的 cmd 命令行如下：

```
pyside6-rcc.exe -o resource_rc.py resource.qrc
```

可以看到，此时更新了 resource_rc.py 文件。

需要注意的是，由于 PyQt 6 放弃了对资源的支持，即不会提供 pyrcc6.exe 工具，因此不会显示如图 1-33 所示的界面。另外，使用 PyQt 6 运行这个案例的 demo 不会显示图片。

（4）切换到第 1 个选项，选中 testFirst.py 文件，先单击"运行"按钮（或按快捷键 F2），再单击 PushButton 按钮，就会弹出如图 1-34 所示的提示框。

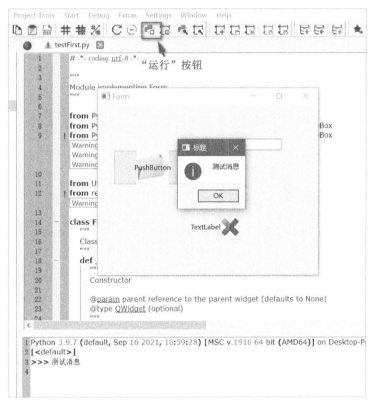

图 1-34

由图 1-34 可知，程序正常运行并且显示了图标。

如果使用的是 Anaconda，但版本基于 PyQt 5，则可能不会正确显示图标。这是因为 Qt 5 和 Qt 6 的版本不匹配，解决方法是把 D:\Anaconda3\Lib\site-packages\PySide6\plugins 路径下的所有文件复制到 D:\Anaconda3\Library\plugins 路径下并替换。

下面介绍如何建立工程文件夹。选择 Project→New 命令，弹出如图 1-35 所示的对话框，图中 1、2、3 处的内容需要修改。1 是工程名称，对应的文件是 ericPySide6.epj；2 是工程类型，下拉列表中包含 PySide6 GUI 和 PyQt6 GUI 这两个选项，笔者创建的是 PySide6 工程，所以选择 PySide6 GUI 选项，这很重要，这样这个工程会自动选择 pyside6-uic.exe 来编译.ui 文件；3 是工程文件夹路径。

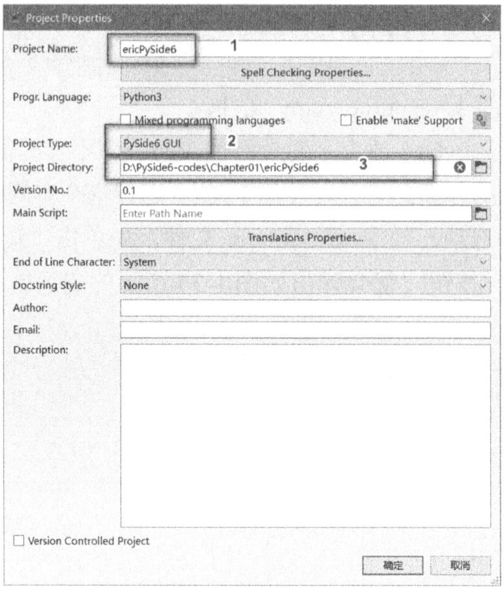

图 1-35

1.4.4　PyCharm 的安装

PyCharm 是一种 Python IDE（Integrated Development Environment，集成开发环境），带有一整套可以帮助用户在使用 Python 开发时提高其效率的功能，如调试、语法高亮、项目管理、代码跳转、智能提示、自动完成、单元测试、版本控制等。此外，该 IDE 提供了一些高级功能，可以用于支持 Django 框架下的专业 Web 开发。PyCharm 是 Python 开发最常用的 IDE 工具，也是笔者日常开发 Python 程序的主力军。

PyCharm 有免费的 Community（社区）版本和收费的 Professional（专业）版本。如果开发 PySide/PyQt，则 Community 版本就足够用。Community 版本和 Professional 版本的区别如图 1-36 所示。

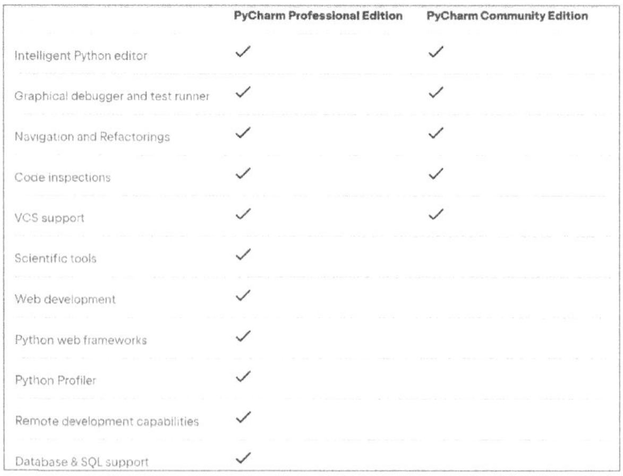

	PyCharm Professional Edition	PyCharm Community Edition
Intelligent Python editor	✓	✓
Graphical debugger and test runner	✓	✓
Navigation and Refactorings	✓	✓
Code inspections	✓	✓
VCS support	✓	✓
Scientific tools	✓	
Web development	✓	
Python web frameworks	✓	
Python Profiler	✓	
Remote development capabilities	✓	
Database & SQL support	✓	

图 1-36

可以从官方网站下载 PyCharm，在下载页面中选择 Community 版本，如图 1-37 所示。

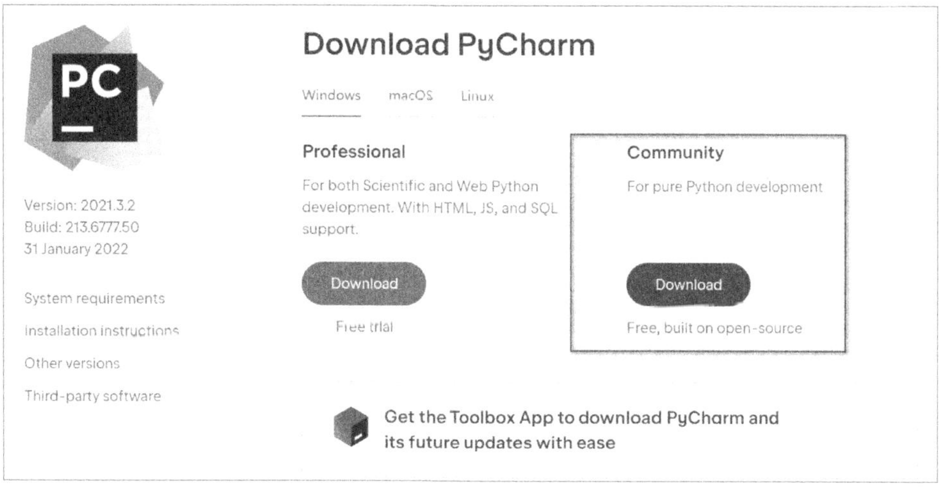

图 1-37

安装完 PyCharm 之后，会在桌面创建快捷方式，笔者创建的快捷方式的名称为 PyCharm Community Edition 2021.3.2，打开这个工具，要新建一个 Project 需要打开如图 1-38 所示的窗口。

图 1-38

进入 PyCharm 主程序界面，选项默认都是英文的，可以通过安装插件对选项进行汉化。选择 File→Setting 命令，打开 Settings 对话框，下载 Chinese 插件并应用，重启后即可进入中文界面，如图 1-39 所示。

图 1-39

1.4.5 使用 PyCharm 搭建 PySide 6/PyQt 6 环境

因为 PyCharm 支持多个 Python 环境，所以需要指定一个 Python 环境（Anaconda 环境），本节主要介绍在对 PySide 6/PyQt 6 进行开发的过程中使用 Qt 工具的方法。如图 1-40 所示，为开发环境添加几个 PySide 6/PyQt 6 的外部工具，方便快速创建、编辑和编译.ui 文件，以及编译.qrc 文件，以及快速查看帮助等。

图 1-40

1. 外部工具的使用

使用这些外部工具非常简单，具体的使用方法和执行效果如图 1-41 所示。

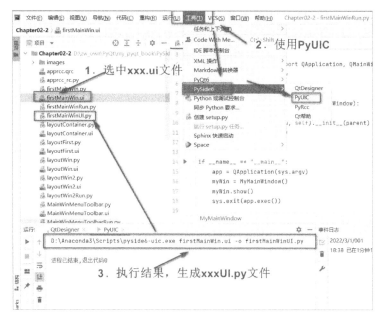

图 1-41

由此可知，PySide 6/PyUIC 这个外部工具实际上执行的是如下所示的 cmd 命令：

```
pyside6-uic.exe firstMainWin.ui -o firstMainWinUI.py
```

2. 配置 PySide6/PyUIC

创建外部工具的步骤如图 1-42 所示。

图 1-42

下面仍然以 PySide 6/PyUIC 为例进行介绍。创建外部工具需要注意以下几点。

（1）图 1-42 中的位置 4 表示外部程序，此处的路径为 D:\Anaconda3\Scripts\pyside6-

uic.exe，读者应参考自己计算机的实际路径。

（2）图 1-42 中 的 位 置 5 表 示 参 数 ， 此 处 填 写 的 是 \$FileName\$-o \$FileNameWithoutExtension\$UI.py，在执行过程中，以 firstMainWin.ui 文件为例，\$FileName\$转译为 firstMainWin.ui，\$FileNameWithoutExtension\$UI.py 转译为 firstMainWinUI.py，最终执行的命令是 D:\Anaconda3\ Scripts\pyside6-uic.exe firstMainWin.ui -o firstMainWinUI.py。

1.4.6　PyCharm 的基本使用

下面简单介绍 PyCharm 的一些常用方法。

1. 打开文件夹

选择"文件"→"新建项目"命令，打开如图 1-43 所示的对话框，选择要打开的文件夹，设置完成后单击"创建"按钮。

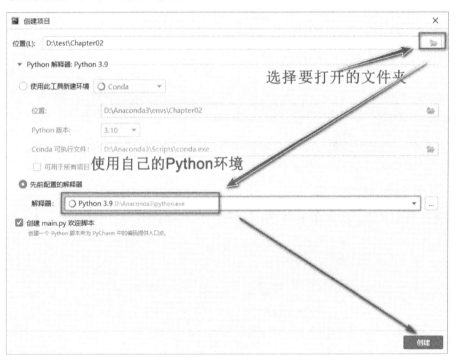

图 1-43

在弹出的提示框中单击"从现有的源创建"按钮，如图 1-44 所示。

图 1-44

在打开的界面中可以对本书的源代码进行编辑操作，如图 1-45 所示。

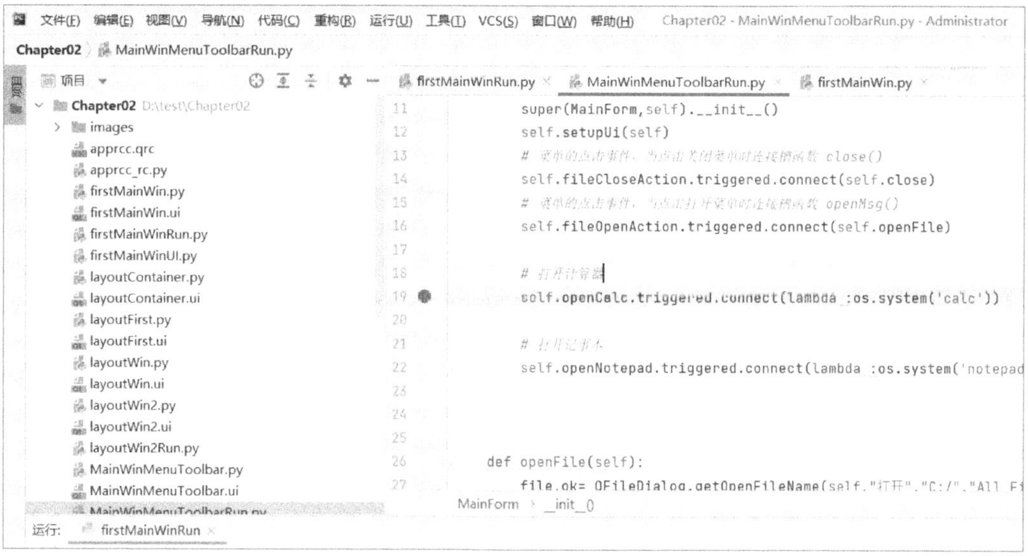

图 1-45

2. 运行文件

选择"运行"→"运行"命令即可启动文件，在第一次启动之后就可以使用窗口右上角的快捷方式，主要包括"运行"和"调试"两种快捷方式，如图 1-46 所示。

图 1-46

3. 调试文件

假设已经成功运行了文件，则可以通过如图 1-47 所示的方式进行调试，可以看到这种调试方式和使用 IPython Console 编写代码的体验是一样的。

4. 使用 PySide 6/PyQt 6 的一些工具

可以通过 PyCharm 快速打开 Qt Designer、PyUIC、PyRcc、Qt 帮助文档等工具，这种方式的配置方法在 1.4.5 节已经介绍了，这里不再赘述。具体的使用方法如图 1-48 所示，该操作会使用 Qt Designer 命令打开 layoutContainer.ui 文件。

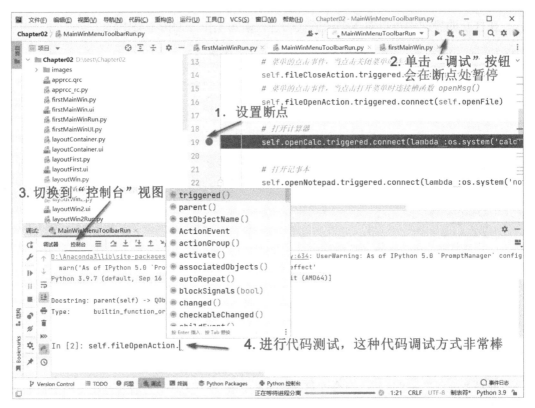

图 1-47

图 1-48

5. 使用其他 Python 环境

如果想要使用其他 Python 环境，如虚拟环境，则可以在如图 1-49 所示的"设置"对话框中进行修改。

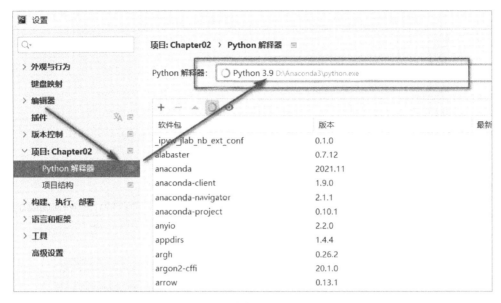

图 1-49

1.4.7　VSCode 的安装

从 Visual Studio 官方网站下载安装包，读者可以自行修改安装时的安装目录或选项，如图 1-50 所示。这个安装包非常小，启动非常快。

图 1-50

安装完之后会检测系统语言，并提示安装中文扩展，如果没有显示这个提示，则可以自行安装，如图 1-51 所示。

图 1-51

1.4.8　VSCode 的配置

一般要安装两个插件：一个是官方推出的 Python 扩展，在安装这个插件之后，Python 的编辑、自动补全、代码提示、跳转、运行、调试等功能都能完整支持，可以像 IDE 一样开发 Python 程序，如图 1-52 所示。

图 1-52

另一个是 Qt 扩展。它支持.qml、.qss、.ui 等文件的语法高亮，基于 PyQt 或 PySide 把.ui 文件或.qrc 文件编辑成.py 文件，是开发 PyQt/PySide 程序的利器，如图 1-53 所示。

图 1-53

前面已经通过全局方式搭建了 Python 环境和 PySide/PyQt 环境，VSCode 会自动识别它们，不需要额外配置。

1.4.9 VSCode 的基本使用

1. 运行与调试

按照如图 1-54 所示的步骤运行与调试 VSCode。

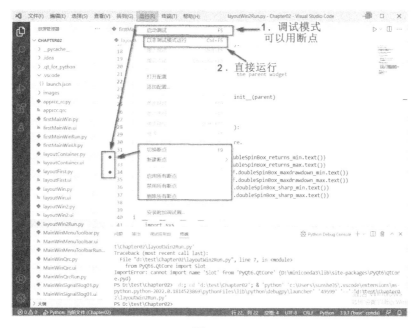

图 1-54

2. 调试功能的细节

VSCode 的调试功能的细节如图 1-55 所示。

图 1-55

3. PyQt/PySide 工具的使用

在安装好 Python 插件和 Qt for Python 插件之后，计算机会自动识别 Python 环境，右击.ui 文件，在弹出的快捷菜单中选择 Compile Form(Qt Designer UI File) into Qt for Python File 命令，此时可以生成对应的.py 文件，文件在.qt_for_python\uic 目录下，如图 1-56 所示。

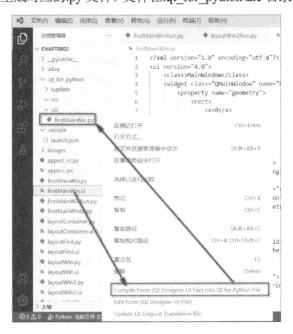

图 1-56

4．自定义 PyQt/PySide 工具

搭建好本地 Python 环境和 PySide 6 环境之后，VSCode 会被自动检测并使用，可以在 settings.json 文件中自定义其他路径。在"设置"对话框中，可以通过如图 1-57 所示的方式打开 settings.json 文件。

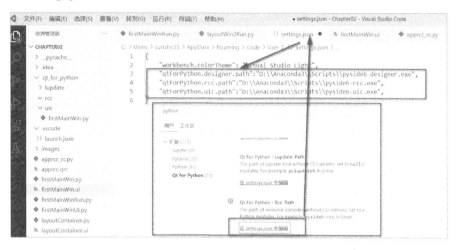

图 1-57

添加了如下自定义设置：

```
"qtForPython.designer.path":"D:\\Anaconda3\\Scripts\\pyside6-designer.exe",
"qtForPython.rcc.path":"D:\\Anaconda3\\Scripts\\pyside6-rcc.exe",
"qtForPython.uic.path":"D:\\Anaconda3\\Scripts\\pyside6-uic.exe",
```

5．使用其他 Python 环境

如果要切换到其他 Python 环境，如虚拟环境，则可以按照如图 1-58 所示的步骤操作。

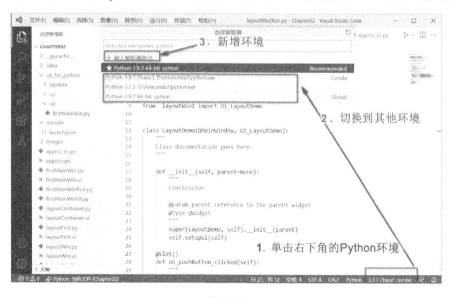

图 1-58

1.5 PySide/PyQt 的启动方式

Chapter01\runDemo.py 是 PySide 6 应用的最基本形式，新建一个继承 QWidget 的 WinForm 类，并根据实际情况来实现自定义的窗口。QWidget 窗口默认允许一些操作，如修改窗口的大小、最大化窗口、最小化窗口等，这些都不需要自己定义。

```python
# -*- coding: utf-8 -*-
import sys
from PySide6.QtWidgets import QPushButton, QApplication, QWidget

class WinForm(QWidget):
    def __init__(self, parent=None):
        super(WinForm, self).__init__(parent)
        self.setGeometry(300, 300, 250, 150)
        self.setWindowTitle('启动方式 1')
        button = QPushButton('Close', self)
        button.clicked.connect(self.close)

if __name__ == "__main__":
    app = QApplication(sys.argv)
    win = WinForm()
    win.show()
    sys.exit(app.exec())
```

执行结果如图 1-59 所示，单击 Close 按钮会关闭窗口。

图 1-59

下面对这种启动方式进行解读。

【代码分析】

使用下面这行代码可以避免在所生成的 PySide 程序中出现中文乱码：

```
# -*- coding: UTF-8 -*-
```

下面这些代码是程序运行的主体，这里展示了 PySide6 程序开发的最小 demo。PySide6.QtWidgets 模块包含 GUI 开发所需的绝大多数类，QWidget 更是绝大多数控件的父类：

```python
import sys
from PySide6.QtWidgets import QPushButton, QApplication, QWidget
```

```
class WinForm(QWidget):
    def __init__(self, parent=None):
        super(WinForm, self).__init__(parent)
        self.setGeometry(300, 300, 250, 150)
        self.setWindowTitle('启动方式1')
        button = QPushButton('Close', self)
        button.clicked.connect(self.close)
```

每个 PySide 6 程序都需要有一个 QApplication 对象，QApplication 对象包含在
QtWidgets 模块中。sys.argv 是一个命令行参数列表。Python 脚本可以从 Shell 中执行，
也可以携带参数，这些参数会被 sys.argv 捕获，代码如下：

```
app = QApplication(sys.argv)
```

实例化 WinForm()，并在屏幕上显示，代码如下：

```
win = WinForm()
win.show()
```

app.exec()是 QApplication 对象的函数，exec()函数的作用是"进入程序的主循环
直到 exit()被调用"。如果没有 exec()函数，win.show()函数也会起作用，只是运行的时
候窗口会闪退，这是因为没有"进入程序的主循环"就直接结束了。使用 sys.exit()函
数退出可以确保程序完整地结束，在这种情况下系统的环境变量会记录程序是如何退
出的。代码如下：

```
sys.exit(app.exec())
```

如果程序运行成功，那么 exec()函数的返回值为 0，否则为非 0。

在正常情况下，使用这种方式启动没有什么问题。但是如果在 IPython 控制台上通过
复制粘贴的方式运行代码，就可能会遇到以下两个问题。

1. 无法实例化

报错信息如下：

```
RuntimeError: Please destroy the QApplication singleton before creating a
new QApplication instance.
```

出现这个问题主要是因为之前已经实例化 QApplication 对象，无法再次实例化，
解决方法如下：

```
app = QApplication.instance()
if app == None:
    app = QApplication(sys.argv)
```

QApplication.instance()表示如果 QApplication 对象已经实例化则返回其实例，否则返
回 None。

2. 报错或直接退出

报错信息如下：

```
UserWarning: To exit: use 'exit', 'quit', or Ctrl-D.
  warn("To exit: use 'exit', 'quit', or Ctrl-D.", stacklevel=1)
```

这是因为使用 sys.exit()函数会引发一个通常用于退出 Python 的 SystemExit 异常。
IPython 控制台的 Shell 会捕获该异常，并显示警告。但这其实不会影响程序，所以可以
忽略这条消息。

如果读者觉得这个异常非常讨厌，则可以把 sys.exit(app.exec())替换成 app.exec()，也
就是去掉 sys.exit()，在一般情况下不影响结果。如果这样做程序不能完全退出，则可以对
如下两行代码任选其一，其效果是一样的：

```
app.aboutToQuit.connect(app.deleteLater)
app.setQuitOnLastWindowClosed(True)
```

完整代码如下（见 Chapter01\runDemo2.py）：

```python
# -*- coding: utf-8 -*-

import sys
from PySide6.QtWidgets import QPushButton, QApplication, QWidget


class WinForm(QWidget):
    def __init__(self, parent=None):
        super(WinForm, self).__init__(parent)
        self.setGeometry(300, 300, 250, 150)
        self.setWindowTitle('启动方式2')
        button = QPushButton('Close', self)
        button.clicked.connect(self.close)


if __name__ == "__main__":

    app = QApplication.instance()
    if app == None:
        app = QApplication(sys.argv)

    # 下面两行代码可以根据需要来开启
    # app.aboutToQuit.connect(app.deleteLater)
    # QApplication.setQuitOnLastWindowClosed(True)

    win = WinForm()
    win.show()
    app.exec()
```

在后续章节中，不会刻意使用某种启动方式，因为无论使用哪种启动方式都可以成
功运行本书所有的程序。

第 2 章

Qt Designer 的使用

第 1 章介绍了 PySide/PyQt 的基础知识，本章介绍如何快速入门，简单来说就是如何通过拖曳鼠标等可视化操作创建一个 UI 程序，达到快速入门的目的。

创建 UI 程序，一般可以通过 UI 工具和编写纯代码两种方式来实现，在 PySide 6 中（本章及后续章节会用 PySide 6 指代 PySide 6/PyQt 6）也可以采用这两种方式。本章主要讲解使用 Qt Designer 来制作 UI 界面。

2.1 Qt Designer 快速入门

Qt Designer，即 Qt 设计师，是一个强大、灵活的可视化 GUI 设计工具，可以帮助用户加快开发 PySide 6 程序的速度。Qt Designer 是专门用来制作 PySide 6 程序中 UI 界面的工具，生成的 UI 界面是一个后缀为.ui 的文件。该文件使用起来非常简单，既可以通过命令将.ui 文件转换为.py 文件，并被其他 Python 文件引用，也可以通过 Eric 6 进行手动转换。本章以命令的方式为主，手动的方式为辅，但是二者的原理和结果是一样的，读者可以根据自己的偏好进行选择。示例如图 2-1 所示。

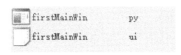

图 2-1

Qt Designer 符合 MVC（模型—视图—控制器）设计模式，做到了显示和业务逻辑的分离。

Qt Designer 具有以下两方面优点。

- 使用简单，通过拖曳和单击就可以完成复杂的界面设计，并且可以随时预览查看效果图。
- 转换 Python 文件方便。使用 Qt Designer 可以将设计好的用户界面保存为.ui 文件，这种格式的文件支持 XML 语法。在 PySide 6 中使用.ui 文件，可以通过 pyside6-

uic.exe（或第 1 章介绍的其他方式）将.ui 文件转换为.py 文件，同时将.py 文件导入 Python 代码中。

Qt Designer 默认安装在 D:\Anaconda3\Scripts\pyside6-designer.exe 目录下。Qt Designer 的启动文件为 pyside6-designer.exe，如图 2-2 所示。

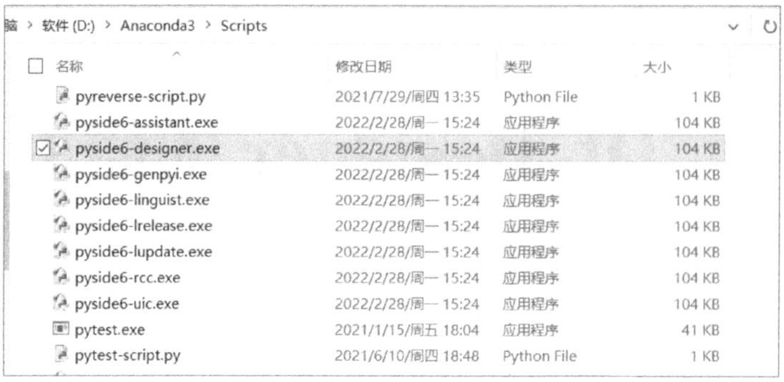

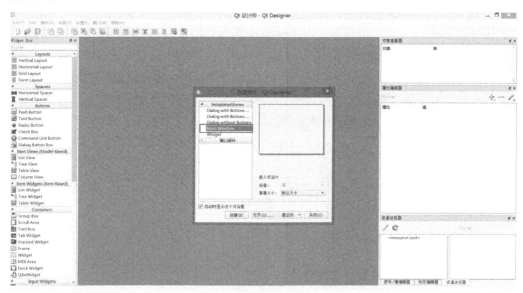

图 2-2

2.1.1 新建主窗口

双击 pyside6-designer.exe 文件，打开 PySide 6 的 Qt Designer，自动弹出"新建窗体"对话框，如图 2-3 所示。在模板选项中，最常用的就是 Widget（通用窗口）和 Main Window（主窗口）。在 PySide 6 中，Widget 被分离出来，用来代替 Dialog，并将 Widget 放入 QtWidget 模块库中。

图 2-3

选择的模板是 Main Window，创建一个主窗口，保存并命名为 firstMainWin.ui，如图 2-4 所示，主窗口默认添加了菜单栏、工具栏和状态栏。

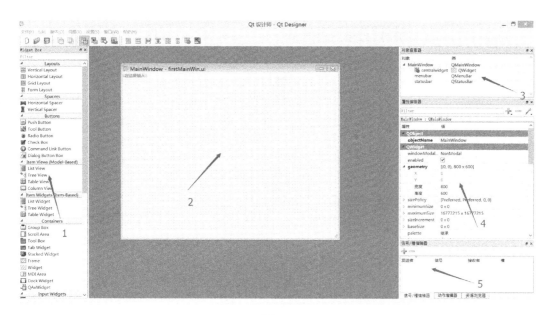

图 2-4

2.1.2　窗口主要区域介绍

图 2-4 中标注了窗口的主要区域，区域 1 是 Widget Box（工具箱）窗格，如图 2-5 所示，其中提供了很多控件，每个控件都有自己的名称，用于提供不同的功能，如常用的按钮、单选按钮、文本框等，可以直接拖曳到主窗口中。在菜单栏中选择"窗体"→"预览"命令，或者按 Ctrl+R 快捷键，就可以看到窗口的预览效果。

图 2-5

可以将 Buttons 栏中的一个按钮拖曳到主窗口（区域 2），如图 2-6 所示。

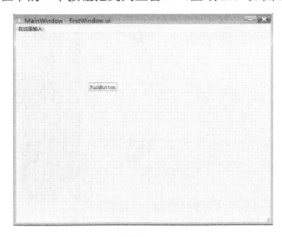

图 2-6

在"对象查看器"面板（区域 3）中，可以查看主窗口中放置的对象列表，如图 2-7 所示。

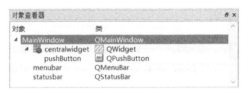

图 2-7

区域 4 是 Qt Designer 的"属性编辑器"面板，其中提供了对窗口、控件、布局的属性编辑功能，如图 2-8 所示。

图 2-8

- objectName：控件对象的名称。

- geometry：相对坐标系。
- sizePolicy：控件大小策略。
- minimumSize：最小宽度和最小高度。
- maximumSize：最大宽度和最大高度。如果想固定窗口或控件的大小，则可以将 minimumSize 属性和 maximumSize 属性设置为一样的数值。
- font：字体。
- cursor：指针。
- windowTitle：窗口标题。
- windowsIcon/icon：窗口图标/控件图标。
- iconSize：图标大小。
- toolTip：提示信息。
- statusTip：任务栏提示信息。
- text：控件文本。
- shortcut：快捷键。

区域 5 是"信号/槽编辑器"面板，其中在"信号/槽编辑器"视图中，可以为控件添加自定义的信号与槽函数，以及编辑控件的信号与槽函数，如图 2-9 所示。

图 2-9

在"资源浏览器"视图中，可以为控件添加图片，如 Label、Button 的背景图片，如图 2-10 所示。

图 2-10

2.1.3　查看.ui 文件

采用 Qt Designer 设计的界面默认为.ui 文件，描述了窗口中控件的属性列表和布局显示。.ui 文件中包含的内容是按照 XML 格式处理的。

首先，使用 Qt Designer 打开 Chapter02/firstMainWin.ui 文件，可以看到在主窗口中放置了一个按钮，其 objectName 为 pushButton，在窗口中的坐标为(490,110)，按钮的宽度为 93 像素，高度为 28 像素，如图 2-11 所示。

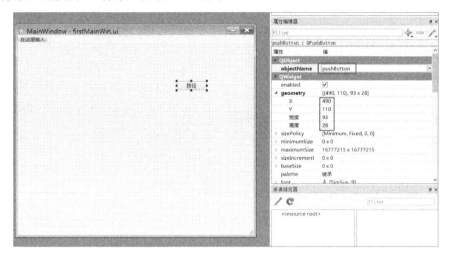

图 2-11

然后，使用文本编辑器打开 firstMainWin.ui 文件，显示的内容如图 2-12 所示。

图 2-12

从图 2-12 中可以看出，按钮的设置参数与使用 Qt Designer 打开.ui 文件时显示的信息是一致的。有了 Qt Designer，开发人员就能够更快地开发设计出程序界面，避免使用纯代码来编写，从而不必担心底层的代码实现。

2.1.4 将.ui 文件转换为.py 文件

使用 Qt Designer 设计的用户界面默认保存为.ui 文件，其内容结构类似于 XML，但这种文件并不是我们想要的，我们想要的是.py 文件，所以还需要使用其他方法将.ui 文件转换为.py 文件。本书提供了如下几种方法，这些方法可以说是第 1 章的汇总，下面进行简要介绍。

1．使用命令把.ui 文件转换为.py 文件

PySide 6 安装成功后会自动安装 pyside6-uic.exe，以笔者环境为例，位置为 D:\Anaconda3\Scripts\pyside6-uic.exe。pyside6-uic.exe 会自动把.ui 文件编译为.py 文件，从而方便 Python 调用。以 firstMainWin.ui 文件为例，使用方法是在当前目录下打开 cmd 窗口，并执行如下命令：

```
pyside6-uic.exe -o firstMainWin.py firstMainWin.ui
```

这是最基础的操作，后续介绍的其他方法都是对这种方法的 GUI 封装，这几种方法生成的.py 文件是一样的。

> ❗ **注意：**
> （1）如果输入 pyside6-uic.exe 没有得到正确的结果，而是提示 "pyside6-uic.exe 不是内部命令或外部命令，也不是可运行的程序或批处理文件"，则是 Python 环境配置出错导致的，请参考第 1 章的内容使用正确的 Python 环境。
> （2）如果要生成 PyQt 6 代码，则需要使用 pyuic6.exe 程序，位置为 D:\Anaconda3\Scripts\pyuic6.exe，执行如下命令：
>
> ```
> pyuic6.exe -o firstMainWin.py firstMainWin.ui
> ```
>
> 如果执行成功，则结果如图 2-13 和图 2-14 所示。

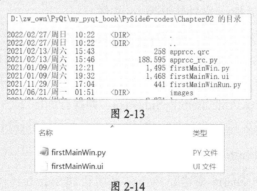

图 2-13

图 2-14

firstMainWin.py 文件中的代码如下，由于使用 pyside6-uic.exe 生成的代码（对应 PySide 6）中文使用 Unicode 字符串，因此不便于查看（如"确定"字符串会显示为 u"\u786e\u5b9a"）。这里给出的是使用 pyuic6.exe 生成的代码（对应 PyQt 6），两者的使用效果没有区别，这里只需要把 PyQt 6 看成 PySide 6 即可：

```python
from PyQt6 import QtCore, QtGui, QtWidgets


class Ui_MainWindow(object):
    def setupUi(self, MainWindow):
        MainWindow.setObjectName("MainWindow")
        MainWindow.resize(726, 592)
        self.centralwidget = QtWidgets.QWidget(MainWindow)
        self.centralwidget.setObjectName("centralwidget")
        self.pushButton = QtWidgets.QPushButton(self.centralwidget)
        self.pushButton.setGeometry(QtCore.QRect(490, 110, 93, 28))
        self.pushButton.setObjectName("pushButton")
        MainWindow.setCentralWidget(self.centralwidget)
        self.menubar = QtWidgets.QMenuBar(MainWindow)
        self.menubar.setGeometry(QtCore.QRect(0, 0, 726, 26))
        self.menubar.setObjectName("menubar")
        MainWindow.setMenuBar(self.menubar)
        self.statusbar = QtWidgets.QStatusBar(MainWindow)
        self.statusbar.setObjectName("statusbar")
        MainWindow.setStatusBar(self.statusbar)

        self.retranslateUi(MainWindow)
        QtCore.QMetaObject.connectSlotsByName(MainWindow)

    def retranslateUi(self, MainWindow):
        _translate = QtCore.QCoreApplication.translate
        MainWindow.setWindowTitle(_translate("MainWindow", "MainWindow"))
        self.pushButton.setText(_translate("MainWindow", "按钮"))
```

2. 使用 Eric 7 把.ui 文件转换为.py 文件

Eric 7 要在工程中使用。如果要编辑 PySide 6 代码就要创建或使用 PySide 6 工程；如果要编辑 PyQt 6 代码就需要使用 PyQt 6 工程（关于创建和使用工程的相关内容请参考第 1 章）。这里以 PySide 6 工程为例展开介绍，通过 Eric 7 打开工程（选择 Project→NEW 命令）Chapter02\ericProject\ericPySide6.epj，并执行如图 2-15 所示的操作。

上述操作完成之后，就会在当前目录下重新生成 Ui_ericDemo.py 文件。

3. 使用 PyCharm 把.ui 文件转换为.py 文件

假设已经为 PyCharm 搭建好 Python 环境和 PySide 6 环境，通过如图 2-16 所示的方法就可以把 firstMainWin.ui 文件转换为 firstMainWinUI.py 文件。

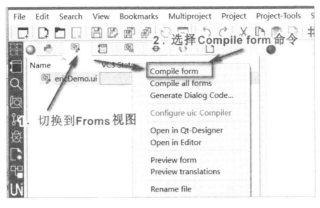

图 2-15

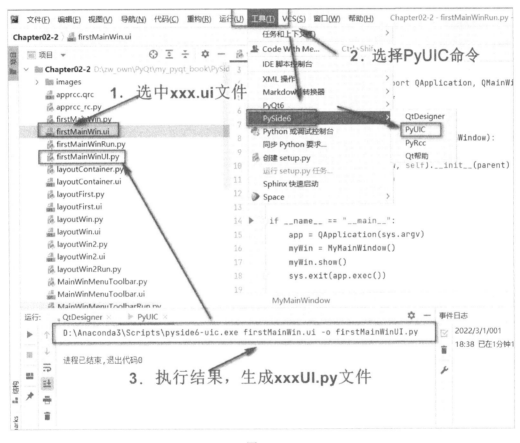

图 2-16

4. 使用 VSCode 把.ui 文件转换为.py 文件

假设已经为 VSCode 搭建好 Python 环境和 PySide 6 环境，通过如图 2-17 所示的方法可以把 firstMainWin.ui 文件转换为 firstMainWin.py 文件。

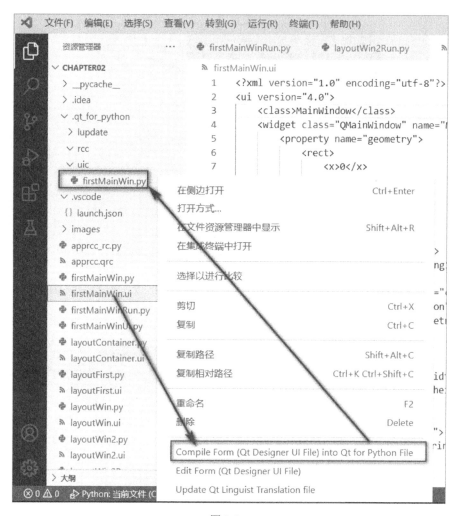

图 2-17

5. 使用 Python 脚本把.ui 文件转换为.py 文件

有些读者可能对命令行的使用不熟悉，所以本书介绍了如何使用 Python 脚本来完成转换，这个脚本从本质上使用 Python 代码把上述操作封装起来。这是一个**批量脚本**，可以把当前目录下所有的 **xxx.ui 文件转换为 xxx.py** 文件。本案例的文件名为 Chapter02/tool.py，代码如下：

```python
import os
import os.path

# .ui 文件所在的路径
dir = './'


# 列出目录下的所有.ui 文件
def listUiFile():
```

```
    list = []
    files = os.listdir(dir)
    for filename in files:
        # print( dir + os.sep + f )
        # print(filcname)
        if os.path.splitext(filename)[1] == '.ui':
            list.append(filename)


    return list


# 把后缀为.ui 的文件改成后缀为.py 的文件
def transPyFile(filename):
    return os.path.splitext(filename)[0] + '.py'


# 调用系统命令把.ui 文件转换为.py 文件
def runMain():
    list = listUiFile()
    for uifile in list:
        pyfile = transPyFile(uifile)
        # PyQt 6 适用
        # cmd = 'pyuic6 -o {pyfile} {uifile}'.format(pyfile=pyfile,
uifile=uifile)
        # PySide 6 适用
        cmd = 'pyside6-uic -o {pyfile} {uifile}'.format(pyfile=pyfile,
uifile=uifile)
        # print(cmd)
        os.system(cmd)


###### 程序的主入口
if __name__ == "__main__":
    runMain()
```

如果这个脚本不能执行，则说明系统的 PySide/PyQt 环境设置存在问题，这时候使用命令行也无法运行，请参考 1.2 节的内容搭建好环境。

如果要运行 PyQt 6 程序，则使用 pyuic 6 命令，注释掉 pyside6-uic 命令；如果要运行 PySide 6 程序，则使用 pyside6-uic 命令，注释掉 pyuic 6 命令。

只要把 tool.py 放在需要转换界面文件的目录下，并双击就可以直接运行（或使用其他方式运行），其执行效果和直接执行转换命令的效果是一样的。使用 Qt Designer 制作的图形界面如图 2-18 所示，界面文件为 firstMainWin.ui。

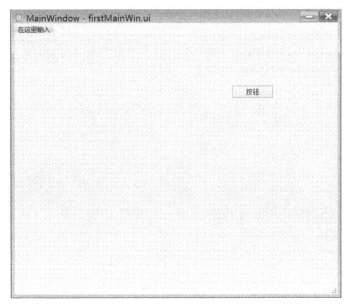

图 2-18

2.1.5 将.qrc 文件转换为.py 文件

2.6 节会详细介绍资源文件（.qrc）的相关内容，这里为了保证流程的完整性只进行简单介绍。基本使用方法如下：

```
pyside6-rcc.exe apprcc.qrc -o apprcc_rc.py
```

和 pyside6-uic.exe 一样，可以使用 Eric、PyCharm、VSCode 把.qrc 文件转换为.py 文件，读者可以参考 2.1.4 节和第 1 章的内容，这里不再赘述。

> **!** **注意**：如果是开发 PyQt 6 应用，PyQt 6 官方已经放弃了对.qrc 文件的支持（即没有 pyrcc6.exe 工具），则可以使用路径引用的方式设置图片，这种方式不需要编译。

2.1.6 界面与逻辑分离

上面介绍了如何制作.ui 文件，以及如何把.ui 文件转换为.py 文件。值得注意的是，由于这里的.py 文件是由.ui 文件编译而来的，因此当.ui 文件发生变化时，对应的.py 文件也会发生变化。我们将这种由.ui 文件编译而来的.py 文件称为界面文件。由于界面文件每次编译时都会初始化，因此需要新建一个.py 文件调用界面文件，这个新建的.py 文件称为逻辑文件，也可以称为业务文件。界面文件和逻辑文件是两个相对独立的文件，通过上述方法可以实现界面与逻辑的分离（也就是上面提到的"显示和业务逻辑的分离"）。

要实现界面与逻辑的分离很简单，只需要新建一个 firstMainWinRun.py 文件（这是逻辑文件），并继承界面文件的主窗口类即可。其完整代码如下：

```
import sys
from PySide6.QtWidgets import QApplication, QMainWindow,QWidget
from firstMainWin import *

class MyMainWindow(QMainWindow, Ui_MainWindow):
    def __init__(self, parent=None):
        super(MyMainWindow, self).__init__(parent)
        self.setupUi(self)

if __name__ == "__main__":
    app = QApplication(sys.argv)
    myWin = MyMainWindow()
    myWin.show()
    sys.exit(app.exec())
```

在上面的代码中实现了业务逻辑，代码结构也非常清晰。如果以后想要更新界面，那么只需要先对.ui 文件进行更新，然后编译成对应的.py 文件即可。

PySide 6 支持使用 Qt Designer 实现界面与逻辑的分离，这也是需要读者学习它的非常重要的原因。另外，也可以通过 Qt Designer 生成的代码来了解一些窗口控件的用法。

想要做出丰富的界面还需要学一些代码，本书提供了常用的窗口控件的用法，方便读者参考。

2.2　布局管理入门

2.1 节只介绍了一个按钮控件，如果需要更多的控件，则可以从左侧的 Widget Box 窗格中进行拖曳。本节重点介绍对这些控件的布局。

Qt Designer 提供了 4 种窗口布局方式，分别是 Vertical Layout（垂直布局）、Horizontal Layout（水平布局）、Grid Layout（网格布局）和 Form Layout（表单布局）。这 4 种布局方式位于 Widget Box 窗格的 Layouts（布局）栏中，如图 2-19 所示。

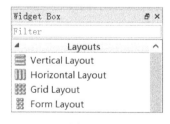

图 2-19

- 垂直布局：控件默认按照从上到下的顺序进行纵向添加。
- 水平布局：控件默认按照从左到右的顺序进行横向添加。
- 网格布局：先将窗口控件放入一个网格之中，然后将它们合理地划分成若干行（row）和列（column），并把其中的每个窗口控件放置在合适的单元（cell）中，这里的单元就是指由行和列交叉所划分出来的空间。

- 表单布局：控件以两列的形式布局在表单中，其中左列包含标签，右列包含输入控件。

进行布局一般有两种方式：一是使用布局管理器进行布局；二是使用容器控件进行布局。

2.2.1　使用布局管理器进行布局

以水平布局为例，打开 Qt Designer，新建一个 QWidget 控件，并在其中放入两个子控件：一个文本框（lineEdit）和一个按钮（pushButton）。选中这两个子控件并右击，在弹出的快捷菜单中选择"布局"→"水平布局"命令，如图 2-20 所示。

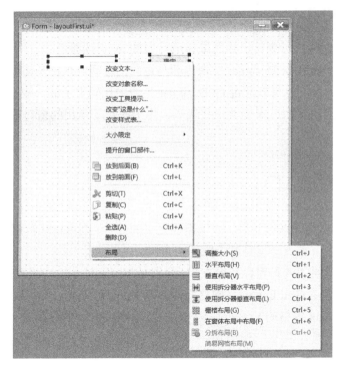

图 2-20

将 layoutFirst.ui 文件转换为 layoutFirst.py 文件后，就可以看到如下内容（本案例的文件名为 Chapter02/layoutFirst.py，为了便于阅读，此处依然使用了 PyUIC 6 生成的 PyQt 6 代码，只需要把 PyQt 6 看成 PySide 6 即可）：

```python
from PyQt6 import QtCore, QtGui, QtWidgets

class Ui_Form(object):
    def setupUi(self, Form):
        Form.setObjectName("Form")
        Form.resize(511, 458)
```

```
    self.widget = QtWidgets.QWidget(Form)
    self.widget.setGeometry(QtCore.QRect(51, 43, 215, 26))
    self.widget.setObjectName("widget")
    self.horizontalLayout = QtWidgets.QHBoxLayout(self.widget)
    self.horizontalLayout.setContentsMargins(0, 0, 0, 0)
    self.horizontalLayout.setObjectName("horizontalLayout")
    self.lineEdit_2 = QtWidgets.QLineEdit(self.widget)
    self.lineEdit_2.setObjectName("lineEdit_2")
    self.horizontalLayout.addWidget(self.lineEdit_2)
    self.pushButton_2 = QtWidgets.QPushButton(self.widget)
    self.pushButton_2.setObjectName("pushButton_2")
    self.horizontalLayout.addWidget(self.pushButton_2)

    self.retranslateUi(Form)
    QtCore.QMetaObject.connectSlotsByName(Form)

def retranslateUi(self, Form):
    _translate = QtCore.QCoreApplication.translate
    Form.setWindowTitle(_translate("Form", "Form"))
    self.pushButton_2.setText(_translate("Form", "确定"))
```

可以看到，在构建子控件 QPushButton（按钮）和 QLineEdit（文本框）时指定的父控件对象就是 QWidget，布局对象 QHBoxLayout 指定的父控件对象也是 QWidget。这与在 Qt Designer 的"对象查看器"面板中看到的对象依赖关系是一样的，如图 2-21 所示。

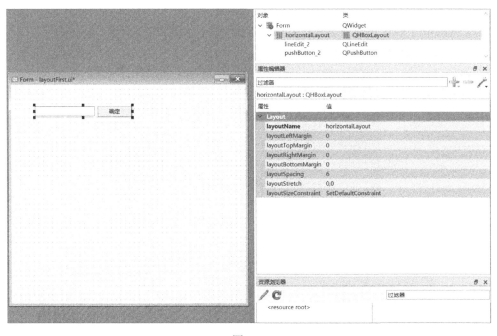

图 2-21

> **!** 注意：如果从 Widget Box 窗格中拖曳布局控件，那么其属性中的*Margin
> （*是通配符，可以匹配一个或多个字符）默认都是 0。

新建一个主窗口，以同样的方式进行水平布局、垂直布局、网格布局和表单布局，并对其中的一些控件进行简单的重命名，最终的效果如图 2-22 所示。本案例的文件名为 Chapter02/layoutWin.ui。

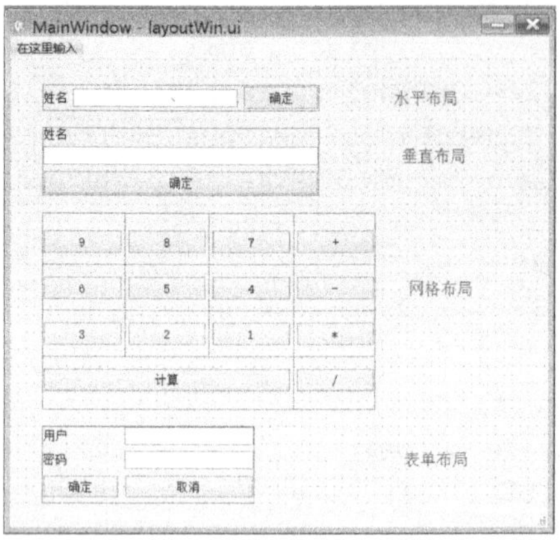

图 2-22

> **!** 注意：网格布局中的"计算"按钮默认占一个方格，对其进行拉伸就可以占 3 个方格。

在布局之后，就需要对层次有所了解。在程序设计中，一般用父子关系来表示层次，就像在 Python 中规定代码缩进量代表不同层次一样，如图 2-23 所示。

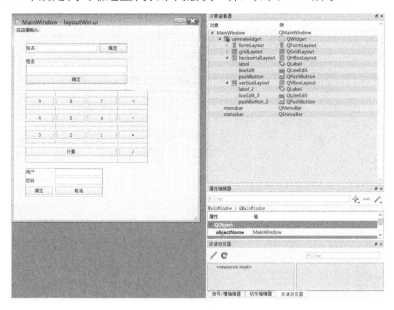

图 2-23

在"对象查看器"面板中，可以非常明显地看出窗口（MainWindow）→布局（Layout）→控件（这里是 pushButton 按钮、QLabel 标签和 QlineEdit 文本框）的层次关系。窗口一般作为顶层显示，并且将控件按照要求的布局方式进行排列。

2.2.2　使用容器控件进行布局

所谓容器控件，就是指能够容纳子控件的控件。使用容器控件的目的是将容器控件中的控件归为一类，以与其他控件进行区分。当然，使用容器控件也可以对其子控件进行布局，只不过没有布局管理器常用。下面对容器控件进行简单介绍。

同样以水平布局为例，新建一个主窗口，先从左侧 Widget Box 窗格的 Containers 栏中拖入一个 Frame 控件，然后在 Frame 控件中放入 Label 控件、LineEdit 控件和 Button 控件，并对其进行重命名，如图 2-24 所示。

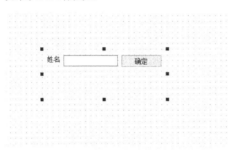

图 2-24

选中 Frame 控件并右击，在弹出的快捷菜单中选择"布局"→"水平布局"命令，结果如图 2-25 所示。

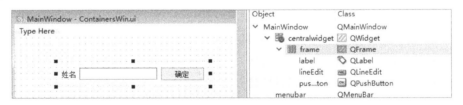

图 2-25

本案例的文件名为 Chapter02/layoutContainer.ui。将 layoutContainer.ui 文件编译为 layoutContainer.py 文件，代码如下（为方便阅读，依然使用 PyQt 6 代码，PySide 6 代码与之雷同）：

```python
from PyQt6 import QtCore, QtGui, QtWidgets

class Ui_MainWindow(object):
    def setupUi(self, MainWindow):
        MainWindow.setObjectName("MainWindow")
        MainWindow.resize(800, 600)
        self.centralwidget = QtWidgets.QWidget(MainWindow)
```

```
    self.centralwidget.setObjectName("centralwidget")
    self.frame = QtWidgets.QFrame(self.centralwidget)
    self.frame.setGeometry(QtCore.QRect(70, 40, 264, 43))
    self.frame.setFrameShape(QtWidgets.QFrame.Shape.StyledPanel)
    self.frame.setFrameShadow(QtWidgets.QFrame.Shadow.Raised)
    self.frame.setObjectName("frame")
    self.horizontalLayout = QtWidgets.QHBoxLayout(self.frame)
    self.horizontalLayout.setObjectName("horizontalLayout")
    self.label = QtWidgets.QLabel(self.frame)
    self.label.setObjectName("label")
    self.horizontalLayout.addWidget(self.label)
    self.lineEdit = QtWidgets.QLineEdit(self.frame)
    self.lineEdit.setObjectName("lineEdit")
    self.horizontalLayout.addWidget(self.lineEdit)
    self.pushButton = QtWidgets.QPushButton(self.frame)
    self.pushButton.setObjectName("pushButton")
    self.horizontalLayout.addWidget(self.pushButton)
    MainWindow.setCentralWidget(self.centralwidget)
    self.menubar = QtWidgets.QMenuBar(MainWindow)
    self.menubar.setGeometry(QtCore.QRect(0, 0, 800, 23))
    self.menubar.setObjectName("menubar")
    MainWindow.setMenuBar(self.menubar)
    self.statusbar = QtWidgets.QStatusBar(MainWindow)
    self.statusbar.setObjectName("statusbar")
    MainWindow.setStatusBar(self.statusbar)

    self.retranslateUi(MainWindow)
    QtCore.QMetaObject.connectSlotsByName(MainWindow)

def retranslateUi(self, MainWindow):
    _translate = QtCore.QCoreApplication.translate
    MainWindow.setWindowTitle(_translate("MainWindow", "MainWindow"))
    self.label.setText(_translate("MainWindow", "姓名"))
    self.pushButton.setText(_translate("MainWindow", "确定"))
```

需要注意的是，容器 QFrame 与子控件之间有一个 QHBoxLayout。可以看到，使用容器控件进行布局从本质上来说还是调用布局管理器。

2.3 Qt Designer 实战应用

通过前面的介绍，读者基本上了解了使用 Qt Designer 的整个流程，以及简单的布局管理。由于布局管理器是连接窗口和控件的桥梁，绝大多数 Qt 程序都需要布局管理器参与管理控件，因此本节仍然从布局管理器入手，对布局管理器的一些细节和要点进行详细介绍，从而帮助读者快速了解布局管理器的高级应用，并以此为基础引出程序开发的完整流程，对各个流程进行解读。

为了使读者能够快速理解本节的内容，下面从 Qt Designer 入手对与布局相关的一些基本概念进行解读。

打开 Qt Designer，新建一个主窗口，将左侧 Widget Box 窗格的 Buttons 栏的一个 Push Button 控件拖曳到窗口中，并重命名为"开始"。查看右侧的"属性编辑器"面板，这里重点对 geometry 属性、sizePolicy 属性、minimumSize 属性和 maximumSize 属性进行解读，如图 2-26 所示。了解了这几个属性，读者也就能明白控件在窗口中的位置是如何确定的。

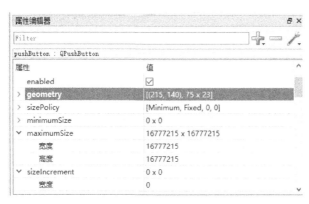

图 2-26

> **注意**：本节的案例请参考 Chapter02\layoutWin2.ui。

2.3.1 绝对布局

最简单的布局方法就是设置 geometry 属性。geometry 属性在 PyQt 中主要用来设置控件在窗口中的绝对坐标与控件自身的大小，如图 2-27 所示。

enabled	☑
∨ **geometry**	[(215, 140), 75 x 23]
X	215
Y	140
宽度	75
高度	23

图 2-27

由图 2-27 可知，这个按钮控件的左上角距离主窗口左侧 215 像素，距离主窗口上侧 140 像素，控件的宽度为 75 像素，高度为 23 像素。对应的代码如下：

```
self.pushButton = QtWidgets.QPushButton(self.centralwidget)
self.pushButton.setGeometry(QtCore.QRect(215, 140, 75, 23))
self.pushButton.setObjectName("pushButton")
```

读者既可以通过随意更改这些属性值来查看控件在窗口中的位置的变化，也可以通过更改控件在窗口中的位置及其大小来查看属性值的变化，以此更深刻地理解 geometry 属性的含义。

通过以上方法，就可以对任何一个窗口控件按照要求进行布局。这就是最简单的绝对布局。

作为一个完整的示例，下面在其中再添加一些控件。从 Display Widgets 栏中找到 Label 控件，以及从 Input Widgets 栏中找到 Double Spin Box 控件，将它们拖曳到主窗口中，如图 2-28 所示。

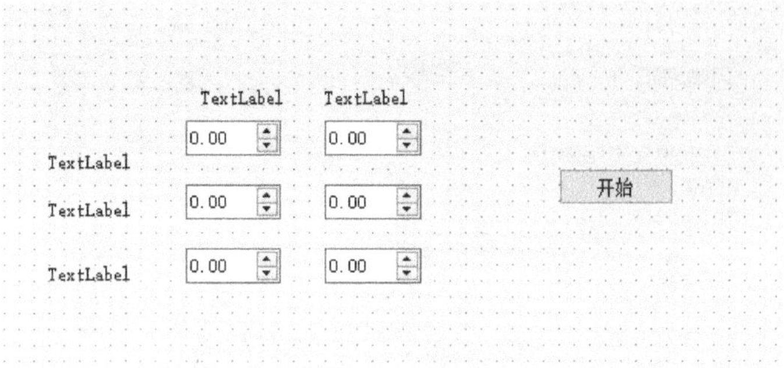

图 2-28

将 Label 控件和 Double Spin Box 控件重命名（将 Double Spin Box 控件依次命名为 doubleSpinBox_returns_min、doubleSpinBox_returns_max、doubleSpinBox_maxdrawdown_min、doubleSpinBox_maxdrawdown_max、doubleSpinBox_sharp_min 和 doubleSpinBox_sharp_max），如图 2-29 所示。

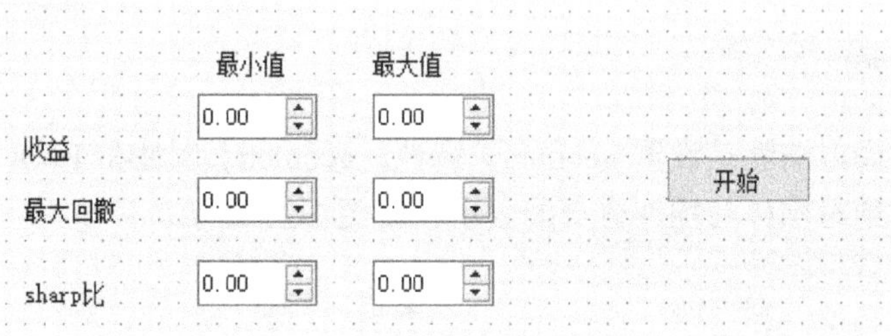

图 2-29

这样对一些窗口控件就完成了界面布局。对应的部分代码如下：

```
self.label = QtWidgets.QLabel(self.centralwidget)
self.label.setGeometry(QtCore.QRect(140, 80, 54, 12))
self.label.setObjectName("label")


self.doubleSpinBox_returns_max =
QtWidgets.QDoubleSpinBox(self.centralwidget)
self.doubleSpinBox_returns_max.setGeometry(QtCore.QRect(220, 100, 62, 22))
self.doubleSpinBox_returns_max.setObjectName ("doubleSpinBox_returns_max")
```

2.3.2 使用布局管理器进行布局

2.3.1 节通过设置每个控件在窗口中的绝对坐标和控件自身的大小,对控件进行布局管理。但是这样做每次都要手动矫正位置,操作非常麻烦,并且有时候要求控件随着窗口的大小进行动态调整,此时可以使用布局管理器。

虽然 2.2 节已经介绍了布局管理器的使用方法,但是在实际应用中,布局管理器的使用远没有这么简单,本节将通过一个相对复杂的案例来介绍布局管理器相对高级的用法。

图 2-29 中左侧第 1 列有 3 行数据,第 2 列和第 3 列分别有 4 行数据,这样不便于进行布局管理,因此,在"收益"标签上面再添加一个标签,并命名为空。

1. 垂直布局

选中左侧的 4 个标签并右击,在弹出的快捷菜单中选择"布局"→"垂直布局"命令,效果如图 2-30 所示,左侧矩形框中的 4 个标签在布局管理器中是纵向排列的。

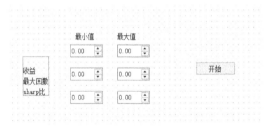

图 2-30

对应的代码如下:

```
self.verticalLayout = QtWidgets.QVBoxLayout()
self.verticalLayout.setObjectName("verticalLayout")
self.verticalLayout.addWidget(self.label_6)
self.verticalLayout.addWidget(self.label_3)
self.verticalLayout.addWidget(self.label_4)
self.verticalLayout.addWidget(self.label_5)
```

! **注意**:这里之所以没有改变这些 Label 控件的名称,是因为在实际处理业务逻辑时,不会与这些 Label 控件有任何交集。也就是说,这些 Label 控件的作用仅仅是显示"收益"、"最大回撤"和"sharp 比"这些名字,当对这些 Label 控件进行重命名时,它们的使命也就完成了。如果以代码形式来写这些 Label 控件,那么肯定是要给它们起名字的,而使用 Qt Designer 则没有这个烦恼,这也是使用 Qt Designer 的好处之一。

需要注意的是,使用布局管理器之后,在"属性编辑器"面板中可以看到这 4 个标签的 geometry 属性变成灰色(不可用),说明这 4 个标签的位置与大小已经由垂直布局管理器接管,与 geometry 属性无关。查看源代码也可以发现此时已经没有类似于以下形式的代码了:

```
self.label.setGeometry(QtCore.QRect(140, 80, 54, 12))
```

2. 网格布局

选中中间两列的 8 个控件并右击，在弹出的快捷菜单中选择"布局"→"栅格布局"命令，效果如图 2-31 所示。

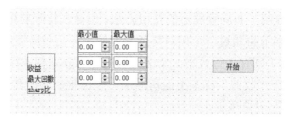

图 2-31

网格布局的意思就是该布局管理器的窗口呈网格状排列。本来这 8 个零散的控件就是呈网格状排列的，因此使用网格布局管理器正好合适。对应的代码如下：

```
self.gridLayout = QtWidgets.QGridLayout()
self.gridLayout.setObjectName("gridLayout")
self.gridLayout.addWidget(self.label, 0, 0, 1, 1)
# gridLayout.addWidget(窗口控件，行位置，列位置，要合并的行数，要合并的列数)，后两
个是可选参数
self.gridLayout.addWidget(self.label_2, 0, 1, 1, 1)
self.gridLayout.addWidget(self.doubleSpinBox_returns_min, 1, 0, 1, 1)
self.gridLayout.addWidget(self.doubleSpinBox_returns_max, 1, 1, 1, 1)
self.gridLayout.addWidget(self.doubleSpinBox_maxdrawdown_min, 2, 0, 1, 1)
self.gridLayout.addWidget(self.doubleSpinBox_maxdrawdown_max, 2, 1, 1, 1)
self.gridLayout.addWidget(self.doubleSpinBox_sharp_min, 3, 0, 1, 1)
self.gridLayout.addWidget(self.doubleSpinBox_sharp_max, 3, 1, 1, 1)
```

3. 水平布局

从 Spacers 栏中将窗口控件 Horizontal Spacer 和 Vertical Spacer 拖曳到主窗口，从 Display Widgets 栏中将 Vertical Line 控件拖曳到主窗口，效果如图 2-32 所示。

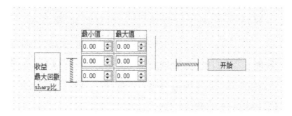

图 2-32

- Vertical Spacer 表示两个布局管理器不要彼此挨着，否则视觉效果不好。
- Horizontal Spacer 表示"开始"按钮应该与网格布局管理器尽可能离得远一些，否则视觉效果也不好。

- Vertical Line 表示"开始"按钮与左边的两个布局管理器根本不是同一个类别，用一条线把它们区分开。

对应的代码如下：

```
self.line = QtWidgets.QFrame(self.widget)  # 设置 Horizontal Line
self.line.setFrameShape(QtWidgets.QFrame.VLine)
self.line.setFrameShadow(QtWidgets.QFrame.Sunken)
self.line.setObjectName("line")

# 设置 Horizontal Spacer，200 是手动调整的结果，下面会给出说明
spacerItem1 = QtWidgets.QSpacerItem(200, 20, QtWidgets.QSizePolicy.
Preferred, QtWidgets.QSizePolicy.Minimum)

spacerItem = QtWidgets.QSpacerItem(20, 40, QtWidgets.QSizePolicy. Minimum,
QtWidgets.QSizePolicy.Expanding)                 # 设置 Vertical Spacer
```

选中所有的窗口控件并右击，在弹出的快捷菜单中选择"布局"→"水平布局"命令，效果如图 2-33 所示。

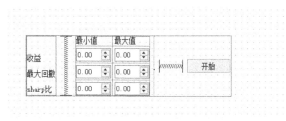

图 2-33

"开始"按钮应该离布局管理器更远一些比较合适，所以单击 horizontalSpacer 窗口控件，将 sizeType 属性更改为 preferred，sizeHint 的宽度更改为 200 像素。这样设置表示 horizontalSpacer 窗口控件希望（preferred）达到尺寸提示（sizeHint）的 200 像素×20 像素。

选择"窗体"→"预览"命令，效果如图 2-34 所示。

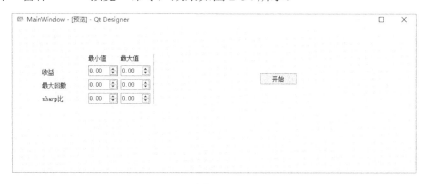

图 2-34

可以看出，呈现的结果基本上符合我们对布局管理的预期。对应的代码如下：

```
class Ui_LayoutDemo(object):  # 这里将主窗口的对象名修改为 LayoutDemo
```

```
    def setupUi(self, LayoutDemo):
LayoutDemo.setObjectName("LayoutDemo")  # 创建主窗口
LayoutDemo.resize(800, 600)
    self.centralwidget = QtWidgets.QWidget(LayoutDemo)
    # centralwidget 的父类是主窗口
    self.centralwidget.setObjectName("centralwidget")
    self.layoutWidget = QtWidgets.QWidget(self.centralwidget)
    # layoutWidget 的父类为 centralwidget
    self.layoutWidget.setGeometry(QtCore.QRect(90, 90, 391, 161))
    self.layoutWidget.setObjectName("layoutWidget")
    self.horizontalLayout = QtWidgets.QHBoxLayout(self.layoutWidget)
    # horizontalLayout 的父类是 layoutWidget
    self.horizontalLayout.setObjectName("horizontalLayout")

    # horizontalLayout 也有很多子类
    self.horizontalLayout.addLayout(self.verticalLayout)
    self.horizontalLayout.addItem(spacerItem)
    self.horizontalLayout.addLayout(self.gridLayout)
    self.horizontalLayout.addWidget(self.line)
    self.horizontalLayout.addItem(spacerItem1)
    self.horizontalLayout.addWidget(self.pushButton)
```

需要说明的是，PyQt 有一个基本原则，即主窗口中的所有窗口控件都继承自其父类。由上面的代码可以看到，从主窗口 LayoutDemo 到窗口控件是一步步继承传递的，这些事情都不需要读者操心，因为 Qt Designer 已经做好了，这也是使用 Qt Designer 的方便之处之一。

接下来介绍 minimumSize 属性、maximumSize 属性和 sizePolicy 属性。之所以要介绍这 3 个属性，是因为使用布局管理器之后，控件在布局管理器中的位置管理可以通过它们来描述。

4．minimumSize 属性和 maximumSize 属性

minimumSize 属性和 maximumSize 属性用来设置控件在布局管理器中的最小尺寸和最大尺寸，可以对 Button（按钮）的这两个属性进行设置，如图 2-35 所示。

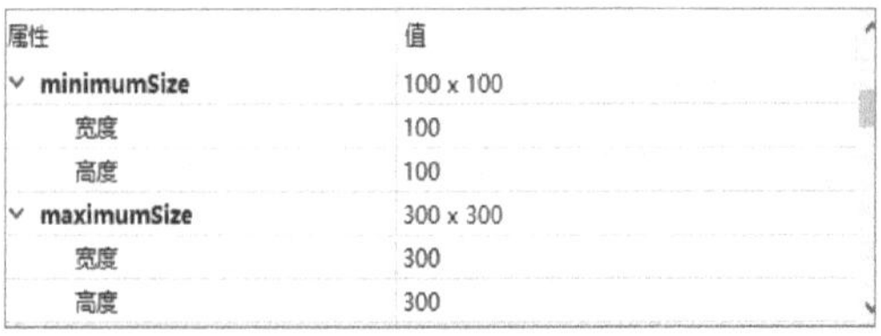

属性	值
∨ **minimumSize**	100 x 100
宽度	100
高度	100
∨ **maximumSize**	300 x 300
宽度	300
高度	300

图 2-35

对应的代码如下：

```
self.pushButton.setMinimumSize(QtCore.QSize(100, 100))
self.pushButton.setMaximumSize(QtCore.QSize(300, 300))
```

选择顶层的布局管理器进行压缩或伸展。这里有一种很方便的选择方法——因为布局管理器特别小，用鼠标基本上很难选择成功，所以可以在"对象查看器"面板中进行选择，如图 2-36 所示。

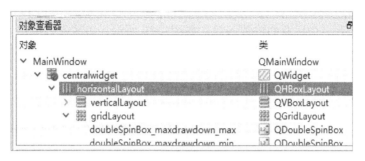

图 2-36

可以看到，无论如何压缩这个按钮，都不可能让它的宽度和高度小于 100 像素，无论如何伸展这个布局管理器，都不可能让它的宽度和高度大于 300 像素，如图 2-37 和图 2-38 所示。

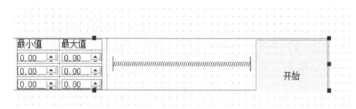

图 2-37

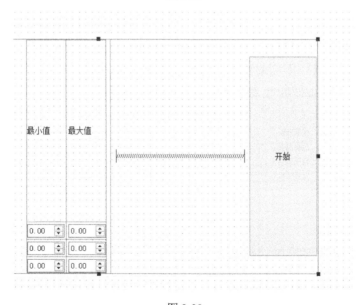

图 2-38

注意： 这个"开始"按钮的高度其实是 100 像素，只是该控件的下面有一部分"溢出"了布局管理器（见图 2-38）。

为了不影响下面的分析，可以把"开始"按钮的这两个属性还原为默认设置。在每个属性的右上侧都有一个还原的快捷入口，如图 2-39 所示，对其进行单击就可以还原为默认设置。

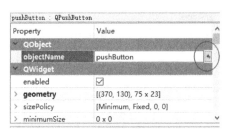

图 2-39

5．sizePolicy 属性

在介绍 sizePolicy 属性之前，需要先介绍 sizeHint 和 minimumSizeHint。

每个窗口控件都有属于自己的两个尺寸：一个是 sizeHint（推荐尺寸）；另一个是 minimumSizeHint（推荐最小尺寸）。前者是窗口控件的期望尺寸，后者是对窗口控件进行压缩时能够被压缩到的最小尺寸。如果控件没有被布局（指的是被布局管理器接管），那么这两个函数返回无效数值，否则返回对应尺寸。所以，没有被布局的控件不建议使用这两个函数。另外，若控件已经被布局，除非设置了 minimumSize 或将 sizePolicy 属性设置为 QsizePolicy.Ignore，否则控件尺寸不会小于 minimumSizeHint。

sizePolicy 属性的作用是，如果窗口控件在布局管理器中的布局不能满足我们的需求，那么可以通过设置该窗口控件的 sizePolicy 属性来实现布局的微调。sizePolicy 也是每个窗口控件所特有的属性，不同的窗口控件的 sizePolicy 属性可能不同。

按钮控件默认的 sizePolicy 属性的设置如图 2-40 所示。

sizePolicy	[Minimum, Fixed, 0, 0]
水平策略	Minimum
垂直策略	Fixed
水平伸展	0
垂直伸展	0

图 2-40

对应的代码如下：

```
sizePolicy = QtWidgets.QSizePolicy(QtWidgets.QSizePolicy.Fixed,
QtWidgets.QSizePolicy.Minimum)
sizePolicy.setHorizontalStretch(0)      # 水平伸展 0
sizePolicy.setVerticalStretch(0)        # 垂直伸展 0
sizePolicy.setHeightForWidth(self.pushButton.sizePolicy().
hasHeightForWidth())
```

```
self.pushButton.setSizePolicy(sizePolicy)
```

对 sizePolicy 属性的水平策略和垂直策略相关的解释如下。

- Fixed：窗口控件具有其 sizeHint 所提示的尺寸，并且尺寸不会再改变。
- Minimum：窗口控件的 sizeHint 所提示的尺寸就是它的最小尺寸；该窗口控件不能被压缩得比这个值小，可以扩展得更大，但是没有优势。
- Maximum：窗口控件的 sizeHint 所提示的尺寸就是它的最大尺寸；该窗口控件不能变得比这个值大，如果其他控件需要空间（如分隔线 separator line），那么该控件可以任意缩小而不会造成损害。
- Preferred：窗口控件的 sizeHint 所提示的尺寸就是它的期望尺寸；控件可以缩小，也可以变大，但是和其他控件的 sizeHint（默认 QWidget 的策略）相比没有优势。
- Expanding：窗口控件可以缩小到 minimumsizeHint 所提示的尺寸，也可以变得比 sizeHint 所提示的尺寸大，但它希望能够变得更大。
- MinimumExpanding：窗口控件的 sizeHint 所提示的尺寸就是它的最小尺寸，并且足够使用；该窗口控件不能被压缩得比这个值还小，但它希望能够变得更大。
- Ignored：无视窗口控件的 sizeHint 和 minimumsizeHint 所提示的尺寸，控件将获得尽可能多的空间。

值得注意的是，Minimum 指的是该窗口控件的尺寸不能小于 sizeHint 所提示的尺寸，Maximum 指的是该窗口控件的尺寸不能大于 sizeHint 所提示的尺寸。这与我们平常所理解的 Minimum 和 Maximum 的含义有些差别。

下面通过一个简单的例子帮助读者理解水平伸展和垂直伸展。

设置"收益"、"最大回撤"和"sharp 比"这 3 个标签的垂直伸展因子分别为 1、3 和 1，同时拉宽 horizontalLayout，效果如图 2-41 所示。

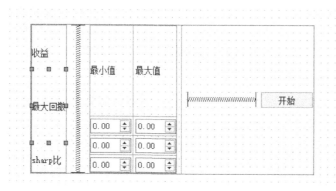

图 2-41

可以看到，"收益"、"最大回撤"和"sharp 比"这 3 个标签会分别按照 1：3：1 来缩放。对应的代码如下：

```
sizePolicy = QtWidgets.QSizePolicy(
QtWidgets.QSizePolicy.Preferred, QtWidgets.QSizePolicy.Preferred)
sizePolicy.setHorizontalStretch(0)
```

```
sizePolicy.setVerticalStretch(1)
sizePolicy.setHeightForWidth(self.label_3.sizePolicy().
hasHeightForWidth())
self.label_3.setSizePolicy(sizePolicy)

sizePolicy = QtWidgets.QSizePolicy(
QtWidgets.QSizePolicy.Preferred, QtWidgets.QSizePolicy.Preferred)
sizePolicy.setHorizontalStretch(0)
sizePolicy.setVerticalStretch(3)
sizePolicy.setHeightForWidth(self.label_4.sizePolicy().
hasHeightForWidth())
self.label_4.setSizePolicy(sizePolicy)

sizePolicy = QtWidgets.QSizePolicy(
QtWidgets.QSizePolicy. Preferred, QtWidgets.QSizePolicy.Preferred)
sizePolicy.setHorizontalStretch(0)
sizePolicy.setVerticalStretch(1)
sizePolicy.setHeightForWidth(
self.label_5.sizePolicy(). hasHeightForWidth())
self.label_5.setSizePolicy(sizePolicy)
```

至此，基本上可以按照要求对窗口控件进行布局管理，绝大部分程序界面都可以使用这种方式进行布局管理。至于通过添加一些高级控件来实现特定的功能，在后面的章节中会展开介绍。

2.3.3 其他流程补充

上面对 PySide/PyQt 布局管理做了详细介绍，对于一般的应用程序来说，学会这些已经基本可以满足需求。但是 PySide/PyQt 作为一个能够开发大型系统的框架，其功能不仅仅局限于此，接下来通过 Qt Designer 来介绍其他相关内容。

1．Qt Designer 布局的顺序

使用 Qt Designer 开发一个完整的 GUI 程序的流程如下。

（1）将一个窗口控件拖曳到窗口中并放置在大致正确的位置。除了 Containers 栏，一般不需要调整各栏的尺寸。

（2）要用代码引用的窗口控件应指定一个名字，需要微调的窗口控件可以设置对应的属性。

（3）重复前两个步骤，直到所需要的全部窗口控件都被拖曳到窗口中。

（4）如有需要，在窗口控件之间可以用 Vertical Spacer、Horizontal Spacer、Horizontal Line、Vertical Line 隔开（实际上前两个步骤就可以包含这部分内容）。

（5）选择需要布局的窗口控件，使用布局管理器或切分窗口（splitter）对它们进行布局。

（6）重复步骤（5），直到所有的窗口控件和分隔符都布局好为止。

（7）单击窗口，并使用布局管理器对其进行布局。

（8）为窗口中的标签设置伙伴关系。

（9）如果按键次序有问题，则需要设置窗口的 Tab 键次序。

（10）在适当的地方为内置的信号与槽建立信号与槽连接。

（11）预览窗口，并检查所有的内容能否按照设想进行工作。

（12）设置窗口的对象名（在类中会用到这个名字）、窗口的标题并保存。

（13）使用 Eric 或有类似功能的工具（如在命令行中使用 pyuic6 或 pyside6-uic）编译窗口，并根据需要生成对话框代码（Eric 在逻辑文件上建立信号与槽连接的方式，会在 2.4.2 节进行介绍）。

（14）进行正常的代码编写工作，即编写业务逻辑文件。

可以看到，步骤（1）～（6）和步骤（11）～（14）上面已经介绍过了，只有步骤（7）～（10）还没有介绍，下面先介绍步骤（7）～（9），然后介绍步骤（10）。

2．使用布局管理器对窗体进行布局

使用布局管理器对窗体进行布局是针对整个窗体而言的。在一般情况下，如果要将窗口控件塞满整个窗体就可以考虑对窗体进行布局。下面仅仅演示将窗口控件显示在窗体的部分空间，因此用不到窗体级别的布局管理。

使用布局管理器对窗体进行布局的方法是，在窗体的空白处右击，在弹出的快捷菜单中选择"布局"→"水平布局"（或"垂直布局"）命令，效果如图 2-42 所示。

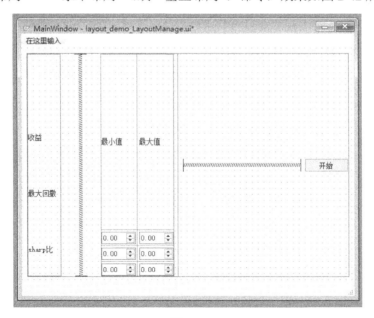

图 2-42

可以看到，布局管理器充满了整个屏幕，这不是笔者想要的结果，所以撤销这个操作。

对于不合理的布局，还有一种比较实用的解决方法，即打破布局。右击窗体，在弹出的快捷菜单中选择"布局"→"打破布局"命令，其效果和撤销操作的效果是一样的。打破布局适用于布局错了很多步的情况，这种方式比撤销更方便。

3．设置伙伴关系

先将"sharp 比"标签重命名为"&sharp 比"，然后选择 Edit→"编辑伙伴"命令，用鼠标左键按住"sharp 比"标签，向右拖曳到 doubleSpinBox_ sharp_min，如图 2-43 所示。

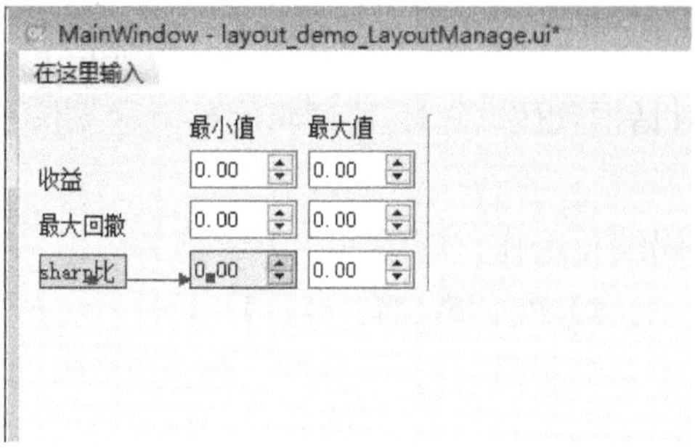

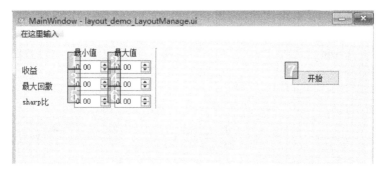

图 2-43

对应的代码如下：

```
self.label_5.setBuddy(self.doubleSpinBox_sharp_min)
```

最后进行保存，选择"窗体"→"预览窗体"命令（或按 Ctrl+R 快捷键）。

此时按 Alt+S 快捷键就会发现指针快速定位到 doubleSpinBox_ sharp_min，这就是 Label 控件和 Double Spin Box 控件之间的伙伴关系。对 Display Widgets 设置快捷键，当触发快捷键时，指针会立刻定位到与 Display Widgets 有伙伴关系的 Input Widgets 上。

需要注意的是，设置伙伴关系只对英文名字的 Display Widgets 有效，这个例子显示的名字大多数是中文的，所以"收益"和"最大回撤"这两个标签实际上无法设置伙伴关系。

4．设置 Tab 键次序

选择 Edit→"设置 Tab 键次序"命令，效果如图 2-44 所示。

图 2-44

如图 2-44 所示，1～7 这 7 个数字表示按 Tab 键时指针跳动的顺序，这个顺序符合预期，所以无须修改。

如果读者想对这个次序进行修改，只需要按照自己想要的顺序依次单击这 7 个控件即可。

设置 Tab 键次序的另一种方法如下：单击鼠标右键，在弹出的快捷菜单中选择"制表符顺序列表"命令，打开"制表符顺序列表"对话框，如图 2-45 所示。

图 2-45

在"制表符顺序列表"对话框中，任意选择某个控件并上下拖动，其他控件的顺序就会进行相应的调整。

至此，使用 Qt Designer 进行布局管理的所有内容介绍完毕，接下来就可以对这个程序进行测试了。

2.3.4　测试程序

先利用 2.1.4 节的内容将 layoutWin2.ui 文件转换为 layoutWin2.py 文件，然后新建一个文件 layoutWin2Run.py，并写入下面的代码：

```python
from PySide6.QtCore import Slot
from PySide6.QtWidgets import QMainWindow, QApplication
from  layoutWin2 import Ui_LayoutDemo

class LayoutDemo(QMainWindow, Ui_LayoutDemo):
    """
    Class documentation goes here.
    """

    def __init__(self, parent=None):
        """
        Constructor
```

```
        @param parent reference to the parent widget
        @type QWidget
        """
        super(LayoutDemo, self).__init__(parent)
        self.setupUi(self)


    @Slot()
    def on_pushButton_clicked(self):
        """
        Slot documentation goes here.
        """
        print('收益_min:', self.doubleSpinBox_returns_min.text())
        print('收益_max:', self.doubleSpinBox_returns_max.text())
        print('最大回撤_min:', self.doubleSpinBox_maxdrawdown_min.text())
        print('最大回撤_max:', self.doubleSpinBox_maxdrawdown_max.text())
        print('sharp比_min:', self.doubleSpinBox_sharp_min.text())
        print('sharp比_max:', self.doubleSpinBox_sharp_max.text())


if __name__ == "__main__":
    import sys

    app = QApplication(sys.argv)
    ui = LayoutDemo()
    ui.show()
    sys.exit(app.exec())
```

> **！ 注意：**
>
> ```
> @Slot()
> def on_pushButton_clicked(self):
> ```
>
> 　　上述代码实际上利用了 Eric 的"生成对话框代码"的功能，这是 Eric 在逻辑文件上建立信号与槽连接的方式，2.4.2 节会进行说明。关于信号与槽的更详细的用法请参考第 7 章。

运行程序，对窗口中的 Double Spin Box 控件进行修改，如图 2-46 所示。

图 2-46

单击“开始”按钮，在控制台中输出的内容如图 2-47 所示，结果符合预期。

```
>>> 收益_min: 0.30
收益_max: 0.70
最大回撤_min: 0.50
最大回撤_max: 1.00
sharp比_min: 3.23
sharp比_max: 5.64
```

图 2-47

2.4 信号与槽关联

信号/槽是 Qt 的核心机制。在创建事件循环之后，通过建立信号与槽的连接就可以实现对象之间的通信。当信号发射（Emit）时，连接的槽函数将自动执行。在 PySide/PyQt 中，信号与槽通过 QObject.signal.connect()连接。

所有从 QObject 类或其子类（如 QWidget）派生的类都能够包含信号与槽。当对象改变其状态时，信号就由该对象发射出去。槽用于接收信号，但槽函数是普通的对象成员函数。多个信号可以与单个槽进行连接，单个信号也可以与多个槽进行连接。总之，信号与槽构建了一种强大的控件编程机制。

在 Qt 编程中，通过 Qt 信号/槽机制对鼠标或键盘在界面上的操作进行响应处理，如对使用鼠标单击按钮的处理。Qt 中的控件能够发射什么信号，以及在什么情况下发射信号，在 Qt 的文档中有说明，不同的控件能够发射的信号种类和触发时机也是不同的。

那么如何为控件发射的信号指定对应的处理槽函数呢？一般有 3 种方法：第 1 种是在 Qt Designer 中添加信号与槽，第 2 种是通过代码连接信号与槽，第 3 种是通过 Eric 的“生成对话框代码”功能产生信号与槽。

2.4.1 简单入门

Qt Designer 提供了基本的编辑信号与槽的方法。首先，新建一个模板名为 Widget 的简单窗口，该窗口文件名为 MainWinSignalSlog1.ui。本案例的文件名为 PySide6/Chapter02/MainWinSignalSlog1.ui，要实现的功能是，当单击“关闭”按钮后关闭窗口。

在 Qt Designer 窗口中，左侧有一个 Buttons 栏，找到 QPushButton 控件，把它拖到窗体 Form 中。在“属性编辑器”面板中，找到按钮对应的 text 属性，把属性值改为“关闭窗口”，并将 objectName 属性的值改为 closeWinBtn，如图 2-48 所示。

图 2-48

单击工具栏中的"编辑信号/槽"按钮（或者选择 Edit→"编辑信号/槽"命令），进入信号与槽编辑模式，可以直接在发射者（"关闭窗口"按钮）上按住鼠标左键并拖到接收者（Form 窗体）上，这样就建立了连接，如图 2-49 所示。

图 2-49

接着会弹出"配置连接"对话框，如图 2-50 所示。

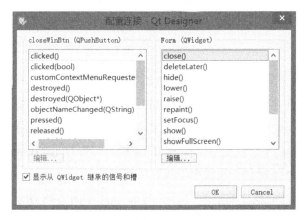

图 2-50

可以看到，按钮控件会发射很多信号，只要选择一个信号，并单击 OK 按钮，就会生成对应的槽函数对按钮发射的该信号进行处理。

由于要达到单击按钮关闭窗口的效果，因此这里勾选"显示从 QWidget 继承的信号和槽"复选框。在左侧的 closeWinBtn 按钮的信号列表框中选择 clicked()选项，在右侧的 Form 槽函数列表框中选择 close()选项，这意味着单击"关闭窗口"按钮会发射 clicked 信号，这个信号会被 Form 窗体的 close()捕捉到，并触发该窗体的 close 行为（也就是关闭该窗体）。

上面看到的是内置的信号与槽，除此之外，还可以建立自定义的槽函数。单击图 2-50 中的"编辑..."按钮，通过如图 2 51 所示的操作添加自定义槽函数 testSlot()。

图 2-51

在图 2-51 中还添加了一个自定义信号 signal1()，不过这个案例不打算使用。

需要注意的是，这种添加自定义信号和自定义槽函数的方法只适合主窗体，对于标准的控件，如本案例的 QPushButton 控件，它们的信号与槽都已经是固定的，无法修改。而主窗体是不一样的，因为可以通过子类继承主窗体，使用这些信号与槽，所以它具有很强的可扩展性。

连接信号与槽成功后，会发现在"编辑信号/槽"模式下，创建了两个信号与槽的关联，如图 2-52 所示。

将界面文件转换为 Python 文件，需要输入以下命令把 MainWinSignalSlog1.ui 文件转换为 MainWinSignalSlog1.py 文件：

```
pyside6-uic -o MainWinSignalSlog1.py MainWinSignalSlog1.ui
```

如果命令执行成功，则在 MainWinSignalSlog1.ui 文件的同级目录下会生成一个同名的.py 文件。

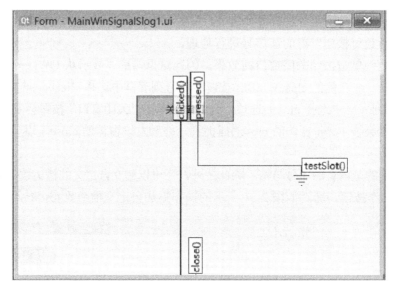

图 2-52

查看 MainWinSignalSlog1.py 文件，生成的代码如下：

```python
from PySide6 import QtCore, QtGui, QtWidgets


class Ui_Form(object):
    def setupUi(self, Form):
        Form.setObjectName("Form")
        Form.resize(452, 296)
        self.closeWinBtn = QtWidgets.QPushButton(Form)
        self.closeWinBtn.setGeometry(QtCore.QRect(150, 80, 121, 31))
        self.closeWinBtn.setObjectName("closeWinBtn")

        self.retranslateUi(Form)
        self.closeWinBtn.clicked.connect(Form.close)          # type: ignore
        self.closeWinBtn.pressed.connect(Form.testSlot)       # type: ignore
        QtCore.QMetaObject.connectSlotsByName(Form)

    def retranslateUi(self, Form):
        _translate = QtCore.QCoreApplication.translate
        Form.setWindowTitle(_translate("Form", "Form"))
        self.closeWinBtn.setText(_translate("Form", "关闭窗口"))
```

在使用命令行生成的 Python 代码中，通过如下代码直接连接 closeWinBtn 按钮的 clicked 信号和槽函数 Form.close()，以及 pressed 信号和自定义槽函数 testSlot()：

```python
self.closeWinBtn.clicked.connect(Form.close)          # type: ignore
self.closeWinBtn.pressed.connect(Form.testSlot)       # type: ignore
```

> **注意：**
> （1）使用 QObject.signal.connect()连接的槽函数不要加括号，否则会出错。
> （2）通过命令行（pyside6-uic 或 pyuic6）生成的代码中有这样一行代码：
> QtCore.QMetaObject.connect SlotsByName(Form)
> 这行代码表示根据名字连接信号与槽，这是使用 Eric 连接信号与槽的默认方法，2.4.2 节及第 7 章会进行详细介绍。

由上面的信号与槽的连接可知，当按钮的 clicked 信号发出时，会连接槽函数 Form.close()，也就是会触发 Form 窗体的关闭行为；当按钮的 pressed 信号发出时，会连接槽函数 Form.testSlot()，这个自定义槽函数需要在后面定义。需要注意的是，当触发 clicked 信号时，往往也会触发 pressed 信号，所以两者基本上会同时发出。

一般不使用 MainWinSignalSlog1.py 文件，因为每次 MainWinSignalSlog1.ui 文件发生变化都会使其自动改变。为了解决这个问题，同时为了解决窗口的显示和业务逻辑分离问题，一般会再新建一个调用它的文件 MainWinSignalSlog1Run.py，上面介绍的自定义槽函数 testSlot()就需要在这个文件中创建，从而完成整个程序的闭环。其完整代码如下：

```python
import sys
from PySide6.QtWidgets import QApplication, QMainWindow
from MainWinSignalSlog1 import Ui_Form

class MyMainWindow(QMainWindow, Ui_Form):
    def __init__(self, parent=None):
        super(MyMainWindow, self).__init__(parent)
        self.setupUi(self)

    def testSlot(self):
        print('这是一个自定义槽函数，你成功了')


if __name__ == "__main__":
    app = QApplication(sys.argv)
    myWin = MyMainWindow()
    myWin.show()
    sys.exit(app.exec())
```

运行效果如图 2-53 所示。

当单击"关闭窗口"按钮时，会触发窗口关闭行为，并且会在控制台中输出文本"这是一个自定义槽函数，你成功了"，说明成功触发了两个槽函数。

图 2-53

通过以上操作，读者可以了解信号与槽的基本用法。如果读者想进一步了解信号与槽，就会遇到两个问题：第 1 个是 PySide 有哪些信号与槽可供使用，第 2 个是如何使用这些信号与槽。

2.4.2 获取信号与槽

本节会介绍一些获取信号与槽的方法，具体如下。

1．从 Qt Designer 中获取信号与槽

在 2.4.1 节的案例中，可以通过操作（选择"编辑"→"编辑信号与槽"命令，为控件添加信号）获取所有的信号与槽，这里需要勾选"显示从 QWidget 继承的信号和槽"复选框，显示所有可用的信号与槽。如图 2-54 所示，左侧的列表框中显示的是可用的信号，右侧的列表框中显示的是可用的内置槽，如果已经添加了自定义信号与槽，那么这里也会显示出来。

图 2-54

当操作完成之后，右下角的"信号/槽 编辑器"视图中会多出一条记录，在这个视图中可以新增/删除信号与槽，效果是一样的，如图 2-55 所示。

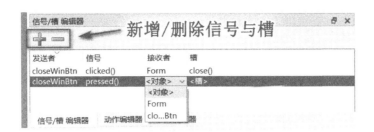

图 2-55

2. 使用 Eric 7 获取信号与槽

使用 Eric 7 需要创建工程，下面以 PySide 6 为例进行介绍。打开 Chapter02\ericProject\
ericPySide6.epj，进入工程界面，如图 2-56 所示。

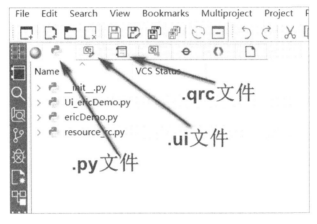

图 2-56

在这个工程中，切换到 Forms 窗口（.ui 文件），选中 ericDemo.ui 文件并右击，在弹
出的快捷菜单中选择 Generate Dialog Code 命令，如图 2-57 所示。

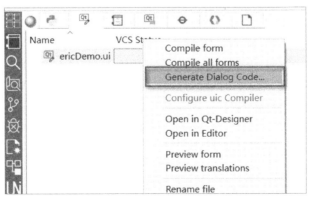

图 2-57

打开一个对话框，用来生成信号。**在这个对话框中可以查看控件的所有可用信号，**
参考图 2-58 中的操作添加信号。

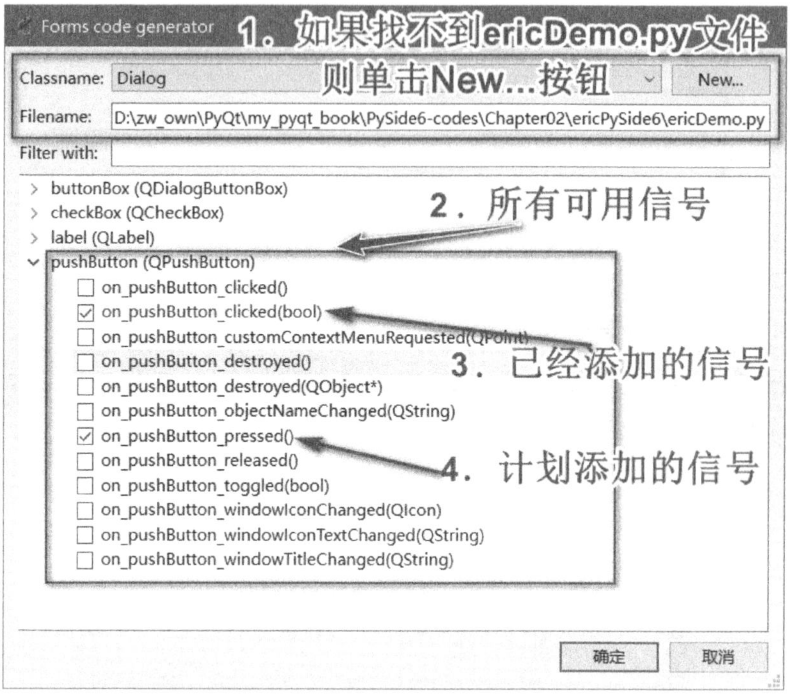

图 2-58

单击"确定"按钮，发现在 ericDemo.py 文件中新增了如下信息，这就是使用 Eric 生成的信号：

```
from PySide6.QtCore import Slot

    @Slot()
    def on_pushButton_pressed(self):
        """
        Slot documentation goes here
        """
        # TODO: not implemented yet
        raise NotImplementedError
```

在一般情况下需要对这个信号进行改写，可以参考 on_pushButton_clicked()函数：

```
from PySide6.QtCore import Slot
from PySide6.QtWidgets import QDialog, QApplication, QMessageBox

    @Slot(bool)
    def on_pushButton_clicked(self, checked):
        print('测试消息')
        QMessageBox.information(self, "标题", "测试消息")
```

当单击 pushButton 按钮时，会触发 QMessageBox 消息框，效果如图 2-59 所示。

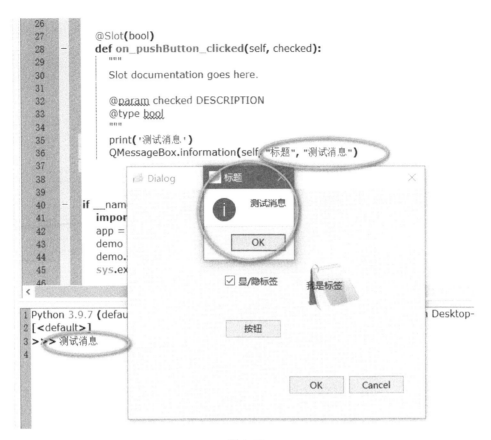

图 2-59

那么怎么理解 on_pushButton_clicked()函数呢？这个函数的功能与如下代码的功能相同：

```
self.pushButton.clicked.connect(self.myFunc)
def myFunc(self)
    print('测试消息')
    QMessageBox.information(self, "标题", "测试消息")
```

on_pushButton_clicked()函数能够正确执行的前提条件是已经执行了如下代码：

```
QMetaObject.connectSlotsByName(Dialog)
```

使用 pyside6-uic.exe 工具把.ui 文件转换为.py 文件的过程中已经自动添加了这行代码，在手写.py 文件的时候使用这种方法需要注意这一点。

3. 使用 Qt 助手获取信号与槽

打开 pyside6-assistant.exe，位置为 D:\Anaconda3\Scripts\pyside6-assistant.exe，查看官方帮助文档，可以找到当前控件/类的所有信息，包括信号与槽。如图 2-60 所示，从这个窗口中可以找到控件的信号与槽，以及父类、子类的信息。这里只给出了当前控件特有的信号与槽，如果想要知道当前控件所有的信号与槽，则需要跳转到父类。

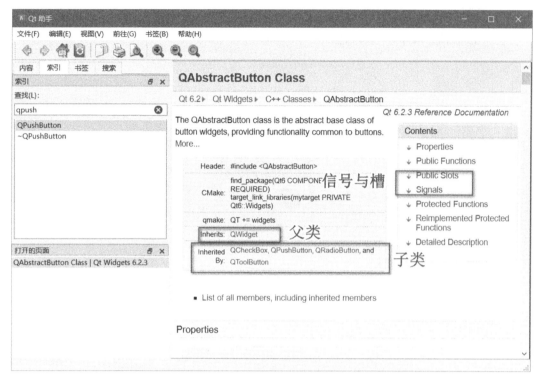

图 2-60

这种方法的好处是介绍得非常详细，如对 clicked 信号的含义及详细用法都有介绍，如图 2-61 所示。

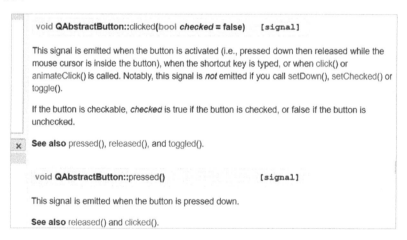

图 2-61

4．使用官方帮助网站获取信号与槽

打开官方帮助网站，可以找到所有模块的帮助快捷方式，如图 2-62 所示。

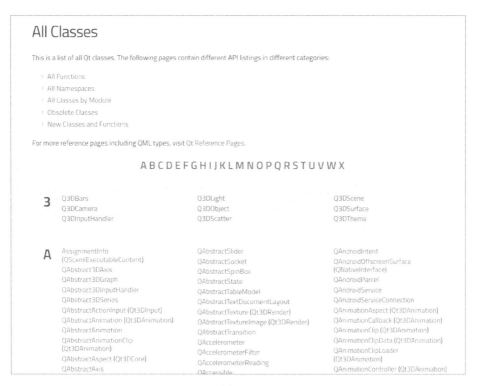

图 2-62

随便选取一个类进行跳转，其显示结果和使用 Qt 助手获取的信息是一样的，在此不再赘述。

2.4.3　使用信号/槽机制

上面在介绍信号与槽的获取方法时也顺带介绍了使用方法，对于初学者来说，可以先使用 Qt Designer 练习信号与槽，然后通过工具把.ui 文件转换为.py 文件，学习信号与槽是如何工作的，由此熟悉这种流程。等熟练之后，选择就有很多，既可以使用 Eric 熟悉 on_pushButton_clicked()函数的用法，也可以直接查看官方帮助文档找自己需要的信息。事实上，后期的学习大部分都是在和官方帮助文档打交道。

通过以上方式可以初步掌握信号/槽机制的使用方式。信号/槽机制是非常重要的内容，第 7 章会进行详细介绍。

2.5　菜单栏与工具栏

2.5.1　界面设计

Main Window 即主窗口，主要包含菜单栏、工具栏、任务栏等。先双击菜单栏中的"在这里输入"，然后输入文字，最后按 Enter 键即可生成菜单。对于一级菜单，可以通过输入"文件(&F)"和"编辑(&E)"来加入菜单的快捷键,如图 2-63 所示。需要注意的是,要按 Enter 键来确认菜单的输入。

图 2-63

在 Qt Designer 中选择"窗体"→"预览"命令,可以快速预览所生成的窗口的效果(或按 Ctrl+R 快捷键进行预览),如图 2-64 所示。

图 2-64

在本例中,先输入"文件"菜单,然后输入"打开"、"新建"和"关闭"这 3 个子菜单。子菜单可以通过"动作编辑器"面板或"属性编辑器"面板中的 Shortcut 来添加快捷键,如图 2-65 所示。

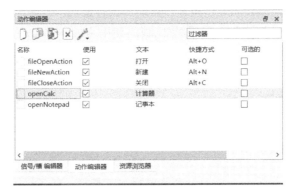

图 2-65

> **注意**：图 2-65 中的"打开"、"新建"和"关闭"这 3 个动作是通过菜单栏自动生成的，"计算器"和"记事本"需要手动添加。

双击需要编辑的动作，可以对其进行设置并添加图标、快捷键等，如图 2-66 所示。

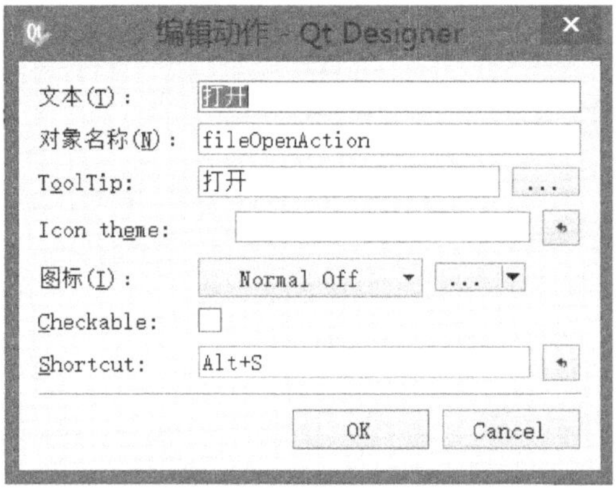

图 2-66

下面添加主窗口的工具栏。Qt Designer 默认生成的主窗口是不显示工具栏的，可以通过单击鼠标右键来添加工具栏，如图 2-67 所示。

图 2-67

在 Qt Designer 的"属性编辑器"面板中新建 openCalc，其详细信息如图 2-68 所示。

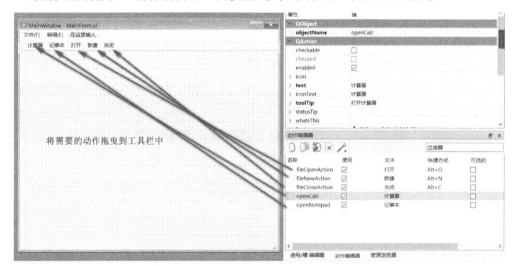

图 2-68

将需要的动作从"动作编辑器"面板拖曳到工具栏中,如图 2-69 所示。

图 2-69

在"动作编辑器"面板中自定义的动作如表 2-1 所示。

表 2-1

名　　　称	文　　　本	快　捷　键
fileOpenAction	打开	Alt + O
fileNewAction	新建	Alt + N
fileCloseAction	关闭	Alt + C
openCalc	计算器	
openNotepad	记事本	

使用 pyside6-uic 命令将.ui 文件转换为.py 文件:

```
pyside6-uic -o MainWinMenuToolbar.py MainWinMenuToolbar.ui
```

MainWinMenuToolbar.py 文件保存在 Chapter02 目录下,主要代码如下:

```python
from PySide6 import QtCore, QtGui, QtWidgets


class Ui_MainWindow(object):
    def setupUi(self, MainWindow):
        MainWindow.setObjectName("MainWindow")
        MainWindow.resize(608, 500)
        self.centralwidget = QtWidgets.QWidget(MainWindow)
        self.centralwidget.setObjectName("centralwidget")
        MainWindow.setCentralWidget(self.centralwidget)
        self.menubar = QtWidgets.QMenuBar(MainWindow)
        self.menubar.setGeometry(QtCore.QRect(0, 0, 608, 22))
        self.menubar.setObjectName("menubar")
        self.menu = QtWidgets.QMenu(self.menubar)
        self.menu.setObjectName("menu")
        self.menu_E = QtWidgets.QMenu(self.menubar)
        self.menu_E.setObjectName("menu_E")
        MainWindow.setMenuBar(self.menubar)
        self.statusbar = QtWidgets.QStatusBar(MainWindow)
        self.statusbar.setObjectName("statusbar")
        MainWindow.setStatusBar(self.statusbar)
        self.toolBar = QtWidgets.QToolBar(MainWindow)
        self.toolBar.setObjectName("toolBar")
        MainWindow.addToolBar(QtCore.Qt.ToolBarArea.TopToolBarArea,
self.toolBar)
        self.fileOpenAction = QtGui.QAction(MainWindow)
        self.fileOpenAction.setObjectName("fileOpenAction")
        self.fileNewAction = QtGui.QAction(MainWindow)
        self.fileNewAction.setObjectName("fileNewAction")
        self.fileCloseAction = QtGui.QAction(MainWindow)
        self.fileCloseAction.setObjectName("fileCloseAction")
        self.openCalc = QtGui.QAction(MainWindow)
        self.openCalc.setObjectName("openCalc")
        self.openNotepad = QtGui.QAction(MainWindow)
        self.openNotepad.setObjectName("openNotepad")
        self.menu.addAction(self.fileOpenAction)
        self.menu.addAction(self.fileNewAction)
        self.menu.addAction(self.fileCloseAction)
        self.menubar.addAction(self.menu.menuAction())
        self.menubar.addAction(self.menu_E.menuAction())
        self.toolBar.addAction(self.openCalc)
        self.toolBar.addAction(self.openNotepad)
        self.toolBar.addAction(self.fileOpenAction)
        self.toolBar.addAction(self.fileNewAction)
        self.toolBar.addAction(self.fileCloseAction)
```

```
        self.retranslateUi(MainWindow)
        QtCore.QMetaObject.connectSlotsByName(MainWindow)

    def retranslateUi(self, MainWindow):
        _translate = QtCore.QCoreApplication.translate
        MainWindow.setWindowTitle(_translate("MainWindow", "MainWindow"))
        self.menu.setTitle(_translate("MainWindow", "文件(&F)"))
        self.menu_E.setTitle(_translate("MainWindow", "编辑(&E)"))
        self.toolBar.setWindowTitle(_translate("MainWindow", "toolBar"))
        self.fileOpenAction.setText(_translate("MainWindow", "打开"))
        self.fileOpenAction.setShortcut(_translate("MainWindow", "Alt+O"))
        self.fileNewAction.setText(_translate("MainWindow", "新建"))
        self.fileNewAction.setShortcut(_translate("MainWindow", "Alt+N"))
        self.fileCloseAction.setText(_translate("MainWindow", "关闭"))
        self.fileCloseAction.setShortcut(_translate("MainWindow", "Alt+C"))
        self.openCalc.setText(_translate("MainWindow", "计算器"))
        self.openCalc.setToolTip(_translate("MainWindow", "打开计算器"))
        self.openNotepad.setText(_translate("MainWindow", "记事本"))
        self.openNotepad.setToolTip(_translate("MainWindow", "打开记事本"))
```

2.5.2 效果测试

可以通过界面文件与逻辑文件分离的方式来测试所呈现的界面效果，只需要先使用
pyside6-uic 命令将 MainWinMenuToolbar.ui 文件转换为 MainWinMenuToolbar.py 文件，然后在
MainWinMenuToolbarRun.py 文件中导入对应的类并继承即可。MainWinMenuToolbarRun.py
文件保存在 Chapter02 目录下，主要代码如下：

```
import sys
from PySide6.QtWidgets import QApplication , QMainWindow, QWidget ,
QFileDialog
from MainWinMenuToolbar import Ui_MainWindow
from PySide6.QtCore import QCoreApplication
import os


class MainForm( QMainWindow , Ui_MainWindow):
    def __init__(self):
        super(MainForm,self).__init__()
        self.setupUi(self)
        # 菜单的单击事件，当单击关闭菜单时连接槽函数 close()
        self.fileCloseAction.triggered.connect(self.close)
        # 菜单的单击事件，当单击打开菜单时连接槽函数 openMsg()
        self.fileOpenAction.triggered.connect(self.openFile)

        # 打开计算器
```

```
    self.openCalc.triggered.connect(lambda :os.system('calc'))

    # 打开记事本
    self.openNotepad.triggered.connect(lambda :os.system('notepad'))

  def openFile(self):
    file,ok= QFileDialog.getOpenFileName(self,"打开","C:/","All Files
(*);;Text Files (*.txt)")
    # 在状态栏中显示文件地址
    self.statusbar.showMessage(file)

if __name__=="__main__":
  app = QApplication(sys.argv)
  win = MainForm()
  win.show()
  sys.exit(app.exec())
```

运行脚本，显示效果如图 2-70 所示。

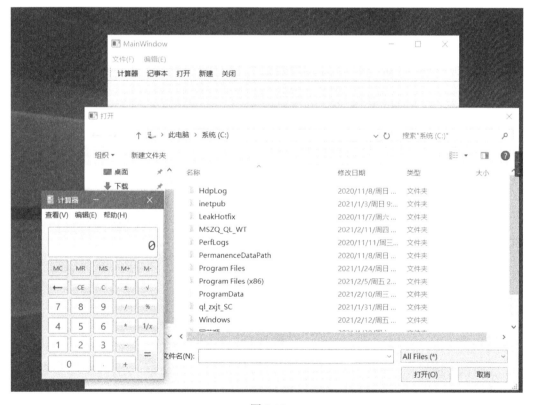

图 2-70

运行脚本所生成的界面和使用 Qt Designer 设计的界面是一样的，并且在类的初始化过程中为"打开"、"关闭"、"计算器"和"记事本"绑定了自定义的槽函数。

```
# 菜单的单击事件，当单击关闭菜单时连接槽函数 close()
```

```
self.fileCloseAction.triggered.connect(self.close)
# 菜单的单击事件，当单击打开菜单时连接槽函数 openMsg()
self.fileOpenAction.triggered.connect(self.openMsg)
# 打开计算器
self.openCalc.triggered.connect(lambda :os.system('calc'))
# 打开记事本
self.openNotepad.triggered.connect(lambda :os.system('notepad'))
```

2.6 添加图片（资源文件）

使用 PySide/PyQt 生成的应用程序引用图片资源主要有两种方法：第 1 种方法是先将资源文件转换为 Python 文件，然后引用 Python 文件；第 2 种方法是在程序中通过相对路径引用外部图片资源。这两种方法本节都会涉及，需要提前说明的是，如果只使用第 2 种方法（PyQt 6 不支持第 1 种方法），则下面的"创建资源文件"、"添加资源文件"和"转换资源文件"等步骤都可以跳过。

2.6.1 创建资源文件

在 Qt Designer 中可以很好地添加资源文件，如复制 MainWinMenuToolbar.ui 文件，将其重命名为 MainWinQrc.ui，并用 Qt Designer 打开。打开"资源浏览器"面板，按照如图 2-71 所示的步骤操作（本节涉及的图片在 Chapter02/images 目录下）。

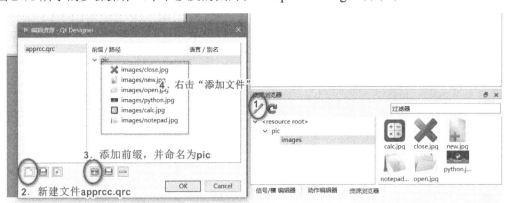

图 2-71

按照以上步骤添加图片后，可以用文本编辑器查看 apprcc.qrc 文件，发现它是 XML格式的：

```
<RCC>
  <qresource prefix="pic">
    <file>images/close.jpg</file>
    <file>images/new.jpg</file>
    <file>images/open.jpg</file>
```

```
    <file>images/python.jpg</file>
    <file>images/calc.jpg</file>
    <file>images/notepad.jpg</file>
  </qresource>
</RCC>
```

2.6.2　添加资源文件

1. 为菜单栏和工具栏添加图标

如图 2-72 所示，修改菜单栏或工具栏的 icon 属性。如果使用资源文件，则选择"选择资源…"命令；如果直接使用文件，则选择"选择文件…"命令。

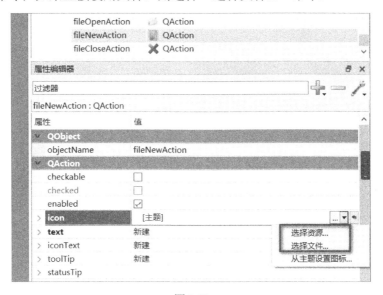

图 2-72

如果选择"选择资源…"命令，则从资源文件中导入图片；如果选择"选择文件…"命令，则引用本地文件，不需要把图片编译成资源文件后引用。如果使用的是 PyQt 6，由于它已经放弃了对资源文件的支持，因此使用"选择资源…"命令创建的图标无效，使用 PySide 6 则不存在这个问题。

本节对 fileOpenAction 和 fileNewAction 使用"选择资源…"命令，对 fileCloseAction 使用"选择文件…"命令，两者仅仅是路径上有区别，使用资源文件在将.ui 文件转换为.py 文件的过程中自动导入 apprcc_rc：

```
self.fileNewAction = QAction(MainWindow)
self.fileNewAction.setObjectName(u"fileNewAction")
icon1 = QIcon()
icon1.addFile(u":/pic/images/new.jpg", QSize(), QIcon.Normal, QIcon.Off)
self.fileNewAction.setIcon(icon1)
self.fileCloseAction = QAction(MainWindow)
self.fileCloseAction.setObjectName(u"fileCloseAction")
```

```
icon2 = QIcon()
icon2.addFile(u"images/close.jpg", QSize(), QIcon.Normal, QIcon.Off)
self.fileCloseAction.setIcon(icon2)
```

2. 在窗体中添加图片

在 Qt Designer 窗口的左侧，先将 Display Widgets 栏中的 Label 控件拖曳到窗体中间并选中它，然后在 Qt Designer 窗口的右侧的"属性编辑器"面板中找到 pixmap 属性，通过"选择资源..."命令或"选择文件..."命令选择 python.jpg，结果如图 2-73 所示。

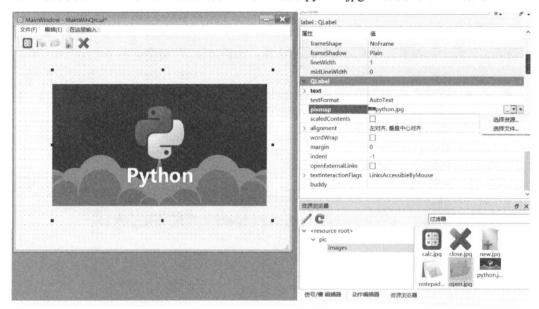

图 2-73

3. 将.ui 文件转换为.py 文件

使用 pyside6-uic 命令将.ui 文件转换为. py 文件：

```
pyside6-uic -o MainWinQrc.py MainWinQrc.ui
```

本案例的文件名为 Chapter02/MainWinQrc.py，代码如下（和 MainWinMenuToolbar.py 文件相比，添加了图片的使用方法）：

```
from PyQt6 import QtCore, QtGui, QtWidgets

class Ui_MainWindow(object):
    def setupUi(self, MainWindow):
        MainWindow.setObjectName("MainWindow")
        MainWindow.resize(608, 479)
        self.centralwidget = QtWidgets.QWidget(MainWindow)
        self.centralwidget.setObjectName("centralwidget")
        self.label = QtWidgets.QLabel(self.centralwidget)
        self.label.setGeometry(QtCore.QRect(80, 40, 491, 321))
        self.label.setText("")
```

```
        self.label.setPixmap(QtGui.QPixmap("images/python.jpg"))
        self.label.setObjectName("label")
        MainWindow.setCentralWidget(self.centralwidget)
        self.menubar = QtWidgets.QMenuBar(MainWindow)
        self.menubar.setGeometry(QtCore.QRect(0, 0, 608, 22))
        self.menubar.setObjectName("menubar")
        self.menu = QtWidgets.QMenu(self.menubar)
        self.menu.setObjectName("menu")
        self.menu_E = QtWidgets.QMenu(self.menubar)
        self.menu_E.setObjectName("menu_E")
        MainWindow.setMenuBar(self.menubar)
        self.statusbar = QtWidgets.QStatusBar(MainWindow)
        self.statusbar.setObjectName("statusbar")
        MainWindow.setStatusBar(self.statusbar)
        self.toolBar = QtWidgets.QToolBar(MainWindow)
        self.toolBar.setObjectName("toolBar")
        MainWindow.addToolBar(QtCore.Qt.ToolBarArea.TopToolBarArea,
self.toolBar)
        self.fileOpenAction = QtGui.QAction(MainWindow)
        icon = QtGui.QIcon()
        icon.addPixmap(QtGui.QPixmap(":/pic/images/open.jpg"),
QtGui.QIcon.Mode.Normal, QtGui.QIcon.State.Off)
        self.fileOpenAction.setIcon(icon)
        self.fileOpenAction.setObjectName("fileOpenAction")
        self.fileNewAction = QtGui.QAction(MainWindow)
        icon1 = QtGui.QIcon()
        icon1.addPixmap(QtGui.QPixmap(":/pic/images/new.jpg"),
QtGui.QIcon.Mode.Normal, QtGui.QIcon.State.Off)
        self.fileNewAction.setIcon(icon1)
        self.fileNewAction.setObjectName("fileNewAction")
        self.fileCloseAction = QtGui.QAction(MainWindow)
        icon2 = QtGui.QIcon()
        icon2.addPixmap(QtGui.QPixmap("images/close.jpg"),
QtGui.QIcon.Mode.Normal, QtGui.QIcon.State.Off)
        self.fileCloseAction.setIcon(icon2)
        self.fileCloseAction.setObjectName("fileCloseAction")
        self.openCalc = QtGui.QAction(MainWindow)
        icon3 = QtGui.QIcon()
        icon3.addPixmap(QtGui.QPixmap(":/pic/images/calc.jpg"),
QtGui.QIcon.Mode.Normal, QtGui.QIcon.State.Off)
        self.openCalc.setIcon(icon3)
        self.openCalc.setObjectName("openCalc")
        self.openNotepad = QtGui.QAction(MainWindow)
        icon4 = QtGui.QIcon()
        icon4.addPixmap(QtGui.QPixmap("images/notepad.jpg"),
QtGui.QIcon.Mode.Normal, QtGui.QIcon.State.Off)
```

```
        self.openNotepad.setIcon(icon4)
        self.openNotepad.setObjectName("openNotepad")
        self.menu.addAction(self.fileOpenAction)
        self.menu.addAction(self.fileNewAction)
        self.menu.addAction(self.fileCloseAction)
        self.menubar.addAction(self.menu.menuAction())
        self.menubar.addAction(self.menu_E.menuAction())
        self.toolBar.addAction(self.openCalc)
        self.toolBar.addAction(self.openNotepad)
        self.toolBar.addAction(self.fileOpenAction)
        self.toolBar.addAction(self.fileNewAction)
        self.toolBar.addAction(self.fileCloseAction)

        self.retranslateUi(MainWindow)
        QtCore.QMetaObject.connectSlotsByName(MainWindow)

    def retranslateUi(self, MainWindow):
        _translate = QtCore.QCoreApplication.translate
        MainWindow.setWindowTitle(_translate("MainWindow", "MainWindow"))
        self.menu.setTitle(_translate("MainWindow", "文件(&F)"))
        self.menu_E.setTitle(_translate("MainWindow", "编辑(&E)"))
        self.toolBar.setWindowTitle(_translate("MainWindow", "toolBar"))
        self.fileOpenAction.setText(_translate("MainWindow", "打开"))
        self.fileOpenAction.setShortcut(_translate("MainWindow", "Alt+O"))
        self.fileNewAction.setText(_translate("MainWindow", "新建"))
        self.fileNewAction.setShortcut(_translate("MainWindow", "Alt+N"))
        self.fileCloseAction.setText(_translate("MainWindow", "关闭"))
        self.fileCloseAction.setShortcut(_translate("MainWindow", "Alt+C"))
        self.openCalc.setText(_translate("MainWindow", "计算器"))
        self.openCalc.setToolTip(_translate("MainWindow", "打开计算器"))
        self.openNotepad.setText(_translate("MainWindow", "记事本"))
        self.openNotepad.setToolTip(_translate("MainWindow", "打开记事本"))
```

2.6.3　转换资源文件

如果没有使用资源文件，则可以跳过这一步。

使用 PySide 6 提供的 pyside6-rcc 命令（PyQt 6 放弃了对资源文件的支持，这里不适合使用 PyQt 6）可以将 apprcc.qrc 文件转换为 apprcc_rc.py 文件（之所以添加_rc，是因为使用 Qt Designer 导入资源文件时默认是加_rc 的，这里是为了与 Qt Designer 保持一致）：

```
pyside6-rcc apprcc.qrc -o apprcc_rc.py
```

转换完成后，在同级目录下会多出一个与.qrc 文件同名的.py 文件。查看 apprcc_rc.py 文件，代码如下：

```
from PySide6 import QtCore
```

```
qt_resource_data = b"\
\x00\x00\x42\x3e\
\x00\x01\x00\x01\x00\x40\x40\x00\x00\x01\x00\x20\x00\x28\x42\x00\
# 由于代码较多，因此此处省略了多行代码
\xf0\x00\x7f\xff\xff\xff\xff\xff\xfc\x01\xff\xff\xff\
"

qt_resource_name = b"\
\x00\x03\
# 由于代码较多，因此此处省略了多行代码
\x00\x61\x00\x72\x00\x74\x00\x6f\x00\x6f\x00\x6e\x00\x32\x00\x2e\x00\x69\x
00\x63\x00\x6f\
"

qt_resource_struct = b"\
\x00\x00\x00\x00\x00\x02\x00\x00\x00\x01\x00\x00\x00\x01\
# 由于代码较多，因此此处省略了多行代码
\x00\x00\x00\x78\x00\x00\x00\x00\x00\x01\x00\x00\xc6\xc6\
"

def qInitResources():
    QtCore.qRegisterResourceData(0x01, qt_resource_struct, qt_resource_
name, qt_resource_data)

def qCleanupResources():
    QtCore.qUnregisterResourceData(0x01, qt_resource_struct, qt_resource_
name, qt_resource_data)

qInitResources()
```

可以看出，apprcc_rc.py 文件已经使用 QtCore.qRegisterResourceData 进行了初始化注册，所以可以直接引用该文件。

2.6.4　效果测试

为了使窗口的显示和业务逻辑分离，需要新建一个调用窗口显示的文件 MainWinQrcRun.py，主要代码如下：

```
import sys
from PySide6.QtWidgets import QApplication, QMainWindow, QWidget,
QFileDialog
from MainWinQrc import Ui_MainWindow
from PySide6.QtCore import QCoreApplication
import os
```

```
class MainForm(QMainWindow, Ui_MainWindow):
    def __init__(self):
        super(MainForm, self).__init__()
        self.setupUi(self)
        # 菜单的单击事件，当单击关闭菜单时连接槽函数 close()
        self.fileCloseAction.triggered.connect(self.close)
        # 菜单的单击事件，当单击打开菜单时连接槽函数 openMsg()
        self.fileOpenAction.triggered.connect(self.openFile)

        # 打开计算器
        self.openCalc.triggered.connect(lambda: os.system('calc'))

        # 打开记事本
        self.openNotepad.triggered.connect(lambda: os.system('notepad'))

    def openFile(self):
        file, ok = QFileDialog.getOpenFileName(self, "打开", "C:/", "All
Files (*);;Text Files (*.txt)")
        # 在状态栏中显示文件地址
        self.statusbar.showMessage(file)


if __name__ == "__main__":
    app = QApplication(sys.argv)
    win = MainForm()
    win.show()
    sys.exit(app.exec())
```

运行 MainWinQrcRun.py 文件，显示效果如图 2-74 所示。

图 2-74

运行脚本一切正常，可以在窗口中看到导入的图片。

！ 注意：这个案例如果运行 PyQt 6 的程序，就不会显示资源文件的图片信息，这是因为 PyQt 6 放弃了对资源文件的支持。如图 2-75 所示，"记事本"控件和"关闭"控件使用"选择文件..."命令引用，可以正常显示图标，"计算器"控件、"打开"控件和"新建"控件使用"选择资源..."命令引用，图标无法显示。

图 2-75

## 第 3 章

基本窗口控件（上）

本书把窗口控件分为基础控件和高级控件。可以将基础控件看作一些简单的、容易使用的控件，主要是单一控件，可以呈现简单信息；高级控件是相对复杂一些的控件，如表格与多窗口（页面）控件，可以显示更多、更复杂的信息。从内容上来看，本章主要介绍一些简单的控件，如主窗口、标签显示、文本输入、按钮类控件、日期时间控件和滑动控件等。

3.1 主窗口（QMainWindow/QWidget/QDialog）

主窗口为用户提供了一个应用程序框架。它有自己的布局，可以在布局中添加控件。在主窗口中可以添加控件，如可以将工具栏、菜单栏和状态栏等添加到布局管理器中。

3.1.1 窗口类型

打开 Qt Designer，第一步就是创建窗口，可以创建 3 种窗口，分别是 Dialog、Widget 和 Main Window，对应的类为 QDialog、QWidget 和 QMainWindow。

QMainWindow、QWidget 和 QDialog 都是用来创建窗口的，既可以直接使用，也可以继承后再使用。QMainWindow 和 QDialog 都继承自 QWidget，并对 QWidget 进行了扩展，前者往主窗口方向扩展，后者往对话框方向扩展。

QMainWindow 窗口可以包含菜单栏、工具栏、状态栏、标题栏等，是最常见的窗口形式，也可以说是 GUI 程序的主窗口，如图 3-1 所示。

QDialog 是对话框窗口的基类。对话框主要用来执行短期任务，或者与用户进行互动。对话框可以是模态的，也可以是非模态的。QDialog 窗口没有菜单栏、工具栏、状态栏等，如图 3-2 所示。

图 3-1

图 3-2

QWidget 主要用于嵌入窗口，如嵌入主窗口，以及作为多窗口应用的子窗口等。如果不需要菜单栏、工具栏、状态栏、标题栏等，则可以把它当成主窗口使用。

关于 QMainWindow、QWidget 和 QDialog 的详细区别使用 Qt Designer 生成的代码可以看出，具体如下。

（1）使用 Qt Designer 生成 QMainWindow 窗口的默认代码如下：

```python
class Ui_MainWindow(object):
    def setupUi(self, MainWindow):
        if not MainWindow.objectName():
            MainWindow.setObjectName(u"MainWindow")
        MainWindow.resize(800, 600)
        self.centralwidget = QWidget(MainWindow)
        self.centralwidget.setObjectName(u"centralwidget")
        MainWindow.setCentralWidget(self.centralwidget)
        self.menubar = QMenuBar(MainWindow)
        self.menubar.setObjectName(u"menubar")
        self.menubar.setGeometry(QRect(0, 0, 800, 22))
        MainWindow.setMenuBar(self.menubar)
        self.statusbar = QStatusBar(MainWindow)
        self.statusbar.setObjectName(u"statusbar")
        MainWindow.setStatusBar(self.statusbar)

        self.retranslateUi(MainWindow)

        QMetaObject.connectSlotsByName(MainWindow)
```

由此可见，默认添加了菜单栏、状态栏等，并设置 QWidget 为中心窗口。

（2）使用 Qt Designer 生成 QWidget 窗口的默认代码如下：

```python
class Ui_Form(object):
    def setupUi(self, Form):
        if not Form.objectName():
            Form.setObjectName(u"Form")
        Form.resize(400, 300)

        self.retranslateUi(Form)

        QMetaObject.connectSlotsByName(Form)
```

上述代码对应一个空窗口。

（3）使用 Qt Designer 生成 QDialog 窗口（无按钮）的默认代码如下：

```
class Ui_Dialog(object):
    def setupUi(self, Dialog):
        if not Dialog.objectName():
            Dialog.setObjectName(u"Dialog")
        Dialog.resize(400, 300)

        self.retranslateUi(Dialog)

        QMetaObject.connectSlotsByName(Dialog)
```

上述代码对应的也是一个空窗口（空的对话框）。

使用原则如下。

- 如果是主窗口，则使用 QMainWindow 类。
- 如果是对话框，则使用 QDialog 类。
- 如果要嵌入窗口，则使用 QWidget 类。

3.1.2 创建主窗口

基础窗口控件 QWidget 是所有用户界面对象的基类，所有的窗口和控件都直接或间接继承自 QWidget。QMainWindow 是对 QWidget 的继承，方便添加菜单栏、工具栏、状态栏等，因此，创建主窗口主要使用 QMainWindow。

窗口控件（Widget，简称控件）是在 PySide 6 中建立界面的主要元素。在 PySide 6 中把没有嵌入其他控件中的控件称为窗口，窗口一般都有边框、标题栏。窗口是指程序的整体界面，可以包含标题栏、菜单栏、工具栏、"关闭"按钮、"最小化"按钮、"最大化"按钮等；控件是指按钮、复选框、文本框、表格、进度条等这些组成程序的基本元素。一个程序可以有多个窗口，一个窗口也可以有多个控件。

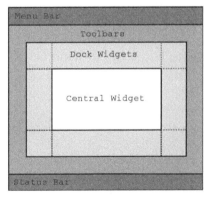

图 3-3

一个程序包含一个或多个窗口或控件，必定有一个窗口是其他窗口的父类，将这个窗口称为主窗口（或顶层窗口）。其他窗口或控件继承主窗口，方便对它们进行管理，在需要的时候启动，在不需要的时候删除。主窗口一般是 QMainWindow 的实例，QMainWindow 中用一个控件（QWidget）占位符来占着中心窗口，可以使用 setCentralWidget()函数来设置中心窗口，如图 3-3 所示。

QMainWindow 中比较重要的函数如表 3-1 所示。

表 3-1

函　　数	描　　述
addToolBar()	添加工具栏
centralWidget()	返回中心窗口的一个控件，未设置时返回 NULL
menuBar()	返回主窗口的菜单栏
setCentralWidget()	设置中心窗口的控件
setStatusBar()	设置状态栏
statusBar()	获得状态栏对象后，调用状态栏对象的 showMessage(message, int timeout = 0)方法显示状态栏信息。其中，第 1 个参数是要显示的状态栏信息；第 2 个参数是信息停留的时间，单位是毫秒，默认是 0，表示一直显示状态栏信息

> **!** 　　**注意**：QMainWindow 不能用于设置布局（使用 setLayout()函数），因为主窗口的程序默认已经有了自己的布局管理器。每个 QMainWindow 类都有一个中心控件 QWidget（中心窗口），可以对该 QWidget 布局来近似实现对 QMainWindow 的布局，中心控件由 setCentralWidget 来添加。具体如下：
>
> ```
> # 添加布局管理器
> layout = QVBoxLayout()
> widget = QWidget(self)
> widget.setLayout(layout)
> self.setCentralWidget(widget)
> ```

案例 3-1　创建主窗口

本案例的文件名为 Chapter03/MainWin.py，用于演示在 PySide 6 中创建主窗口的常见操作，主要代码如下：

```
class MainWidget(QMainWindow):
    def __init__(self, parent=None):
        super(MainWidget, self).__init__(parent)
        # 设置主窗体标签
        self.setWindowTitle("QMainWindow 例子")
        self.resize(800, 400)
        self.status = self.statusBar()


        # 添加布局管理器
        layout = QVBoxLayout()
        widget = QWidget(self)
        widget.setLayout(layout)
        widget.setGeometry(QtCore.QRect(200, 150, 200, 200))
        # self.setCentralWidget(widget)
        self.widget = widget
```

```python
        # 关闭主窗口
        self.button1 = QPushButton('关闭主窗口')
        self.button1.clicked.connect(self.close)
        layout.addWidget(self.button1)

        # 主窗口居中显示
        self.button2 = QPushButton('主窗口居中')
        self.button2.clicked.connect(self.center)
        layout.addWidget(self.button2)

        # 显示图标
        self.button3 = QPushButton('显示图标')

self.button3.clicked.connect(lambda :self.setWindowIcon(QIcon('./images/
cartoon1.ico')))
        layout.addWidget(self.button3)

        # 显示状态栏
        self.button4 = QPushButton('显示状态栏')
        self.button4.clicked.connect(lambda: self.status.showMessage("这是状
态栏提示，5 秒钟后消失", 5000))
        layout.addWidget(self.button4)

        # 显示窗口坐标和大小
        self.button5 = QPushButton('显示窗口坐标及大小')
        self.button5.clicked.connect(self.show_geometry)
        layout.addWidget(self.button5)


    def center(self):
        screen = QGuiApplication.primaryScreen().geometry()
        size = self.geometry()
        self.move((screen.width() - size.width()) / 2, (screen.height() -
size.height()) / 2)

    def show_geometry(self):
        print('主窗口坐标信息，相对于屏幕')
        print('主窗口: x={}, y={}, width={}, height={}: '
.format(self.x(),self.y(),self.width(),self.height()))
        print('主窗口 geometry: x={}, y={}, width={}, height={}: '
.format(self.geometry().x(),self.geometry().y(),self.geometry().width(),
self.geometry().height()))
        print('主窗口 frameGeometry: x={}, y={}, width={}, height={}: '
.format(self.frameGeometry().x(),self.frameGeometry().y(),self.frameGeometry
().width(),self.frameGeometry().height()))
```

```
    print('\n 子窗口 QWidget 坐标信息，相对于主窗口：')
    print('子窗口 self.widget: x={}, y={}, width={}, height={}: '
.format(self.widget.x(),self.widget.y(),self.widget.width(),self.widget
.height()))
    print('子窗口 self.widget.geometry: x={}, y={}, width={}, height={}: '
.format(self.widget.geometry().x(),self.widget.geometry().y(),self.widget.
geometry().width(),self.widget.geometry().height()))
    print('子窗口 self.widget.frameGeometry: x={}, y={}, width={},
height={}: '
.format(self.widget.frameGeometry().x(),self.widget.frameGeometry().y(),
self.widget.frameGeometry().widLh(),self.widget.frameGeometry().height()))


if __name__ == "__main__":
    app = QApplication.instance()
    if app == None:
        app = QApplication(sys.argv)
    main = MainWidget()
    main.show()
    app.exec()
```

运行脚本，显示效果如图 3-4 所示。

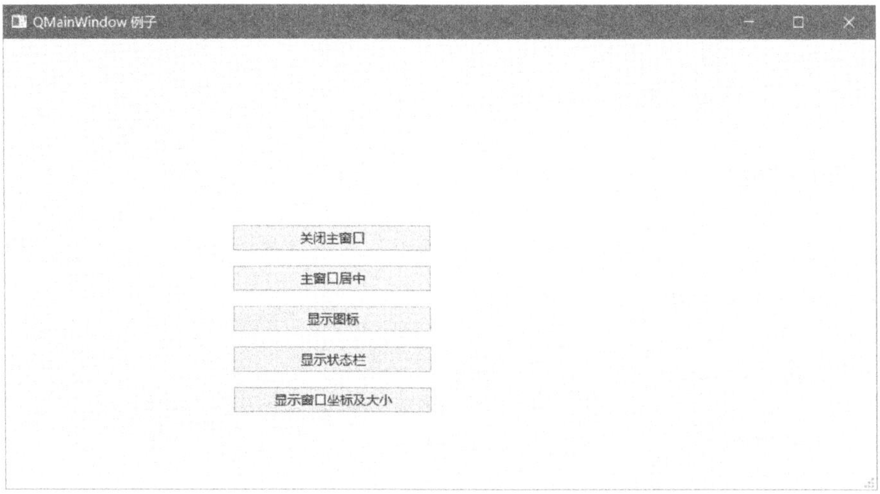

图 3-4

该主窗口是一个自定义的窗口类 MainWindow，继承了主窗口 QMainWindow 所有的属性和方法，并使用父类 QMainWindow 的构造函数 super()初始化窗口。通过子类 QWidget 来绑定一个布局管理器 QVBoxLayout，在 QVBoxLayout 中添加几个按钮，每个按钮都绑定相应的槽函数。

下面介绍对主窗口的操作。

3.1.3 移动主窗口

对应按钮"主窗口居中",代码如下:

```
# 主窗口居中显示
self.button2 = QPushButton('主窗口居中')
self.button2.clicked.connect(self.center)
layout.addWidget(self.button2)


def center(self):
    screen = QGuiApplication.primaryScreen().geometry()
    size = self.geometry()
    self.move((screen.width() - size.width()) / 2, (screen.height() -
size.height()) / 2)
```

单击"主窗口居中"按钮,窗口位置发生变化,主要代码如下:

```
screen = QGuiApplication.primaryScreen().geometry()
```

该行语句用来计算显示屏幕的大小,screen 是一个 QRect 类。QRect(int left,int top,int width,int height)中的 left 和 top 表示距离左侧和顶部的距离,width 和 height 表示屏幕(窗口)的宽度和高度,这些参数可以用 screen.left()、screen.top()、screen.width()和 screen.height()来获取。

```
size = self.geometry()
```

该行语句用来获取 QWidget 窗口的大小。size 和 screen 一样,也是一个 QRect 类。

```
self.move((screen.width()- size.width()) / 2, (screen.height() -
size.height()) / 2)
```

该行语句用来将窗口移到屏幕中间。

3.1.4 添加图标

程序图标就是一张小图片,通常在标题栏的左上角显示。对应按钮"显示图标",这里添加图标使用了 lambda 表达式,代码如下:

```
# 显示图标
self.button3 = QPushButton('显示图标')
self.button3.clicked.connect(lambda :self.setWindowIcon(QIcon('./images/
cartoon1.ico')))
layout.addWidget(self.button3)
```

运行效果如图 3-5 所示,左上角显示了图标。

使用 setWindowIcon()函数可以设置程序图标,但该方法需要一个 QIcon 类型的对象作为参数。在调用 QIcon 对象构造函数时,需要提供图标路径(相对路径或绝对路径)。

图 3-5

3.1.5　显示状态栏

对应按钮"显示状态栏"，这里同样使用了 lambda 表达式：

```
# 显示状态栏
self.button4 = QPushButton('显示状态栏')
self.button4.clicked.connect(lambda: self.status.showMessage("这是状态栏提
示，5秒钟后消失", 5000))
layout.addWidget(self.button4)
```

运行效果如图 3-6 所示。

图 3-6

3.1.6　窗口坐标系统

PySide 6 使用统一的坐标系统来定位窗口控件的位置和大小。具体的坐标系统如图 3-7
所示。

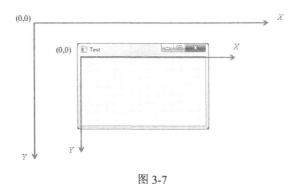

图 3-7

以屏幕的左上角为原点，即(0, 0)，从左向右为 X 轴正向，从上向下为 Y 轴正向，整个屏幕的坐标系统就是用来定位主窗口的。

此外，在窗口内部也有自己的坐标系统，该坐标系统仍然以左上角为原点，从左向右为 X 轴正向，从上向下为 Y 轴正向，原点、X 轴、Y 轴围成的区域叫作客户区（Client Area），客户区的周围是标题栏（Window Title）和边框（Frame）。

如图 3-8 所示，Qt 提供了分析 QWidget 几何结构的一张图，在帮助文档的 Window and Dialog Widgets 中可以找到相关的内容。

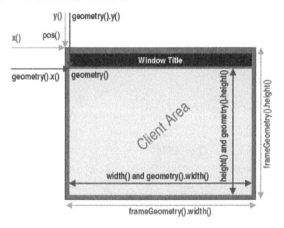

图 3-8

从图 3-8 中可以看出，这些成员函数分为 3 类。

（1）QWidget 直接提供的成员函数：使用 x()和 y()可以获得窗口左上角的坐标，使用 width()和 height()可以获得客户区的宽度和高度（**x、y、width 和 height 都不包含窗口边框与标题栏**）。

（2）QWidget 的 geometry()提供的成员函数：QWidget.geometry()返回 QtCore.QRect(x, y,width,height)，这里的 left=x，top=y，所以也可以认为是 QtCore.QRect(left,top,width, height)，x、y、width 和 height 的含义与上面的相同，只不过这里的 x 和 y 包含窗口的边框与标题栏，width 和 height 不包含窗口的边框与标题栏，也就是说：

```
QWidget.geometry().x()=QWidget.geometry().left()>=QWidget.x();
QWidget.geometry().y()=QWidget.geometry().right()>=QWidget.y();
QWidget.geometry().width()=QWidget.width();
QWidget.geometry().height()=QWidget.height()。
```

（3）QWidget 的 frameGeometry()提供的成员函数：和 geometry()一样，QWidget. frameGeometry()也返回 QtCore.QRect(x,y,width,height)。只不过它的 **width 和 height** 包含边框与标题栏，**x 和 y 不包含边框与标题栏**，也就是说：

```
QWidget.frameGeometry().x()=QWidget.frameGeometry().left()=QWidget.x();
QWidget.frameGeometry().y()=QWidget.frameGeometry().right()=QWidget.y();
QWidget.frameGeometry().width()>QWidget.width();
QWidget.frameGeometry().height()>QWidget.height()。
```

！　　　注意：这里的 x、y、width 和 height 是相对于父窗口（类）的坐标，以及宽和高。对于主窗口来说，需要考虑边框和菜单栏的问题，x 和 y 的相对起点是屏幕的左上角。对于子窗口来说，其相对起点是父窗口的左上角。

其他坐标相关函数如下：

```
QWidget.pos()              # x 和 y 的组合，返回 QtCore.QPoint(x, y)
*.size()   # width 和 height 的组合，返回 QtCore.QSize(width, hight)，QMainWindow/
QWidget/QDialog 都可调用 QWidget.size()，
QWidget.geometry().size()，QWidget.frameGeometry().size()
QWidget.frameSize()       # 相当于 QWidget.frameGeometry().size()
```

设置位置和尺寸：

```
move(x, y)                # 操控的是 x 和 y，也就是 pos，包括窗口边框
resize(width, height)     # 操控的是宽和高，不包括窗口边框。如果小于最小值，就无效
setGeometry(x_noFrame, y_noFrame, width, height)  # 注意，此处参照为用户区域
# 在 show 之后设置
adjustSize()              # 根据内容自适应大小。单次有效，在设置内容后面使用
setFixedSize()            # 设置固定尺寸
```

设置最大尺寸和最小尺寸：

```
minimumWidth()           # 返回最小尺寸的宽度
minimumHeight()          # 返回最小尺寸的高度
minimumSize()            # 返回最小尺寸
maximumWidth()           # 返回最大尺寸的宽度
maximumHeight()          # 返回最大尺寸的高度
maximumSize()            # 返回最大尺寸
setMaximumWidth()        # 返回设置的最大宽度
setMaximumHeight()       # 返回设置的最大高度
setMaximumSize()         # 返回设置的最大尺寸
setMinimumWidth()        # 返回设置的最小宽度
setMinimumHeight()       # 返回设置的最小高度
setMinimumSize()         # 返回设置的最小尺寸
```

单击"显示窗口坐标及大小"按钮就会在控制台中输出窗口的坐标系统。相关代码如下：

```
# 显示窗口坐标和大小
self.button5 = QPushButton('显示窗口坐标及大小')
self.button5.clicked.connect(self.show_geometry)
layout.addWidget(self.button5)
def show_geometry(self):
    print('主窗口坐标信息，相对于屏幕')
    print('主窗口: x={}, y={}, width={}, height={}: '
.format(self.x(),self.y(),self.width(),self.height()))
    print('主窗口 geometry: x={}, y={}, width={}, height={}: '
.format(self.geometry().x(),self.geometry().y(),self.geometry().width(),
self.geometry().height()))
    print('主窗口 frameGeometry: x={}, y={}, width={}, height={}: '
```

```
.format(self.frameGeometry().x(),self.frameGeometry().y(),self.frameGeometry()
.width(),self.frameGeometry().height()))

    print('\n 子窗口 QWidget 坐标信息, 相对于主窗口: ')
    print('子窗口 self.widget: x={}, y={}, width={}, height={}: '
.format(self.widget.x(),self.widget.y(),self.widget.width(),self.widget.
height()))
    print('子窗口 self.widget.geometry: x={}, y={}, width={}, height={}: '
.format(self.widget.geometry().x(),self.widget.geometry().y(),self.widget.
geometry().width(),self.widget.geometry().height()))
    print('子窗口 self.widget.frameGeometry: x={}, y={}, width={}, height={}: '
.format(self.widget.frameGeometry().x(),self.widget.frameGeometry().y(),
self.widget.frameGeometry().width(),self.widget.frameGeometry().height()))
```

输出结果如下：

```
主窗口坐标信息, 相对于屏幕
主窗口: x=367, y=230, width=800, height=400:
主窗口 geometry: x=368, y=260, width=800, height=400:
主窗口 frameGeometry: x=367, y=230, width=802, height=431:

子窗口 QWidget 坐标信息, 相对于主窗口:
子窗口 self.widget: x=200, y=150, width=200, height=200:
子窗口 self.widget.geometry: x=200, y=150, width=200, height=200:
子窗口 self.widget.frameGeometry: x=200, y=150, width=200, height=200:
```

由此可见，主窗口受到边框和菜单栏的影响，QWidget、QWidget.geometry、QWidget.frameGeometry 这 3 种坐标系稍微有些不同，子窗口没有边框和菜单栏，3 种坐标系的结果一样。

3.2 标签（QLabel）

QLabel 对象作为一个占位符可以显示不可编辑的文本或图片，也可以放置一个 GIF 动画，还可以用作提示标记为其他控件。纯文本、链接或富文本都可以在标签上显示。

QLabel 是界面中的标签类，继承自 QFrame。QLabel 类的继承结构如图 3-9 所示。

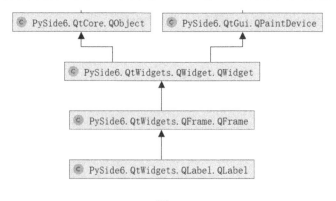

图 3-9

QLabel 类中常用的函数如表 3-2 所示。

表 3-2

函　　数	描　　述
setAlignment()	按固定值方式对齐文本。 ● Qt.AlignLeft：水平方向靠左对齐； ● Qt.AlignRight：水平方向靠右对齐； ● Qt.AlignCenter：水平方向居中对齐； ● Qt.AlignJustify：水平方向调整间距两端对齐； ● Qt.AlignTop：垂直方向靠上对齐； ● Qt.AlignBottom：垂直方向靠下对齐； ● Qt.AlignVCenter：垂直方向居中对齐
setIndent()	设置文本缩进值
setPixmap()	设置 QLabel 为一张 Pixmap 图片
text()	获得 QLabel 的文本内容
setText()	设置 QLabel 的文本内容
selectedText()	返回所选择的字符
setBuddy()	设置 QLabel 的助记符及 buddy（伙伴），即使用 QLabel 设置快捷键，也在快捷键后将焦点设置到其 buddy 上，这里用到了 QLabel 的交互控件功能。此外，buddy 可以是任何一个 Widget 控件。使用 setBuddy(QWidget *)设置，其 QLabel 必须是文本内容，并且使用 "&" 符号设置了助记符
setWordWrap()	设置是否允许换行

QLabel 类中常用的信号如表 3-3 所示。

表 3-3

信　　号	描　　述
linkActivated	当单击标签中嵌入的超链接，并且希望在新窗口中打开该超链接时，setOpenExternalLinks 特性必须设置为 True
linkHovered	当鼠标指针滑过标签中嵌入的超链接时，需要用槽函数与这个信号进行绑定

案例 3-2　QLabel 标签的基本用法

本案例的文件名为 Chapter03/qt_QLabel.py，用于演示在 PySide 6 的窗口中显示 QLabel 标签。为了节约篇幅，此处的代码不再赘述。运行脚本，显示效果如图 3-10 所示。

图 3-10

下面介绍 QLabel 类中常用的函数。

3.2.1 对齐

setAlignment()是 QLabel、QLineEdit 等控件通用的函数，用来设置文本的对齐方式，
代码如下（更多使用方式请参考表 3-2）：

```
# 显示普通标签
label_normal = QLabel(self)
label_normal.setText("这是一个普通标签,居中。")
label_normal.setAlignment(Qt.AlignCenter)
```

3.2.2 设置颜色

可以使用 QPalette 类来设置 QLabel 的颜色。QPalette 类作为对话框或控件的调色板，
管理着控件或窗体的所有颜色信息，每个窗体或控件都包含一个 QPalette 对象，在显示
时按照它的 QPalette 对象中对各部分各状态下的颜色的描述进行绘制。在 QLabel 类中使
用 QPalette 类一定要设置 setAutoFillBackground(True)，否则 QPalette 类无法管理颜色。
这里的 QPalette.Window 表示背景色，QPalette.WindowText 表示前景色。主要代码如下：

```
# 背景标签
label_color = QLabel(self)
label_color.setText("这是一个有红色背景白色字体的标签，左对齐。")
label_color.setAutoFillBackground(True)
palette = QPalette()
palette.setColor(QPalette.Window, Qt.red)
palette.setColor(QPalette.WindowText, Qt.white)
label_color.setPalette(palette)
label_color.setAlignment(Qt.AlignLeft)
```

3.2.3 显示 HTML 信息

QLabel 可以兼容 HTML 格式，使用 HTML 可以呈现更丰富的文字形式。主要代码
如下：

```
# HTML 标签
label_html = QLabel(self)
label_html.setText("<a href='#'>这是一个 HTML 标签</a> <font
color=red>hello <b>world</b> </font>")
```

3.2.4 滑动与单击事件

QLabel 有两个常用的信号，即 linkHovered 和 linkActivated，当鼠标指针滑过超链接
或单击超链接时才会触发。需要注意的是，这两个信号只对超链接有效，即对这种"<a
href='...'"带有 href 的 HTML 文本有效。**如果设置了 setOpenExternalLinks(True)**，则
linkActivated 信号不会起作用。因此，在本案例中不会触发 link_clicked 信号。

当鼠标指针滑到标签"指针滑过该标签触发事件"时会触发 link_hovered 信号，当单击"单击可以打开百度"超链接时，浏览器会自动打开百度页面：

```
# 滑过 QLabel 绑定槽事件
label_hover = QLabel(self)
label_hover.setText("<a href='#'>指针滑过该标签触发事件</a>")
label_hover.linkHovered.connect(self.link_hovered)

# 单击 QLabel 绑定槽事件
label_click = QLabel(self)
label_click.setText("<a href='http://www.baidu.com'>单击可以打开百度
</a>")
label_click.linkActivated.connect(self.link_clicked)
label_click.setOpenExternalLinks(True)

def link_hovered(self):
    print("指针滑过该标签触发事件"。)


def link_clicked(self):
    # 设置了 setOpenExternalLinks(True)之后会自动屏蔽该信号
    print("当单击"单击可以打开百度"超链接时，触发事件。")
```

3.2.5 加载图片和气泡提示 QToolTip

QLabel 使用 setPixmap()函数可以加载图片信息，使用 setToolTip()函数可以进行气泡提示，setToolTip()是 QWidget 的函数，任何继承 QWidget 类的控件都可以使用 setToolTip()函数进行气泡提示。主要代码如下：

```
# 显示图片
label_pic = QLabel(self)
label_pic.setAlignment(Qt.AlignCenter)
label_pic.setToolTip('这是一个图片标签')
label_pic.setPixmap(QPixmap("./images/cartoon1.ico"))
```

气泡提示效果如图 3-11 所示。

图 3-11

3.2.6 使用快捷键

 案例 3-3 QLabel 快捷键的基本用法

QLabel 快捷键本身没有太大的意义，但是可以通过伙伴关系（setBuddy）把指针快速切换到目标控件（如文本框）上，以便于使用快捷键操作。本案例的文件名为 Chapter03/qt_QLabel2.py，用于演示在 PySide 6 的窗口中使用 QLabel 标签的快捷键，代码如下：

```python
class QLabelDemo(QDialog):
    def __init__(self):
        super().__init__()

        self.setWindowTitle('QLabel 例子')
        nameLb1 = QLabel('&Name', self)
        nameEd1 = QLineEdit(self)
        nameLb1.setBuddy(nameEd1)

        nameLb2 = QLabel('&Password', self)
        nameEd2 = QLineEdit(self)
        nameLb2.setBuddy(nameEd2)

        btnOk = QPushButton('&OK')
        btnCancel = QPushButton('&Cancel')
        mainLayout = QGridLayout(self)
        mainLayout.addWidget(nameLb1, 0, 0)
        mainLayout.addWidget(nameEd1, 0, 1, 1, 2)

        mainLayout.addWidget(nameLb2, 1, 0)
        mainLayout.addWidget(nameEd2, 1, 1, 1, 2)

        mainLayout.addWidget(btnOk, 2, 1)
        mainLayout.addWidget(btnCancel, 2, 2)


if __name__ == "__main__":
    app = QApplication(sys.argv)
    labelDemo = QLabelDemo()
    labelDemo.show()
    sys.exit(app.exec())
```

运行脚本，显示效果如图 3-12 所示。

图 3-12

在打开的对话框中，按 Alt+N 快捷键可以切换到第 1 个文本框，因为这个文本框已经与 QLabel 进行了关联。QLabel 控件设置了快捷方式'&Name'，代码如下：

```
nameLbl = QLabel('&Name', self)
nameEd1 = QLineEdit( self )
nameLbl.setBuddy(nameEd1)
```

同理，按 Alt+P 快捷键可以切换到第 2 个文本框，按 Alt+O 快捷键可以触发 OK 按钮。

3.3 单行文本框（QLineEdit）

QLabel 通过 QFrame 继承 QWidget，而 QLineEdit 直接继承 QWidget，如图 3-13 所示。

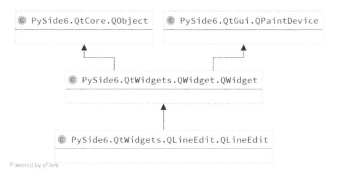

图 3-13

QLineEdit 类是一个单行文本框控件，可以输入单行字符串。如果需要输入多行字符串，则使用 QTextEdit 类。QLineEdit 类中常用的函数如表 3-4 所示。

表 3-4

函　　数	描　　述
setAlignment()	按固定值方式对齐文本。 ● Qt.AlignLeft：水平方向靠左对齐； ● Qt.AlignRight：水平方向靠右对齐； ● Qt.AlignCenter：水平方向居中对齐； ● Qt.AlignJustify：水平方向调整间距两端对齐； ● Qt.AlignTop：垂直方向靠上对齐； ● Qt.AlignBottom：垂直方向靠下对齐； ● Qt.AlignVCenter：垂直方向居中对齐

续表

函　　数	描　　述
clear()	清除文本框中的内容
setEchoMode()	设置文本框的显示格式。允许输入的文本框显示格式的值可以是以下几个。 • QLineEdit.Normal：正常显示所输入的字符，此为默认选项； • QLineEdit.NoEcho：不显示任何输入的字符，常用于密码类型的输入，并且其密码长度需要保密； • QLineEdit.Password：显示与平台相关的密码掩码字符，而不是实际输入的字符； • QLineEdit.PasswordEchoOnEdit：在编辑时显示字符，负责显示密码类型的输入
setPlaceholderText()	设置文本框浮显文字
setMaxLength()	设置文本框允许输入的最大字符数
setReadOnly()	设置文本框是只读的
setText()	设置文本框中的内容
text()	返回文本框中的内容
setDragEnabled()	设置文本框是否接受拖动
selectAll()	全选
setFocus()	得到焦点
setInputMask()	设置掩码
setValidator()	设置文本框的验证器（验证规则），将限制任意可能输入的文本。可用的校验器如下。 • QIntValidator：限制输入整数； • QDoubleValidator：限制输入浮点数； • QRegexpValidator：检查输入是否符合正则表达式

案例 3-4　QLineEdit 的基本用法

QLineEdit 类的很多函数和 QLabel 类的函数一样，如对齐、颜色设置、tooltip 设置等。但二者也存在一些不同之处，如 QLineEdit 类不支持 HTML 显示，没有滑动信号和单击信号。同时，作为文本输入的主力军，QLineEdit 类有其特有的信号和输入限制方法。

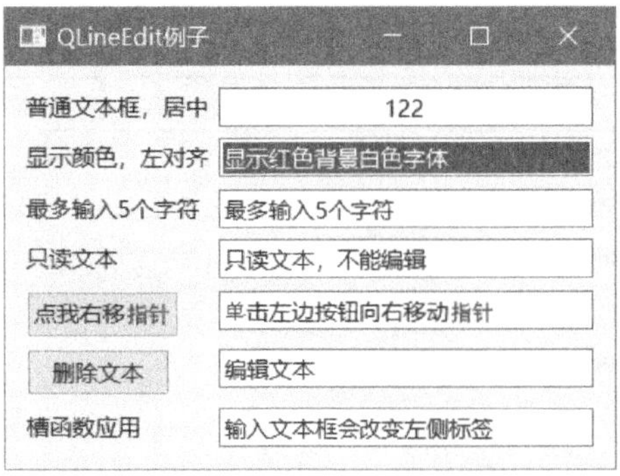

本案例的文件名为 Chapter03/qt_QLineEdit.py，用于演示 QLineEdit 的基本用法。这个案例包含了很多基础内容，下面对其进行分项解读。运行效果如图 3-14 所示。

图 3-14

3.3.1　对齐、tooltip 和颜色设置

对齐、tooltip 和颜色设置这部分内容与 QLabel 类的一致。需要注意的是，在设置背景色时，QLabel 类使用的是 QPalette.Window，QLineEdit 类使用的是 QPalette.Base；在使用前景色时，QLabel 类使用的是 QPalette.WindowText，QLineEdit 类使用的是 QPalette.Text，代码如下：

```
# 正常文本框，对齐，tooltip
lineEdit_normal = QLineEdit()
lineEdit_normal.setText("122")
lineEdit_normal.setAlignment(Qt.AlignCenter)
lineEdit_normal.setToolTip('这是一个普通文本框')
flo.addRow("普通文本框，居中", lineEdit_normal)


# 显示颜色
lineEdit_color = QLineEdit()
lineEdit_color.setText("显示红色背景白色字体")
lineEdit_color.setAutoFillBackground(True)
palette = QPalette()
palette.setColor(QPalette.Base, Qt.red)
palette.setColor(QPalette.Text, Qt.white)
lineEdit_color.setPalette(palette)
lineEdit_color.setAlignment(Qt.AlignLeft)
flo.addRow("显示颜色，左对齐", lineEdit_color)
```

3.3.2　占位提示符、限制输入长度、限制编辑

在打开一个界面时文本框中有时有提示文本，当输入内容后提示文本会自动消失并被输入的值代替，这就是占位提示符的作用。占位提示符使用 setPlaceholderText 设置，和 tooltip 的作用一样，都具有提示作用。限制输入长度使用 setMaxLength 设置。限制编辑只需要设置 setReadOnly(True)。代码如下：

```
# 占位提示符，限制长度
lineEdit_maxLength = QLineEdit()
lineEdit_maxLength.setMaxLength(5)
# lineEdit_maxLength.setText("122")
lineEdit_maxLength.setPlaceholderText("最多输入 5 个字符")
flo.addRow("最多输入 5 个字符", lineEdit_maxLength)


# 只读文本
lineEdit_readOnly = QLineEdit()
lineEdit_readOnly.setReadOnly(True)
lineEdit_readOnly.setText("只读文本，不能编辑")
flo.addRow("只读文本", lineEdit_readOnly)
```

3.3.3　移动指针

单击如图 3-14 所示的"点我右移指针"按钮，可以发现，右侧文本框中的指针向右移动两格。移动指针涉及焦点的问题，setFocus 表示获取焦点，如果要查询是否获取到焦点可以用 hasFocus。setCursorPosition(1)表示设置文本框的当前指针的位置为 1。向前（向右）移动指针使用 cursorForward(bool mark,int steps = 1)，如果 mark 为 True 则将每个移出的字符添加到选择中，如果 mark 为 False 则清除选择。

```
# 移动指针
lineEdit_cursor = QLineEdit()
self.lineEdit_cursor = lineEdit_cursor
lineEdit_cursor.setText("单击左边按钮向右移动指针")
self.lineEdit_cursor.setFocus()
lineEdit_cursor.setCursorPosition(1)
button = QPushButton("点我右移指针")
button.clicked.connect(self.move_cursor)
flo.addRow(button, lineEdit_cursor)


def move_cursor(self):
    # 移动指针
    self.lineEdit_cursor.cursorForward(True,2)
    pass
```

运行脚本，显示效果如图 3-15 所示。

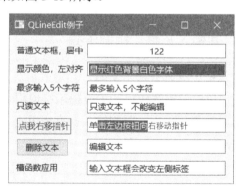

图 3-15

QLineEdit 类中指针操作的其他常见函数如表 3-5 所示。

表 3-5

函　　数	描　　述
cursorBackward(mark=True,steps=0)	向左移动 step 个字符，当 mark 为 True 时带选中效果
cursorForward(mark=True,steps=0)	向右移动 step 个字符，当 mark 为 True 时带选中效果
cursorWordBackward(mark=True)	向左移动一个单词的长度，当 mark 为 True 时带选中效果
cursorWordForward(mark=True)	向右移动一个单词的长度，当 mark 为 True 时带选中效果

续表

函　　数	描　　述
home(mark=True)	指针移到行首，当 mark 为 True 时带选中效果
end(mark=True)	指针移到行尾，当 mark 为 True 时带选中效果
setCursorPosition(pos=8)	指针移到指定位置（如果 pos 为小数则向下取整）
cursorPosition()	获取指针的位置
setFocus()	获取输入焦点
hasFocus()	查询是否获取输入焦点，返回 bool 类型

3.3.4　编辑

单击如图 3-14 所示的"删除文本"按钮，会触发槽函数 QLineEdit.clear() 把右侧的所有内容删除，代码如下：

```
# 编辑文本
lineEdit_edit = QLineEdit()
lineEdit_edit.setText("编辑文本")
button2 = QPushButton("删除文本")
button2.clicked.connect(lambda: lineEdit_edit.clear())
flo.addRow(button2, lineEdit_edit)
```

关于 QLineEdit 类的其他函数如表 3-6 所示。

表 3-6

函　　数	描　　述
backspace()	删除指针左侧的字符或选中的文本
del_()	删除指针右侧的字符或选中的文本
clear()	删除文本框中的所有内容
copy()	复制文本框中的内容
cut()	剪切文本框中的内容
paste()	粘贴文本框中的内容
isUndoAvailabQLineEdit()	是否可以执行撤销动作
undo()	撤销
redo()	重做
setDragEnabQLineEditd(True)	设置文本可拖曳
selectAll()	选择所有文本（即突出显示文本），并将指针移到末尾
setReadOnly(True)	只读

3.3.5　相关信号与槽

QLineEdit 类中常用的信号如表 3-7 所示。

表 3-7

信　号	描　述
selectionChanged	只要选择发生变化，就会发射这个信号
textChanged	当修改文本内容时，就会发射这个信号
editingFinished	当编辑文本结束时，就会发射这个信号
textEdited(text)	每当编辑文本时，都会发射此信号。text 参数是新文本。 与 textChanged 信号不同，如通过调用 setText()函数以编程方式更改文本时，不会发射此信号。当编辑被破坏时，发射这个信号
cursorPositionChanged(int oldPos,int newPos)	每当指针移动时，就会发射这个信号。前一个位置由 oldPos 给出，新位置由 newPos 给出
returnPressed	当按 Enter 键时，就会发射这个信号。需要注意的是，如果在编辑行中设置了 validator()或 inputMask()，则只有当输入在 inputMask()之后，并且 validator()返回 QValidator.Acceptable 时，才会发射 returnPressed 信号

本案例使用了 textChanged 信号，当修改文本内容时，就会触发槽函数，修改标签的显示结果，代码如下：

```
# 槽函数
lineEdit_change = QLineEdit()
lineEdit_change.setPlaceholderText("输入文本框会改变左侧标签")
lineEdit_change.setFixedWidth(200)
label = QLabel("槽函数应用")
lineEdit_change.textChanged.connect(lambda: label.setText('更新标签：'+
lineEdit_change.text()))
flo.addRow(label, lineEdit_change)
```

运行效果如图 3-16 所示，标签内容随着文本框的输入内容而实时改变。

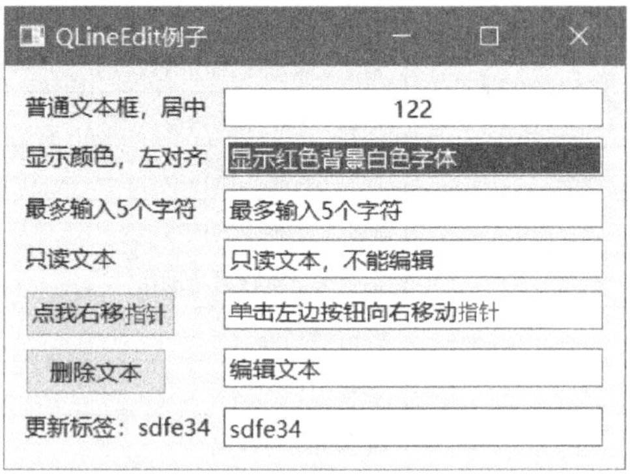

图 3-16

3.3.6　快捷键

默认快捷键如表 3-8 所示，此外，还提供了一个上下文菜单（在单击鼠标右键时调用），其中显示了一些编辑选项。

表 3-8

快　捷　键	作　　用
←	将指针向左移动一个字符
Shift+←	向左移动一个字符并选择文本
→	将指针向右移动一个字符
Shift+→	向右移动一个字符并选择文本
Home	将指针移到行首
End	将指针移到行尾
Backspace	删除指针左侧的字符
Ctrl+Backspace	删除指针左侧的单词
Delete	删除指针右侧的字符
Ctrl+Delete	删除指针右侧的单词
Ctrl+A	全选
Ctrl+C	将选定的文本复制到剪贴板中
Ctrl+Insert	将选定的文本复制到剪贴板中
Ctrl+K	删除到行尾
Ctrl+V	将剪贴板文本粘贴到行编辑中
Shift+Insert	将剪贴板文本粘贴到行编辑中
Ctrl+X	删除所选文本并将其复制到剪贴板中
Shift+Delete	删除所选文本并将其复制到剪贴板中
Ctrl+Z	撤销上次的操作
Ctrl+Y	重做上次撤销的操作

3.3.7　隐私保护：回显模式

在网页中输入密码之后会显示"*"，这是对用户隐私的保护，在 PyQt 中可以通过回显模式（EchoMode）来设置。

案例 3-5　回显模式的显示效果

使用 QLineEdit.echoMode 属性可以保存编辑的回显模式，回显模式决定了在编辑器中输入的文本显示给用户的方式。该属性的默认值是 Normal，其中用户输入的文本将按原样显示，但是 QLineEdit 还支持限制输入或模糊输入的文本模式，这些模式包括 NoEcho、Password 和 PasswordEchoOnEdit，如表 3-9 所示（窗口小部件的显示、复制或拖动文本的能力受此设置的影响）。

表 3-9

模　　式	值	描　　述
QLineEdit.Normal	0	输入时显示字符，这是默认值

续表

模 式	值	描 述
QLineEdit.NoEcho	1	不显示任何内容。这可能适用于密码，密码的长度也应保密
QLineEdit.Password	2	显示平台相关的密码掩码字符，而不是实际输入的字符
QLineEdit.PasswordEchoOnEdit	3	编辑时显示输入的字符，编辑完成后显示 Password 的掩码字符

本案例的文件名为 Chapter03/qt_QLineEdit_EchoMode.py，代码如下：

```python
class lineEditDemo(QWidget):
    def __init__(self, parent=None):
        super(lineEditDemo, self).__init__(parent)
        self.setWindowTitle("QLineEdit_EchoMode 例子")

        flo = QFormLayout()
        pNormalLineEdit = QLineEdit()
        pNoEchoLineEdit = QLineEdit()
        pPasswordLineEdit = QLineEdit()
        pPasswordEchoOnEditLineEdit = QLineEdit()

        flo.addRow("Normal", pNormalLineEdit)
        flo.addRow("NoEcho", pNoEchoLineEdit)
        flo.addRow("Password", pPasswordLineEdit)
        flo.addRow("PasswordEchoOnEdit", pPasswordEchoOnEditLineEdit)

        pNormalLineEdit.setPlaceholderText("Normal")
        pNoEchoLineEdit.setPlaceholderText("NoEcho")
        pPasswordLineEdit.setPlaceholderText("Password")
        pPasswordEchoOnEditLineEdit.setPlaceholderText
("PasswordEchoOnEdit")

        # 设置显示效果
        pNormalLineEdit.setEchoMode(QLineEdit.Normal)
        pNoEchoLineEdit.setEchoMode(QLineEdit.NoEcho)
        pPasswordLineEdit.setEchoMode(QLineEdit.Password)
        pPasswordEchoOnEditLineEdit.setEchoMode(QLineEdit.
PasswordEchoOnEdit)

        self.setLayout(flo)
```

运行脚本，显示效果及输入效果如图 3-17 所示。

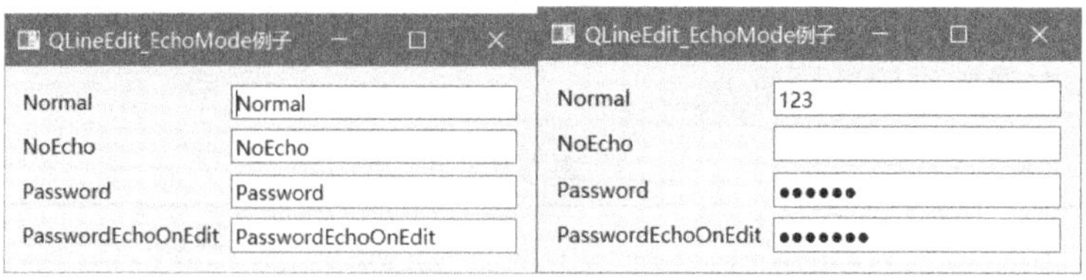

图 3-17

3.3.8　限制输入：验证器

 案例 3-6　QValidator 验证器的使用方法

在通常情况下，需要对用户的输入做一些限制，如只允许输入整数、浮点数或其他自定义数据，验证器（QValidator）可以满足这些限制需求。验证器由 QValidator 控制。另外，验证器有 3 个子类，即 QDoubleValidator、QIntValidator 和 QRegularExpressionValidator，分别表示整型验证器、浮点型验证器和正则验证器。本案例的文件名为 Chapter03/qt_QLineEdit_QValidator.py，代码如下：

```python
class lineEditDemo(QWidget):
    def __init__(self, parent=None):
        super(lineEditDemo, self).__init__(parent)
        self.setWindowTitle("QLineEdit 例子 QValidator")

        flo = QFormLayout()
        pIntLineEdit = QLineEdit()
        pDoubleLineEdit = QLineEdit()
        pValidatorLineEdit = QLineEdit()

        flo.addRow("整型", pIntLineEdit)
        flo.addRow("浮点型", pDoubleLineEdit)
        flo.addRow("字母和数字", pValidatorLineEdit)

        pIntLineEdit.setPlaceholderText("整型")
        pDoubleLineEdit.setPlaceholderText("浮点型")
        pValidatorLineEdit.setPlaceholderText("字母和数字")

        # 整型，范围为[1, 99]
        pIntValidator = QIntValidator(self)
        pIntValidator.setRange(1, 99)

        # 浮点型，范围为[-360, 360]，精度为小数点后两位
        pDoubleValidator = QDoubleValidator(self)
        pDoubleValidator.setRange(-360, 360)
        pDoubleValidator.setNotation(QDoubleValidator.StandardNotation)
        pDoubleValidator.setDecimals(2)

        # 字符和数字
        reg = QRegularExpression("[a-zA-Z0-9]+$")
        pValidator = QRegularExpressionValidator(self)
        pValidator.setRegularExpression(reg)

        # 设置验证器
        pIntLineEdit.setValidator(pIntValidator)
```

```
pDoubleLineEdit.setValidator(pDoubleValidator)
pValidatorLineEdit.setValidator(pValidator)

self.setLayout(flo)
```

运行脚本，显示效果和输入效果如图 3-18 所示，第 1 行只允许输入整数，第 2 行只允许输入浮点数，第 3 行只允许输入字母和数字。

图 3-18

3.3.9 限制输入：掩码

要限制用户的输入，除了可以使用验证器，还可以使用掩码，常见的有 IP 地址、MAC 地址、日期、许可证号等，这些掩码需要用户自己定义。表 3-10 中列出了掩码的占位符和字面字符，并说明了其是如何控制数据输入的。

表 3-10

字　符	含　义
A	ASCII 字母字符是必须输入的（A～Z、a～z）
a	ASCII 字母字符是允许输入的，但不是必需的
N	ASCII 字母字符是必须输入的（A～Z、a～z、0～9）
n	ASCII 字母字符是允许输入的，但不是必需的
X	任何字符都是必须输入的
x	任何字符都是允许输入的，但不是必需的
9	ASCII 数字字符是必须输入的（0～9）
0	ASCII 数字字符是允许输入的，但不是必需的
D	ASCII 数字字符是必须输入的（1～9）
d	ASCII 数字字符是允许输入的，但不是必需的（1～9）
#	ASCII 数字字符或加号/减号是允许输入的，但不是必需的
H	十六进制格式字符是必须输入的（A～F、a～f、0～9）
h	十六进制格式字符是允许输入的，但不是必需的
B	二进制格式字符是必须输入的（0,1）
b	二进制格式字符是允许输入的，但不是必需的
>	所有的字母字符都是大写的
<	所有的字母字符都是小写的
!	关闭大小写转换
\	使用 "\" 转义上面列举的字符

掩码由掩码字符和分隔符字符串组成，后面可以跟一个分号和空白字符，空白字符在编辑后会从文本中删除。掩码示例如表 3-11 所示。

表 3-11

掩　　码	注 意 事 项
000.000.000.000;_	IP 地址，空白字符是 "_"
HH:HH:HH:HH:HH:HH;	MAC 地址
0000-00-00	日期，空白字符是空格
>AAAAA-AAAAA-AAAAA-AAAAA-AAAAA;#	许可证号，空白字符是 "-"，所有的字母字符转换为大写

案例 3-7　输入掩码 InputMask

本案例的文件名为 Chapter03/qt_QLineEdit_InputMask.py，代码如下：

```python
class lineEditDemo(QWidget):
    def __init__(self, parent=None):
        super(lineEditDemo, self).__init__(parent)
        self.setWindowTitle("QLineEdit 的输入掩码例子")

        flo = QFormLayout()
        pIPLineEdit = QLineEdit()
        pMACLineEdit = QLineEdit()
        pDateLineEdit = QLineEdit()
        pLicenseLineEdit = QLineEdit()

        pIPLineEdit.setInputMask("000.000.000.000_")
        pMACLineEdit.setInputMask("HH:HH:HH:HH:HH:HH_")
        pDateLineEdit.setInputMask("0000-00-00")
        pLicenseLineEdit.setInputMask(">AAAAA-AAAAA-AAAAA-AAAAA-AAAAA#")

        flo.addRow("数字掩码", pIPLineEdit)
        flo.addRow("MAC 掩码", pMACLineEdit)
        flo.addRow("日期掩码", pDateLineEdit)
        flo.addRow("许可证掩码", pLicenseLineEdit)

        pIPLineEdit.setToolTip("ip: 192.168.*")
        pMACLineEdit.setToolTip("mac: ac:be:ad:*")
        pDateLineEdit.setToolTip("date: 2020-01-01")
        pLicenseLineEdit.setToolTip("许可证: HDFG-ADDB-*")

        self.setLayout(flo)
```

运行脚本，显示效果和输入效果如图 3-19 所示。

图 3-19

3.4 多行文本框（QTextEdit/QPlainTextEdit）

3.3 节介绍了 QLineEdit，这是一个单行文本框控件，可以输入单行字符串，如果需要输入多行字符串，则使用 QTextEdit 或 QPlainTextEdit。前者支持富文本，可以设置丰富的格式，适用于处理大多数多行文本任务；后者仅仅支持纯文本，其引擎专门优化纯文本，速度更快，更适用于处理大型文本文档。如图 3-20 所示，为了使多行文本自动匹配滚动条，两者都继承自 QAbstractScrollArea。

图 3-20

3.4.1 QTextEdit

QTextEdit 是一种高级 WYSIWYG 查看器/编辑器，支持使用 HTML 样式的标记或 Markdown 格式的富文本。经过优化，使用 QTextEdit 可以处理大型文档并快速响应用户输入。QTextEdit 适用于段落和字符，段落是经过格式化的字符串，将其自动换行以适合窗口小部件的宽度。在默认情况下，阅读纯文本时，一个换行符表示一个段落。一个文档包含零个或多个段落。段落中的单词根据段落的对齐方式对齐。段落之间用强制换行符分隔。段落中的每个字符都有其自己的属性，如字体和颜色。

使用 QTextEdit 可以显示图像、列表和表格。如果文本太大而无法在文本编辑的视口中查看，则会出现滚动条。文本编辑可以加载纯文本文件和富文本文件。富文本可以使用 HTML 4 标记的子集来描述。如果只需要显示一小段富文本，则使用 QLabel。

QTextEdit 的大部分函数和 QLineEdit 的基本相同，这里只介绍二者的不同之处。它们之间的区别主要体现在 QTextEdit 支持富文本。QTextEdit 常用的函数如表 3-12 所示。

表 3-12

函　　数	描　　述
setPlainText()	设置多行文本框中的文本内容
setText()	设置多行文本。参数可以是纯文本或 HTML，setText()函数相当于 setHtml()函数和 setPlainText()函数的复合体，Qt 会识别正确的格式
toPlainText()	返回多行文本框中的文本内容
setHtml()	设置多行文本框的内容为 HTML 文档，HTML 文档用于描述网页
toHtml()	返回多行文本框中的 HTML 文档
setMarkdown()	输入文本会被解析为 Markdown 格式的富文本，这个函数会删除之前的文本，以及撤销/重做历史记录。Markdown 字符串中包含的 HTML 的解析与 setHtml 中的处理相同，但是不支持 HTML 文档内的 Markdown 格式
toMarkdown()	返回纯 Markdown 格式。如果随后调用 toMarkdown()，则返回的文本可能会有所不同，但含义会尽可能保留
clear()	清除多行文本框中的内容

 案例 3-8　QTextEdit 控件的使用方法

本案例的文件名为 Chapter03/qt_QTextEdit.py，用于演示 QTextEdit 控件的使用方法。运行脚本，单击"显示纯文本"按钮，文本内容将在 textEdit 控件中显示，窗口的显示效果如图 3-21 所示。

图 3-21

相关代码如下：

```
# 显示文本
self.btn_plain = QPushButton("显示纯文本")
self.btn_plain.clicked.connect(self.btn_plain_Clicked)
layout.addWidget(self.btn_plain)

def btn_plain_Clicked(self):
    self.textEdit.setFontItalic(True)
    self.textEdit.setFontWeight(QFont.ExtraBold)
    self.textEdit.setFontUnderline(True)
    self.textEdit.setFontFamily('宋体')
    self.textEdit.setFontPointSize(15)
```

```
self.textEdit.setTextColor(QColor(200,75,75))
# self.textEdit.setText('Hello Qt for Python!\n 单击按钮')
self.textEdit.setPlainText("Hello Qt for Python!\n 单击按钮")
```

上述代码对字体格式进行了设置，如加粗、倾斜、变大、修改颜色等。需要注意的是，setFontWeight()函数，Qt 中控制字体粗细使用与 OpenType 兼容的从 1 到 1000 的权重等级，具体如表 3-13 所示。

表 3-13

属　　　　性	值	描　　　　述
QFont.Thin	100	100
QFont.ExtraLight	200	200
QFont.Light	300	300
QFont.Normal	400	400
QFont.Medium	500	500
QFont.DemiBold	600	600
QFont.Bold	700	700
QFont.ExtraBold	800	800
QFont.Black	900	900

单击"显示 HTML"按钮，把 support\myhtml.html 文件的内容显示到 textEdit 控件中，窗口的显示效果如图 3-22 所示。可以看到，成功加载了 HTML 网页。涉及的代码如下：

```
# 显示 HTML
self.btn_html = QPushButton("显示 HTML")
self.btn_html.clicked.connect(self.btn_html_Clicked)
layout.addWidget(self.btn_html)

def btn_html_Clicked(self):
    a = ''
    with open('.\support\myhtml.html', 'r', encoding='utf8') as f:
        a = f.read()
    self.textEdit.setHtml(a)
```

单击图 3-22 中的"显示 markdown"按钮，把 support\myMarkDown.md 文档的内容显示到 textEdit 控件中，窗口的显示效果如图 3-23 所示。可以看到，成功加载并渲染了.md 文件。涉及的代码如下：

```
# 显示 markdown
self.btn_markdown = QPushButton("显示 markdown")
self.btn_markdown.clicked.connect(self.btn_markdown_Clicked)
layout.addWidget(self.btn_markdown)

def btn_markdown_Clicked(self):
    a = ''
    with open('.\support\myMarkDown.md', 'r', encoding='utf8') as f:
        a = f.read()
```

```
self.textEdit.setMarkdown(a)
```

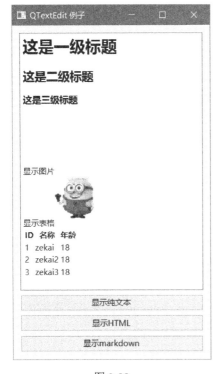

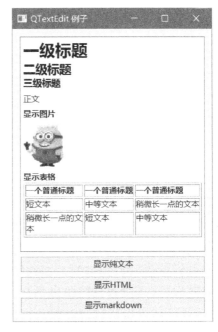

图 3-22   图 3-23

QTextEdit 支持富文本主要通过 HTML 和 Markdown 两种方式来实现，涉及的函数主要是 setHtml()和 setMarkdown()。关于 HTML 和 Markdown 的介绍，本书不再进一步扩展，感兴趣的读者可以自行查阅相关资料。

3.4.2　QPlainTextEdit

QPlainTextEdit 和 QTextEdit 共用的方法很多，只不过 QPlainTextEdit 简化了文本处理方式，处理文字的性能更强大。QPlainTextEdit 的很多用法和 QTextEdit 的相同，这里不再重复介绍，直接引入案例。

案例 3-9　QPlainTextEdit 控件的使用方法

本案例的文件名为 Chapter03/qt_QPlainTextEdit.py，用于演示在 PySide 6 的窗口中 QPlainTextEdit 控件的使用方法，代码如下：

```python
class TextEditDemo(QWidget):
    def __init__(self, parent=None):
        super(TextEditDemo, self).__init__(parent)
        self.setWindowTitle("QPlainTextEdit 例子")
        self.resize(300, 270)
```

```python
        self.textEdit = QPlainTextEdit()
        # 布局管理
        layout = QVBoxLayout()
        layout.addWidget(self.textEdit)

        # 显示文本
        self.btn_plain = QPushButton("显示纯文本")
        self.btn_plain.clicked.connect(self.btn_plain_Clicked)
        layout.addWidget(self.btn_plain)

        self.setLayout(layout)

    def btn_plain_Clicked(self):
        font = QFont()
        font.setFamily("Courier")
        font.setFixedPitch(True)
        font.setPointSize(14)
        self.textEdit.setFont(font)
        self.textEdit.setPlainText("Hello Qt for Python!\n 单击按钮")
```

运行脚本，显示效果如图 3-24 所示。

图 3-24

与 QTextEdit 不同，QPlainTextEdit 没有 setFontItalic()这种直接控制字体的函数，所以通过 QFont 间接控制。

3.4.3　快捷键

QTextEdit 和 QPlainTextEdit 既可以作为阅读器，也可以作为编辑器，为了方便操作，Qt 为它们绑定了一些默认的快捷键，这些快捷键基本相同。

当 QTextEdit 和 QPlainTextEdit 作为只读使用时（setReadOnly(True)），按键绑定仅限于导航，并且只能使用鼠标选择文本，如表 3-14 所示。

表 3-14

按　　键	动　　作
↑	向上移动一行
↓	向下移动一行
←	向左移动一个字符
→	向右移动一个字符
PageUp	向上移动一页（视口）
PageDown	向下移动一页（视口）
Home	移到文本的开头
End	移到文本的末尾
Alt+Wheel	水平滚动页面（Wheel 是鼠标滚轮）
Ctrl+Wheel	缩放文本
Ctrl+A	选择所有文本

当 QTextEdit 和 QPlainTextEdit 作为编辑器使用时，部分快捷键绑定如表 3-15 所示。需要注意的是，上下文菜单也提供了一些按键选项。

表 3-15

快　捷　键	功　　能
Backspace	删除指针左侧的字符
Delete	删除指针右侧的字符
Ctrl+C	将所选文本复制到剪贴板中
Ctrl+Insert	将所选文本复制到剪贴板中
Ctrl+K	删除到行尾
Ctrl+V	将剪贴板文本粘贴到文本编辑器中
Shift+Insert	将剪贴板文本粘贴到文本编辑器中
Ctrl+X	删除所选文本并将其复制到剪贴板中
Shift+Delete	删除所选文本并将其复制到剪贴板中
Ctrl+Z	撤销上次的操作
Ctrl+Y	重做上次的操作
←	将指针向左移动一个字符
Ctrl+←	将指针向左移动一个字
→	将指针向右移动一个字符
Ctrl+→	将指针向右移动一个字
↑	将指针向上移动一行
↓	将指针向下移动一行
PageUp	将指针向上移动一页
PageDown	将指针向下移动一页
Home	将指针移到行首
Ctrl+Home	将指针移到文本的开头
End	将指针移到行尾

续表

快 捷 键	功 能
Ctrl+End	将指针移到文本的末尾
Alt+Wheel	水平滚动页面（Wheel 是鼠标滚轮）

3.4.4　QSyntaxHighlighter

作为一个文本编辑器，语法高亮是不可避免的，这就涉及 QSyntaxHighlighter 类。QSyntaxHighlighter 是实现语法高亮器的基类，语法高亮器会自动高亮 QTextDocument 中的部分文本。无论是 QTextEdit 还是 QPlainTextEdit，都可以和 QSyntaxHighlighter 一起使用。

要设置语法高亮，必须继承 QSyntaxHighlighter 并重新实现 highlightBlock()函数。

当创建 QSyntaxHighlighter 类的实例时，需要将应用语法突出显示的 QTextDocument 传递给它。例如：

```
self.editor = QTextEdit()
highlighter = PythonHighlighter(self.editor.document())
```

在此之后，highlightBlock()函数将在必要时自动调用。在 highlightBlock()函数中实现语法高亮的关键在于 setFormat()函数，该函数把 QTextCharFormat 格式（包含字体和颜色）应用到文本的特定位置：

```
setFormat(self, start: int, count: int, color: PySide6.QtGui.QColor) ->
None
setFormat(self, start: int, count: int, font: PySide6.QtGui.QFont) -> None
setFormat(self, start: int, count: int, format:
PySide6.QtGui.QTextCharFormat) -> None
```

其他需要注意的是，可以使用 previousBlockState()函数查询前一个文本块的结束状态。在解析块后，可以使用 setCurrentBlockState() 函数保存最后一个状态。函数 currentBlockState()和 previousBlockState()返回一个 int 值。如果未设置状态，则返回值为-1。

 案例 3-10　QSyntaxHighlighter 控件的使用方法

本案例的文件名为 Chapter03/qt_QSyntaxHighlighter.py，用于演示 QSyntaxHighlighter 控件的使用方法。本案例的代码相对复杂，用到了很多现在还没介绍的知识（难点在于正则表达式的使用），为了节省篇幅，这里不再介绍。建议读者在学习完基础知识之后再学习这部分内容。

运行效果如图 3-25 所示，可以看出实现了 Python 的语法高亮。

需要注意的是，本案例的代码放在 PyQt 6 中之后重新打开的文件无法实现高亮，这可能是因为 PyQt 6 根据垃圾回收机制删除了语法高亮部分的内容，在实例化的时候绑定到 self 就可以解决这个问题。对于 PySide 6 来说，如下代码没有问题：
```
highlighter = PythonHighlighter(self.editor.document())
```

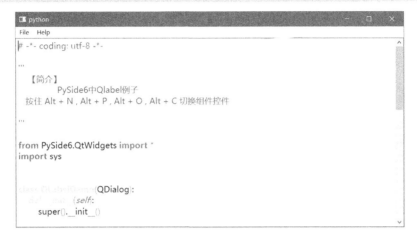

图 3-25

但是对于 PyQt 6 来说，需要改成如下方式才能正确运行：
```
self.highlighter = PythonHighlighter(self.editor.document())
```

3.4.5　QTextBrowser

QTextBrowser 是 QTextEdit 的只读模式，并在 QTextEdit 的基础上添加了一些导航功能，以便用户可以跟踪超文本文档中的链接，方便页面跳转。如果要实现可编辑的文本编辑器，则需要使用 QTextEdit 或 QPlainTextEdit。如果只是显示一小段富文本，则使用 QLabel。

如图 3-26 所示，QTextBrowser 是 QTextEdit 的子类，因此，QTextEdit 的一些函数（如 setHtml()或 setPlainText()）QTextBrowser 都可以使用。但 QTextBrowser 也实现了 setSource() 函数，可以更好地追踪文档的载入路径。

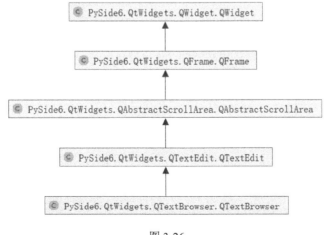

图 3-26

为了实现导航功能，QTextBrowser 类提供了 backward()函数和 forward()函数，用于实现后退和前进功能。另外，使用 home()函数可以跳转到第一个载入文件。

当用户单击一个链接时，会触发 anchorClicked 信号；如果页面发生跳转，则触发 historyChanged 信号。anchorClicked 信号和 historyChanged 信号的具体用法请参考案例 3-11 的代码。

 案例 3-11　QTextBrowser 控件的使用方法

本案例的文件名为 Chapter03/qt_QTextBrowser.py，用于演示在 PySide 6 的窗口中 QTextBrowser 控件的使用方法，代码如下：

```python
class TextBrowser(QMainWindow):

    def __init__(self):
        super().__init__()
        self.initUI()

    def initUI(self):
        self.lineEdit = QLineEdit()
        self.lineEdit.setPlaceholderText("在这里添加你想要的数据，按 Enter 键确认")
        self.lineEdit.returnPressed.connect(self.append_text)

        self.textBrowser = QTextBrowser()
        self.textBrowser.setAcceptRichText(True)
        self.textBrowser.setOpenExternalLinks(True)
        self.textBrowser.setSource(QUrl(r'.\support\textBrowser.html'))
        self.textBrowser.anchorClicked.connect(lambda
url:self.statusBar().showMessage('你单击了
url'+urllib.parse.unquote(url.url()),3000))
        self.textBrowser.historyChanged.connect(self.show_anchor)

        self.back_btn = QPushButton('Back')
        self.forward_btn = QPushButton('Forward')
        self.home_btn = QPushButton('Home')
        self.clear_btn = QPushButton('Clear')

        self.back_btn.pressed.connect(self.textBrowser.backward)
        self.forward_btn.pressed.connect(self.textBrowser.forward)
        self.clear_btn.pressed.connect(self.clear_text)
        self.home_btn.pressed.connect(self.textBrowser.home)

        layout = QVBoxLayout()
        layout.addWidget(self.lineEdit)
        layout.addWidget(self.textBrowser)
        frame = QFrame()
```

```
        layout.addWidget(frame)

        self.text_show = QTextBrowser()
        self.text_show.setMaximumHeight(70)
        layout.addWidget(self.text_show)

        layout_frame = QHBoxLayout()
        layout_frame.addWidget(self.back_btn)
        layout_frame.addWidget(self.forward_btn)
        layout_frame.addWidget(self.home_btn)
        layout_frame.addWidget(self.clear_btn)
        frame.setLayout(layout_frame)

        widget = QWidget()
        self.setCentralWidget(widget)
        widget.setLayout(layout)

        self.setWindowTitle('QTextBrowser 案例')
        self.setGeometry(300, 300, 300, 300)
        self.show()

    def append_text(self):
        text = self.lineEdit.text()
        self.textBrowser.append(text)
        self.lineEdit.clear()

    def show_anchor(self):
        back = urllib.parse.unquote(self.textBrowser.historyUrl(-1).url())
        now = urllib.parse.unquote(self.textBrowser.historyUrl(0).url())
        forward =
urllib.parse.unquote(self.textBrowser.historyUrl(1).url())
        _str = f'上一个 url:{back},<br>当前 url:{now},<br>下一个 url:{forward}'
        self.text_show.setText(_str)

    def clear_text(self):
        self.textBrowser.clear()
```

　　本案例基于'.\support\textBrowser.html'实现了两种跳转：一种是页外跳转，跳转到其他页面；另一种是页内跳转，只在当前页跳转。感兴趣的读者可以自行查看 textBrowser.html 文件的相关代码，这里不再深入介绍。部分代码的运行效果如图 3-27 所示。

　　在这个案例中，实现 QTextBrowser 的导航功能的主要是 self.textBrowser。使用 setOpenExternalLinks()函数方便开启外部链接，这时候打开"外连接：百度"就可以正常跳转。使用 setSource()函数方便记录初始化 URL，如果使用 setHtml()等函数则没有 URL 记录。当用户单击一个链接时，会触发 anchorClicked 信号，该信号会传递 QUrl 作为参数，使用 urllib.parse.unquote()可以解码出正确的 URL。

图 3-27

```
self.textBrowser = QTextBrowser()
self.textBrowser.setAcceptRichText(True)
self.textBrowser.setOpenExternalLinks(True)
self.textBrowser.setSource(QUrl(r'.\support\textBrowser.html'))
self.textBrowser.anchorClicked.connect(lambda
url:self.statusBar().showMessage('你单击了 url'+urllib.parse.unquote
(url.url())),3000))
self.textBrowser.historyChanged.connect(self.show_anchor)
```

如果页面发生跳转，则会触发 historyChanged 信号，这里绑定了 show_anchor()函数，显示跳转的当前页、上一页和下一页的信息。historyUrl 记录了历史 URL，当传递参数 i<0 时为 backward()历史；当 i==0 时为当前 URL；当 i>0 时为 forward()历史。代码如下：

```
def show_anchor(self):
    back = urllib.parse.unquote(self.textBrowser.historyUrl(-1).url())
    now = urllib.parse.unquote(self.textBrowser.historyUrl(0).url())
    forward = urllib.parse.unquote(self.textBrowser.historyUrl(1).url())
    _str = f'上一个 url:{back},<br>当前 url:{now},<br>下一个 url:{forward}'
    self.text_show.setText(_str)
```

依次单击 Back 按钮、Forward 按钮、Home 按钮和 Clear 按钮，会触发相应的功能，这是 QTextBrowser 导航功能的主体：

```
self.back_btn = QPushButton('Back')
self.forward_btn = QPushButton('Forward')
self.home_btn = QPushButton('Home')
self.clear_btn = QPushButton('Clear')

self.back_btn.pressed.connect(self.textBrowser.backward)
self.forward_btn.pressed.connect(self.textBrowser.forward)
self.clear_btn.pressed.connect(self.clear_text)
self.home_btn.pressed.connect(self.textBrowser.home)
```

```
def clear_text(self):
    self.textBrowser.clear()
```

在顶部的 QLineEdit 中可以添加想要的样式，在单击 Clear 按钮之后，测试自己的样式效果：

```
self.lineEdit = QLineEdit()
self.lineEdit.setPlaceholderText("在这里添加你想要的数据，按 Enter 键确认")
self.lineEdit.returnPressed.connect(self.append_text)

def append_text(self):
    text = self.lineEdit.text()
    self.textBrowser.append(text)
    self.lineEdit.clear()
```

3.5　按钮类控件

3.5.1　QAbstractButton

在任何 GUI 设计中，按钮都是很重要的和常用的触发动作请求的方式，用来与用户进行交互操作。在 PySide 6 中，根据不同的使用场景可以将按钮划分为不同的表现形式。按钮的基类是 QAbstractButton，提供了按钮的通用性功能。QAbstractButton 为抽象类，不能实例化，必须由其他的按钮类继承自 QAbstractButton，从而实现不同的功能、不同的表现形式，如图 3-28 所示。

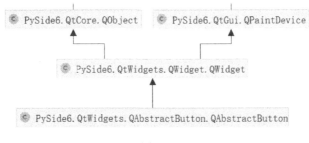

图 3-28

PySide 6 中提供的按钮类主要有 4 个，分别为 QPushButton、QToolButton、QRadioButton 和 QCheckBox。这些按钮类均继承自 QAbstractButton，并且根据各自的使用场景通过图形展现出来。任何按钮都可以显示包含文本和图标的标签。setText()函数用于设置文本，setIcon()函数用于设置图标。如果禁用了按钮，则会更改其标签以使按钮具有"禁用"外观。

QAbstractButton 用于按钮的大多数状态，这些状态以上 4 个按钮类都可以继承，如表 3-16 所示。

表 3-16

状 态	含 义
isDown()	提示按钮是否被按下
isChecked()	提示按钮是否已经被选中
isEnable()	提示按钮是否可以被用户单击
isCheckAble()	提示按钮是否是可标记的
setAutoRepeat()	设置如果用户按下按钮，按钮是否将自动重复。使用 autoRepeatDelay 和 autoRepeatInterval 定义如何进行自动重复

注意：与其他窗口小部件相反，从 QAbstractButton 类派生的按钮类在禁用时会接受鼠标和上下文菜单事件。

isDown()和 isChecked()之间的区别如下：当用户单击切换按钮时，首先按下该按钮（isDown()返回 True），然后将其释放到选中状态（isChecked()返回 True）。当用户想要取消选中再次单击它时，该按钮首先移至按下状态（isDown()返回 True），然后移至未选中状态（isChecked()和 isDown()均返回 False）。

QAbstractButton 类提供的信号如表 3-17 所示。

表 3-17

信 号	含 义
Pressed	当鼠标指针在按钮上并按下左键时触发该信号
Released	当鼠标左键被释放时触发该信号
Clicked	当鼠标左键被按下并释放时，或者快捷键被释放时触发该信号
Toggled	当按钮的标记状态发生变化时触发该信号

3.5.2 QPushButton

QPushButton 继承自 QAbstractButton，其形状是长方形，可以显示文本标题和图标。QPushButton 也是一种命令按钮，可以单击该按钮执行一些命令，或者响应一些事件。常见的按钮有"确认"、"申请"、"取消"、"关闭"、"是"和"否"等。QPushButton 类的继承结构如图 3-29 所示。

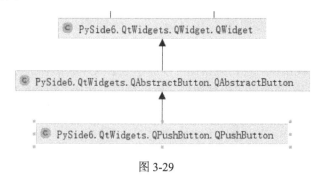

图 3-29

命令按钮通常通过文本来描述执行的动作，但有时也会通过快捷键来执行对应按钮的命令。

1．QPushButton 类中常用的函数

QPushButton 类中常用的函数如表 3-18 所示。

表 3-18

函　　数	描　　述
setCheckable()	设置按钮是否已经被选中，如果设置为 True，则表示按钮将保持已单击和释放状态
toggle()	在按钮状态之间进行切换
setIcon()	设置按钮上的图标
setEnabled()	设置按钮是否可以使用，当设置为 False 时，按钮变成不可用状态，单击它不会发射信号
isChecked()	返回按钮的状态，返回值为 True 或 False
setDefault()	设置按钮的默认状态
setText()	设置按钮的显示文本
text()	返回按钮的显示文本

2．为 QPushButton 设置快捷键

通过按钮名字可以为 QPushButton 设置快捷键，如名字为&Download 的按钮的快捷键是 Alt+D。其规则如下：如果想要实现快捷键为 Alt + D，那么按钮的名字中就要有字母 D，并且在字母 D 的前面加上 "&"。这个字母 D 一般是按钮名称的首字母，在按钮显示时，"&" 不会被显示出来，但字母 D 会显示一条下画线。如果只想显示 "&"，那么需要像转义一样使用 "&&"。如果读者想了解更多关于快捷键的使用，请参考 QShortcut 类。其核心代码如下：

```
self.button= QPushButton("&Download")
self.button.setDefault(True)
```

运行效果如图 3-30 所示。

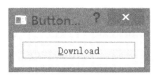

图 3-30

 案例 3-12　QPushButton 按钮的使用方法

本案例的文件名为 Chapter03/qt_QPushButton.py，用于演示 QPushButton 按钮的使用方法。运行脚本，显示效果如图 3-31 所示。

【代码分析】

在这个案例中，创建了 button1、button_image、button_disabled 和 button_shortcut 这 4 个按钮，这 4 个 QPushButton 对象被定义为类的实例变量。每个按钮都将 clicked 信号

发送给指定的槽函数，在标签"显示按钮信息"上显示当前操作情况。

图 3-31

第 1 个按钮 Button1 通过 toggle()函数来切换按钮的 checked 状态。其核心代码如下：

```
self.button1 = QPushButton("Button1")
self.button1.setCheckable(True)
self.button1.toggle()
self.button1.clicked.connect(lambda: self.button_click(self.button1))
layout.addWidget(self.button1)

def button_click(self, button):
  if button.isChecked():
    self.label_show.setText('你按下了' + button.text() + "isChecked=True")
  else:
    self.label_show.setText('你按下了' + button.text() + "isChecked=False")
```

需要注意的是，这里通过 lambda 表达式为槽函数传递额外的参数 button，将 clicked 信号发送给槽函数 button_click()，这是一种非常简捷好用的信号与槽传递方式。连续多次单击 Button1 按钮，标签显示的信息会在"你按下了 button1 isChecked=True"和"你按下了 button1 isChecked=True"中来回切换。

isChecked()函数返回当前按钮是否被选中，并且只有 checkable button 才能够被选择，开启 checkable 的方法为 setCheckable(True)。这是一种 QAbstractButton 方法，因此 QPushButton、QToolButton、QRadioButton 和 QCheckBox 都有这个属性。

和第 1 个按钮相比，第 2 个按钮 image 多了图标，并且使用 setIcon()函数接收 QPixmap 对象的图像文件作为输入参数：

```
self.button_image = QPushButton('image')
    self.button_image.setCheckable(True)
    self.button_image.setIcon(QIcon(QPixmap("./images/python.png")))
    self.button_image.clicked.connect(lambda:
self.button_click(self.button_image))
```

第 3 个按钮 Disabled 使用 setEnabled()函数来禁用该按钮：

```
self.button_disabled = QPushButton("Disabled")
    self.button_disabled.setEnabled(False)
```

第 4 个按钮&Shortcut_Key 使用 setDefault()函数来设置按钮是否为默认按钮。在 Qt 中，当用户按下 Enter 键时，设置 autoDefault()为 True 且获得焦点的按钮会被按下；在其他情况下，setDefault()函数的返回值为 True 的按钮（即默认按钮）会被按下。快捷键是& + Shortcut_Key 表示可以通过快捷键 Alt + S 来触发该按钮。代码如下：

```
self.button_shortcut = QPushButton("&Shortcut_Key")
    self.button_shortcut.setDefault(True)
    self.button_shortcut.setCheckable(True)
    self.button_shortcut.clicked.connect(lambda:
self.button_click(self.button_shortcut))
```

这种通过 lambda 表达式连接带参数的槽函数使代码看起来简洁易懂，槽函数有参数的情况都可以通过这种方法进行处理。

3.5.3　QRadioButton、QGroupBox 和 QButtonGroup

QRadioButton 继承自 QAbstractButton，提供了一组可供选择的按钮和文本标签，用户可以选择其中一个选项，标签用于显示对应的文本信息。单选按钮是一种开关按钮，可以切换为 on 或 off，即 checked 或 unchecked，主要为用户提供"多选一"的选择。QRadioButton 类的继承结构如图 3-32 所示。

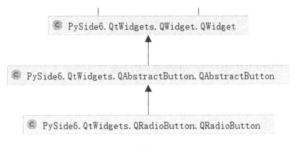

图 3-32

QRadioButton 是单选按钮控件，默认是独占的（Exclusive）。继承自同一个父类 QAbstractButton 的多个单选按钮属于同一个按钮组合，在单选按钮组合中，一次只能选择一个单选按钮。如果需要将多个独占的按钮进行组合，则需要将它们放在 QGroupBox 或 QButtonGroup 中。**QButtonGroup 只是为了更容易地管理 button 事件，它不是一个控件，和布局完全没有关系，使用 layout 无法对其进行管理**。因此，如果想使用布局管理器对 **button** 进行管理，则建议使用 **QGroupBox**。如图 3-33 所示，QGroupBox 是 QWidget 的子类，而 QButtonGroup 和 QWidget 没有关系，layout 没有办法接管。

如果将单选按钮切换到 on 或 off，就会发送 toggled 信号，绑定这个信号，在按钮状态发生变化时触发相应的行为。

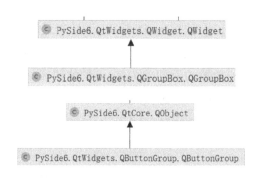

图 3-33

QRadioButton 类中常用的函数如表 3-19 所示。

表 3-19

函　　数	描　　述
setCheckable()	设置按钮是否已经被选中，可以改变单选按钮的选中状态，如果设置为 True，则表示单选按钮将保持已单击和释放状态
isChecked()	返回单选按钮的状态，返回值为 True 或 False
setText()	设置单选按钮的显示文本
text()	返回单选按钮的显示文本

在 QRadioButton 中，toggled 信号是在切换单选按钮的状态（on 或 off）时发射的，而 clicked 信号则在每次单击单选按钮时都会发射。在实际中，一般只有状态改变时才有必要去响应，因此 toggled 信号更适合用于状态监控。

案例 3-13　QRadioButton 按钮的使用方法

本案例的文件名为 Chapter03/qt_QRadioButton.py，QRadioButton 按钮的用法此处不再赘述，读者可自行查看。运行脚本，显示效果如图 3-34 所示。

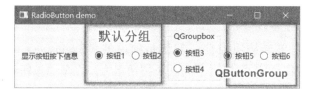

图 3-34

【代码分析】

如图 3-34 所示，在正常情况下按钮为默认分组（按钮 1 和按钮 2），这一组两个互斥的单选按钮只有一个能被选中。可以用 QGroupBox（按钮 3 和按钮 4）和 QButtonGroup（按钮 5 和按钮 6）接管其他分组，这样每个分组都有一个单选按钮可以被选中。

1．默认分组

默认分组相关代码如下，按钮 1 被设置成默认选中状态（按钮 1 和按钮 2 相互切换时，按钮的状态发生改变，将触发 toggled 信号，并与 lambda 表达式对应的槽函数连接，使用 lambda 表达式允许将源信号传递给槽函数，将按钮作为参数）：

```
# button1 和 button2 未接管按钮
self.button1 = QRadioButton("按钮 1")
self.button1.setChecked(True)
self.button1.toggled.connect(lambda: self.button_select(self.button1))
layout.addWidget(self.button1)

self.button2 = QRadioButton("按钮 2")
self.button2.toggled.connect(lambda: self.button_select(self.button2))
layout.addWidget(self.button2)
self.btn1.setChecked(True)
```

槽函数接收 button 参数，通过获取 button 参数的信息来改变 label 的状态，相关代码如下：

```
def button_select(self, button):
    if button.isChecked() == True:
        self.label.setText(button.text() + " is selected")
    else:
        self.label.setText(button.text() + " is deselected")
```

选中"按钮 2"单选按钮，结果如图 3-35 所示。

图 3-35

2．QGroupBox

使用 QGroupBox 是比较推荐的一种方式，支持使用 Qt Designer 来添加，非常方便。在下面的代码中，QGroupBox 通过布局管理器 layout_group_box 来管理两个按钮的布局，将整体作为一个元素由 layout 接管：

```
# button3 和 button4 使用 GroupBox 接管按钮
group_box1 = QGroupBox('QGroupbox', self)
layout_group_box = QVBoxLayout()
self.button3 = QRadioButton("按钮 3")
self.button3.setChecked(True)
self.button3.toggled.connect(lambda: self.button_select(self.button3))
layout_group_box.addWidget(self.button3)

self.button4 = QRadioButton("按钮 4")
self.button4.toggled.connect(lambda: self.button_select(self.button4))
layout_group_box.addWidget(self.button4)
```

```
group_box1.setLayout(layout_group_box)

layout.addWidget(group_box1)
```

3. QButtonGroup

和 QGroupBox 不同，QButtonGroup 只是为了更容易地管理 button 事件。它不是一个控件，和布局完全没有关系，使用 layout 无法对其进行管理。也就是说，如果使用 QButtonGroup，那么仍然使用 layout 直接管理 button；如果使用 QGroupBox，那么 layout 会通过管理 QGroupBox 来间接管理 button。代码如下：

```
# button5 和 button6 使用 button_group 接管按钮
button_group = QButtonGroup(self)
self.button5 = QRadioButton("按钮 5")
self.button5.setChecked(True)
self.button5.toggled.connect(lambda: self.button_select(self.button5))
button_group.addButton(self.button5)
layout.addWidget(self.button5)

self.button6 = QRadioButton("按钮 6")
self.button6.toggled.connect(lambda: self.button_select(self.button6))
button_group.addButton(self.button6)
layout.addWidget(self.button6)
```

当然，也可以新建一个 layout_child 对按钮 5 和按钮 6 进行管理，layout 通过管理 layout_child 来实现对 button 的间接管理。

3.5.4 QCheckBox

QCheckBox 继承自 QAbstractButton。QCheckBox 提供了一组带文本标签的复选框，用户可以从中选择多个选项。和 QPushButton 一样，复选框可以显示文本或图标，其中，文本可以通过构造函数或 setText()函数来设置，图标可以通过 setIcon()函数来设置；可以通过在首选字符的前面加上 "&" 来指定快捷键。使用 QButtonGroup 或 QGroupBox 可以把许多复选框组织在一起。QCheckBox 类的继承结构如图 3-36 所示。

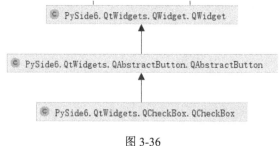

图 3-36

QCheckBox 和 QRadioButton 都是选项按钮，因为它们都可以在 on（选中）和 off（未选中）之间切换。它们的区别在于对用户选择的限制：QRadioButton 提供的是"多选一"的选择（排他性）；QCheckBox 提供的是"多选多"的选择（非排他性）。排他性和非排他性之间的区别如图 3-37 所示。

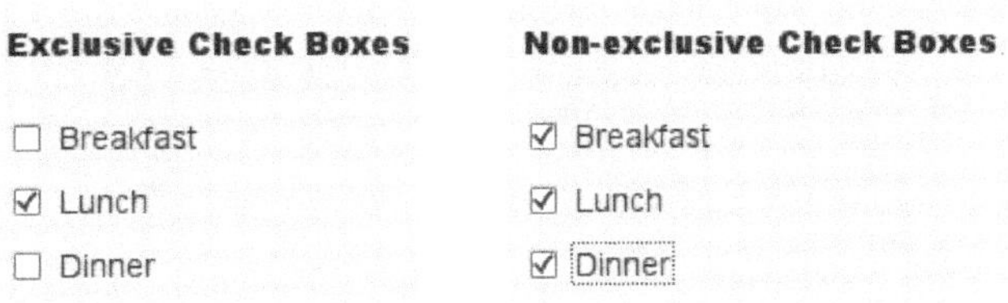

Exclusive Check Boxes　　　**Non-exclusive Check Boxes**

☐ Breakfast　　　　　　　　　☑ Breakfast

☑ Lunch　　　　　　　　　　　☑ Lunch

☐ Dinner　　　　　　　　　　　☑ Dinner

图 3-37

QCheckBox 通常应用于需要用户选择一个或多个可用的选项的场景中。只要复选框被勾选或取消勾选，都会发射一个 stateChanged 信号。如果想在复选框状态改变时触发相应的行为，请发射这个信号并连接对应的行为，可以使用 isChecked()函数来查询复选框是否被勾选。

除了常用的勾选和未勾选两种状态，QCheckBox 还提供了第 3 种状态（半选中）来表明"没有变化"。当需要为用户提供勾选或未勾选复选框的选择时，这种状态是很有用的。如果需要第 3 种状态，则可以通过 setTriState()函数来使其生效，并使用 checkState()函数来查询当前的切换状态。

QCheckBox 类中常用的函数如表 3-20 所示。

表 3-20

函 数	描 述
setChecked()	设置复选框的状态，当设置为 True 时表示勾选复选框，当设置为 False 时表示取消勾选复选框
isChecked()	检查复选框是否被勾选
setText()	设置复选框的显示文本
text()	返回复选框的显示文本
setTriState()	将复选框设置为三态
checkState()	查询三态复选框被勾选的状态

三态复选框有 3 种状态，如表 3-21 所示。

表 3-21

状 态 名 称	值	含 义
Qt.Checked	2	组件没有被勾选（默认值）
Qt.PartiallyChecked	1	组件被半勾选
Qt.Unchecked	0	组件被勾选

 案例 3-14　QCheckBox 按钮的使用方法

本案例的文件名为 Chapter03/qt_QCheckbox.py，用于演示 QCheckBox 按钮的使用方法。运行脚本，取消勾选 Checkbox1 复选框，显示效果如图 3-38 所示。

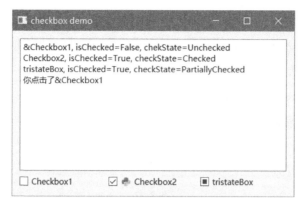

图 3-38

【代码分析】

在这个案例中，上面的 QTextEdit 显示了 3 个复选框的状态，用于对复选框的控件进行说明，如表 3-22 所示。

表 3-22

控 件 类 型	控 件 名 称	显示的文本	功　　能
QCheckBox	checkBox1	&Checkbox1	两种状态选择+快捷键
QCheckBox	checkBox2	Checkbox2	两种状态选择+图标
QCheckBox	checkBox3	tristateBox	3 种状态选择

3 个 QCheckBox 被 layout_child 接管，layout_child 和 QTextEdit 被 layout 接管。checkBox1 使用"&"设置了快捷键，通过 Alt+C 触发；checkBox2 设置了图标。checkBox1 和 checkBox2 都通过 toggled 连接槽函数。代码如下：

```
layout_child = QHBoxLayout()
self.checkBox1 = QCheckBox("&Checkbox1")
self.checkBox1.setChecked(True)
self.checkBox1.stateChanged.connect(lambda:
self.button_click(self.checkBox1))
layout_child.addWidget(self.checkBox1)


self.checkBox2 = QCheckBox("Checkbox2")
self.checkBox2.setChecked(True)
self.checkBox2.setIcon(QIcon(QPixmap("./images/python.png")))
self.checkBox2.toggled.connect(lambda: self.button_click(self.checkBox2))
layout_child.addWidget(self.checkBox2)
```

第 3 个按钮主要通过设置 setTriState()函数开启第 3 种状态，并通过 setCheckState()函数设置控件当前属于哪种状态（这是 Tristate 专属的方法，如果不需要第 3 种状态，则可以通过 setChecked()函数来设置控件的当前状态，就像前两个按钮一样）：

```
self.checkBox3 = QCheckBox("tristateBox")
self.checkBox3.setTriState(True)
```

```
self.checkBox3.setCheckState(Qt.PartiallyChecked)
self.checkBox3.stateChanged.connect(lambda:
self.button_click(self.checkBox3))
layout_child.addWidget(self.checkBox3)
```

3 个按钮都通过 lambda 表达式连接槽函数 button_click()，并传递参数 checkbox。
在这个函数中会检查每个按钮的当前状态，以及当前单击的按钮信息，这些都会在
QTextEdit 中显示。代码如下：

```
def button_click(self, btn):
    chk1Status = self.checkBox1.text() + ", isChecked=" +
str(self.checkBox1.isChecked()) + ', chekState=' +
str(self.checkBox1.checkState().name.decode('utf8')) + "\n"
    chk2Status = self.checkBox2.text() + ", isChecked=" +
str(self.checkBox2.isChecked()) + ', checkState=' +
str(self.checkBox2.checkState().name.decode('utf8')) + "\n"
    chk3Status = self.checkBox3.text() + ", isChecked=" +
str(self.checkBox3.isChecked()) + ', checkState=' +
str(self.checkBox3.checkState().name.decode('utf8')) + "\n"
    click = '你单击了' + btn.text()
    self.textEdit.setText(chk1Status + chk2Status + chk3Status+click)
```

对于同一个按钮来说，isChecked()函数包含两种状态，checkState()函数包含 3 种
状态，它们之间是有关系的。两个函数的对应信息如表 3-23 所示。

表 3-23

isChecked()函数	checkState()函数
True	Checked
True	PartiallyChecked
False	Unchecked

isChecked()函数和 checkState()函数之间的关系如图 3-39 所示。

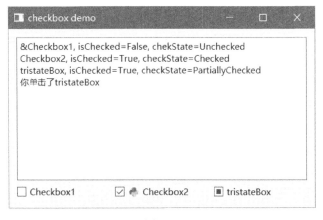

图 3-39

3.5.5　QCommandLinkButton

QCommandLinkButton 是 Windows Vista 引入的新控件。QCommandLinkButton 是 QPushButton 的子类，适用于特殊的场景，如单击软件安装界面中的"下一步"按钮切换到其他窗口。它是 QPushButton 在特定场景下的替代品，在一般场景下没有必要使用。与 QPushButton 相比，QCommandLinkButton 允许使用描述性文本。在默认情况下，QCommandLinkButton 还带有一个箭头图标，表示按下该控件将打开另一个窗口或页面。QCommandLinkButton 类的继承结构如图 3-40 所示。

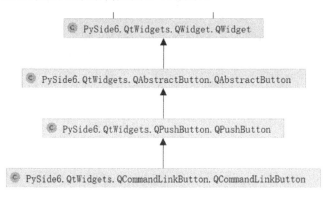

图 3-40

相关初始化参数如下：

```
__init__(self, parent: typing.Union[PySide6.QtWidgets.QWidget, NoneType] =
None) -> None
__init__(self, text: str, description: str, parent:
typing.Union[PySide6.QtWidgets.QWidget, NoneType] = None) -> None
__init__(self, text: str, parent: typing.Union[PySide6.QtWidgets.QWidget,
NoneType] = None) -> None
```

案例 3-15　QCommandLinkButton 按钮的使用方法

本案例的文件名为 Chapter03/qt_QCommandLinkButton.py，用于演示 QCommandLinkButton 按钮的使用方法，代码如下：

```
class CommandLinkButtonDemo(QDialog):
    def __init__(self, parent=None):
        super(CommandLinkButtonDemo, self).__init__(parent)
        layout = QVBoxLayout()
        self.label_show = QLabel('显示按钮信息')
        layout.addWidget(self.label_show)

        self.button1 = QCommandLinkButton("默认按钮")
        self.button1.setCheckable(True)
        self.button1.toggle()
        self.button1.clicked.connect(lambda:
```

```
self.button_click(self.button1))
      layout.addWidget(self.button1)

      self.button_descript = QCommandLinkButton("描述按钮",'描述信息')
      self.button_descript.clicked.connect(lambda:
self.button_click(self.button_descript))
      layout.addWidget(self.button_descript)

      self.button_image = QCommandLinkButton('图片按钮')
      self.button_image.setCheckable(True)
      self.button_image.setDescription('设置自定义图片')
      self.button_image.setIcon(QIcon("./images/python.png"))
      self.button_image.clicked.connect(lambda:
self.button_click(self.button_image))
      layout.addWidget(self.button_image)


      self.setWindowTitle("QCommandLinkButton demo")
      self.setLayout(layout)



   def button_click(self, button):
      if button.isChecked():
         self.label_show.setText('你按下了 ' + button.text() +
"isChecked=True")
      else:
         self.label_show.setText('你按下了 ' + button.text() +
"isChecked=False")
```

运行脚本，显示效果如图 3-41。

图 3-41

第 1 个按钮是默认的 QCommandLinkButton 按钮，第 2 个按钮添加了描述信息，第 3 个按钮不仅修改了默认图片，还添加了描述信息。

3.6　工具按钮（QToolButton）

　　和 QPushButton、QRadioButton 和 QCheckBox 一样，QToolButton 也继承自 QAbstractButton。不过 QToolButton 比较特殊，不是传统意义上的按钮，既可以添加菜单栏，也可以作为工具栏使用，功能多、用途广。因此，本节对 QToolButton 单独进行介绍。

　　QToolButton 是一种特殊按钮，可以用于快速访问特定命令或选项。与普通命令按钮相反，QToolButton 通常不显示文本标签，而是显示图标。QToolButton 的一种经典用法是作为选择工具，如绘图程序中的"笔"工具，以及窗口工具栏中的各种工具。QToolButton 类的继承结构如图 3-42 所示。

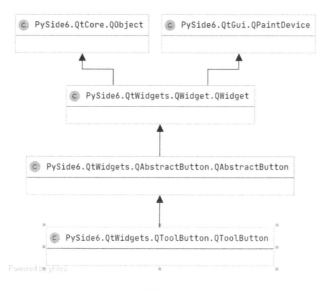

图 3-42

案例 3-16　QToolButton 按钮的使用方法

　　本案例的文件名为 Chapter03/qt_QToolButton.py，用于演示 QToolButton 按钮的使用方法，具体代码在此不再赘述，读者可自行查看。运行脚本，显示效果如图 3-43 所示。

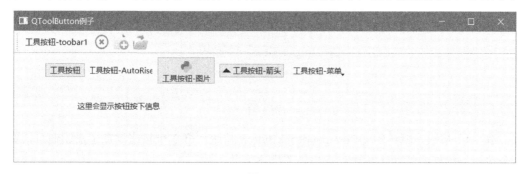

图 3-43

QToolButton 的功能主要包括以下几点。

1. 文本工具按钮

正常的文本工具按钮和普通按钮一样，代码如下：

```
# 文本工具按钮
tool_button = QToolButton(self)
tool_button.setText("工具按钮")
layout.addWidget(tool_button)
```

2. 自动提升工具按钮

在默认情况下，QToolButton 会显示一个凸起的按钮形态，这是正常的按钮形态，但是也存在另一种形态，即自动提升（AutoRaise），也就是仅当鼠标指针指向该按钮时，该按钮才会进行 3D 渲染，在正常情况下看起来像一个文本框。可以使用 setAutoRaise(True)来开启自动提升。需要注意的是，当 QToolButton 在 QToolBar 中使用按钮时，自动提升功能会自动打开。

显示效果如图 3-44 所示。

图 3-44

```
# 自动提升
tool_button_AutoRaise = QToolButton(self)
tool_button_AutoRaise.setText("工具按钮-AutoRise")
tool_button_AutoRaise.setAutoRaise(True)
layout.addWidget(tool_button_AutoRaise)
```

3. 图标工具按钮

工具按钮的图标可以用 QIcon 设置。设置图标后会有一些样式呈现方式，可以通过 setToolButtonStyle()来设置，这个继承自 QMainWindow 的函数用来描述应如何显示按钮的文本和图标，在默认情况下只显示图标。**需要注意的是，如果使用 addWidget()函数添加 QToolButton（如下面的 toolbar 通过 addWidget()函数把 QToolButton 添加到工具栏中），则该样式设置无效。**

在 Qt 中，按钮的几种样式呈现方式如表 3-24 所示。

表 3-24

ButtonStyle	值	描 述
Qt.ToolButtonIconOnly	0	仅显示图标，默认状态

续表

ButtonStyle	值	描　　述
Qt.ToolButtonTextOnly	1	仅显示文字
Qt.ToolButtonTextBesideIcon	2	文本出现在图标旁边
Qt.ToolButtonTextUnderIcon	3	文本出现在图标下方
Qt.ToolButtonFollowStyle	4	遵循系统风格设置。在 UNIX 平台上，将使用桌面环境中的用户设置；在其他平台上仅显示图标

工具按钮的大小可以通过 setIconSize(QSize)设置，该方法继承自 QAbstractButton。

相关代码如下，这里只展示了 ToolButtonTextUnderIcon 样式，也就是文本出现在图标下方：

```
# 图片工具按钮
tool_button_pic = QToolButton(self)
tool_button_pic.setText("工具按钮-图片")
tool_button_pic.setIcon(QIcon("./images/python.png"))
tool_button_pic.setIconSize(QSize(22,22))
tool_button_pic.setToolButtonStyle(Qt.ToolButtonTextUnderIcon)
layout.addWidget(tool_button_pic)
```

显示效果请参考如图 3-43 所示的"工具按钮-图片"按钮。

> **注意**：当工具按钮被嵌入 QMainWindow 中被 QToolBar 接管时，setToolButtonStyle()函数和 setIconSize()函数将不起作用，并且自动调整为 QMainWindow 的相关设置（请参考 QMainWindow.setToolButtonStyle()函数和 QMainWindow.setIconSize()函数）。

4．箭头工具按钮

除了可以显示图标，工具按钮还可以显示箭头符号，用 setArrowType()函数设置。需要注意的是，箭头的优先级是高于图标的优先级的，因此，设置了箭头就不会显示图标，并且如果样式风格设置为只显示文本就不会显示箭头。在默认情况下只显示图标（箭头）。

我们比较熟悉的是向下箭头，如 Office 中的插入页眉、页脚等，如图 3-45 所示。

图 3-45

在 Qt 中，箭头的方向其实有很多种，如表 3-25 所示。

表 3-25

变　　　量	值	说　　　明
Qt.NoArrow	0	没有箭头
Qt.UpArrow	1	向上箭头
Qt.DownArrow	2	向下箭头
Qt.LeftArrow	3	向左箭头
Qt.RightArrow	4	向右箭头

开启箭头的相关代码如下（这里只展示了 UpArrow，也就是向上箭头）：

```
# 工具按钮+箭头
tool_button_arrow = QToolButton(self)
tool_button_arrow.setText("工具按钮-箭头")
tool_button_arrow.setToolButtonStyle(Qt.ToolButtonTextBesideIcon)
tool_button_arrow.setArrowType(Qt.UpArrow)
layout.addWidget(tool_button_arrow)
```

显示效果请参考如图 3-43 所示的"工具按钮-箭头"按钮。

5. 菜单工具按钮

工具按钮可以通过弹出菜单的方式提供其他选择，使用 setMenu()函数设置弹出的菜单，使用 setPopupMode()函数设置菜单显示的不同模式。默认模式是 DelayedPopup，即按住按钮一段时间后，会弹出一个菜单。具体的模式信息如表 3-26 所示。

表 3-26

模　　式	值	描　　述
QToolButton.DelayedPopup	0	按住工具按钮一段时间后（超时取决于样式，请参考 QStyle.SH_ToolButton_PopupDelay），显示菜单。一个典型的应用示例是某些 Web 浏览器工具栏中的"后退"按钮：如果单击"后退"按钮，则浏览器显示的是上一页；如果用户按住按钮一段时间，则工具按钮将显示一个包含当前历史记录列表的菜单
QToolButton.MenuButtonPopup	1	在此模式下，工具按钮会显示一个特殊的箭头，提示存在菜单。按下按钮的箭头部分会显示菜单
QToolButton.InstantPopup	2	按下工具按钮后，将立即显示菜单。在此模式下，不会触发按钮本身的动作

相关代码如下（此处展示的是 InstantPopup 模式，也就是按下按钮立即显示菜单。需要注意的是，setData()函数是为了和其他 QAction 进行区分，方便识别当前触发的动作，在信号与槽部分会用到）：

```
# 菜单工具按钮
tool_button_menu = QToolButton(self)
    tool_button_menu.setText("工具按钮-菜单")
    tool_button_menu.setAutoRaise(True)
    layout.addWidget(tool_button_menu)

# 以下是为 tool_button_menu 添加的 menu 信息
menu = QMenu(tool_button_menu)
new_action = QAction("新建",menu)
```

```
new_action.setData('NewAction')
menu.addAction(new_action)
open_action = QAction("打开",menu)
open_action.setData('OpenAction')
menu.addAction(open_action)
menu.addSeparator()
# 添加子菜单
sub_menu = QMenu(menu)
sub_menu.setTitle("子菜单")
recent_action = QAction("最近打开",sub_menu)
recent_action.setData('RecentAction')
sub_menu.addAction(recent_action)
menu.addMenu(sub_menu)
tool_button_menu.setMenu(menu)
tool_button_menu.setPopupMode(QToolButton.InstantPopup)
```

运行效果如图 3-46 所示。

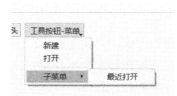

图 3-46

6. 嵌入工具栏 QToolBar 中

QToolButton 作为工具按钮，可以很好地嵌入工具栏 QToolBar 中。在正常情况下，工具栏中添加的按钮是一个 QAction 实例，通过 addAction()函数添加。QToolButton 是 QWidget 的子类，不是一个 QAction，因此要使用 addWidget()函数添加。

具体代码如下（这里使用 addWidget()函数添加了两个 QToolButton，使用 addAction()函数添加了两个 QAction）：

```
# 工具按钮，嵌入 toolbar 中
toobar = self.addToolBar("File")
# 添加工具按钮 1
tool_button_bar1 = QToolButton(self)
tool_button_bar1.setText("工具按钮-toobar1")
toobar.addWidget(tool_button_bar1)
# 添加工具按钮 2
tool_button_bar2 = QToolButton(self)
tool_button_bar2.setText("工具按钮-toobar2")
tool_button_bar2.setIcon(QIcon("./images/close.ico"))
tool_button_arrow.setToolButtonStyle(Qt.ToolButtonTextBesideIcon)
toobar.addWidget(tool_button_bar2)
# 添加其他 QAction 按钮
```

```
new = QAction(QIcon("./images/new.png"), "new", self)
toobar.addAction(new)
open = QAction(QIcon("./images/open.png"), "open", self)
toobar.addAction(open)
```

运行效果如图 3-47 中框选的部分所示。

图 3-47

> **！** 注意：QToolBar 的 addWidget()函数继承自 QMainWindow，因此，在新建窗口时需要新建一个主窗口，而不是一个 QWidget 窗口，否则没有 addWidget()函数。

7. 信号与槽

除了继承自 QAbstractButton 的 4 个槽函数（clicked()、pressed()、released()和 toggled()），QToolButton 还有自己的槽函数 triggered(QAction)。这个槽函数只有当工具栏中的某个 QAction 被单击时才会发出信息，并传递 QAction 参数。例如，当 QToolButton 中的某个 QAction 被单击时，QToolButton 会触发 triggered 信号，并把该 QAction 作为参数传递给槽函数，通过解析 QAction 就可以知道单击的是哪个按钮。

这里使用了两个信号，即 clicked 和 triggered，上面已经介绍了 clicked 信号，这里重点介绍 triggered 信号。

使用槽函数 button_click()接收 clicked 信号，并在 QLabel 中显示按钮按下的信息。使用槽函数 action_call()接收菜单栏中 QAction 被单击的信号，并在 QLabel 中显示菜单被单击的信息，这样才能体现 QAction.setData 的作用，并区分 QAction 之间的不同，代码如下：

```
# 槽函数
tool_button.clicked.connect(lambda: self.button_click(tool_button))
tool_button_AutoRaise.clicked.connect(lambda:
self.button_click(tool_button_AutoRaise))
tool_button_pic.clicked.connect(lambda:
self.button_click(tool_button_pic))
```

```
tool_button_arrow.clicked.connect(lambda:
self.button_click(tool_button_arrow))
tool_button_bar1.clicked.connect(lambda:
self.button_click(tool_button_bar1))
tool_button_bar2.clicked.connect(lambda:
self.button_click(tool_button_bar2))
tool_button_menu.triggered.connect(self.action_call)

def button_click(self, button):
   self.label_show.setText('你按下了: '+button.text())

def action_call(self, action):
   self.label_show.setText('触发了菜单 action: '+action.data())
```

单击 QToolButton 相关的按钮，会在最下方的 QLabel 显示按钮信息，这就是槽函数的作用，如图 3-48 所示。

图 3-48

3.7 下拉列表框（QComboBox）

QComboBox 是一个集按钮和下拉选项于一体的控件，也被称为下拉列表框（或组合框）。QComboBox 提供了一种以占用最少屏幕空间的方式向用户显示选项列表的方法。QComboBox 继承自 QWidget，如图 3-49 所示。

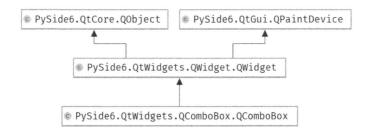

图 3-49

案例 3-17　QComboBox 按钮的使用方法

本案例的文件名为 Chapter03/qt_QComboBox.py，用于演示 QComboBox 按钮的使用方法，代码如下：

```
item_list = ["C", "C++", "Java", "Python", "JavaScript", "C#", "Swift",
"go", "Ruby", "Lua", "PHP"]

data_list = [1972, 1983, 1995, 1991, 1992, 2000, 2014, 2009, 1995, 1993,
1995]

class Widget(QWidget):
    def __init__(self, *args, **kwargs):
        super(Widget, self).__init__(*args, **kwargs)
        self.setWindowTitle("QComboBox 案例")

        layout = QFormLayout(self)

        self.label = QLabel('显示数据信息')
        layout.addWidget(self.label)
        icon = QIcon("./images/python.png")  # 显示图标
###此处省略一些代码，下面会进行展示###
if __name__ == "__main__":
    app = QApplication(sys.argv)
    w = Widget()
    w.show()
    sys.exit(app.exec())
```

运行脚本，随便选中一个选项，显示效果如图 3-50 所示。

图 3-50

QComboBox 类最常见的是增、删、改、查，常见的函数如表 3-27 所示。

表 3-27

函 数	描 述
addItem()	添加一个项目到下拉列表框中
addItems()	添加一个列表到下拉列表框中
insertItem()	指定索引插入一个项目到下拉列表框中
insertItems()	指定索引插入一个列表到下拉列表框中
clear()	删除下拉列表框中的所有选项
removeItem()	删除下拉列表框中的一个项目
clearEditText()	清楚显示的字符串，不改变 QComboBox 的内容
count()	返回下拉列表框中的选项的数目
setMaxCount()	设置可选数目的最大值
currentText()	返回选中选项的文本
itemText()	获取索引为 i 的 item 的选项文本
currentIndex()	返回选中项的索引
setItemText(int index,text)	改变索引为 index 的选项的文本
setCurrentIndex()	设置当前索引的文本

3.7.1 查询

使用 currentText()函数返回当前项目的文本，使用 itemText()函数返回指定索引的文本，使用 count()函数返回下拉列表框中的项目数，使用 setMaxCount()函数设置最大项目数。相关代码如下：

```
def on_activate(self, index, combobox=None):
  _str = ' 信号index: {};\n currentIndex: {};\n 信号index==currentIndex:
{};\n count: {};\n currentText: {};\n currentData: {};\n itemData: {};\n
itemText: {};\n'.format(
      index, combobox.currentIndex(), index == combobox.currentIndex(),
combobox.count(), combobox.currentText(),
      combobox.currentData(),
combobox.itemData(index),combobox.itemText(index))
  self.label.setText(_str)
```

运行效果如图 3-51 所示。

图 3-51

3.7.2 增加

QComboBox 可以使用 insertItem()函数来插入项目，作用是在给定的索引处插入图标、文本和 userData（Qt 中的 QVariant 实例，Python 中可以是一个 string）。insertItem() 函数需要指定索引，如果索引大于或等于项目的总数，则将新项目追加到现有项目的列表中（也就是放在列表的最后）；如果索引为零或负数，则将新项目添加到现有项目的列表的前面。如果只考虑追加新项目，则可以使用 addItem()函数，不指定索引，只进行追加操作。如果需要同时插入多个项目，则可以考虑使用 insertItems()函数和 addItems()函数。

本案例使用新建数据，使用 addItem()函数和 addItems()函数初始化数据。需要注意的是，addItem()函数使用多种类型的参数传递：

```
addItem(self, icon: PySide6.QtGui.QIcon, text: str, userData: typing.Any =
Invalid(typing.Any)) -> None

addItem(self, text: str, userData: typing.Any = Invalid(typing.Any)) ->
None
```

既可以包含 icon，也可以不包含 icon，需要注意这种使用方式。userData 可以为 text 添加额外的信息，也可以根据实际情况考虑是否需要添加额外的信息：

```
# 增加单项，不带数据
self.combobox_addOne = QComboBox(self, minimumWidth=200)
for i in range(len(item_list)):
    self.combobox_addOne.addItem(icon, item_list[i])
self.combobox_addOne.setCurrentIndex(-1)
layout.addRow(QLabel("增加单项，不带数据"), self.combobox_addOne)

# 增加单项，附带数据
self.combobox_addData = QComboBox(self, minimumWidth=200)
for i in range(len(item_list)):
    self.combobox_addData.addItem(icon, item_list[i], data_list[i])
self.combobox_addData.setCurrentIndex(-1)
layout.addRow(QLabel("增加单项，附带数据"), self.combobox_addData)

# 增加多项，不带数据
self.combobox_addMore = QComboBox(self, minimumWidth=200)
layout.addRow(QLabel("增加多项，不带数据"), self.combobox_addMore)
self.combobox_addMore.addItems(item_list)
self.combobox_addMore.setCurrentIndex(-1)
```

运行效果如图 3-51 所示。

3.7.3 修改

修改项目列表的前提是将 setEditable 设置为 True。之后在下拉列表框中输入新字符串时按 Enter 键，系统就会自动将这个字符串增加到最后一项。这个默认策略是

InsertAtBottom，可以使用 setInsertPolicy()函数进行更改，如果读者想尝试其他策略，请参考表 3-28，本案例使用的策略是 InsertAfterCurrent。

表 3-28

类　　型	值	描　　述
NoInsert	0	不会将该字符串插入下拉列表框中
InsertAtTop	1	该字符串将作为下拉列表框中的第一项插入
InsertAtCurrent	2	当前项目将被字符串替换
InsertAtBottom	3	该字符串将被插入下拉列表框中的最后一项之后
InsertAfterCurrent	4	该字符串将被插入下拉列表框中当前项目的后面
InsertBeforeCurrent	5	该字符串将被插入下拉列表框中当前项目的前面
InsertAlphabetically	6	该字符串将按字母顺序插入下拉列表框中

也可以使用 QValidator 将输入限制为可编辑的下拉列表框，在默认情况下可以接受任何输入。

相关代码如下：

```python
# 允许修改 1
self.combobox_edit = QComboBox(self, minimumWidth=200)
self.combobox_edit.setEditable(True)
for i in range(len(item_list)):
    self.combobox_edit.addItem(icon, item_list[i])
self.combobox_edit.setInsertPolicy(self.combobox_edit.InsertAfterCurrent)
self.combobox_edit.setCurrentIndex(-1)
layout.addRow(QLabel("允许修改 1:默认"), self.combobox_edit)


# 允许修改 2
self.combobox_edit2 = QComboBox(self, minimumWidth=200)
self.combobox_edit2.setEditable(True)
self.combobox_edit2.addItems(['1', '2', '3'])
# 整数验证器
pIntValidator = QIntValidator(self)
pIntValidator.setRange(1, 99)
self.combobox_edit2.setValidator(pIntValidator)
layout.addRow(QLabel("允许修改 2:验证器"), self.combobox_edit2)
```

上述代码会生成 QComboBox，前者可以新增任意类型的数据，后者仅能添加 1 和 99 之间的整数。运行效果如图 3-52 所示。

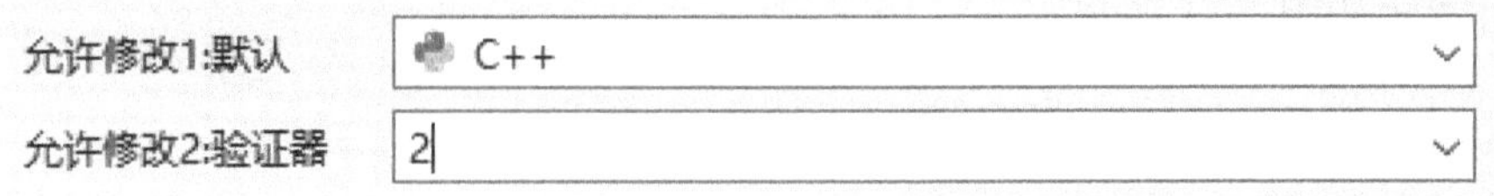

图 3-52

> **注意**：可以使用 setItemText() 函数修改指定索引的项目，可以使用 setCurrentIndex() 函数设置当前索引的项目。
> 在默认情况下，项目新增不允许重复，如果要开启重复，则可以设置 setDuplicatesEnabled(True)。

3.7.4 删除

使用 removeItem() 函数可以删除项目，使用 clear() 函数可以删除所有项目。对于可编辑的下拉列表框，提供了 clearEditText() 函数，以在不更改下拉列表框中内容的情况下清除显示的字符串。相关代码如下：

```python
# 删除项目
layout_child = QHBoxLayout()
self.button1 = QPushButton('删除项目')
self.button2 = QPushButton('删除显示')
self.button3 = QPushButton('删除所有')
self.combobox_del = QComboBox(minimumWidth=200)
self.combobox_del.setEditable(True)
self.combobox_del.addItems(item_list)
layout_child.addWidget(self.button1)
layout_child.addWidget(self.button2)
layout_child.addWidget(self.button3)
layout_child.addWidget(self.combobox_del)
self.button1.clicked.connect(lambda:
self.combobox_del.removeItem(self.combobox_del.currentIndex()))
self.button2.clicked.connect(lambda: self.combobox_del.clearEditText())
self.button3.clicked.connect(lambda: self.combobox_del.clear())
layout.addRow(layout_child)
```

如图 3-53 所示，这 3 种操作对应的按钮为"删除项目"、"删除显示"和"删除所有"，请读者自行尝试。

图 3-53

3.7.5 信号与槽函数

如果 QComboBox 的当前项目发生更改，则会发出 3 个信号，即 currentIndexChanged 信号、currentTextChanged 信号和 activated 信号。在 Qt 中，这种更改方式有两个来源，即编程和用户交互，activated 信号只会触发用户交互，而 currentIndexChanged 信号和 currentTextChanged 信号都会触发。highlighted 信号触发得非常频繁，当用户的鼠标指针滑过 QComboBox 列表中的项目时（这时候项目会高亮显示）就会触发，而不像 activated

信号等用户选中之后才触发。这些信号都有两个版本，即带有 str 参数和带有 int 参数。如果用户选择或高亮显示，则仅 int 参数发射信号。只要更改了可编辑下拉列表框的文本，就会触发 editTextChanged 信号。

QComboBox 类中常用的信号如表 3-29 所示。

表 3-29

信　　号	含　　义
activated	当用户选中下拉列表框中的一个选项时发射该信号
currentIndexChanged	当下拉列表框中的选项的索引改变时发射该信号
currentTextChanged	当下拉列表框中的选项的文本改变时发射该信号
highlighted	当鼠标或键盘操作引起下拉列表框中的选项高亮显示时发射该信号
editTextChanged	当下拉列表框的文本改变时发射该信号

这里的信号与槽之间的绑定和之前的有些不同，**既需要传递信号的参数，也需要传递自定义的参数**。可以使用两种方式来处理，分别是 lambda 表达式和 partial() 函数，底层原理不属于本书的内容，有需求的读者可以自行查阅相关资料。需要说明的是，对于 lambda 表达式，x 是信号的参数，self.combox_*是自定义参数。lambda 表达式把这两个参数分别传递给 on_activate 的 index 参数和 combobox 参数。将 partial() 函数的 args 参数传递给 on_activate 的 index，参数 combobox 传递给 on_active 的 combobox。两者的功能是一样的，lambda 表达式更简洁易懂，而使用 partial() 函数可以解决更复杂的参数传递。使用 partial 函数需要导入 from functools import partial。

代码如下：

```
# 信号与槽
self.combobox_addOne.activated.connect(lambda x: self.on_activate(x,
self.combobox_addOne))
self.combobox_addData.activated.connect(partial(self.on_activate,
*args, combobox=self.combobox_addData))
self.combobox_addMore.highlighted.connect(lambda x: self.on_activate(x,
self.combobox_addMore))
self.combobox_model.activated.connect(lambda x: self.on_activate(x,
self.combobox_model))
self.combobox_edit.activated.connect(lambda x: self.on_activate(x,
self.combobox_edit))
self.combobox_edit2.currentIndexChanged.connect(lambda x:
self.on_activate(x, self.combobox_edit2))
self.combobox_del.activated.connect(lambda x: self.on_activate(x,
self.combobox_del))

def on_activate(self, index, combobox=None):
   _str = ' 信号index: {};\n currentIndex: {};\n 信号index==currentIndex:
{};\n count: {};\n currentText: {};\n currentData: {};\n itemData: {};\n
itemText: {};\n'.format(
```

```
        index, combobox.currentIndex(), index == combobox.currentIndex(),
combobox.count(), combobox.currentText(),
        combobox.currentData(),
combobox.itemData(index),combobox.itemText(index))
    self.label.setText(_str)
```

选中下拉列表框中的任意选项，就能看到效果。

3.7.6　模型/视图框架

QComboBox 使用模型/视图框架为弹出的列表存储项目。在默认情况下，可以基于
QStandardItemModel 存储项目，基于 QListView 子类显示弹出列表。可以通过
QComboBox.model()和 QComboBox.view()直接访问模型和视图。可以使用 setModel()函数
和 setView()函数设置模型和视图。如果只涉及项目级别，则可以通过 setItemData()函数和
itemText()函数设置和获取项目数据。模型/视图的难度比 QComboBox 的大很多，更详细
的信息请参考第 5 章。

下面使用 QStringListModel 接管模型，代码如下：

```
# 模型接管，不带数据
self.combobox_model = QComboBox(self, minimumWidth=200)
self.tablemodel = QStringListModel(item_list)
self.combobox_model.setModel(self.tablemodel)
self.combobox_model.setCurrentIndex(-1)
layout.addRow(QLabel("模型接管，不带数据"), self.combobox_model)
```

3.7.7　QFontComboBox

可以将 QFontComboBox 看作 QComboBox 和 QFont 的结合体。QFontComboBox 是
QComboBox 的子类，以可视化的方式存储系统字体列表，方便用户选取。QFontComboBox
经常用于工具栏，如使用一个 QComboBox 控制字体大小，使用两个 QToolButton 控制粗
体和斜体。QFontComboBox 类的继承结构如图 3-54 所示。

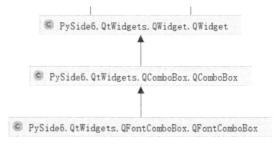

图 3-54

当用户选择新字体时，除了继承的 currentIndexChanged(int)信号，还会发射
currentFontChanged(QFont)信号，这是 QFontComboBox 特有的信号。

QFontComboBox 提供了一些过滤选项，使用 setWritingSystem(QFontDatabase)只显示特定书写系统的字体，如简体中文、韩文等，参数列表如表 3-30 所示。

表 3-30

选　　项	值
QFontDatabase.Any	0
QFontDatabase.Latin	1
QFontDatabase.Greek	2
QFontDatabase.Cyrillic	3
QFontDatabase.Armenian	4
QFontDatabase.Hebrew	5
QFontDatabase.Arabic	6
QFontDatabase.Syriac	7
QFontDatabase.Thaana	8
QFontDatabase.Devanagari	9
QFontDatabase.Bengali	10
QFontDatabase.Gurmukhi	11
QFontDatabase.Gujarati	12
QFontDatabase.Oriya	13
QFontDatabase.Tamil	14
QFontDatabase.Telugu	15
QFontDatabase.Kannada	16
QFontDatabase.Malayalam	17
QFontDatabase.Sinhala	18
QFontDatabase.Thai	19
QFontDatabase.Lao	20
QFontDatabase.Tibetan	21
QFontDatabase.Myanmar	22
QFontDatabase.Georgian	23
QFontDatabase.Khmer	24
QFontDatabase.SimplifiedChinese	25
QFontDatabase.TraditionalChinese	26
QFontDatabase.Japanese	27
QFontDatabase.Korean	28
QFontDatabase.Vietnamese	29
QFontDatabase.Symbol	30
QFontDatabase.Other	Symbol
QFontDatabase.Ogham	31
QFontDatabase.Runic	32
QFontDatabase.Nko	33

可以使用 setFontFilters(QFontComboBox.FontFilters)来过滤掉某些类型的字体，如不

可缩放字体或等宽字体，参数列表如表 3-31 所示。

表 3-31

常　　量	值	描　　述
QFontComboBox.AllFonts	0	显示所有字体
QFontComboBox.ScalableFonts	0x1	显示可缩放字体
QFontComboBox.NonScalableFonts	0x2	显示不可缩放字体
QFontComboBox.MonospacedFonts	0x4	显示等宽字体
QFontComboBox.ProportionalFonts	0x8	显示比例字体

 案例 3-18　QFontComboBox 按钮的使用方法

本案例的文件名为 Chapter03/qt_QFontComboBox.py，用于演示 QFontComboBox 按钮的使用方法，代码如下：

```
class FontComboBoxDemo(QMainWindow):
    def __init__(self, *args, **kwargs):
        super(FontComboBoxDemo, self).__init__(*args, **kwargs)
        self.setWindowTitle("QFontComboBox 案例")
        widget = QWidget()
        self.setCentralWidget(widget)
        layout = QVBoxLayout(widget)
        self.text_show = QTextBrowser()

        layout.addWidget(self.text_show)


        toolbar = self.addToolBar('toolbar')


        # 设置字体, all
        font = QFontComboBox()
        font.currentFontChanged.connect(lambda font:
self.text_show.setFont(font))
        toolbar.addWidget(font)


        # 设置字体, 仅限中文
        font2 = QFontComboBox()
        font2.currentFontChanged.connect(lambda font:
self.text_show.setFont(font))
        font2.setWritingSystem(QFontDatabase.SimplifiedChinese)
        toolbar.addWidget(font2)


        # 设置字体, 等宽字体
        font3 = QFontComboBox()
        font3.currentFontChanged.connect(lambda font:
self.text_show.setFont(font))
```

```
        font3.setFontFilters(QFontComboBox.MonospacedFonts)
        toolbar.addWidget(font3)

        # 设置字号
        font_size_list = [str(i) for i in range(5, 40, 2)]
        combobox = QComboBox(self, minimumWidth=60)
        combobox.addItems(font_size_list)
        combobox.setCurrentIndex(-1)
        combobox.activated.connect(lambda x:
self.set_fontSize(int(font_size_list[x])))
        toolbar.addWidget(combobox)

        # 加粗按钮
        buttonBold = QToolButton()
        buttonBold.setShortcut('Ctrl+B')
        buttonBold.setCheckable(True)
        buttonBold.setIcon(QIcon("./images/Bold.png"))
        toolbar.addWidget(buttonBold)
        buttonBold.clicked.connect(lambda: self.setBold(buttonBold))

        # 倾斜按钮
        buttonItalic = QToolButton()
        buttonItalic.setShortcut('Ctrl+I')
        buttonItalic.setCheckable(True)
        buttonItalic.setIcon(QIcon("./images/Italic.png"))
        toolbar.addWidget(buttonItalic)
        buttonItalic.clicked.connect(lambda: self.setItalic(buttonItalic))

        self.text_show.setText('显示数据格式\n textEdit \n Python')

    def setBold(self, button):
        if button.isChecked():
            self.text_show.setFontWeight(QFont.Bold)
        else:
            self.text_show.setFontWeight(QFont.Normal)
        self.text_show.setText(self.text_show.toPlainText())

    def setItalic(self, button):
        if button.isChecked():
            self.text_show.setFontItalic(True)
        else:
            self.text_show.setFontItalic(False)
        self.text_show.setText(self.text_show.toPlainText())

    def set_fontSize(self, x):
```

```
self.text_show.setFontPointSize(x)
self.text_show.setText(self.text_show.toPlainText())
```

运行脚本，显示效果如图 3-55 所示。

图 3-55

这个案例使用 3 个 QFontComboBox 设置字体，使用一个 QComboBox 设置字号，使用两个 QToolButton 设置粗体和斜体。

第 1 个 QFontComboBox 用于显示所有字体，第 2 个 QFontComboBox 通过 setWritingSystem 仅显示简体中文字体，第 3 个 QFontComboBox 通过 setFontFilters 仅显示等宽字体，三者均使用 currentFontChanged 信号连接槽函数。上面已经介绍了 QComboBox 和 QToolButton 的使用方法，这里不再赘述。

3.8　微调框（QSpinBox/QDoubleSpinBox）

QSpinBox、QDoubleSpinBox 和 QDateTimeEdit 属于一类，它们都继承自 QAbstractSpinBox。使用 QSpinBox 可以处理整数和离散值集（如年月），使用 QDoubleSpinBox 可以处理浮点数，使用 QDateTimeEdit 可以处理日期时间。QSpinBox 类的继承结构如图 3-56 所示，QDoubleSpinBox 类的继承结构与此类似。

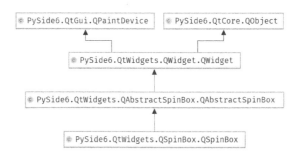

图 3-56

QSpinBox 和 QDoubleSpinBox 的主要区别在于使用后者可以显示浮点数。下面以 QSpinBox 为例展开介绍，这些内容同样适用于 QDoubleSpinBox。QDateTimeEdit 则在 3.9.2 节介绍。

使用 QSpinBox，用户可以通过单击调节按钮或键盘的↑/↓选择一个值，以增加/减小当前显示的值，也可以手动输入该值。

案例 3-19　QSpinBox 控件的使用方法

本案例的文件名为 Chapter03/qt_QSpinBox.py，用于演示 QSpinBox 控件的使用方法，代码如下：

```
class spindemo(QWidget):
    def __init__(self, parent=None):
        super(spindemo, self).__init__(parent)
        self.setWindowTitle("SpinBox 例子")
        self.resize(300, 100)

        layout = QFormLayout()

        self.label = QLabel("current value:")
        # self.label.setAlignment(Qt.AlignCenter)
        self.label.setAlignment(Qt.AlignLeft)
        layout.addWidget(self.label)

        self.spinbox = QSpinBox()
        layout.addRow(QLabel('默认显示'), self.spinbox)
        self.spinbox.valueChanged.connect(lambda:
self.on_valuechange(self.spinbox))

###此处省略一些代码，下面会进行展示###

        self.setLayout(layout)

    def on_valuechange(self, spinbox):
        self.label.setText("current value:" + str(spinbox.value()))

if __name__ == '__main__':
    app = QApplication(sys.argv)
    ex = spindemo()
    ex.show()
    sys.exit(app.exec_())
```

运行脚本，显示效果如图 3-57 所示。

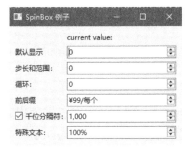

图 3-57

下面介绍 QSpinBox 的使用方法。

3.8.1　步长和范围

单击调节按钮或使用键盘上的 ↑/↓，将以 singleStep()函数的大小为步长增加或减小当前值。如果要更改此行为，则可以通过 setSingleStep()函数设置。使用 setMinimum()函数、setMaximum()函数和 setSingleStep()函数可以修改最小值、最大值及步长。使用 setRange()函数可以修改范围。代码如下：

```
label = QLabel("步长和范围: ")
self.spinbox_int = QSpinBox()
self.spinbox_int.setRange(-20, 20)
self.spinbox_int.setMinimum(-10)
self.spinbox_int.setSingleStep(2)
self.spinbox_int.setValue(0)
layout.addRow(label, self.spinbox_int)
self.spinbox_int.valueChanged.connect(lambda:
self.on_valuechange(self.spinbox_int))
```

3.8.2　循环

QSpinBox 在默认情况下的方向是单一的，使用 setWrapping(True)支持循环。循环的含义如下：如果范围为 0～99，并且当前值为 99，则单击"向上"按钮给出 0。查看是否支持循环使用 Wrapping()函数，默认为 False，开启循环后变成 True。代码如下：

```
label = QLabel("循环: ")
self.spinbox_wrap = QSpinBox()
self.spinbox_wrap.setRange(-20, 20)
self.spinbox_wrap.setSingleStep(5)
self.spinbox_wrap.setWrapping(True)
layout.addRow(label, self.spinbox_wrap)
self.spinbox_wrap.valueChanged.connect(lambda:
self.on_valuechange(self.spinbox_wrap))
```

3.8.3　前缀、后缀与千位分隔符

使用 setPrefix()函数和 setSuffix()函数可以在显示的值之前和之后附加任意字符串（如货币或度量单位）。获取前缀和后缀信息涉及如下方法。

- 使用 prefix()函数和 suffix()函数仅获取前缀和后缀。
- 使用 text()函数可以获取包括前缀和后缀的文本。
- 使用 cleanText()函数可以获取没有前缀和后缀，以及前后空白的文本。

对于数值来说，有显示千位分隔符的需求，可以使用 setGroupSeparatorShown 属性开启。在默认情况下，此属性为 False，在 Qt 5.3 中引入了这个属性。

相关代码如下（使用 groupSeparatorChkBox 决定是否开启千位分隔符）：

```
label = QLabel("前后缀")
self.spinbox_price = QSpinBox()
self.spinbox_price.setRange(0, 999)
self.spinbox_price.setSingleStep(1)
self.spinbox_price.setPrefix("¥")
self.spinbox_price.setSuffix("/每个")
self.spinbox_price.setValue(99)
layout.addRow(label, self.spinbox_price)
self.spinbox_price.valueChanged.connect(lambda:
self.on_valuechange(self.spinbox_price))


self.groupSeparatorSpinBox = QSpinBox()
self.groupSeparatorSpinBox.setRange(-99999999, 99999999)
self.groupSeparatorSpinBox.setValue(1000)
self.groupSeparatorSpinBox.setGroupSeparatorShown(True)
groupSeparatorChkBox = QCheckBox()
groupSeparatorChkBox.setText("千位分隔符：")
groupSeparatorChkBox.setChecked(True)
layout.addRow(groupSeparatorChkBox, self.groupSeparatorSpinBox)
groupSeparatorChkBox.toggled.connect(self.groupSeparatorSpinBox.setGroupSe
paratorShown)
self.groupSeparatorSpinBox.valueChanged.connect(lambda:
self.on_valuechange(self.groupSeparatorSpinBox))
```

3.8.4　特殊选择

　　除了数值范围，还可以通过 setSpecialValueText()函数显示特殊选择。设置了该项，
QSpinBox 将在当前值等于 minimum()时显示此文本而不是数字值。setSpecialValueText 适
用于一些特定场合的情景，如选择 1～99 为用户设置，选择文本（也就是 0）委托系统设置：

```
label = QLabel("特殊文本：")
self.spinbox_zoom = QSpinBox()
self.spinbox_zoom.setRange(0, 1000)
self.spinbox_zoom.setSingleStep(10)
self.spinbox_zoom.setSuffix("%")
self.spinbox_zoom.setSpecialValueText("Automatic")
self.spinbox_zoom.setValue(100)
layout.addRow(label, self.spinbox_zoom)
self.spinbox_zoom.valueChanged.connect(lambda:
self.on_valuechange(self.spinbox_zoom))
```

3.8.5　信号与槽

　　在每次更改数值时，QSpinBox 都会发出 valueChanged 信号和 textChanged 信号，前

者提供一个 int 参数，后者提供一个 str 参数。可以使用 value()函数获取当前值，并使用
setValue()函数设置当前值。

可以使用 valueChanged 信号来获取数值变化的信息，代码如下：

```
self.spinbox_zoom.valueChanged.connect(lambda:
self.on_valuechange(self.spinbox_zoom))

def on_valuechange(self, spinbox):
    self.label.setText("current value:" + str(spinbox.value()))
```

3.8.6　自定义显示格式

如果使用 prefix()函数、suffix()函数和 specialValueText()函数无法满足要求，则可以
通过子类继承 QSpinBox 并重新实现 valueFromText()函数和 textFromValue()函数来自定义
显示方式。例如，下面是自定义 QSpinBox 的代码，允许用户输入图标的大小（如 32 像
素×32 像素）。

 案例 3-20　QSpinBox 控件的自定义格式显示

本案例的文件名为 Chapter03/qt_QSpinBox2.py，用于演示自定义 QSpinBox 控件的使
用方法，代码如下：

```
class myQSpinBox(QSpinBox):
    def __init__(self, parent=None):
        super(myQSpinBox, self).__init__(parent)

    def valueFromText(self, text):
        regExp = QRegularExpression("(\\d+)(\\s*[xx]\\s*\\d+)?")
        match = regExp.match(text)
        if match.isValid():
            return match.captured(1).toInt()
        return 0

    def textFromValue(self, val):
        return ('%s x %s' % (val, val))


class spindemo(QWidget):
    def __init__(self, parent=None):
        super(spindemo, self).__init__(parent)
        self.setWindowTitle("SpinBox 例子")
        self.resize(300, 100)

        layout = QFormLayout()

        self.label = QLabel("current value:")
        # self.label.setAlignment(Qt.AlignCenter)
```

```
        self.label.setAlignment(Qt.AlignLeft)
        layout.addWidget(self.label)

        self.spinbox = myQSpinBox()
        layout.addRow(QLabel('自定义显示: '), self.spinbox)
        self.spinbox.valueChanged.connect(lambda:
self.on_valuechange(self.spinbox))

        self.setLayout(layout)

    def on_valuechange(self, spinbox):
        self.label.setText("current value:" + str(spinbox.value()))

if __name__ == '__main__':
    app = QApplication(sys.argv)
    ex = spindemo()
    ex.show()
    sys.exit(app.exec_())
```

运行脚本，显示效果如图 3-58 所示。

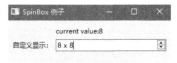

图 3-58

这个功能比较小众，有需求的读者可以自行研究。

 案例 3-21　QDoubleSpinBox 控件的使用方法

与 QSpinBox 相比，使用 QDoubleSpinBox 可以显示浮点数，并且是通过 setDecimals (int)设置的。

本案例的文件名为 Chapter03/qt_QDoubleSpinBox.py，用于演示 QDoubleSpinBox 控件的使用方法。其完整代码和例 3-19 的代码基本一样，本节不再展示。运行脚本，显示效果如图 3-59 所示。

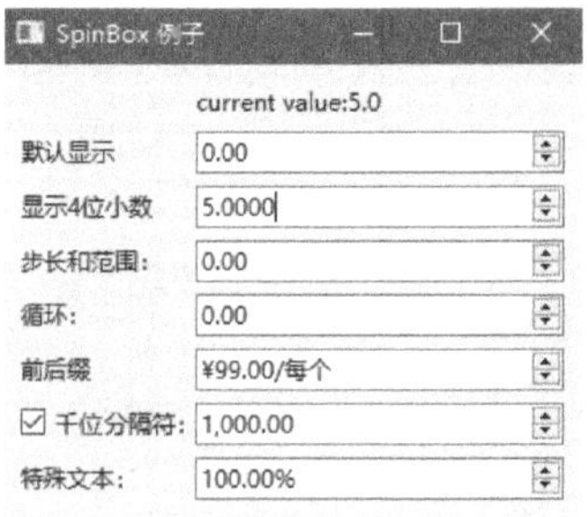

图 3-59

如图 3-59 所示，默认显示两位小数，第 2 行可以显示 4 位小数。

3.9 日期时间控件

3.9.1 日期时间相关控件

与日期时间相关的控件主要包括 QDateTimeEdit、QDateEdit、QTimeEdit 和 QCalendarWidget。其中，QDateTimeEdit、QDateEdit 和 QTimeEdit 属于一类，最常用的是 QDateTimeEdit，用来呈现日期和时间。和 QSpinBox 一样，QDateTimeEdit 也是 QAbstractSpinBox 的子类，因此，两者的呈现方式有些类似。QDateTimeEdit 类的继承结构和效果图如图 3-60 所示。

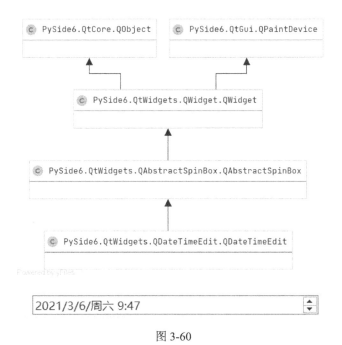

图 3-60

QDateEdit 和 QTimeEdit 都是 QDateTimeEdit 的子类，分别用于处理日期和时间。也就是说，如果业务中只涉及时间不涉及日期，则可以考虑使用 QTimeEdit，当然，也可以直接使用 QDateTimeEdit。

在实际处理中，也会用到 QDateTime、QDate 和 QTime 这些模块，它们分别是描述日期和时间、日期、时间的数据类。QDateTime 类、QDate 类和 QTime 类的继承结构如图 3-61 所示，这三者都不是 QWidget 的子类，不可以被用户看到（只有继承 QWidget 的类才能被用户看到）。QDateTimeEdit、QDateEdit 及 QTimeEdit 可以通过 QDateTime、QDate 及 QTime 管理日期和时间。

QCalendarWidget 是一个日历控件，提供了一个基于月份的视图，允许用户通过鼠标或键盘选择日期。QCalendarWidget 是 QWidget 的子类，因此它的外观更像是一个窗口而不是 QSpinBox。QCalendarWidget 类的效果图如图 3-62 所示，继承结构如图 3-63 所示。

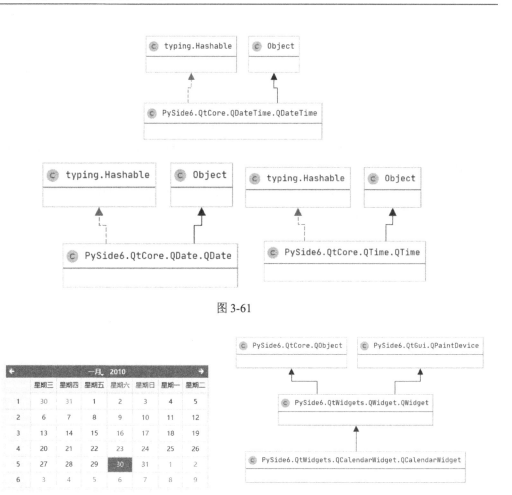

图 3-61

图 3-62   图 3-63

QDateTimeEdit、QDateEdit、QTimeEdit 及 QCalendarWidget 只是时间和日期管理的不同呈现方式而已，具体使用哪一个可以根据实际业务需求进行选择。另外，它们都可以通过 Qt Designer 来设计，并且使用起来也非常方便。

3.9.2　QDateTimeEdit、QDateEdit 和 QTimeEdit

 案例 3-22　QDateTimeEdit 控件的使用方法

本案例的文件名为 Chapter03/qt_QDateTimeEdit.py，用于演示 QDateTimeEdit 控件的使用方法。运行脚本，修改任意时间，显示效果如图 3-64 所示。

【代码分析】

1．时间和日期范围

QDateTimeEdit 的有效值的范围由属性 minimumDateTime 和 maximumDateTime 控制，也可以使用 setDateRange()函数一次性设置两个属性。在默认情况下，100—9999 年的

任何日期时间都是有效的。除了用户手动指定的日期时间，还可以通过函数 setDateTime()、setDate()和 setTime()以编程的方式指定日期。

图 3-64

同理，QDateEdit 和 QTimeEdit 也一样，代码如下：

```
# QDateTimeEdit 示例
dateTimeLabel = QLabel('QDateTimeEdit 示例:')
dateTimeEdit = QDateTimeEdit(QDateTime.currentDateTime(), self)
dateTimeEdit01 = QDateTimeEdit(QDate.currentDate(), self)
dateTimeEdit01.setDate(QDate(2030, 12, 31))
dateTimeEdit02 = QDateTimeEdit(QTime.currentTime(), self)
vlayout.addWidget(dateTimeLabel)
vlayout.addWidget(dateTimeEdit)
vlayout.addWidget(dateTimeEdit01)
vlayout.addWidget(dateTimeEdit02)


# QDateEdit 示例
dateEdit = QDateEdit(QDate.currentDate())
dateEdit.setDateRange(QDate(2015, 1, 1), QDate(2030, 12, 31))
dateLabel = QLabel('QDateEdit 示例:')
vlayout.addWidget(dateLabel)
vlayout.addWidget(dateEdit)


# QTimeEdit 示例
timeEdit = QTimeEdit(QTime.currentTime())
```

```
timeEdit.setTimeRange(QTime(9, 0, 0, 0), QTime(16, 30, 0, 0))
timeLabel = QLabel('QTimeEdit 示例:')
vlayout.addWidget(timeLabel)
vlayout.addWidget(timeEdit)
```

运行脚本，显示效果如图 3-65 所示。

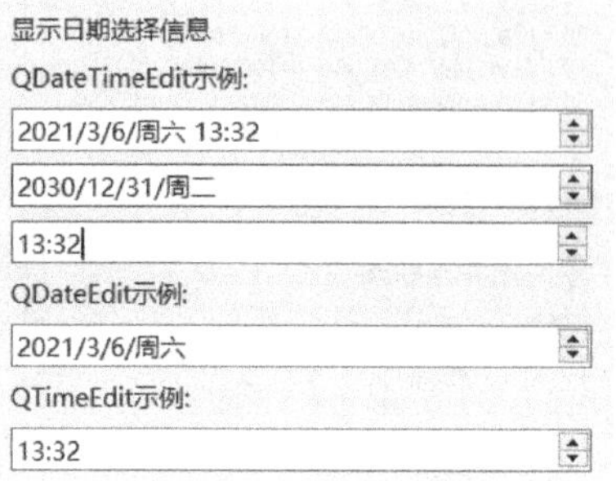

图 3-65

2. 日期格式

QDateTimeEdit 通过 setDisplayFormat()函数来设置显示的日期时间格式。支持的日期格式如表 3-32 所示。

表 3-32

表 达 式	输 出 效 果
d	一天中的数字，不带前导零（1~31）
dd	以带前导零（01~31）的数字表示的日期
ddd	缩写的日期名称（星期一至星期日）
dddd	一整天的名称（星期一至星期日）
M	以不带前导零（1~12）的数字表示的月份
MM	月份，以前导零（01~12）开头的数字
MMM	缩写的月份名称（从 Jan 到 Dec）
MMMM	长月份名称（一月至十二月）
y	以两位数表示的年份（00~99）
yyyy	以 4 位数表示的年份。如果年份为负数，则在前面加上负号，以 5 个字符为单位

使用示例如表 3-33 所示。

表 3-33

格 式	效 果
dd.MM.yyyy	21.05.2001
ddd MMMM d yy	Tue May 21 01
hh:mm:ss.zzz	14:13:09.120
hh:mm:ss.z	14:13:09.12
h:m:s ap	2:13:9 pm
'The day is' dddd	The day is Sunday

支持的时间格式如表 3-34 所示。

表 3-34

表　达　式	输　出　效　果
h	没有前导零的小时（如果显示 AM / PM，则为 0～23 或 1～12）
hh	带前导零的小时（如果显示 AM / PM，则为 00～23 或 01～12）
H	没有前导零的小时（0～23，即使有 AM / PM 显示）
HH	带前导零的小时（00～23，即使有 AM / PM 显示）
m	没有前导零（0～59）的分钟
mm	带前导零的分钟（00～59）
s	整秒，不带任何前导零（0～59）
ss	整秒，使用前导零（00～59）
z	秒的小数部分，保留到小数点后，并且不尾随零（0～999）。s.z 会将秒显示为完全可用（毫秒）的精度，不会出现零
zzz	秒的小数部分，以毫秒为单位，在适用的情况下包括尾随零（000～999）
AP 或 A	使用 AM / PM 显示。A / AP 将替换为 AM 或 PM
ap 或 a	使用 am/pm 显示。a / ap 将替换为 am 或 pm
t	时区（如 CEST）

使用示例如表 3-35 所示。

表 3-35

格　　　式	效　　　果
hh:mm:ss.zzz	14:13:09.042
h:m:s ap	2:13:9 pm
H:m:s a	14:13:9 pm

代码如下所示（这里使用 QComboBox 来存储时间格式，选中任意格式就会在 QDateTimeEdit 中呈现出相应的效果。需要注意的是，meetingEdit.displayedSections() & QDateTimeEdit.DateSections_Mask 表示如果当前显示的日期时间包含日期，则为 True，否则为 False）：

```python
# 设置日期时间格式
meetingEdit = QDateTimeEdit(QDateTime.currentDateTime())
formatLabel = QLabel("选择日期和时间格式:")
formatComboBox = QComboBox()
formatComboBox.addItems(
    ["yyyy-MM-dd hh:mm:ss (zzz 'ms')", "hh:mm:ss MM/dd/yyyy", "hh:mm:ss
dd/MM/yyyy", "北京时间: hh:mm:ss", " hh:mm ap"])
formatComboBox.textActivated.connect(
    lambda: self.setFormatString(formatComboBox.currentText(),
meetingEdit))
vlayout.addWidget(formatLabel)
vlayout.addWidget(meetingEdit)
vlayout.addWidget(formatComboBox)
```

```
def setFormatString(self, formatString, meetingEdit):
    meetingEdit.setDisplayFormat(formatString)

    if meetingEdit.displayedSections() &
QDateTimeEdit.DateSections_Mask:
        meetingEdit.setDateRange(QDate(2004, 11, 1), QDate(2005, 11, 30))
    else:
        meetingEdit.setTimeRange(QTime(0, 7, 20, 0), QTime(21, 0, 0, 0))
```

运行脚本，显示效果如图 3-66 所示。

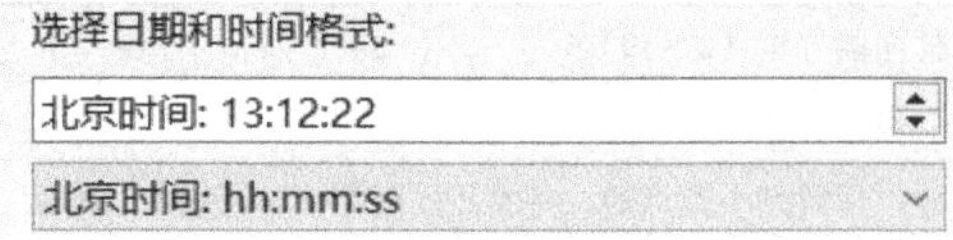

图 3-66

使用 fromString()函数可以把字符串转换为时间，使用 toString()函数可以把时间转换为字符串。QDateTime、QDate 和 QTime 都可以使用 fromString()函数及 toString()函数。toString()函数支持两种参数（str 和 Qt.DateFormat），使用 str 参数就可以传递表 3-32～表 3-35 中的格式，如下所示：

```
toString(self, format: PySide6.QtCore.Qt.DateFormat =
PySide6.QtCore.Qt.DateFormat.TextDate) -> str
toString(self, format: str, cal: PySide6.QtCore.QCalendar =
Default(QCalendar)) -> str
```

Qt.DateFormat 参数默认使用的是 Qt.TextDate，会显示英文简称，如"2020/3/6/周五 13:05:51"会显示为"Fri Mar 6 13:05:51 2020"，而 Qt.ISODate 显示为"2021-03-06T13:05:51"，我们更倾向于采用 Qt.ISODate 的表示方式。

另外，PySide 6 也可以使用 toPython()函数把 Qt 的时间类型转换为 datetime 类型，PyQt 6 中对应的是 toPyDate()函数。代码如下：

```
def showDate(self, dateEdit):
    # 当前日期时间
    dateTime = dateEdit.dateTime().toString()
    date = dateEdit.date().toString('yyyy-MM-dd')
    time = dateEdit.time().toString()
    # 最大最小日期时间
    maxDateTime = dateEdit.maximumDateTime().toString('yyyy-MM-dd hh:mm:ss')
    minDateTime = dateEdit.minimumDateTime().toString(Qt.ISODate)

    # 最大最小日期
    maxDate = dateEdit.maximumDate().toString(Qt.ISODate)
    minDate = dateEdit.minimumDate().toString()

    # 最大最小时间
```

```
maxTime = dateEdit.maximumTime().toString()
minTime = dateEdit.minimumTime().toString()
```

_str = '当前日期时间：{}\n 当前日期：{}\n 当前时间：{}\n 最大日期时间：{}\n 最小日
期时间：{}\n 最大日期：{}\n 最小日期：{}\n 最大时间：{}\n 最小时间：{}\n'.format(
    dateTime, date, time, maxDateTime, minDateTime, maxDate, minDate,
maxTime, minTime)
    self.label.setText(_str)

运行脚本，显示效果如图 3-67 所示。

图 3-67

3. 使用弹出日历小部件

可以将 QDateTimeEdit 配置为允许使用 QCalendarWidget 选择日期，这可以通过设置 calendarPopup 属性（使用 setCalendarPopup()函数）来启用。此外，也可以通过 setCalendarWidget()函数来使用自定义日历小部件，用作日历弹出窗口；使用 calendarWidget()函数可以获取现有的日历小部件。代码如下：

```
# 弹出日历小部件
dateTimeEdit_cal = QDateTimeEdit(QDateTime.currentDateTime(), self)
dateTimeEdit_cal.setCalendarPopup(True)
vlayout.addWidget(QLabel('弹出日历小部件'))
vlayout.addWidget(dateTimeEdit_cal)
```

运行脚本，显示效果如图 3-68 所示。

图 3-68

4. 信号与槽

QDateTimeEdit 类中常用的信号如表 3-36 所示。

表 3-36

信　号	含　义
dateChanged	当日期改变时发射此信号
dateTimeChanged	当日期时间改变时发射此信号
timeChanged	当时间改变时发射此信号

可以使用 dateTimeChanged 信号，通过 lambda 表达式来传递自定义参数，以及 showDate()槽函数获取参数的详细信息，如下所示：

```python
# 信号与槽
dateTimeEdit.dateTimeChanged.connect(lambda:
self.showDate(dateTimeEdit))
dateTimeEdit01.dateTimeChanged.connect(lambda:
self.showDate(dateTimeEdit01))
dateTimeEdit02.dateTimeChanged.connect(lambda:
self.showDate(dateTimeEdit02))
dateEdit.dateTimeChanged.connect(lambda: self.showDate(dateEdit))
timeEdit.dateTimeChanged.connect(lambda: self.showDate(timeEdit))
meetingEdit.dateTimeChanged.connect(lambda: self.showDate(meetingEdit))
dateTimeEdit_cal.dateTimeChanged.connect(lambda:
self.showDate(dateTimeEdit_cal))


def showDate(self, dateEdit):
    # 当前日期时间
    dateTime = dateEdit.dateTime().toString()
    date = dateEdit.date().toString('yyyy-MM-dd')
    time = dateEdit.time().toString()
    # 最大最小日期时间
    maxDateTime = dateEdit.maximumDateTime().toString('yyyy-MM-dd hh:mm:ss')
    minDateTime = dateEdit.minimumDateTime().toString(Qt.ISODate)

    # 最大最小日期
    maxDate = dateEdit.maximumDate().toString(Qt.ISODate)
    minDate = dateEdit.minimumDate().toString()

    # 最大最小时间
    maxTime = dateEdit.maximumTime().toString()
    minTime = dateEdit.minimumTime().toString()

    _str = '当前日期时间：{}\n 当前日期：{}\n 当前时间：{}\n 最大日期时间：{}\n 最小日
期时间：{}\n 最大日期：{}\n 最小日期：{}\n 最大时间：{}\n 最小时间：{}\n'.format(
        dateTime, date, time, maxDateTime, minDateTime, maxDate, minDate,
```

```
maxTime, minTime)
    self.label.setText(_str)
```

3.9.3 QCalendarWidget

QCalendarWidget 是一个日历控件，提供了一个基于月份的视图，允许用户通过鼠标或键盘选择日期，默认选中的是今天的日期。

1. 基本信息

在默认情况下，将选择今天的日期，并且用户可以使用鼠标和键盘选择日期，使用 setSelectedDate()函数以编程方式选择口期，使用 selectedDate()函数获取当前选择的日期。通过设置 minimumDate 属性和 maximumDate 属性可以将用户选择限制在给定的日期范围内，也可以使用 setDateRange()函数一次性设置两个属性。可以分别使用函数 monthShown()和 yearShown()查看当前显示的月份和年份。

在默认情况下不显示网格，可以使用 setGridVisible()函数将 gridVisible 属性设置为 True 来打开日历网格。

2. 行标题和列标题的信息

新创建的日历窗口小部件的第 1 行标题默认使用缩写的日期名称，并且星期六和星期日都标记为红色。可以使用 setHorizontalHeaderFormat()函数来修改显示类型，如传递参数 QCalendarWidget.SingleLetterDayNames 可以显示完整的日期名称。日历窗口第 1 行支持显示的各种格式如表 3-37 所示。

表 3-37

项　目	值	描　述
QCalendarWidget.SingleLetterDayNames	1	标题显示日期名称的单字母缩写（如星期一为 M）
QCalendarWidget.ShortDayNames	2	默认值，标题显示日期名称的简短缩写（如星期一为 Mon）
QCalendarWidget.LongDayNames	3	标题显示完整的日期名称（如 Monday）
QCalendarWidget.NoHorizontalHeader	0	标题是隐藏的

日历窗口小部件的第 1 列默认显示当年的第几周，可以使用 setVerticalHeaderFormat()函数设置参数为 QCalendarWidget.NoVerticalHeader 来删除星期数。第 1 列标题可以显示的各种格式如表 3-38 所示。

表 3-38

项　目	值	描　述
QCalendarWidget.ISOWeekNumbers	1	标题显示 ISO 周编号（1～53）
QCalendarWidget.NoVerticalHeader	0	标题是隐藏的

3. 限制编辑

如果要禁止用户选择，则需要把 selectionMode 属性设置为 NoSelection，该属性默认为 SingleSelection，如表 3-39 所示。

表 3-39

属　　　　性	值	描　　　　述
QCalendarWidget.NoSelection	0	无法选择日期
QCalendarWidget.SingleSelection	1	可以选择单个日期

4. 修改排列顺序

可以使用 setFirstDayOfWeek()函数更改第 1 列中的日期，参数如表 3-40 所示。

表 3-40

参　　　　数	值
Qt.Monday	1
Qt.Tuesday	2
Qt.Wednesday	3
Qt.Thursday	4
Qt.Friday	5
Qt.Saturday	6
Qt.Sunday	7

5. 信号与槽

QCalendarWidget 类提供了 4 个信号，即 selectionChanged、activated、currentPageChanged 和 clicked，这 4 个信号都可以响应用户交互，参数如下：

```
activated(QDate date)
clicked(QDate date)
currentPageChanged(int year, int month)
selectionChanged()
```

QCalendarWidget 类中常用的函数如表 3-41 所示。

表 3-41

函　　　　数	描　　　　述
setDateRange()	设置日期范围可供选择
setFirstDayOfWeek()	重新设置星期的第 1 天，默认是星期日
setMinimumDate()	设置最小日期
setMaximumDate ()	设置最大日期
setHorizontalHeaderFormat()	设置第 1 行的显示类型
setVerticalHeaderFormat()	设置第 1 列的显示类型
setSelectedDate()	设置一个 QDate 对象，作为日期控件选定的日期
maximumDate	获取日历控件的最大日期
minimumDate	获取日历控件的最小日期
selectedDate()	返回当前选定的日期
setGridvisible ()	设置日历控件是否显示网格
selectionMode	用户编辑模式

案例 3-23　QCalendarWidget 控件的使用方法

　　本案例的文件名为 Chapter03/qt_QCalendarWidget.py，用于演示 QCalendarWidget 控件的使用方法，代码如下：

```
class CalendarExample(QWidget):
    def __init__(self):
        super(CalendarExample, self).__init__()
        self.setGeometry(100, 100, 400, 350)
        self.setWindowTitle('Calendar 例子')
        layout = QVBoxLayout()
        self.dateTimeEdit = QDateTimeEdit(self)
        self.dateTimeEdit.setCalendarPopup(True)

        self.cal = QCalendarWidget(self)
        self.cal.setMinimumDate(QDate(1980, 1, 1))
        self.cal.setMaximumDate(QDate(3000, 1, 1))
        self.cal.setGridVisible(True)
        self.cal.setSelectedDate(QDate(2010, 1, 30))
        self.cal.setHorizontalHeaderFormat(QCalendarWidget.LongDayNames)
        self.cal.setFirstDayOfWeek(Qt.Wednesday)
        self.cal.move(20, 20)

        self.label = QLabel('此处会显示选择日期信息')

        self.cal.clicked.connect(lambda :self.showDate(self.cal))
        self.dateTimeEdit.dateChanged.connect(lambda x:
self.cal.setSelectedDate(x))
        self.cal.clicked.connect(lambda x: self.dateTimeEdit.setDate(x))

        layout.addWidget(self.dateTimeEdit)
        layout.addWidget(self.cal)
        layout.addWidget(self.label)
        self.setLayout(layout)

    def showDate(self, cal):
        date = cal.selectedDate().toString("yyyy-MM-dd dddd")
        month = cal.monthShown()
        year = cal.yearShown()
        _str = '当前选择日期：%s;\n 当前选择月份：%s;\n 当前选择年份：%s;'%(date,
month,year)
        self.label.setText(_str)
```

　　运行脚本，显示效果如图 3-69 所示。

图 3-69

【代码分析】

QCalendarWidget 的基本用法已经介绍过了，这里不再赘述。需要注意的是，这里绑定了 QDateTimeEdit 和 QCalendarWidget 相互传递的机制，单击其中一个另一个也会改变。下面的代码表示单击 QCalendarWidget 会改变 QLabel 和 QDateTimeEdit；修改 QDateTimeEdit 会改变 QCalendarWidget，但不会改变 QLabel。

信号与槽的相关代码如下：

```
self.cal.clicked.connect(lambda :self.showDate(self.cal))
self.dateTimeEdit.dateChanged.connect(lambda x:
self.cal.setSelectedDate(x))
self.cal.clicked.connect(lambda x: self.dateTimeEdit.setDate(x))
```

3.10 滑动控件

QSlider、QScrollBar 和 QDial 都是控制数值的经典小部件，三者的作用类似，效果图如图 3-70 所示。

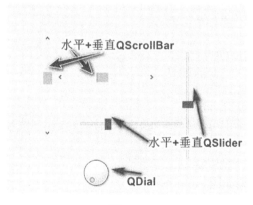

图 3-70

QSlider、QScrollBar 和 QDial 都继承自 QAbstractSlider。QAbstractSlider 是被设计为 QScrollBar、QSlider 和 QDial 之类的小部件的公共超类。以 QSlider 为例，其继承结构如图 3-71 所示，其他类的继承结构以此类推。

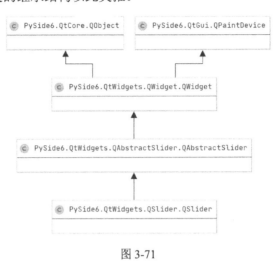

图 3-71

3.10.1 QAbstractSlider

如上所述，QAbstractSlider 是被设计为 QScrollBar、QSlider 和 QDial 之类的小部件的公共超类，其主要属性如表 3-42 所示。

表 3-42

属　　性	描　　述
value	QAbstractSlider 维护的有界整数
setValue	用于设置 value
minimum	最小值
maximum	最大值
setRange(min, max)	分别设置最小值和最大值
singleStep	QAbstractSlider 提供的两个自然步骤中的较小者，通常对应用户按↓键
pageStep	QAbstractSlider 提供的两个自然步骤中的较大者，通常对应用户按 PageUp 键或 PageDown 键的情况
tracking	是否启用滑块跟踪
slidePosition	滑块的当前位置。如果启用了跟踪（默认设置），则此值与 value 属性的值相同

QAbstractSlider 可以发射的信号如表 3-43 所示。

表 3-43

信　　号	发 射 时 间
valueChanged	如果启用了 tracking（默认设置），则在拖动滑块时，滑块会发射 valueChanged 信号。如果禁用了 tracking，则仅当用户释放滑块时，滑块才会发射 valueChanged 信号
slidePressed	用户开始拖动滑块

信　号	发　射　时　间
slideMoved	用户拖动滑块
slideReleased	用户释放滑块
actionTriggered	触发了滑块操作
rangeChanged	范围已更改

QAbstractSlider 提供了一个虚拟的 slideChange()函数，非常适合更新滑块的屏幕显示。通过调用 triggerAction()函数，子类可以触发滑块动作。使用 QStyle.sliderPositionFromValue()函数和 QStyle.sliderValueFromPosition()函数可以帮助子类与样式将屏幕坐标映射到逻辑范围值。

3.10.2　QSlider

QSlider 是用于控制有界值的经典小部件。用户可以沿水平或垂直凹槽移动滑动手柄，并将手柄的位置转换为合法范围内的整数值。有时这种方式比输入数字或使用 SpinBox 更加自然。

QSlider 的大多数功能都是从父类 QAbstractSlider 继承的，QAbstractSlider 常用的方法同样适用于 QSlider。例如，使用 setValue()函数可以将滑块直接设置为某个值，使用 triggerAction()函数可以模拟单击的效果（对于快捷键很有用），使用 setSingleStep()函数和 setPageStep()函数可以设置步长（前者对应方向键，后者对应翻页键），使用 setMinimum()函数和 setMaximum()函数可以定义滚动条的范围。

QSlider 也有其独特的方法，如控制刻度线。使用 setTickPosition()函数可以指示想要的刻度线，使用 setTickInterval()函数可以指示想要的刻度线数。当前设置的刻度位置和间隔可以分别使用 tickPosition()函数和 tickInterval()函数查询。

QSlider 类中常用的函数如表 3-44 所示。

表 3-44

函　数	描　述
setMinimum()	设置滑动条控件的最小值
setMaximum()	设置滑动条控件的最大值
setSingleStep()	设置滑动条控件递增/递减的步长值
setValue()	设置滑动条控件的值
value()	获得滑动条控件的值
setTickInterval()	设置刻度间隔
setTickPosition()	设置刻度标记的位置，可以输入一个枚举值，这个枚举值用于指定刻度线相对于滑块和用户操作的位置。可以输入的枚举值如下。 ● QSlider.NoTicks：不绘制任何刻度线。 ● QSlider.TicksBothSides：在滑块的两侧绘制刻度线。 ● QSlider.TicksAbove：在（水平）滑块上方绘制刻度线。 ● QSlider.TicksBelow：在（水平）滑块下方绘制刻度线

续表

函　　数	描　　述
setTickPosition()	• QSlider.TicksLeft：在（垂直）滑块左侧绘制刻度线。 • QSlider.TicksRight：在（垂直）滑块右侧绘制刻度线

QSlider 可以以水平或垂直的方式显示，只需要传递相应的参数，如下所示：

```
# 水平滑块
slider_horizon=QSlider(Qt.Horizontal)
# 垂直滑块
slider_vertical=QSlider(Qt.Vertical)
```

QSlider 仅提供整数范围，如果这个范围非常大就很难精确化操作。使用 QSlider 可以从 Tab 键获得焦点，此时可以用鼠标滚轮和键盘来控制滑块，键盘方式如表 3-45 所示。

表 3-45

按　　　键	说　　　明
←/→	水平滑块移动一步
↑/↓	垂直滑块移动一步
PageUp	上翻一页
PageDown	下翻一页
Home	移到最开始（minimum）
End	移到最后（maximum）

QSlider 可以发射的信号请参考 QAbstractSlider。

 案例 3-24　QSlider 控件的使用方法

本案例的文件名为 Chapter03/qt_QSlider.py，用于演示 QSlider 控件的使用方法。随着滑动条的移动，标签的字号也会随之发生变化。代码如下：

```python
class SliderDemo(QWidget):
    def __init__(self, parent=None):
        super(SliderDemo, self).__init__(parent)
        self.setWindowTitle("QSlider 例子")
        self.resize(300, 100)

        layout = QVBoxLayout()
        self.label = QLabel("Hello Qt for Python")
        self.label.setAlignment(Qt.AlignCenter)
        layout.addWidget(self.label)

        # 水平滑块
        self.slider_horizon = QSlider(Qt.Horizontal)
        self.slider_horizon.setMinimum(10)
        self.slider_horizon.setMaximum(50)
        self.slider_horizon.setSingleStep(3)
        self.slider_horizon.setPageStep(10)
```

```
self.slider_horizon.setValue(20)
self.slider_horizon.setTickPosition(QSlider.TicksBelow)
self.slider_horizon.setTickInterval(5)
layout.addWidget(self.slider_horizon)

# 垂直滑块
self.slider_vertical = QSlider(Qt.Vertical)
self.slider_vertical.setMinimum(5)
self.slider_vertical.setMaximum(25)
self.slider_vertical.setSingleStep(1)
self.slider_vertical.setPageStep(5)
self.slider_vertical.setValue(15)
self.slider_vertical.setTickPosition(QSlider.TicksRight)
self.slider_vertical.setTickInterval(5)
self.slider_vertical.setMinimumHeight(100)
layout.addWidget(self.slider_vertical)

# 连接信号与槽
self.slider_horizon.valueChanged.connect(lambda :self.valuechange
(self.slider_horizon))
self.slider_vertical.valueChanged.connect(lambda :self.valuechange
(self.slider_vertical))

self.setLayout(layout)

def valuechange(self,slider):
    size = slider.value()
    self.label.setText('选中大小：%d'%size)
    self.label.setFont(QFont("Arial", size))
```

运行脚本，显示效果如图 3-72 所示。

图 3-72

3.10.3　QDial

当用户需要将值控制在特定范围内，并且该范围可以环绕（如角度范围为 0°～
359°）或对话框布局需要方形小部件时，可以使用 QDial。QDial 和 QSlider 都继承自

QAbstractSlider，当 QDial.wrapping()（是否开启循环）为 False（默认设置）时，两者之间基本上没有区别。由于 **QDial** 和 **QSlider** 的绝大部分方法、信号与槽都一样，因此基础内容部分请参考 **3.10.2** 节，这里不再赘述。

如果使用鼠标滚轮调整转盘，则每次滚动鼠标滚轮的变化值由 wheelScrollLines * singleStep 和 pageStep 的较小值确定。需要注意的是，wheelScrollLines 是 QApplication 的方法。

 案例 3-25   QDial 控件的使用方法

本案例的文件名为 Chapter03/qt_QDial.py，用于演示 QDial 控件的使用方法，代码如下：

```python
class dialDemo(QWidget):
    def __init__(self, parent=None):
        super(dialDemo, self).__init__(parent)
        self.setWindowTitle("Qdial 例子")
        self.resize(300, 100)

        layout = QVBoxLayout()
        self.label = QLabel("Hello Qt for Python")
        self.label.setAlignment(Qt.AlignCenter)
        layout.addWidget(self.label)

        # 普通 QDial
        self.dial1 = QDial()
        self.dial1.setMinimum(10)
        self.dial1.setMaximum(50)
        self.dial1.setSingleStep(3)
        self.dial1.setPageStep(5)
        self.dial1.setValue(20)
        layout.addWidget(self.dial1)

        # 开启循环
        self.dial_wrap = QDial()
        self.dial_wrap.setMinimum(5)
        self.dial_wrap.setMaximum(25)
        self.dial_wrap.setSingleStep(1)
        self.dial_wrap.setPageStep(5)
        self.dial_wrap.setValue(15)
        self.dial_wrap.setWrapping(True)
        self.dial_wrap.setMinimumHeight(100)
        layout.addWidget(self.dial_wrap)

        # 连接信号与槽
        self.dial1.valueChanged.connect(lambda :self.valuechange(self.dial1))
```

```
        self.dial_wrap.valueChanged.connect(lambda :self.valuechange
        (self.dial_wrap))


        self.setLayout(layout)

    def valuechange(self,dial):
        size = dial.value()
        self.label.setText('选中大小：%d'%size)
        self.label.setFont(QFont("Arial", size))
```

运行脚本，拖动滑块，显示效果如图 3-73 所示。

图 3-73

这里需要注意以下两点。

（1）第 2 个 QDial 通过 setWrapping(True)支持循环，第 1 个 QDial 不支持循环。

（2）对于第 1 个 QDial 来说，min(SingleStep(3) * WheelScrollLines(2), PageStep(5)) =
5；对于第 2 个 QDial 来说，min(SingleStep(1) * WheelScrollLines(2), PageStep(5)) = 2，所
以，前者鼠标滚轮滚动一次可移动 5 格，后者可移动 2 格。

3.10.4 QScrollBar

在有限的空间下使用 QScrollBar 控件可以查看更多的信息。常见的场景之一是浏览
器的滚动视图，通过鼠标滚轮可以进行滚动查看。QScrollBar 很少单独使用，通常集成在
其他控件中使用，从而实现更准确地导航。例如，需要显示大量文本而需要滚动视图显示
的时候使用 QTextEdit 和 QPlainTextEdit，需要在窗口中集成大量控件而需要滚动视图的时
候使用 QScrollArea。QTextEdit、QPlainTextEdit 和 QScrollArea 都是 QAbstractScrollArea 的
子类，可以根据需要自动开启滚动视图。如果 Qt 提供的控件无法满足需求，则可以结合
QAbstractScrollArea 和 QScrollBar 设置专门的小控件。

滚动条通常包括 4 个单独的控件，分别为一个滑块 a、两个滚动箭头 b 和一个页面控
件 c，如图 3-74 所示。

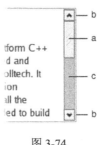

图 3-74

- 滑块 a：滑块提供了一种快速跳转到文档任意位置的方法，但不支持在大型文档中进行精确导航。
- 滚动箭头 b：滚动箭头是按钮，可以用于精确导航到文档中的特定位置。连接到文本编辑器的垂直滚动条通常将当前位置上移或下移一个"行"，并小幅度调整滑块的位置。在编辑器和列表框中，"一行"可能表示一行文本；在图像查看器中，这可能意味着 20 像素。
- 页面控件 c：页面控件是在其上拖动滑块的区域（滚动条的背景）。单击此处可以将滚动条移向一个"页面"。该值通常与滑块的长度相同。

和 QSlider 一样，setValue()、triggerAction()、setSingleStep()、setPageStep()、setMinimum()、setMaximum()等函数和←/→/PageUp/PageDown 等**快捷键**同样适用于 QScrollBar，这里不再赘述。需要注意的是，如果使用键盘控制，那么 QScrollBar.focusPolicy()默认为 Qt.NoFocus 会导致无法获得焦点。可以使用 setFocusPolicy()函数启用键盘与滚动条的交互，如表 3-46 所示。

表 3-46

类　　别	值	描　　述
Qt.TabFocus	0x1	小部件通过 Tab 键接收焦点
Qt.ClickFocus	0x2	小部件通过单击接收焦点
Qt.StrongFocus	TabFocus|ClickFocus|0x8	小部件可以通过 Tab 键和单击接收焦点。在 macOS 上，这也表示在"文本/列表焦点模式"下，小部件接收 Tab 焦点
Qt.WheelFocus	StrongFocus|0x4	与 Qt.StrongFocus 一样，小部件也可以使用鼠标滚轮来接收焦点
Qt.NoFocus	0	窗口小部件不接收焦点

在许多常见的情况下，滚动条的范围可以根据文档的长度进行设置，并且规则很简单，可以参考如下等式：

$$\text{Document length} = \text{maximum()} - \text{minimum()} + \text{PageStep()}$$

 案例 3-26　QScrollBar 控件的使用方法

本案例的文件名为 Chapter03/qt_QScrollBar.py，用于演示 QScrollBar 控件的使用方法，代码如下：

```
class Example(QWidget):
    def __init__(self):
```

```
        super(Example, self).__init__()
        self.initUI()

    def initUI(self):
        hbox = QHBoxLayout()
        self.label = QLabel("拖动滑动条去改变颜色")
        self.label.setFont(QFont("Arial", 16))
        hbox.addWidget(self.label)

        self.scrollbar1 = QScrollBar()
        self.scrollbar1.setMaximum(255)
        self.scrollbar1.sliderMoved.connect(self.sliderval)
        hbox.addWidget(self.scrollbar1)

        self.scrollbar2 = QScrollBar()
        self.scrollbar2.setMaximum(255)
        self.scrollbar2.setSingleStep(5)
        self.scrollbar2.setPageStep(50)
        self.scrollbar2.setValue(150)
        self.scrollbar2.setFocusPolicy(Qt.StrongFocus)
        self.scrollbar2.valueChanged.connect(self.sliderval)
        hbox.addWidget(self.scrollbar2)

        self.scrollbar3 = QScrollBar()
        self.scrollbar3.setMaximum(255)
        self.scrollbar3.setSingleStep(5)
        self.scrollbar3.setPageStep(50)
        self.scrollbar3.setValue(100)
        self.scrollbar3.setFocusPolicy(Qt.TabFocus)
        self.scrollbar3.valueChanged.connect(self.sliderval)
        hbox.addWidget(self.scrollbar3)

        self.setGeometry(300, 300, 300, 200)
        self.setWindowTitle('QScrollBar 例子')
        self.setLayout(hbox)

    def sliderval(self):
        value_tup = (self.scrollbar1.value(), self.scrollbar2.value(),
self.scrollbar3.value())
        _str = "拖动滑动条去改变颜色:\n 左边不支持键盘,\n 中间通过 Tab 键 or 单击获取焦
点,\n 右边只能通过 Tab 键获取焦点。\n 当前选中(%d,%d,%d)"%value_tup
        palette = QPalette()
        palette.setColor(QPalette.WindowText, QColor(*value_tup, 255))
        self.label.setPalette(palette)
        self.label.setText(_str)
```

运行脚本，拖动滑块，显示效果如图 3-75 所示。

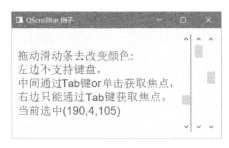

图 3-75

3.11　区域滚动（QScrollArea）

3.10.4 节介绍了 QScrollBar，本节介绍与 QScrollBar 相关的 QScrollArea。QScrollArea 继承自 QAbstractScrollArea，同样继承自 QAbstractScrollArea 的类还有 QAbstractItemView、QGraphicsView、QMdiArea、QPlainTextEdit 及 QTextEdit，它们都有适合自己的滚动视图功能。QScrollArea 的主要特点是可以通过 setWidget()函数指定子窗口，从而为子窗口提供滚动视图功能。例如，子窗口为了包含图片的 QLabel，使用 setWidget()函数自动让图片在需要的时候开启滚动视图功能。QScrollArea 类的继承结构如图 3-76 示。

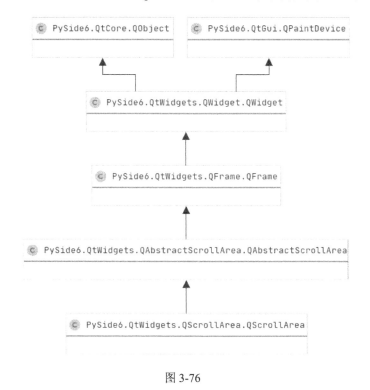

图 3-76

可以将 QScrollArea 看作 QWidget 和 QScrollArea 的混合体。因此，QScrollArea 的使用方法主要围绕 QWidget 和 QScrollArea 展开。

关于**获取 QWidget**：使用 widget()函数可以获取子窗口，使用 setWidgetResizable()函数可以自动调整子窗口的大小。

关于**获取 QScrollArea**：可以使用父类 QAbstractScrollArea 的函数，如使用函数 verticalScrollBar()和 horizontalScrollBar()分别获取垂直 ScrollBar 和水平 ScrollBar，3.10.4 节中关于 QScrollBar 的所有内容都可以在这里处理。

QAbstractScrollArea 中有控制滚动条显示方式的方法，即 setHorizontalScrollBarPolicy() 和 setVerticalScrollBarPolicy()。默认参数是 Qt.ScrollBarAsNeeded，也就是按需开启滚动条，也可以传递其他参数，如表 3-47 所示。

表 3-47

参　　数	值	描　　述
Qt.ScrollBarAsNeeded	0	如果内容太多而无法容纳，则 QAbstractScrollArea 显示滚动条。这是默认值
Qt.ScrollBarAlwaysOff	1	QAbstractScrollArea 永远不会显示滚动条
Qt.ScrollBarAlwaysOn	2	QAbstractScrollArea 始终显示滚动条。在具有临时滚动条的系统上（如 Mac 10.7 版本），将忽略此属性

案例 3-27　QScrollArea 控件的使用方法

本案例的文件名为 Chapter03/qt_QScrollArea.py，用于演示 QScrollArea 控件的使用方法，代码如下：

```python
class QScrollAreaWindow(QMainWindow):
    def __init__(self):
        super(QScrollAreaWindow, self).__init__()
        self.setWindowTitle('QScrollArea 案例')

        w = QWidget()
        self.setCentralWidget(w)
        layout_main = QVBoxLayout()
        w.setLayout(layout_main)

        # 创建一个 QLabel 滚动条
        label_scroll = QLabel()
        label_scroll.setPixmap(QPixmap("./images/boy.png"))
        self.scroll1 = QScrollArea()
        self.scroll1.setWidget(label_scroll)
        layout_main.addWidget(self.scroll1)
```

```
## 获取 QScrollArea 的 Widget
widget = self.scroll1.widget()
print(widget is label_scroll)

## 获取及处理 QScrollArea 的 QScrollBar
self.scroll1.setVerticalScrollBarPolicy(Qt.ScrollBarAlwaysOn)
hScrollBar = self.scroll1.horizontalScrollBar()
vScrollBar = self.scroll1.verticalScrollBar()
vScrollBar.setSingleStep(5)
vScrollBar.setPageStep(50)
vScrollBar.setValue(200)
vScrollBar.setFocusPolicy(Qt.TabFocus)

# 创建一个 QWidget 滚动条
self.scrollWidget = QWidget()
self.scrollWidget.setMinimumSize(500, 1000)
self.scroll2 = QScrollArea()
self.scroll2.setWidget(self.scrollWidget)
layout_main.addWidget(self.scroll2)

## 对 QWidget 滚动条添加控件
layout_widget = QVBoxLayout()
self.scrollWidget.setLayout(layout_widget)
label_pic = QLabel()
label_pic.setPixmap(QPixmap("./images/boy.png"))
layout_widget.addWidget(label_pic)
label_pic2 = QLabel()
label_pic2.setPixmap(QPixmap("./images/python.jpg"))
layout_widget.addWidget(label_pic2)
button = QPushButton('按钮')
button.clicked.connect(lambda: self.on_click(button))
layout_widget.addWidget(button)

self.statusBar().showMessage("底部信息栏")
self.resize(400, 800)

def on_click(self, button):
    self.statusBar().showMessage('你单击了%s' % button.text())
```

运行脚本，显示效果如图 3-77 所示。

图 3-77

本案例构建了两个 QScrollArea，第 1 个设置 QLabel 为子窗口，第 2 个设置 QWidget 为子窗口，并提供了获取子窗口和控制条的方法。具体细节前面已有说明，这里不再赘述。

第 4 章

基本窗口控件（下）

本章仍然介绍基础窗口控件，作为第 3 章的补充。从内容上来看，本章主要介绍对话框类控件、窗口绘图类控件、拖曳与剪贴板、菜单栏、工具栏、状态栏、快捷键等内容，比第 3 章的难度稍微大一些。

4.1 对话框类控件（QDialog 族）

QDialog 是对话框窗口的基类，继承自 QWidget，方便设计一些对话框窗口，继承结构如图 4-1 所示。

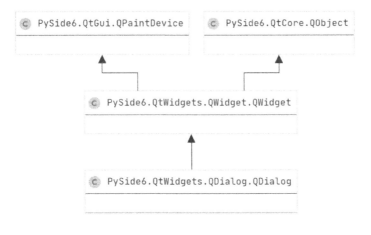

图 4-1

QDialog 有很多子类，如 QColorDialog、QErrorMessage、QFileDialog、QFontDialog、QInputDialog、QMessageBox、QProgressDialog 和 QWizard。QDialog 也可以作为通用对话框使用。

4.1.1　对话框简介

对话框（QDialog）是顶层窗口，主要用于短期任务和与用户的简短通信。所谓的顶层窗口，就是可以显示在所有窗口的最前面（也有另一种说法，是指没有父类的窗口）。例如，有些警告窗口始终显示在屏幕顶端，直到被用户关闭。QDialog 虽然是顶层窗口，但是也可以有父类窗口。和一般具有父类窗口的控件（如 QLabel）不同，QDialog 可以显示在屏幕的任何位置，而有父类的 QLabel 只能在父窗口范围之内显示。如果 QDialog 有父类，则其启动默认位置在父窗口的中间，并共享父类的任务栏条目，否则默认启动位置在屏幕中间。既可以在初始化过程中传递父类，也可以使用 setParent()函数修改对话框的所有权。

使用对话框会弹出一个窗口，这就涉及多窗口对焦点控制权的问题。例如，弹窗警告会阻止用户对程序的其他操作，除非关闭弹窗，利用查找功能进行查找的时候也可以对文档进行编辑。在 Qt 中解决这个问题的方法叫作模式对话框（Modal Dialog）和非模式（Modeless Dialog）对话框。可以简单地理解为前一个场景是模式对话框，后一个场景是非模式对话框。

4.1.2　模式对话框

模式对话框会禁止对该程序的其他可见窗口操作。例如，打开文件的对话框就属于模式对话框，会阻止对程序进行其他操作。模式对话框包含两个，分别是 ApplicationModal（默认）和 WindowModal。

- ApplicationModal：用户必须先完成与对话框的交互并关闭它，然后才能访问应用程序中的任何其他窗口。
- WindowModal：仅阻止访问与该对话框关联的窗口，从而允许用户继续使用应用程序中的其他窗口。

模式对话框可以通过 setWindowModality()函数设置，该函数支持的 3 个参数如表 4-1 所示。

表 4-1

参　　数	值	描　　述
Qt.NonModal	0	该窗口不是模式窗口，不会阻止对其他窗口的访问
Qt.WindowModal	1	该窗口是单个窗口层次结构的模式，并阻止访问其父窗口、所有祖父母窗口，以及其父窗口和祖父母窗口的所有同级
Qt.ApplicationModal	2	该窗口是模式窗口，阻止与程序相关的所有其他窗口的访问

显示模式对话框最常见的方法是调用 exec()函数（这是使用 Qt 的 C++方法，在 PyQt 5/PySide 2 中是 exec()函数，在 PyQt 5/PySide 2 中对应 exec_()函数）。exec()函数将对话框显示为模式对话框，在用户将它关闭之前，该对话框一直处于阻塞状态。也就是说，如果对话框是 ApplicationModal（默认值），则用户在关闭对话框之前无法与同一应用程序

中的任何其他窗口进行交互；如果对话框是 WindowModal，则在打开对话框时仅阻止与父窗口的交互。

当用户关闭对话框时，exec()函数将提供返回值 1（Dialog.Rejected）或 0（Dialog. Accepted）。在默认情况下，关闭对话框只返回 0。如果要返回 1，则可以新建一个名字为 OK 的按钮，并与槽函数 Dialog.accept 连接。同样，也可以新建一个 Cancel 按钮，并与槽函数 Dialog.reject 连接，或者可以使用槽函数 Dialog.done 自定义返回值。返回值只适用于模式对话框，非模式对话框没有返回值。也可以重新实现方法 accept()、reject()或 done()来修改对话框的关闭行为。另外，按 Esc 键也会调用 reject()函数。

另外，也可以先调用 setModal(True)或 sctWindowModality()，然后使用 show()函数。与 exec()函数不同，使用 show()函数立即将控制权返回给调用者。另外，show()函数在默认情况下会开启非模式对话框，因此需要提前设置 setModal(True)或 setWindowModality()，而 setModal(True)从本质上来说又等于 setWindowModality(Qt.ApplicationModal)。如果同时使用 show()和 setModal(True)来执行较长的操作，则必须在处理期间定期调用 QCoreApplication.processEvents()，从而方便用户与对话框进行交互。

4.1.3　非模式对话框

非模式对话框是指在同一个应用程序中，对话框和程序的其他窗口是独立的。一些典型的应用场景是 Word 中的"查找和替换"对话框，既可以查找文字，又可以编辑文字，对话框和主程序可以很好地进行交互。

使用 show()函数显示无模式对话框时，该对话框立即将控制权返回给调用者。如果在隐藏对话框后调用 show()函数，那么该对话框将恢复到原始位置，要恢复到用户上次的位置，可以先在 closeEvent()函数中保存位置信息，然后在 show()函数之前将对话框移至该位置。

 案例 4-1　QDialog 控件的基本用法

本案例的文件名为 Chapter04/qt_Dialog.py，用于演示 QDialog 控件的基本用法，代码如下：

```
class DialogDemo(QWidget):

    def __init__(self, parent=None):
        super(DialogDemo, self).__init__(parent)
        self.setWindowTitle("Dialog 例子")
        self.resize(350, 300)
        self.move(50, 150)
        layout = QVBoxLayout(self)
        self.setLayout(layout)
```

```
        self.label_brother = QLabel('我是对话框的兄弟窗口\n 弹出对话框后你能关闭我
吗？')
        font = QFont()
        font.setPointSize(20)
        self.label_brother.setFont(font)
        self.label_brother.show()
        self.label = QLabel('我会显示对话框的信息：')
        layout.addWidget(self.label)

        # 普通对话框
        self.button1 = QPushButton(self)
        self.button1.setText("对话框 1-normal")
        layout.addWidget(self.button1)
        self.button1.clicked.connect(self.showdialog_normal)

        # 对话框的返回值
        self.button2 = QPushButton(self)
        self.button2.setText("对话框 2-返回值")
        layout.addWidget(self.button2)
        self.button2.clicked.connect(self.showdialog_return)

        # 父窗口
        self.button3 = QPushButton(self)
        self.button3.setText("对话框 3-有父窗口")
        layout.addWidget(self.button3)
        self.button3.clicked.connect(self.showdialog_father)

        # 模式窗口
        self.button4 = QPushButton(self)
        self.button4.setText("对话框 4-模式窗口(exec_)")
        layout.addWidget(self.button4)
        self.button4.clicked.connect(self.showdialog_model1)

        # 模式窗口 2
        self.button5 = QPushButton(self)
        self.button5.setText("对话框 5-模式窗口 2(exec_)")
        layout.addWidget(self.button5)
        self.button5.clicked.connect(self.showdialog_model2)

        # 模式窗口 3
        self.button6 = QPushButton(self)
        self.button6.setText("对话框 6-模式窗口 3(show)")
        layout.addWidget(self.button6)
        self.button6.clicked.connect(self.showdialog_model3)

        # 模式窗口 4
```

```python
        self.button7 = QPushButton(self)
        self.button7.setText("对话框 7-模式窗口 4(show)")
        layout.addWidget(self.button7)
        self.button7.clicked.connect(self.showdialog_model4)

        # 错误使用
        self.button8 = QPushButton(self)
        self.button8.setText("对话框 8-错误使用")
        layout.addWidget(self.button8)
        self.button8.clicked.connect(self.showdialog_error)


    def showdialog_normal(self):
        dialog = QDialog()
        button = QPushButton("OK", dialog)
        button.clicked.connect(dialog.accept)
        dialog.setWindowTitle("Dialog 案例-普通对话框")
        dialog.setMinimumWidth(200)
        self.label.setText('默认对话框："%s" \n 你只有关闭对话框才能进行其他操作' %
dialog.windowTitle())
        dialog.exec_()

    def showdialog_return(self):
        dialog = QDialog()
        dialog.setWindowTitle("Dialog 案例-返回值")
        self.label.setText('测试对话框返回值："%s" \n 你只有关闭对话框才能进行其他操
作' % dialog.windowTitle())
        layout = QHBoxLayout()
        dialog.setLayout(layout)

        button_OK = QPushButton("OK", dialog)
        button_OK.clicked.connect(dialog.accept)
        layout.addWidget(button_OK)
        button_Cancel = QPushButton("Cancel", dialog)
        button_Cancel.clicked.connect(dialog.reject)
        layout.addWidget(button_Cancel)

        button_DoneOK = QPushButton("Done_OK", dialog)
        button_DoneOK.clicked.connect(lambda: dialog.done(dialog.Accepted))
        layout.addWidget(button_DoneOK)
        button_DoneCancel = QPushButton("Done_Cancel", dialog)
        button_DoneCancel.clicked.connect(lambda:
dialog.done(dialog.Rejected))
        layout.addWidget(button_DoneCancel)
        button_DoneOthers = QPushButton("Done_自定义返回值", dialog)
```

```
        button_DoneOthers.clicked.connect(lambda: dialog.done(66))
        layout.addWidget(button_DoneOthers)

        out = dialog.exec_()
        self.label.setText('对话框："%s" 返回值为：%s' % (dialog.windowTitle(),
out))

    def showdialog_father(self):
        dialog = QDialog(self)
        button = QPushButton("OK", dialog)
        button.clicked.connect(dialog.accept)
        dialog.setWindowTitle("Dialog 案例-有父窗口对话框")
        dialog.setMinimumWidth(250)
        self.label.setText('对话框："%s" 有父窗口，请注意对话框的默认打开位置。\n 你
只有关闭对话框才能进行其他操作' % dialog.windowTitle())
        dialog.exec_()

    def showdialog_model1(self):
        dialog = QDialog()
        button = QPushButton("OK", dialog)
        button.clicked.connect(dialog.accept)
        dialog.setWindowTitle("Dialog 案例-模式窗口(exec)")
        dialog.setMinimumWidth(250)
        dialog.setWindowModality(Qt.WindowModal)
        self.label.setText('修改默认模式："%s" \n 我没有父类所以我不影响程序其他窗口'
% dialog.windowTitle())
        dialog.exec_()

    def showdialog_model2(self):
        dialog = QDialog(self)
        button = QPushButton("OK", dialog)
        button.clicked.connect(dialog.accept)
        dialog.setWindowTitle("Dialog 案例-模式窗口 2(exec)")
        dialog.setMinimumWidth(250)
        dialog.setWindowModality(Qt.WindowModal)
        self.label.setText('修改默认模式："%s" \n 我有父类，我能影响父窗口，不能影响
兄弟窗口' % dialog.windowTitle())
        dialog.exec_()

    def showdialog_model3(self):
        dialog = QDialog(self)
        button = QPushButton("OK", dialog)
        button.clicked.connect(dialog.accept)
        dialog.setWindowTitle("Dialog 案例-模式窗口 3(show)")
        dialog.setMinimumWidth(250)
        dialog.setWindowModality(Qt.WindowModal)
```

```
    self.label.setText('修改默认模式："%s" \n 我有父类，我能影响父窗口，不能影响
兄弟窗口' % dialog.windowTitle())
    dialog.show()

def showdialog_model4(self):
    dialog = QDialog(self)
    button = QPushButton("OK", dialog)
    button.clicked.connect(dialog.accept)
    dialog.setWindowTitle("Dialog 案例-模式窗口 4(show)")
    dialog.setMinimumWidth(250)
    # dialog.setWindowModality(Qt.NonModal)
    self.label.setText('修改默认模式："%s" \n 我是非模式窗口，我不能影响程序其他
窗口' % dialog.windowTitle())
    dialog.show()

def showdialog_error(self):
    dialog = QDialog()
    button = QPushButton("OK", dialog)
    button.clicked.connect(dialog.accept)
    dialog.setWindowTitle("Dialog 案例-错误使用")
    dialog.setMinimumWidth(250)
    # dialog.setWindowModality(Qt.NonModal)
    self.label.setText('修改默认模式："%s" \n 我是错误的使用方法，你可以看出来我
错在哪了吗？' % dialog.windowTitle())
    dialog.show()


if __name__ == '__main__':
    app = QApplication(sys.argv)
    demo = DialogDemo()
    demo.show()
    sys.exit(app.exec())
```

运行脚本，显示效果如图 4-2 所示。

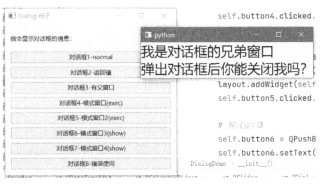

图 4-2

单击各个按钮会显示相应的效果。基本原理之前都已经介绍过，这里简单介绍以下几点。

- 对话框 1：默认的对话框弹出窗口。
- 对话框 2：带有返回值的对话框窗口，只有使用 exec()函数启动才会有返回值，槽函数 done 可以自定义返回值。
- 对话框 3：弹出的对话框父类是主窗口，其默认启动位置在主窗口的中心位置。
- 对话框 4/5：通过 exec()函数启动的窗口都是模式窗口，对话框 1～对话框 3 使用的是默认模式，也就是 Qt.ApplicationModal，默认会阻止程序的所有其他窗口。对话框 4 和对话框 5 使用的模式是 Qt.WindowModal，只会阻止与父窗口交互，不阻止兄弟窗口。由于对话框 4 没有父类，表现形式为可以和所有窗口交互；对话框 5 的父窗口是主窗口，不能和主窗口交互，但是可以和兄弟窗口交互。使用 exec() 函数启动的窗口都是模式窗口，因此 Qt.NonModal 参数无效。
- 对话框 6/7：使用 show()函数启动默认为非模式窗口（对话框 7），在这种情况下可以和所有窗口交互，该方式默认使用了 Qt.NonModal；也可以设置为模式窗口，如 Qt.WindowModal（对话框 6），这种方式不能和父窗口交互，但是可以和兄弟窗口交互。如果使用 setModal(True)开启模式，则默认开启 Qt.ApplicationModal。
- 对话框 8：使用 exec()函数启动对话框会阻塞程序的运行，直到关闭对话框才能运行后面的代码；使用 show()函数不会阻塞程序，会直接运行下一行。函数最后一行代码执行完毕之后，局部变量 dialog 会自动被当作垃圾回收，因此会看到闪现的窗口。解决方法如下。
  - 使用 exec()函数启动，用完对话框之后才能被回收，如对话框 1～对话框 5。
  - 挂靠父窗口：dialog = QDialog(self)，这样也不会被立刻回收，如对话框 6 和对话框 7。
  - 挂靠类：self.dialog = QDialog()，这样也不会被立刻回收，如 self.label

> ⚠ **注意**：之所以挂靠主窗口弹窗没有消失是因为主窗口被 QApplication 接管，如下所示（如果没有最后一行，主窗口也会一闪就消失）：
> ```
> if __name__ == '__main__':
>     app = QApplication(sys.argv)
>     demo = DialogDemo()
>     demo.show()
>     sys.exit(app.exec())
> ```

4.1.4 扩展对话框

扩展对话框，顾名思义，就是一个具有扩展功能的对话框。这种对话框包含一个隐藏区域，用于存储一些不常用的功能，单击"更多"按钮可以显示这部分区域。

 案例 4-2　QDialog 扩展对话框的使用方法

本案例的文件名为 Chapter04/qt_Dialog2.py，用于演示 QDialog 扩展对话框的使用方法，代码如下（该代码来源于 Qt 官方案例，由 C++代码改写）：

```python
class FindDialog(QDialog):

    def __init__(self, parent=None):
        super(FindDialog, self).__init__(parent)
        self.setWindowTitle("Extension")

        # topLeft: label+LineEdit
        label = QLabel("Find w&hat:")
        lineEdit = QLineEdit()
        label.setBuddy(lineEdit)
        topLeftLayout = QHBoxLayout()
        topLeftLayout.addWidget(label)
        topLeftLayout.addWidget(lineEdit)

        # left: topLeft + QCheckBox * 2
        caseCheckBox = QCheckBox("Match &case")
        fromStartCheckBox = QCheckBox("Search from &start")
        fromStartCheckBox.setChecked(True)
        leftLayout = QVBoxLayout()
        leftLayout.addLayout(topLeftLayout)
        leftLayout.addWidget(caseCheckBox)
        leftLayout.addWidget(fromStartCheckBox)

        # topRight: QPushButton * 2
        findButton = QPushButton("&Find")
        findButton.setDefault(True)
        moreButton = QPushButton("&More")
        moreButton.setCheckable(True)
        moreButton.setAutoDefault(False)
        buttonBox = QDialogButtonBox(Qt.Vertical)
        buttonBox.addButton(findButton, QDialogButtonBox.ActionRole)
        buttonBox.addButton(moreButton, QDialogButtonBox.ActionRole)

        # hide QWidge
        extension = QWidget()
        extensionLayout = QVBoxLayout()
        extension.setLayout(extensionLayout)
        extension.hide()
        # hide QWidge: QCheckBox * 3
        wholeWordsCheckBox = QCheckBox("&Whole words")
        backwardCheckBox = QCheckBox("Search &backward")
        searchSelectionCheckBox = QCheckBox("Search se&lection")
        extensionLayout.setContentsMargins(QMargins())
        extensionLayout.addWidget(wholeWordsCheckBox)
```

```
extensionLayout.addWidget(backwardCheckBox)
extensionLayout.addWidget(searchSelectionCheckBox)

# mainLayout
mainLayout = QGridLayout()
mainLayout.setSizeConstraint(QLayout.SetFixedSize)
mainLayout.addLayout(leftLayout, 0, 0)
mainLayout.addWidget(buttonBox, 0, 1)
mainLayout.addWidget(extension, 1, 0, 1, 2)
mainLayout.setRowStretch(2, 1)
self.setLayout(mainLayout)

# signal & slot
moreButton.toggled.connect(extension.setVisible)
```

运行脚本，显示效果如图 4-3 所示。

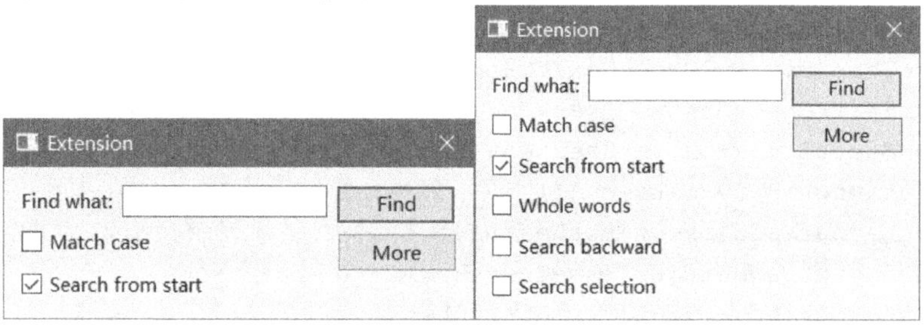

图 4-3

这个案例继承了 QDialog 并添加了隐藏窗口功能，关键是通过 QWidget.setVisible 来开启/关闭隐藏窗口。上述代码并不复杂，所以这里不进行过多解读，读者可以自己体会。

4.1.5 QMessageBox

QMessageBox 是一种通用的弹出式对话框，用于显示消息，允许用户通过单击不同的标准按钮对消息进行反馈。每个标准按钮都有一个预定义的文本、角色和十六进制数。

QMessageBox 类中常用的函数如表 4-2 所示。

表 4-2

函　数	描　　述
information(QWidget parent,title, text, buttons, defaultButton)	弹出消息对话框，各参数的解释如下。 • parent：指定的父窗口控件。 • title：对话框标题。 • text：对话框文本。 • buttons：多个标准按钮，默认为 OK 按钮。 • defaultButton：默认选中的标准按钮，默认是第 1 个标准按钮
question(QWidget parent,title, text, buttons, defaultButton)	弹出问答对话框（各参数的解释同上）

续表

函　　数	描　　述
warning(QWidget parent,title, text, buttons, defaultButton)	弹出警告对话框（各参数的解释同上）
critical(QWidget parent,title, text, buttons, defaultButton)	弹出严重错误对话框（各参数的解释同上）
about(QWidget parent,title, text)	弹出关于对话框（各参数的解释同上）
setTitle()	设置标题
setText()	设置消息正文
setIcon()	设置弹出对话框的图片

 案例 4-3　QMessageBox 控件的使用方法

本案例的文件名为 Chapter04/qt_QMessageBox.py，用于演示 QMessageBox 控件的使用方法。运行脚本，显示效果如图 4-4 所示。

图 4-4

如图 4-4 所示，主要包含 3 种消息框，即普通消息框、自定义消息框、信号与槽消息框，下面分别进行介绍。

1. 普通消息框

QMessageBox 提供了许多标准化的消息框，如提示、警告、错误、询问、关于等对话框。这些不同类型的 QMessageBox 对话框只是显示时的图标不同，其他功能是一样的。

5 种常用的对话框类型及其显示效果如表 4-3 所示。

表 4-3

对话框类型	显示效果
消息对话框，用来告诉用户提示消息。 QMessageBox.information(self, ＂标题＂, ＂消息对话框正文＂, QMessageBox.Yes | QMessageBox.No , QMessageBox.Yes)	
提问对话框，用来告诉用户提问消息。 QMessageBox.question(self, ＂标题＂, ＂提问框消息正文＂, QMessageBox.Yes | QMessageBox.No , QMessageBox.Yes)	
警告对话框，用来告诉用户不寻常的错误消息。 QMessageBox.warning(self, ＂标题＂, ＂警告框消息正文＂, QMessageBox.Yes | QMessageBox.No , QMessageBox.Yes)	
严重错误对话框，用来告诉用户严重的错误消息。 QMessageBox.critical(self, "标题", "严重错误对话框消息正文", QMessageBox.Yes | QMessageBox.No , QMessageBox.Yes)	
关于对话框。 QMessageBox.about(self, "标题", "关于对话框")	

QMessageBox 也提供了一些标准化的按钮，如表 4-4 所示，按钮角色（如 AcceptRole）是一种组合标记，用来描述按钮行为的不同方面。

表 4-4

类　　别	值	描　　述
QMessageBox.Ok	0x00000400	使用 AcceptRole 定义的"确定"按钮
QMessageBox.Open	0x00002000	使用 AcceptRole 定义的"打开"按钮
QMessageBox.Save	0x00000800	使用 AcceptRole 定义的"保存"按钮
QMessageBox.Cancel	0x00400000	使用 RejectRole 定义的"取消"按钮
QMessageBox.Close	0x00200000	使用 RejectRole 定义的"关闭"按钮
QMessageBox.Discard	0x00800000	根据平台使用 DestructiveRole 定义的"放弃"按钮或"不保存"按钮
QMessageBox.Apply	0x02000000	使用 ApplyRole 定义的"应用"按钮
QMessageBox.Reset	0x04000000	使用 ResetRole 定义的"重置"按钮
QMessageBox.RestoreDefaults	0x08000000	使用 ResetRole 定义的"恢复默认值"按钮
QMessageBox.Help	0x01000000	使用 HelpRole 定义的"帮助"按钮

类　　别	值	描　　述
QMessageBox.SaveAll	0x00001000	使用 AcceptRole 定义的"全部保存"按钮
QMessageBox.Yes	0x00004000	使用 YesRole 定义的"是"按钮
QMessageBox.YesToAll	0x00008000	使用 YesRole 定义的"全部同意"按钮
QMessageBox.No	0x00010000	使用 NoRole 定义的"否"按钮
QMessageBox.NoToAll	0x00020000	使用 NoRole 定义的"全部拒绝"按钮
QMessageBox.Abort	0x00040000	使用 RejectRole 定义的"中止"按钮
QMessageBox.Retry	0x00080000	使用 AcceptRole 定义的"重试"按钮
QMessageBox.Ignore	0x00100000	使用 AcceptRole 定义的"忽略"按钮
QMessageBox.NoButton	0x00000000	无效的按钮

Qt 中提供了多种按钮角色，并以此为基础提供了多种用途的按钮，这些按钮角色如表 4-5 所示。关于这些角色的进一步介绍请参考下面的"信号与槽消息框"部分，如果用不到信号与槽则可以不关注按钮角色。

表 4-5

按 钮 角 色	值	描　　述
QMessageBox.InvalidRole	−1	按钮无效
QMessageBox.AcceptRole	0	单击该按钮会使对话框被接受（如确定）
QMessageBox.RejectRole	1	单击该按钮会导致对话框被拒绝（如取消）
QMessageBox.DestructiveRole	2	单击该按钮会导致破坏性更改（如放弃更改）并关闭对话框
QMessageBox.ActionRole	3	单击该按钮会更改对话框中的元素
QMessageBox.HelpRole	4	可以单击该按钮来请求帮助
QMessageBox.YesRole	5	该按钮与"是"按钮类似
QMessageBox.NoRole	6	该按钮与"否"按钮类似
QMessageBox.ApplyRole	8	该按钮应用当前更改
QMessageBox.ResetRole	7	该按钮将对话框的字段重置为默认值

相关代码如下：

```
button1 = QPushButton()
button1.setText("普通消息框")
layout.addWidget(button1)
button1.clicked.connect(self.showMessageBox1)

def showMessageBox1(self):
    reply = QMessageBox.information(self, "标题", "对话框消息正文",
QMessageBox.Yes | QMessageBox.No | QMessageBox.Ok | QMessageBox.Apply,
QMessageBox.Yes)
    self.label.setText('返回%s' % reply)
```

2. 自定义消息框

如果标准的消息框无法满足需求，则可以自定义消息框。

- 使用 setText()函数可以设置消息框文本。
- 使用 setInformativeText()函数可以设置更多信息，主要用来补充 text()函数的内容，向用户提供更多信息。
- 使用 setStandardButtons()函数可以添加标准的按钮控件，标准按钮信息请参考表 4-4。
- 使用 setDetailedText()函数可以设置详细信息区域要显示的纯文本信息，默认是空字符串，效果如图 4-5 所示。

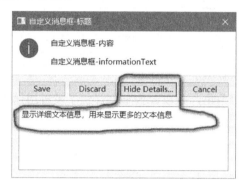

图 4-5

使用 setIcon()函数可以添加消息框的标准图标，默认无图，支持的参数如表 4-6 所示。

表 4-6

参 数	值	描 述
QMessageBox.NoIcon	0	该消息框没有任何图标
QMessageBox.Question	4	指示该消息正在询问问题的图标
QMessageBox.Information	1	一个图标，指示该消息与众不同
QMessageBox.Warning	2	一个图标，指示该消息是警告，但可以处理
QMessageBox.Critical	3	指示该消息表示严重问题的图标

使用 setIconPixmap()函数可以设置一个自定义的图标，适用于标准图标不能满足需求的情况。使用 addButton()函数可以添加自定义按钮，适用于标准按钮不能满足需求的情况。

相关代码如下：

```
button2 = QPushButton()
button2.setText("自定义消息框")
layout.addWidget(button2)
button2.clicked.connect(self.showMessageBox2)

def showMessageBox2(self):
    msgBox = QMessageBox()
    msgBox.setWindowTitle('自定义消息框-标题')
    msgBox.setText("自定义消息框-内容")
    msgBox.setInformativeText("自定义消息框-informationText")
```

```
    msgBox.setDetailedText("显示详细文本信息，用来显示更多的文本信息")
    msgBox.setStandardButtons(QMessageBox.Save | QMessageBox.Discard |
QMessageBox.Cancel)
    msgBox.setDefaultButton(QMessageBox.Save)
    msgBox.setIcon(QMessageBox.Information)

    # 自定义按钮
    button1 = QPushButton('MyOk')
    msgBox.addButton(button1, QMessageBox.ApplyRole)

    reply = msgBox.exec()
    self.label.setText('返回:%s' % reply)
    if msgBox.clickedButton() == button1:
        self.label.setText(self.label.text() + ' 你单击了自定义按钮:' +
button1.text())
```

3. 信号与槽消息框

QDialog 常用的信号有两个，分别为 rejected 和 accepted。一般来说，使用 QMessageBox 用不到这两个信号，**标准化消息框**和**自定义消息框**的内容就够用了。为了保持内容的完整性，下面介绍这两个信号的使用方法。

在一般情况下，当使用 QDialog.exec() 函数启动对话框时，如果单击基于 AcceptRole 或 YesRole 定义的按钮则会触发 accepted 信号，如果单击基于 RejectRole 或 NoRole 定义的按钮则会触发 rejected 信号。上面的内容对于自定义按钮也适用，想要触发 accepted 信号或 rejected 信号就要基于 AcceptRole 或 RejectRole 定义按钮。

对于标准化消息框，如 QMessageBox.information() 函数的运行逻辑和 QDialog.exec() 函数的运行逻辑不一样，并不能触发 rejected 信号和 accepted 信号，所以这里使用自定义消息框。事实上，QMessageBox.information() 函数返回的是用户单击的按钮，QDialog.exec() 函数返回的是数字，两者的底层逻辑不一样。

如图 4-6 所示，创建了一个包含 OK、Save、Discard、Cancel 和 No 的通用按钮，以及 MyOk-ApplyRole、MyOk-AcceptRole 的自定义按钮的消息框。当单击 OK 按钮、Save 按钮和 MyOk-AcceptRole 按钮时，会触发 accepted 信号，在状态栏中显示"触发了 accepted 信号"，1 秒后消失；当单击 Cancel 按钮和 No 按钮时，会触发 rejected 信号，在状态栏中显示"触发了 rejected 信号"，1 秒后消失；当单击 Discard 按钮和 MyOk-ApplyRole 按钮时，不会触发信号。

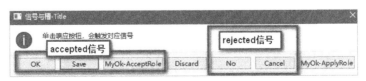

图 4-6

代码如下：

```
button3 = QPushButton()
button3.setText("信号与槽")
layout.addWidget(button3)
button3.clicked.connect(self.showMessageBox3)
def showMessageBox3(self):
    msgBox = QMessageBox()
    msgBox.setWindowTitle('信号与槽-Title')
    msgBox.setText("单击响应按钮，会触发对应信号")
    msgBox.setStandardButtons(QMessageBox.Ok |QMessageBox.Save |
QMessageBox.Discard | QMessageBox.Cancel| QMessageBox.No)
    msgBox.setDefaultButton(QMessageBox.Save)
    msgBox.setIcon(QMessageBox.Information)

    # 自定义按钮
    button1 = QPushButton('MyOk-ApplyRole')
    msgBox.addButton(button1 , QMessageBox.ApplyRole)
    button2 = QPushButton('MyOk-AcceptRole')
    msgBox.addButton(button2, QMessageBox.AcceptRole)

    # 信号与槽
    msgBox.accepted.connect(lambda: self.statusBar().showMessage('触发了
accepted信号',1000))
    msgBox.rejected.connect(lambda: self.statusBar().showMessage('触发了
rejected信号',1000))

    reply = msgBox.exec()
    self.label.setText('返回:%s' % reply)
    if msgBox.clickedButton() in [button1,button2]:
        self.label.setText(self.label.text() + ' 你单击了自定义按钮:' +
msgBox.clickedButton().text())
```

4.1.6　QInputDialog

QInputDialog 控件是一个标准对话框，由一个文本框和两个按钮（OK 按钮和 Cancel 按钮）组成。当用户单击 OK 按钮或按 Enter 键后，在父窗口中可以收集通过 QInputDialog 控件输入的信息。

在 QInputDialog 控件中可以输入数字、字符串或列表中的选项。标签用于提示必要的信息。

QInputDialog 类中常用的函数如表 4-7 所示。

表 4-7

函　　数	描　　述
getInt()	从控件中获得标准整数输入

续表

函　　　数	描　　　述
getDouble()	从控件中获得标准浮点数输入
getText()	从控件中获得标准字符串输入
getItem()	从控件中获得列表里的选项输入
getMultiLineText()	从控件中获得多行字符串输入

 案例 4-4　QInputDialog 控件的使用方法

本案例的文件名为 Chapter04/qt_QInputDialog.py，用于演示 QInputDialog 控件的使用方法，代码如下：

```
class InputdialogDemo(QWidget):
    def __init__(self, parent=None):
        super(InputdialogDemo, self).__init__(parent)
        layout = QFormLayout()
        self.btn1 = QPushButton("获得列表里的选项")
        self.btn1.clicked.connect(self.getItem)
        self.le1 = QLineEdit()
        layout.addRow(self.btn1, self.le1)

        self.btn2 = QPushButton("获得字符串")
        self.btn2.clicked.connect(self.getIext)
        self.le2 = QLineEdit()
        layout.addRow(self.btn2, self.le2)

        self.btn3 = QPushButton("获得整数")
        self.btn3.clicked.connect(self.getInt)
        self.le3 = QLineEdit()
        layout.addRow(self.btn3, self.le3)

        self.btn4 = QPushButton("获得浮点数")
        self.btn4.clicked.connect(self.getDouble)
        self.le4 = QLineEdit()
        layout.addRow(self.btn4, self.le4)

        self.btn5 = QPushButton("获得多行字符串")
        self.btn5.clicked.connect(self.getMultiLine)
        self.le5 = QTextEdit()
        layout.addRow(self.btn5, self.le5)

        self.setLayout(layout)
        self.setWindowTitle("Input Dialog 例子")

    def getItem(self):
```

```
        items = ("C", "C++", "Java", "Python")
        item, ok = QInputDialog.getItem(self, "select input dialog",
                                "语言列表", items, 0, False)
        if ok and item:
            self.le1.setText(item)

    def getIext(self):
        text, ok = QInputDialog.getText(self, 'Text Input Dialog', '输入姓名:')
        if ok:
            self.le2.setText(str(text))

    def getInt(self):
        num, ok = QInputDialog.getInt(self, "integer input dualog", "输入数字",
10, minValue=-10, maxValue=120, step=10)
        if ok:
            self.le3.setText(str(num))

    def getDouble(self):
        num, ok = QInputDialog.getDouble(self, "double input dualog", "输入
数字", 5, minValue=-1.00, maxValue=20.00,
                                decimals=2, step=0.1)
        if ok:
            self.le4.setText(str(num))

    def getMultiLine(self):
        num, ok = QInputDialog.getMultiLineText(self, "MultiLineText input
dualog", "输入多行字符串", '字符串 1\n 字符串 2')
        if ok:
            self.le5.setText(str(num))
```

运行脚本，显示效果如图 4-7 所示。

【代码分析】

在这个案例中，QFormLayout 布局管理器中放置了 5 个按钮和 5 个文本框。当单击按钮时，将弹出标准对话框，把按钮的单击信号与自定义的槽函数连接起来。以第 1 个按钮为例，其他类似：

```
self.btn1.clicked.connect(self.getItem)
```

当调用 QInputDialog.getItem()函数时，QInputDialog 控件中包含一个 QCombox 控件和两个按钮，用户从 QCombox 中选择一个选项后，允许用户确认或取消操作：

```
def getItem(self):
    items = ("C", "C++", "Java", "Python")
    item, ok = QInputDialog.getItem(self, "select input dialog",
    "语言列表", items, 0, False)
    if ok and item:
        self.le1.setText(item)
```

图 4-7

4.1.7 QFontDialog

QFontDialog 控件是一个常用的字体选择对话框，可以让用户选择所显示文本的字号、样式和格式。使用 QFontDialog 的函数 getFont()，可以从字体选择对话框中选择显示文本的字号、样式和格式。

 案例 4-5 QFontDialog 控件的使用方法

本案例的文件名为 Chapter04/qt_QFontDialog.py，用于演示 QFontDialog 控件的使用方法，代码如下：

```python
class FontDialogDemo(QWidget):
    def __init__(self, parent=None):
        super(FontDialogDemo, self).__init__(parent)
        layout = QVBoxLayout()

        self.fontLabel = QLabel("Hello,我来显示字体效果")
        layout.addWidget(self.fontLabel)

        self.fontButton1 = QPushButton("设置 QLabel 字体")
        self.fontButton1.clicked.connect(self.set_label_font)
        layout.addWidget(self.fontButton1)
```

```
        self.fontButton2 = QPushButton("设置 QWidget 字体")
        self.fontButton2.clicked.connect(lambda:self.setFont(QFontDialog.
getFont(self.font(),self)[1]))
        layout.addWidget(self.fontButton2)

        self.setLayout(layout)
        self.setWindowTitle("Font Dialog 例子")
        # self.setFont(QFontDialog.getFont(self.font(),self)[1])

    def set_label_font(self):
        ok, font = QFontDialog.getFont()
        if ok:
            self.fontLabel.setFont(font)
```

运行脚本，显示效果如图 4-8 所示。

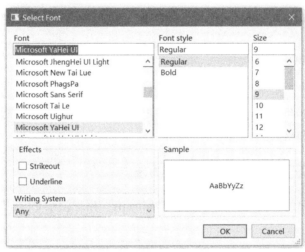

图 4-8

【代码分析】

这个案例的代码非常简单，先通过 getFont()函数获取字体，然后通过 QLabel.setFont()
函数设置字体，如下所示：

```
    self.fontButton1 = QPushButton("设置 QLabel 字体")
    self.fontButton1.clicked.connect(self.set_label_font)
    layout.addWidget(self.fontButton1)
def set_label_font(self):
    ok, font = QFontDialog.getFont()
```

```
if ok:
    self.fontLabel.setFont(font)
```

另外，可以通过 QWidget.setFont 设置窗口字体，如下所示：

```
self.fontButton2 = QPushButton("设置 QWidget 字体")
self.fontButton2.clicked.connect(lambda:self.setFont(QFontDialog.getFont(self.
font(),self)[1]))
layout.addWidget(self.fontButton2)
```

运行脚本，显示效果如图 4-9 所示，QWidget.setFont 接管所有控件的字体，QLabel.
setFont 接管 QLabel 字体。

图 4-9

4.1.8　QFileDialog

QFileDialog 是用于打开和保存文件的标准对话框，继承自 QDialog 类。和前面的对话框一样，QFileDialog 主要提供了一些方便好用的静态方法，不需要实例化就可以调用；当然，也可以通过实例化调用，实现自定义对话框。

 案例 4-6　QFileDialog 控件的使用方法

本案例的文件名为 Chapter04/qt_QFileDialog.py，用于演示 QFileDialog 控件的使用方法，代码如下：

```
class filedialogdemo(QWidget):
    def __init__(self, parent=None):
        super(filedialogdemo, self).__init__(parent)
        layout = QVBoxLayout()
        self.label = QLabel("此处显示文件信息")
        layout.addWidget(self.label)
        self.label2 = QLabel()
        layout.addWidget(self.label2)

        self.button_pic_filter1 = QPushButton("加载图片-过滤1(静态方法)")
        self.button_pic_filter1.clicked.connect(self.file_pic_filter1)
        layout.addWidget(self.button_pic_filter1)

        self.button_pic_filter2 = QPushButton("加载图片-过滤2(实例化方法)")
```

```python
        self.button_pic_filter2.clicked.connect(self.file_pic_filter2)
        layout.addWidget(self.button_pic_filter2)

        self.button_pic_filter3 = QPushButton("加载图片-过滤3(实例化方法)")
        self.button_pic_filter3.clicked.connect(self.file_pic_filter3)
        layout.addWidget(self.button_pic_filter3)

        self.button_MultiFile1 = QPushButton("选择多个文件-过滤1(静态方法)")
        self.button_MultiFile1.clicked.connect(self.file_MultiFile1)
        layout.addWidget(self.button_MultiFile1)

        self.button_MultiFile2 = QPushButton("选择多个文件-过滤2(实例化方法)")
        self.button_MultiFile2.clicked.connect(self.file_MultiFile2)
        layout.addWidget(self.button_MultiFile2)

        self.button_file_mode = QPushButton("file_mode示例:选择文件夹")
        self.button_file_mode.clicked.connect(self.file_mode_show)
        layout.addWidget(self.button_file_mode)

        self.button_directory = QPushButton("选择文件夹(静态方法)")
        self.button_directory.clicked.connect(self.directory_show)
        layout.addWidget(self.button_directory)

        self.button_save = QPushButton("存储文件")
        self.button_save.clicked.connect(self.file_save)
        layout.addWidget(self.button_save)

        self.setLayout(layout)
        self.setWindowTitle("File Dialog 例子")

    def file_pic_filter1(self):
        fname, _ = QFileDialog.getOpenFileName(self, caption='Open file1',
dir=os.path.abspath('.') + '\\images',
                                    filter="Image files (*.jpg
*.png);;Image files2(*.ico *.gif);;All files(*)")
        self.label.setPixmap(QPixmap(fname))
        self.label2.setText('你选择了:\n' + fname)

    def file_pic_filter2(self):
        file_dialog = QFileDialog(self, caption='Open file2',
directory=os.path.abspath('.') + '\\images',
                            filter="Image files (*.jpg *.png);;Image
files2(*.ico *.gif);;All files(*)")

        if file_dialog.exec_():
            file_path_list = file_dialog.selectedFiles()
```

```
            self.label.setPixmap(QPixmap(file_path_list[0]))
            self.label2.setText('你选择了:\n' + file_path_list[0])

    def file_pic_filter3(self):
        file_dialog = QFileDialog()
        file_dialog.setWindowTitle('Open file3')
        file_dialog.setDirectory(os.path.abspath('.') + '\\images')
        file_dialog.setNameFilter("Image files (*.jpg *.png);;Image
files2(*.ico *.gif);;All files(*)")

        if file_dialog.exec_():
            file_path_list = file_dialog.selectedFiles()
            self.label.setPixmap(QPixmap(file_path_list[0]))
            self.label2.setText('你选择了:\n' + file_path_list[0])

    def file_MultiFile1(self):
        file_path_list, _ = QFileDialog.getOpenFileNames(self, caption='选择
多个文件', dir=os.path.abspath('.'),
                                                filter="All
files(*);;Python files(*.py);;Image files (*.jpg *.png);;Image
files2(*.ico *.gif)")
        self.label.setText('你选择了如下路径：\n' +
';\n'.join(file_path_list))
        self.label2.setText('')

    def file_MultiFile2(self):
        file_dialog = QFileDialog(self, caption='选择多个文件',
directory=os.path.abspath('.'),
                                filter="All files(*);;Python
files(*.py);;Image files (*.jpg *.png);;Image files2(*.ico *.gif)")
        file_dialog.setFileMode(file_dialog.ExistingFiles)
        if file_dialog.exec_():
            file_path_list = file_dialog.selectedFiles()
            self.label.setText('你选择了如下路径：\n' +
';\n'.join(file_path_list))
            self.label2.setText('')

    def file_mode_show(self):
        file_dialog = QFileDialog(self, caption='file_mode 示例：选择文件夹',
directory=os.path.abspath('.'))
        file_dialog.setFileMode(file_dialog.Directory)
        if file_dialog.exec_():
            file_path_list = file_dialog.selectedFiles()
            self.label.setText('你选择了如下路径：\n' +
';\n'.join(file_path_list))
            self.label2.setText('')
```

```
def directory_show(self):
    directory_path = QFileDialog.getExistingDirectory(caption='获取存储路
径', dir=os.path.abspath('.'))
    self.label.setText('获取目录：\n' + directory_path)
    self.label2.setText('')

def file_save(self):
    file_save_path, _ = QFileDialog.getSaveFileName(self, caption='获取
存储路径', dir=os.path.abspath('.'),
                                        filter="All files(*);;
Python files(*.py);;Image files (*.jpg *.png);;Image files2(*.ico *.gif)")
    self.label.setText('存储路径如下：\n' + file_save_path)
    self.label2.setText('')
```

运行脚本，显示效果如图 4-10 所示。

图 4-10

【代码分析】

1. 获取单个文件

可以采用简单的静态方法获取单个文件：

```
fname, _ = QFileDialog.getOpenFileName(self, caption='Open file1',
dir=os.path.abspath('.') + '\\images',filter="Image files (*.jpg
*.png);;Image files2(*.ico *.gif);;All files(*)")
```

等价于实例化方法 1：

```
file_dialog = QFileDialog(self, caption='Open file2',
directory=os.path.abspath('.') + '\\images',filter="Image files (*.jpg
*.png);;Image files2(*.ico *.gif);;All files(*)")
```

```
if file_dialog.exec_():
    file_path_list = file_dialog.selectedFiles()
```

等价于实例化方法 2：

```
file_dialog = QFileDialog()
file_dialog.setWindowTitle('Open file3')
file_dialog.setDirectory(os.path.abspath('.') + '\\images')
file_dialog.setNameFilter("Image files (*.jpg *.png);;Image files2(*.ico
*.gif);;All files(*)")

if file_dialog.exec_():
    file_path_list = file_dialog.selectedFiles()
```

以上 3 种实现方式分别对应案例 **4-6 的前 3 个按钮**的功能。这些是文件对话框的基本用法，基本上可以满足大部分需求。这里需要注意的是文件类型过滤，不同的文件类型过滤可以通过“;;”方式隔开。"Image files (*.jpg *.png);;Image files2(*.ico *.gif);;All files(*)" 的效果如图 4-11 所示。

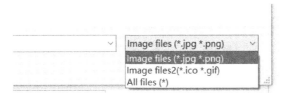

图 4-11

这是比较常见的文件过滤方式。如果这些方式无法满足需求，则可以采用下面列举的一些更高级的方法。

2．获取多个文件

可以采用 getOpenFileNames()函数一次性获取多个文件：

```
file_path_list, _ = QFileDialog.getOpenFileNames(self, caption='选择多个文件',
 dir=os.path.abspath('.'),
filter="All files(*);;Python files(*.py);;Image files (*.jpg *.png);;Image
files2(*.ico *.gif)")
```

也可以采用实例化方法：

```
file_dialog = QFileDialog(self, caption='选择多个文件',
directory=os.path.abspath('.'),
filter="All files(*);;Python files(*.py);;Image files (*.jpg *.png);;Image
files2(*.ico *.gif)")

file_dialog.setFileMode(file_dialog.ExistingFiles)
```

它们分别对应按钮“选择多个文件-过滤 1(静态方法)”和“选择多个文件-过滤 2(实例化方法)”，这两个文件对话框可以返回多个选中文件的路径。这里的实例化方法使用了 setFileMode()函数，下面会介绍这个函数。

3．文件模式

文件模式定义了希望用户在对话框中选择的类型，主要包括如表 4-8 所示的类型。

表 4-8

类　型	值	用户单击"确定"按钮时对话框将返回的内容
QFileDialog.AnyFile	0	任意单个文件名称（默认）
QFileDialog.ExistingFile	1	单个现有文件名称
QFileDialog.Directory	2	文件和目录的名称，Windows 文件对话框不支持在目录选择器中显示文件
QFileDialog.ExistingFiles	3	零个或多个现有文件的名称

例如，在按钮"选择多个文件-过滤 2(实例化方法)"中定义了 ExistingFiles 模式，用户可以选择多个文件。如果设置为 Directory 模式，那么用户仅能选择文件夹，如下所示（**对应按钮"file_mode 示例：选择文件夹"**）：

```
file_dialog = QFileDialog(self, caption='file_mode 示例：选择文件夹',
directory=os.path.abspath('.'))
file_dialog.setFileMode(file_dialog.Directory)
if file_dialog.exec_():
    file_path_list = file_dialog.selectedFiles()
```

也有很好的静态方法可以解决这个问题（**对应按钮"选择文件夹(静态方法)"**）：

```
directory_path = QFileDialog.getExistingDirectory(caption='获取存储路径',
dir=os.path.abspath('.'))
```

上述两种选择文件夹的方法的效果是一样的。

4．其他方法

使用 getSaveFileName()函数可以获取文件存储路径，当选择的路径已经存在文件时，会弹出"xxx 文件已经存在，要替换它吗？"提示框，可以根据需要选择新建文件路径或已经存在的文件路径。**对应按钮"存储文件"**。

当然，也可以通过实例化方法达到这个目的，保持文件模式为 AnyFile（默认设置），不过不会弹出"xxx 文件已经存在，要替换它吗？"提示框。

4.1.9　QColorDialog

QColorDialog 是用于选择颜色的标准对话框，同样继承自 QDialog 类。QColorDialog 主要通过 getColor()函数调用：

```
color = QColorDialog.getColor(Qt.green, self, "Select Color", options)
```

详细参数如下：

```
getColor(initial: PySide6.QtGui.QColor =
PySide6.QtCore.Qt.GlobalColor.white, parent:
typing.Union[PySide6.QtWidgets.QWidget, NoneType] = None, title: str = '',
options: PySide6.QtWidgets.QColorDialog.ColorDialogOptions =
Default(QColorDialog.ColorDialogOptions)) -> PySide6.QtGui.QColor
```

这里需要注意的是 options 参数，该参数是 ColorDialogOptions 类型，定义了颜色对话框外观的各种选项，如表 4-9 所示。**在默认情况下，所有选项都是禁用的**。具体的使用方法请参考案例 4-7。

表 4-9

选　　项	值	描　　述
QColorDialog.ShowAlphaChannel	1	允许用户设置透明度（alpha）
QColorDialog.NoButtons	2	不显示"确定"按钮和"取消"按钮（对于"实时对话"很有用）
QColorDialog.DontUseNativeDialog	4	使用 Qt 的标准颜色对话框，而不是系统的本机颜色对话框

用户可以通过 setCustomColor()函数设置（存储）自定义颜色，使用 customColor()函数来获取它们。所有颜色对话框共亨相同的自定义颜色，并在程序执行期间被记住。使用 customCount()函数可以获取支持的自定义颜色的数量。

 注意：macOS 平台上的"系统默认"对话框无法使用 setCustomColor()函数，如果仍然需要此功能，则使用 QColorDialog.DontUseNativeDialog 选项。

 案例 4-7　QColorDialog 控件的使用方法

本案例的文件名为 Chapter04/qt_QColorDialog.py，用于演示 QColorDialog 控件的使用方法，代码如下：

```
class ColorDlg(QDialog):
    def __init__(self, parent=None):
        super(ColorDlg, self).__init__(parent)
        self.setWindowTitle('QColorDialog案例')

        layout = QVBoxLayout()
        self.setLayout(layout)

        self.colorLabel = QLabel('显示颜色效果')
        layout.addWidget(self.colorLabel)

        colorButton = QPushButton("QColorDialog.get&Color()")
        colorButton.clicked.connect(self.setColor)
        layout.addWidget(colorButton)

        # 颜色选项
        self.colorDialogOptionsWidget = DialogOptionsWidget()
        self.colorDialogOptionsWidget.addCheckBox("使用 Qt 对话框(非系统)",
QColorDialog.DontUseNativeDialog)
        self.colorDialogOptionsWidget.addCheckBox("显示透明度 alpha",
QColorDialog.ShowAlphaChannel)
        self.colorDialogOptionsWidget.addCheckBox("不显示 buttons",
QColorDialog.NoButtons)
        layout.addWidget(self.colorDialogOptionsWidget)
```

```python
        # 自定义颜色设置
        layout.addSpacerItem(QSpacerItem(100, 20))
        self.label2 = QLabel('设置自定义颜色')
        layout.addWidget(self.label2)
        self.combobox = QComboBox(self, minimumWidth=100)
        item_list = ['#ffffff', '#ffff00', '#ff0751', '#52aeff']
        index_list = [2, 3, 4, 5]
        for i in range(len(item_list)):
            self.combobox.addItem(item_list[i], index_list[i])
        self.combobox.activated.connect(lambda:
self.on_activate(self.combobox))
        layout.addWidget(self.combobox)

    def setColor(self):
        options = self.colorDialogOptionsWidget.value()
        if options:
            color = QColorDialog.getColor(Qt.green, self, "Select Color",
options)
        else:
            color = QColorDialog.getColor(Qt.green, self, "Select Color")
        if color.isValid():
            self.colorLabel.setText(color.name())
            self.colorLabel.setPalette(QPalette(color))
            self.colorLabel.setAutoFillBackground(True)

    def on_activate(self, combobox):
        color = QColor(combobox.currentText())
        index = combobox.currentData()
        QColorDialog.setCustomColor(index, color)
        self.label2.setText('QColorDialog在位置{} 已经添加自定义颜色{}'
.format(index, combobox.currentText()))
        self.label2.setPalette(QPalette(color))
        self.label2.setAutoFillBackground(True)


class DialogOptionsWidget(QWidget):

    def __init__(self, parent=None):
        super(DialogOptionsWidget, self).__init__(parent)

        self.layout = QVBoxLayout()
        self.setLayout(self.layout)
        self.checkBoxList = []

    def addCheckBox(self, text, value):
```

```
        checkBox = QCheckBox(text)
        self.layout.addWidget(checkBox)
        self.checkBoxList.append((checkBox, value))

    def value(self):
        result = 0
        for checkbox_tuple in self.checkBoxList:
            if checkbox_tuple[0].isChecked():
                result = checkbox_tuple[1]
        return result


if __name__ == '__main__':
    app = QApplication(sys.argv)
    form = ColorDlg()
    form.show()
    app.exec_()
```

运行脚本，显示效果如图 4-12 所示。

图 4-12

【代码分析】

这个案例的部分代码是基于官方 C++ demo 改写而成的。

按钮 QColorDialog.get&Color()对应颜色对话框调用方法。

DialogOptionsWidget 中的 3 个 checkbox 存储了 ColorDialogOptions 类型，选择对应
类型后颜色对话框的外观会发生一定的变化。

底部的 QComboBox 用来设置自定义颜色，这里只使用了设置自定义颜色的函数
setCustomColor()，可以使用 customColor()函数获取自定义颜色。

4.1.10 QProgressDialog 和 QProgressBar

有时用户想知道任务的进度，如在安装一个程序时可以看到当前程序安装的百分比
及剩余安装时间，这些都是动态显示的，QProgressDialog 就提供了这种功能。

QProgressDialog 继承自 QDialog，因此具有弹窗的功能。但是 QProgressDialog 还具有 QSlider 的一些属性，如 setMinimum()函数和 setMaximum()函数用于设置最小值和最大值（也可以使用 setRange()函数同时设置最大值和最小值），setValue()函数用于设置当前值。因此，可以把 QProgressDialog 看作 QDialog 和 QSlider 的结合体。

在默认情况下，QProgressDialog 要等待 4 秒后才会显示自身，可以通过 minimumDuration()函数修改这个时间。如果设置 setValue()函数和 setMaximum()函数的值相等，操作就会结束。

在操作结束时，对话框将自动重置并隐藏。使用 setAutoReset()函数和 setAutoClose()函数可以更改此行为（默认都是 True）。如果使用 setMaximum()函数或 setRange()函数设置了更大的最大值，并且该值大于或等于 value()，则该对话框不会关闭。

QProgressDialog 有两种使用方式：模式和无模式。关于模式和无模式的详细区别请参考 4.1.1 节和 4.1.2 节的内容。

模式的 QProgressDialog 会阻断父窗口，这个比较容易设计。执行循环操作，每隔一段时间调用 setValue()函数，并使用 wasCanceled()函数检查对话框是否取消。

无模式 QProgressDialog 不会阻断父窗口，适用于在后台进行的操作，用户可以在其中与应用程序进行交互。这样的操作通常基于 QTimer（或 QObject.timerEvent()函数）、QSocketNotifier 或在单独的线程中执行。所以，无模式 QProgressDialog 的设计相对麻烦一些，下面以 QTimer 为例进行介绍。

QProgressDialog 弹窗的进度条其实调用了 QProgressBar，如图 4-13 所示，QProgressBar 继承自 QWidget，而不是 QDialog。如果想对 QProgressDialog 使用自定义的 QProgressBar，则可以使用 setBar()函数；同理，setLabel()函数和 setCancelButton()函数通过设置自定义的相关控件的 setLabelText()函数和 setCancelButtonText()函数来设置自定义文本。

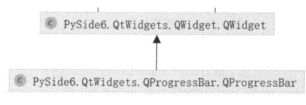

图 4-13

 案例 4-8　QProgressDialog 控件和 QProgressBar 控件的使用方法

本案例的文件名为 Chapter04/qt_QProgressDialog.py，用于演示 QProgressDialog 控件和 QProgressBar 控件的使用方法，代码如下：

```
class Main(QMainWindow):
    def __init__(self):
        super().__init__()
        self.setWindowTitle("QProgressDialog Demo")
```

```
    widget = QWidget()
    self.setCentralWidget(widget)
    layout = QVBoxLayout()
    widget.setLayout(layout)
    self.label = QLabel('显示进度条取消信息')
    layout.addWidget(self.label)

    button_modeless = QPushButton('显示无模式进度条,不会阻断其他窗口', self)
    button_modeless.clicked.connect(self.show_modeless)
    layout.addWidget(button_modeless)


    button_model = QPushButton('模式进度条,会阻断其他窗口', self)
    button_model.clicked.connect(self.show_modal)
    layout.addWidget(button_model)


    button_auto = QPushButton('不会自动关闭和重置的进度条', self)
    button_auto.clicked.connect(self.show_auto)
    layout.addWidget(button_auto)

    # 自定义进度条
    button_custom = QPushButton('自定义 QProgressDialog', self)
    button_custom.clicked.connect(self.show_custom)
    layout.addWidget(button_custom)

    # 水平滑块
    self.pd_slider = QProgressDialog("滑块进度条：单击滑块我会动", "Cancel",
10, 100, self)
    self.pd_slider.move(300, 400)
self.pd_slider.canceled.connect(lambda: self.cancel(self.pd_slider))
    self.slider_horizon = QSlider(Qt.Horizontal)
    self.slider_horizon.setRange(10,120)
    layout.addWidget(self.slider_horizon)
    self.slider_horizon.valueChanged.connect(lambda :
self.valuechange(self.slider_horizon))
    bar = QProgressBar(self) # QProgressBar
    bar.valueChanged.connect(lambda value:print('自定义 Bar 的 Value 值: ',
value))
    bar.setRange(1,80)
    self.slider_horizon.valueChanged.connect(lambda
value:bar.setValue(value))
    layout.addWidget(bar)
    # self.slider_horizon.valueChanged.connect(self.pd_slider.setValue)


    self.resize(300, 200)
```

```python
    def show_modeless(self):
        pd_modeless = QProgressDialog("无模式进度条：可以操作父窗口", "Cancel",
0, 12)
        pd_modeless.move(300,600)

        self.steps = 0


        def perform():
            pd_modeless.setValue(self.steps)
            self.label.setText('当前进度条值：{}\n 最大值：{}\n 是否取消(重置)过进
度条：{}'.format(pd_modeless.value(),
pd_modeless.maximum(),pd_modeless.wasCanceled()))

            # // perform one percent of the operation
            self.steps += 1
            if self.steps > pd_modeless.maximum():
                self.timer.stop()

        self.timer = QTimer(self)
        self.timer.timeout.connect(perform)
        self.timer.start(1000)

        pd_modeless.canceled.connect(lambda :self.cancel(pd_modeless))
        pd_modeless.canceled.connect(self.timer.stop)


    def show_modal(self):
        max = 10
        pd_modal = QProgressDialog("模式进度条：不可以操作父窗口", "终止", 0,
max, self)
        pd_modal.move(300, 600)
        pd_modal.setWindowModality(Qt.WindowModal)
        # pd_modal.setWindowModality(Qt.ApplicationModal)
        pd_modal.setMinimumDuration(1000)  # 1 秒后出现对话框

        # 信号与槽要放在计时器后面，否则不会被执行
        pd_modal.canceled.connect(lambda :self.cancel(pd_modal))


        for i in range(max + 1):
            pd_modal.setValue(i)
            self.label.setText('当前进度条值：{}\n 最大值：{}\n 是否取消(重置)过进
度条：{}'.format(pd_modal.value(),
```

```
pd_modal.maximum(),pd_modal.wasCanceled()))
        if pd_modal.value()>=pd_modal.maximum() or
pd_modal.wasCanceled():
            break
        # print('you can do something here')
        time.sleep(1)
        # pd_modal.setValue(max)


    def get_pd_auto(self):
        if not hasattr(self,'pd_auto'):
            max = 5
            self.pd_auto = QProgressDialog("我不会自动关闭和重置，哈哈", "终止",
0, max, self)
            self.pd_auto.move(300, 600)
            self.pd_auto.setWindowModality(Qt.ApplicationModal)
            self.pd_auto.setMinimumDuration(1000)
            # self.pd_auto.setValue(0)

            # 取消满值自动关闭（在默认情况下满值自动重置）
            self.pd_auto.setAutoClose(False)
            self.pd_auto.setAutoReset(False)  # 取消自动重置（在默认情况下满值自动重置）

            self.pd_auto.canceled.connect(lambda: self.cancel(self.pd_auto))
        return self.pd_auto


    def show_auto(self):
        pd_auto = self.get_pd_auto()

        for i in range(1000):
            if pd_auto.value()>=pd_auto.maximum() or pd_auto.wasCanceled():
                self.label.setText('当前进度条值：{}\n 最大值：{}\n 是否取消(重置)
过进度条：{}'.format(pd_auto.value(), pd_auto.maximum(),
pd_auto.wasCanceled()))
                break
            pd_auto.setValue(pd_auto.value()+1)
            self.label.setText('当前进度条值：{}\n 最大值：{}\n 是否取消(重置)过进
度条：{}'.format(pd_auto.value(), pd_auto.maximum(),pd_auto.wasCanceled()))
            # print('you can do something here')
            time.sleep(1)
            # pd_auto.setValue(max)


    def show_custom(self):

        pd_custom = QProgressDialog(self)
        bar = QProgressBar()
        bar.setMaximum(9)
```

```
        bar.setMinimum(2)
        bar.valueChanged.connect(lambda value:print('自定义 Bar 的 Value 值: ',
value))
        pd_custom.setBar(bar)
        pd_custom.setLabel(QLabel('自定义进度条,使用自定义的 QProgressBar'))
        pd_custom.setCancelButton(QPushButton('取消按钮'))


        pd_custom.move(300, 600)
        pd_custom.setWindowModality(Qt.WindowModal)
        # pd_custom.setWindowModality(Qt.ApplicationModal)
        pd_custom.setMinimumDuration(1000)   # 1 秒后出现对话框

        # 信号与槽要放在计时器后面,否则不会被执行
        pd_custom.canceled.connect(lambda: self.cancel(pd_custom))

        for i in range(-1, bar.maximum()+1):
            pd_custom.setValue(i)
            self.label.setText('当前进度条值: {}\n 最大值: {}\n 是否取消(重置)过进
度条: {}'.format(pd_custom.value(),
pd_custom.maximum(),pd_custom.wasCanceled()))
            if pd_custom.value() >= pd_custom.maximum() or
pd_custom.wasCanceled():
                break
            # print('you can do something  here')
            time.sleep(1)
            # pd_modal.setValue(max)


    def cancel(self, pg):
        self.statusBar().showMessage('你手动取消了进度条: "%s"'
%pg.labelText(),3000)


    def valuechange(self,slider):
        size = slider.value()
        self.pd_slider.setValue(size)
        self.label.setText('当前进度条值: {}\n 最大值: {}\n 是否取消(重置)过进度条: {}'
.format(self.pd_slider.value(),
self.pd_slider.maximum(),self.pd_slider.wasCanceled()))
```

运行脚本,部分代码的显示效果如图 4-14 所示。

【代码分析】

基础部分之前已经介绍过,这里不再赘述;模式和无模式的详细区别请参考 4.1.1 节和 4.1.2 节的内容,这里也不再赘述。下面介绍的按钮 1~按钮 4 从上到下依次对应。

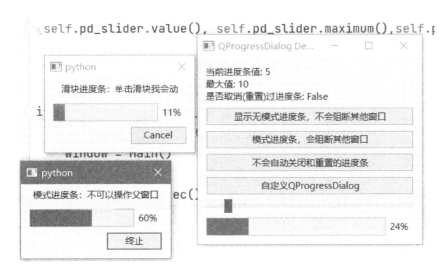

图 4-14

- 按钮 1：对应无模式启动方式，本案例是通过 QTimer 方式在后台启动的，代码看起来相对复杂一些，详见 show_modeless() 函数。对比按钮 2 模式窗口的启动方式，这里更复杂，采用多线程方式来避免进度条被主窗口阻断。模式窗口直接阻断主窗口，不需要采用多线程方式。

- 按钮 2：通过 setWindowModality 方式设置模式按钮，模式对话框设计方式比较简单，并且容易理解，详见 show_modal() 函数。

- 按钮 3：通过设置 setAutoReset() 函数和 setAutoClose() 函数，来修改对话框结束时的默认行为，这里不会自动关闭和重置（详见 show_auto() 函数和 get_pd_auto() 函数）。但是如果单击了"取消"按钮或关闭对话框，那么会自动重置对话框。

- 按钮 4：通过 setBar() 函数、setLabel() 函数和 setCancelButton() 函数设置自定义的 QProgressDialog，这里同样展示了 QProgressBar 的 valueChanged 信号的使用方法。

- QProgressDialog 和 QProgressBar 可以结合 QSlider 一起使用。通过拖动滑块会自动改变它们的值，弹出的是 QProgressDialog，嵌入主窗口的是 QProgressBar。

- canceled 槽函数在单击"取消"按钮或关闭对话框时都会触发。

4.1.11　QDialogButtonBox

上面介绍的几个对话框都是 QDialog 的子类，QDialogButtonBox 有些特殊，和 QDialog 一样，也是 QWidget 的子类。严格来说，QDialogButtonBox 并不是一个对话框，只是一个管理按钮的容器，可以根据不同的系统环境匹配相应的布局。常见的使用场景是将 QDialogButtonBox 嵌入 QDialog 中，用它管理 QDialog 的按钮。当然，也可以将 QDialogButtonBox 嵌入主窗口中管理主窗口按钮。QDialogButtonBox 类的继承结构如图 4-15 所示。

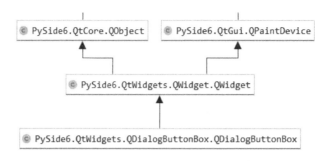

图 4-15

Qt 会为不同的系统自动匹配相应的样式，QDialogButtonBox 会根据系统自动改变响应布局，主要的系统布局如表 4-10 所示。

表 4-10

系 统 布 局	值	描 述
QDialogButtonBox.WinLayout	0	适用于 Windows 中的应用程序的策略
QDialogButtonBox.MacLayout	1	适用于 macOS 中的应用程序的策略
QDialogButtonBox.KdeLayout	2	适用于 KDE 中的应用程序的策略
QDialogButtonBox.GnomeLayout	3	适用于 GNOME 中的应用程序的策略
QDialogButtonBox.AndroidLayout	4	适用于 Android 中的应用程序的策略 这个枚举值是在 Qt 5.10 中添加的

在水平布局的情况下，几大系统布局如下。

GnomeLayout 如图 4-16 所示。

图 4-16

KdeLayout 如图 4-17 所示。

图 4-17

MacLayout 如图 4-18 所示。

图 4-18

WinLayout 如图 4-19 所示。

图 4-19

在垂直布局情况下，几大系统布局如图 4-20 所示。

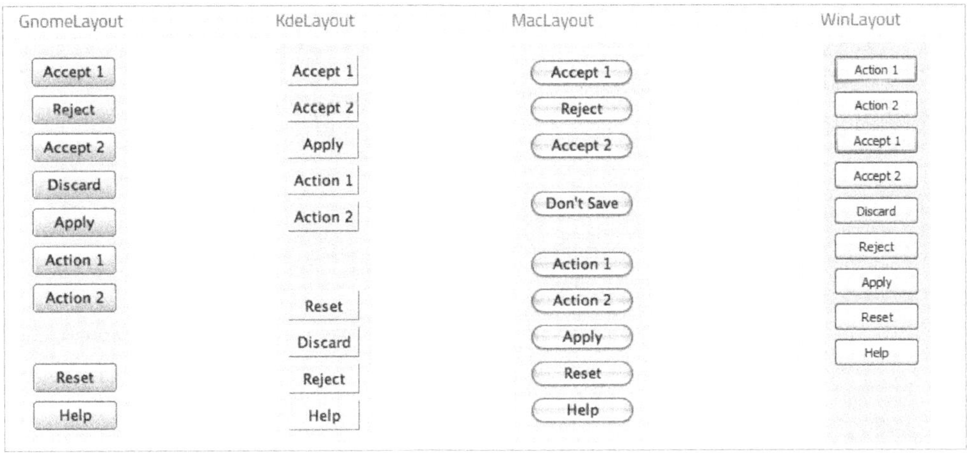

图 4-20

使用 QStyleFactory.keys()函数可以知道当前系统支持哪些样式，如笔者安装的
Windows 10 支持'windowsvista'、'Windows'和'Fusion'这 3 种样式：

```
from PySide6.QtWidgets import QStyleFactory
QStyleFactory.keys()
# Out[7]: ['windowsvista', 'Windows', 'Fusion']
```

使用 QApplication. setStyle()函数可以设置样式，笔者设置的是'Fusion'：

```
if __name__ == '__main__':
    app = QApplication(sys.argv)
    app.setStyle('Fusion')
    demo = DialogButtonBox()
    demo.show()
    sys.exit(app.exec())
```

QDialogButtonBox 和 QMessageBox 类似，它们共用一套标准化按钮（如 Ok、Cancel、
Yes 和 No 等）、一套按钮角色（如 AcceptRole、RejectRole 等），以及槽函数 accepted 和
rejected 的实现方式。如果读者不明白其中的含义，请参考 4.1.5 节中的内容。除此之外，
QDialogButtonBox 多了两个信号发射方式。

（1）helpRequested()：当基于 HelpRole 的按钮单击时触发。

（2）clicked(button:QAbstractButton)：当单击任意按钮时触发，携带参数 QAbstractButton
实例。

发射 clicked 信号可以更方便地知道哪个按钮被选中，并且要在 accepted、rejected 和
helpRequested 之前发射。

案例 4-9 QDialogButtonBox 控件的使用方法

本案例的文件名为 Chapter04/qt_QDialogButtonBox.py，用于演示 QDialogButtonBox

控件的使用方法，代码如下：

```python
class DialogButtonBox(QWidget):
    def __init__(self):
        super(DialogButtonBox, self).__init__()
        self.setWindowTitle("QDialogButtonBox 例子")
        self.resize(300, 100)
        layout = QVBoxLayout()
        self.setLayout(layout)
        self.label = QLabel('显示信息')
        layout.addWidget(self.label)

        buttonBox_dialog = self.create_buttonBox()
        button1 = QPushButton("1.嵌入对话框中")
        layout.addWidget(button1)
        button1.clicked.connect(lambda: self.show_dialog(buttonBox_dialog))

        layout.addWidget(QLabel('2.嵌入窗口中: '))
        layout.addWidget(self.create_buttonBox())

    def show_dialog(self, buttonBox):
        dialog = QDialog(self)
        dialog.setWindowTitle("Dialog + QDialogButtonBox demo")
        layout = QVBoxLayout()
        layout.addWidget(QLabel('QDialogButtonBox 嵌入对话框中的实例'))
        layout.addWidget(buttonBox)
        dialog.setLayout(layout)
        dialog.move(self.geometry().x(), self.geometry().y() + 180)
        # 绑定相应的信号与槽，用于退出对话框
        buttonBox.accepted.connect(dialog.accept)
        buttonBox.rejected.connect(dialog.reject)
        buttonBox.setOrientation(Qt.Vertical)   # 垂直排列
        dialog.exec()

    def create_buttonBox(self):
        buttonBox = QDialogButtonBox()
        buttonBox.setStandardButtons(
            QDialogButtonBox.Cancel | QDialogButtonBox.Ok |
QDialogButtonBox.Reset | QDialogButtonBox.Help | QDialogButtonBox.Yes |
QDialogButtonBox.No | QDialogButtonBox.Apply)
        # 自定义按钮
        buttonBox.addButton(QPushButton('MyOk-ApplyRole'),
buttonBox.ApplyRole)
        buttonBox.addButton(QPushButton('MyOk-AcceptRole'),
buttonBox.AcceptRole)
        buttonBox.addButton(QPushButton('MyNo-AcceptRole'),
```

```
buttonBox.RejectRole)
      # 绑定信号与槽
      buttonBox.accepted.connect(lambda:
self.label.setText(self.label.text() + '\n触发了accepted'))
      buttonBox.rejected.connect(lambda:
self.label.setText(self.label.text() + '\n触发了rejected'))
      buttonBox.helpRequested.connect(lambda:
self.label.setText(self.label.text() + '\n触发了helpRequested'))
      buttonBox.clicked.connect(lambda button: self.label.setText('单击了按
钮: ' + button.text()))
      return buttonBox


if __name__ == '__main__':
    app = QApplication(sys.argv)
    app.setStyle('Fusion')
    demo = DialogButtonBox()
    demo.show()
    sys.exit(app.exec())
```

这个案例生成了两个 QDialogButtonBox：一个嵌入窗口中，水平排列；另一个嵌入对话框中，垂直排列。运行效果如图 4-21 所示。

图 4-21

create_buttonBox(self)部分用来生成 QDialogButtonBox 实例，这部分的绝大多数内容在 4.1.5 节中已经介绍过，这里不再赘述。需要注意的是，当用户单击 QDialogButtonBox 中的按钮时，会触发 clicked 信号，并把被单击的按钮（QAbstractButton 实例）作为参数：

```
buttonBox.clicked.connect(lambda button: self.label.setText('单击了按钮: ' +
button.text()))
```

下面重点介绍嵌入对话框中的内容，由 show_dialog()函数生成，主要关注如下 3 点。

（1）对话框的起始位置默认在父窗口中心，使用 move()函数移到父窗口下面。

（2）QDialogButtonBox 的 accepted 信号和 rejected 信号绑定了 QDialog 的 accept()函数和 reject()函数，当 QDialogButtonBox 触发 accepted 信号和 rejected 信号时，对话框就会关闭，如果没有触发这两个信号就不会关闭。也就是说，当单击 MyOk-ApplyRole 按钮、Apply 按钮、Reset 按钮和 Help 按钮时对话框是不会关闭的。

（3）setOrientation(Qt.Vertical)设置 QDialogButtonBox 垂直排列，默认水平排序（Qt.Horizontal），两者的按钮顺序稍有不同：

```
dialog.move(self.geometry().x(), self.geometry().y() + 180)
# 绑定相应的信号与槽，用于退出对话框
buttonBox.accepted.connect(dialog.accept)
buttonBox.rejected.connect(dialog.reject)
buttonBox.setOrientation(Qt.Vertical)   # 垂直排列
```

需要注意的是，这个案例对 PyQt 6 会报错，可能是因为已经被 QDialog 使用的 QDialogButtonBox 无法被其他控件使用，要解决这个问题可以采用以下两种思路。

一是每次新建的弹出对话框都新建 QDialogButtonBox：

```
# 错误用法
button1.clicked.connect(lambda: self.show_dialog(buttonBox_dialog))
# 正确用法
button1.clicked.connect(lambda:self.show_dialog(self.create_buttonBox()))
```

二是使用之前的弹出对话框，不新建 QDialogButtonBox：

```
def show_dialog(self, buttonBox):
    if hasattr(self,'dialog'):
        self.dialog.exec()
        return
    self.dialog = QDialog(self)
    # 下面的代码和原来的相同
```

4.2　窗口绘图类控件

本节主要介绍如何实现在窗口中绘图。在 PySide 6 中，一般可以通过 QPainter 实现绘图功能，QPen 和 QBrush 可以辅助 QPainter 实现不同的效果，如修改画笔的形状、填充图等。此外，QPixmap 的作用是加载并呈现本地图像，而图像的呈现从本质上来说也是通过绘图方式实现的，所以把 QPixmap 也放在本节介绍。

4.2.1　QPainter

QPainter 类在 QWidget（控件）上执行绘图操作。QPainter 是一个低级的绘制工具，为大部分图形界面提供了高度优化的函数，所以使用 QPainter 类可以绘制从简单的直线到复杂的饼图等。绘制操作在 QWidget.paintEvent()中完成，下面以绘制文本 drawText 为例展开介绍，最简单的 demo 如下所示：

```python
class Winform(QWidget):
    def __init__(self, parent=None):
        super(Winform, self).__init__(parent)
        self.setWindowTitle("QPainter 示例")
        self.resize(300, 200)

    def paintEvent(self, event):
        painter = QPainter(self)
        painter.drawText(40, 40, '这里会显示文字')

if __name__ == "__main__":
    app = QApplication(sys.argv)
    form = Winform()
    form.show()
    sys.exit(app.exec())
```

运行效果如图 4-22 所示。

图 4-22

除了 drawText，还可以绘制其他图像，如区域、线段和圆等，一些常用函数如表 4-11 所示。

表 4-11

函　　数	描　　述
begin(device:QPaintDevice)	开始在目标设备上绘制。需要注意的是，在调用 begin()时，所有绘制程序设置（setPen()、setBrush()等）都将重置为默认值。在大多数情况下，可以使用其中的一个构造函数来代替 begin()，并且 end()会在销毁时自动完成
drawArc()	在起始角度和最终角度之间绘制弧
drawChord(rectangle:QRectF,startAngle:int,spanAngle: int)	绘制由给定的 rectangle、startAngle 和 spanAngle 定义的弦

函　　数	描　　述
drawConvexPolygon()	绘制凸多边形
drawEllipse()	在一个矩形内绘制一个椭圆
drawLine(int x1, int y1, int x2, int y2)和 drawLines()	绘制一条指定了端点坐标的线。绘制从(x1, y1)到(x2, y2)的直线，并且设置当前画笔的位置为(x2, y2)
drawPixmap()	从图像文件中提取 Pixmap，并将其显示在指定的位置
drawPie()	绘制饼图
drawPoint()和 drawPoints()	绘制点
drwaPolygon()	使用坐标数组绘制多边形
drawPolyline()	绘制折线
drawRect(int x, int y, int w, int h)和 drawRects()	以给定的宽度 w 和高度 h 从左上角坐标(x, y)开始绘制一个矩形
drawRoundedRect()	用角度绘制给定的矩形
drawText()	显示给定坐标处的文字
end()	结束绘制，绘制时使用的任何资源都会被释放。通常不需要调用它，由构造函数自动调用
fillRect()	使用 QColor 参数填充矩形
setBrush()	设置画笔的填充形状
setPen()	设置画笔的颜色、大小和样式

有时候需要修改默认字体（setFont）、默认画笔（setPen）和画笔填充风格（setBrush），以下这些属性设置可以满足上述需求。

- font()：定义用于绘制文本的字体。如果 painter isActive()，则可以分别使用 fontInfo() 函数和 fontMetrics()函数检索有关当前设置的字体及其度量的信息。
- Brush()：定义用于填充形状的颜色或图案。
- pen()：定义用于绘制线条或边界的颜色或点画。
- backgroundMode()：定义是否有背景，即它是 Qt.OpaqueMode 还是 Qt.TransparentMode。
- background()：仅在 backgroundMode()是 Qt.OpaqueMode 并且 pen()是点画时适用。在这种情况下，它描述了点画中背景像素的颜色。
- BrushOrigin()：定义平铺画笔的原点，通常是小部件背景的原点。
- viewport()、window()、worldTransform()：组成了 painter 的坐标变换系统。
- hasClipping()：返回 painter 是否剪辑。如果 painter 剪辑，则剪辑到 clipRegion()中。
- layoutDirection()：定义了用户在绘制文本时使用的布局方向。
- worldMatrixEnabled()：决定是否启用变换。
- viewTransformEnabled()：决定是否启用视图转换。

如果需要绘制一个复杂的形状，尤其是需要重复这样做，则可以考虑创建一个 QPainterPath()实例并传递给 drawPath()。

如果有绘制像素图/图像的需求，则可以使用函数 drawPixmap()、drawImage()和 drawTiledPixmap()。函数 drawPixmap()和 drawImage()的结果一样，drawPixmap()函数在屏

幕上更快，而 drawImage()函数在 QPrinter 或其他设备上可能更快。使用 drawPicture()函数可以绘制整个 QPicture 的内容。drawPicture()是唯一一个忽略所有 QPainter 设置的函数，因为 QPicture 有自己的设置。

 案例 4-10　QPainter 的简单用法

本案例的文件名为 Chapter04/qt_QPainter.py，用于演示 QPainter 的简单用法，代码如下：

```python
class Winform(QWidget):
    def __init__(self, parent=None):
        super(Winform, self).__init__(parent)
        self.setWindowTitle("QPainter 示例")
        self.resize(400, 300)
        self.comboBox = QComboBox(self)
        self.comboBox.addItems(['初始化','drawText', 'drawPoint',
'drawRect', 'drawChord','drawPolygon'])
        self.comboBox.textActivated.connect(self.onDraw)


    def paintEvent(self, event):
        self.paintInit(event)

    def paintInit(self,event):
        painter = QPainter(self)
        painter.setPen(QColor(Qt.red))
        painter.setFont(QFont('Arial', 20))
        painter.drawText(10, 50, "hello Python")
        painter.setPen(QColor(Qt.blue))
        painter.drawLine(10, 100, 100, 100)
        painter.drawRect(10, 150, 150, 100)
        painter.setPen(QColor(Qt.yellow))
        painter.drawEllipse(100, 50, 100, 50)
        painter.drawPixmap(220, 10, QPixmap("./images/python.png"))
        painter.fillRect(200, 175, 150, 100, QBrush(Qt.SolidPattern))

    def paintPoint(self, event):
        painter = QPainter(self)
        painter.setPen(Qt.red)
        size = self.size()
        for i in range(1000):
            # 绘制正弦函数图形，它的周期是[-100, 100]
            x = 100 * (-1 + 2.0 * i / 1000) + size.width() / 2.0
            y = -50 * math.sin((x - size.width() / 2.0) * math.pi / 50) + \
size.height() / 2.0
            painter.drawPoint(x, y)
```

```python
def paintText(self, event):
    painter = QPainter(self)
    # 设置画笔的颜色
    painter.setPen(QColor(168, 34, 3))
    # 设置字体
    painter.setFont(QFont('SimSun', 20))
    # 绘制文字
    painter.drawText(50, 60, '这里会显示文字234')

def paintRect(self, event):
    painter = QPainter(self)
    rect = QRect(50, 60, 80, 60)
    painter.drawRect(rect)

def paintChord(self, event):
    start_angle = 30 * 16
    arc_length = 120 * 16
    rect = QRect(50, 60, 80, 60)
    painter = QPainter(self)
    painter.drawChord(rect, start_angle, arc_length)

def paintPolygon(self, event):
    points = QPolygon([
        QPoint(110, 180),
        QPoint(120, 110),
        QPoint(180, 130),
        QPoint(190, 170)
    ])
    painter = QPainter(self)
    painter.drawPolygon(points)

def onDraw(self, text):
    if text == '初始化':
        self.paintEvent = self.paintInit
    if text == 'drawText':
        self.paintEvent = self.paintText
    elif text == 'drawPoint':
        self.paintEvent = self.paintPoint
    elif text == 'drawRect':
        self.paintEvent = self.paintRect
    elif text == 'drawChord':
        self.paintEvent = self.paintChord
    elif text == 'drawPolygon':
        self.paintEvent = self.paintPolygon
    self.update()
```

运行脚本，显示效果如图 4-23 所示。

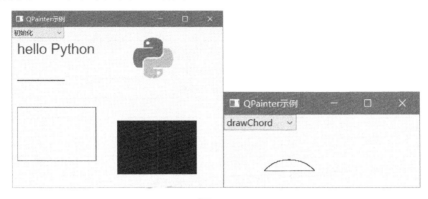

图 4-23

【代码分析】

在这个案例中，所有的绘图都要重写 paintEvent 事件，单击 comboBox 中的选项会触发 onDraw() 函数，每个项目都对应一种绘图方式，最终使用 self.update() 函数更新视图。

paintInit 对应综合的绘图方式，也是本案例默认的绘图方式，综合展示几种常用的绘图方式；paintText 对应 drawText 方式，用来绘制文本；paintPoint、paintRect 等对应不同的绘制方式。

4.2.2 QBrush

QBrush（画刷）是一个基本的图形对象，用于填充矩形、椭圆或多边形等形状。QBrush 有样式、颜色、渐变和纹理这 4 方面内容。

1. 样式

QBrush.sytle() 返回 Qt.BrushStyle 枚举，用来定义填充模式，默认值是 Qt.NoBrush，即没有填充。填充的标准样式是 Qt.SolidPattern。可以使用合适的构造函数在创建画笔时设置样式。此外，setStyle() 函数提供了在构造画笔后更改样式的方法。Qt.BrushStyle 枚举包含的样式类型如表 4-12 所示。

表 4-12

样 式 类 型	值	描 述
Qt.NoBrush	0	没有画笔图案
Qt.SolidPattern	1	统一的颜色
Qt.Dense1Pattern	2	极其密集的画笔图案
Qt.Dense2Pattern	3	非常密集的画笔图案
Qt.Dense3Pattern	4	有点密集的画笔图案

续表

样 式 类 型	值	描　　　述
Qt.Dense4Pattern	5	半密刷图案
Qt.Dense5Pattern	6	有点稀疏的画笔图案
Qt.Dense6Pattern	7	非常稀疏的画笔图案
Qt.Dense7Pattern	8	极稀疏的画笔图案
Qt.HorPattern	9	水平线
Qt.VerPattern	10	垂直线
Qt.CrossPattern	11	跨越水平线和垂直线
Qt.BDiagPattern	12	向后的对角线
Qt.FDiagPattern	13	前向对角线
Qt.DiagCrossPattern	14	穿过对角线
Qt.LinearGradientPattern	15	线性渐变（使用专用的 QBrush 构造函数设置）
Qt.ConicalGradientPattern	17	锥形渐变（使用专用的 QBrush 构造函数设置）
Qt.RadialGradientPattern	16	径向渐变（使用专用的 QBrush 构造函数设置）
Qt.TexturePattern	24	自定义模式（请参考 QBrush.setTexture()）

示例效果如图 4-24 所示。

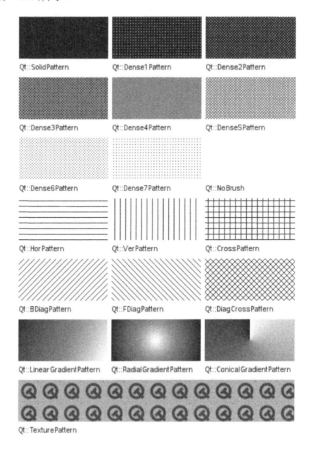

图 4-24

2．颜色

QBrush.color()用于定义填充图案的颜色。可以使用 Qt.GlobalColor 或任何其他自定义 QColor 来表示颜色。当前的颜色可以分别使用 color()函数和 setColor()函数来检索和更改。Qt.GlobalColor 支持的标准颜色如表 4-13 所示。

表 4-13

颜 色 类 型	值	描　　述
Qt.white	3	白色（#ffffff）
Qt.black	2	黑色（#000000）
Qt.red	7	红色（#ff0000）
Qt.darkRed	13	深红色（#800000）
Qt.green	8	绿色（#00ff00）
Qt.darkGreen	14	深绿色（#008000）
Qt.blue	9	蓝色（#0000ff）
Qt.darkBlue	15	深蓝色（#000080）
Qt.cyan	10	青色（#00ffff）
Qt.darkCyan	16	深青色（#008080）
Qt.magenta	11	洋红色（# ff00ff）
Qt.darkMagenta	17	深洋红色（#800080）
Qt.yellow	12	黄色（#ffff00）
Qt.darkYellow	18	深黄色（#808000）
Qt.gray	5	灰色（#a0a0a4）
Qt.darkGray	4	深灰色（#808080）
Qt.lightGray	6	浅灰色（#c0c0c0）
Qt.transparent	19	一个透明的黑色值（即 QColor（0, 0, 0, 0））
Qt.color0	0	0 个像素值（用于位图）
Qt.color1	1	1 个像素值（用于位图）

3．渐变

当前样式为Qt.LinearGradientPattern、Qt.RadialGradientPattern 或 Qt.ConicalGradientPattern 时会使用渐变填充，填充方式由 gradient()定义。在创建 QBrush 时，传递 QGradient()参数来创建渐变画笔。Qt 中提供了 3 种不同的渐变，分别为 QLinearGradient、QConicalGradient 和 QRadialGradient，所有这些都继承自 QGradient。渐变的使用方法如下，以 QRadialGradient 为例介绍：

```
gradient=QRadialGradient(50, 50, 50, 50, 50)
gradient.setColorAt(0, QColor.fromRgbF(0, 1, 0, 1))
gradient.setColorAt(1, QColor.fromRgbF(0, 0, 0, 0))
brush=QBrush(gradient)
```

4．纹理

texture()定义了当前样式为 Qt.TexturePattern 时使用的像素图。可以在创建 brush 时提供像素图或使用 setTexture()来创建具有纹理的 brush。需要注意的是，无论以前的样式如何，使用 setTexture()都会使 style()==Qt.TexturePattern。此外，如果样式是渐变的，那么调用 setColor()也不会产生影响。如果样式是 Qt.TexturePattern，那么情况也是如此，除非当前纹理是 QBitmap。

 案例 4-11　QBrush 的使用方法

本案例的文件名为 Chapter04/qt_QBrush.py，用于演示使用 QBrush 在窗口中填充不同背景的矩形。代码如下：

```python
class BrushDemo(QWidget):
    def __init__(self):
        super().__init__()
        self.comboBox = QComboBox(self)
        self.comboBox.addItem("Linear Gradient", Qt.LinearGradientPattern)
        self.comboBox.addItem("Radial Gradient", Qt.RadialGradientPattern)
        self.comboBox.addItem("Conical Gradient",
Qt.ConicalGradientPattern)
        self.comboBox.addItem("Texture", Qt.TexturePattern)
        self.comboBox.addItem("Solid", Qt.SolidPattern)
        self.comboBox.addItem("Horizontal", Qt.HorPattern)
        self.comboBox.addItem("Vertical", Qt.VerPattern)
        self.comboBox.addItem("Cross", Qt.CrossPattern)
        self.comboBox.addItem("Backward Diagonal", Qt.BDiagPattern)
        self.comboBox.addItem("Forward Diagonal", Qt.FDiagPattern)
        self.comboBox.addItem("Diagonal Cross", Qt.DiagCrossPattern)
        self.comboBox.addItem("Dense 1", Qt.Dense1Pattern)
        self.comboBox.addItem("Dense 2", Qt.Dense2Pattern)
        self.comboBox.addItem("Dense 3", Qt.Dense3Pattern)
        self.comboBox.addItem("Dense 4", Qt.Dense4Pattern)
        self.comboBox.addItem("Dense 5", Qt.Dense5Pattern)
        self.comboBox.addItem("Dense 6", Qt.Dense6Pattern)
        self.comboBox.addItem("Dense 7", Qt.Dense7Pattern)
        self.comboBox.addItem("None", Qt.NoBrush)

        label = QLabel("&Brush Style:", self)
        label.setBuddy(self.comboBox)
        self.comboBox.move(100, 0)

        self.comboBox.activated.connect(self.brush_changed)

        self.brush = QBrush()
        self.setGeometry(300, 300, 365, 280)
        self.setWindowTitle('画刷例子')
```

```
    def paintEvent(self, event):

        rect = QRect(50, 60, 180, 160)
        painter = QPainter(self)
        painter.setBrush(self.brush)
        painter.drawRoundedRect(rect, 50, 40, Qt.RelativeSize)

    def set_brush(self, brush):
        self.brush = brush
        self.update()

    def brush_changed(self):
        style =
Qt.BrushStyle(self.comboBox.itemData(self.comboBox.currentIndex(),
Qt.UserRole))

        if style == Qt.LinearGradientPattern:
            linear_gradient = QLinearGradient(0, 0, 100, 100)
            linear_gradient.setColorAt(0.0, Qt.white)
            linear_gradient.setColorAt(0.2, Qt.green)
            linear_gradient.setColorAt(1.0, Qt.black)
            self.set_brush(QBrush(linear_gradient))
        elif style == Qt.RadialGradientPattern:
            radial_gradient = QRadialGradient(50, 50, 50, 70, 70)
            radial_gradient.setColorAt(0.0, Qt.white)
            radial_gradient.setColorAt(0.2, Qt.green)
            radial_gradient.setColorAt(1.0, Qt.black)
            self.set_brush(QBrush(radial_gradient))
        elif style == Qt.ConicalGradientPattern:
            conical_gradient = QConicalGradient(50, 50, 150)
            conical_gradient.setColorAt(0.0, Qt.white)
            conical_gradient.setColorAt(0.2, Qt.green)
            conical_gradient.setColorAt(1.0, Qt.black)
            self.set_brush(QBrush(conical_gradient))
        elif style == Qt.TexturePattern:
            self.set_brush(QBrush(QPixmap('images/open.png')))
elif style == Qt.VerPattern:
            brush = QBrush(style)
            brush.setColor(Qt.red)
            self.set_brush(brush)
        else:
            self.set_brush(QBrush(Qt.green, style))
```

运行脚本，显示效果如图 4-25 所示。

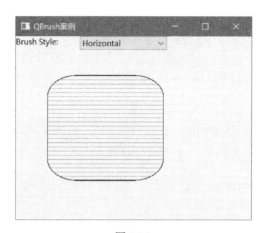

图 4-25

【代码分析】

在这个案例中，绘制了十几种不同填充背景的矩形，每次单击 QComBox 都会触发 brush_change()函数，在这个函数中可以对 Gradient 的相关类型和 TexturePattern 的 QBrush 进行特殊设置，其他都可以使用默认配置 QBrush(Qt.green, style)。

GradientPattern 类型用来显示渐变色，TexturePattern 是自定义填充类型。此外，为了方便对比，对 VerPattern 类型的 QBrush 使用 setColor()函数设置了红色。

4.2.3　QPen

QPen（钢笔）是一个基本的图形对象，用于绘制直线、曲线，或者为轮廓绘制矩形、椭圆、多边形及其他形状等。

QPen 的属性有 style()、width()、brush()、capStyle()和 joinStyle()。style()属性用来决定画笔的线形，brush()属性决定画笔的填充方式，使用 QBrush 类来指定填充样式，这部分内容已经在 4.2.2 节详细介绍。capStyle()属性决定了可以使用 QPainter 绘制的线端帽，而 joinStyle()属性描述了两条线之间连接的绘制方式。笔宽可以以整数（width()）和浮点数（widthF()）指定。线宽为零表示化妆笔，这意味着画笔的宽度始终绘制为 1 个像素值，与绘制器上的 transformation 设置无关。使用函数 setStyle()、setWidth()、setBrush()、setCapStyle()和 setJoinStyle()可以修改各种设置（需要注意的是，更改 pen 的属性之后必须重置 painter 的 pen，可以参考下面代码中的 painter.setPen(pen)）。

QPen 常见的使用方法如下：

```
painter=QPainter(self)
pen = QPen(Qt.green, 3, Qt.DashDotLine, Qt.RoundCap, Qt.RoundJoin)
painter.setPen(pen)
```

它等价于如下设置：

```
painter=QPainter(self)
pen = QPen()
pen.setStyle(Qt.DashDotLine)
```

```
pen.setWidth(3)
pen.setBrush(Qt.green)
pen.setCapStyle(Qt.RoundCap)
pen.setJoinStyle(Qt.RoundJoin)
painter.setPen(pen)
```

默认画笔是纯黑色的，宽度为 1，采用方形帽样式（Qt.SquareCap）和斜角连接样式（Qt.BevelJoin）。

如果修改默认颜色，则 QPen 提供的 color()函数和 setColor()函数分别用来提取和设置笔刷的颜色。此外，QPen 也可以进行大小比较和流式传输。

setStyle()函数用来设置画笔风格（PenStyle）。PenStyle 是一个枚举类，画笔风格如表 4-14 所示，效果如图 4-26 所示。

表 4-14

枚 举 类 型	描　　　　述
Qt.NoPen	没有线，如使用 QPainter.drawRect()填充，没有绘制任何边界线
Qt.SolidLine	一条简单的线
Qt.DashLine	由一些像素分隔的短线
Qt.DotLine	由一些像素分隔的点
Qt.DashDotLine	轮流交替的点和短线
Qt.DashDotDotLine	一条短线、两个点
Qt.MPenStyle	画笔风格的掩码

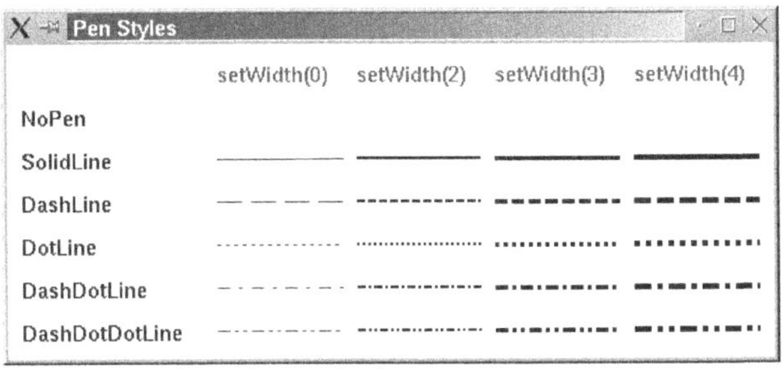

图 4-26

capStyle()用来定义线条的端点形状，该样式仅适用于宽线，即线宽需要大于或等于 1。返回的 Qt.PenCapStyle 枚举提供的样式如图 4-27 所示。

图 4-27

Qt.SquareCap（默认）样式是一个方形线端，覆盖端点并超出端点线宽的一半。

Qt.FlatCap 样式是一个方形线端，不覆盖线的端点。Qt.RoundCap 样式是一个圆形线端，覆盖端点。

joinStyle()定义了线条连接方式，该样式仅适用于宽线，即线宽需要大于或等于 1。Qt.PenJoinStyle 枚举提供的样式如图 4-28 所示。

图 4-28

Qt.BevelJoin（默认）样式填充两条线之间的三角形缺口，Qt.MiterJoin 样式将线条延伸到某个角度，Qt.RoundJoin 样式填充了两条线之间的圆弧。

当使用 Qt.MiterJoin 样式时，可以使用 setMiterLimit()函数来指定折线连接角的阴影距离，如图 4-29 所示。

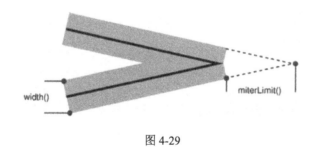

图 4-29

案例 4-12　QPen 的使用方法

本案例的文件名为 Chapter04/qt_QPen.py，用于演示使用 QPen 在窗口中绘制自定义的形状，代码如下：

```python
class QPenDemo(QWidget):
    def __init__(self):
        super().__init__()
        layout = QFormLayout()

        # width
        self.spinBox = QSpinBox(self)
        self.spinBox.setRange(0, 20)
```

```
        self.spinBox.setSpecialValueText("0 (cosmetic pen)")
        layout.addRow("Pen &Width:",self.spinBox)

        # style
        self.comboBoxStyle = QComboBox()
        self.comboBoxStyle.addItem("Solid", Qt.SolidLine)
        self.comboBoxStyle.addItem("Dash", Qt.DashLine)
        self.comboBoxStyle.addItem("Dot", Qt.DotLine)
        self.comboBoxStyle.addItem("Dash Dot", Qt.DashDotLine)
        self.comboBoxStyle.addItem("Dash Dot Dot", Qt.DashDotDotLine)
        self.comboBoxStyle.addItem("None", Qt.NoPen)
        layout.addRow("&Pen Style:", self.comboBoxStyle)

        # cap
        self.comboBoxCap = QComboBox()
        self.comboBoxCap.addItem("Flat", Qt.FlatCap)
        self.comboBoxCap.addItem("Square", Qt.SquareCap)
        self.comboBoxCap.addItem("Round", Qt.RoundCap)
        layout.addRow("Pen &Cap:",self.comboBoxCap)

        # join
        self.comboBoxJoin = QComboBox()
        self.comboBoxJoin.addItem("Miter", Qt.MiterJoin)
        self.comboBoxJoin.addItem("Bevel", Qt.BevelJoin)
        self.comboBoxJoin.addItem("Round", Qt.RoundJoin)
        layout.addRow("Pen &Join:",self.comboBoxJoin)

        # signal and slot
        self.spinBox.valueChanged.connect(self.pen_changed)
        self.comboBoxStyle.activated.connect(self.pen_changed)
        self.comboBoxCap.activated.connect(self.pen_changed)
        self.comboBoxJoin.activated.connect(self.pen_changed)

        self.setLayout(layout)
        self.pen = QPen()
        self.setGeometry(300, 300, 280, 370)
        self.setWindowTitle('QPen 案例')

    def paintEvent(self, e):
        rect = QRect(50, 140, 180, 160)
        painter = QPainter(self)
        painter.setPen(self.pen)
        painter.drawRect(rect)

    def pen_changed(self):
```

```
        width = self.spinBox.value()
        style = Qt.PenStyle(self.comboBoxStyle.currentData())
        cap = Qt.PenCapStyle(self.comboBoxCap.currentData())
        join = Qt.PenJoinStyle(self.comboBoxJoin.currentData())
        self.pen = QPen(Qt.blue, width, style, cap, join)
        self.update()


if __name__ == '__main__':
    app = QApplication(sys.argv)
    demo = QPenDemo()
    demo.show()
    sys.exit(app.exec())
```

运行脚本，显示效果如图 4-30 所示。

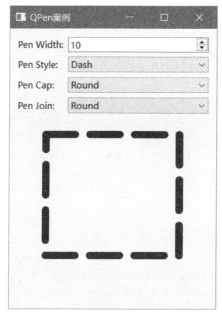

图 4-30

【代码分析】

这是一个比较完善的案例，综合展示了 QPen 的各种使用方法。使用 SpinBox 对宽度
进行设置，使用 QComboBox 对 Style、Cap 和 Join 的样式进行设置。这些内容在本节都
有详细介绍，这里不再赘述。

4.2.4 几个绘图案例

本节介绍几个绘图案例，这几个案例在安装 PySide 6 之后就能看到，保存在 site-
packages\PySide6\examples 中，下面选取几个与 QPainter 相关的案例展开介绍。

案例 4-13 综合使用 QPainter、QBrush 和 QPen 的方法

本案例的文件名为 Chapter04/painting/basicdrawing.py，演示了综合使用 QPainter、QBrush 和 QPen 的方法。由于本案例的代码较多并且和之前的案例的代码有所重叠，因此这里不再展示。运行效果如图 4-31 所示。

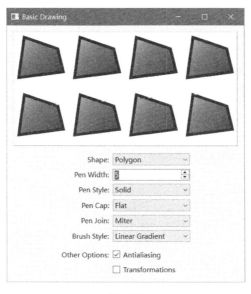

图 4-31

本案例是对 QPainter、QBrush 和 QPen 的综合使用，是案例 4-10～案例 4-12 的集成，并加入了一些其他用法，如 QPainterPath、Antialiasing 和 Transformations 等。

 案例 4-14 QPainter 的使用方法

本案例的文件名为 Chapter04/painting/painter.py，演示了使用 QPainter 进行绘制的方法。运行效果如图 4-32 所示。

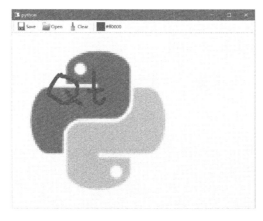

图 4-32

本案例关于绘图的核心代码如下：

```python
class PainterWidget(QWidget):
    def __init__(self, parent=None):
        super().__init__(parent)

        self.setFixedSize(680, 480)
        self.pixmap = QPixmap(self.size())
        self.pixmap.fill(Qt.white)

        self.previous_pos = None
        self.painter = QPainter()
        self.pen = QPen()
        self.pen.setWidth(10)
        self.pen.setCapStyle(Qt.RoundCap)
        self.pen.setJoinStyle(Qt.RoundJoin)

    def paintEvent(self, event: QPaintEvent):
        """Override method from QWidget
        Paint the Pixmap into the widget
        """
        painter = QPainter()
        painter.begin(self)
        painter.drawPixmap(0, 0, self.pixmap)
        painter.end()

    def mousePressEvent(self, event: QMouseEvent):
        """Override from QWidget
        Called when user clicks on the mouse
        """
        self.previous_pos = event.position().toPoint()
        QWidget.mousePressEvent(self, event)

    def mouseMoveEvent(self, event: QMouseEvent):
        """Override method from QWidget
        Called when user moves and clicks on the mouse
        """
        current_pos = event.position().toPoint()
        self.painter.begin(self.pixmap)
        self.painter.setRenderHints(QPainter.Antialiasing, True)
        self.painter.setPen(self.pen)
        self.painter.drawLine(self.previous_pos, current_pos)
        self.painter.end()

        self.previous_pos = current_pos
        self.update()
```

```
        QWidget.mouseMoveEvent(self, event)

    def mouseReleaseEvent(self, event: QMouseEvent):
        """Override method from QWidget
        Called when user releases the mouse
        """
        self.previous_pos = None
        QWidget.mouseReleaseEvent(self, event)

    def save(self, filename: str):
        """ save pixmap to filename """
        self.pixmap.save(filename)

    def load(self, filename: str):
        """ load pixmap from filename """
        self.pixmap.load(filename)
        self.pixmap = self.pixmap.scaled(self.size(), Qt.KeepAspectRatio)
        self.update()

    def clear(self):
        """ Clear the pixmap """
        self.pixmap.fill(Qt.white)
        self.update()
```

绘图功能主要由 paintEvent、mousePressEvent、mouseMoveEvent 和 mouseReleaseEvent
实现，其中值得介绍的是 mouseMoveEvent。如果关闭鼠标跟踪（MouseTracking），那么
鼠标移动事件仅在鼠标移动过程中按下鼠标按键时发生。如果打开鼠标跟踪，即使没有
按下鼠标按键，也会发生鼠标移动事件。这里默认关闭鼠标跟踪。

 案例 4-15　QPainter 实时绘图

本案例的文件名为 Chapter04/painting/plot.py，演示了使用 QPainter 进行实时绘图，
代码如下：

```
WIDTH = 680
HEIGHT = 480
class PlotWidget(QWidget):
    def __init__(self, parent=None):
        super().__init__(parent)
        self._timer = QTimer(self)
        self._timer.setInterval(20)
        self._timer.timeout.connect(self.shift)

        self._points = QPointList()
        self._x = 0
```

```
        self._delta_x = 0.05
        self._half_height = HEIGHT / 2
        self._factor = 0.8 * self._half_height

        for i in range(WIDTH):
            self._points.append(QPoint(i, self.next_point()))

        self.setFixedSize(WIDTH, HEIGHT)

        self._timer.start()

    def next_point(self):
        result = self._half_height - self._factor * math.sin(self._x)
        self._x += self._delta_x
        return result

    def shift(self):
        last_x = self._points[WIDTH - 1].x()
        self._points.pop_front()
        self._points.append(QPoint(last_x + 1, self.next_point()))
        self.update()

    def paintEvent(self, event):
        painter = QPainter()
        painter.begin(self)
        rect = QRect(QPoint(0, 0), self.size())
        painter.fillRect(rect, Qt.white)
        painter.translate(-self._points[0].x(), 0)
        painter.drawPolyline(self._points)
        painter.end()
```

运行脚本，显示效果如图 4-33 所示。

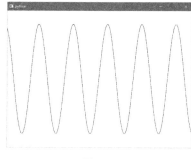

图 4-33

 案例 4-16　绘制同心圆

本案例的文件名为 Chapter04/painting/concentriccircles.py，演示了抗锯齿和浮点精度

带来的质量改进，应用程序的主窗口显示了几个使用精度和抗锯齿的各种组合绘制的小部件。这里不再展示代码，运行效果如图 4-34 所示。

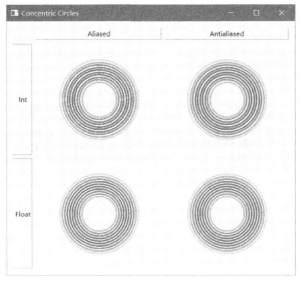

图 4-34

4.2.5　QPixmap

本节主要介绍 QPixmap 的用法，4.2.6 节主要介绍 QImage 的用法。QPixmap 和 QImage 的用法有很多相似之处，因此，本节和 4.2.6 节使用同一个案例。

Qt 提供了 4 个类用来处理图像数据，这 4 个类分别为 QImage、QPixmap、QBitmap 和 QPicture。QImage 是为 I/O 和直接像素访问与操作而设计和优化的，QPixmap 是为在屏幕上显示图像而设计和优化的。QBitmap 只是一个继承自 QPixmap 的便利类，保证深度为 1。如果 QPixmap 对象真的是位图，那么 isQBitmap() 函数返回 True，否则返回 False。QPicture 是绘制设备，用于记录和重放 QPainter 命令。上述 4 个类的继承结构如图 4-35 所示。

图 4-35

1. 基本使用

QPixmap 用于绘图设备的图像显示，既可以作为一个 QPaintDevice 对象（QPainter.drawPixmap()直接绘制），也可以加载到 QLabel 或 QAbstractButton 的子类中（如 QPushButton 和 QToolButton），用于在标签或按钮上显示图像。QLabel 有一个 pixmap 属性，而 QAbstractButton 有一个 icon 属性。

2. QImage 和 QPixmap

QImage 和 QPixmap 之间有一些函数可以转换。通常，QImage 用于加载图像文件，可以根据需要对图像数据进行操作，并将 QImage 对象转换为 QPixmap 对象，从而显示在屏幕上。如果不需要任何操作，则可以将图像文件直接加载到 QPixmap 中。可以使用 toImage()函数将 QPixmap 对象转换为 QImage 对象。同样，可以使 fromImage()函数将 QImage 对象转换为 QPixmap 对象。如果这种操作非常耗时，则可以使用 QBitmap.fromImage()函数代替，以提高性能。

3. 读取与存储图像

QPixmap 提供了几种读取图像文件的方法：既可以在构造 QPixmap 对象时加载文件，也可以稍后使用 load()函数或 loadFromData()函数加载文件。在加载图像时，可以引用磁盘上的实际文件或应用程序的嵌入资源。使用 save()函数可以保存 QPixmap 对象。支持的文件格式的完整列表可以通过 QImageReader.supportedImageFormats()函数和 QImageWriter.supportedImageFormats()函数获得。在默认情况下，Qt 支持以下格式，如表 4-15 所示。

表 4-15

文 件 格 式	描　　　　述	Qt 支持的格式
BMP	Windows Bitmap	Read/Write
GIF	Graphic Interchange Format (optional)	Read
JPG	Joint Photographic Experts Group	Read/Write
JPEG	Joint Photographic Experts Group	Read/Write
PNG	Portable Network Graphics	Read/Write
PBM	Portable Bitmap	Read
PGM	Portable Graymap	Read
PPM	Portable Pixmap	Read/Write
XBM	X11 Bitmap	Read/Write
XPM	X11 Pixmap	Read/Write

4. 图像信息

图像信息如表 4-16 所示。

表 4-16

图像信息	描　　述
几何信息	使用 size()函数、width()函数和 height()函数可以提供有关像素图大小的信息。使用 rect()函数可以返回图像的封闭矩形
alpha 通道	如果像素图具有 alpha 通道，则 hasAlphaChannel()返回 True，否则返回 False。不要用 hasAlpha()函数、setMask()函数和 mask()函数，它们是遗留函数，可能非常慢。 使用 createHeuristicMask()函数可以为此像素图创建并返回一个 1-bpp 启发式掩码（即 QBitmap）。它的工作原理是先从一个角中选择一种颜色，然后从所有边缘开始切掉该颜色的像素。使用 createMaskFromColor()函数可以根据给定的颜色为像素图创建并返回一个掩码（即 QBitmap）
低级信息	使用 depth()函数可以返回像素图的深度。 使用 defaultDepth()函数可以返回默认深度，即应用程序在给定屏幕上使用的深度。 使用 cacheKey()函数可以返回 QPixmap 对象内容的唯一标识

5．QPixmap 转换（Transformations）

QPixmap 有一些转换函数，如使用 scaled()函数、scaledToWidth()函数和 scaledToHeight()函数返回的是原始 QPixmap 图的缩放副本，而使用 copy()函数可以创建一个原始 QPixmap 图的副本，使用 transform()函数可以返回使用给定变换矩阵和变换模式变换的 QPixmap 图的副本，使用静态的 trueMatrix()函数可以返回用于转换像素图的实际矩阵。

4.2.6　QImage

在一般情况下，QImage 会结合 QPixmap 一起使用。Qt 中提供了 4 个用于处理图像数据的类，分别为 QImage、QPixmap、QBitmap 和 QPicture。**QImage 是为 I/O 及直接像素访问与操作而设计和优化的，QPixmap 是为在屏幕上显示图像而设计和优化的。**QBitmap 只是一个继承 QPixmap 的便利类，保证深度为 1。如果 QPixmap 对象真的是位图，那么 isQBitmap()返回 True，否则返回 False。QPicture 是绘制设备，用于记录和重放 QPainter 命令。

1．基本使用

因为 QImage 是 QPaintDevice 的子类，所以 QPainter.drawImage()可以使用 QImage 直接绘图。**通常，QImage 用于加载图像文件，可以根据需要对图像数据进行操作，并将 QImage 对象转换为 QPixmap 对象以显示在屏幕上。**可以使用 toImage()函数将 QPixmap 对象转换为 QImage 对象。同样，可以使 fromImage()函数将 QImage 对象转换为 QPixmap 对象。如果这种操作非常耗时，则可以使用 QBitmap.fromImage()来代替，以提高性能。QImage 对象既可以通过值传递，也可以流式传输和比较。

2．支持的格式

在 QImage 上使用 QPainter 时，可以在当前 GUI 线程之外的另一个线程中执行绘画。QImage 支持由 Format 枚举描述的几种图像格式，包括单色、8 位、32 位和 alpha 混合图像，内容如表 4-17 所示。

表 4-17

项（QImage.Format_XXX）	值	描 述
Format_Invalid	0	图片无效
Format_Mono	1	字节首先与最高有效位（MSB）一起打包
Format_MonoLSB	2	字节首先与最低有效位（LSB）一起打包
Format_Indexed8	3	图像使用 8 位索引存储到颜色图中
Format_RGB32	4	图像使用 32 位 RGB 格式（0xffRRGGBB）存储
Format_ARGB32	5	图像使用 32 位 ARGB 格式（0xAARRGGBB）存储
Format_ARGB32_Premultiplied	6	图像使用预乘的 32 位 ARGB 格式（0xAARRGGBB）存储，即红色、绿色和蓝色通道乘以除以 255 的 alpha 分量（如果 RR、GG 或 BB 的值高于 alpha 通道，则结果未定义）。某些操作（如使用 alpha 混合的图像合成）使用预乘 ARGB32 比使用普通 ARGB32 更快
Format_RGB16	7	图像使用 16 位 RGB 格式（5-6-5）存储
Format_ARGB8565_Premultiplied	8	图像使用预乘的 24 位 ARGB 格式（8-5-6-5）存储
Format_RGB666	9	图像使用 24 位 RGB 格式（6-6-6）存储。未使用的最高有效位始终为零
Format_ARGB6666_Premultiplied	10	图像使用预乘的 24 位 ARGB 格式（6-6-6-6）存储
Format_RGB555	11	图像使用 16 位 RGB 格式（5-5-5）存储。未使用的最高有效位始终为零
Format_ARGB8555_Premultiplied	12	图像使用预乘的 24 位 ARGB 格式（8-5-5-5）存储
Format_RGB888	13	图像使用 24 位 RGB 格式（8-8-8）存储
Format_RGB444	14	图像使用 16 位 RGB 格式（4-4-4）存储。未使用的位始终为零
Format_ARGB4444_Premultiplied	15	图像使用预乘的 16 位 ARGB 格式（4-4-4-4）存储
Format_RGBX8888	16	图像使用 32 位字节顺序 RGBx 格式（8-8-8-8）存储。这与 Format_RGBA8888 相同，只是 alpha 必须始终为 255（在 Qt 5.2 中添加）
Format_RGBA8888	17	图像使用 32 位字节顺序 RGBA 格式（8-8-8-8）存储。与 ARGB32 不同，这是一种字节顺序格式，意味着大端和小端架构之间的 32 位编码不同，分别为 0xRRGGBBAA 和 0xAABBGGRR。如果读取为字节 0xRR、0xGG、0xBB、0xAA，则颜色的顺序在任何架构上都是相同的（在 Qt 5.2 中添加）
Format_RGBA8888_Premultiplied	18	图像使用预乘的 32 位字节顺序 RGBA 格式（8-8-8-8）存储（在 Qt 5.2 中添加）
Format_BGR30	19	图像使用 32 位 BGR 格式（x-10-10-10）存储（在 Qt 5.4 中添加）
Format_A2BGR30_Premultiplied	20	图像使用预乘的 32 位 ABGR 格式（2-10-10-10）存储（在 Qt 5.4 中添加）
Format_RGB30	21	图像使用 32 位 RGB 格式（x-10-10-10）存储（在 Qt 5.4 中添加）
Format_A2RGB30_Premultiplied	22	图像使用预乘的 32 位 ARGB 格式（2-10-10-10）存储（在 Qt 5.4 中添加）
Format_Alpha8	23	图像使用仅 8 位的 alpha 格式存储（在 Qt 5.5 中添加）
Format_Grayscale8	24	图像使用 8 位灰度格式存储（在 Qt 5.5 中添加）
Format_Grayscale16	28	图像使用 16 位灰度格式存储（在 Qt 5.13 中添加）
Format_RGBX64	25	图像使用 64 位半字排序 RGBx 格式（16-16-16-16）存储。这与 Format_RGBA64 相同，只是 alpha 必须始终为 65535（在 Qt 5.12 中添加）
Format_RGBA64	26	图像使用 64 位半字排序 RGBA 格式（16-16-16-16）存储（在 Qt 5.12 中添加）

续表

项（QImage.Format_XXX）	值	描　　述
Format_RGBA64_Premultiplied	27	图像使用预乘的 64 位半字排序 RGBA 格式（16-16-16-16）存储（在 Qt 5.12 中添加）
Format_BGR888	29	图像使用 24 位 BGR 格式存储（在 Qt 5.14 中添加）
Format_RGBX16FPx4	30	图像使用 4 个 16 位半字浮点 RGBx 格式（16FP-16FP-16FP-16FP）存储。这与 Format_RGBA16FPx4 相同，只是 alpha 必须始终为 1.0（在 Qt 6.2 中添加）
Format_RGBA16FPx4	31	图像使用 4 个 16 位半字浮点 RGBA 格式（16FP-16FP-16FP-16FP）存储（在 Qt 6.2 中添加）
Format_RGBA16FPx4_Premultiplied	32	图像使用预乘的 4 个 16 位半字浮点 RGBA 格式（16FP-16FP-16FP-16FP）存储（在 Qt 6.2 中添加）
Format_RGBX32FPx4	33	图像使用 4 个 32 位浮点 RGBx 格式（32FP-32FP-32FP-32FP）存储。这与 Format_RGBA32FPx4 相同，只是 alpha 必须始终为 1.0（在 Qt 6.2 中添加）
Format_RGBA32FPx4	34	图像使用 4 个 32 位浮点 RGBA 格式（32FP-32FP-32FP-32FP）存储（在 Qt 6.2 中添加）
Format_RGBA32FPx4_Premultiplied	35	图像使用预乘的 4 个 32 位浮点 RGBA 格式（32FP-32FP-32FP-32FP）存储（在 Qt 6.2 中添加）

3．读取和写入图像文件

QImage 提供了几种加载图像文件的方法：既可以在构造 QImage 对象时加载文件，也可以稍后使用 load()函数或 loadFromData()函数加载文件。QImage 还提供了静态的 fromData()函数，根据给定的数据构造一个 QImage。在加载图像时，文件名可以引用磁盘上的实际文件或应用程序的嵌入资源之一。只需要调用 save()函数就可以保存一个 QImage 对象。可以通过函数 QImageReader.supportedImageFormats()和 QImageWriter. supportedImageFormats()获得支持的文件格式。Qt 支持的格式如表 4-18 所示。

表 4-18

文 件 格 式	描　　述	Qt 支持的格式
Format	Description	Qt's support
BMP	Windows Bitmap	Read/Write
GIF	Graphic Interchange Format (optional)	Read
JPG	Joint Photographic Experts Group	Read/Write
JPEG	Joint Photographic Experts Group	Read/Write
PNG	Portable Network Graphics	Read/Write
PBM	Portable Bitmap	Read
PGM	Portable Graymap	Read
PPM	Portable Pixmap	Read/Write
XBM	X11 Bitmap	Read/Write
XPM	X11 Pixmap	Read/Write

4．图像信息

QImage 提供了一组函数，用于获取有关图像的各种信息，如表 4-19 所示。

表 4-19

图像信息	描　　述
几何学	size()函数、width()函数、height()函数、dotsPerMeterX()函数和 dotsPerMeterY()函数提供有关图像大小与纵横比的信息。 rect()函数返回图像的封闭矩形。valid()函数用来决定给定的坐标对是否在这个矩形内。offset()函数返回图像在相对于其他图像定位时要偏移的像素数，也可以使用 setOffset()函数进行操作
颜色	可以通过将其坐标传递给 pixel()函数来检索像素的颜色。pixel()函数以独立于图像格式的 QRgb 值返回颜色。 对于单色和 8 位图像，colorCount()函数和 colorTable()函数提供用于存储图像数据的颜色分量的信息：colorTable()函数返回图像的整个颜色表。要获得单个条目，则使用 pixelIndex()函数检索给定坐标对的像素索引，并使用 color()函数检索颜色。需要注意的是，如果手动创建 8 位图像，则必须在图像上设置有效的颜色表。 hasAlphaChannel()函数用来决定图像的格式是否支持 alpha 通道。使用 allGray()函数和 isGrayscale()函数可以判断图像的颜色是否都是灰色阴影
文本	使用 text()函数可以返回与给定文本键关联的图像文本，使用 textKeys()函数可以检索图像的文本键，使用 setText()函数可以更改图像的文本
低级信息	使用 depth()函数可以返回图像的深度。支持的深度为 1 位（单色）、8 位、16 位、24 位和 32 位。使用 bitPlaneCount()函数可以知道有多少位被使用。 使用 format()函数、bytesPerLine()函数和 sizeInBytes()函数可以提供存储在图像中的数据的低级信息。 使用 cacheKey()函数可以返回 QImage 对象的唯一标识

5．像素（pixel）操作

用于处理图像像素的函数取决于图像格式。这是因为单色和 8 位图像基于索引并使用颜色查找表，而 32 位图像直接存储 ARGB 值。

对于 32 位图像，使用 setPixel()函数可以将给定坐标处的像素颜色更改为指定的 ARGB 四元组的任何其他颜色。要生成合适的 QRgb 值，可以使用 qRgb(r: int, g: int, b: int)（将默认的 alpha 分量添加到给定的 RGB 值，即创建不透明颜色）或 qRgba(r: int, g: int, b: int, a: int)。例如：

```
image = QImage(3, 3, QImage.Format_RGB32);

value = qRgb(189, 149, 39); // 0xffbd9527
image.setPixel(1, 1, value);

value = qRgb(122, 163, 39); // 0xff7aa327
image.setPixel(0, 1, value);
image.setPixel(1, 0, value);

value = qRgb(237, 187, 51); // 0xffedba31
```

```
image.setPixel(2, 1, value);
```

运行效果如图 4-36 所示。

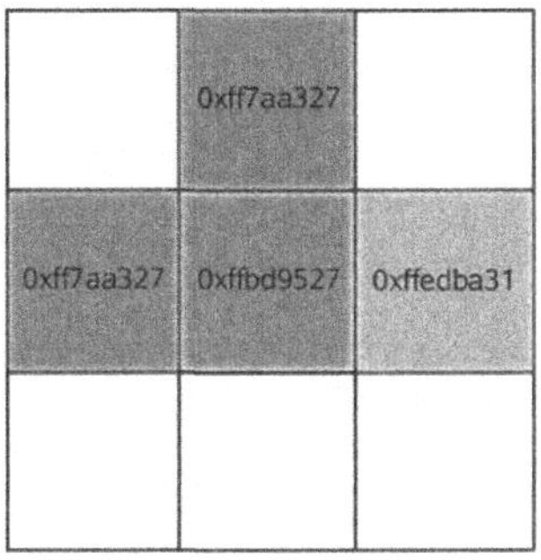

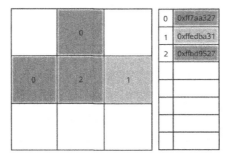

图 4-36

对于 8 位和单色图像，pixel 值只是图像颜色表中的索引，因此，使用 setPixel() 函数只能更改像素的索引值。要更改颜色或将颜色添加到图像的颜色表中，可以使用 setColor() 函数。颜色表中的条目是编码为 QRgb 值的 ARGB 四元组。使用 qRgb() 函数和 qRgba() 函数可以生成一个合适的 QRgb 值以用于 setColor() 函数。例如：

```
image = QImage(3, 3, QImage.Format_Indexed8);

value = qRgb(122, 163, 39); // 0xff7aa327
image.setColor(0, value);

value = qRgb(237, 187, 51); // 0xffedba31
image.setColor(1, value);

value = qRgb(189, 149, 39); // 0xffbd9527
image.setColor(2, value);

image.setPixel(0, 1, 0);
image.setPixel(1, 0, 0);
image.setPixel(1, 1, 2);
image.setPixel(2, 1, 1);
```

运行效果如图 4-37 所示。

图 4-37

对于每个颜色通道超过 8 位的图像，使用 setPixelColor()函数和 pixelColor()函数可以设置和获取 QColor 值。

6. 图像格式

存储在 QImage 中的每个像素都用一个整数表示，大小因格式而异。单色图像使用 1 位索引存储到颜色表中，且最多具有两种颜色。有两种不同类型的单色图像：大端（MSB 优先）顺序或小端（LSB 优先）顺序。

8 位图像使用 8 位索引存储到颜色表中，即每个像素有一个字节，颜色表是一个 List[QRgb]。

32 位图像没有颜色表，但每个像素都包含一个 QRgb 值。存在 3 种不同类型的 32 位图像，分别存储 RGB 值（即 0xffRRGGBB）、ARGB 值和预乘的 ARGB 值。在预乘格式中，红色、绿色和蓝色通道乘以 alpha 分量除以 255。

使用 format()函数可以检索图像的格式，使用 convertToFormat()函数可以将图像转换为另一种格式，使用 allGray()函数和 isGrayscale()函数判断是否可以将彩色图像安全地转换为灰度图像。

7. 图像转换

QImage 有很多函数可以创建新图像，是原始图像的变种：使用 createAlphaMask()函数可以从该图像中的 alpha 缓冲区构建并返回一个 1-bpp 掩码，使用 createHeuristicMask()函数可以创建并返回此图像的 1-bpp 启发式掩码。后一种功能的工作原理是先从一个角中选择一种颜色，然后从所有边缘开始去除该颜色的像素。使用 mirrored()函数可以返回图像在其方向（水平或垂直）上的镜像，使用 scaled()函数可以返回特定矩阵大小的缩放副本，使用 rgbSwapped()函数可以根据 RGB 图像构造 BGR 图像。使用 scaledToWidth()函数和 scaledToHeight()函数可以返回图像的缩放副本。使用 transform()函数可以将给定变换矩阵和变换模式进行变换并返回副本；变换矩阵在内部进行调整以补偿不需要的平移，即使用 transform()函数生成的图像是包含原始图像所有变换点的最小图像；使用 trueMatrix()函数可以返回用于转换图像的实际矩阵。

还有一些函数可以更改图像的属性，如表 4-20 所示。

表 4-20

函　　数	描　　述
setDotsPerMeterX()	通过设置水平适合物理仪表的像素数来定义纵横比
setDotsPerMeterY()	通过设置垂直适合物理仪表的像素数来定义纵横比
fill()	用给定的像素值填充整个图像
invertPixels()	使用给定的 InvertMode 值反转图像中的所有像素值
setColorTable()	设置用于转换颜色索引的颜色表，只有单色和 8 位格式
setColorCount()	调整颜色表的大小，只有单色和 8 位格式

案例 4-17 QPixmap 控件和 QImage 控件的使用方法

本案例的文件名为 Chapter04/qt_QPixmapQImage.py，用于演示 QPixmap 控件和 QImage 控件的用法，这个 demo 是一个简单的图片查看器，代码如下：

```python
class ImageViewer(QMainWindow):
    def __init__(self, parent=None):
        super(ImageViewer, self).__init__(parent)

        # 设置窗口标题
        self.setWindowTitle('QPixmap 和 QImage 应用')
        # 设置窗口大小
        self.resize(800, 600)

        # 打印
        self.printer = QPrinter()
        # 缩放因子
        self.scaleFactor = 0.0

        # 创建显示图片的窗口
        self.imgLabel = QLabel()
        self.imgLabel.setBackgroundRole(QPalette.Base)
        self.imgLabel.setSizePolicy(QSizePolicy.Ignored, QSizePolicy.Ignored)
        self.imgLabel.setScaledContents(True)

        self.scrollArea = QScrollArea()
        self.scrollArea.setBackgroundRole(QPalette.Dark)
        self.scrollArea.setWidget(self.imgLabel)

        self.setCentralWidget(self.scrollArea)

        self.initMenuBar()

    def initMenuBar(self):
        menuBar = self.menuBar()

        # 文件菜单
        menuFile = menuBar.addMenu('文件(&F)')
        actionOpen = QAction('打开(&O)...', self, shortcut='Ctrl+O',
triggered=self.onFileOpen)
        self.actionPrint = QAction('打印(&P)...', self, shortcut='Ctrl+P',
enabled=False, triggered=self.onFilePrint)
        actionExit = QAction('退出(&X)', self, shortcut='Ctrl+Q',
triggered=QApplication.instance().quit)
        menuFile.addAction(actionOpen)
        menuFile.addAction(self.actionPrint)
```

```
    menuFile.addSeparator()
    menuFile.addAction(actionExit)

    # 编辑菜单
    menuEdit = menuBar.addMenu('编辑(&E)')
    self.actionCopy = QAction('复制(&C)', self, shortcut='Ctrl+C',
enabled=False, triggered=self.onCopy)
    self.actionPaste = QAction('黏贴(&V)', self, shortcut='Ctrl+V',
triggered=self.onPaste)
    menuEdit.addAction(self.actionCopy)
    menuEdit.addAction(self.actionPaste)

    # 视图菜单
    menuView = menuBar.addMenu('视图(&V)')
    self.actionZoomIn = QAction('放大(25%)(&I)', self,
shortcut='Ctrl++', enabled=False, triggered=self.onViewZoomIn)
    self.actionZoomOut = QAction('缩小(25%)(&O)', self, shortcut='Ctrl+-',
enabled=False,triggered=self.onViewZoomOut)
    self.actionNormalSize = QAction('原始尺寸(&N)', self,
shortcut='Ctrl+S', enabled=False,triggered=self.onViewNormalSize)
    self.actionFitToWindow = QAction('适应窗口(&F)', self,
shortcut='Ctrl+F', enabled=False, checkable=True,triggered=self.
onViewFitToWindow)
    menuView.addAction(self.actionZoomIn)
    menuView.addAction(self.actionZoomOut)
    menuView.addAction(self.actionNormalSize)
    menuView.addSeparator()
    menuView.addAction(self.actionFitToWindow)

# 打开文件
def onFileOpen(self):
    filename, _ = QFileDialog.getOpenFileName(self, '打开文件',
QDir.currentPath())
    if filename:
        image = QImage(filename)
        if image.isNull():
            QMessageBox.information(self, '图像浏览器', '不能加载文件%s.' %
filename)
            return

        self.imgLabel.setPixmap(QPixmap.fromImage(image))
        self.scaleFactor = 1.0

        self.actionPrint.setEnabled(True)
        self.actionFitToWindow.setEnabled(True)
        self.actionCopy.setEnabled(True)
```

```
        self.updateActions()

        if not self.actionFitToWindow.isChecked():
            self.imgLabel.adjustSize()

# 打印
def onFilePrint(self):
    dlg = QPrintDialog(self.printer, self)
    if dlg.exec():
        painter = QPainter(self.printer)
        rect = painter.viewport()
        size = self.imgLabel.pixmap().size()
        size.scale(rect.size(), Qt.KeepAspectRatio)
        painter.setViewport(rect.x(), rect.y(), size.width(),
size.height())
        painter.setWindow(self.imgLabel.pixmap().rect())
        painter.drawPixmap(0, 0, self.imgLabel.pixmap())


# 复制
def onCopy(self):
    QGuiApplication.clipboard().setPixmap(self.imgLabel.pixmap())


# 粘贴
def onPaste(self):
    newPic = QGuiApplication.clipboard().pixmap()
    if newPic.isNull():
        self.statusBar().showMessage("No image in clipboard")
    else:
        self.imgLabel.setPixmap(newPic)
        self.setWindowFilePath('')
        w = newPic.width()
        h = newPic.height()
        d = newPic.depth()
        message = f"Obtained image from clipboard, {w}x{h}, Depth: {d}"
        self.statusBar().showMessage(message)

# 放大图像
def onViewZoomIn(self):
    self.scaleIamge(1.25)

# 缩小图像
def onViewZoomOut(self):
    self.scaleIamge(0.8)

def onViewNormalSize(self):
    self.imgLabel.adjustSize()
```

```python
        self.scaleFactor = 1.0

    # 自适应屏幕
    def onViewFitToWindow(self):
        fitToWindow = self.actionFitToWindow.isChecked()
        self.scrollArea.setWidgetResizable(fitToWindow)
        if not fitToWindow:
            self.onViewNormalSize()

        self.updateActions()

    def updateActions(self):
        checked = not self.actionFitToWindow.isChecked()
        self.actionZoomIn.setEnabled(checked)
        self.actionZoomOut.setEnabled(checked)
        self.actionNormalSize.setEnabled(checked)

    def scaleIamge(self, factor):
        self.scaleFactor *= factor
        self.imgLabel.resize(self.scaleFactor *
self.imgLabel.pixmap().size())

        self.adjustScrollBar(self.scrollArea.horizontalScrollBar(), factor)
        self.adjustScrollBar(self.scrollArea.verticalScrollBar(), factor)

        self.actionZoomIn.setEnabled(self.scaleFactor < 4.0)
        self.actionZoomOut.setEnabled(self.scaleFactor > 0.25)

    def adjustScrollBar(self, scrollBar, factor):
        scrollBar.setValue(int(factor * scrollBar.value() + ((factor - 1) *
scrollBar.pageStep() / 2)))
```

【代码分析】

在“文件”菜单中实现了打开、保存和打印功能，在“编辑”菜单中实现了复制、粘贴功能，在“视图”菜单中实现了放大、缩小、原始尺寸、适应窗口功能。这些是 QPixmap 和 QImage 中常见的需求，因此对细节的内容不做过多介绍。

4.3　拖曳与剪贴板

无论是拖曳还是剪贴板都需要将 QMimeData 作为数据传输中介，因此需要优先介绍 QMimeData。

4.3.1 QMimeData

QMimeData 用于描述可以存储在剪贴板中并且可以通过拖放机制传输的信息。QMimeData 不是一个 QWidget 控件，因此不能直接看到。QMimeData 对象将其拥有的数据与相应的 MIME 类型相关联，以确保信息可以在应用程序之间安全地传输，并且可以在同一应用程序内进行复制。QMimeData 类的继承结构如图 4-38 所示。

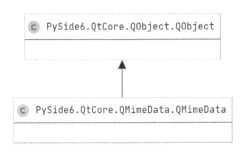

图 4-38

QMimeData 对象通常由 QDrag 对象或 QClipboard 对象创建，并作为数据传输通道提供给 QDrag 对象或 QClipboard 对象。这样，Qt 能够更好地管理它们使用的内存。

QMimeData 支持一些常见的格式，以便于调用，如表 4-21 所示。

表 4-21

判 断 函 数	获 取 函 数	设 置 函 数	mimeType
hasText()	text()	setText()	text/plain
hasHtml()	html()	setHtml()	text/html
hasUrls()	urls()	setUrls()	text/uri-list
hasImage()	imageData()	setImageData()	image/*
hasColor()	colorData()	setColorData()	application/x-color

常见的 QMimeData 的使用方式如下：

```python
class Button(QPushButton):
    def __init__(self, title, parent):
        super().__init__(title, parent)
        self.setAcceptDrops(True)

    def dragEnterEvent(self, e):
        if e.mimeData().hasFormat("text/plain"):
            e.accept()
        else:
            e.ignore()

    def dropEvent(self, e):
        self.setText(e.mimeData().text())
```

这是一个对按钮的拖曳事件。在上述代码中，dragEnterEvent()函数中的 e 是

QDragEnterEvent 类型，拖曳动作进入该按钮时会触发该事件；dropEvent()函数中的 e 是 QDropEvent 类型，拖曳动作在按钮上被释放时会触发该事件。两个 e.mimeData()函数都是 QMimeData 类型的，存储拖曳的数据信息。该代码表示在一个拖曳操作中，QMimeData 如果判断拖曳的是文本就会接受这个拖曳操作，并且在拖曳释放的时候设置按钮的 text 为拖曳的文本。

QMimeData 中的常见格式如果无法满足需求，则可以使用自定义的格式（mimeType）。一个 QMimeData 对象可以同时使用几种不同的 mimeType 存储相同的数据；formats()函数返回可用的 mimeType 列表；data(mimeType:str)函数返回 mimeType 对应的原始数据；如果使用其他 mimeType，则可以通过 setData(mimeType,QByteArray)函数新增或修改一个 mimeType。新增一个 mimeType 的代码如下：

```python
class ButtonMyQMime(QPushButton):
    def __init__(self, title, parent):
        super().__init__(title, parent)
        self.setAcceptDrops(True)
        self.mime = QMimeData()
        qb = QByteArray(bytes('abcd1234', encoding='utf8'))
        self.mime.setData('my_mimetype',qb)

    def dragEnterEvent(self, e):
        if self.mime.hasFormat('my_mimetype'):
            e.accept()
        else:
            e.ignore()

    def dropEvent(self, e):
        self.setText('自定义 format 结果为：'+self.mime.data('my_mimetype').
data().decode('utf8'))
```

上述代码新增了一个 mimeType，并把按钮的 text 修改为 mimeType 对应的数据。实现的效果是只要拖曳到按钮，按钮的 text 自动修改为 abcd1234。需要注意的是，setData 接收的参数的类型为 QByteArray，这是 Qt 支持的二进制格式，所以必须把数据转换成这种格式才可以通过 QMimeData 传输，这就增加了额外的工作量。实际上，对于上面的案例，也可以通过 self.mime.setText('abcd1234')传递字符串，同时使用 self.mime.text()函数获取字符串。

在 Windows 中，QMimeData 经常使用自定义 mimeType 存储数据，使用 x-qt-windows-mime 子类型指示它们表示非标准格式的数据。举例如下：

```
application/x-qt-windows-mime;value="FileGroupDescriptor"
application/x-qt-windows-mime;value="FileContents"
```

本节的案例给出了 Windows 系统中的 txt 文件完整的 formats 格式，由图 4-39 可以看到，除了 text/uri-list 是标准的 QMimeData，其他的都是自定义的 mimeType。

图 4-39

 案例 4-18 QMimeData 控件的使用方法

本案例的文件名为 Chapter04/qt_QMimeData.py，用于演示 QMimeData 控件的使用方法，代码如下：

```python
class ButtonQMime(QPushButton):
    def __init__(self, title, parent):
        super().__init__(title, parent)
        self.setAcceptDrops(True)

    def dragEnterEvent(self, e):
        if e.mimeData().hasFormat("text/plain"):
            e.accept()
        else:
            e.ignore()

    def dropEvent(self, e):
        self.setText(e.mimeData().text())


class ButtonMyQMime(QPushButton):
    def __init__(self, title, parent):
        super().__init__(title, parent)
        self.setAcceptDrops(True)
        self.mime = QMimeData()
        qb = QByteArray(bytes('abcd1234', encoding='utf8'))
        self.mime.setData('my_mimetype', qb)

    def dragEnterEvent(self, e):
        if self.mime.hasFormat('my_mimetype'):
```

```
                e.accept()
            else:
                e.ignore()

    def dropEvent(self, e):
        self.setText('自定义 format 结果为: '+self.mime.data('my_mimetype').
data().decode('utf8'))


class Example(QWidget):
    def __init__(self):
        super().__init__()
        self.setAcceptDrops(True)
        layout =QVBoxLayout()
        self.setLayout(layout)
        # layout.addWidget(QLabel(''))
        self.label = QLabel('拖曳到窗口显示拖曳 format 信息',self)
        layout.addWidget(self.label)

        edit = QLineEdit("我可以被拖曳，你可以用我拖曳，也可以将文件拖曳到窗口中",
self)
        edit.setMinimumWidth(350)
        edit.setDragEnabled(True)
        layout.addWidget(edit)

        button = ButtonQMime('拖曳到此按钮，修改按钮 text',self)
        layout.addWidget(button)

        button2 = ButtonMyQMime("拖曳到此按钮，显示自定义 format", self)
        layout.addWidget(button2)

        self.setWindowTitle("QMimeData 案例：通过拖曳传输数据")
        self.setGeometry(300, 300, 300, 150)
        self.show()

    def dragEnterEvent(self, e):
        _str = ''
        mime = e.mimeData()

        # 识别拖曳的文件
        if mime.hasUrls():
            path_list = e.mimeData().urls()
            _str = '\n'.join(a.path() for a in path_list)
            _str = '拖曳的文件路径为: \n' + _str + '\n\n'
```

```
    # 识别拖曳的文字
    if mime.hasText():
        _str = '拖曳的文字内容为：\n' + mime.text() + '\n\n'

    format_list = mime.formats()
    self.label.setText(_str + '拖曳的 formats 为：\n'+'\n'.join(format_
list))

if __name__ == "__main__":
    app = QApplication(sys.argv)
    ex = Example()
    sys.exit(app.exec_())
```

运行脚本，拖曳文字或文件，显示效果如图 4-40 所示。

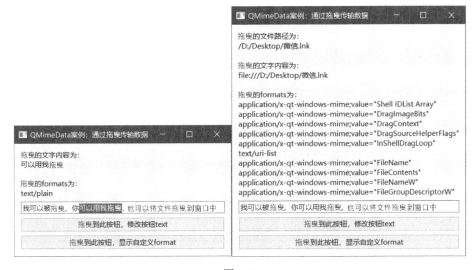

图 4-40

【代码分析】

虽然本案例介绍的是 QMimeData，但是要通过 Drag 体现出来，QMimeData 在拖曳过程中提供数据交换的通道。需要注意以下几点。

（1）button 和 button2 分别实现了标准及自定义 QMimeData 的方法，之前已经介绍过。将文本（QLineEdit 或记事本等中的文本）拖曳到按钮的时候就会触发拖曳。

（2）dragEnterEvent 针对的是窗口，拖曳到窗口中时会触发。

4.3.2　Drag 与 Drop

4.3.1 节的案例已经介绍了拖曳的一些基本用法，本节会介绍拖曳的其他细节。QDrag 同样继承自 QtCore，结构如图 4-41 所示。

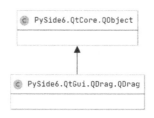

图 4-41

许多 QWidget 对象都支持拖曳动作，允许拖曳数据的控件必须设置 QWidget.setDragEnabled()为 True（如案例 4-18 中的 QLineEdit）。

拖曳过程中会有一些默认图像随着鼠标移动（常见的有一个拖曳的"+"或透明的快捷方式），这些图像会根据 QMimeData 中的数据类型显示不同的效果，也可以使用setPixmap()函数设置其他图片的效果。可以使用 setHotSpot()函数设置鼠标指针相对于控件左上角的位置。可以使用 source()函数和 target()函数找到拖曳源和目标小部件，方便实现特殊行为。

拖曳操作通常在一些拖曳事件中完成，常用的拖曳事件如表 4-22 所示。

表 4-22

事　　件	描　　述
QDrag	支持基于 MIME 的拖放数据传输
mousePressEvent	按下鼠标按键触发事件
mouseReleaseEvent	释放鼠标按键触发事件
mouseMoveEvent	移动鼠标触发事件
DragEnterEvent	当拖曳动作进入该控件时触发该事件。在这个事件中可以获得被操作的窗口控件，还可以有条件地接受或拒绝该拖曳操作
DragMoveEvent	在拖曳操作进行时会触发该事件
DragLeaveEvent	当执行拖曳控件的操作，并且鼠标指针离开该控件时，这个事件将被触发
DropEvent	当拖曳操作在目标控件上被释放时，这个事件将被触发

在本节的案例中，部分事件的触发顺序如下（具体的详细信息请参考例 4-19）：

```
w mousePressEvent
w mousePressEvent b2 1
w mousePressEvent b2 2
w dragEnterEvent
w dragMoveEvent
w dropEnvent
w dropEnvent b2 1
w dropEnvent b2 2
w mousePressEvent b2 3
```

 案例 4-19　QDrag 的使用方法 1

本案例的文件名为 Chapter04/qt_QDrag.py，用于演示拖曳功能，代码如下：

```python
class Button(QPushButton):
    def __init__(self, title, parent):
        super().__init__(title, parent)

    def mouseMoveEvent(self, e):
        # print('b1 mouseMoveEvent 1')
        if e.buttons() != Qt.RightButton:
            return

        print('b1 mouseMoveEvent 1')
        mimeData = QMimeData()
        drag = QDrag(self)
        drag.setMimeData(mimeData)
        self.hotSpot = e.pos() - self.rect().topLeft()
        drag.setHotSpot(self.hotSpot)
        print('b1 mouseMoveEvent 2')
        dropAcion = drag.exec_(Qt.MoveAction)
        print('b1 mouseMoveEvent 3')
        print(dropAcion)


    def mousePressEvent(self, e):
        QPushButton.mousePressEvent(self, e)

        if e.button() == Qt.LeftButton:
            print("请使用右键拖动")


class Example(QWidget):
    def __init__(self):
        super().__init__()
        self.setAcceptDrops(True)

        self.button = Button("用鼠标右键拖动", self)
        self.button.move(100, 65)

        self.button2 = QPushButton("用鼠标右键拖动 2", self)
        self.button2.move(50, 35)

        self.setWindowTitle("拖曳应用案例 1")
        self.setGeometry(300, 300, 280, 150)

    def dragEnterEvent(self, event):
        print('w dragEnterEvent')
        if event.mimeData().hasFormat("application/x-MyButton2"):
            if event.source() == self:
```

```
                    event.setDropAction(Qt.MoveAction)
                    event.accept()
            else:
                event.acceptProposedAction()
        else:
            event.accept()

    def dropEvent(self, event):
        print('w dropEnvent')
        if event.mimeData().hasFormat("application/x-MyButton2"):
            print('w dropEnvent b2 1')
            offset = self.offset
            self.child.move(event.position().toPoint() - offset)

            if event.source() == self:
                event.setDropAction(Qt.MoveAction)
                event.accept()
            else:
                event.acceptProposedAction()
            print('w dropEnvent b2 2')
        else:
            print('w dropEnvent b1 1')
            position = event.pos()
            self.button.move(position-self.button.hotSpot)
            event.setDropAction(Qt.MoveAction)
            event.accept()
            print('w dropEnvent b1 2')
            # event.ignore()

    def dragMoveEvent(self, event: PySide6.QtGui.QDragMoveEvent) -> None:
        print('w dragMoveEvent')
        if event.mimeData().hasFormat("application/x-MyButton2"):
            if event.source() == self:
                event.setDropAction(Qt.MoveAction)
                event.accept()
            else:
                event.acceptProposedAction()
        else:
            # self.dragMoveEvent(event)
            event.accept()

    def mousePressEvent(self, event: PySide6.QtGui.QMouseEvent) -> None:
        print('w mousePressEvent')
        child = self.childAt(event.position().toPoint())

        if child is not self.button2:
```

第 4 章　基本窗口控件（下）

```
        return
    print('w mousePressEvent b2 1')
    self.offset = QPoint(event.position().toPoint() - child.pos())
    self.child = child
    mimeData = QMimeData()
    mimeData.setData("application/x-MyButton2", QByteArray())

    drag = QDrag(self)
    drag.setMimeData(mimeData)
    # drag.setPixmap(self.pixmap)
    drag.setHotSpot(event.position().toPoint() - child.pos())
    print('w mousePressEvent b2 2')
    moveAction = drag.exec_(Qt.CopyAction | Qt.MoveAction, Qt.CopyAction)
    print('w mousePressEvent b2 3')
    print(moveAction)

if __name__ == "__main__":
    app = QApplication(sys.argv)
    ex = Example()
    ex.show()
    app.exec()
```

运行脚本，显示效果如图 4-42 所示。

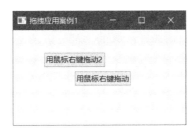

图 4-42

【代码分析】

本案例实现了两种对按钮的拖曳方式，一种是自定义实例化按钮（button），另一种是基于父窗口（button 2），本案例部分参考了官方的 C++ demo。拖曳操作比较混乱的是事件触发顺序，下面简要说明。

对于 button1，事件触发顺序如下：

```
w mousePressEvent
b1 mouseMoveEvent 1
b1 mouseMoveEvent 2
w dragEnterEvent
w dragMoveEvent
# 省略若干次触发
w dragMoveEvent
w dropEnvent
```

▶▶　275

```
w dropEnvent b1 1
w dropEnvent b1 2
b1 mouseMoveEvent 3
PySide6.QtCore.Qt.DropAction.MoveAction
```

对于 button2，事件触发顺序如下：

```
w mousePressEvent
w mousePressEvent b2 1
w mousePressEvent b2 2
w dragEnterEvent
w dragMoveEvent
# 省略若干次触发
w dragMoveEvent
w dropEnvent
w dropEnvent b2 1
w dropEnvent b2 2
w mousePressEvent b2 3
PySide6.QtCore.Qt.DropAction.MoveAction
```

可以看到，drag.exec()函数会阻断当前事件运行（不会阻断主程序），执行拖曳的其他事件，等待拖曳操作完成之后才会继续执行当前事件。

button 的拖曳操作在自己的 QPushButton.mouseMoveEvent()函数中完成，button2 的拖曳操作在 QWidget.mousePressEvent()函数中完成。两个按钮的移动操作都在 QWidget.dropEvent()函数中完成，通过 QMimeData.hasFormat("application/x-MyButton2")来识别 button2 按钮。两个按钮实现的功能是一样的，都可以通过鼠标右键拖曳移动。二者的区别在于：button 的拖曳操作只有按住鼠标右键拖动才能触发，右击 button2 按钮也能触发。

 案例 4-20 QDrag 的使用方法 2

本案例的文件名为 Chapter04/qt_QDrag2.py，用于演示拖曳的更多功能。本案例基于官方的 C++ demo 改写，更全面地演示了拖曳功能及不同窗体之间的数据传递方式，代码如下：

```
class DragWidget(QWidget):
    def __init__(self):
        super().__init__()
        self.setMinimumSize(400, 400)
        self.setAcceptDrops(True)

        self.icon1 = QLabel('icon1',self)
        self.icon1.setPixmap(QPixmap("./images/save.png"))
        self.icon1.move(10, 10)
        self.icon1.setAttribute(Qt.WA_DeleteOnClose)

        self.icon2 = QLabel('icon2',self)
        self.icon2.setPixmap(QPixmap("./images/new.png"))
        self.icon2.move(100, 10)
```

```
        self.icon2.setAttribute(Qt.WA_DeleteOnClose)

        self.icon3 = QLabel('icon3',self)
        self.icon3.setPixmap(QPixmap("./images/open.png"))
        self.icon3.move(10, 80)
        self.icon3.setAttribute(Qt.WA_DeleteOnClose)

    def dragEnterEvent(self, event: PySide6.QtGui.QDragEnterEvent) -> None:
        if event.mimeData().hasFormat("application/x-dnditemdata"):
            if event.source() == self:
                event.setDropAction(Qt.MoveAction)
                event.accept()
            else:
                event.acceptProposedAction()
        else:
            event.ignore()

    def dragMoveEvent(self, event: PySide6.QtGui.QDragMoveEvent) -> None:
        if event.mimeData().hasFormat("application/x-dnditemdata"):
            if event.source() == self:
                event.setDropAction(Qt.MoveAction)
                event.accept()
            else:
                event.acceptProposedAction()
        else:
            event.ignore()

    def dropEvent(self, event: PySide6.QtGui.QDropEvent) -> None:
        if event.mimeData().hasFormat("application/x-dnditemdata"):

            # 接收 QMimeData 中的 QPixmap 数据
            itemData = event.mimeData().data("application/x-dnditemdata")
            pixmap = self.QByteArray2QPixmap(itemData)
            # pixmap = event.mimeData().imageData()
            # pixmap = self.parent().pixmap

            # 接收父类中的 QPoint 数据
            offset = self.parent().offset

            # 新建 icon
            newIcon = QLabel('哈哈',self)
            newIcon.setPixmap(pixmap)
            newIcon.move(event.position().toPoint() - offset)
            newIcon.show()
            newIcon.setAttribute(Qt.WA_DeleteOnClose)
```

```
            if event.source() == self:
                event.setDropAction(Qt.MoveAction)
                event.accept()
            else:
                event.acceptProposedAction()
        else:
            event.ignore()

    def mousePressEvent(self, event: PySide6.QtGui.QMouseEvent) -> None:

        child = self.childAt(event.position().toPoint())
        if not child:
            return

        # 通过 QMimeData 传递 QPixmap 数据
        pixmap = child.pixmap()
        # self.parent().pixmap = pixmap
        itemData = self.QPixmap2QByteArray(pixmap)
        mimeData = QMimeData()
        mimeData.setData("application/x-dnditemdata", itemData)
        # mimeData.setImageData(pixmap)

        # 通过共同的父类传递 QPoint 数据
        offset = QPoint(event.position().toPoint() - child.pos())
        self.parent().offset = offset

        drag = QDrag(self)
        drag.setMimeData(mimeData)
        drag.setPixmap(pixmap)
        drag.setHotSpot(event.position().toPoint() - child.pos())

        # 触发 MoveAction 行为会关闭原来的 icon, 否则不关闭
        action = drag.exec_(Qt.CopyAction | Qt.MoveAction, Qt.CopyAction)
        print(action)
        if action== Qt.MoveAction:
            child.close()
        else:
            child.show()
            # child.setPixmap(pixmap)

    def QPixmap2QByteArray(self, q_image: QImage) -> QByteArray:
        """
        Args:
            q_image: 待转化为字节流的 QImage
        Returns:
            q_image 转化成的 byte array
```

```
    """
    # 获取一个空的字节数组
    byte_array = QByteArray()
    # 将字节数组绑定到输出流上
    buffer = QBuffer(byte_array)
    buffer.open(QIODevice.WriteOnly)
    # 将数据使用 PNG 格式保存
    q_image.save(buffer, "png", quality=100)
    return byte_array


def QByteArray2QPixmap(self, byte_array: QByteArray):
    """
    Args:
        byte_array: 字节流图像
    Returns:
        byte_array 对应的字节流数组
    """
    # 设置字节流输入池
    buffer = QBuffer(byte_array)
    buffer.open(QIODevice.ReadOnly)
    # 读取图片
    reader = QImageReader(buffer)
    img = QPixmap(reader.read())

    return img

if __name__ == "__main__":
    app = QApplication(sys.argv)
    mainWidget = QWidget()
    horizontalLayout = QHBoxLayout(mainWidget)
    horizontalLayout.addWidget(DragWidget())
    horizontalLayout.addWidget(DragWidget())
    mainWidget.setWindowTitle('实现窗体内的拖曳和窗体间的复制')
    mainWidget.show()
    sys.exit(app.exec())
```

运行脚本，移动或复制一些控件，显示效果如图 4-43 所示。

【代码分析】

本案例实现了控件在窗体内的拖曳和移动，以及不同窗体之间的拖曳和复制。mousePressEvent()函数定义了拖曳操作，dropEvent()函数定义了移动或复制操作。与案例 4-19 不同，本案例通过关闭原来的控件，并在目标位置上新建控件来实现拖曳效果，而不是采用移动的方式。本案例的大部分内容都和之前的相同，这里需要注意以下几点。

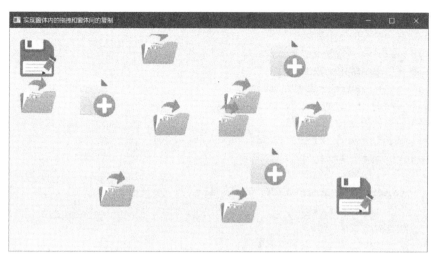

图 4-43

（1）无论是移动还是复制，都需要传递两种数据：一是鼠标指针相对于控件左上角的位移 offset；二是控件填充的背景图 pixmap。

（2）对于 offset，本案例通过父窗口传递，即 self.parent().offset = offset；对于 pixmap，转换成 QByteArray 通过 QMimeData 传递。代码如下：

```
itemData = self.QPixmap2QByteArray(pixmap)
mimeData = QMimeData()
mimeData.setData("application/x-dnditemdata", itemData)
# mimeData.setImageData(pixmap)

# 通过共同的父类传递 QPoint 数据
offset = QPoint(event.position().toPoint() - child.pos())
self.parent().offset = offset

drag = QDrag(self)
drag.setMimeData(mimeData)
drag.setPixmap(pixmap)
drag.setHotSpot(event.position().toPoint() - child.pos())
```

（3）pixmap 也可以像 offset 一样通过 self.parent().offset = offset 传递，还可以通过 mimeData.setImageData(pixmap)传递，通过 QMimeData.imageData()获取（请参考注释内容）。这两种传递方式更简单，都不需要转换成 QByteArray。本案例选择的是比较复杂的方式，可以帮助读者更好地理解数据传递的实现方式。

4.3.3 QClipboard

如图 4-44 所示，和 QDrag 一样，QClipboard 也继承自 QtCore。QClipboard 提供了对系统剪贴板的访问，可以在应用程序之间复制和粘贴数据。QClipboard 的使用方法和 QDrag 的使用方法类似，同样使用 QMimeData 传输数据。

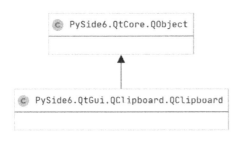

图 4-44

剪贴板常用的调用方法如下：

```
clipboard = QApplication.clipboard()
```

这是 QApplication 的静态方法，返回 QClipboard。QClipboard 类中常用的函数如表 4-23 所示。

表 4-23

函　　数	描　　述
clear()	清除剪贴板中的内容
setImage()	将 QImage 对象复制到剪贴板中
setMimeData()	将 MIME 数据复制到剪贴板中
setPixmap()	从剪贴板中复制 Pixmap 对象
setText()	从剪贴板中复制文本
text()	从剪贴板中检索文本

表 4-23 中的 setImage()函数及 setText()函数等实际上是对 QMimeData 中的 setImage()函数等的便携封装，方便传输数据。

QClipboard 类中常用的信号如表 4-24 所示。

表 4-24

信　　号	含　　义
dataChanged	当剪贴板中的内容发生变化时，会发射这个信号

 案例 4-21　QClipboard 控件的使用方法

本案例的文件名为 Chapter04/qt_QClipboard.py，用于演示 QClipboard 控件的使用方法，代码如下：

```python
class Demo(QWidget):
    def __init__(self, parent=None):
        super(Demo, self).__init__(parent)
        textCopyButton = QPushButton("&Copy Text")
        PasteButton = QPushButton("&Paste")
        htmlCopyButton = QPushButton("C&opy HTML")
        imageCopyButton = QPushButton("Co&py Image")
        self.textLabel = QLabel("Paste text")
```

```python
        self.typeLabel = QLabel('type label')
        self.formatLabel = QLabel('format label: for valuechange')
        layout = QGridLayout()
        layout.addWidget(textCopyButton, 0, 0)
        layout.addWidget(imageCopyButton, 0, 1)
        layout.addWidget(htmlCopyButton, 0, 2)
        layout.addWidget(PasteButton, 1, 0, 1, 2)
        layout.addWidget(self.typeLabel, 1, 2)
        layout.addWidget(self.textLabel, 2, 0, 1, 3)
        layout.addWidget(self.formatLabel, 3, 0, 1, 3)
        self.setLayout(layout)
        textCopyButton.clicked.connect(self.copyText)
        htmlCopyButton.clicked.connect(self.copyHtml)
        imageCopyButton.clicked.connect(self.copyImage)

        PasteButton.clicked.connect(self.paste)

        self.clipboard = QApplication.clipboard()
        self.clipboard.dataChanged.connect(self.updateClipboard)

        self.setWindowTitle("Clipboard 例子")

    def copyText(self):
        self.clipboard.setText("I've been clipped!")

    def copyImage(self):
        self.clipboard.setPixmap(QPixmap(os.path.join(
            os.path.dirname(__file__), "./images/python.png")))

    def copyHtml(self):
        mimeData = QMimeData()
        mimeData.setHtml("<b>Bold and <font color=red>Red</font></b>")
        self.clipboard.setMimeData(mimeData)

    def paste(self):
        mimeData = self.clipboard.mimeData()
        self.typeLabel.setText('')
        if mimeData.hasImage():
            self.textLabel.setPixmap(mimeData.imageData())
            self.typeLabel.setText(self.typeLabel.text() + '\n' + 'hasImage')
        elif mimeData.hasHtml():
            self.textLabel.setText(mimeData.html())
            self.textLabel.setTextFormat(Qt.RichText)
            self.typeLabel.setText(self.typeLabel.text() + '\n' + 'hasHtml')
        elif mimeData.hasText():
```

```
        self.textLabel.setText(mimeData.text())
        self.textLabel.setTextFormat(Qt.PlainText)
        self.typeLabel.setText(self.typeLabel.text() + '\n' + 'hasText')
    else:
        self.textLabel.setText("Cannot display data")

def updateClipboard(self):
    mimeData = self.clipboard.mimeData()

    formats = mimeData.formats()
    _str = ''

    for format in formats:
        data = mimeData.data(format)
        _str = _str + '\n' + format + ' : ' + str(data.data()[:20])
    self.formatLabel.setText(_str)
```

运行脚本，复制一些代码，显示效果如图 4-45 所示。

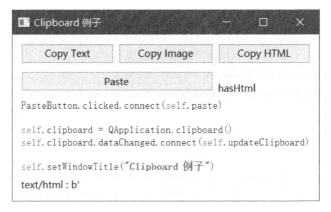

图 4-45

【代码分析】

这个案例主要使用 QMimeData 传递数据，基础方法请参考 4.3.1 节和 4.3.2 节，这里不再赘述。可以使用最上方的 3 个按钮复制一些特定对象，也可以手动复制其他数据。paste()函数会根据剪贴板中的数据类型来选择呈现方式，当剪贴板中的内容发生变化时触发 updateClipboard()函数，用来显示当前剪贴板的 format 格式。

4.4　菜单栏、工具栏、状态栏与快捷键

菜单栏（包括顶部下拉菜单和上下文菜单）、工具栏和状态栏可以放在一起叙述，在案例 3-16 中已经初步介绍了菜单栏和工具栏的使用方法，本节会对它们进行更系统的介绍。有时需要对菜单栏和工具栏绑定快捷键，这就需要了解一些 Qt 中关于快捷键的信息。

4.4.1 菜单栏 QMenu

菜单栏包括两种，分别为顶部下拉菜单和上下文菜单。对于顶部下拉菜单，只有 QMainWindow 才能提供，通过 menuBar()函数可以获取菜单栏对象 QMenuBar，而 QWidget 则没有这个函数。对于上下文菜单，可以通过重写 contextMenuEvent() 函数或 createPopupMenu()函数实现。

获取 QMenuBar 对象之后，可以通过 addMenu()函数将菜单添加到菜单栏中，并返回这个菜单 QMenu 对象。每个 QMenu 对象都可以包含一个或多个 QAction 对象或级联的 QMenu 对象。可以通过 addAction()函数添加 QAction 对象，通过 addMenu()函数添加 QMenu 对象，这样就获得了二级菜单。

QMenu 类常见的函数如表 4-25 所示。

表 4-25

函 数	描 述
menuBar()	返回主窗口的 QMenuBar 对象
addMenu()	在菜单栏中添加一个新的 QMenu 对象
addAction()	在 QMenu 中添加一个操作按钮，其中包含文本或图标
setEnabled()	将操作按钮的状态设置为启用/禁用
addSeperator()	在菜单中添加一条分隔线
clear()	删除菜单/菜单栏中的内容
setShortcut()	将快捷键关联到操作按钮（QAction 方法）
setText()	设置菜单项的文本
setTitle()	设置 QMenu 的标题
text()	返回与 QAction 对象关联的文本
title()	返回 QMenu 的标题

当单击任何 QAction 按钮时，QMenu 对象都会发射 triggered 信号。

 案例 4-22　QMenuBar、QMenu 和 QAction 的使用方法

本案例的文件名为 Chapter04/qt_QMenu.py，用于演示 QMenuBar、QMenu 和 QAction 的使用方法，代码如下：

```
class MenuDemo(QMainWindow):
    def __init__(self, parent=None):
        super(MenuDemo, self).__init__(parent)

        widget = QWidget(self)
        self.setCentralWidget(widget)

        topFiller = QWidget()
        topFiller.setSizePolicy(QSizePolicy.Expanding,
QSizePolicy.Expanding)
```

```python
        self.infoLabel = QLabel("<i>Choose a menu option, or right-click to
invoke a context menu</i>")
        self.infoLabel.setFrameStyle(QFrame.StyledPanel | QFrame.Sunken)
        self.infoLabel.setAlignment(Qt.AlignCenter)

        bottomFiller = QWidget()
        bottomFiller.setSizePolicy(QSizePolicy.Expanding,
QSizePolicy.Expanding)

        layout = QVBoxLayout()
        layout.setContentsMargins(5, 5, 5, 5)
        layout.addWidget(topFiller)
        layout.addWidget(self.infoLabel)
        layout.addWidget(bottomFiller)
        widget.setLayout(layout)

        self.createActions()
        self.createMenus()

        message = "A context menu is available by right-clicking"
        self.statusBar().showMessage(message)

        self.setWindowTitle("Menus")
        self.setMinimumSize(160, 160)
        self.resize(480, 320)

    def contextMenuEvent(self, event):
        menu = QMenu(self)
        menu.addAction(self.cutAct)
        menu.addAction(self.copyAct)
        menu.addAction(self.pasteAct)
        menu.exec(event.globalPos())

    def newFile(self):
        self.infoLabel.setText("Invoked <b>File|New</b>")

    def open(self):
        self.infoLabel.setText("Invoked <b>File|Open</b>")

# ==============此处省略一些代码==========


    def createActions(self):
        self.newAct = QAction(QIcon("./images/new.png"),"&New")
        self.newAct.setShortcuts(QKeySequence.New)
```

```python
        self.newAct.setStatusTip("Create a new file")
        self.newAct.triggered.connect(self.newFile)

        self.openAct = QAction(QIcon("./images/open.png"),"&Open...")
        self.openAct.setShortcuts(QKeySequence.Open)
        self.openAct.setStatusTip("Open an existing file")
        self.openAct.triggered.connect(self.open)
# ==============此处省略一些代码==========

    def createMenus(self):
        fileMenu = self.menuBar().addMenu("&File")
        fileMenu.addAction(self.newAct)
        fileMenu.addAction(self.openAct)
        fileMenu.addAction(self.saveAct)
        fileMenu.addAction(self.printAct)
        fileMenu.addSeparator()

        fileMenu.addAction(self.exitAct)
        editMenu = self.menuBar().addMenu("&Edit")
        editMenu.addAction(self.undoAct)
        editMenu.addAction(self.redoAct)
        editMenu.addSeparator()
# ==============此处省略一些代码==========


if __name__ == '__main__':
    app = QApplication(sys.argv)
    demo = MenuDemo()
    demo.show()
    sys.exit(app.exec())
```

运行脚本，显示效果如图 4-46 所示。

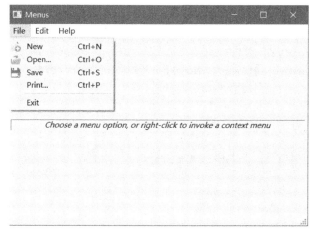

图 4-46

【代码分析】

在这个案例中，顶层窗口必须是 QMainWindow 对象，这样才可以引用 QMenuBar 对象。下面以创建 File-New 菜单为例展开介绍。

首先，在 createActions()函数中创建一个 QAction，标题为 New，并绑定槽函数 newFile()。这里通过 setShortcuts()函数绑定了 Ctrl+N 快捷键，关于 QKeySequence 的更多信息会在 4.4.2 节讲述。通过 setStatusTip()函数设置了当鼠标指针滑过菜单时状态栏要显示的信息。代码如下：

```
self.newAct = QAction(QIcon("./images/new.png"),"&New")
self.newAct.setShortcuts(QKeySequence.New)
self.newAct.setStatusTip("Create a new file")
self.newAct.triggered.connect(self.newFile)
def newFile(self):
    self.infoLabel.setText("Invoked <b>File|New</b>")
```

其次，在 createMenus()函数中，addMenu()函数将 File 菜单添加到菜单栏中，并对菜单添加动作 self.newAct：

```
fileMenu = self.menuBar().addMenu("&File")
fileMenu.addAction(self.newAct)
```

也可以对 QMenu 调用 addMenu()函数添加二级菜单，代码如下：

```
editMenu = self.menuBar().addMenu("&Edit")
editMenu.addAction(self.undoAct)
editMenu.addAction(self.redoAct)
editMenu.addSeparator()
editMenu.addAction(self.cutAct)
editMenu.addAction(self.copyAct)
editMenu.addAction(self.pasteAct)
editMenu.addSeparator()

formatMenu = editMenu.addMenu("&Format")
formatMenu.addAction(self.boldAct)
formatMenu.addAction(self.italicAct)
formatMenu.addSeparator().setText("Alignment")
formatMenu.addAction(self.leftAlignAct)
formatMenu.addAction(self.rightAlignAct)
formatMenu.addAction(self.justifyAct)
formatMenu.addAction(self.centerAct)
formatMenu.addSeparator()
formatMenu.addAction(self.setLineSpacingAct)
formatMenu.addAction(self.setParagraphSpacingAct)
```

运行效果如图 4-47 所示。

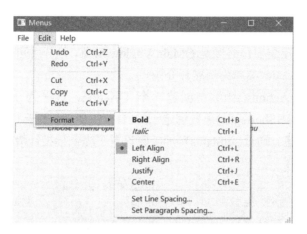

图 4-47

重写 contextMenuEvent()函数可以修改上下文菜单，代码如下：

```python
def contextMenuEvent(self, event):
    menu = QMenu(self)
    menu.addAction(self.cutAct)
    menu.addAction(self.copyAct)
    menu.addAction(self.pasteAct)
    menu.exec(event.globalPos())
```

运行效果如图 4-48 所示。

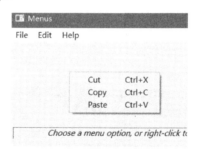

图 4-48

这里通过修改 contextMenuEvent()函数实现上下文菜单，也可以通过修改 createPopupMenu()函数实现，4.4.3 节会介绍这种方式。

4.4.2 快捷键 QKeySequence（Edit）、QShortcut

Qt 中专门为快捷键设定了 QKeySequence 类，它封装了快捷键使用的按键序列。本节主要介绍 3 种快捷键方式：第 1 种是基于 QAction 的快捷键，这是设计菜单栏和工具栏常用的方式；第 2 种是基于 QShortcut，可以对快捷键直接绑定相关的槽函数；第 3 种是可视化的快捷键绑定，Qt 中提供了可视化快捷键绑定的类 QKeySequenceEdit，用户可以设置自己的快捷键。这 3 种方式绑定快捷键都要使用 QKeySequence，从而为不同的场景绑定快捷键提供便利。从图 4-49 中可以看出，这 3 种方式之间没有相关性。

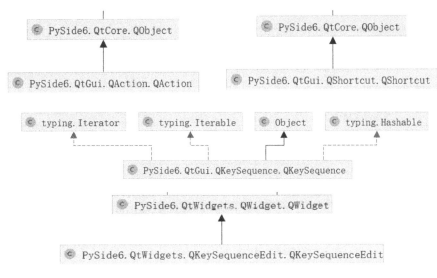

图 4-49

1. 基于 QAction 的快捷键

在 Qt 中，QKeySequence 一般与 QAction 对象一起使用，以指定使用哪些快捷键来触发操作。在 Qt 中，支持 3 种绑定快捷键的方式，下面以 Ctrl+N 为例展开介绍（如下 3 种方式的效果是一样的）。

（1）标准快捷键：

```
newAct = QAction(QIcon("./images/new.png"),"&New")
newAct.setShortcuts(QKeySequence.New)
```

（2）自定义快捷键：

```
newAct = QAction(QIcon("./images/new.png"),"&New")
newAct.setShortcuts("Ctrl+N")
```

（3）来自 Qt 的快捷键：

```
newAct = QAction(QIcon("./images/new.png"),"&New")
newAct.setShortcuts(QKeySequence(Qt.CTRL|Qt.Key_N))
```

这里使用的是 setShortcuts()函数，如果这个函数不工作，则可以尝试使用 setShortcut()函数，前者传递一个快捷键列表，后者传递一个快捷键，这样使用也没有问题。

Qt 中的标准快捷键与 Windows 平台和 macOS 平台下的快捷键的对应关系如表 4-26 所示，记住这个对应关系可以减少用户在应用程序中的工作量。

表 4-26

标准快捷键	Windows	macOS
HelpContents	F1	Ctrl+?
WhatsThis	Shift+F1	Shift+F1
Open	Ctrl+O	Ctrl+O
Close	Ctrl+F4、Ctrl+W	Ctrl+W、Ctrl+F4

标准快捷键	Windows	macOS
Save	Ctrl+S	Ctrl+S
Quit		Ctrl+Q
SaveAs		Ctrl+Shift+S
New	Ctrl+N	Ctrl+N
Delete	Del	Del、Meta+D
Cut	Ctrl+X、Shift+Del	Ctrl+X、Meta+K
Copy	Ctrl+C、Ctrl+Ins	Ctrl+C
Paste	Ctrl+V、Shift+Ins	Ctrl+V、Meta+Y
Preferences		Ctrl+,
Undo	Ctrl+Z、Alt+Backspace	Ctrl+Z
Redo	Ctrl+Y、Shift+Ctrl+Z、Alt+Shift+Backspace	Ctrl+Shift+Z
Back	Alt+←、Backspace	Ctrl+[
Forward	Alt+→、Shift+Backspace	Ctrl+]
Refresh	F5	F5
ZoomIn	Ctrl+Plus	Ctrl+Plus
ZoomOut	Ctrl+Minus	Ctrl+Minus
FullScreen	F11、Alt+Enter	Ctrl+Meta+F
Print	Ctrl+P	Ctrl+P
AddTab	Ctrl+T	Ctrl+T
NextChild	Ctrl+Tab、Forward、Ctrl+F6	Ctrl+}、Forward、Ctrl+Tab
PreviousChild	Ctrl+Shift+Tab、Back、Ctrl+Shift+F6	Ctrl+{、Back、Ctrl+Shift+Tab
Find	Ctrl+F	Ctrl+F
FindNext	F3、Ctrl+G	Ctrl+G
FindPrevious	Shift+F3、Ctrl+Shift+G	Ctrl+Shift+G
Replace	Ctrl+H	（none）
SelectAll	Ctrl+A	Ctrl+A
Deselect		
Bold	Ctrl+B	Ctrl+B
Italic	Ctrl+I	Ctrl+I
Underline	Ctrl+U	Ctrl+U
MoveToNextChar	→	Right、Meta+F
MoveToPreviousChar	←	Left、Meta+B
MoveToNextWord	Ctrl+→	Alt+→
MoveToPreviousWord	Ctrl+←	Alt+←
MoveToNextLine	↓	↓、Meta+N
MoveToPreviousLine	↑	↑、Meta+P
MoveToNextPage	PageDown	PageDown、Alt+PageDown、Meta+↓、Meta+PageDown、Meta+V

标准快捷键	Windows	macOS
MoveToPreviousPage	PageUp	PageUp、Alt+PageUp、Meta+↑、Meta+PageUp
MoveToStartOfLine	Home	Ctrl+←、Meta+←
MoveToEndOfLine	End	Ctrl+→、Meta+→
MoveToStartOfBlock	（none）	Alt+↑、Meta+A
MoveToEndOfBlock	（none）	Alt+↓、Meta+E
MoveToStartOfDocument	Ctrl+Home	Ctrl+↑、Home
MoveToEndOfDocument	Ctrl+End	Ctrl+↓、End
SelectNextChar	Shift+→	Shift+→
SelectPreviousChar	Shift+←	Shift+←
SelectNextWord	Ctrl+Shift+→	Alt+Shift+→
SelectPreviousWord	Ctrl+Shift+←	Alt+Shift+←
SelectNextLine	Shift+↓	Shift+↓
SelectPreviousLine	Shift+↑	Shift+↑
SelectNextPage	Shift+PageDown	Shift+PageDown
SelectPreviousPage	Shift+PageUp	Shift+PageUp
SelectStartOfLine	Shift+Home	Ctrl+Shift+←
SelectEndOfLine	Shift+End	Ctrl+Shift+→
SelectStartOfBlock	（none）	Alt+Shift+↑、Meta+Shift+A
SelectEndOfBlock	（none）	Alt+Shift+↓、Meta+Shift+E
SelectStartOfDocument	Ctrl+Shift+Home	Ctrl+Shift+↑、Shift+Home
SelectEndOfDocument	Ctrl+Shift+End	Ctrl+Shift+↓、Shift+End
DeleteStartOfWord	Ctrl+Backspace	Alt+Backspace
DeleteEndOfWord	Ctrl+Del	（none）
DeleteEndOfLine	（none）	（none）
DeleteCompleteLine	（none）	（none）
InsertParagraphSeparator	Enter	Enter
InsertLineSeparator	Shift+Enter	Meta+Enter、Meta+O
Backspace	（none）	Meta+H
Cancel	Escape	Escape、Ctrl+.

如果读者不了解表 4-26 中的内容，但想在代码中知道 QKeySequence.Copy 对应的按键，则可以使用如下方式：

```
QKeySequence.keyBindings(QKeySequence.Copy)
Out[19]: [QKeySequence(Ctrl+C), QKeySequence(Ctrl+Ins)]
```

如上所示，Copy 对应 Windows 系统中的 Ctrl+C 和 Ctrl+Ins 快捷键。

2. 基于 QShortcut 的快捷键

如果想通过菜单栏、工具栏之外的方式设置快捷键，就可以使用 QShortcut 来实现，代码如下（实现了对 Ctrl+E 自定义快捷键的绑定）：

```
# 自定义快捷键
custom_shortcut = QShortcut(QKeySequence("Ctrl+E"), self)
custom_shortcut.activated.connect(lambda :self.customShortcut(custom_short
cut))

def customShortcut(self,key):
    self.label.setText('触发自定义快捷键:%s'%key.keys())
```

 案例 4-23 QShortcut 的使用方法

本案例的文件名为 Chapter04/qt_QShortcut.py，用于演示 QShortcut、QKeySequence 等的使用方法，代码如下：

```
class QShortcutDemo(QMainWindow):
    def __init__(self, parent=None):
        super(QShortcutDemo, self).__init__(parent)
        widget = QWidget(self)
        self.setCentralWidget(widget)
        layout = QVBoxLayout()
        widget.setLayout(layout)
        _label = QLabel('既可以触发菜单快捷键，也可以通过 Ctrl+E 触发自定义快捷键')
        self.label = QLabel('显示信息')
        layout.addWidget(_label)
        layout.addWidget(self.label)

        bar = self.menuBar()
        file = bar.addMenu("File")
        file.addAction("New")

        # 快捷键 1
        save = QAction("Save", self)
        save.setShortcut("Ctrl+S")
        file.addAction(save)

        # 快捷键 2
        copy = QAction('Copy',self)
        copy.setShortcuts(QKeySequence.Copy)
        file.addAction(copy)

        # 快捷键 3
        paste = QAction('Paste',self)
        # paste.setShortcuts(Qt.CTRL|Qt.Key_P)
        paste.setShortcuts(QKeySequence(Qt.CTRL|Qt.Key_P))
        file.addAction(paste)

        quit = QAction("Quit", self)
```

```
    file.addAction(quit)
    file.triggered[QAction].connect(self.action_trigger)

    # 自定义快捷键
    custom_shortcut = QShortcut(QKeySequence("Ctrl+E"), self)
    custom_shortcut.activated.connect(lambda :self.customShortcut
(custom_shortcut))

    self.setWindowTitle("QShortcut 例子")
    self.resize(450, 200)

def customShortcut(self,key):
    self.label.setText('触发自定义快捷键:%s'%key.keys())

def action_trigger(self, q):
    self.label.setText('触发菜单：%s；快捷键:%s'%(q.text(),q.shortcuts()))
```

运行脚本，显示效果如图 4-50 所示。

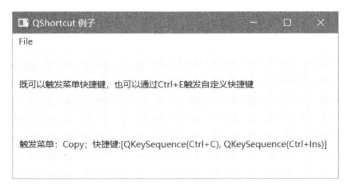

图 4-50

该案例比较简单，Ctrl+S、Ctrl+C 和 Ctrl+P 触发 QAction 的快捷键，Ctrl+E 触发 QShortcut 的快捷键。

3．可视化快捷键绑定，基于 QKeySequenceEdit

有时用户有自己设置快捷键的需求，如实现 QQ 等软件自定义快捷键功能，这就涉及 QKeySequenceEdit。当小部件获得焦点时开始录制用户输入的快捷键，并在用户释放按键 1 秒后结束。上面已经介绍了 QKeySequence 及 QAction 的快捷键，下面直接通过代码讲解。

 案例 4-24　QKeySequenceEdit 的使用方法

本案例的文件名为 Chapter04/qt_QKeySequenceEdit.py，用于演示 QKeySequenceEdit 的使用方法，代码如下：

```python
class KeySequenceEdit(QMainWindow):
    def __init__(self, parent=None):
        super(KeySequenceEdit, self).__init__(parent)

        # 基本框架
        label1 = QLabel('菜单 save 快捷键绑定：')
        self.keyEdit1 = QKeySequenceEdit(self)
        label2 = QLabel('菜单 copy 快捷键绑定：')
        self.keyEdit2 = QKeySequenceEdit(self)
        layout1 = QHBoxLayout()
        layout1.addWidget(label1)
        layout1.addWidget(self.keyEdit1)
        layout2 = QHBoxLayout()
        layout2.addWidget(label2)
        layout2.addWidget(self.keyEdit2)
        self.label_show = QLabel('显示按键信息')
        self.text_show = QTextBrowser()
        self.text_show.setMaximumHeight(60)

        # 绑定信号与槽
        # self.keyEdit1.editingFinished.connect(lambda :print('输入完毕 1'))
        # self.keyEdit2.editingFinished.connect(lambda :print('输入完毕 2'))
        self.keyEdit1.keySequenceChanged.connect(lambda
key:self.save.setShortcut(key))
        self.keyEdit2.keySequenceChanged.connect(lambda
key:self.copy.setShortcut(key))
        self.keyEdit1.keySequenceChanged.connect(self.show_key)
        self.keyEdit2.keySequenceChanged.connect(self.show_key)

        # 菜单栏
        bar = self.menuBar()
        file = bar.addMenu("File")
        file.addAction("New")
        self.save = QAction("Save", self)
        file.addAction(self.save)
        self.copy = QAction('Copy',self)
        file.addAction(self.copy)
        file.triggered[QAction].connect(lambda q:self.statusBar().
showMessage('触发菜单：%s；快捷键:%s'%(q.text(),q.shortcuts()),3000))

        # 布局管理
        layout = QVBoxLayout()
        layout.addLayout(layout1)
        layout.addLayout(layout2)
```

```
    layout.addWidget(self.label_show)
    layout.addWidget(self.text_show)
    widget = QWidget(self)
    widget.setLayout(layout)
    self.setCentralWidget(widget)

def show_key(self,key:QKeySequence):
    self.statusBar().showMessage('更新快捷键'+str(key),2000)
    key1 = self.keyEdit1.keySequence()
    key2 = self.keyEdit2.keySequence()
    _str = f'菜单栏快捷键更新成功；\nsave 绑定：{key1}\ncopy 绑定：{key2}'
    # self.label_show.setText(_str)
    self.text_show.setText(_str)
```

该案例实现了通过 QKeySequenceEdit 对 save 菜单和 copy 菜单绑定用户自定义快捷键的功能。运行代码，执行一些操作，结果如下。这部分内容显示笔者对 save 菜单绑定了 Ctrl+S 快捷键，对 copy 菜单绑定了 Ctrl+C 快捷键，如果使用 Ctrl+C 快捷键就会触发 copy 菜单，如图 4-51 所示。

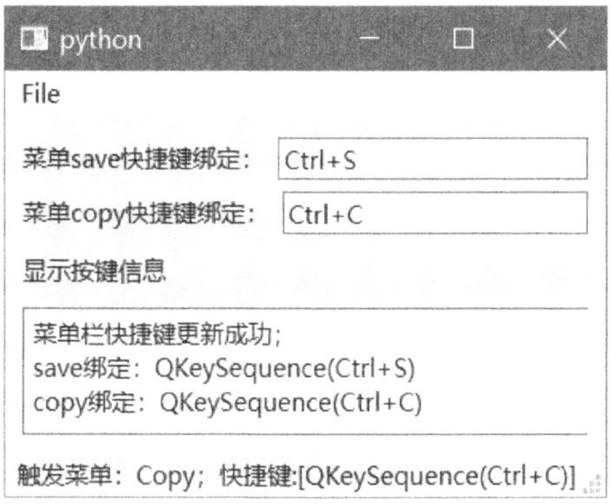

图 4-51

主要代码如下。当用户输入完快捷键 1 秒后，会触发 keySequenceChanged 信号，并把用户输入的快捷键 QKeySequence 作为参数发送出去。这里把用户输入的快捷键与对应菜单进行绑定，并发送给 show_key() 函数，更新当前状态的信息：

```
self.keyEdit1 = QKeySequenceEdit(self)
self.keyEdit2 = QKeySequenceEdit(self)

self.keyEdit1.keySequenceChanged.connect(lambda
key:self.save.setShortcut(key))
self.keyEdit2.keySequenceChanged.connect(lambda
key:self.copy.setShortcut(key))
self.keyEdit1.keySequenceChanged.connect(self.show_key)
self.keyEdit2.keySequenceChanged.connect(self.show_key)
```

show_key()函数在状态栏和 text_show(QTextBrowser)中更新了用户输入快捷键的信息：

```
def show_key(self,key:QKeySequence):
    self.statusBar().showMessage('更新快捷键'+str(key),2000)
    key1 = self.keyEdit1.keySequence()
    key2 = self.keyEdit2.keySequence()
    _str = f'菜单栏快捷键更新成功：\nsave 绑定：{key1}\ncopy 绑定：{key2}'
    self.text_show.setText(_str)
```

更新成功后，在 text_show()函数中触发绑定的快捷键会触发相应的菜单，代码如下：

```
file.triggered[QAction].connect(lambda q:self.statusBar().showMessage('触发
菜单：%s；快捷键:%s'%(q.text(),q.shortcuts()),3000))
```

4.4.3 工具栏 QToolBar

第 3 章在介绍 QToolButton 时已经介绍了 QToolBar（代码详见 Chapter03/qt_QToolButton.py），下面对 QToolBar 做进一步总结。

可以使用 addAction()函数或 insertAction()函数来添加工具栏按钮，使用 addSeparator()函数或 insertSeparator()函数可以分隔按钮组。除此之外，如果工具栏按钮不合适，则可以使用 addWidget()函数或 insertWidget()函数插入小部件（**需要继承 QMainWindow 类才能使用这种方式**），这些小部件可以是 QSpinBox、QDoubleSpinBox、QComboBox 和 QToolButton 等，3.6 节介绍的就是这种方式。在按下工具栏按钮时，它会发射 actionTriggered 信号。

工具栏既可以固定在特定区域（如窗口顶部），也可以在工具栏区域移动。如果工具栏调整得太小而无法显示其包含的所有项目，则扩展按钮将显示为其最后一项。按下扩展按钮将弹出一个菜单，其中包含工具栏中未包含的项目。

QToolBar 类中常用的函数如表 4-27 所示。

表 4-27

函　　数	描　　述
addAction()	添加具有文本或图标的工具按钮
addSeperator()	分组显示工具按钮
addWidget()	添加工具栏中按钮以外的控件
addToolBar()	使用 QMainWindow 类的方法添加一个新的工具栏
setMovable()	工具栏变得可移动
setOrientation()	工具栏的方向可以设置为 Qt.Horizontal 或 Qt.Vertical

 案例 4-25　QToolBar 的使用方法

本案例的文件名为 Chapter04/qt_QToolBar.py，用于演示 QToolBar 的使用方法。运行脚本，显示效果如图 4-52 所示，其中显示了 4 个按钮组的呈现方式。

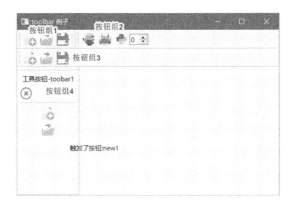

图 4-52

【代码分析】

既可以通过对 addToolBar() 函数返回的 QToolBar 进行设置，也可以对 addToolBar() 函数传递的 QToolBar 参数进行设置，详细参数如下：

```
addToolBar(self, area: PySide6.QtCore.Qt.ToolBarArea, toolbar:
PySide6.QtWidgets.QToolBar) -> None                         # 见按钮组 4
addToolBar(self, title: str) -> PySide6.QtWidgets.QToolBar # 见按钮组 1 和按键组 3

addToolBar(self, toolbar: PySide6.QtWidgets.QToolBar) ->None  # 见按钮组 2
```

下面的按钮组 1 和按钮组 2 对应上面代码中的后两种方式：

```
    # 按钮组 1, top1_1
    toolbar1 = self.addToolBar("toolbar1")
    new = QAction(QIcon("./images/new.png"), "new1", self)
    toolbar1.addAction(new)
    open = QAction(QIcon("./images/open.png"), "open1", self)
    open.setShortcut('Ctrl+O')
    toolbar1.addAction(open)
    save = QAction(QIcon("./images/save.png"), "save1", self)
    toolbar1.addAction(save)
toolbar1.actionTriggered[QAction].connect(self.toolbar_pressed)


    # 按钮组 2, top1_2
    toolbar2 = QToolBar('toolbar2')
    toolbar2.addAction(QAction(QIcon("./images/cartoon1.ico"),
"cartoon2", self))
    toolbar2.addAction(QAction(QIcon("./images/printer.png"), "print2",
self))
    toolbar2.addAction(QAction(QIcon("./images/python.png"), "python2",
self))
    toolbar1.addSeparator()
    spinbox = QSpinBox()
    toolbar2.addWidget(spinbox)
```

```
toolbar2.actionTriggered[QAction].connect(self.toolbar_pressed)
      spinbox.valueChanged.connect(lambda: self.label.setText("触发了:spinbox,
当前值: "+str(spinbox.value())))
      self.addToolBar(toolbar2)
```

在 QToolBar 中，添加的 QAction 类的实例可以通过 QToolBar.actionTriggered[QAction]
函数触发信号，槽函数会接收 QAction 类的实例作为参数；其他类的实例则需要自己手
动触发信号与槽，就像按钮组 2 中的 spinbox 一样。

在默认情况下，不同按钮组是前后排序的（如按钮组 1 和按钮组 2），有时候需要
将其左对齐排序，也就是需要多行按钮组，这需要使用 insertToolBarBreak()函数，如
下所示（效果见按钮组 3）：

```
      # 按钮组 3, top2
      toolbar3 = self.addToolBar("toolbar3")
      toolbar3.addAction(QAction(QIcon("./images/new.png"), "new3",
self))
      toolbar3.addAction(QAction(QIcon("./images/open.png"), "open3",
self))
      toolbar3.addAction(QAction(QIcon("./images/save.png"), "save3",
self))
toolbar3.actionTriggered[QAction].connect(self.toolbar_pressed)
      self.insertToolBarBreak(toolbar3)
```

按钮组 4 的代码来自案例 3-16，这里不再赘述，下面设置位置显示在左侧：

```
      # 按钮组 4, left
      toolbar4 = QToolBar('toolbar4')
      # 添加工具按钮 1
      tool_button_bar1 = QToolButton(self)
      tool_button_bar1.setText("工具按钮-toobar1")
      toolbar4.addWidget(tool_button_bar1)
      # 添加工具按钮 2
      tool_button_bar2 = QToolButton(self)
      tool_button_bar2.setText("工具按钮-toobar2")
      tool_button_bar2.setIcon(QIcon("./images/close.ico"))
      toolbar4.addWidget(tool_button_bar2)
      toolbar4.addSeparator()
      # 添加其他的 QAction 按钮
      new = QAction(QIcon("./images/new.png"), "new4", self)
      toolbar4.addAction(new)
      open = QAction(QIcon("./images/open.png"), "open4", self)
      toolbar4.addAction(open)
toolbar4.actionTriggered[QAction].connect(self.toolbar_pressed)
      tool_button_bar1.clicked.connect(lambda :self.toolbar_pressed
(tool_button_bar1))
      tool_button_bar2.clicked.connect(lambda :self.toolbar_pressed
(tool_button_bar2))
```

```
self.addToolBar(Qt.LeftToolBarArea, toolbar4)
```

主要是下一行代码：

```
self.addToolBar(Qt.LeftToolBarArea, toolbar4)
```

第 1 个参数用于设置 toolbar 在顶部、底部、左侧还是右侧，如表 4-28 所示，可以使用 setAllowedAreas()函数来限制它们的可拖曳区域。

表 4-28

属　　性	值
Qt.LeftToolBarArea	0x1
Qt.RightToolBarArea	0x2
Qt.TopToolBarArea	0x4
Qt.BottomToolBarArea	0x8
Qt.AllToolBarAreas	ToolBarArea_Mask
Qt.NoToolBarArea	0

createPopupMenu()函数是实现上下文菜单的另一种方式（第 1 种方式请参考 QMenu 部分的内容），单击鼠标右键，显示的信息如图 4-53 所示。

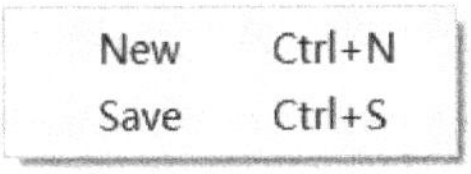

New	Ctrl+N
Save	Ctrl+S

图 4-53

相应的代码如下：

```
def createPopupMenu(self):
    menu = QMenu(self)
    new = QAction("New", menu)
    new.setData('NewAction')
    new.setShortcut('Ctrl+N')
    menu.addAction(new)

    save = QAction("Save", self)
    save.setShortcut("Ctrl+S")
    menu.addAction(save)

    menu.triggered[QAction].connect(self.toolbar_pressed)
    return menu
```

实际上，这是一个主窗口函数，如果不重写，上下文菜单默认弹出工具栏按钮组的开关选项，可以选择隐藏部分工具栏组。笔者隐藏了按钮组 2 和按钮组 3，需要屏蔽（注释）**createPopupMenu()**函数才能出现如图 **4-54** 所示的结果。

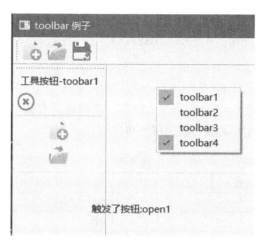

图 4-54

4.4.4　QStatusBar

MainWindow 对象在底部保留了一个水平条，作为状态栏（QStatusBar），用于显示如下 3 种状态信息。

- 临时：短暂占据大部分状态栏，如用于解释工具的提示文本或菜单条目。
- 正常：占据状态栏的一部分，可能会被临时消息隐藏，如用于在文字处理软件中显示页码和行号。
- 永久：永远不会隐藏，用于重要模式的指示，如某些应用程序在状态栏中放置了 Caps Lock 指示器。

通过主窗口的 QMainWindow 的 setStatusBar()函数设置状态栏，核心代码如下：

```
self.statusBar = QStatusBar()
self.setStatusBar(self.statusBar)
```

QStatusBar 类中常用的函数如表 4-29 所示。

表 4-29

函　数	描　述
addWidget()	在状态栏中添加给定的窗口小控件对象
addPermanentWidget()	在状态栏中永久添加给定的窗口小控件对象
showMessage()	在状态栏中显示一条临时信息指定时间间隔
clearMessage()	删除正在显示的临时信息
removeWidget()	从状态栏中删除指定的小控件

 案例 4-26　QStatusBar 控件的使用方法

本案例的文件名为 Chapter04/qt_QStatusBar.py，用于演示 QStatusBar 控件的使用方法，代码如下：

```python
class StatusDemo(QMainWindow):
    def __init__(self, parent=None):
        super(StatusDemo, self).__init__(parent)
        self.resize(300,200)

        bar = self.menuBar()
        file = bar.addMenu("File")
        new = QAction(QIcon("./images/new.png"), "new", self)
        new.setStatusTip('select menu: new')
        open_ = QAction(QIcon("./images/open.png"), "open", self)
        open_.setStatusTip('select menu: open')
        save = QAction(QIcon("./images/save.png"), "save", self)
        save.setStatusTip('select menu: save')
        file.addActions([new,open_,save])
        file.triggered[QAction].connect(self.processTrigger)
        self.init_statusBar()

        self.timer = QTimer(self)
        self.timer.timeout.connect(lambda:self.label.setText(time.strftime
("%Y-%m-%d %a %H:%M:%S")))
        self.timer.start(1000)

    def init_statusBar(self):
        self.status_bar = QStatusBar()
        self.status_bar2 = QStatusBar()
        self.status_bar2.setMinimumWidth(150)
        self.label = QLabel('显示永久信息：时间')
        self.button = QPushButton('清除时间')

        self.status_bar.addWidget(self.status_bar2)
        self.status_bar.addWidget(self.label)
        self.status_bar.addWidget(self.button)

        self.setWindowTitle("QStatusBar 例子")
        self.setStatusBar(self.status_bar)
        self.button.clicked.connect(lambda :self.status_bar.removeWidget
(self.label))

    def processTrigger(self, q):
        self.status_bar2.showMessage('单击了 menu: '+q.text(), 5000)
```

运行脚本，显示效果如图 4-55 所示。

图 4-55

【代码分析】

在这个案例中，创建了两个状态栏，其中的 status_bar2 状态栏通过 addWidget()函数包含 QStatusBar、QLabel 和 QPushButton 这 3 个控件。第 1 个控件作为临时状态栏使用，后两个控件可以当作常用状态栏或永久状态栏使用。使用 removeWidget()函数可以移除相应的控件：

```
def init_statusBar(self):
    self.status_bar = QStatusBar()
    self.status_bar2 = QStatusBar()
    self.status_bar2.setMinimumWidth(150)
    self.label = QLabel('显示永久信息：时间')
    self.button = QPushButton('清除时间')

    self.status_bar.addWidget(self.status_bar2)
    self.status_bar.addWidget(self.label)
    self.status_bar.addWidget(self.button)

    self.setWindowTitle("QStatusBar 例子")
    self.setStatusBar(self.status_bar)
self.button.clicked.connect(lambda :
self.status_bar.removeWidget(self.label))
```

当单击 MenuBar 的菜单时，将 triggered 信号与槽函数 processTrigger()进行绑定，显示当前选中的菜单，5 秒后消失：

```
file.triggered[QAction].connect(self.processTrigger)

def processTrigger(self, q):
    self.status_bar2.showMessage('单击了 menu: '+q.text(), 5000)
```

需要注意的是，部分控件（如 QAction）也有自己控制状态栏的方法，这是一种临时控制状态栏的方法：

```
    open_ = QAction(QIcon("./images/open.png"), "open", self)
    open_.setStatusTip('select menu: open')
```

QLabel 作为永久状态栏使用，动态显示当前的时间信息，使用 QTimer()函数在后台刷新：

```
    self.timer = QTimer(self)
```

```
        self.timer.timeout.connect(lambda:self.label.setText(
time.strftime("%Y-%m-%d %a %H:%M:%S")))
        self.timer.start(1000)
```

4.5　其他控件

将一些不太好分类又不是特别重要的控件划分到本节进行讲解。

4.5.1　QFrame

QFrame 继承自 QWidget。尽管上面没有详细介绍过 QFrame，但读者可能会有些熟悉，因为它是 QAbstractScrollArea、QLabel、QLCDNumber、QSplitter、QStackedWidget 和 QToolBox 的父类。QFrame 类的继承结构如图 4-56 所示。

图 4-56

在一般情况下，QFrame 有两种用法。第 1 种是它的子类，如 QLabel，修改其默认外观显示：

```
label = QLabel('test')
label.setFrameStyle(QFrame.Panel | QFrame.Raised)
label.setLineWidth(2)
```

第 2 种是简单作为占位符，可以没有任何内容，这个占位符可以设置阴影凸起等特性，从而和周边区分开来。QFrame 样式由框架样式和阴影样式指定，用于在视觉上将框架与周围的小部件分开。这些特性可以用 setFrameStyle()函数设置，用 frameStyle()函数获取。

框架样式包括 NoFrame、Box、Panel、StyledPanel、HLine、VLine 和 WinPanel，如表 4-30 所示。

表 4-30

框 架 样 式	值	描　　述
QFrame.NoFrame	0	QFrame 什么都不绘制
QFrame.Box	0x0001	QFrame 在其内容周围绘制一个框
QFrame.Panel	0x0002	QFrame 绘制一个面板，使内容显得凸起或凹陷
QFrame.StyledPanel	0x0006	绘制一个矩形面板，其外观取决于当前的 GUI 样式。它可以升起或下沉
QFrame.HLine	0x0004	QFrame 绘制一条不包含任何内容的水平线（用作分隔符）
QFrame.VLine	0x0005	QFrame 绘制一条不包含任何内容的垂直线（用作分隔符）
QFrame.WinPanel	0x0003	绘制一个可以像 Windows 2000 中那样凸起或凹陷的矩形面板，指定将线宽设置为 2 像素。另外，提供 WinPanel 是为了兼容。对于 GUI 样式独立性，笔者建议改用 StyledPanel

阴影样式包括 Plain、Raised 和 Sunken，如表 4-31 所示。

表 4-31

阴 影 样 式	值	描　　述
QFrame.Plain	0x0010	框架和内容与周围环境保持水平，使用调色板 QPalette.WindowText 的颜色绘制（没有任何 3D 效果）
QFrame.Raised	0x0020	框架和内容出现凸起，使用当前颜色组的浅色和深色绘制 3D 凸起线
QFrame.Sunken	0x0030	框架和内容出现凹陷，使用当前颜色组的明暗颜色绘制 3D 凹陷线

QFrame 边框包含 3 个属性，分别为 lineWidth、midLineWidth 和 frameWidth。

- lineWidth：框架边框的宽度，默认 1。可以对其进行修改以自定义框架的外观。
- midLineWidth：指定帧中间多出一条线的宽度，默认 0，使用第 3 种颜色来获得特殊的 3D 效果。需要注意的是，midLineWidth 仅针对阴影样式为 Raised 或 Sunken 的 Box、HLine 和 VLine 框架有效。
- frameWidth：框架宽度，取决于框架样式，而不仅仅是 lineWidth 和 midLineWidth。例如，NoFrame 样式的边框的宽度始终为 0，而 Panel 样式的边框的宽度等于线宽。frameWidth 属性用于获取为所使用的样式定义的值。

一些样式和线宽的组合如图 4-57 所示。

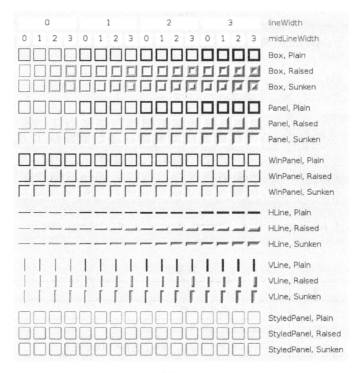

图 4-57

另外，可以使用 QWidget.setContentsMargins()函数自定义框架和框架内容之间的边距。

案例 4-27　QFrame 的使用方法

本案例的文件名为 Chapter04/qt_QFrame.py，用于演示 QFrame 的使用方法，代码如下：

```python
class FrameDemo(QWidget):
    def __init__(self, parent=None):
        super(FrameDemo, self).__init__(parent)
        self.resize(350,500)
        layout = QVBoxLayout()

        self.label = QLabel("1.QLabel 使用 QFrame 的效果")
        self.label.setMaximumHeight(50)
        self.label.setFrameStyle(QFrame.Shape.Panel | QFrame.Shadow.Raised)
        self.label.setLineWidth(2)
        layout.addWidget(self.label,stretch=0)

        self.frame = QFrame()
        label = QLabel('2.QFrame 自身的效果', self.frame)
        self.frame.setMinimumHeight(200)
        layout.addWidget(self.frame)

        formLayout = QFormLayout()
        self.comboBoxShape = QComboBox()
        self.comboBoxShape.addItems(['NoFrame','Box','Panel','StyledPanel',
'HLine','VLine','WinPanel'])
        self.comboBoxShape.setCurrentText('Box')
        self.comboBoxShape.currentIndexChanged.connect(self.updateFrame)
        formLayout.addRow('框架样式：',self.comboBoxShape)

        self.comboBoxShadow = QComboBox()
        self.comboBoxShadow.addItems(['Plain','Raised','Sunken'])
        self.comboBoxShadow.setCurrentText('Raised')
        formLayout.addRow('阴影样式：',self.comboBoxShadow)
        self.comboBoxShadow.currentIndexChanged.connect(self.updateFrame)

        spinBoxLineWidth = QSpinBox()
        spinBoxLineWidth.setMinimum(0)
        spinBoxLineWidth.setValue(5)
        spinBoxLineWidth.valueChanged.connect(lambda x:self.frame.
setLineWidth(x))
        formLayout.addRow('线宽：',spinBoxLineWidth)

        spinBoxMidLineWidth = QSpinBox()
        spinBoxMidLineWidth.setMinimum(0)
        spinBoxMidLineWidth.setValue(3)
        spinBoxMidLineWidth.valueChanged.connect(lambda x:self.frame.
```

```
setMidLineWidth(x))
    formLayout.addRow('中线宽：',spinBoxMidLineWidth)

    labelFrameWidth = QLabel('frameWidth:xx')
    buttonFrameWidth = QPushButton('获取 frameWidth')
    formLayout.addRow(labelFrameWidth,buttonFrameWidth)
    buttonFrameWidth.clicked.connect(lambda :labelFrameWidth.setText
('frameWidth:%s'%self.frame.frameWidth()))

    layout.addLayout(formLayout)

    self.updateFrame()
    self.frame.setLineWidth(spinBoxLineWidth.value())
    self.frame.setMidLineWidth(spinBoxMidLineWidth.value())

    self.setLayout(layout)
    self.setWindowTitle("QFrame 例子")

def updateFrame(self):
    shape = getattr(QFrame.Shape,self.comboBoxShape.currentText())
    shadow = getattr(QFrame.Shadow, self.comboBoxShadow.currentText())
    self.frame.setFrameStyle(shape|shadow)
```

运行脚本，显示效果如图 4-58 所示。

图 4-58

4.5.2 QLCDNumber

QLCDNumber 是 Qt 中最古老的部分，其根源可以追溯到 Sinclair Spectrum 上的 Basic
程序。它可以显示任何大小的数字，也可以显示十进制数、十六进制数、八进制数或二进
制数。使用 display()函数刷新数据时能显示的数字和符号包括 0/O、1、2、3、4、5/S、6、
7、8、9/g、-、.、A、B、C、D、E、F、h、H、L、o、P、r、u、U、Y、:、'和空格。如
果有其他字符，则会被视为非法字符，被空格替换。QLCDNumber 类的继承结构如图 4-59
所示。

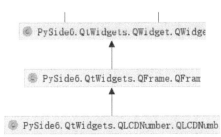

图 4-59

如果要显示数字，那么 QLCDNumber 默认是十进制数（Dec），但也可以是其他进制
数，使用其他模式会显示等效的整数。可以使用 setMode()函数修改模式，参数如表 4-32
所示。

表 4-32

参　　数	值	描　　述
QLCDNumber.Hex	0	十六进制数
QLCDNumber.Dec	1	十进制数
QLCDNumber.Oct	2	八进制数
QLCDNumber.Bin	3	二进制数

QLCDNumber 同样支持简单的样式，可以使用 setSegmentStyle()函数来设置，参数如
表 4-33 所示。

表 4-33

参　　数	效　　果
Outline	生成填充背景色的凸起段
Filled（默认）	生成填充前景色的凸起段
Flat	生成填充前景色的平面段

 案例 4-28 QLCDNumber 的使用方法

本案例的文件名为 Chapter04/qt_QLCDNumber.py，用于演示 QLCDNumber 的使用方
法，代码如下：

```python
class LCDNumberDemo(QWidget):
    def __init__(self, parent=None):
        super(LCDNumberDemo, self).__init__(parent)
        layout = QFormLayout()
        self.setLayout(layout)

        # 标准 lcd
        self.lcd = QLCDNumber(self)
        self.lcd.display(time.strftime('%Y/%m-%d', time.localtime()))
        layout.addRow('标准 lcd: ', self.lcd)

        # 修改可显示数字长度
        self.lcd_count = QLCDNumber(self)
        self.lcd_count.setDigitCount(10)
        self.lcd_count.display(time.strftime('%Y/%m-%d', time.localtime()))
        layout.addRow('修改显示长度: ', self.lcd_count)

        # 修改可显示类型
        self.lcd_style = QLCDNumber(self)
        self.lcd_style.setDigitCount(8)
        self.lcd_style.setSegmentStyle(self.lcd_style.Flat)
        layout.addRow('修改显示类型: ', self.lcd_style)

        # 修改可显示模式
        self.lcd_mode = QLCDNumber(self)
        self.lcd_mode.setMode(QLCDNumber.Mode.Bin)
        self.lcd_mode.setDigitCount(8)
        self.lcd_mode.display(18)
        layout.addRow('18 以二进制形式显示: ', self.lcd_mode)

        # 定时器
        timer = QTimer(self)
        timer.timeout.connect(self.showTime)
        timer.start(1000)

        self.showTime()

        self.setWindowTitle("QLCDNumber demo")
        self.resize(150, 60)

    def showTime(self):
```

```
text = time.strftime('%H:%M:%S', time.localtime())
self.lcd_style.display(text)
```

运行脚本，显示效果如图 4-60 所示。

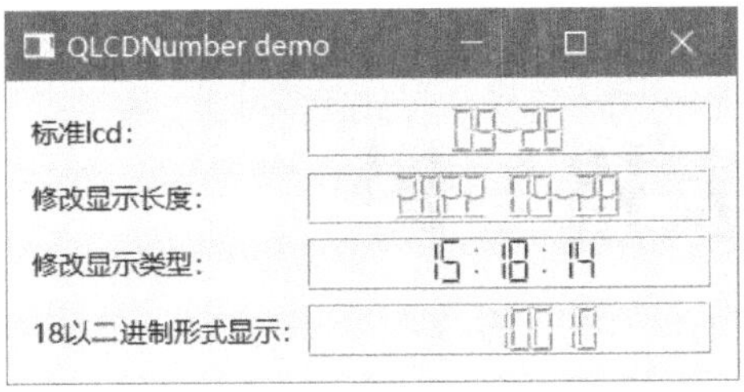

图 4-60

上述内容比较简单，下面进行简要说明。

（1）标准 lcd：在默认情况下，只能显示 5 个字符，所以不会显示全部内容，但使用 digitCount()函数可以查看能显示的字符长度。

（2）修改显示长度：使用 setDigitCount()函数可以修改能显示的字符长度，这里的"/"被视为非法字符，所以用空格代替。

（3）修改显示类型：使用 setSegmentStyle()函数可以设置类型，这里会用定时器动态更新时间。

（4）18 以二进制形式显示：使用 setMode(QLCDNumber.Mode.Bin)可以把十进制数 18 显示为二进制形式。

第5章

表格与树

从本章开始会介绍一些高级控件,虽然本书把它们归为高级控件,但是入门相对比较容易。

本章会围绕表格与树展开介绍,在 Qt 中非常重要的模型/视图/委托框架也会基于本章展开,最终以数据库的相关内容收尾。使用表格与树可以解决如何在一个控件中有规律地呈现更多数据的问题。PySide 6/PyQt 6 中提供了两种控件用于解决该问题:一种是表格结构的控件,另一种是树形结构的控件。

5.1　QListWidget

QListWidget 是一个用于显示列表的类,可以添加和删除列表中的每个项目。项目(Item)是组成列表的基本单位,每个项目都是 QListWidgetItem 类的实例。QListWidget 包含内部模型,并通过内部模型管理 QListWidgetItem。QListWidget 适用于显示简单的列表,如果想要更强大的列表显示功能,则使用 QListView。QListView 可以使用自定义模型,而 QListWidget 只能使用内部模型。从图 5-1 中可以看出,QListWidget 是 QListView 的子类,可以看作 QListView 的简单化操作子类,集成了内部模型,并通过 QListWidgetItem 来管理项目。

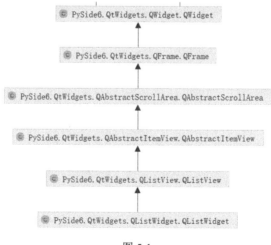

图 5-1

QListWidget 是传统意义上的基于项目的列表显示，下面会重点介绍它的项目 QListWidgetItem。

5.1.1　增/删项目

可以使用以下两种方法将项目添加到列表中：一是使用 QListWidget.addItem()函数将子项增加到列表中，二是在实例化 QListWidgetItem 时传递父类创建项目。以下方法的效果是一样的：

```
listWidget = QListWidget()
listWidget.addItem('item1')
listWidget.addItem(QListWidgetItem('item2'))
QListWidgetItem('item3', listWidget)
```

如果需要在列表的特定位置插入一个新项目，则应该使用 QListWidget.insertItem (row,item)函数。使用 QListWidgetItem('item3', listWidget)函数只能添加到末尾，因此这时不能使用这种方法。以下方法的效果是一样的：

```
listWidget.insertItem(2,'item_insert')
listWidget.insertItem(2, QListWidgetItem('item_insert'))
```

使用 QListWidget.takeItem(row)函数可以删除项目，使用 count()函数可以查询项目的总数。

5.1.2　选择

需要先弄清楚两个概念，即 select 和 check。select 是基于 QListWidget 的，check 是基于 QListWidgetItem 的。select 和 check 的定位不同，select 是选取多个项目的概念；check 是单个项目是否被选中的概念，其左侧有一个复选框标志。需要注意的是，select 的选择和 check 的选中两者是独立的，是两套体系，具体如图 5-2 所示。

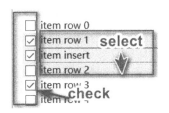

图 5-2

select 包含函数 selectionMode()和 selectionBehavior()，check 包含 checkState()函数。此外，也离不开 QListWidgetItem.flag()函数，因为它决定了用户能否对项目进行选择、编辑及交互等。

QListWidget.selectionMode()函数决定了在列表中可以同时选择多少个项目，以及是否可以创建复杂的项目选择，这可以通过 setSelectionMode()函数进行设置。setSelectionMode()函数支持的参数如表 5-1 所示，其中最常用的参数是 SingleSelection 和 ExtendedSelection。

表 5-1

参数 (QAbstractItemView.)	值	描 述
SingleSelection	1	当用户选择一个项目时，任何已选择的项目都将变为未选择状态。用户可以通过在单击所选项目时按 Ctrl 键来取消所选项目
ContiguousSelection	4	当用户以通常的方式选择一个项目时，选择被清除并被重新选中。如果用户在单击项目的同时按下 Shift 键，则当前项目和单击项目之间的所有项目都被选中或取消选中（取决于单击项目的状态）
ExtendedSelection	3	当用户以通常的方式选择一个项目时，选择被清除并被重新选中。如果用户在单击某个项目时按下 Ctrl 键，则单击的项目被切换且所有其他项目保持不变。如果用户在单击项目时按下 Shift 键，则当前项目和单击项目之间的所有项目都被选中或被取消选中（具体取决于单击项目的状态）。可以通过使用鼠标拖到多个项目上来选择它们
MultiSelection	2	当用户以通常的方式选择一个项目时，该项目的选择状态会被切换，而其他项目则保持不变。可以通过使用鼠标拖到多个项目上来切换它们
NoSelection	0	无法选择项目

QListWidget.selectionBehavior()函数决定了用户的选择行为，同时决定用户选择单个项目、行还是列，可以通过 setSelectionBehavior()修改函数值。setSelectionBehavior()函数支持的参数如表 5-2 所示。

表 5-2

参 数	值	描 述
QAbstractItemView.SelectItems	0	选择单个项目
QAbstractItemView.SelectRows	1	仅选择行
QAbstractItemView.SelectColumns	2	仅选择列

QListWidgetItem.CheckState()函数决定了 item 的 check 状态，可以使用 setCheckState()函数修改该值。setCheckState()函数支持的参数如表 5-3 所示。

表 5-3

参 数	值	描 述
Qt.Unchecked	0	该项目未选中
Qt.PartiallyChecked	1	该项目已部分检查。如果检查了部分（但不是全部）子项，则分层模型中的项可能会被部分检查
Qt.Checked	2	该项目已检查

QListWidgetItem.flags()函数决定了 item 是否可以被选择、编辑及交互等，可以使用 setFlags()函数修改该值。setFlags()函数支持的参数如表 5-4 所示。如果对项目设置了 Qt.NoItemFlags，那么该项目将无法被选择（select）、编辑和拖动等。

表 5-4

参　数	值	描　述
Qt.NoItemFlags	0	没有设置任何属性
Qt.ItemIsSelectable	1	可以选择
Qt.ItemIsEditable	2	可以被编辑
Qt.ItemIsDragEnabled	4	可以被拖动
Qt.ItemIsDropEnabled	8	可以用作放置目标
Qt.ItemIsUserCheckable	16	用户可以选中或取消选中
Qt.ItemIsEnabled	32	用户可以与项目进行交互
Qt.ItemIsAutoTristate	64	项目的状态取决于其子项的状态。可以自动管理 QTreeWidget 中父项的状态（如果所有子项都被选中，则选中；如果所有子项都未被选中，则取消选中；如果只选中一些子项，则部分选中）
Qt.ItemNeverHasChildren	128	该项目永远不会有子项目，仅用于优化目的
Qt.ItemIsUserTristate	256	用户可以在 3 个不同的状态之间循环。这个值是在 Qt 5.5 中添加的

5.1.3　外观

接下来使用常规操作修改项目的外观，以下都是 QListWidgetItem 的函数：使用 setText()函数和 setIcon()函数可以修改显示的文本和图片，可以通过 setFont()函数、setForeground()函数和 setBackground()函数定义字体、前景色和背景色，可以使用 setTextAlignment()函数对齐列表项中的文本。在默认情况下，项目是可用的（enabled）、可选择的（selectable）、可检查的（checkable），并且可以被拖放。使用 setHidden()函数可以隐藏项目。

5.1.4　工具、状态、帮助提示

使用 setToolTip()函数、setStatusTip()函数和 setWhatsThis()函数可以设置工具提示、状态提示和"这是什么？"帮助。

5.1.5　信号与槽

使用 currentItem()函数可以获取列表中的当前项目，使用 setCurrentItem()函数可以改变当前项目。用户还可以通过使用键盘导航或鼠标单击来更改当前项目。当当前项目改变时，会发射 currentItemChanged(current:QListWidgetItem, previous:QListWidgetItem)信号，current 和 previous 分别表示当前项目和以前的项目。其他信号与槽举例如下。

- currentRowChanged(currentRow:int)：当当前项目改变时触发该信号，currentRow 是当前行的行号，如果没有当前项目则返回-1。
- currentTextChanged(currentText:str)：当当前项目改变时触发该信号，currentText 是当前行的 text，如果没有当前项目则返回 None。

- itemActivated(item:QListWidgetItem)：当项目被激活时触发该信号。根据系统配置，当用户单击或双击该项目时会激活该项目。当用户按下激活键时该项目也会被激活（在 Windows 和 X11 上这是返回键，在 macOS X 上是 Command+O）。
- itemChanged(item:QListWidgetItem)：当项目的 data 发生变化时触发该信号。
- itemClicked(item:QListWidgetItem)：当鼠标单击项目时触发该信号。
- itemDoubleClicked(item:QListWidgetItem)：当鼠标双击项目时触发该信号。
- itemEntered(item:QListWidgetItem)：当鼠标指针进入一个项目时会触发该信号。该信号仅在打开 mouseTracking（使用 setMouseTracking 设置）或移到项目中按下鼠标按键时发射。
- itemPressed(item:QListWidgetItem)：当在项目上按下鼠标按键时触发该信号。
- itemSelectionChanged()：当选择发生变化时触发该信号。

5.1.6 上下文菜单

第 4 章已经介绍了两种添加上下文菜单的用法，即重写 contextMenuEvent()函数或 createPopupMenu()函数。这两个函数对于一般的窗口可用，但是对于一些特殊的控件不可用，如 QLineEdit、QTextEdit 等，这些控件有其特殊的上下文菜单环境。可以使用 setContextMenuPolicy()函数和 customContextMenuRequested 信号来改写默认设置，具体的用法可参考案例 5-1。

 案例 5-1 QListWidget 控件的使用方法

本案例的文件名为 Chapter05/qt_QListWidget.py，用于演示 QListWidget 控件的使用方法，代码如下：

```
class QListWidgetDemo(QMainWindow):
    addCount = 0
    insertCount = 0

    def __init__(self, parent=None):
        super(QListWidgetDemo, self).__init__(parent)
        self.setWindowTitle("QListWidget 案例")
        self.text = QPlainTextEdit('用来显示 QListWidget 的相关信息：')
        self.listWidget = QListWidget()

        # 增/删
        self.buttonDelete = QPushButton('删除')
        self.buttonAdd = QPushButton('增加')
        self.buttonInsert = QPushButton('插入')
        layoutH = QHBoxLayout()
        layoutH.addWidget(self.buttonAdd)
        layoutH.addWidget(self.buttonInsert)
```

```
layoutH.addWidget(self.buttonDelete)

self.buttonAdd.clicked.connect(self.onAdd)
self.buttonInsert.clicked.connect(self.onInsert)
self.buttonDelete.clicked.connect(self.onDelete)

# 选择
self.buttonCheckAll = QPushButton('全选')
self.buttonCheckInverse = QPushButton('反选')
self.buttonCheckNone = QPushButton('全不选')
layoutH2 = QHBoxLayout()
layoutH2.addWidget(self.buttonCheckAll)
layoutH2.addWidget(self.buttonCheckInverse)
layoutH2.addWidget(self.buttonCheckNone)
self.buttonCheckAll.clicked.connect(self.onCheckAll)
self.buttonCheckInverse.clicked.connect(self.onCheckInverse)
self.buttonCheckNone.clicked.connect(self.onCheckNone)

layout = QVBoxLayout(self)
layout.addWidget(self.listWidget)
layout.addLayout(layoutH)
layout.addLayout(layoutH2)
layout.addWidget(self.text)

widget = QWidget()
self.setCentralWidget(widget)
widget.setLayout(layout)

# 添加项目
for n in range(3):
    _str = 'item row {0}'.format(n)
    self.listWidget.addItem(_str)
self.listWidget.addItem(QListWidgetItem('haha'))
QListWidgetItem('haha2', self.listWidget)

self.listWidget.insertItem(2, 'item insert')

# flag 和 check
for i in range(self.listWidget.count()):
    item = self.listWidget.item(i)
    item.setFlags(Qt.ItemIsSelectable | Qt.ItemIsEditable |
Qt.ItemIsEnabled)
    # item.setFlags(Qt.NoItemFlags)
    item.setCheckState(Qt.Unchecked)
# setText
item.setText('setText-右对齐')
```

```
        item.setTextAlignment(Qt.AlignRight)
        item.setCheckState(Qt.Checked)

        # selection
        # self.listWidget.setSelectionMode(QAbstractItemView.
SingleSelection)
        self.listWidget.setSelectionMode(QAbstractItemView.
ExtendedSelection)
        self.listWidget.setSelectionBehavior(QAbstractItemView.SelectRows)

        # setIcon
        item = QListWidgetItem('setIcon')
        item.setIcon(QIcon('images/music.png'))
        self.listWidget.addItem(item)

        # setFont、setFore(Back)ground
        item = QListWidgetItem('setFont、Fore(Back)ground')
        item.setFont(QFont('宋体'))
        item.setForeground(QBrush(QColor(255, 0, 0)))
        item.setBackground(QBrush(QColor(0, 255, 0)))
        item.setWhatsThis('whatsThis 提示 1-setFont、Fore(Back)ground')
        self.listWidget.addItem(item)

        # setToolTip、StatusTip 和 WhatsThis
        item = QListWidgetItem('set 提示-ToolTip,StatusTip,WhatsThis')
        item.setToolTip('toolTip 提示')
        item.setStatusTip('statusTip 提示')
        item.setWhatsThis('whatsThis 提示 2')
        self.listWidget.setMouseTracking(True)
        self.listWidget.addItem(item)
        # 开启 statusbar
        statusBar = self.statusBar()
        statusBar.show()

        # 开启 whatsThis 功能
        whatsThis = QWhatsThis(self)
        toolbar = self.addToolBar('help')
        # 方式 1: QAction
        self.actionHelp = whatsThis.createAction(self)
        self.actionHelp.setText('显示 whatsThis-help')
        # self.actionHelp.setShortcuts(QKeySequence(Qt.CTRL | Qt.Key_H))
        self.actionHelp.setShortcuts(QKeySequence(Qt.CTRL + Qt.Key_H))
        toolbar.addAction(self.actionHelp)
        # 方式 2: 工具按钮
        tool_button = QToolButton(self)
        tool_button.setToolTip("显示 whatsThis2-help")
```

```
        tool_button.setIcon(QIcon("images/help.jpg"))
        toolbar.addWidget(tool_button)
        tool_button.clicked.connect(lambda: whatsThis.enterWhatsThisMode())

        # 上下文菜单
        self.menu = self.generateMenu()
        ######允许右键产生子菜单
        self.listWidget.setContextMenuPolicy(Qt.CustomContextMenu)
        ####右键菜单
        self.listWidget.customContextMenuRequested.connect(self.showMenu)

        # 信号与槽
        self.listWidget.currentItemChanged[QListWidgetItem,
QListWidgetItem].connect(self.onCurrentItemChanged)
        self.listWidget.currentRowChanged[int].connect(
            lambda x: self.text.appendPlainText(f'"row:{x}"触发
currentRowChanged信号：'))
        self.listWidget.currentTextChanged[str].connect(
            lambda x: self.text.appendPlainText(f'"text:{x}"触发
currentTextChanged信号：'))
        self.listWidget.itemActivated[QListWidgetItem].connect(self.
onItemActivated)
        self.listWidget.itemClicked[QListWidgetItem].
connect(self.onItemClicked)
        self.listWidget.itemDoubleClicked[QListWidgetItem].connect(
            lambda item: self.text.appendPlainText(f'"{item.text()}"触发
itemDoubleClicked信号：'))
        self.listWidget.itemChanged[QListWidgetItem].connect(
            lambda item: self.text.appendPlainText(f'"{item.text()}"触发
itemChanged信号：'))
        self.listWidget.itemEntered[QListWidgetItem].connect(
            lambda item: self.text.appendPlainText(f'"{item.text()}"触发
itemEntered信号：'))
        self.listWidget.itemPressed[QListWidgetItem].connect(
            lambda item: self.text.appendPlainText(f'"{item.text()}"触发
itemPressed信号：'))
        self.listWidget.itemSelectionChanged.connect(lambda:
self.text.appendPlainText(f'触发itemSelectionChanged信号：'))

    def generateMenu(self):
        menu = QMenu(self)
        menu.addAction('增加',self.onAdd,QKeySequence(Qt.CTRL|Qt.Key_N))
        menu.addAction('插入',self.onInsert,QKeySequence(Qt.CTRL|Qt.Key_I))
        menu.addAction(QIcon("images/close.png"),'删除',self.onDelete,
QKeySequence(Qt.CTRL|Qt.Key_D))
        menu.addSeparator()
```

```
        menu.addAction('全选',self.onCheckAll,QKeySequence(Qt.CTRL|Qt.
Key_A))
        menu.addAction('反选',self.onCheckInverse,QKeySequence(Qt.CTRL|Qt.
Key_R))
        menu.addAction('全不选',self.onCheckInverse)
        menu.addSeparator()
        menu.addAction(self.actionHelp)
        return menu

    def showMenu(self, pos):
        self.menu.exec(QCursor.pos())    # 显示菜单

    def contextMenuEvent(self, event):
        menu = QMenu(self)
        menu.addAction('选项 1')
        menu.addAction('选项 2')
        menu.addAction('选项 3')
        menu.exec(event.globalPos())

    def onCurrentItemChanged(self, current: QListWidgetItem, previous:
QListWidgetItem):
        if previous == None:
            _str = f'触发 currentItemChanged 信号，当前项:"{current.text()}",之前
项:None'
        else:
            _str = f'触发 currentItemChanged 信号，当前项:"{current.text()}",之前
项:"{previous.text()}"'
        self.text.appendPlainText(_str)

    def onItemClicked(self, item: QListWidgetItem):
        self.listWidget.currentRow()
        row = self.listWidget.row(item)
        if row == 0:
            _str1 = f'当前单击:"{item.text()}",上一个: None,下一个:"{self.
listWidget.item(row + 1).text()}"'
        elif row == self.listWidget.count() - 1:
            _str1 = f'当前单击:"{item.text()}",上一个:
"{self.listWidget.item(row - 1).text()}",下一个:None'
        else:
            _str1 = f'当前单击:"{item.text()}",上一个: "{self.listWidget.
item(row - 1).text()}",下一个:"{self.listWidget.item(row + 1).text()}"'

        if item.checkState() == Qt.Unchecked:
            item.setCheckState(Qt.Checked)
            _str2 = f'"{item.text()}"被选中'
        else:
```

```
            item.setCheckState(Qt.Unchecked)
            _str2 = f'"{item.text()}"被取消选中'

        self.text.appendPlainText(f'"{item.text()}"触发itemClicked信号：')
        self.text.appendPlainText(_str1)
        self.text.appendPlainText(_str2)
        return

    def onItemActivated(self, item: QListWidgetItem):
        self.text.appendPlainText(f'"{item.text()}"触发itemActivated信号：')
        return

    def onAdd(self):
        self.addCount += 1
        text = f'新增-{self.addCount}'
        self.listWidget.addItem(text)
        self.text.appendPlainText(f'新增item:"{text}"')

    def onInsert(self):
        self.insertCount += 1
        row = self.listWidget.currentRow()
        text = f'插入-{self.insertCount}'
        self.listWidget.insertItem(row, text)
        self.text.appendPlainText(f'row:{row},新增item:"{text}"')

    def onDelete(self):
        row = self.listWidget.currentRow()
        item = self.listWidget.item(row)
        self.listWidget.takeItem(row)
        self.text.appendPlainText(f'row:{row},删除item:"{item.text()}"')

    def onCheckAll(self):
        self.text.appendPlainText('单击了"全选"')
        count = self.listWidget.count()
        for i in range(count):
            item = self.listWidget.item(i)
            item.setCheckState(Qt.Checked)

    def onCheckInverse(self):
        self.text.appendPlainText('单击了"反选"')
        count = self.listWidget.count()
        for i in range(count):
            item = self.listWidget.item(i)
            if item.checkState() == Qt.Unchecked:
                item.setCheckState(Qt.Checked)
            else:
```

```
            item.setCheckState(Qt.Unchecked)

def onCheckNone(self):
    self.text.appendPlainText('单击了"全不选"')
    count = self.listWidget.count()
    for i in range(count):
        item = self.listWidget.item(i)
        item.setCheckState(Qt.Unchecked)
```

虽然代码比较多，但是并不复杂，运行效果如图 5-3 所示。

图 5-3

【代码分析】

（1）"增加"按钮、"插入"按钮、"删除"按钮和上下文菜单对应 5.1.1 节的知识点。

（2）"全选"按钮、"反选"按钮、"全不选"按钮和上下文菜单对应 5.1.2 节的知识点。

（3）对项目的一些操作，如字体、对齐、前景色、背景色等内容对应 5.1.3 节的知识点。

（4）"set 提示-ToolTip,StatusTip,WhatsThis"对应 5.1.4 节的知识点，使用方法如下：

```
# setToolTip、StatusTip 和 WhatsThis
item = QListWidgetItem('set 提示-ToolTip,StatusTip,WhatsThis')
item.setToolTip('toolTip 提示')
item.setStatusTip('statusTip 提示')
item.setWhatsThis('whatsThis 提示 2')
```

```
self.listWidget.setMouseTracking(True)
self.listWidget.addItem(item)
```

这里用 setMouseTracking()函数打开了鼠标跟踪（默认关闭），否则只有单击鼠标按键后才能追踪到鼠标位置，但是无法获取鼠标的实时移动信息。

需要注意的是，默认 StatusTip 和 WhatsThis 都是关闭的，因此需要把它们打开。打开 StatusTip 的方式很简单：

```
# 开启 statusbar
statusBar = self.statusBar()
statusBar.show()
```

打开 WhatsThis 则有些复杂，这里提供两种打开方式，一种是 QAction，另一种是 QToolButton，两者都在工具栏中显示，并且效果是一样的。前者通过 QWhatsThis.createAction()函数返回一个 QAction，当这个 QAction 被触发时会自动进入"What's This?"模式，并且这种方式可以直接集成到上下文菜单中；后者先新建 QToolButton 按钮，再单击主动触发 QWhatsThis.enterWhatsThisMode()函数进入"What's This?"模式。代码如下：

```
# 开启 whatsThis 功能
whatsThis = QWhatsThis(self)
toolbar = self.addToolBar('help')
# 方式 1：QAction
self.actionHelp = whatsThis.createAction(self)
self.actionHelp.setText('显示 whatsThis-help')
self.actionHelp.setShortcuts(QKeySequence(Qt.CTRL | Qt.Key_H))
toolbar.addAction(self.actionHelp)
# 方式 2：工具按钮
tool_button = QToolButton(self)
tool_button.setToolTip("显示 whatsThis2-help")
tool_button.setIcon(QIcon("images/help.jpg"))
toolbar.addWidget(tool_button)
tool_button.clicked.connect(lambda: whatsThis.enterWhatsThisMode())
```

用户既可以通过单击或按 Esc 键退出"What's This?"模式，也可以通过 QWhatsThis.leaveWhatsThisMode()函数用程序退出"What's This?"模式。

这里只对"set 提示-ToolTip,StatusTip,WhatsThis"和"setFont、Fore(Back)ground"在"What's This?"模式下提供了帮助信息。

需要注意的是，关于 WhatsThis 提示，PySide 6 使用的是类实例方法 whatsThis.createAction(self)，而 PyQt 6 只能使用静态方法，也就是 QWhatsThis.createAction(self)；对于 whatsThis.enterWhatsThisMode()也一样。

（5）下面列举了一些常用的信号与槽的使用方法，每个信号的触发都会在 QPlainTextEdit 中显示相应的信息，对应 5.1.5 节的知识点。使用方法如下（槽函数 onItemActivated()、onItemClicked()等都比较简单，这里不再赘述）：

```
# 信号与槽
self.listWidget.currentItemChanged[QListWidgetItem,
```

```
QListWidgetItem].connect(self.onCurrentItemChanged)
self.listWidget.currentRowChanged[int].connect(
    lambda x: self.text.appendPlainText(f'"row:{x}"触发 currentRowChanged 信
号: '))
self.listWidget.currentTextChanged[str].connect(
    lambda x: self.text.appendPlainText(f'"text:{x}"触发 currentTextChanged
信号: '))
self.listWidget.itemActivated[QListWidgetItem].connect(self.onItemActivated)
self.listWidget.itemClicked[QListWidgetItem].connect(self.onItemClicked)
self.listWidget.itemDoubleClicked[QListWidgetItem].connect(
    lambda item: self.text.appendPlainText(f'"{item.text()}"触发
itemDoubleClicked 信号: '))
self.listWidget.itemChanged[QListWidgetItem].connect(
    lambda item: self.text.appendPlainText(f'"{item.text()}"触发 itemChanged
信号: '))
self.listWidget.itemEntered[QListWidgetItem].connect(
    lambda item: self.text.appendPlainText(f'"{item.text()}"触发 itemEntered
信号: '))
self.listWidget.itemPressed[QListWidgetItem].connect(
    lambda item: self.text.appendPlainText(f'"{item.text()}"触发 itemPressed
信号: '))
self.listWidget.itemSelectionChanged.connect(lambda:
self.text.appendPlainText(f'触发 itemSelectionChanged 信号: '))
```

（6）上下文菜单的使用方法如下（这里使用快捷方式设置选项的文本、槽函数和快捷键，但是对"删除"选项额外添加了图片，对"全不选"选项没有配置快捷键）：

```
# 上下文菜单
self.menu = self.generateMenu()
######允许右键产生子菜单
self.listWidget.setContextMenuPolicy(Qt.CustomContextMenu)
####右键菜单
self.listWidget.customContextMenuRequested.connect(self.showMenu)

def generateMenu(self):
    menu = QMenu(self)
    menu.addAction('增加',self.onAdd,QKeySequence(Qt.CTRL|Qt.Key_N))
    menu.addAction('插入',self.onInsert,QKeySequence(Qt.CTRL|Qt.Key_I))
    menu.addAction(QIcon("images/close.png"),'删除',self.onDelete,
QKeySequence(Qt.CTRL|Qt.Key_D))
    menu.addSeparator()
    menu.addAction('全选',self.onCheckAll,QKeySequence(Qt.CTRL|Qt.Key_A))
    menu.addAction('反选',self.onCheckInverse,QKeySequence
(Qt.CTRL|Qt.Key_R))
    menu.addAction('全不选',self.onCheckInverse)
    menu.addSeparator()
```

```
    menu.addAction(self.actionHelp)
    return menu

def showMenu(self, pos):
    self.menu.exec(QCursor.pos())   # 显示菜单
```

5.2　QTableWidget

QTableWidget 是一个用来显示表格的类，表格中的每个单元格（item）由 QTableWidgetItem 提供。5.1 节介绍的 QListWidget 用来描述列表，它和 QTableWidget 有很多相似之处：前者继承自 QListView，后者继承自 QTableView；两者都有自己的内部模型，如果想要使用自定义模型，则应该使用 QListView 或 QTableView；前者的每个项目由 QListWidgetItem 提供，后者的每个项目由 QTableWidgetItem 提供。QTableWidget 类的继承结构如图 5-4 所示。

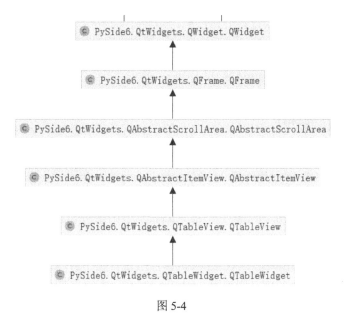

图 5-4

QTableWidget 与 QListWidget 的很多内容一样，下面重点介绍两者不一样的内容。

5.2.1　创建

创建 QTableWidget 一般有两种方法，如下所示：

```
# 方法 1：在实例化类时传递行列参数
self.tableWidget = QTableWidget(5,4)

# 方法 2：先实例化类，再调整表格的大小
self.tableWidget = QTableWidget()
```

```
self.tableWidget.setRowCount(5)
self.tableWidget.setColumnCount(4)
```

5.2.2 基于 item 的操作

对 item 的常规操作可以使用函数 setText()、setIcon()、setFont()、setForeground()和 setBackground()等，读者可以参考 QListWidget 的相关内容。

想要增/删 item，可以使用 setItem(row,column,item)将 item 插入表中，使用 takeitem (row,column)删除 item。增加 item 的代码如下：

```
item = QTableWidgetItem('testItem')
self.tableWidget.setItem(row,column,item)
```

有时需要合并单元格，这就需要使用 setSpan()函数，其用法和举例如下：

```
""" setSpan(self, row: int, column: int, rowSpan: int, columnSpan: int) ->
None """

# 合并单元格
self.tableWidget.setSpan(1, 0, 1, 2)
item = QTableWidgetItem('合并单元格')
item.setTextAlignment(Qt.AlignCenter)
self.tableWidget.setItem(1,0,item)
```

5.2.3 基于行列的操作

使用 rowHeight(row:int)可以获取行的高度，使用 columnWidth(col:int)可以获取列的宽度。使用 hideRow(row:int)、hideColumn(col:int)、showRow(row:int)和 showColumn(col:int) 可以隐藏和显示行/列。使用 selectRow(row:int)和 selectColumn(col:int)可以选择行/列。使用 showGrid()函数的结果可以判断是否显示网格。使用函数 insertRow()、insertColumn()、removeRow()和 removeColumn()可以增加和删除行/列。使用 rowCount()函数可以获取表格的行数，使用 columnCount()函数可以获取表格的列数，使用 clear()函数可以清空表格。

如果要对单元格进行排序，则使用 sortItems()函数，作用是基于 column 和 order 对所有行进行排序，默认是升序排列，也可以传递 Qt.DescendingOrder，实现降序排列。代码如下：

```
""" sortItems(self, column: int, order: PySide6.QtCore.Qt.SortOrder =
PySide6.QtCore.Qt.SortOrder.AscendingOrder) -> None """
```

5.2.4 导航

导航功能继承自 QAbstractItemView，它提供了一个标准接口，用于通过信号/槽机制与模型进行互动，使子类能够随着模型更改而保持最新状态。QAbstractItemView 为键盘和鼠标导航、视口滚动、项目编辑与选择提供标准支持。键盘导航可以实现的功能如表 5-5 所示。

表 5-5

按　　键	功　　能
Arrow keys	更改当前项目并选择它
Ctrl+Arrow keys	更改当前项目但不选择它
Shift+Arrow keys	更改当前项目并选择它。先前选择的项目不会取消选择
Ctrl+Space	切换当前项目的选择
Tab/Backtab	将当前项目更改为下一个/上一个项目
Home/End	选择模型中的第一个/最后一个项目
PageUp/PageDown	按视图中的可见行数向上/向下滚动显示的行
Ctrl+A	选择模型中的所有项目

5.2.5　表头（标题）

表头（标题）的相关操作继承自 QTableView，使用 verticalHeader()函数可以获取表格的垂直表头，使用 horizontalHeader()函数可以获取表格的水平表头。两者都返回 QHeaderView，并且 QHeaderView 是 QAbstractItemView 的子类，为 QTableWidget (QTableView)函数提供了表头视图。如果不想看到行或列，则可以使用 hide()函数进行隐藏。

创建表头最简单的方法是使用 setHorizontalHeaderLabels()函数和 setVerticalHeaderLabels()函数，两者都将字符串列表作为参数，为表格的列和行提供简单的文本标题。下面举例说明：

```
rowCount = self.tableWidget.rowCount()
self.tableWidget.setVerticalHeaderLabels([f'row{i}' for i in
range(rowCount)])
```

当然，也可以基于 QTableWidgetItem 创建更复杂的表头标题，如下所示：

```
cusHeaderItem = QTableWidgetItem("cusHeader")
cusHeaderItem.setIcon(QIcon("images/android.png"))
cusHeaderItem.setTextAlignment(Qt.AlignVCenter)
cusHeaderItem.setForeground(QBrush(QColor(255, 0, 0)))
self.tableWidget.setHorizontalHeaderItem(2,cusHeaderItem)
```

5.2.6　自定义小部件

列表视图中显示的项目默认使用标准委托进行渲染和编辑。但是有些任务需要在表格中插入自定义小部件，而使用 setIndexWidget()函数可以解决这个问题。使用 indexWidget()函数可以查找自定义小部件，如果不存在则返回空。代码如下：

```
""" setIndexWidget(self, index: PySide6.QtCore.QModelIndex, widget:
PySide6.QtWidgets.QWidget) -> None """
```

需要注意的是，传递的 index 是一个模型的索引，关于模型的详细信息会在 5.6 节介绍。这里只介绍使用方式：

```
# 自定义控件
model = self.tableWidget.model()
self.tableWidget.setIndexWidget(model.index(4,2),QLineEdit('自定义控件'))
self.tableWidget.setIndexWidget(model.index(4,3),QSpinBox())
```

上面是基于 index 的方法，也可以通过 setCellWidget()函数实现一样的效果，如下所示：

```
self.tableWidget.setCellWidget(4,1, QPushButton("cellWidget"))
```

5.2.7 调整行/列的大小

可以通过 QHeaderView 来调整表格中的行/列，每个 QHeaderView 包含 1 个方向 orientation()和 N 个 section（通过 count()函数获取 N），section 表示行/列的一个基本单元，QHeaderView 的很多方法都和 section 相关。可以使用 moveSection(from: int, to: int)和 resizeSection(logicalIndex: int, size: int)移动和调整行/列的大小。QHeaderView 提供了一些方法来控制标题移动、单击、大小调节行为：使用 setSectionsMovable(movable:bool)可以开启移动行为，使用 setSectionsClickable(clickable: bool) 使其可以单击，使用 setSectionResizeMode()可以设置大小。

以上几种行为会触发如下槽函数：移动触发 sectionMoved()，调整大小触发 sectionResized()，单击鼠标触发 sectionClicked()及 sectionHandleDoubleClicked()。此外，当添加或删除 section 时，触发 sectionCountChanged()。

setSectionResizeMode()支持两种调节方式，即全局设置和局部设置，参数如下：

```
setSectionResizeMode(self, logicalIndex: int, mode:QHeaderView.ResizeMode)
-> None
    setSectionResizeMode(self, mode: QHeaderView.ResizeMode) -> None
```

QHeaderView.ResizeMode 支持的参数如表 5-6 所示。

表 5-6

参　　数	值	描　　述
QHeaderView.Interactive	0	用户可以调整该部分的大小。也可以使用 resizeSection()函数以编程方式调整节的大小，节的大小默认为 defaultSectionSize
QHeaderView.Fixed	2	用户无法调整该部分的大小。该部分只能使用 resizeSection()函数以编程方式调整节的大小，节的大小默认为 defaultSectionSize
QHeaderView.Stretch	1	QHeaderView 将自动调整该部分的大小以填充可用空间，用户以编程方式无法更改节的大小
QHeaderView.ResizeToContents	3	QHeaderView 将根据整列或整行的内容自动将节调整为最佳大小，用户以编程方式无法更改节的大小（该参数在 Qt 4.2 中引入）

可以用 hideSection(logicalIndex: int)和 showSection(logicalIndex: int)隐藏和显示行/列。

上面介绍的是根据 QHeaderView 的方法来调整表格中的行/列，也可以通过 QTableView 的相关方法达到相同的目的。使用 QTableWidget(QTableView).resizeColumnsToContents()或 resizeRowsToContents()，根据每列或每行的空间需求分配可用的空间，同时根据每个项目的委托大小提示调整给定行/列的大小。上面的方法针对的是所有行/列，也可以通过 resizeRowToContents(int)和 resizeColumnToContents(int)指定某个行/列。关于委托，会在 5.4 节和 5.9 节详细介绍。

5.2.8　拉伸填充剩余空间

在默认情况下，表格中的单元格不会自动扩展以填充剩余空间，但可以通过拉伸最后一个标题（行/列）填充剩余空间。使用 horizontalHeader()函数或 verticalHeader()函数可以获取 QHeaderView 并通过 setStretchLastSection(True)启用拉伸剩余空间的功能。

5.2.9　坐标系

有时需要对行/列的索引和小部件坐标进行转换，rowAt(y:int)函数返回视图中 y 坐标对应的行，rowViewportPosition(row:int)函数返回行数 row 对应的 y 坐标。对于列，可以使用 columnAt()函数和 columnViewportPosition()函数获取 x 坐标与列索引之间的关系。示例如下：

```
row = self.tableWidget.currentRow()
rowPositon = self.tableWidget.rowViewportPosition(row)
rowAt = self.tableWidget.rowAt(rowPositon)
```

5.2.10　信号与槽

QTableWidget 支持如下信号（其中 item 部分在 QListWidget 中已经介绍过，除此之外，QTableWidget 还提供了 Cell 相关信号，其使用方法和 item 的使用方法类似）：

```
cellActivated(row:int, column:int)
cellChanged(row:int, column:int)
cellClicked(row:int, column:int)
cellDoubleClicked(row:int, column:int)
cellEntered(row:int, column:int)
cellPressed(row:int, column:int)
currentCellChanged(currentRow:int, currentColumn:int, previousRow:int,
previousColumn:int)
currentItemChanged(current:QTableWidgetItem, previous:QTableWidgetItem)
itemActivated(item:QTableWidgetItem)
itemChanged(item:QTableWidgetItem)
itemClicked(item:QTableWidgetItem)
itemDoubleClicked(item:QTableWidgetItem)
itemEntered(item:QTableWidgetItem)
itemPressed(item:QTableWidgetItem)
itemSelectionChanged()
```

5.2.11　上下文菜单

QTableWidget 的用法和 QListWidget 的用法一样，因此这里不再赘述。

　案例 5-2　QTableWidget 控件的使用方法

本案例的文件名为 Chapter05/qt_QTableWidget.py，用于演示 QTableWidget 控件的使用方法，代码如下：

```python
class QTableWidgetDemo(QMainWindow):
    addCount = 0
    insertCount = 0

    def __init__(self, parent=None):
        super(QTableWidgetDemo, self).__init__(parent)
        self.setWindowTitle("QTableWidget 案例")
        self.resize(500, 600)
        self.text = QPlainTextEdit('用来显示 QTableWidget 的相关信息：')
        self.tableWidget = QTableWidget(5, 4)


        # 增/删行
        self.buttonDeleteRow = QPushButton('删除行')
        self.buttonAddRow = QPushButton('增加行')
        self.buttonInsertRow = QPushButton('插入行')
        layoutH = QHBoxLayout()
        layoutH.addWidget(self.buttonAddRow)
        layoutH.addWidget(self.buttonInsertRow)
        layoutH.addWidget(self.buttonDeleteRow)
        self.buttonAddRow.clicked.connect(lambda: self.onAdd('row'))
        self.buttonInsertRow.clicked.connect(lambda: self.onInsert('row'))
        self.buttonDeleteRow.clicked.connect(lambda: self.onDelete('row'))
        # 增/删列
        self.buttonDeleteColumn = QPushButton('删除列')
        self.buttonAddColumn = QPushButton('增加列')
        self.buttonInsertColumn = QPushButton('插入列')
        layoutH2 = QHBoxLayout()
        layoutH2.addWidget(self.buttonAddColumn)
        layoutH2.addWidget(self.buttonInsertColumn)
        layoutH2.addWidget(self.buttonDeleteColumn)
        self.buttonAddColumn.clicked.connect(lambda: self.onAdd('column'))
        self.buttonInsertColumn.clicked.connect(lambda:
self.onInsert('column'))
        self.buttonDeleteColumn.clicked.connect(lambda:
self.onDelete('column'))
```

```
        # 选择
        self.buttonSelectAll = QPushButton('全选')
        self.buttonSelectRow = QPushButton('选择行')
        self.buttonSelectColumn = QPushButton('选择列')
        self.buttonSelectOutput = QPushButton('输出选择')
        layoutH3 = QHBoxLayout()
        layoutH3.addWidget(self.buttonSelectAll)
        layoutH3.addWidget(self.buttonSelectRow)
        layoutH3.addWidget(self.buttonSelectColumn)
        layoutH3.addWidget(self.buttonSelectOutput)
        self.buttonSelectAll.clicked.connect(lambda:
self.tableWidget.selectAll())
        # self.buttonSelectAll.clicked.connect(self.onSelectAll)
        self.buttonSelectRow.clicked.connect(lambda:
self.tableWidget.selectRow(self.tableWidget.currentRow()))
        self.buttonSelectColumn.clicked.connect(lambda:
self.tableWidget.selectColumn(self.tableWidget.currentColumn()))
        self.buttonSelectOutput.clicked.connect(self.onButtonSelectOutput)
        # self.buttonSelectColumn.clicked.connect(self.onCheckNone)

        layout = QVBoxLayout(self)
        layout.addWidget(self.tableWidget)
        # layout.addWidget(self.tableWidget2)
        layout.addLayout(layoutH)
        layout.addLayout(layoutH2)
        layout.addLayout(layoutH3)
        layout.addWidget(self.text)

        widget = QWidget()
        self.setCentralWidget(widget)
        widget.setLayout(layout)

        self.initItem()


        # selection
        # self.listWidget.setSelectionMode(QAbstractItemView.
SingleSelection)
        self.tableWidget.setSelectionMode(QAbstractItemView.
ExtendedSelection)
        # self.tableWidget.setSelectionBehavior(QAbstractItemView.
SelectRows)
        self.tableWidget.setSelectionBehavior(QAbstractItemView.
SelectItems)

        # 行/列标题
```

```
        rowCount = self.tableWidget.rowCount()
        columnCount = self.tableWidget.columnCount()
        self.tableWidget.setHorizontalHeaderLabels([f'col{i}' for i in
range(columnCount)])
        self.tableWidget.setVerticalHeaderLabels([f'row{i}' for i in
range(rowCount)])
        cusHeaderItem = QTableWidgetItem("cusHeader")
        cusHeaderItem.setIcon(QIcon("images/android.png"))
        cusHeaderItem.setTextAlignment(Qt.AlignVCenter)
        cusHeaderItem.setForeground(QBrush(QColor(255, 0, 0)))
        self.tableWidget.setHorizontalHeaderItem(2,cusHeaderItem)

        # 自定义控件
        model = self.tableWidget.model()
        self.tableWidget.setIndexWidget(model.index(4,3),QLineEdit('自定义控
件-'*3))
        self.tableWidget.setIndexWidget(model.index(4,2),QSpinBox())
        self.tableWidget.setCellWidget(4,1,QPushButton("cellWidget"))


        # 调整行/列的大小
        header = self.tableWidget.horizontalHeader()
        # # header.setStretchLastSection(True)
        # # header.setSectionResizeMode(QHeaderView.Stretch)
        # header.setSectionResizeMode(QHeaderView.Interactive)
        # header.resizeSection(3,120)
        # header.moveSection(0,2)
        # # self.tableView.resizeColumnsToContents()

        # header.setStretchLastSection(True)

        self.tableWidget.resizeColumnsToContents()
        self.tableWidget.resizeRowsToContents()
        # headerH = self.tableWidget.horizontalHeader()

        # 对单元格进行排序
        # self.tableWidget.sortItems(1,order=Qt.DescendingOrder)

        # 合并单元格
        self.tableWidget.setSpan(1, 0, 1, 2)
        item = QTableWidgetItem('合并单元格')
        item.setTextAlignment(Qt.AlignCenter)
        self.tableWidget.setItem(1,0,item)


        # 显示坐标
```

```
        buttonShowPosition = QToolButton(self)
        buttonShowPosition.setText('显示当前位置')
        self.toolbar.addWidget(buttonShowPosition)
        buttonShowPosition.clicked.connect(self.onButtonShowPosition)


        # 上下文菜单
        self.menu = self.generateMenu()
        ######允许右键产生子菜单
        self.tableWidget.setContextMenuPolicy(Qt.CustomContextMenu)
        ####右键菜单
        self.tableWidget.customContextMenuRequested.connect(self.showMenu)

        # 信号与槽
        self.tableWidget.currentItemChanged[QTableWidgetItem,
QTableWidgetItem].connect(self.onCurrentItemChanged)
        self.tableWidget.itemActivated[QTableWidgetItem].connect(self.
onItemActivated)

self.tableWidget.itemClicked[QTableWidgetItem].connect(self.onItemClicked)
        self.tableWidget.itemDoubleClicked[QTableWidgetItem].connect(
            lambda item: self.text.appendPlainText(f'"{item.text()}"触发
itemDoubleClicked信号：'))
        self.tableWidget.itemChanged[QTableWidgetItem].connect(
            lambda item: self.text.appendPlainText(f'"{item.text()}"触发
itemChanged信号：'))
        self.tableWidget.itemEntered[QTableWidgetItem].connect(
            lambda item: self.text.appendPlainText(f'"{item.text()}"触发
itemEntered信号：'))
        self.tableWidget.itemPressed[QTableWidgetItem].connect(
            lambda item: self.text.appendPlainText(f'"{item.text()}"触发
itemPressed信号：'))
        self.tableWidget.itemSelectionChanged.connect(lambda:
self.text.appendPlainText(f'触发 itemSelectionChanged 信号：'))
        self.tableWidget.cellActivated[int,int].connect(lambda
row,column:self.onCellSignal(row,column,'cellActivated'))
        self.tableWidget.cellChanged[int,int].connect(lambda
row,column:self.onCellSignal(row,column,'cellChanged'))
        self.tableWidget.cellClicked[int,int].connect(lambda
row,column:self.onCellSignal(row,column,'cellClicked'))
        self.tableWidget.cellDoubleClicked[int,int].connect(lambda
row,column:self.onCellSignal(row,column,'cellDoubleClicked'))
        self.tableWidget.cellEntered[int,int].connect(lambda
row,column:self.onCellSignal(row,column,'cellEntered'))
        self.tableWidget.cellPressed[int,int].connect(lambda
row,column:self.onCellSignal(row,column,'cellPressed'))
```

```
        self.tableWidget.currentCellChanged[int,int,int,int].connect(lambda
currentRow,currentColumn,previousRow,previousColumn:self.text.appendPlainText
(f'row:{currentRow},column:{currentColumn},触发信号:currentCellChanged,
preRow:{previousRow},preColumn:{columnCount}'))

    def initItem(self):
        ###item 的方法和 QlistWidget 的基本相同, 此处省略###
        # 初始化表格
        for row in range(self.tableWidget.rowCount()):
            for col in range(self.tableWidget.columnCount()):
                item = self.tableWidget.item(row, col)
                if item is None:
                    _item = QTableWidgetItem(f'row:{row},col:{col}')
                    self.tableWidget.setItem(row, col, _item)


    def generateMenu(self):
        menu = QMenu(self)
        menu.addAction('增加行', lambda: self.onAdd('row'),
QKeySequence(Qt.CTRL | Qt.Key_N))
        menu.addAction('插入行', lambda: self.onInsert('row'),
QKeySequence(Qt.CTRL | Qt.Key_I))
        menu.addAction(QIcon("images/close.png"), '删除行', lambda:
self.onDelete('row'), QKeySequence(Qt.CTRL | Qt.Key_D))
        ###为节省篇幅, 此处省略上下文相关内容###
        return menu

    def showMenu(self, pos):
        self.menu.exec(QCursor.pos())    # 显示菜单

    def contextMenuEvent(self, event):
        menu = QMenu(self)
        menu.addAction('选项 1')
        menu.addAction('选项 2')
        menu.addAction('选项 3')
        menu.exec(event.globalPos())

    def onButtonSelectOutput(self):
        indexList = self.tableWidget.selectedIndexes()
        itemList = self.tableWidget.selectedItems()
        _row =indexList[0].row()
        text = ''
        for index,item in zip(indexList,itemList):
            row = index.row()
            if _row == row:
                text = text +item.text()+ ' '
```

```
            else:
                text =text + '\n'+ item.text()+ ' '
                _row=row
        self.text.appendPlainText(text)


    def onCurrentItemChanged(self, current: QTableWidgetItem, previous:
QTableWidgetItem):
        if previous == None:
            _str = f'触发 currentItemChanged 信号，当前项:"{current.text()}",之前
项:None'
        else:
            _str = f'触发 currentItemChanged 信号，当前项:"{current.text()}",之前
项:"{previous.text()}"'
        self.text.appendPlainText(_str)

    def onItemClicked(self, item: QTableWidgetItem):
        self.tableWidget.currentRow()

        _str1 = f'当前单击:"{item.text()}"'

        if item.checkState() == Qt.Unchecked:
            item.setCheckState(Qt.Checked)
            _str2 = f'"{item.text()}"被选中'
        else:
            item.setCheckState(Qt.Unchecked)
            _str2 = f'"{item.text()}"被取消选中'

        self.text.appendPlainText(f'"{item.text()}"触发 itemClicked 信号: ')
        self.text.appendPlainText(_str1)
        self.text.appendPlainText(_str2)
        return

    def onItemActivated(self, item: QTableWidgetItem):
        self.text.appendPlainText(f'"{item.text()}"触发 itemActivated 信号: ')
        return

    def onCellSignal(self,row,column,type):
        _str = f'row:{row},column:{column},触发信号:{type}'
        self.text.appendPlainText(_str)

    def onAdd(self, type='row'):
        if type == 'row':
            rowCount = self.tableWidget.rowCount()
            self.tableWidget.insertRow(rowCount)
            self.text.appendPlainText(f'row:{rowCount},新增一行')
```

```
        elif type == 'column':
            columnCount = self.tableWidget.columnCount()
            self.tableWidget.insertColumn(columnCount)
            self.text.appendPlainText(f'column:{columnCount},新增一列')

    def onInsert(self, type='row'):
        if type == 'row':
            row = self.tableWidget.currentRow()
            self.tableWidget.insertRow(row)
            self.text.appendPlainText(f'row:{row},插入一行')
        elif type == 'column':
            column = self.tableWidget.currentColumn()
            self.tableWidget.insertColumn(column)
            self.text.appendPlainText(f'column:{column},新增一列')

    def onDelete(self, type='row'):
        if type == 'row':
            row = self.tableWidget.currentRow()
            self.tableWidget.removeRow(row)
            self.text.appendPlainText(f'row:{row},被删除')
        elif type == 'column':
            column = self.tableWidget.currentColumn()
            self.tableWidget.removeColumn(column)
            self.text.appendPlainText(f'column:{column},被删除')

    def onCheckAll(self):
        self.text.appendPlainText('单击了"全选"')
        count = self.tableWidget.count()
        for i in range(count):
            item = self.tableWidget.item(i)
            item.setCheckState(Qt.Checked)

    def onCheckInverse(self):
        self.text.appendPlainText('单击了"反选"')
        count = self.tableWidget.count()
        for i in range(count):
            item = self.tableWidget.item(i)
            if item.checkState() == Qt.Unchecked:
                item.setCheckState(Qt.Checked)
            else:
                item.setCheckState(Qt.Unchecked)

    def onCheckNone(self):
        self.text.appendPlainText('单击了"全不选"')
        count = self.tableWidget.count()
        for i in range(count):
```

```
            item = self.tableWidget.item(i)
            item.setCheckState(Qt.Unchecked)

    def onButtonShowPosition(self):
        row = self.tableWidget.currentRow()
        rowPositon = self.tableWidget.rowViewportPosition(row)
        rowAt = self.tableWidget.rowAt(rowPositon)
        column = self.tableWidget.currentColumn()
        columnPositon = self.tableWidget.columnViewportPosition(column)
        columnAt = self.tableWidget.columnAt(columnPositon)
        _str = f'当前 row:{row},rowPosition:{rowPositon},rowAt:{rowAt}'+ \
            f'\n 当前
column:{column},columnPosition:{columnPositon},columnAt:{columnAt}'
        self.text.appendPlainText(_str)
```

运行脚本，显示效果如图 5-5 所示。

图 5-5

本案例的细节比较多，在 QListWidget 的基础上又增加了一些内容，主要知识点都已经列出并在代码中实现，读者可以根据需要查看相关内容并获取所需信息。

5.3　QTreeWidget

5.1 节和 5.2 节介绍的 QListWidget 和 QTableWidget 分别用来描述列表和表格。本节介绍的 QTreeWidget 用来描述树。QTreeWidget 继承自 QTreeView，并且有自己内置的模型，每个项目都由 QTreeWidgetItem 构造。如果想构建更复杂的树，或者使用自定义模型，则需要使用 QTreeView。QTreeWidget 类的继承结构如图 5-6 所示。

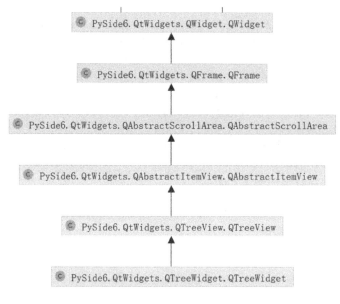

图 5-6

5.1 节和 5.2 节对 QListWidget 和 QTableWidget 的介绍非常详细。本节对 QTreeWidget 的介绍相对简单一些，只提供一些用来显示数据的基本操作，因为 QTreeWidget 仅仅用来显示数据。当然，读者也可以参考 QListWidget 和 QTableWidget 的内容添加更复杂的操作。

构建一个 QTreeWidget 实例之后，首先要使用 setColumnCount()函数设置树有几列，然后通过 columnCount()函数获取这个数字。代码如下：

```
self.treeWidget = QTreeWidget()
self.treeWidget.setColumnCount(3)
```

树可以设置标题，既可以使用 setHeaderLabels()函数快速设置，也可以使用 QTreeWidgetItem 构造自定义标题并添加到 setHeaderItem()函数中构造更复杂的标题，如下所示：

```
# 方式1
self.treeWidget.setHeaderLabels(['学科', '姓名', '分数'])

# 方式2
item = QTreeWidgetItem()
item.setText(0, '学科')
item.setText(1, '姓名')
item.setText(2, '分数')
item.setIcon(0, QIcon('./images/root.png'))
self.treeWidget.setHeaderItem(item)
```

创建 item 也有另一种快捷方式，效果是一样的：

```
item = QTreeWidgetItem(['学科', '姓名', '分数'])
item.setIcon(0, QIcon('./images/root.png'))
self.treeWidget.setHeaderItem(item)
```

初始化树实例，定义了树的列数，并且设置了标题之后，接下来就是创建树的内容，相关内容和代码如下：

```
def initItem(self):
    # 设置列数
    self.treeWidget.setColumnCount(3)
    # 设置树形控件头部的标题
    self.treeWidget.setHeaderLabels(['学科', '姓名', '分数'])

    # 设置根节点
    root = QTreeWidgetItem(self.treeWidget)
    root.setText(0, '学科')
    root.setText(1, '姓名')
    root.setText(2, '分数')
    root.setIcon(0, QIcon('./images/root.png'))

    # 设置根节点的背景色
    root.setBackground(0, QBrush(Qt.blue))
    root.setBackground(1, QBrush(Qt.yellow))
    root.setBackground(2, QBrush(Qt.red))

    # 设置树形控件的列的宽度
    self.treeWidget.setColumnWidth(0, 150)

    # 设置子节点1
    for subject in ['语文', '数学', '外语', '综合']:
        child1 = QTreeWidgetItem([subject, '', ''])
        root.addChild(child1)
        # 设置子节点2
        for name in ['张三', '李四', '王五', '赵六']:
            child2 = QTreeWidgetItem()
            child2.setFlags(Qt.ItemIsSelectable | Qt.ItemIsEditable |
Qt.ItemIsEnabled | Qt.ItemIsUserCheckable)
            child2.setText(1, name)
            score = random.random() * 40 + 60
            child2.setText(2, str(score)[:5])
            if score >= 90:
                child2.setBackground(2, QBrush(Qt.red))
            elif 80 <= score < 90:
                child2.setBackground(2, QBrush(Qt.darkYellow))
            child1.addChild(child2)
```

```
# 加载根节点的所有属性与子控件
self.treeWidget.addTopLevelItem(root)

# 展开全部节点
self.treeWidget.expandAll()

# 启用排序
self.treeWidget.setSortingEnabled(True)
```

信号与槽和之前的基本一样，代码如下：

```
currentItemChanged(current:QTreeWidgetItem, previous:QTreeWidgetItem)
itemActivated(item:QTreeWidgetItem , column:int)
itemChanged(item:QTreeWidgetItem , column:int)
itemClicked(item:QTreeWidgetItem , column:int)
itemCollapsed(item:QTreeWidgetItem )
itemDoubleClicked(item:QTreeWidgetItem , column:int)
itemEntered(item:QTreeWidgetItem , column:int)
itemExpanded(item:QTreeWidgetItem )
itemPressed(item:QTreeWidgetItem , column:int)
itemSelectionChanged()
```

案例 5-3　QTreeWidget 控件的使用方法

本案例的文件名为 Chapter05/qt_QTreeWidget.py，用于演示 QTreeWidget 控件的使用方法。运行脚本，显示效果如图 5-7 所示。

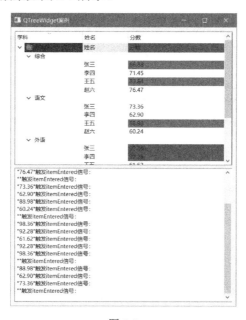

图 5-7

本案例相对简单，所以不再赘述。

5.4　模型/视图/委托框架

5.1～5.3 节介绍的 QListWidget、QTableWidget 和 QTreeWidget 都包含默认的模型，接下来介绍纯视图的类，即 QListView、QTableView 和 QTreeView。*View 是 *Widgct 的父类，需要结合模型一起使用，这就要涉及 Qt 中的模型/视图框架方面的内容。

Qt 中的模型/视图框架是一种数据与可视化相互分离的技术，这种技术起源于 Smalltalk 的设计模式——Model/View/Controller（MVC，模型/视图/控制器），通常在构建用户界面时使用。

MVC 由 3 部分组成。Model 是应用程序对象，View 是它的界面展示，Controllcr 定义了界面对用户输入的反应方式。在 MVC 之前，用户界面设计倾向于将这些对象混为一谈，MVC 将它们解耦，从而使界面设计更灵活和方便重复利用。

Qt 提供的技术方法和 MVC 稍有不同，称为 Model/View/Delegate（模型/视图/委托），可以提供与 MVC 相同的全部功能，如图 5-8 所示。需要注意的是，MVC 中的控制器的部分功能既可以通过委托实现，也可以通过模型实现。

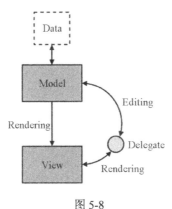

图 5-8

一般来说，模型从数据源中读/写数据，视图从模型的索引中获取需要呈现的数据并通过委托绘制。对于用户的编辑操作，视图会要求委托提供一个编辑器，并把编辑后的结果传递给模型。模型、视图和委托使用信号/槽机制相互通信。

- 来自模型的信号将数据源的变更信息通知视图。
- 来自视图的信号提供用户与当前项目的交互信息。
- 来自委托的信号在编辑的时候告诉模型和视图编辑器的状态。

下面是对模型/视图/委托更详细的介绍。

5.4.1　模型

模型中数据存储的基本单元是 item，每个 item 都对应唯一的索引值（QModelIndex），每个索引值都有 3 个属性，分别为行、列和父对象。

对于一维模型，如列表（List），只会用到行。

对于二维模型，如表格（Table），会用到行和列。

对于三维模型，如树（Tree），行、列和父对象都能用到。

所有模型都基于 QAbstractItemModel 类，它定义了一个接口，视图和委托使用该接口来访问数据。通过该接口数据不一定要存储在模型中，可以保存在由单独的类、文件、数据库或某些其他应用程序组件提供的数据结构或存储库中。

QAbstractItemModel 是处理表格、列表和树的基类，在此基础上，QAbstractListModel 和 QAbstractTableModel 提供了处理列表或表格的更好的选择，因为它们提供了一些常用函数的默认实现。需要注意的是，这 3 个 Model 都是抽象模型，必须子类化并且要重新实现部分方法才能使用。如果不想这么麻烦，那么 Qt 中也可以提供一些标准的现有模型，直接实例化处理数据。

- QStringListModel 用于存储 QString 项的简单列表，一般和 QListView 或 QComboBox 一起使用。
- QStandardItemModel 管理更复杂的项目树结构，可以用于表示列表、表格和树视图所需的各种不同的数据结构，该模型还包含数据项，每个项可以包含任意数据。QStandardItemModel 可以与 QListView、QTableView 和 QTreeView 一起使用。
- QFileSystemModel 是一个用于维护有关目录内容的信息的模型。它本身不保存任何数据项，只是表示本地文件系统上的文件和目录。QFileSystemModel 可以与 QListView、QTableView 和 QTreeView 一起使用。

QSqlQueryModel、QSqlTableModel 和 QSqlRelationalTableModel 用于使用模型/视图约定访问数据库，一般和 QTableView 一起使用。

如果这些标准模型无法满足需求，则可以继承 QAbstractItemModel、QAbstractListModel 或 QAbstractTableModel 来创建自定义模型，从而实现复杂的功能。

接下来介绍模型中的最后一个概念，**即模型角色**。模型中的项目可以为其他组件执行各种角色，允许为不同的情况提供不同类型的数据。如果读者不理解这句话，可以认为函数 setText()、setIcon()、setForeground()等的底层设置了不同的角色。例如，在视图中正常显示字符串，需要设置 Qt.DisplayRole 角色，这一般是项目的默认角色；为项目添加 toolip 提示功能，需要设置 Qt.ToolTipRole 角色；设置项目的文本颜色，需要设置 Qt.ForegroundRole 角色。一个项目可以包含多个不同角色的数据，也就是说，可以同时拥有这些角色，标准角色由 Qt.ItemDataRole 定义，一些简单的角色的效果如图 5-9 所示。

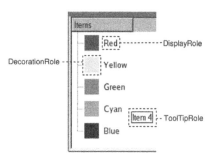

图 5-9

Qt 中对 Qt.ItemDataRole 定义的角色如下。

通用角色（和相关类型）如表 5-7 所示。

表 5-7

角　　色	值	描　　述
Qt.DisplayRole	0	以文本形式呈现的数据（QString）
Qt.DecorationRole	1	以图标形式呈现的数据（QColor、QIcon 或 QPixmap）
Qt.EditRole	2	适合在编辑器中编辑的数据（QString）
Qt.ToolTipRole	3	项目工具提示中显示的数据（QString）
Qt.StatusTipRole	4	状态栏中显示的数据（QString）
Qt.WhatsThisRole	5	为"这是什么？"中的项目显示的数据模式（QString）
Qt.SizeHintRole	13	为视图的项目提供大小提示（QSize）

描述外观和元数据的角色（带有关联类型）如表 5-8 所示。

表 5-8

角　　色	值	描　　述
Qt.FontRole	6	使用默认委托呈现的项目字体（QFont）
Qt.TextAlignmentRole	7	使用默认委托呈现的项目文本对齐方式（Qt.Alignment）
Qt.BackgroundRole	8	使用默认委托渲染的项目的背景画笔（QBrush）
Qt.ForegroundRole	9	使用默认委托渲染的项目的前景画笔（通常是文本颜色）（QBrush）
Qt.CheckStateRole	10	用于获取项目的选中状态（Qt.CheckState）
Qt.InitialSortOrderRole	14	用于获取标题视图部分的初始排序顺序（Qt.SortOrder）。这个角色是在 Qt 4.8 中引入的

辅助功能角色（具有关联类型）如表 5-9 所示。

表 5-9

角　　色	值	描　　述
Qt.AccessibleTextRole	11	辅助功能扩展和插件（如屏幕阅读器）要使用的文本（QString）
Qt.AccessibleDescriptionRole	12	出于可访问性的目的对项目进行描述（QString）

用户角色如表 5-10 所示。

表 5-10

角　　色	值	描　　述
Qt.UserRole	0x0100	第 1 个可用于特定应用目的的角色

模型通过索引（QModelIndex）定位角色，使用 setData()函数可以设置角色，使用 data()函数可以获取角色，如下所示：

```
""" setData(self, index: PySide6.QtCore.QModelIndex, value: typing.Any,
role: int = PySide6.QtCore.Qt.ItemDataRole.EditRole) -> bool """

""" data(self, index: PySide6.QtCore.QModelIndex, role: int =
PySide6.QtCore.Qt.ItemDataRole.DisplayRole) -> typing.Any """
```

需要注意的是，有些模型（如 QStringListModel）只支持字符串，不支持颜色、图片等角色；有些模型（如 QStandardItemModel）支持颜色、图片等多种角色。读者可以自定义模型对角色进行更复杂的设计。

5.4.2 视图

视图从模型中获取数据并在界面上呈现。5.1～5.3 节介绍的 QListWidget、QTableWidget 和 QTreeWidget 都包含默认的模型，接下来介绍纯视图的类，即 QListView、QTableView 和 QTreeView。*View 是*Widget 的父类，需要结合模型一起使用，它们有共同的父类 QAbstractItemView。

- QListView：在列表中显示模型的数据，一般和 QStringListModel 一起使用，也可以使用 QStandardItemModel。使用 QFileSystemModel 可以显示文件目录。
- QTableView：在表格中显示模型的数据，一般和 QStandardItemModel 一起使用。如果要显示数据库数据，则可以使用 QSqlQueryModel、QSqlTableModel 和 QSqlRelationalTableModel。使用 QFileSystemModel 可以显示文件目录。
- QTreeView：在树中显示模型的数据，一般和 QStandardItemModel 一起使用。使用 QFileSystemModel 可以显示文件目录。

5.4.3 委托

Delegate（代理或委托）的作用包括以下两个方面。
- 绘制视图中来自模型的数据，委托会参考项目的角色和数据进行绘制，不同的角色和数据有不同的绘制效果。
- 在视图与模型之间交互操作时提供临时编辑组件的功能，该编辑器位于视图的顶层。

QAbstractItemDelegate 是委托的抽象基类，它的子类 QStyledItemDelegate 是所有 Qt 项目视图的默认委托，并在创建视图时自动安装。QStyledItemDelegate 是 QListView、QTableView 和 QTreeView 的默认委托，如果要编辑 QTableView，那么其默认委托（QStyledItemDelegate）会提供 QLineEdit 作为编辑器；对于子类 QListWidget、QTableWidget 和 QTreeWidget 也一样。如果想使用其他编辑器，如 QTableView 使用 QSpinBox 作为委托编辑器，就需要通过自定义委托实现。

模型的项目可以为每个角色存储一个数据，委托会根据项目的角色和数据进行绘制，表 5-11 描述了委托可以为每个项目处理的角色和数据类型。

表 5-11

角 色	数 据 类 型
Qt.BackgroundRole	QBrush
Qt.CheckStateRole	Qt.CheckState

续表

角 色	数 据 类 型
Qt.DecorationRole	QIcon、QPixmap、QImage 和 QColor
Qt.DisplayRole	QString and types with a string representation
Qt.EditRole	See QItemEditorFactory for details
Qt.FontRole	QFont
Qt.SizeHintRole	QSize
Qt.TextAlignmentRole	Qt.Alignment
Qt.ForegroundRole	QBrush

从 Qt 4.4 开始，有两个委托类，即 QItemDelegate 和 QStyledItemDelegate，默认委托是 QStyledItemDelegate。这两个类都可以用来绘图，以及为视图中的项目提供编辑器，它们之间的区别在于，QStyledItemDelegate 使用当前样式来绘制其项目。因此，在实现自定义委托或使用 Qt 样式表时建议将 QStyledItemDelegate 作为基类。

介绍了模型/视图/委托的概念之后，接下来通过一些纯视图的模块 QListView、QTableView 和 QTreeView 结合模型与委托展开介绍实际的应用情况。

5.5 QListView

QListView 是 Qt 中用来存储列表的纯视图类。在此之前，列表视图和图标视图由 QListBox 和 QIconView 提供，QListView 基于 Qt 的模型/视图架构提供更灵活的方法。

QListView 实现了 QAbstractItemView 定义的接口，可以显示从 QAbstractItemModel 派生的模型提供的数据。QListView 一般可以使用 QStringListModel 管理数据，本节把它们放在一起介绍。QListView 类和 QStringListModel 类的继承结构如图 5-10 所示。

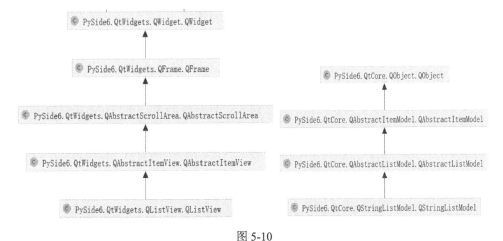

图 5-10

此视图不显示水平标题或垂直标题，要显示带有水平标题的项目列表，可以使用 QTreeView。

5.5.1 绑定模型和初始化数据

QListView 需要绑定模型，这里使用 QStringListModel。QStringListModel 是一个可编辑模型，提供了可编辑模型的所有标准功能，可以用于在视图小部件中显示多个字符串的简单情况，如 QListView 或 QComboBox。

模型既可以在实例化时传递字符串列表初始化数据，也可以使用 setStringList()函数设置字符串，而绑定模型使用 setModel()函数。示例如下：

```
self.listView = QListView()
self.model = QStringListModel()
self.model.setStringList(['row'+str(i) for i in range(6)])
self.listView.setModel(self.model)
```

当然，模型在实例化时传递字符串列表也是可以的。示例如下：

```
self.model = QStringListModel(['row'+str(i) for i in range(6)])
```

5.5.2 增、删、改、查、移

关于数据的操作要通过模型来完成，这里介绍的是 QStringListModel 的相关函数。

使用 index()函数可以获取 item 对应的模型索引；使用 flags()函数可以获取 item 的 flag 信息，该信息决定了 item 是否可以被选择、编辑及交互等。如果 item 的 flag 为 Qt.NoItemFlags，那么该 item 将无法被选择、编辑、拖动等，更详细的信息请参考 QListWidget 的相关内容。

data()函数用于获取项目数据，setData()函数用于设置数据，insertRows()函数用于插入行，removeRows()函数用于删除行，rowCount()函数用于获取列表的长度，stringList()函数用于获取字符串列表的内容，moveRow()函数用于移动行。

5.5.3 列表视图布局

视图布局功能由 QListView 提供，这里介绍 QListView 的相关函数。

viewMode 属性决定了列表视图的显示模式，有两种模式：在 ListMode（默认）中，项目以简单列表的形式显示；在 IconMode 中，视图采用图标视图的形式，其中项目与文件管理器中的文件等图标一起显示。可以使用 setViewMode()函数修改视图模式，该函数的参数如表 5-12 所示。

表 5-12

参 数	值	描 述
QListView.ListMode	0	使用 TopToBottom 流布局，尺寸小，静态移动
QListView.IconMode	1	使用 LeftToRight 流布局，尺寸大，自由移动

不同的布局模式对应不同的布局流，这个属性可以使用 flow()函数获取，也可以使用

setFlow()函数手动布局，如表 5-13 所示。

表 5-13

参　数	值	描　述
QListView.LeftToRight	0	项目在视图中从左到右排列。如果 isWrapping 的属性为 True（默认为 False），则布局将在到达可见区域的右侧时换行
QListView.TopToBottom	1	项目在视图中从上到下排列。如果 isWrapping 的属性为 True（默认为 False），则布局将在到达可见区域的底部时进行环绕

resizeMode 属性决定了调整视图大小时是否需要重新布置项目。如果此属性为 Adjust，则在调整视图大小时将重新布置项目。如果此属性为 Fixed，则只会在第 1 次调整视图大小时布置项目，后续不会重复布置。在默认情况下，resizeMode 属性设置为 Fixed。可以用 setResizeMode()函数修改默认设置，该函数的参数如表 5-14 所示。

表 5-14

参　数	值	描　述
QListView.Fixed	0	这些项目只会在第 1 次显示视图时布置
QListView.Adjust	1	每次调整视图大小时都会布置项目

layoutMode 属性保存了项目的布局模式。当模式为 SinglePass（默认）时，项目将一次性全部布局。当模式为 Batched 时，项目以 batchSize 的批次布局，同时处理事件。可以使用 setLayoutMode()函数修改默认设置，该函数的参数如表 5-15 所示。

表 5-15

参　数	值	描　述
QListView.SinglePass	0	所有项目一次性展示出来
QListView.Batched	1	项目分批展示

movement 属性决定了项目是否可以自由移动、对齐到网格或根本不能移动。此属性确定用户如何移动视图中的项目。如果值为 Static（默认）则意味着用户不能移动项目。如果值为 Free 则意味着用户可以将项目拖到视图中的任何位置。如果值为 Snap 则意味着用户可以拖放项目，但只能拖到由 gridSize 属性表示的名义网格中的位置。可以使用 setMovement()函数修改默认设置，该函数的参数如表 5-16 所示。

表 5-16

参　数	值	描　述
QListView.Static	0	用户不能移动项目
QListView.Free	1	项目可以由用户自由移动
QListView.Snap	2	项目在移动时对齐到指定的网格，可以参考 setGridSize()

spacing 属性决定了布局中项目周围的空间大小，在默认情况下，此属性的值为 0，可以使用 setSpacing()函数修改默认设置。

gridSize 属性决定了项目所在的网格大小，默认值为 None，表示没有网格并且布局不是在网格中完成的。修改默认值会开启网格布局功能（当开启网格布局功能时，spacing

属性将被忽略）。可以使用 setGridSize(size:QSize)修改默认设置。

iconSize 属性决定了项目的图标大小，使用 setIconSize()函数可以修改默认值。

uniformItemSizes 属性决定了列表视图中的项目是否具有相同的大小，默认为 False。可以通过 setUniformItemSizes()函数设置为 True，在这种情况下对性能有一定的优化，适用于显示大量数据。

selectedIndexes()函数返回选中的项目 index，selectAll 表示全选，clearSelection 表示取消选择。

5.5.4 其他要点

关于上下文菜单和 selectionMode（选择模式），请参考 QListWidget 的相关内容，此处不再赘述。

这里没有介绍文本对齐、设置图标颜色等功能，这是因为 QStringListModel 针对的是字符串模型，支持的角色比较有限。如果想实现这些功能，就需要了解更多角色（Qt.ItemDataRole）的信息，可以参考 5.6 节的相关内容。

 案例 5-4 QListView 结合 QStringListModel 的使用方法

本案例的文件名为 Chapter05/qt_QlistView.py，用于演示 QListView 结合 QStringListModel 的使用方法，代码如下：

```python
class QListViewDemo(QWidget):
    addCount = 0
    insertCount = 0

    def __init__(self, parent=None):
        super(QListViewDemo, self).__init__(parent)
        self.setWindowTitle("QListView 案例")
        self.text = QPlainTextEdit('用来显示 QListView 的相关信息：')
        self.listView = QListView()
        self.model = QStringListModel(['row'+str(i) for i in range(6)])
        # self.model.setStringList(['row'+str(i) for i in range(6)])
        self.listView.setModel(self.model)

        # 作为对照组
        self.listView2 = QListView()
        self.listView2.setModel(self.model)
        self.listView2.setMaximumHeight(80)

        # 增/删
        self.buttonDelete = QPushButton('删除')
        self.buttonAdd = QPushButton('增加')
        self.buttonUp = QPushButton('上移')
```

```
        self.buttonDown = QPushButton('下移')
        self.buttonInsert = QPushButton('插入')
        layoutH = QHBoxLayout()
        layoutH.addWidget(self.buttonAdd)
        layoutH.addWidget(self.buttonInsert)
        layoutH.addWidget(self.buttonUp)
        layoutH.addWidget(self.buttonDown)
        layoutH.addWidget(self.buttonDelete)

        self.buttonAdd.clicked.connect(self.onAdd)
        self.buttonInsert.clicked.connect(self.onInsert)
        self.buttonUp.clicked.connect(self.onUp)
        self.buttonDown.clicked.connect(self.onDown)
        self.buttonDelete.clicked.connect(self.onDelete)

        # 选择
        self.buttonSelectAll = QPushButton('全选')
        self.buttonSelectClear = QPushButton('清除选择')
        self.buttonSelectOutput = QPushButton('输出选择')
        layoutH2 = QHBoxLayout()
        layoutH2.addWidget(self.buttonSelectAll)
        layoutH2.addWidget(self.buttonSelectClear)
        layoutH2.addWidget(self.buttonSelectOutput)
        self.buttonSelectAll.clicked.connect(self.onSelectAll)
        self.buttonSelectClear.clicked.connect(self.onSelectClear)
        self.buttonSelectOutput.clicked.connect(self.onSelectOutput)

        layout = QVBoxLayout(self)
        layout.addWidget(self.listView)
        layout.addLayout(layoutH)
        layout.addLayout(layoutH2)
        layout.addWidget(self.text)
        layout.addWidget(self.listView2)
        self.setLayout(layout)

        # selection
        # self.listWidget.setSelectionMode(QAbstractItemView.
SingleSelection)
        self.listView.setSelectionMode(QAbstractItemView.ExtendedSelection)
        self.listView.setSelectionBehavior(QAbstractItemView.SelectRows)

        # 上下文菜单
        self.menu = self.generateMenu()
        ######允许右键产生子菜单
        self.listView.setContextMenuPolicy(Qt.CustomContextMenu)
        ####右键菜单
```

```
        self.listView.customContextMenuRequested.connect(self.showMenu)

        # 列表视图布局
        self.listView.setResizeMode(self.listView.Adjust)
        self.listView.setLayoutMode(self.listView.Batched)
        self.listView.setMovement(self.listView.Snap)
        self.listView.setUniformItemSizes(True)
        self.listView.setGridSize(QSize(10,20))

        self.listView2.setViewMode(self.listView.IconMode)
        self.listView2.setSpacing(1)
        self.listView2.setFlow(self.listView2.LeftToRight)
        self.listView2.setIconSize(QSize(2,3))


    def generateMenu(self):
        menu = QMenu(self)
        menu.addAction('增加',self.onAdd,QKeySequence(Qt.CTRL|Qt.Key_N))
        menu.addAction('插入',self.onInsert,QKeySequence(Qt.CTRL|Qt.Key_I))
        menu.addAction(QIcon("images/close.png"),'删除',self.onDelete,
QKeySequence(Qt.CTRL|Qt.Key_D))
        menu.addSeparator()
        menu.addAction('全选',self.onSelectAll,QKeySequence
(Qt.CTRL|Qt.Key_A))
        menu.addAction('清空选择',self.onSelectClear,
QKeySequence(Qt.CTRL|Qt.Key_R))
        menu.addAction('输出选择',self.onSelectOutput)
        menu.addSeparator()
        # menu.addAction(self.actionHelp)
        return menu

    def showMenu(self, pos):
        self.menu.exec(QCursor.pos())  # 显示菜单

    def contextMenuEvent(self, event):
        menu = QMenu(self)
        menu.addAction('选项 1')
        menu.addAction('选项 2')
        menu.addAction('选项 3')
        menu.exec(event.globalPos())

    def onAdd(self):
        self.addCount += 1
        text = f'新增-{self.addCount}'
        num = self.model.rowCount()
        self.model.insertRow(num)
```

```
        index = self.model.index(num)
        self.model.setData(index,text)
        self.text.appendPlainText(f'新增 item:"{text}"')

    def onInsert(self):
        self.insertCount += 1
        index = self.listView.currentIndex()
        row = index.row()
        text = f'插入-{self.insertCount}'
        self.model.insertRow(row)
        self.model.setData(index,text)
        self.text.appendPlainText(f'row:{row},新增 item:"{text}"')

    def onUp(self):
        index = self.listView.currentIndex()
        row = index.row()
        if row>0:
            self.model.moveRow(QModelIndex(),row,QModelIndex(),row-1)

    def onDown(self):
        index = self.listView.currentIndex()
        row = index.row()
        if row<=self.model.rowCount()-1:
            self.model.moveRow(QModelIndex(),row+1,QModelIndex(),row)


    def onDelete(self):
        index = self.listView.currentIndex()
        text = self.model.data(index)
        row = index.row()
        self.model.removeRow(row)
        self.text.appendPlainText(f'row:{row},删除 item:"{text}"')

    def onSelectAll(self):
        self.listView.selectAll()

    def onSelectClear(self):
        self.listView.clearSelection()

    def onSelectOutput(self):
        indexList = self.listView.selectedIndexes()
        for index in indexList:
            row = index.row()
            data = self.model.data(index)
            self.text.appendPlainText(f'row:{row},data:{data}')
```

运行脚本，显示效果如图 5-11 所示。

图 5-11

这个案例创建了两个 QListView，上面是默认的 ListMode 显示，下面是 IconMode 显示。绝大部分操作都基于前者，后者作为对照组，当前者发生变化时后者会自动改变，这也体现了使用模型/视图框架的优越性，不用维护两套数据。

5.6   QTableView

QTableView 实现了一个列表视图，用于显示模型中的项目（item）。QTableView 在早期基于 QTable 类提供视图，现在基于 Qt 的模型/视图框架提供更灵活的视图。QTableView 是模型/视图类之一，也是 Qt 中模型/视图框架的一部分。

QTableView 实现了 QAbstractItemView 定义的接口，以允许它显示从 QAbstractItemModel 派生的模型提供的数据。QTableView 一般和 QStandardItemModel 结合使用，所以笔者把它们放在一起介绍。QTableView 类和 QStandardItemModel 类的继承结构如图 5-12 所示。

图 5-12

QStandardItemModel 提供了一种基于项目（item）的方法来处理模型。QStandardItemModel 中的 item 由 QStandardItem 提供。这种方式和 QTableWidget 一样，基本元素都是 item，QTableWidget 的 item 由 QTableWidgetItem 提供。

QTableView 和 QTableWidget 的使用非常相似，所以两者有非常多的共同点，但也有不同之处。

5.6.1　绑定模型和初始化数据

QTableView 通过 setModel()函数添加模型，如下所示：

```
self.tableView = QTableView()
self.model = QStandardItemModel(5, 4)
self.tableView.setModel(self.model)
```

除了 QStandardItemModel，QTableView 还经常和 QItemSelectionModel 一起使用，用来支持选择功能：

```
self.selectModel = QItemSelectionModel()
self.tableView.setSelectionModel(self.selectModel)
```

可以把 QTableView、QStandardItemModel 和 QItemSelectionModel 的合体当作一个 QTableWidget。与 QTableWidget 不同，QTableView 的很大一部分功能（如数据管理）要依赖 QStandardItemModel，所以要把它们分开介绍。

5.6.2　模型（QStandardItemModel）的相关函数

1. 基于 item 的操作

针对 item 的常规操作可以使用函数 setText()、setIcon()、setFont()、setForeground()和 setBackground()等，可以参考 QListWidget 的相关内容。

可以使用 setItem(row,column,item)将 item 插入表中，使用 takeitem(row, column)可以删除 item。代码如下：

```
item = QStandardItem('testItem')
self.model.setItem(row,column,item)
```

有时候需要合并单元格，这就需要使用 setSpan()函数，用法和举例如下：

```
""" setSpan(self, row: int, column: int, rowSpan: int, columnSpan: int) ->
None """
# 合并单元格
self.tableView.setSpan(1, 0, 1, 2)
item = QStandardItem('合并单元格')
item.setTextAlignment(Qt.AlignCenter)
self.model.setItem(1,0,item)
```

2．角色

一个项目可以有多重角色，对于 item，可以使用函数 setText()、setIcon()、setForeground() 等设置 DisplayRole、DecorationRole、ForegroundRole 等角色，关于角色的详细内容请参考 5.4 节。这些 item 的函数使用角色也能实现，举例如下：

```
item = QStandardItem(value)
item.setData(QColor(155, 14, 0), role=Qt.ForegroundRole)
item.setData(value+'-toolTip', role=Qt.ToolTipRole)
item.setData(QIcon("images/open.png"), role=Qt.DecorationRole)
self.model.setItem(row, column, item)
```

model 也有 setData()函数，可以实现相同的功能，举例如下：

```
self.model.setData(self.model.index(4,0),QColor(215, 214,
220),role=Qt.BackgroundRole)
```

3．行/列操作

使用函数 insertRow()、insertColumn()、removeRow()和 removeColumn()可以增加或删除行/列。使用 rowCount()函数可以获取表格的行数，使用 columnCount()函数可以获取表格的列数，使用 clear()函数可以清空表格。使用 findItems()函数可以搜索模型中的项目，使用 sort()函数可以对模型进行排序。

5.6.3　视图（QTableView）的相关函数

QTableView 的相关函数与视图有关。

1．导航

导航功能继承自 QAbstractItemView，QAbstractItemView 提供了一个标准接口，用于通过信号/槽机制与模型进行互动，使子类能够随着模型的更改而保持最新状态。QAbstractItemView 为键盘和鼠标导航、视口滚动、项目编辑和选择提供标准支持。键盘导航实现的功能如表 5-17 所示。

表 5-17

按　　键	功　　能
Arrow keys	更改当前项目并选择它
Ctrl+Arrow keys	更改当前项目但不选择它

续表

按　键	功　能
Shift+Arrow keys	更改当前项目并选择它，先前选择的项目不会取消选择
Ctrl+Space	切换当前项目的选择
Tab/Backtab	将当前项目更改为下一个/上一个项目
Home/End	选择模型中的第一个/最后一个项目
Page up/Page down	按视图中的可见行数向上/向下滚动显示的行
Ctrl+A	选择模型中的所有项目

2．基于行/列读取

使用 rowHeight(row:int)可以获取每行的高度，使用 columnWidth(col:int)可以获取每列的宽度。使用 hideRow(row:int)、hideColumn(col:int)、showRow(row:int)和 showColumn(col:int)可以隐藏和显示行/列。使用 selectRow(row:int)和 selectColumn(col:int)可以选择行/列。使用 showGrid()函数的结果可以判断是否显示网格。

3．自定义小部件

表视图中显示的项目（item）默认使用标准委托进行渲染和编辑。但是有些任务需要在表格中插入自定义小部件，使用 setIndexWidget()函数可以解决这个问题（使用indexWidget()函数可以查找自定义小部件，如果不存在则返回空）：

```
""" setIndexWidget(self, index: PySide6.QtCore.QModelIndex, widget:
PySide6.QtWidgets.QWidget) -> None """
```

需要注意的是，这里传递的 index 是一个模型的索引，使用方式如下：

```
# 自定义控件
self.tableView.setIndexWidget(self.model.index(4,3),QLineEdit('自定义控件-'*3))
self.tableView.setIndexWidget(self.model.index(4,2),QSpinBox())
```

这是视图方法，所以尽管自定义小部件的数据发生了变化，但是模型中的数据不会改变，也就是说，基于模型的其他视图的数据也不会改变。

4．坐标系

有时需要对行/列的索引和小部件坐标进行转换，rowAt(y:int)返回视图中 y 坐标对应的行，rowViewportPosition(row:int)返回行数 row 对应的 y 坐标。对于列，可以使用 columnAt()函数和 columnViewportPosition()函数获取 x 坐标和列索引之间的关系。示例如下：

```
row = self.tableView.currentIndex().row()
rowPositon = self.tableView.rowViewportPosition(row)
rowAt = self.tableView.rowAt(rowPositon)
```

5.6.4　表头（标题，QHeaderView）的相关函数

1．创建表头（标题）

使用 verticalHeader()函数可以获取表格的垂直表头，使用 horizontalHeader()函数可以获取表格的水平表头，两者都返回 QHeaderView。QHeaderView 也是 QAbstractItemView

的子类，并且为 QTableWidget（QTableView）提供了表头视图。如果不想看到行或列，则可以使用 hide()函数隐藏。

创建表头最简单的方法是使用 setHorizontalHeaderLabels()函数和 setVerticalHeaderLabels()函数，两者都将字符串列表作为参数，为表格的列和行提供简单的文本标题。示例如下：

```
rowCount = self.model.rowCount()
self.model.setVerticalHeaderLabels([f'row{i}' for i in range(rowCount)])
```

当然，也可以基于 QStandardItem 创建更复杂的表头标题。示例如下：

```
cusHeaderItem = QStandardItem("cusHeader")
cusHeaderItem.setIcon(QIcon("images/android.png"))
cusHeaderItem.setTextAlignment(Qt.AlignVCenter)
cusHeaderItem.setForeground(QBrush(QColor(255, 0, 0)))
self.model.setHorizontalHeaderItem(2,cusHeaderItem)
```

2．调整行/列的大小

可以通过 QHeaderView 来调整表格中的行/列行为，每个 QHeaderView 包含一个方向 orientation()和 N 个 section（通过 count()函数获取 N），section 表示行/列的一个基本单元，QHeaderView 的很多函数都和 section 相关。可以使用 moveSection(from: int, to: int)和 resizeSection(logicalIndex: int, size: int)移动和调整行/列的大小。QHeaderView 提供了一些函数用来控制标题移动、单击、大小调节行为：使用 setSectionsMovable(movable:bool)可以开启移动行为，使用 setSectionsClickable(clickable: bool)使其可以单击，使用 setSectionResizeMode()函数可以设置大小调整行为。

与之相应的，以上几种行为会触发如下槽函数：移动触发 sectionMoved()，调整大小触发 sectionResized()，鼠标单击触发 sectionClicked()及 sectionHandleDoubleClicked()。此外，当添加或删除 section 时，触发 sectionCountChanged()。

setSectionResizeMode 支持两种调节方式，即全局设置和局部设置，参数如下：

```
setSectionResizeMode(self, logicalIndex: int, mode:QHeaderView.ResizeMode)
-> None
    setSectionResizeMode(self, mode: QHeaderView.ResizeMode) -> None
```

QHeaderView.ResizeMode 支持的参数如表 5-18 所示。

表 5-18

参　数	值	描　　述
QHeaderView.Interactive	0	用户可以调整该部分的大小。也可以使用 resizeSection()函数以编程方式调整节的大小，节的大小默认为 defaultSectionSize
QHeaderView.Fixed	2	用户无法调整该部分的大小。该部分只能使用 resizeSection()函数以编程方式调整节的大小，节的大小默认为 defaultSectionSize
QHeaderView.Stretch	1	QHeaderView 将自动调整该部分的大小以填充可用空间，用户以编程方式无法更改节的大小
QHeaderView.ResizeToContents	3	QHeaderView 将根据整列或整行的内容自动将节调整为最佳大小，用户以编程方式无法更改节的大小

最后，可以使用 hideSection(logicalIndex: int)和 showSection(logicalIndex: int)隐藏和显示行/列。

也可以通过 QTableView 的相关函数进行操作。使用函数 QTableWidget(QTableView)、resizeColumnsToContents()或 resizeRowsToContents()，根据每列或每行的空间需求分配可用空间，它们会根据每个项目的委托大小提示调整给定行/列的大小，也可以通过函数 resizeRowToContents(int)和 resizeColumnToContents(int)指定某个行/列。

3. 拉伸填充剩余空间

在默认情况下，表格中的单元格不会自动扩展以填充剩余空间，可以通过拉伸最后一个标题（行/列）填充剩余空间。使用函数 horizontalHcadcr()或 verticalIIeader()可以获取 QHeaderView，并通过 setStretchLastSection(True)函数启用该功能。

5.6.5　上下文菜单

上下文菜单的用法和 QListWidget 的用法一样，请参考 5.1 节的内容，此处不再赘述。

案例 5-5　QTableView 结合 QStandardItemModel 的使用方法

本案例的文件名为 Chapter05/qt_QTableView.py，用于演示 QTableView 结合 QStandardItemModel 的使用方法，代码如下：

```
class QTableViewDemo(QMainWindow):
    addCount = 0
    insertCount = 0

    def __init__(self, parent=None):
        super(QTableViewDemo, self).__init__(parent)
        self.setWindowTitle("QTableView 案例")
        self.resize(600, 800)
        self.text = QPlainTextEdit('用来显示 QTableView 的相关信息：')
        self.tableView = QTableView()
        self.model = QStandardItemModel(5, 4)
        self.tableView.setModel(self.model)
        self.selectModel = QItemSelectionModel()
        self.tableView.setSelectionModel(self.selectModel)
        # 设置行/列标题
        self.model.setHorizontalHeaderLabels(['标题 1', '标题 2', '标题 3', '标
题 4'])
        for i in range(4):
            item = QStandardItem(f'行{i + 1}')
            self.model.setVerticalHeaderItem(i, item)

        # 对照组
        self.tableView2 = QTableView()
```

```
        self.tableView2.setModel(self.model)

        # 增/删行
        self.buttonDeleteRow = QPushButton('删除行')
        self.buttonAddRow = QPushButton('增加行')
        self.buttonInsertRow = QPushButton('插入行')
        layoutH = QHBoxLayout()
        layoutH.addWidget(self.buttonAddRow)
        layoutH.addWidget(self.buttonInsertRow)
        layoutH.addWidget(self.buttonDeleteRow)
        self.buttonAddRow.clicked.connect(lambda: self.onAdd('row'))
        self.buttonInsertRow.clicked.connect(lambda: self.onInsert('row'))
        self.buttonDeleteRow.clicked.connect(lambda: self.onDelete('row'))
        # 增/删列
        self.buttonDeleteColumn = QPushButton('删除列')
        self.buttonAddColumn = QPushButton('增加列')
        self.buttonInsertColumn = QPushButton('插入列')
        layoutH2 = QHBoxLayout()
        layoutH2.addWidget(self.buttonAddColumn)
        layoutH2.addWidget(self.buttonInsertColumn)
        layoutH2.addWidget(self.buttonDeleteColumn)
        self.buttonAddColumn.clicked.connect(lambda: self.onAdd('column'))
        self.buttonInsertColumn.clicked.connect(lambda:
self.onInsert('column'))
        self.buttonDeleteColumn.clicked.connect(lambda:
self.onDelete('column'))

        # 选择
        self.buttonSelectAll = QPushButton('全选')
        self.buttonSelectRow = QPushButton('选择行')
        self.buttonSelectColumn = QPushButton('选择列')
        self.buttonSelectOutput = QPushButton('输出选择')
        layoutH3 = QHBoxLayout()
        layoutH3.addWidget(self.buttonSelectAll)
        layoutH3.addWidget(self.buttonSelectRow)
        layoutH3.addWidget(self.buttonSelectColumn)
        layoutH3.addWidget(self.buttonSelectOutput)
        self.buttonSelectAll.clicked.connect(lambda: self.tableView.
selectAll())
        self.buttonSelectRow.clicked.connect(lambda: self.tableView.
selectRow(self.tableView.currentIndex().row()))
        self.buttonSelectColumn.clicked.connect(
            lambda: self.tableView.selectColumn(self.tableView.
currentIndex().column()))
        self.buttonSelectOutput.clicked.connect(self.onButtonSelectOutput)
```

```
        layout = QVBoxLayout(self)
        layout.addWidget(self.tableView)
        # layout.addWidget(self.tableView2)
        layout.addLayout(layoutH)
        layout.addLayout(layoutH2)
        layout.addLayout(layoutH3)
        layout.addWidget(self.text)
        layout.addWidget(self.tableView2)

        widget = QWidget()
        self.setCentralWidget(widget)
        widget.setLayout(layout)

        self.initItem()

        # selection
        # self.listWidget.setSelectionMode(QAbstractItemView.
SingleSelection)
        self.tableView.setSelectionMode(QAbstractItemView.
ExtendedSelection)
        # self.tableView.setSelectionBehavior(QAbstractItemView.SelectRows)
        self.tableView.setSelectionBehavior(QAbstractItemView.SelectItems)

        # 行/列标题
        rowCount = self.model.rowCount()
        columnCount = self.model.columnCount()
        self.model.setHorizontalHeaderLabels([f'col{i}' for i in
range(columnCount)])
        self.model.setVerticalHeaderLabels([f'row{i}' for i in
range(rowCount)])
        cusHeaderItem = QStandardItem("cusHeader")
        cusHeaderItem.setIcon(QIcon("images/android.png"))
        cusHeaderItem.setTextAlignment(Qt.AlignVCenter)
        cusHeaderItem.setForeground(QColor(255, 0, 0))
        self.model.setHorizontalHeaderItem(2, cusHeaderItem)

        # 自定义控件
        self.tableView.setIndexWidget(self.model.index(4, 3), QLineEdit('自
定义控件-' * 3))
        self.tableView.setIndexWidget(self.model.index(4, 2), QSpinBox())

        # 调整行/列的大小
        header = self.tableView.horizontalHeader()
        # # header.setStretchLastSection(True)
        # # header.setSectionResizeMode(QHeaderView.Stretch)
        # header.setSectionResizeMode(QHeaderView.Interactive)
```

```python
    # header.resizeSection(3,120)
    # header.moveSection(0,2)

    # header.setStretchLastSection(True)
    self.tableView.resizeColumnsToContents()
    self.tableView.resizeRowsToContents()

    # 对单元格进行排序
    # self.model.sort(1,order=Qt.DescendingOrder)

    # 合并单元格
    self.tableView.setSpan(1, 0, 1, 2)
    item = QStandardItem('合并单元格')
    item.setTextAlignment(Qt.AlignCenter)
    self.model.setItem(1, 0, item)

    # 显示坐标
    buttonShowPosition = QToolButton(self)
    buttonShowPosition.setText('显示当前位置')
    self.toolbar.addWidget(buttonShowPosition)
    buttonShowPosition.clicked.connect(self.onButtonShowPosition)

    # 上下文菜单
    self.menu = self.generateMenu()
    ######允许右键产生子菜单
    self.tableView.setContextMenuPolicy(Qt.CustomContextMenu)
    ####右键菜单
    self.tableView.customContextMenuRequested.connect(self.showMenu)

def initItem(self):

    # 初始化数据
    for row in range(self.model.rowCount()):
        for column in range(self.model.columnCount()):
            value = "row %s, column %s" % (row, column)
            item = QStandardItem(value)
            item.setData(QColor(155, 14, 0), role=Qt.ForegroundRole)
            item.setData(value + '-toolTip', role=Qt.ToolTipRole)
            item.setData(value + '-statusTip', role=Qt.StatusTipRole)
            item.setData(QIcon("images/open.png"),
role=Qt.DecorationRole)
            self.model.setItem(row, column, item)

    # flag+check
    item = QStandardItem('flag+check1')
    item.setFlags(Qt.ItemIsSelectable | Qt.ItemIsEditable |
```

```
Qt.ItemIsEnabled | Qt.ItemIsUserCheckable)
    item.setCheckState(Qt.Unchecked)
    self.model.setItem(2, 0, item)
    item = QStandardItem('flag+check2')
    item.setFlags(Qt.NoItemFlags)
    item.setCheckState(Qt.Unchecked)
    self.model.setItem(2, 1, item)
    # setText
    item = QStandardItem()
    item.setText('右对齐+check')
    item.setTextAlignment(Qt.AlignRight)
    item.setCheckState(Qt.Checked)
    self.model.setItem(3, 0, item)
    # setIcon
    item = QStandardItem(f'setIcon')
    item.setIcon(QIcon('images/music.png'))
    item.setWhatsThis('whatsThis 提示 1')
    self.model.setItem(3, 1, item)
    # setFont、setFore(Back)ground
    item = QStandardItem(f'setFont、setFore(Back)ground')
    item.setFont(QFont('宋体'))
    item.setForeground(QBrush(QColor(255, 0, 0)))
    item.setBackground(QBrush(QColor(0, 255, 0)))
    self.model.setItem(3, 2, item)
    # setToolTip,StatusTip,WhatsThis
    item = QStandardItem(f'提示帮助')
    item.setToolTip('toolTip 提示')
    item.setStatusTip('statusTip 提示')
    item.setWhatsThis('whatsThis 提示 2')
    self.model.setItem(3, 3, item)


    # 开启 statusbar
    statusBar = self.statusBar()
    statusBar.show()
    self.tableView.setMouseTracking(True)


    # 开启 whatsThis 功能
    whatsThis = QWhatsThis(self)
    self.toolbar = self.addToolBar('help')
    # 方式 1: QAction
    self.actionHelp = whatsThis.createAction(self)
    self.actionHelp.setText('显示 whatsThis-help')
    self.actionHelp.setShortcuts(QKeySequence(Qt.CTRL | Qt.Key_H))
    self.toolbar.addAction(self.actionHelp)
    # 方式 2: 工具按钮
    tool_button = QToolButton(self)
```

```python
        tool_button.setToolTip("显示 whatsThis2-help")
        tool_button.setIcon(QIcon("images/help.jpg"))
        self.toolbar.addWidget(tool_button)
        tool_button.clicked.connect(lambda: whatsThis.enterWhatsThisMode())

        self.model.setData(self.model.index(4, 0), QColor(215, 214, 220),
role=Qt.BackgroundRole)

    def generateMenu(self):
        menu = QMenu(self)
        menu.addAction('增加行', lambda: self.onAdd('row'),
QKeySequence(Qt.CTRL | Qt.Key_N))
        menu.addAction('插入行', lambda: self.onInsert('row'),
QKeySequence(Qt.CTRL | Qt.Key_I))
        menu.addAction(QIcon("images/close.png"), '删除行', lambda:
self.onDelete('row'), QKeySequence(Qt.CTRL | Qt.Key_D))
        ###此处省略一些上下文菜单代码 ###
        return menu

    def showMenu(self, pos):
        self.menu.exec(QCursor.pos())    # 显示菜单

    def contextMenuEvent(self, event):
        menu = QMenu(self)
        menu.addAction('选项 1')
        menu.addAction('选项 2')
        menu.addAction('选项 3')
        menu.exec(event.globalPos())

    def onButtonSelectOutput(self):

        indexList = self.tableView.selectedIndexes()
        _row = indexList[0].row()
        text = ''
        for index in indexList:
            row = index.row()
            column = index.column()
            item = self.model.item(row, column)
            if _row == row:
                text = text + item.text() + ' '
            else:
                text = text + '\n' + item.text() + ' '
                _row = row
        self.text.appendPlainText(text)

    def onAdd(self, type='row'):
```

```
        if type == 'row':
            rowCount = self.model.rowCount()
            self.model.insertRow(rowCount)
            # self.tableView.insertRow(rowCount)
            self.text.appendPlainText(f'row:{rowCount},新增一行')
        elif type == 'column':
            columnCount = self.model.columnCount()
            self.model.insertColumn(columnCount)
            self.text.appendPlainText(f'column:{columnCount},新增一列')

    def onInsert(self, type='row'):
        index = self.tableView.currentIndex()
        if type == 'row':
            row = index.row()
            self.model.insertRow(row)
            self.text.appendPlainText(f'row:{row},插入一行')
        elif type == 'column':
            column = index.column()
            self.model.insertColumn(column)
            self.text.appendPlainText(f'column:{column},新增一列')

    def onDelete(self, type='row'):
        index = self.tableView.currentIndex()
        if type == 'row':
            row = index.row()
            self.model.removeRow(row)
            self.text.appendPlainText(f'row:{row},被删除')
        elif type == 'column':
            column = index.column()
            self.model.removeColumn(column)
            self.text.appendPlainText(f'column:{column},被删除')

    def onButtonShowPosition(self):
        index = self.tableView.currentIndex()
        row = index.row()
        rowPositon = self.tableView.rowViewportPosition(row)
        rowAt = self.tableView.rowAt(rowPositon)
        column = index.column()
        columnPositon = self.tableView.columnViewportPosition(column)
        columnAt = self.tableView.columnAt(columnPositon)
        _str = f'当前 row:{row},rowPosition:{rowPositon},rowAt:{rowAt}' + \
            f'\n 当前
column:{column},columnPosition:{columnPositon},columnAt:{columnAt}'
        self.text.appendPlainText(_str)
```

运行脚本，显示效果如图 5-13 所示。

图 5-13

5.7 QTreeView

    5.3 节介绍的 QTreeWidget 包含内置模型，可以创建简单的树。本节介绍纯视图的 QTreeView，可以创建更复杂的树。

    本节先介绍 QTreeView 结合 QStandardItemModel 的使用方法，并且会复制 5.3 节的案例；然后结合 QFileSystemModel 来说明 QTreeView 显示文件目录结构的使用方法，该模型会也会结合 QListView 和 QTableView 一起使用。QTreeView 实现了 QAbstractItemView 定义的接口，以允许它显示从 QAbstractItemModel 派生的模型提供的数据。QTreeView 类的继承结构如图 5-14 所示。

    对 QTreeView 的定位仅仅用来显示数据，这里只提供一些用来显示数据的基本操作。

当然，也可以参考 QListView 和 QTableView 的相关内容添加更复杂的操作。

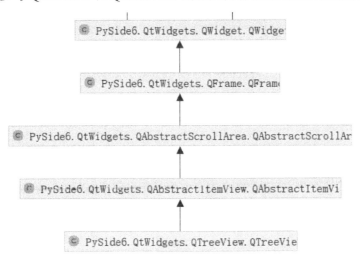

图 5-14

和 QTableView 一样，使用 QTreeView 需要绑定模型，这里绑定了标准模型
QStandardItemModel 和选择模型 QItemSelectionModel：

```
self.treeView = QTreeView()
self.model = QStandardItemModel()
self.treeView.setModel(self.model)
self.selectModel = QItemSelectionModel()
self.treeView.setSelectionModel(self.selectModel)
```

接下来设置树的列数，并快速设置标题：

```
# 设置列数
self.model.setColumnCount(3)
# 设置树形控件头部的标题
self.model.setHorizontalHeaderLabels(['学科', '姓名', '分数'])
```

开始添加第 1 个根节点：

```
# 添加根节点
root = QStandardItem('学科')
rootList = [root, QStandardItem('姓名'), QStandardItem('分数')]
self.model.appendRow(rootList)
```

对于每个节点，都可以通过函数 setIcon()、setBackground()等修改外观：

```
# 设置图标
root.setIcon(QIcon('./images/root.png'))

# 设置根节点的背景色
root.setBackground(QBrush(Qt.blue))
```

```
rootList[1].setBackground(QBrush(Qt.yellow))
rootList[2].setBackground(QBrush(Qt.red))
```

添加子节点，相关内容和代码如下：

```
# 一级节点
for subject in ['语文', '数学', '外语', '综合']:
    itemSubject = QStandardItem(subject)
    root.appendRow([itemSubject, QStandardItem(), QStandardItem()])

    # 二级节点
    for name in ['张三', '李四', '王五', '赵六']:
        itemName = QStandardItem(name)
        itemName.setFlags(Qt.ItemIsSelectable | Qt.ItemIsEditable |
Qt.ItemIsEnabled | Qt.ItemIsUserCheckable)
        score = random.random() * 40 + 60
        itemScore = QStandardItem(str(score)[:5])
        if score >= 90:
            itemScore.setBackground(QBrush(Qt.red))
        elif 80 <= score < 90:
            itemScore.setBackground(QBrush(Qt.darkYellow))
        itemSubject.appendRow([QStandardItem(subject), itemName,
itemScore])
```

其他的设置如下：

```
# 设置树形控件的列的宽度
self.treeView.setColumnWidth(0, 150)

# 展开全部节点
self.treeView.expandAll()

# 启用排序
self.treeView.setSortingEnabled(True)
```

QTreeView 的信号与槽比较少，这里实现了 3 个，分别是 clicked、expanded 和 collapsed。当树展开/收缩时触发 expanded 信号和 collapsed 信号，用法如下：

```
# 信号与槽
self.treeView.clicked.connect(self.onClicked)
self.treeView.collapsed[QModelIndex].connect(lambda
index :self.text.appendPlainText(f'{self.model.data(index)}: 触发了
collapsed 信号'))
self.treeView.expanded[QModelIndex].connect(lambda index :self.text.
appendPlainText(f'{self.model.data(index)}: expanded 信号'))

def onClicked(self, index):
    text = self.model.data(index)
    self.text.appendPlainText(f'触发 clicked 信号，单击了："{text}"')
```

案例 5-6　QTreeView 控件结合 QStandardItemModel 模型的使用方法

本案例的文件名为 Chapter05/qt_QTreeView.py，用于演示 QTreeView 控件结合 QStandardItemModel 模型的使用方法。运行效果如图 5-15 所示。

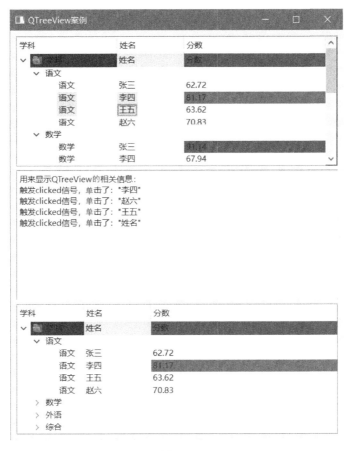

图 5-15

如图 5-15 所示，本案例创建了上、下两个 QTreeView 实例，绝大部分操作都是基于上面的实例，下面的作为对照组，当上面的实例发生变化时下面的实例会自动改变，这也体现了使用模型/视图框架的优越性，即不用维护两套数据。

本案例的内容之前已经介绍过，此处不再赘述。

QFileSystemModel 提供对本地文件系统的访问，同时提供重命名、删除文件和目录、创建新目录的功能。在最简单的情况下，QFileSystemModel 可以与合适的小控件（一般是 QTreeView、QListView 和 QTableView）一起使用，作为浏览器或过滤器的一部分。

QFileSystemModel 可以使用 QAbstractItemModel 提供的标准接口访问，但它也提供了一些管理目录的特色方法，如使用函数 fileInfo()、isDir()、fileName()和 filePath()可以提供底层文件和目录信息；使用函数 mkdir()和 rmdir()可以创建和删除目录，其简单案例如下。

案例 5-7　QTreeView 和 QFileSystemModel 的使用方法

本案例的文件名为 Chapter05/qt_QTreeView2.py，用于演示 QTreeView 控件、QListView 控件和 QTableView 控件结合 QFileSystemModel 模型的使用方法，代码如下：

```python
class QTreeViewDemo(QMainWindow):
    def __init__(self, parent=None):
        super(QTreeViewDemo, self).__init__(parent)
        self.setWindowTitle("QTreeView2 案例")
        self.resize(700, 900)
        self.text = QPlainTextEdit('用来显示 QTreeView2 的相关信息：')
        self.treeView = QTreeView()
        self.model = QFileSystemModel()
        self.treeView.setModel(self.model)
        self.selectModel = QItemSelectionModel()
        self.model.setRootPath(QDir.currentPath())
        self.treeView.setSelectionModel(self.selectModel)

        self.listView = QListView()
        self.tableView = QTableView()
        self.listView.setModel(self.model)
        self.tableView.setModel(self.model)

        layoutV = QVBoxLayout(self)
        layoutV.addWidget(self.listView)
        layoutV.addWidget(self.tableView)

        layout = QHBoxLayout(self)
        layout.addWidget(self.treeView)
        layout.addLayout(layoutV)

        widget = QWidget()
        self.setCentralWidget(widget)
        widget.setLayout(layout)

        # 信号与槽
        self.treeView.clicked.connect(self.onClicked)

    def onClicked(self, index):
        self.listView.setRootIndex(index)
        self.tableView.setRootIndex(index)
```

运行脚本，显示效果如图 5-16 所示。

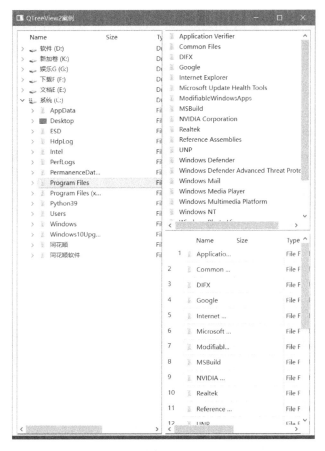

图 5-16

单击左侧的 QTreeView 相关树或右侧的 QListView 和 QTableView 会呈现相应的子目录，内容很简单，读者可以自行查看代码。

5.8　自定义模型

一般来说，通过上面介绍的一些标准模型（如 QStringListModel、QFileSystemModel 和 QStandardItemModel 等）结合 QListView、QTableView 和 QTreeView 就够用了。但有时需要更复杂的模型，这就需要用户自己定义。

可以通过子类化 QAbstractTableModel 实现自定义模型，这需要注意以下几点。

首先，必须实现函数 rowCount()、columnCount()和 data()。除非是子类化 QAbstractTableModel，否则函数 index()和 parent()也要重新实现。这些功能用于只读模型，并且构成可编辑模型的基础。需要注意的是，在实现 data()函数时不需要支持 Qt.ItemDataRole 中的所有角色，可以选择一些常用角色返回即可。大多数模型至少为 Qt.DisplayRole 提供文本支持，有些模型会使用 Qt.ToolTipRole 和 Qt.WhatsThisRole 提供更多的信息。

其次，要在模型中启用编辑，还必须实现 setData()函数，并重新实现 flags()函数确保返回 ItemIsEditable。还可以重新实现函数 headerData()和 setHeaderData()来控制模型标题的呈现方式。在分别重新实现函数 setData()和 setHeaderData()时，必须显式发射 dataChanged 信号和 headerDataChanged 信号。

最后，如果模型结构可以调整，则可以重新实现函数 insertRows()、removeRows()、insertColumns()和 removeColumns()。在实现这些函数时，重要的是要把模型结构上的变化通知连接模型的视图。

- 实现 insertRows()函数需要在新行插入数据结构之前先调用 beginInsertRows()函数，然后立即调用 endInsertRows()函数。
- 实现 insertColumns()函数需要在新列插入数据结构之前先调用 beginInsertColumns()函数，然后立即调用 endInsertColumns()函数。
- 实现 removeRows()函数需要在从数据结构中删除行之前先调用 beginRemoveRows()函数，然后立即调用 endRemoveRows()函数。
- 实现 removeColumns()函数需要在从数据结构中删除列之前先调用 beginRemoveColumns()函数，然后立即调用 endRemoveColumns()函数。

如果数据比较大，则可以考虑创建增量填充的模型，重新实现函数 fetchMore()和 canFetchMore()。如果通过 fetchMore()函数将行添加到模型中，则必须调用函数 beginInsertRows()和 endInsertRows()。

案例 5-8　QTableView 控件结合自定义模型的使用方法

本案例的文件名为 Chapter05/qt_QTableModel.py，用于演示 QTableView 控件结合自定义模型的使用方法，代码如下。

一是创建数据结构 Student，主要包括科目、姓名、分数这 3 个属性：

```
SUBJECT, NAME, SCORE, DESCRIPTION = range(4)
class Student(object):
    def __init__(self, subject, name, score=0, description=""):
        self.subject = subject
        self.name = name
        self.score = score
        self.description = description

    def __hash__(self):
        return super(Student, self).__hash__()

    def __lt__(self, other):
        if self.name < other.name:
            return True
        if self.subject < other.subject:
            return True
        return id(self) < id(other)
```

```
def __eq__(self, other):
    if self.name == other.name:
        return True
    if self.subject == other.subject:
        return True
    return id(self) == id(other)
```

二是自定义模型，该模型使用 QAbstractTableModel 作为基础模板，重新实现了最基础的函数 data()、headerData()、rowCount()和 columnCount()，支持编辑的函数 flags()和setData()，以及结构调整的函数 insertRows()和 removeRows()。在 data()函数中可以根据列的名称和角色设置不同的颜色，具体如下：

```
class StudentTableModel(QAbstractTableModel):
    def __init__(self, filename=""):
        super(StudentTableModel, self).__init__()
        self.students = []

    def initData(self):
        for subject in ['语文', '数学', '外语', '综合']:
            for name in ['张三', '李四', '王五', '赵六']:
                score = random.random() * 40 + 60
                if score>=80:
                    _str = f'{name}的{subject}成绩是：优秀'
                else:
                    _str = f'{name}的{subject}成绩是：良好'
                student = Student(subject, name, score, _str)
                self.students.append(student)
        self.sortBySubject()

    def sortByName(self):

        self.students = sorted(self.students,key=lambda
x:(x.name,x.subject))
        self.endResetModel()

    def sortBySubject(self):
        self.students = sorted(self.students, key=lambda x: (x.subject,
x.name))
        self.endResetModel()

    def flags(self, index):
        if not index.isValid():
            return Qt.ItemIsEnabled
        return Qt.ItemFlags(QAbstractTableModel.flags(self, index) |
Qt.ItemIsEditable)

    def data(self, index, role=Qt.DisplayRole):
```

```
        if not index.isValid() or not (0 <= index.row() <
len(self.students)):
            return None
        student = self.students[index.row()]
        column = index.column()
        if role == Qt.DisplayRole:
            if column == SUBJECT:
                return student.subject
            elif column == NAME:
                return student.name
            elif column == DESCRIPTION:
                return student.description
            elif column == SCORE:
                return "{:.2f}".format(student.score)
        elif role == Qt.TextAlignmentRole:
            if column == SCORE:
                return int(Qt.AlignRight | Qt.AlignVCenter)
            return int(Qt.AlignLeft | Qt.AlignVCenter)
        elif role == Qt.ForegroundRole and column == SCORE:
            if student.score < 80:
                return QColor(Qt.black)
            elif student.score < 90:
                return QColor(Qt.darkGreen)
            elif student.score < 100:
                return QColor(Qt.red)
        elif role == Qt.BackgroundRole:
            if student.subject in ("数学", "语文"):
                return QColor(250, 230, 250)
            elif student.subject in ("外语",):
                return QColor(250, 250, 230)
            elif student.subject in ("综合"):
                return QColor(230, 250, 250)
            else:
                return QColor(210, 230, 230)
        return None

    def headerData(self, section, orientation, role=Qt.DisplayRole):
        if role == Qt.TextAlignmentRole:
            if orientation == Qt.Horizontal:
                return int(Qt.AlignLeft | Qt.AlignVCenter)
            return int(Qt.AlignRight | Qt.AlignVCenter)
        if role != Qt.DisplayRole:
            return None
        if orientation == Qt.Horizontal:
            if section == SUBJECT:
                return "科目"
```

```
            elif section == NAME:
                return "姓名"
            elif section == SCORE:
                return "分数"
            elif section == DESCRIPTION:
                return "说明"
        return int(section + 1)

    def rowCount(self, index=QModelIndex()):
        return len(self.students)

    def columnCount(self, index=QModelIndex()):
        return 4

    def setData(self, index, value, role=Qt.EditRole):
        if index.isValid() and 0 <= index.row() < len(self.students) and
role==Qt.EditRole:
            student = self.students[index.row()]
            column = index.column()
            if column == SUBJECT:
                student.subject = value
            elif column == NAME:
                student.name = value
            elif column == DESCRIPTION:
                student.description = value
            elif column == SCORE:
                try:
                    student.score = int(value)
                except:
                    print('输入错误，请输入数字')

            self.emit(SIGNAL("dataChanged(QModelIndex,QModelIndex)"), index,
index)
            return True
        return False

    def insertRows(self, position, rows=1, index=QModelIndex()):
        self.beginInsertRows(QModelIndex(), position, position + rows - 1)
        for row in range(rows):
            self.students.insert(position + row, Student("test", "test",
0,''))
        self.endInsertRows()
        return True

    def removeRows(self, position, rows=1, index=QModelIndex()):
        self.beginRemoveRows(QModelIndex(), position, position + rows - 1)
```

```
        self.students = (self.students[:position] + self.students[position
+ rows:])
        self.endRemoveRows()
        return True
```

三是将 QTableView 和自定义模型结合，这里仅仅实现了增/删行的功能，只提供了 setData()函数用于编辑模型，并且只支持 EditRole 一个角色，代码如下：

```
class QTableViewDemo(QMainWindow):
    def __init__(self, parent=None):
        super(QTableViewDemo, self).__init__(parent)
        self.setWindowTitle("QTableModel 案例")
        self.resize(500, 600)
        self.tableView = QTableView()
        self.model = StudentTableModel()
        self.model.initData()

        self.tableView.setModel(self.model)
        self.selectModel = QItemSelectionModel()
        self.tableView.setSelectionModel(self.selectModel)
        self.tableView.horizontalHeader().setStretchLastSection(True)

        self.buttonAddRow = QPushButton('增加行')
        self.buttonInsertRow = QPushButton('插入行')
        self.buttonDeleteRow = QPushButton('删除行')
        self.buttonAddRow.clicked.connect(self.onAdd)
        self.buttonInsertRow.clicked.connect(self.onInsert)
        self.buttonDeleteRow.clicked.connect(self.onDelete)


        self.model.setData(self.model.index(3, 1), 'Python', role=Qt.EditRole)

        layout = QVBoxLayout(self)
        layout.addWidget(self.tableView)
        layoutH = QHBoxLayout()
        layoutH.addWidget(self.buttonAddRow)
        layoutH.addWidget(self.buttonInsertRow)
        layoutH.addWidget(self.buttonDeleteRow)
        layout.addLayout(layoutH)


        widget = QWidget()
        self.setCentralWidget(widget)
        widget.setLayout(layout)

    def onAdd(self):
```

```
        rowCount = self.model.rowCount()
        self.model.insertRow(rowCount)


    def onInsert(self):
        index = self.tableView.currentIndex()
        row = index.row()
        self.model.insertRow(row)


    def onDelete(self):
        index = self.tableView.currentIndex()
        row = index.row()
        self.model.removeRow(row)



if __name__ == "__main__":
    app = QApplication(sys.argv)
    demo = QTableViewDemo()
    demo.show()
    sys.exit(app.exec())
```

运行脚本，显示效果如图 5-17 所示。

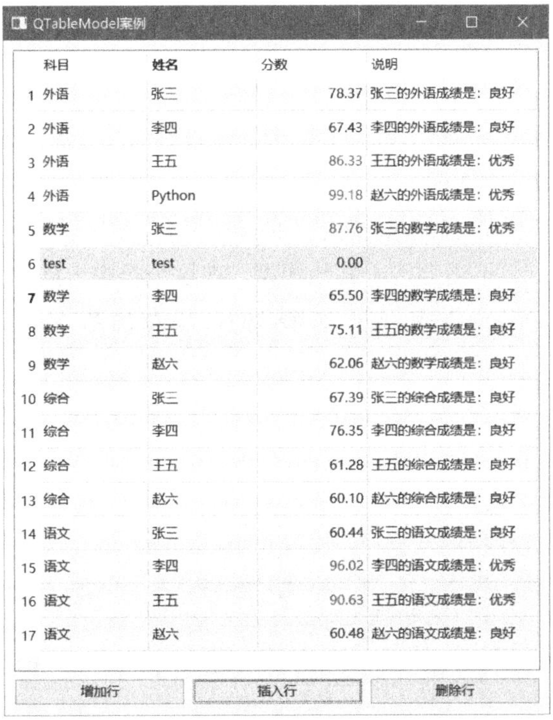

图 5-17

5.9 自定义委托

Delegate（代理或委托）的作用如下。

- 绘制视图中来自模型的数据，委托会参考项目的角色和数据进行绘制，不同的角色和数据有不同的展示效果。
- 在视图与模型之间交互操作时提供临时编辑组件的功能，该编辑器会位于视图的顶层。

当默认委托（QStyledItemDelegate）提供的这两方面作用无法满足需求时就可以考虑自定义委托。例如，如果要呈现更复杂的可视化，或者使用 QComBox 来编辑整数，默认的 QLineEdit 无法满足需求，那么需要使用自定义委托。

本书会提供两种委托方式：一种是结合自定义模型的自定义委托，另一种是适用于通用模型的泛型委托。这两种委托都需要重新实现 QStyledItemDelegate 的一些方法。

对于第 1 种委托，唯一必须重写的函数是 paint()。如果要支持可编辑，则必须重写函数 createEditor()、setEditorDate() 和 setModelData()。如果在编辑过程中要使用 QLineEdit 或 QTextEdit，通常也会重写 commitAndCloseEditor() 函数。可以根据需要重写 sizeHint() 函数。

对于第 2 种委托，只需要重写函数 createEditor()、setEditorDate() 和 setModelData() 即可，其他函数可以根据情况重写。这种委托相对简单，适用于多个模型，代码可以重复使用，是比较推荐的方式。

📖 案例 5-9 QTableView 控件结合自定义委托的使用方法

本案例的文件名为 Chapter05/qt_QTableDelegate.py，用于演示 QTableView 控件结合自定义委托的使用方法，代码如下。

一是创建自定义委托类 StudentTableDelegate，这个类只适用于 5.8 节创建的自定义模型 StudentTableModel，不适合用于其他模型。在这个类中，重写了常用的函数 paint()、createEditor()、setEditorDate() 和 setModelData()，以及函数 commitAndCloseEditor() 和 sizeHint()。

在 paint() 函数中，对 DESCRIPTION 列进行了重新绘制，修改了关键字"优秀"和"良好"的显示方式。使用 createEditor() 函数可以为不同的列提供不同的编辑器，使用 setEditorData() 函数可以设置编辑器的显示数据，在用户提交编辑操作之后，会使用 setModelData() 函数修改模型的数据：

```
SUBJECT, NAME, SCORE, DESCRIPTION = range(4)

class StudentTableDelegate(QStyledItemDelegate):
    def __init__(self, parent=None):
        super(StudentTableDelegate, self).__init__(parent)
```

```python
    def paint(self, painter, option, index):
        if index.column() == DESCRIPTION:
            text = index.model().data(index)
            if text[-2:] == '优秀':
                text = f'{text[:-2]}<font color=red><b>优秀</b></font>'
                index.model().setData(index, value=text)
            elif text[-2:] == '良好':
                text = f'{text[:-2]}<font color=green><b>良好</b></font>'
                index.model().setData(index, value=text)
            palette = QApplication.palette()
            document = QTextDocument()
            document.setDefaultFont(option.font)
            if option.state & QStyle.State_Selected:
                document.setHtml("<font color={}>{}</font>".format(
                    palette.highlightedText().color().name(), text))
            else:
                document.setHtml(text)
            color = (palette.highlight().color()
                    if option.state & QStyle.State_Selected
                    else QColor(index.model().data(index,
Qt.BackgroundRole)))
            painter.save()
            painter.fillRect(option.rect, color)
            painter.translate(option.rect.x(), option.rect.y())
            document.drawContents(painter)
            painter.restore()
        else:
            QStyledItemDelegate.paint(self, painter, option, index)

    def sizeHint(self, option, index):
        fm = option.fontMetrics
        if index.column() == SCORE:
            return QSize(fm.averageCharWidth(), fm.height())
        if index.column() == DESCRIPTION:
            text = index.model().data(index)
            document = QTextDocument()
            document.setDefaultFont(option.font)
            document.setHtml(text)
            return QSize(document.idealWidth() + 5, fm.height())
        return QStyledItemDelegate.sizeHint(self, option, index)

    def createEditor(self, parent, option, index):
        if index.column() == SCORE:
            spinbox = QSpinBox(parent)
            spinbox.setRange(0, 100)
            spinbox.setAlignment(Qt.AlignRight | Qt.AlignVCenter)
            return spinbox
        elif index.column() in (NAME, SUBJECT):
```

```
        editor = QLineEdit(parent)
        self.connect(editor, SIGNAL("returnPressed()"),
self.commitAndCloseEditor)
        return editor
    elif index.column() == DESCRIPTION:
        editor = QTextEdit()
        self.connect(editor, SIGNAL("returnPressed()"),
self.commitAndCloseEditor)
        return editor
    else:
        return QStyledItemDelegate.createEditor(self, parent, option,
index)

  def commitAndCloseEditor(self):
    editor = self.sender()
    if isinstance(editor, (QTextEdit, QLineEdit)):
        self.emit(SIGNAL("commitData(QWidget*)"), editor)
        self.emit(SIGNAL("closeEditor(QWidget*)"), editor)

  def setEditorData(self, editor, index):
    text = index.model().data(index, Qt.DisplayRole)
    if index.column() == SCORE:
        try:
            value = int(float(text) + 0.5)
        except:
            value = 0
        editor.setValue(value)
    elif index.column() in (NAME, SUBJECT):
        editor.setText(text)
    elif index.column() == DESCRIPTION:
        editor.setHtml(text)
    else:
        QStyledItemDelegate.setEditorData(self, editor, index)

  def setModelData(self, editor, model, index):
    if index.column() == SCORE:
        model.setData(index, editor.value())
    elif index.column() in (NAME, SUBJECT):
        model.setData(index, editor.text())
    elif index.column() == DESCRIPTION:
        model.setData(index, editor.toHtml())
    else:
        QStyledItemDelegate.setModelData(self, editor, model, index)
```

当建立好自定义委托之后，就可以通过 setItemDelegate()函数直接绑定视图，如下所示：

```
# 方式1：基于自定义模型的自定义委托
self.tableView = QTableView()
self.model = StudentTableModel()
self.delegate = StudentTableDelegate()
self.model.initData()

self.tableView.setModel(self.model)
self.selectModel = QItemSelectionModel()
self.tableView.setSelectionModel(self.selectModel)
self.tableView.setItemDelegate(self.delegate)
self.tableView.horizontalHeader().setStretchLastSection(True)
```

　　二是创建日期和整数两列的自定义委托，这两种委托也可以用于其他模型，方便重复。这也是第 2 种委托，即泛型委托，是比较推荐的一种方式。笔者追求的效果比较简单，每种委托只重写了 createEditor()、setEditorData()和 setModelData()这 3 个函数，如下所示：

```
class DateColumnDelegate(QStyledItemDelegate):
    def __init__(self, minimum=QDate(),
                maximum=QDate.currentDate(),
                format="yyyy-MM-dd", parent=None):
        super(DateColumnDelegate, self).__init__(parent)
        self.minimum = minimum
        self.maximum = maximum
        self.format = format

    def createEditor(self, parent, option, index):
        dateedit = QDateEdit(parent)
        dateedit.setDateRange(self.minimum, self.maximum)
        dateedit.setAlignment(Qt.AlignRight | Qt.AlignVCenter)
        dateedit.setDisplayFormat(self.format)
        dateedit.setCalendarPopup(True)
        return dateedit

    def setEditorData(self, editor, index):
        value = index.model().data(index, Qt.DisplayRole)
        try:
            date = datetime.datetime.strptime(value, '%Y-%m-%d').date()
            editor.setDate(QDate(date.year, date.month, date.day))
        except:
            print(value, index)
            editor.setDate(QDate())

    def setModelData(self, editor, model, index):
        model.setData(index, editor.date().toString('yyyy-MM-dd'))
```

```
class IntegerColumnDelegate(QStyledItemDelegate):

    def __init__(self, minimum=0, maximum=100, parent=None):
        super(IntegerColumnDelegate, self).__init__(parent)
        self.minimum = minimum
        self.maximum = maximum

    def createEditor(self, parent, option, index):
        spinbox = QSpinBox(parent)
        spinbox.setRange(self.minimum, self.maximum)
        spinbox.setAlignment(Qt.AlignRight | Qt.AlignVCenter)
        return spinbox

    def setEditorData(self, editor, index):
        value = int(index.model().data(index, Qt.DisplayRole))
        editor.setValue(value)

    def setModelData(self, editor, model, index):
        editor.interpretText()
        model.setData(index, editor.value())
```

使用方法也很简单，可通过 setItemDelegateForColumn()函数将委托绑定到特定列：

```
# 方式2：通用模型的通用委托
self.tableView2 = QTableView()
self.model2 = QStandardItemModel(5, 4)
self.init_model2()
self.tableView2.setModel(self.model2)
self.tableView2.setItemDelegateForColumn(2, IntegerColumnDelegate())
self.tableView2.setItemDelegateForColumn(3, DateColumnDelegate())
```

三是程序启动主体，本案例创建了 tableView 和 tableView2 两个表格，前者对应第 1 种委托，后者对应第 2 种委托，方便对照。在 init_model2 中对 tableView2 的不同列设置了不同的数据，从而与自定义委托进行匹配：

```
class QTableViewDemo(QMainWindow):
    def __init__(self, parent=None):
        super(QTableViewDemo, self).__init__(parent)
        self.setWindowTitle("QTableDelegate 案例")
        self.resize(550, 600)

        # 方式1：基于自定义模型的自定义委托
        self.tableView = QTableView()
        self.model = StudentTableModel()
        self.delegate = StudentTableDelegate()
        self.model.initData()
```

```
        self.tableView.setModel(self.model)
        self.selectModel = QItemSelectionModel()
        self.tableView.setSelectionModel(self.selectModel)
        self.tableView.setItemDelegate(self.delegate)
        self.tableView.horizontalHeader().setStretchLastSection(True)

        # 方式 2：通用模型的通用委托
        self.tableView2 = QTableView()
        self.model2 = QStandardItemModel(5, 4)
        self.init_model2()
        self.tableView2.setModel(self.model2)
        self.delegate2 = IntegerColumnDelegate()
        self.tableView2.setItemDelegateForColumn(2, self.delegate2)
        self.tableView2.setItemDelegateForColumn(3, DateColumnDelegate())

        self.buttonAddRow = QPushButton('增加行')
        self.buttonInsertRow = QPushButton('插入行')
        self.buttonDeleteRow = QPushButton('删除行')
        self.buttonAddRow.clicked.connect(self.onAdd)
        self.buttonInsertRow.clicked.connect(self.onInsert)
        self.buttonDeleteRow.clicked.connect(self.onDelete)

        self.model.setData(self.model.index(3, 1), 'Python',
role=Qt.EditRole)

        layout = QVBoxLayout(self)
        layout.addWidget(self.tableView)
        layoutH = QHBoxLayout()
        layoutH.addWidget(self.buttonAddRow)
        layoutH.addWidget(self.buttonInsertRow)
        layoutH.addWidget(self.buttonDeleteRow)
        layout.addLayout(layoutH)
        layout.addWidget(self.tableView2)

        widget = QWidget()
        self.setCentralWidget(widget)
        widget.setLayout(layout)

    def init_model2(self):
        for row in range(self.model2.rowCount()):
            for column in range(self.model2.columnCount()):
                if column == 2:
                    value = column + row
                elif column == 3:
                    date = datetime.datetime.strptime('2022-01-01',
'%Y-%m-%d') + datetime.timedelta(days=column * row)
                    value = datetime.datetime.strftime(date, '%Y-%m-%d')
                else:
```

```
            value = "row %s, col %s" % (row, column)
            item = QStandardItem(str(value))
            self.model2.setItem(row, column, item)

    def onAdd(self):
        rowCount = self.model.rowCount()
        self.model.insertRow(rowCount)

    def onInsert(self):
        index = self.tableView.currentIndex()
        row = index.row()
        self.model.insertRow(row)

    def onDelete(self):
        index = self.tableView.currentIndex()
        row = index.row()
        self.model.removeRow(row)

if __name__ == "__main__":
    app = QApplication(sys.argv)
    demo = QTableViewDemo()
    demo.show()
    sys.exit(app.exec())
```

运行脚本，显示效果如图 5-18 所示。

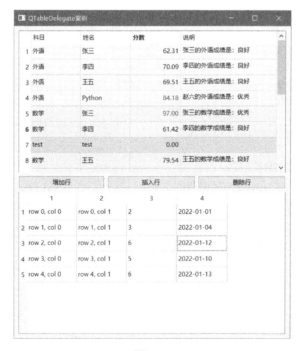

图 5-18

如图 5-18 所示，对于上面的 tableView，"科目"和"姓名"使用 QLineEdit 委托，"分数"使用 QSpinBox 委托,"说明"使用 QTextEdit 委托,用来显示 HTML。中间的几个按钮的行为也都基于 tableView。

对于下面的 tableView2,前两列使用默认委托(QLineEdit),第 3 列使用 QSpinBox 委托,第 4 列使用 QDateEdit 委托。QSpinBox 委托和 QDateEdit 委托也可以结合其他模型使用。

5.10　Qt 数据库

本节主要介绍 Qt 数据库的相关内容,因为数据库以表格的形式呈现比较合适,需要使用模型/视图/委托方面的知识,所以在学习本节内容之前读者需要对前几章的内容有所了解。此外,本节假定读者至少具有 SQL 的基础知识,能够理解简单的 SELECT 语句、INSERT 语句、UPDATE 语句和 DELETE 语句。虽然 QSqlTableModel 提供了一个不需要 SQL 知识的数据库浏览和编辑接口,但笔者建议读者对 SQL 有基本的了解。

5.10.1　Qt SQL 简介

Qt SQL 的模块是 Qt 为数据库设计的数据管理系统,使用驱动插件与不同的数据库 API 进行通信。Qt SQL 模块的 API 是独立于数据库的。Qt 为一些常见的数据库提供驱动程序,并提供了源代码,用户也可自行编译驱动程序。Qt 提供了多个驱动程序,并且可以添加其他的驱动程序。默认支持的驱动类型如表 5-19 所示。

表 5-19

数据库驱动类型	描　　述
QDB2	IBM DB2(7.1 及以上版本)
QMYSQL/MARIADB	MySQL 或 MariaDB(5.6 及以上版本)
QOCI	Oracle 调用接口驱动程序(12.1 及以上版本)
QODBC	开放式数据库连接(ODBC):Microsoft SQL Server 和其他兼容 ODBC 的数据库
QPSQL	PostgreSQL(7.3 及以上版本)
QSQLITE	SQLite 3

SQLite 是在所有平台上具有最佳测试覆盖率和支持的数据库系统。在 Windows 和 Linux 平台上,Oracle 使用 OCI,以及 PostgreSQL 和 MySQL 使用 ODBC 或本机驱动程序测试良好。对其他系统支持的完整程度取决于客户端库的质量与可用性。

Qt SQL 为支持数据库提供了如表 5-20 所示的模块,包含数据库处理的各个环节。

表 5-20

模　　块	描　　述
QSql	包含在整个 Qt SQL 模块中使用的各种标识符
QSqlDatabase	处理与数据库的连接

续表

模　　块	描　　述
QSqlDriver	用于访问特定 SQL 数据库的抽象基类
QSqlDriverCreator	为特定驱动程序类型提供 SQL 驱动程序工厂的模板类
QSqlDriverCreatorBase	SQL 驱动程序工厂的基类
QSqlError	SQL 数据库错误信息
QSqlField	操作 SQL 数据库表和视图中的字段
QSqlIndex	操作和描述数据库索引的函数
QSqlQuery	执行和操作 SQL 语句的方法
QSqlQueryModel	SQL 结果集的只读数据模型
QSqlRecord	封装数据库记录
QSqlRelationalTableModel	单个数据库表的可编辑数据模型，支持外键
QSqlResult	用于从特定 SQL 数据库访问数据的抽象接口
QSqlTableModel	单个数据库表的可编辑数据模型

在 Qt 中，上面的 SQL 类又可以分为驱动层、SQL API 层和用户界面层，本节主要介绍 SQL API 层和用户界面层，其中用户界面层是本节的重点。

1. 驱动层

驱动层包括 QSqlDriver、QSqlDriverCreator、QSqlDriverCreatorBase、QSqlDriverPlugin 和 QSqlResult。该层提供了特定数据库和 SQL API 层之间的低级桥梁。

2. SQL API 层

SQL API 层提供对数据库的访问。可以使用 QSqlDatabase 连接数据库，使用 QSqlQuery 与数据库交互。除了 QSqlDatabase 和 QSqlQuery，QSqlError、QSqlField、QSqlIndex 和 QSqlRecord 也是 SQL API 的一部分，为数据库提供支持。

3. 用户界面层

用户界面层将数据库中的数据链接到数据感知小部件，包括 QSqlQueryModel、QSqlTableModel 和 QSqlRelationalTableModel，这些类旨在与 Qt 中的模型/视图框架一起工作。

5.10.2　连接数据库

首先需要使用 QSqlDatabase 连接数据库，然后才能使用 QSqlQuery 或 QSqlQueryModel 访问数据库。可以使用 QSqlDatabase 创建并打开一个或多个数据库，如果要打开多个连接就需要设置 connectionName 参数，Qt 会通过 connectionName 参数定位数据库，同一个数据库也可以建立多个连接。QSqlDatabase 还支持默认连接，即不设置 connectionName 参数。当调用 QSqlQuery 或 QSqlQueryModel 的成员函数时，如果不传递 connectionName 参数，则使用默认连接。当应用程序只需要一个数据库连接时，创建默认连接很方便。

QSqlDatabase 中常用的函数如表 5-21 所示。

表 5-21

函　　数	描　　述
addDatabase()	设置连接数据库的数据库驱动类型
setDatabaseName()	设置所连接的数据库名称
setHostName()	设置安装数据库的主机名称
setUserName()	指定连接的用户名
setPassword()	设置连接对象的密码（如果有）
close()	关闭数据库连接
tables()	返回表的列表
primaryIndex()	返回表的主索引
record()	返回有关表字段的元信息
transaction()	开始交易
commit()	提交事务（保存并完成交易），如果执行成功则返回 True
rollback()	回滚数据库事务（取消交易）
hasFeature()	检查驱动程序是否支持事务
lastError()	返回有关最后一个错误的信息
drivers()	返回可用 SQL 驱动程序的名称
isDriverAvailable()	检查特定驱动程序是否可用
registerSqlDriver()	注册一个定制的驱动程序

　　使用静态函数 addDatabase()可以创建一个数据库连接（也就是 QSqlDatabase 实例）。若要创建默认连接，那么在调用 addDatabase()函数时不传递 connectionName 参数即可。如果默认连接，那么后续调用不带连接名参数的 database()函数将返回默认连接。如果此处提供了 connectionName 参数，那么使用 database(connectionName)检索连接。因此，如果只需要一个数据库连接，那么创建默认连接很方便。addDatabase()函数的示例如下：

```
"""
addDatabase(driver: PySide6.QtSql.QSqlDriver, connectionName: str =
'qt_sql_default_connection') -> PySide6.QtSql.QSqlDatabase
addDatabase(type: str, connectionName: str = 'qt_sql_default_connection')
-> PySide6.QtSql.QSqlDatabase
"""
```

　　本节的代码只使用单个数据库，所以只使用默认连接方式。使用 QSqlDatabase 连接数据库最简单的方式如下（以连接不需要用户名和密码的 SQLite 数据库为例）：

```
from PySide6.QtCore import QCoreApplication
from PySide6.QtSql import QSqlDatabase
import sys


app = QCoreApplication(sys.argv)
db = QSqlDatabase.addDatabase('QSQLITE')
db.setDatabaseName('./db/sports.db')
# 打开数据库
dbConn = db.open() #return True if it is OK else False
```

需要注意的是，在使用数据库类之前，必须先实例化 QCoreApplication，所以这里的 app = QCoreApplication() 必不可少。如果已经执行过这个步骤，如运行过 app = QApplication(sys.argv)（注：QCoreApplication 和 QApplication 的功能相同，但前者不支持 GUI，后者支持 GUI），则需要注释掉这行代码。使用 open() 函数可以激活数据库连接，如果连接成功则返回 True，否则无法使用数据库。

同理，对于其他数据库，如 MySQL，也可以这样连接：

```python
from PyQt6.QtSql import QSqlDatabase
from PyQt6.QtCore import QCoreApplication
import sys

app = QCoreApplication(sys.argv)

db = QSqlDatabase.addDatabase("QMYSQL")
db.setHostName("localhost")
db.setDatabaseName("testSql")
db.setPort(3307)        # 默认 3306
db.setUserName("root")
db.setPassword("123456")
dbConn = db.open()  # return True if it is OK else False
```

在正常情况下，这种连接会失败，其中存在两个问题，本书也会提供解决思路，但是并不确定可以百分之百解决问题。

（1）没有 mysql 动态库，解决方法很简单。将已经安装的动态库（参考笔者计算机位置为 F:\Data\MySQL\mysql-8.0.11-winx64\lib\libmysql.dll）复制到 site-packages\PySide6 中，如果是 PyQt 6 则对应 site-packages\PyQt6\Qt6\bin。

（2）Qt 没有 mysql 驱动。这就需要读者下载 Qt 完整的安装包，从源代码编译，编译文件 qsqlmysql.dll 并放到 site-packages\PySide6\plugins\sqldrivers 中，PyQt 6 对应的路径为 site-packages\PyQt6\Qt6\plugins\sqldrivers。可以看到，这个文件夹包含 qsqlite.dll、qsqlodbc.dll 和 qsqlpsql.dll 这 3 个文件，也就是 Qt 6 默认提供 sqlite、odbc 和 psql（PostgreSQL）这 3 个驱动。

PyQt 5 的部分版本，如 5.9.1，官方是默认提供 qsqlmysql.dll 文件的，所以如果使用这个版本的 PyQt 5 测试上面的代码只需要解决第 1 个问题即可。PyQt 5 后期的版本及 PyQt 6/PySide 6 的版本都没有提供这个文件。

除此之外，还有一个更好的解决方法。如前所述："在 Windows 平台和 Linux 平台上，Oracle 使用 OCI，以及 PostgreSQL 和 MySQL 使用 ODBC 或本机驱动程序测试良好。"**除了通过本机驱动程序，还可以通过 ODBC 连接数据库，这是比较推荐的方法**，具体步骤如下。

（1）从官网下载 mysql-connector-odbc，根据实际情况选择 32 位或 64 位的下载，笔者的 Python 与 PySide 6 都是 64 位的。

（2）安装好之后，在"开始"菜单中选择"ODBC 数据源（64 位）"命令，具体的配置方式如图 5-19 所示。

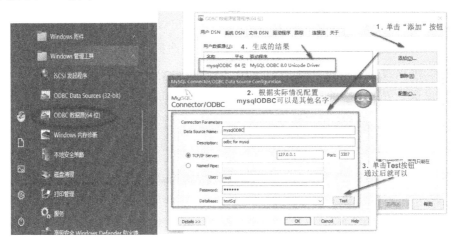

图 5-19

（3）启动测试。配置完成之后，在 Qt 中需要使用的是 Data Source Name 参数，也就是图 5-19 中的 mysqlODBC，使用方式如下：

```
from PySide6.QtCore import QCoreApplication
from PySide6.QtSql import QSqlDatabase
import sys

app = QCoreApplication(sys.argv)
db = QSqlDatabase.addDatabase("QODBC")
db.setDatabaseName("mysqlODBC")
print(db.open())
```

可以看到，db.open()函数返回 True，表示已经连接成功。如果使用这种方式，那么函数 setUserName()、setPassword()、setHostName()、setPort()和 setConnectOptions()的连接参数都不用设置，因为已经在 ODBC 数据源程序窗口中设置了。

这是比较简单的连接方式，也是比较推荐的方式。这种方式不用使用 Qt 编译源代码，编译源代码对 Python 开发人员来说门槛还是挺高的。此外，其他支持 ODBC 接管的数据库也可以通过这种方式连接，不用编译源代码。

如果此处连接失败，则可以使用 db.lastError()函数来获取出错信息。

要删除数据库连接，首先使用 db.close()函数关闭数据库，然后使用静态函数 QSqlDatabase.removeDatabase()将其删除。

> **注意**：如果不打算把数据存储到本地，则可以使用如下方式把数据存储到内存中，这个数据库在程序的整个生命周期都可用：
> ```
> db = QSqlDatabase.addDatabase("QSQLITE")
> db.setDatabaseName(":memory:")
> ```

5.10.3 执行 SQL 语句

QSqlQuery 具有执行和操作 SQL 语句的功能，可以执行 DDL 类型和 DML 类型的 SQL 查询。如果使用 Python 处理数据库则有更好的选择，没有必要使用 Qt，因此本节对 QSqlQuery 仅进行有限的介绍。5.10.4 节的 QSqlQueryModel 和 QSqlTableModel 为访问数据库提供了更高级别的接口，如果读者不熟悉 SQL，则可以直接学习 5.10.4 节。

QSqlQuery 类中最重要的函数是 exec()，它将一个包含要执行的 SQL 语句的字符串作为参数。读者可以像正常使用 SQL 语句一样进行查询：

```
query = QSqlQuery()
query.exec("SELECT name, salary FROM employee WHERE salary > 50000")
```

也可以执行创建命令：

```
query = QSqlQuery()
query.exec("create table people(id int primary key, name varchar(20),
address varchar(30))")
```

> **注意**：QSqlDatabase 也有 exec()函数，同样会执行 SQL 语句并返回一个 QSqlQuery 对象，但是不建议使用，笔者建议使用 QSqlQuery.exec()。

QSqlQuery 构造函数接受一个可选的 QSqlDatabase 对象，该对象指定要使用的数据库连接。在上面的例子中，没有指定任何连接，所以使用默认连接。

如果发生错误，则 exec()函数返回 False，可以使用 QSqlQuery.lastError()查看错误详情。

一个活动（active）的 QSqlQuery 是一个已经成功执行但尚未完成的 QSqlQuery。当要完成一个活动查询时，可以通过调用函数 finish()或 clear()使查询不活动，也可以删除 QSqlQuery 实例。成功执行的 SQL 语句将查询设置为活动状态，isActive()函数返回 True，否则返回 False。无论出现哪种情况，在执行新的 SQL 语句时，查询都会定位在无效记录（Invalid Record）上。在检索值之前，必须将活动查询导航到有效记录（Valid Record，此时 isValid()函数返回 True）上。

可以使用函数 next()、previous()、first()、last()和 seek()执行导航记录。这些函数允许程序员在查询返回的记录中向前、向后或任意移动。如果只需要让结果向前移动（如使用 next()函数），可以设置 setForwardOnly()函数，则将节省大量的内存开销并提高某些数据库的性能。一旦活动查询定位在有效记录上，就可以使用 value()函数检索数据。

> **注意**：对于某些支持事务的数据库，作为 SELECT 语句的活动查询可能会导致函数 commit()或 rollback()失败，因此在函数 commit()或 rollback()之前，应该使用上面列出的方式之一使语句查询处于不活动状态。

案例 5-10　数据库的创建

本案例的文件名为 Chapter05/qt_creatSql.py，用于演示使用 QSqlQuery 及 Python 相关模块创建数据库的方法。本案例主要包括两部分。第 1 部分给出使用 Python 的生态建立数据库的方法，这里使用的是 pandas，它是 Python 中处理数据的主力军。代码如下：

```python
def createDataPandas():
    import pandas as pd
    import random
    import sqlite3

    _list = []
    id = 0
    for name in ['张三', '李四', '王五', '赵六']:
        for namePlus in range(1,9):
            for subject in ['语文', '数学', '外语', '综合']:
                for sex in ['男','女']:
                    name2 = name+str(namePlus)
                    id+=1
                    age = random.randint(20,30)
                    score = round(random.random() * 40 + 60,2)
                    if score >= 80:
                        describe = f'{name2}的{subject}成绩是: 优秀'
                    else:
                        describe = f'{name2}的{subject}成绩是: 良好'
                    _list.append([id,name2,subject,sex,age,score,describe])
    df = pd.DataFrame(_list,
columns=['id','name','subject','sex','age','score','describe'])
    df.set_index('id',inplace=True)

    connect = sqlite3.connect('.\db\database.db')
    df.to_sql('student',connect, if_exists='replace')
    return
```

pandas 是对数据处理的高级封装模块，提供了非常多的便捷方法，数据库存储只是其中很小的一部分，使用这些方法可以极大地降低工作量，提升效率，但是前期需要花费一定的学习成本。关于 pandas 的更多内容这里不再介绍，因为这不是本书的重点，感兴趣的读者可以自行学习。基于 pandas 创建的表格如图 5-20 所示。

id	name	subject	sex	age	score	describe
1	张三1	语文	男	20	66.94	张三1的语文成绩是：良好
2	张三1	语文	女	23	81.99	张三1的语文成绩是：优秀
3	张三1	数学	男	20	66.59	张三1的数学成绩是：良好
4	张三1	数学	女	21	93.29	张三1的数学成绩是：优秀
5	张三1	外语	男	26	62.03	张三1的外语成绩是：良好
▶6	张三1	外语	女	26	88.29	张三1的外语成绩是：优秀
7	张三1	综合	男	30	86.42	张三1的综合成绩是：优秀
8	张三1	综合	女	24	95.7	张三1的综合成绩是：优秀
9	张三2	语文	男	27	66.5	张三2的语文成绩是：良好
10	张三2	语文	女	26	70.87	张三2的语文成绩是：良好

图 5-20

第 2 部分是使用 QSqlQuery 创建数据库，详见 createRelationalTables()函数。在这个函数中创建关系型数据库，student2、sex 和 subject 是 3 个有关系的表格。代码如下：

```
def createRelationalTables():
    query = QSqlQuery()

    query.exec('drop table student2')
    query.exec("create table student2(id int primary key, name varchar(20),
sex int, subject int, score float )")

    id = 0
    for name in ['张三','李四','王五','赵六']:
        sex = id %2
        print(sex)
        for subject in range(3):
            id += 1
            score = random.randint(70,100)
            query.exec(f"insert into student2 values({id}, '{name}', {sex},
{subject}, {score})")

    query.exec('drop table sex')
    query.exec("create table sex(id int, name varchar(20))")
    query.exec("insert into sex values(1, '男')")
    query.exec("insert into sex values(0, '女')")

    query.exec('drop table subject')
    query.exec("create table subject(id int, name varchar(20))")
    query.exec("insert into subject values(0, '计算机科学与技术')")
    query.exec("insert into subject values(1, '生物工程')")
    query.exec("insert into subject values(2, '物理学')")
```

使用 QSqlQuery 创建的表格如图 5-21 所示，student2 表中的 sex 列和 subject 列是外键，和 sex 表与 subject 表中的 id 对应。

id	name	sex	subject	score
1	张三	0	0	88.0
2	张三	0	1	73.0
3	张三	0	2	86.0
4	李四	1	0	88.0
5	李四	1	1	94.0

id	name
1	男
0	女

id	name
0	计算机科学与技术
1	生物工程
2	物理学

图 5-21

上面代码的运行程序如下：

```
if __name__ == "__main__":
    app = QApplication(sys.argv)
    db = QSqlDatabase.addDatabase('QSQLITE')
    db.setDatabaseName('./db/database.db')
    # db.setDatabaseName(':memory:')
    if db.open() is not True:
        QMessageBox.critical(QWidget(), "警告", "数据连接失败，程序即将退出")
        exit()

    createDataPandas()
    createRelationalTables()
```

5.10.4 数据库模型

除了 QSqlQuery，Qt 中还提供了 3 个用于访问数据库的更高级别的类，分别为 QSqlQueryModel、QSqlTableModel 和 QSqlRelationalTableModel。这 3 个类的结构关系如图 5-22 所示，作用如表 5-22 所示。

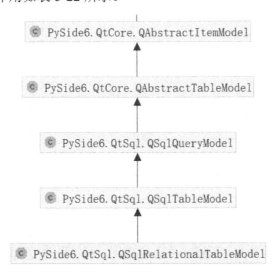

图 5-22

表 5-22

类	描　　述
QSqlQueryModel	基于任意 SQL 查询的只读模型
QSqlTableModel	适用于单个表的读/写模型
QSqlRelationalTableModel	具有外键支持的 QSqlTableModel 子类

这些类派生自 QAbstractTableModel（QAbstractTableModel 又继承自 QAbstractItemModel），可以轻松地在项目视图类（如 QListView 和 QTableView）中呈现来自数据库的数据。本章之前介绍的关于模型的很多用法在这里都可以直接使用。

使用这些类可以使代码更容易适应其他数据源。例如，如果使用 QSqlTableModel 并且后来决定使用 XML 文件而不是数据库来存储数据，那么从本质上来说只是将一个数据模型替换为另一个数据模型。

下面对这几个模型进行介绍。

1. 查询模型 QSqlQueryModel

QSqlQueryModel 的查询函数 setQuery()用来实现数据库查询功能，具体如下：

```
"""
setQuery(self, query: PySide6.QtSql.QSqlQuery) -> None
setQuery(self, query: str, db: PySide6.QtSql.QSqlDatabase =
Default(QSqlDatabase)) -> None
"""
```

使用 setQuery()函数设置查询后，可以使用 record(int)访问单条记录，具体如下：

```
model = QSqlQueryModel()
model.setQuery("SELECT * FROM person")

for i in range(model.rowCount()):
    id = model.record(i).value("id")
    name = model.record(i).value("firstName")
print(id,name)

# out put
"""
101 Danny
102 Christine
103 Lars
104 Roberto
105 Maria
"""
```

上面介绍的是 str 方式的使用方法，如前所示，setQuery()函数还有一种重载方式，它接收一个 QSqlQuery 对象并对其结果集进行操作，可以借助 QSqlQuery 的功能来实现更强大的查询。

此外，也可以使用 QSqlQueryModel.data()函数和从 QAbstractItemModel 继承的任何

其他函数。如图 5-23 所示，这两种方式的执行效果是一样的。所以，也可以使用 QAbstractItemModel.data()函数等来获取与操作数据。

```
In  [6]: model.record(4).value("firstName")
Out[6]: 'Maria'

In  [7]: model.data(model.index(4,1))
Out[7]: 'Maria'
```

图 5-23

QSqlQueryModel 默认为只读。要使其可读/写，则必须对其进行子类化并重新实现函数 setData()和 flags()。另一种选择是使用 QSqlTableModel，它提供基于单个数据库表的读/写模型。

2．单表读/写模型 QSqlTableModel

QSqlTableModel 提供了一个读/写模型，一次只在一个 SQL 表上工作。QSqlTableModel 是 QSqlQueryModel 的子类，所以 QSqlQueryModel 的所有函数都适用于 QSqlTableModel。QSqlTableModel 特有的一些用法如下所示：

```
model = QSqlTableModel()
model.setTable("person")
model.setFilter("id > 103")
model.setSort(1, Qt.DescendingOrder)
model.select()

for i in range(model.rowCount()):
    id = model.record(i).value("id")
    name = model.record(i).value("firstName")
print(id,name)
# out put
#104 Roberto
#105 Maria
```

上述代码中的 setTable()函数用于切换要操作的数据库表，setFilter()函数用于设置过滤器，setSort()函数用于修改排序顺序。最后必须使用 select()函数用数据填充模型，从功能上来说是把 setTable/setFilter/setSort 转化成 SQL 语句并执行 select 操作。

QSqlTableModel 是 QSqlQuery 的高级替代方案，用于导航和修改单个 SQL 表。这里并没有使用 SQL 的语法知识，这种高级封装会减少很多代码量，用起来非常方便。

使用 QSqlTableModel.record()函数可以检索表中的一行，使用 setRecord()函数可以修改该行。例如，以下代码将使每位员工的工资增加 10%：

```
for i in range(model.rowCount()):
    record = model.record(i)
    salary = record.value("salary")
    record.setValue("salary", salary*1.1)
```

```
    model.setRecord(i, record)
model.submitAll()
```

同样，还可以使用继承自 QAbstractItemModel 的函数 data()和 setData()来访问与操作数据。例如，data()函数的用法如图 5-24 所示，其效果和 record()函数的效果相同。

```
In  [15]:  model.record(1).value("firstName")
Out[15]:  'Maria'

In  [17]:  model.data(model.index(1,1))
Out[17]:  'Maria'
```

图 5-24

下面使用 setData()函数更新记录，结果和 setRecord()函数的结果相同：

```
salary = model.data(model.index(row,column))
model.setData(model.index(row, column), salary*1.1)
model.submitAll()
```

也可以使用其他方法（如 insertRows()函数）插入一行并填充：

```
model.insertRows(row, 1)
model.setData(model.index(row, 0), 107)
model.setData(model.index(row, 1), "Peter")
model.setData(model.index(row, 2),"Gordon")
model.setData(model.index(row, 2), 8080)
model.submitAll()
```

使用 removeRows()函数删除 5 个连续行，第 1 个参数是要删除的第 1 行的索引：

```
model.removeRows(row, 5)
model.submitAll()
```

当完成更改记录时，需要调用 submitAll()函数确保将更改写入数据库中。何时及是否真正需要调用 submitAll()函数取决于表的编辑策略。

默认策略是 QSqlTableModel.OnRowChange（指定当用户选择其他行时，将挂起的更改应用于数据库）。其他可选策略包括是 OnManualSubmit（所有更改都缓存在模型中，直到调用 submitAll()函数）和 OnFieldChange（不缓存更改）。当 QSqlTableModel 与视图一起使用时，可以有选择性地使用这些策略。

OnFieldChange 策略虽然可以不用调用 submitAll()函数，但是其有以下两个缺点。

- 如果没有任何缓存，则性能可能会显著下降。
- 如果修改主键，则在尝试填充记录时，该记录可能会丢失。

3. 关系型数据库模型 QSqlRelationalTableModel

QSqlRelationalTableModel 扩展 QSqlTableModel 以提供对外键的支持。因为 QSqlRelationalTableModel 是 QSqlTableModel 的子类，是 QSqlQueryModel 的孙类，所以 QSqlTableModel 和 QSqlQueryModel 的所有内容都适用于 QSqlRelationalTableModel。接下来重点介绍 QSqlRelationalTableModel 特有的外键。外键是一个表中的字段与另一个表

的主键字段之间的一对一映射。例如，如果 book 表的 authorid 字段引用了 author 表的 id 字段，则把 authorid 看作外键。

如图 5-25 所示，左侧的截图显示了 QTableView 中普通的 QSqlTableModel。外键不会解析为人类可读的值。右侧的截图显示了一个 QSqlRelationalTableModel，City 和 Country 这两个外键被解析为人类可读的文本字符串。

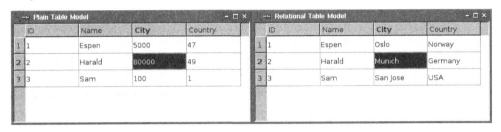

图 5-25

外键的使用方法如下：

```
model = QSqlRelationalTableModel()
model.setTable("employee")
model.setRelation(2, QSqlRelation("city", "id", "name"))
model.setRelation(3, QSqlRelation("country", "id", "name"))
```

5.10.5　数据库模型与视图的结合

QSqlQueryModel、QSqlTableModel 和 QSqlRelationalTableModel 可以用作 Qt 的视图类（如 QListView、QTableView 和 QTreeView）的数据源。在实践中，使用最多的是 QTableView，因为 SQL 结果集从本质上来说是一个二维数据结构。接下来介绍 QTableView 与数据库模型结合的使用方法。

使用 QSqlQueryModel 的一般方法如下：

```
model = QSqlQueryModel()
model.setQuery("SELECT firstName, lastName, salary FROM person")
model.setHeaderData(0, Qt.Horizontal, "姓氏")
model.setHeaderData(1, Qt.Horizontal, "名字")
model.setHeaderData(2, Qt.Horizontal, "薪酬")

view = QTableView()
view.setModel(model)
view.show()
```

在上述代码中，只有 setHeaderData()函数还没有介绍，表格标题默认为数据库表的字段名称，这个名称可能不是我们想要的，但是可以通过 setHeaderData()函数进行修改。

对于 QSqlTableModel 和 QSqlRelationalTableModel，除了上面的方法，还可以选择使

用下面的方式，这种方式对不熟悉 SQL 语句的人非常友好，以 QSqlTableModel 为例展开介绍：

```
model = QSqlTableModel()
model.setTable("person")
model.setEditStrategy(QSqlTableModel.OnManualSubmit)
model.select()
model.setHeaderData(0, Qt.Horizontal, "firstName")
model.setHeaderData(1, Qt.Horizontal, "lastName")
model.setHeaderData(2, Qt.Horizontal, "Salary")

view = QTableView()
view.setModel(model)
view.hideColumn(0) # don't show the ID
view.show()
```

QSqlTableModel 和 QSqlRelationalTableModel 默认支持读/写，视图允许用户编辑字段，可以通过如下代码禁用此功能：

```
view.setEditTriggers(QAbstractItemView.NoEditTriggers)
```

就像对 QTableView 绑定的其他模型一样，可以将数据库模型用作多个视图的数据源。如果用户通过其中一个视图完成了编辑变更，那么其他视图会立刻反映并变更。

QTableView 在左侧还有一个垂直标题，用数字标识行。如果使用 QSqlTableModel. insertRows()以编程方式插入行，那么新行将用星号（*）标记，直到使用 submitAll()函数提交或在用户移到另一条记录时自动提交（假设编辑策略为 QSqlTableModel. OnRowChange），如图 5-26 所示。

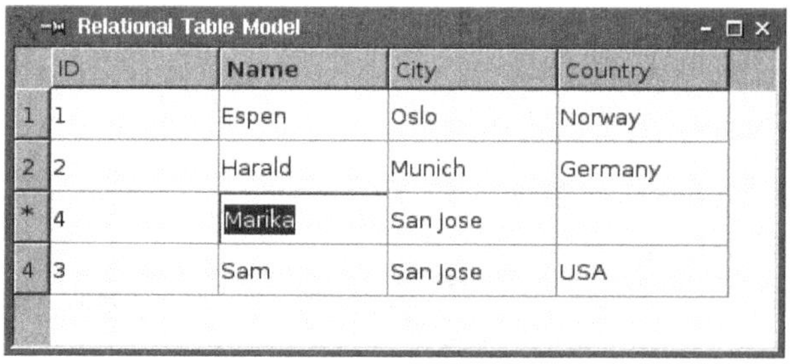

图 5-26

同样，如果使用 removeRows()函数删除行，那么这些行将用叹号（!）标记，直到提交更改。

QTableView 视图使用默认委托 QStyledItemDelegate，这种委托在 5.3 节和 5.9 节中已经介绍过。使用 QStyledItemDelegate 可以处理并显示最常见的数据类型（int、str、QImage 等），并对编辑提供一些标准化的控件。如果需要更高的显示效果及更复杂的编辑器需求，则可以考虑使用自定义委托。关于委托及自定义委托的详细内容，请参考本章之前的相关内容。

QSqlTableModel 被优化为一次对单个表进行操作。如果需要一个支持多表操作的读/写模型，则可以继承 QSqlQueryModel 并重新实现函数 flags()和 setData()，以开启它的读/写功能。关于这部分内容可以参考 5.8 节。

使用 QSqlRelationalTableModel 可以将外键解析为更人性化的字符串，为了获得最佳效果，还应该结合使用 QSqlRelationalDelegate，这个委托为编辑外键提供了组合框，如图 5-27 所示。

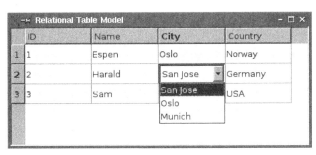

图 5-27

 案例 5-11　QSqlQueryModel 分页视图查询

本案例的文件名为 Chapter05/qt_QSqlQueryModel.py，用于演示 QTableView 控件结合 QSqlQueryModel 实现分页查询的使用方法。虽然本案例的代码有些长但其实并不复杂，这里仅对重点部分进行介绍。运行效果如图 5-28 所示。

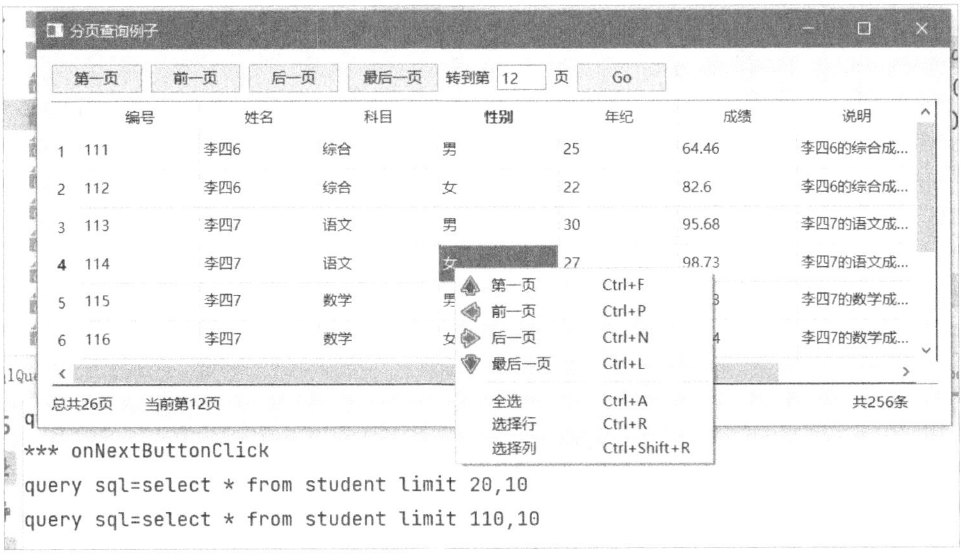

图 5-28

本案例使用的数据库文件位于 Chapter05/db/database.db 中，该文件由 Chapter05/qt_creatSql.py 中的 createDataPandas()函数创建，如果这个数据库文件不存在，则重新运行 qt_creatSql.py 文件。

首先获取数据库中 student 表的总行数，最终 rowCount 返回的数字在图 5-28 的右下角的"共 256 条"中显示。获取方法如下：

```
# 得到总记录数
self.totalRecrodCount = self.getTotalRecordCount()

# 得到记录数
def getTotalRecordCount(self):
    self.queryModel.setQuery('select count(*) from student')
    rowCount = self.queryModel.record(0).value(0)
    print('rowCount=' + str(rowCount))
    return rowCount
```

然后根据总行数获取总页数，本案例的 self.PageRecordCount 默认为 10，此处 self.totalPage 对应的值是 26：

```
# 得到总页数
self.totalPage = int(self.totalRecrodCount / self.PageRecordCount + 0.5)
```

页数与行数有严格的对应关系，我们看到的是哪一页的数据，但是 SQL 看到的是有多少行数据。因此，当单击"后一页"按钮之后，需要把当前页的页数转换为行数，通过 recordQuery()函数执行数据库：

```
# 单击"后一页"按钮
def onNextButtonClick(self):
    print('*** onNextButtonClick ')
    limitIndex = self.currentPage * self.PageRecordCount
    self.recordQuery(limitIndex)
    self.currentPage += 1
    self.updateStatus()
```

recordQuery()函数执行的是一些数据库语句，szQuery 的其中一个示例为 query sql=select * from student limit 20,10，这是标准的 SQL 语句。通过 setQuery(szQuery)函数执行查询，查询结果通过模型/数据功能自动呈现在表格上，这就是其中一页的工作原理。代码如下：

```
# 记录查询
def recordQuery(self, limitIndex):
    szQuery = ("select * from student limit %d,%d" % (limitIndex,
self.PageRecordCount))
    print('query sql=' + szQuery)
    self.queryModel.setQuery(szQuery)
```

每次执行查询之后都要更新当前状态，这些状态包括当前的页面信息、部分按钮控件的可用性等。例如，如果当前页面是第 1 页，那么"上一页"按钮和"第一页"按钮应该不可使用，这样才符合逻辑。代码如下：

```
# 刷新状态
def updateStatus(self):
    szCurrentText = ("当前第%d 页" % self.currentPage)
    self.currentPageLabel.setText(szCurrentText)
```

```
    # 设置按钮是否可用
    if self.currentPage == 1:
        self.firstButton.setEnabled(False)
        self.prevButton.setEnabled(False)
        self.nextButton.setEnabled(True)
        self.lastButton.setEnabled(True)
    elif self.currentPage >= self.totalPage - 1:
        self.firstButton.setEnabled(True)
        self.prevButton.setEnabled(True)
        self.nextButton.setEnabled(False)
        self.lastButton.setEnabled(False)
    else:
        self.firstButton.setEnabled(True)
        self.prevButton.setEnabled(True)
        self.nextButton.setEnabled(True)
        self.lastButton.setEnabled(True)
```

需要注意其他按钮，如"上一页"按钮、"第一页"按钮、"最后一页"按钮和 Go 按钮，这些按钮的作用和之前的一样，通过目标页数计算目标行数，并调用函数recordQuery()和 updateStatus()。

最后创建上下文菜单，可以参考 5.1.6 节的部分内容，代码如下：

```
# 上下文菜单
self.menu = self.generateMenu()
######允许右键产生子菜单
self.tableView.setContextMenuPolicy(Qt.CustomContextMenu)
self.tableView.customContextMenuRequested.connect(self.showMenu) ####右键菜单

# 设置上下文菜单
def generateMenu(self):
    menu = QMenu(self)
    menu.addAction(QIcon("images/up.png"), '第一页',
self.onFirstButtonClick, QKeySequence(Qt.CTRL | Qt.Key_F))
    menu.addAction(QIcon("images/left.png"), '前一页',
self.onPrevButtonClick, QKeySequence(Qt.CTRL | Qt.Key_P))
    menu.addAction(QIcon("images/right.png"), '后一页',
self.onNextButtonClick, QKeySequence(Qt.CTRL | Qt.Key_N))
    menu.addAction(QIcon("images/down.png"), '最后一页',
self.onLastButtonClick, QKeySequence(Qt.CTRL | Qt.Key_L))
    menu.addSeparator()
    menu.addAction('全选', lambda: self.tableView.selectAll(),
QKeySequence(Qt.CTRL | Qt.Key_A))
    menu.addAction('选择行', lambda:
self.tableView.selectRow(self.tableView.currentIndex().row()),
                QKeySequence(Qt.CTRL | Qt.Key_R))
    menu.addAction('选择列', lambda:
```

```
self.tableView.selectColumn(self.tableView.currentIndex().column()),
            QKeySequence(Qt.CTRL | Qt.SHIFT | Qt.Key_R))
    return menu

def showMenu(self, pos):
    self.menu.exec(QCursor.pos())    # 显示菜单
```

如果要为这个 demo 提供编辑功能，最简单的方法是把 QSqlQueryModel 替换成 QSqlTableModel，并把所有与 setQuery()函数有关的语句替换成类似如下形式：

```
# setQuery('select count(*) from student')                    # 原来的方法
setQuery(QSqlQuery('select count(*) from student'))    # 现在的方法
```

详见文件 Chapter05/qt_QSqlTableModelError.py。运行该文件，可以看到它确实实现了编辑功能，所见即所得。但是，实际上这个程序是有问题的：首先，这个文件的编辑功能只能使用一次，提交之后就不能再使用；其次，触发编辑功能之后，触发编辑的行永远不会消失，会引起视图结构混乱。如图 5-29 所示，对第 1 行实现编辑之后，其在后面就不会消失，其他行显示正常。

图 5-29

为什么会存在这个问题呢？这实际上是因为 QSqlTableModel 的用法是错误的，下面对比两者的用法：

```
# QSqlQueryModel 的用法
model = QSqlQueryModel()
model.setQuery("SELECT firstName, lastName, salary FROM person")

# QSqlTableModel 的用法
model = QSqlTableModel()
model.setTable("person")
model.select()

# 模型绑定视图
view = QTableView()
view.setModel(model)
view.show()
```

可以看到，对于 QSqlTableModel 来说，它只有一个表的概念，没有页的概念，也就是说，它一次只能显示一个表，虽然可以对这个表添加过滤及排序行为，但是没有办法分页显示。

如何为案例5-11添加编辑功能呢？这就需要使用自定义模型，可以继承QSqlQueryModel并添加编辑功能。案例 5-12 介绍 QSqlTableModel 的用法。

 案例 5-12　QSqlTableModel 排序过滤表

本案例的文件名为 Chapter05/qt_QSqlTableModel.py，用于演示 QTableView 控件结合 QSqlTableModel 实现整个表格的排序与过滤筛选的功能。虽然本案例的代码有些长但其实并不复杂，这里仅对重点部分进行介绍。运行效果如图 5-30 所示。

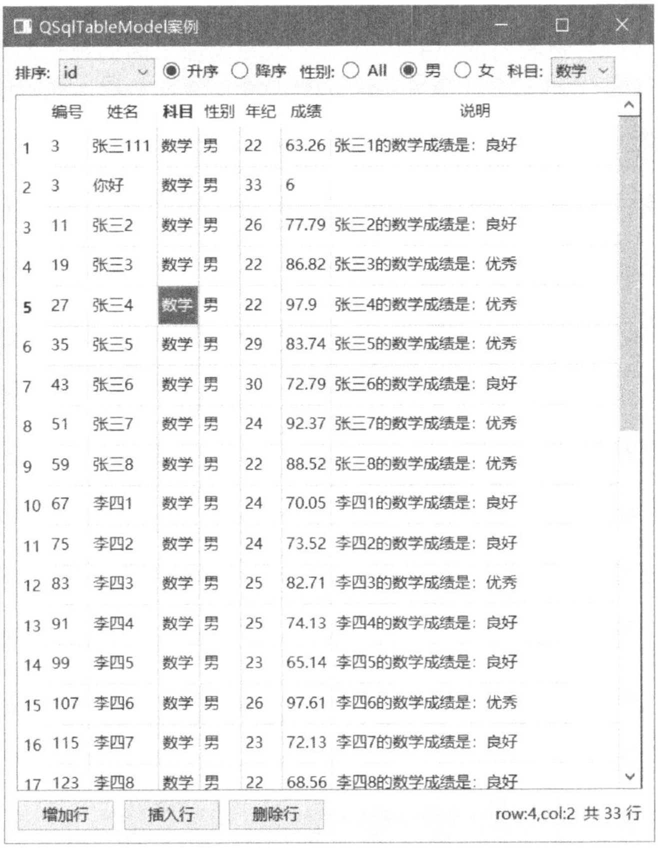

	编号	姓名	科目	性别	年纪	成绩	说明
1	3	张三111	数学	男	22	63.26	张三1的数学成绩是：良好
2	3	你好	数学	男	33	6	
3	11	张三2	数学	男	26	77.79	张三2的数学成绩是：良好
4	19	张三3	数学	男	22	86.82	张三3的数学成绩是：优秀
5	27	张三4	数学	男	22	97.9	张三4的数学成绩是：优秀
6	35	张三5	数学	男	29	83.74	张三5的数学成绩是：优秀
7	43	张三6	数学	男	30	72.79	张三6的数学成绩是：良好
8	51	张三7	数学	男	24	92.37	张三7的数学成绩是：优秀
9	59	张三8	数学	男	22	88.52	张三8的数学成绩是：优秀
10	67	李四1	数学	男	24	70.05	李四1的数学成绩是：良好
11	75	李四2	数学	男	24	73.52	李四2的数学成绩是：良好
12	83	李四3	数学	男	25	82.71	李四3的数学成绩是：优秀
13	91	李四4	数学	男	25	74.13	李四4的数学成绩是：良好
14	99	李四5	数学	男	23	65.14	李四5的数学成绩是：良好
15	107	李四6	数学	男	26	97.61	李四6的数学成绩是：优秀
16	115	李四7	数学	男	23	72.13	李四7的数学成绩是：良好
17	123	李四8	数学	男	22	68.56	李四8的数学成绩是：良好

排序: id　●升序 ○降序　性别: ○All ●男 ○女　科目: 数学

增加行　插入行　删除行　　　　　row:4,col:2 共 33 行

图 5-30

如图 5-30 所示，最上面的按钮用于实现表格的排序与过滤功能，中间部分是 QTableView 主题，最下面的按钮用于实现表格行的编辑行为。

和案例 5-11 一样，本案例使用的数据库同样来源于 Chapter05/qt_creatSql.py 文件中的 createDataPandas()函数，其文件放在 Chapter05/db/database.db 中，如果这个文件不存在，则重新运行 qt_creatSql.py 文件。

一是选取表格，这里使用的是 student 表，设置中文表头和编辑策略，代码如下：

```
self.model = QSqlTableModel()
self.model.setTable('student')
self.model.setHeaderData(0, Qt.Horizontal, "编号")
self.model.setHeaderData(1, Qt.Horizontal, "姓名")
self.model.setHeaderData(2, Qt.Horizontal, "科目")
self.model.setHeaderData(3, Qt.Horizontal, "性别")
self.model.setHeaderData(4, Qt.Horizontal, "年纪")
self.model.setHeaderData(5, Qt.Horizontal, "成绩")
self.model.setHeaderData(6, Qt.Horizontal, "说明")
self.model.setEditStrategy(QSqlTableModel.OnRowChange)
```

这里使用默认的编辑策略，也就是行发生变化就确认修改，关于编辑策略的更多内容请参考 5.10.4 节中的 QSqlTableModel 部分。

这个程序最核心的是表格的更新，这里只是通过最上面的按钮对函数 setFilter()和 setSort()进行稍微复杂的封装，并通过 select()函数获取表格数据，代码如下：

```
def onUpdate(self):
    if self.filterSex == '' and self.filterSubject == '':
        textFilter = ''
    elif self.filterSex != '' and self.filterSubject != '':
        textFilter = self.filterSex + ' and ' + self.filterSubject
    else:
        textFilter = self.filterSex + self.filterSubject
    self.model.setFilter(textFilter)

    if self.sortType == '升序':
        self.model.setSort(self.comboBoxSort.currentIndex(),
Qt.AscendingOrder)
    else:
        self.model.setSort(self.comboBoxSort.currentIndex(),
Qt.DescendingOrder)
    self.model.select()

    self.labelCount.setText(f'共 {self.model.rowCount()} 行')
```

最上面的按钮由如下控件组成：

```
# 排序: 字段排序
labelSort = QLabel('排序:')
self.comboBoxSort = QComboBox()
self.comboBoxSort.addItems(self.fieldList)
self.comboBoxSort.setCurrentText(self.fieldList[0])
layoutSort = QHBoxLayout()
layoutSort.addWidget(labelSort)
layoutSort.addWidget(self.comboBoxSort)
self.comboBoxSort.currentIndexChanged.connect(lambda :self.onSort(self.sor
tType))
```

```
# 排序：升序或降序
buttonGroupSort = QButtonGroup(self)
radioAsecend = QRadioButton("升序")
radioAsecend.setChecked(True)
buttonGroupSort.addButton(radioAsecend)
radioDescend = QRadioButton("降序")
buttonGroupSort.addButton(radioDescend)
layoutSort.addWidget(radioAsecend)
layoutSort.addWidget(radioDescend)
buttonGroupSort.buttonClicked.connect(lambda button:
self.onSort(button.text()))

# 性别筛选按钮
buttonGroupSex = QButtonGroup(self)
layoutSexButton = QHBoxLayout()
layoutSexButton.addWidget(QLabel('性别:'))
radioAll = QRadioButton("All")
radioAll.setChecked(True)
buttonGroupSex.addButton(radioAll)
layoutSexButton.addWidget(radioAll)
radioMen = QRadioButton("男")
buttonGroupSex.addButton(radioMen)
layoutSexButton.addWidget(radioMen)
radioWomen = QRadioButton("女")
buttonGroupSex.addButton(radioWomen)
layoutSexButton.addWidget(radioWomen)
buttonGroupSex.buttonClicked.connect(self.onFilterSex)

# 科目过滤
labelSubject = QLabel('科目:')
self.comboBoxSubject = QComboBox()
self.comboBoxSubject.addItems(['All', '语文', '数学', '外语', '综合'])
self.comboBoxSubject.setCurrentText('All')
self.comboBoxSubject.currentTextChanged.connect(self.onSubjectChange)
layoutSubject = QHBoxLayout()
layoutSubject.addWidget(labelSubject)
layoutSubject.addWidget(self.comboBoxSubject)

# 最上面按钮的管理
layoutOne = QHBoxLayout()
layoutOne.addLayout(layoutSort)
layoutOne.addLayout(layoutSexButton)
layoutOne.addLayout(layoutSubject)
layoutOne.addStretch(1)
```

它们分别通过触发槽函数 onSort()、onFilterSex()和 onSubjectChange()，以及 onUpdate()
函数更新表格，代码如下：

```python
def onSort(self, sortType='升序'):
    self.sortType = sortType
    self.onUpdate()


def onFilterSex(self, button: QRadioButton):
    text = button.text()
    if text != 'All':
        self.filterSex = f'sex="{button.text()}"'
    else:
        self.filterSex = ''
    self.onUpdate()


def onSubjectChange(self, text):
    if text != 'All':
        self.filterSubject = f'subject="{text}"'
    else:
        self.filterSubject = ''
    self.onUpdate()
```

需要注意的是，如果要实现排序，则需要获取表头名称，可以通过 self.model.record()
函数获取，这里不传递参数即可获取表头信息，代码如下：

```python
fileRecord = self.model.record()
self.fieldList = []
for i in range(fileRecord.count()):
    name = fileRecord.fieldName(i)
    self.fieldList.append(name)
```

二是最后一行的行编辑功能，这些功能和使用其他模型没有区别。需要注意的是，因
为这个表格比较长，所以如果想在尾部添加新行，则需要导航到尾部，这里使用的是
scrollToBottom()函数（其实这样做没有什么意义，无论是在尾部添加还是在中间位置插
入，在数据库中都是新增到最后一行，只是这里看到的暂时不一样），代码如下：

```python
# 增/删按钮管理
self.buttonAddRow = QPushButton('增加行')
self.buttonInsertRow = QPushButton('插入行')
self.buttonDeleteRow = QPushButton('删除行')
self.buttonAddRow.clicked.connect(self.onAdd)
self.buttonInsertRow.clicked.connect(self.onInsert)
self.buttonDeleteRow.clicked.connect(self.onDelete)
layoutEdit = QHBoxLayout()
layoutEdit.addWidget(self.buttonAddRow)
layoutEdit.addWidget(self.buttonInsertRow)
layoutEdit.addWidget(self.buttonDeleteRow)
```

```
def onAdd(self):
    self.tableView.scrollToBottom()
    rowCount = self.model.rowCount()
    self.model.insertRow(rowCount)

def onInsert(self):
    index = self.tableView.currentIndex()
    row = index.row()
    self.model.insertRow(row)

def onDelete(self):
    index = self.tableView.currentIndex()
    row = index.row()
    self.model.removeRow(row)
```

三是右下角的行/列明细标签，使用 selectModel.currentChanged 信号可以触发 item 的行/列变更情况，代码如下：

```
# 明细标签
self.labelCount = QLabel('共 xxx 行')
self.labelCurrent = QLabel('row:,col:')
layoutEdit.addWidget(self.labelCurrent)
layoutEdit.addWidget(self.labelCount)
selectModel = self.tableView.selectionModel()
selectModel.currentChanged.connect(self.onCurrentChange)

def onCurrentChange(self, current: QModelIndex, previous: QModelIndex):
    self.labelCurrent.setText(
f'row:{current.row()},col:{current.column()}')
```

至此，图 5-30 中的所有控件及其功能就介绍完毕。

 案例 5-13　QSqlRelationalTableModel 关系表单

本案例的文件名为 Chapter05/qt_QSqlRelationalTableModel.py，用于演示 QTableView 控件结合 QSqlRelationalTableModel 实现关系型数据库外键的使用方法，代码如下：

```
class SqlRelationalTableDemo(QMainWindow):
    def __init__(self, parent=None):
        super(SqlRelationalTableDemo, self).__init__(parent)
        self.setWindowTitle("QSqlRelationalTableModel 案例")
        self.resize(550, 600)
        self.initModel()
        self.createWindow()

    def initModel(self):
        self.model = QSqlRelationalTableModel()
```

```
        self.model.setTable("student2")
        self.model.setRelation(2, QSqlRelation("sex", "id", "name"))
        self.model.setRelation(3, QSqlRelation("subject", "id", "name"))
        self.model.setHeaderData(0, Qt.Horizontal, "编号")

        self.model.setHeaderData(1, Qt.Horizontal, "姓名")
        self.model.setHeaderData(2, Qt.Horizontal, "性别")
        self.model.setHeaderData(3, Qt.Horizontal, "科目")
        self.model.setHeaderData(4, Qt.Horizontal, "成绩")
        self.model.select()

    def createWindow(self):
        self.tableView = QTableView()
        self.tableView.setModel(self.model)
        self.tableView.setItemDelegate(QSqlRelationalDelegate
(self.tableView))
        self.tableView.horizontalHeader().setSectionResizeMode
(QHeaderView.Stretch)

        self.tableView2 = QTableView()
        self.tableView2.setModel(self.model)
        self.tableView2.horizontalHeader().setSectionResizeMode
(QHeaderView.Stretch)

        self.tableView3 = QTableView()
        model3 = QSqlRelationalTableModel()
        model3.setTable('student2')
        model3.select()
        self.tableView3.setModel(model3)
        self.tableView3.horizontalHeader().setSectionResizeMode
(QHeaderView.Stretch)

        layout = QVBoxLayout()
        layout.addWidget(self.tableView)
        layout.addSpacing(10)
        layout.addWidget(self.tableView2)
        layout.addSpacing(10)
        layout.addWidget(self.tableView3)
        widget = QWidget()
        self.setCentralWidget(widget)
        widget.setLayout(layout)


if __name__ == "__main__":
    app = QApplication(sys.argv)
```

```
db = QSqlDatabase.addDatabase('QSQLITE')
db.setDatabaseName('./db/database.db')
if db.open() is not True:
    QMessageBox.critical(QWidget(), "警告", "数据连接失败，程序即将退出")
    exit()
demo = SqlRelationalTableDemo()
demo.show()
sys.exit(app.exec())
```

运行脚本，显示效果如图 5-31 所示。

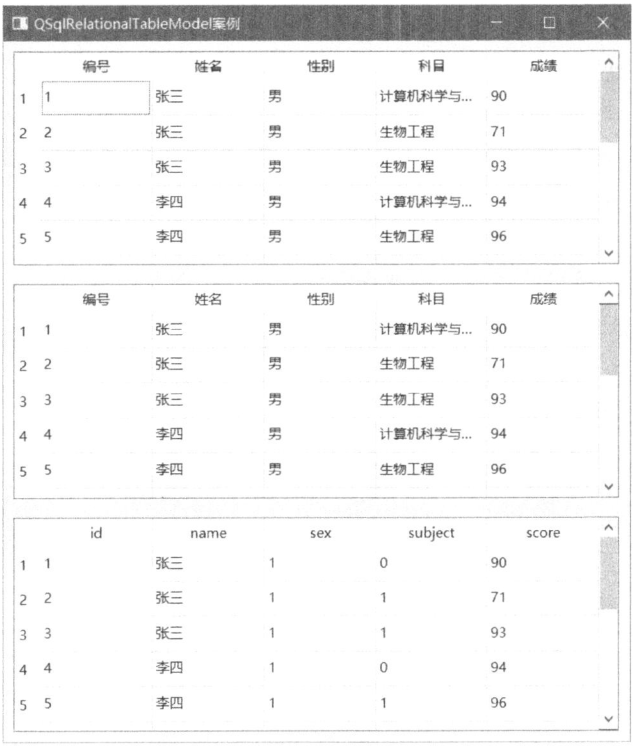

图 5-31

如图 5-31 所示，本案例建立了 3 个表，第 1 个表包含本案例想要展示的所有内容，其他两个表都是用来对比的。下面对本案例的代码进行简要介绍。

本案例使用的数据库来源于 Chapter05/qt_creatSql.py 文件中的 createRelationalTables() 函数，涉及 student2、sex 和 subject 这 3 个表的内容。其文件放在 Chapter05/db/database.db 中，如果这个文件或相关表不存在，则重新运行 qt_creatSql.py 文件。

第 1 个表和第 2 个表使用同一个模型实例，所以它们的变化完全同步。第 1 个表和第 2 个表的不同之处是，第 1 个表使用 QSqlRelationalDelegate 委托，并为视图创建了良好的编辑体验。这个委托的使用方式如下：

```
self.tableView.setItemDelegate(QSqlRelationalDelegate(self.tableView))
```

两者之间的编辑效果的差异如图 5-32 所示。

图 5-32

第 1 个表和第 3 个表使用同一个模型的不同实例对象，所以数据变化不会同步；因为第 3 个表的模型没有设置外键，所以该表就是一个普通表格，是第 1 个表原始的样子。第 1 个表的外键的使用方式如下：

```
self.model.setTable("student2")
self.model.setRelation(2, QSqlRelation("sex", "id", "name"))
self.model.setRelation(3, QSqlRelation("subject", "id", "name"))
```

下面对上述代码进行解释：以第 2 行为例，setRelation()函数指定第 3 列（列编号从 0 开始）作为 student2 表的外键，QSqlRelation 将这个外键与 sex 表的 id 对应，但是它会显示为 sex 表的 name，也就是会显示为"男"或"女"。

综上，对数据库模型的基础部分就介绍完毕，下面会介绍有关这方面的两个要点，即表单和自定义数据库模型，从而完成本章的收尾工作。

5.10.6　数据感知表单

5.10.5 节介绍了数据库模型与视图的结合，对于某些应用程序来说，使用标准项目视图（如 QTableView）显示数据就已经足够。但是，有些应用程序呈现的是一条条记录，通常需要一个表单（这里称为数据感知表单）来实现编辑功能，这个表单呈现与编辑的是数据库表中的一行或一列。

这种数据感知表单可以使用 QDataWidgetMapper 创建。QDataWidgetMapper 是一个通用的模型/视图组件，可以实现将模型的部分数据映射到用户界面的特定小部件上。QDataWidgetMapper 对特定的数据库表进行操作，逐行或逐列映射表中的项目。QDataWidgetMapper 结合数据库模型的用法和其他表模型一样。数据感知表单的效果如图 5-33 所示。

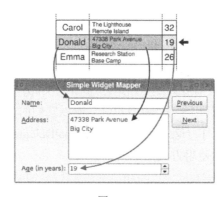

图 5-33

当更改索引时，表单会根据模型中的数据进行相应的更新；当用户编辑表单的内容时，QDataWidgetMapper 会及时把更改写入模型中。使用 addMapping()函数可以在小部件和模型中的部分数据之间添加映射，默认映射是一行，可以使用 setOrientation()函数设置成一列。QDataWidgetMapper 的基本用法如下：

```
mapper = QDataWidgetMapper()
mapper.setModel(model)
mapper.addMapping(mySpinBox, 0)
mapper.addMapping(myLineEdit, 1)
mapper.toFirst()
```

如上所示，为 QDataWidgetMapper 绑定模型，这里的第 3 行表示把模型中的第 1 列数据映射到控件 mySpinBox，这样模型和控件就会产生相互感应的对应关系。

toFirst()函数表示使用模型中的第 1 行数据填充感知表单，其他类似的函数还有 toNext()、toPrevious()、toLast()和 setCurrentIndex()。

需要注意的是，这种功能和委托有些相似，都可以为用户提供更好的编辑体验。委托实现的是在列表视图内部提供自定义控件，而感知表单在表格之外提供自定义控件。两者修改数据都基于模型，所以可以基于同一个模型相互影响。

QDataWidgetMapper 支持两种提交策略，分别为 AutoSubmit 和 ManualSubmit：如果当前控件失去焦点，那么 AutoSubmit 会立即更新模型；ManualSubmit 则相反，需要主动触发 submit()函数之后才会更新模型，这种策略适用于用户可以取消修改的情况。QDataWidgetMapper 会时刻跟踪模型的变化，如果其他程序修改了数据导致模型发生变化，那么其映射的控件也会更新。

 案例 5-14　QDataWidgetMapper 数据感知表单

本案例的文件名为 Chapter05/qt_ QDataWidgetMapper.py，并且建立在案例 5-13 的基础之上。案例 5-13 给出了 QTableView 控件结合 QSqlRelationalTableModel 实现关系型数据库外键使用的方法。本案例在此基础之上添加了数据感知表单，这种表单对用户非常友好。运行效果如图 5-34 所示。

图 5-34

可以看到，左侧的表格实现了外键显示，并且左侧表格的变化会导致右侧表单的变化，反之则一样。

QDataWidgetMapper 的使用本来是非常简单的，但是这个案例因为涉及外键，所以需要提前说明以下几点。

一是要在设置外键之前存储外键的索引，因为通过 setRelation()函数设置外键之后，其 fieldName

会发生变化，在本案例中由 sex 变成 sex_name_3，所以提前设置了 self.sexIndex 和 self.subjectIndex，代码如下：

```
def initModel(self):
    self.model = QSqlRelationalTableModel()
    self.model.setTable("student2")
    self.sexIndex = self.model.fieldIndex('sex')
    self.subjectIndex = self.model.fieldIndex('subject')

    self.model.setRelation(self.sexIndex, QSqlRelation("sex", "id",
"name"))
    self.model.setRelation(self.subjectIndex, QSqlRelation("subject", "id",
"name"))
    self.model.setHeaderData(0, Qt.Horizontal, "编号")
    self.model.setHeaderData(1, Qt.Horizontal, "姓名")
    self.model.setHeaderData(2, Qt.Horizontal, "性别")
    self.model.setHeaderData(3, Qt.Horizontal, "科目")
    self.model.setHeaderData(4, Qt.Horizontal, "成绩")
    self.model.select()
```

二是使用 QDataWidgetMapper 建立模型与控件之间的映射，除了 self.sexIndex 和 self.subjectIndex，还可以使用 model.fieldIndex()函数获取索引，代码如下：

```
self.mapper = QDataWidgetMapper(self)
self.mapper.setModel(self.model)
self.mapper.setItemDelegate(self.delegate)
self.mapper.addMapping(self.idSpinBox, self.model.fieldIndex('id'))
self.mapper.addMapping(self.nameEdite, self.model.fieldIndex('name'))
self.mapper.addMapping(self.sexComboBox, self.sexIndex)
self.mapper.addMapping(self.subjectComboBox, self.subjectIndex)
self.mapper.addMapping(self.scoreSpinBox, self.model.fieldIndex('score'))
self.mapper.toFirst()
```

需要注意的是，对 QTableView 使用了 QSqlRelationalDelegate 委托，这里也要使用委托，否则会影响模型数据的双向传输，所以这里使用了同一个委托。

对于没有外键对应的控件，不需要特别设置。对于有外键的控件，以 sexComboBox 为例，其设置的模型要使用外键对应的模型，这里对应的是 relationModelSex。这个模型有多列数据，sexComboBox.setModelColumn 所在行的代码表示使用 name 列，代码如下：

```
self.nameEdite = QLineEdit()
formLayout.addRow('姓名',self.nameEdite)

self.sexComboBox = QComboBox()
relationModelSex = self.model.relationModel(self.sexIndex)
self.sexComboBox.setModel(relationModelSex)
self.sexComboBox.setModelColumn(relationModelSex.fieldIndex("name"))
formLayout.addRow('性别',self.sexComboBox)
```

三是信号与槽的连接，使用 selectModel.currentRowChanged 信号，当信号发射后表单会自动更新，代码如下：

```
selectModel = self.tableView.selectionModel()
selectModel.currentRowChanged.connect(self.mapper.setCurrentModelIndex)
```

5.10.7　自定义模型与委托

上面介绍了数据库模型结合视图的标准用法，在一般情况下，使用这些工具就够了。如果想要实现更复杂的功能，就需要自定义模型。回顾案例 5-11，如果要对这个案例添加编辑功能，那么最佳方案是基于 QSqlQueryModel 实现自定义模型。此外，如果想要实现更好的编辑效果及视图效果，就会涉及自定义委托功能。案例 5-15 会解决这两个问题。

案例 5-15　数据库自定义模型+委托案例

本案例的文件名为 Chapter05/qt_QSqlCustomModelDelegate.py，并且建立在案例 5-11 的基础之上，对其添加编辑功能，同时提供更丰富的可视化效果和更易用的编辑控件。运行效果如图 5-35 所示。

图 5-35

如图 5-35 所示，实现了更好的可视化与编辑效果。与案例 5-11 相比，本案例只是多了自定义模型和自定义委托相关的代码。关于自定义模型与委托的详细内容请参考 5.8 节和 5.9 节，这里只进行简单的介绍。

关于自定义模型，笔者只是希望对 QSqlQueryModel 添加编辑功能，因此只需要重写 setData()函数并在 flags()函数中确保能返回 Qt.ItemIsEditable，这里开启了"姓名"列、"科目"列、"年纪"列和"成绩"列的编辑功能。此外，如果希望能够有更丰富的色彩显示，就需要改写 data()函数。这里实现了对"编号"列添加前缀"#"，对"成绩"列四舍五入取整，对"姓名"列和"成绩"列显示彩色文本。代码如下：

```python
ID, NAME, SUBJECT, SEX, AGE, SCORE, DESCRIBE = range(7)

class CustomSqlModel(QSqlQueryModel):
    editSignal = Signal()

    def __init__(self):
        super(CustomSqlModel, self).__init__()

    def data(self, index: QModelIndex, role=Qt.DisplayRole):
        value = QSqlQueryModel.data(self, index, role)

        # 调整数据显示内容
        if value is not None and role == Qt.DisplayRole:
            if index.column() == ID:
                return '#' + str(value)
            elif index.column() == SCORE:
                return int(value + 0.5)

        # 设置前景色
        if role == Qt.ForegroundRole:
            if index.column() == NAME:
                return QColor(Qt.blue)
            elif index.column() == SUBJECT:
                return QColor(Qt.darkYellow)
            elif index.column() == SCORE:
                score = QSqlQueryModel.data(self, index, Qt.DisplayRole)
                if score < 80:
                    return QColor(Qt.black)
                elif score < 90:
                    return QColor(Qt.darkGreen)
                elif score < 100:
                    return QColor(Qt.red)
        return value

    def flags(self, index: QModelIndex):
        # 设置允许编辑的行
        flags = QSqlQueryModel.flags(self, index)
        if index.column() in [NAME, SUBJECT, AGE, SCORE]:
            flags |= Qt.ItemIsEditable
        return flags

    def setData(self, index: QModelIndex, value, role=Qt.EditRole):

        # 限制特定列才能编辑
        if index.column() not in [NAME, SUBJECT, AGE, SCORE]:
            return False
```

```
    # 数值发生变化才可以编辑
    valueOld = self.data(index, Qt.DisplayRole)
    if valueOld == value:
        return False

    # 获取目标行/列值
    primaryKeyIndex = QSqlQueryModel.index(self, index.row(), ID)
    id = self.data(primaryKeyIndex, role)
    fieldName = self.record().fieldName(index.column())

    # 修改行/列
    ok = self.setSqlData(id, fieldName, value)

    # 更新视图
    self.editSignal.emit()
    return ok
def setSqlData(self, id: int, fieldName: str, value: str):
    query = QSqlQuery()
    _str = f"update student set {fieldName} = '{value}' where id =
{id}"
    return query.exec(_str)
```

所有的编辑行为都要通过 setSqlData()函数来实现，这个函数接收 id（索引值）、fieldName（字段名称）和 value（值），实现对字段的特定索引赋值。需要注意的是，这里没有处理索引唯一性的问题，也就是说，如果 id 存在重复，那么当其中一个 id 对应的字段发生变化时，其他 id 对应的字段也会发生变化，它们的值相同。

这里使用 setSqlData()函数对数据库进行更新，但是视图使用的依然是之前的数据，因此需要通知视图更新数据。这里使用自定义信号，也就是代码中的 self.editSignal.emit()，它会发射一个数据更新完毕的信号。

这个信号会连接到程序的 onEditSignal()函数，在这个函数中，可以通过 recordQuery()函数从数据库中获取最新的数据来更新表格，并通过 updateStatus()函数更新当前的窗口状态，代码如下：

```
self.editModel.editSignal.connect(self.onEditSignal)
def onEditSignal(self):
    print('*** onEditSignal ')
    limitIndex = (self.currentPage - 1) * self.PageRecordCount
    self.recordQuery(limitIndex)
    self.updateStatus()
```

5.9 节介绍了两种委托方式：一种是结合自定义模型的自定义委托，另一种是适用于通用模型的泛型委托。这里使用第 2 种委托方式，通过 QSpinBox 提供范围限制的整数编辑功能，代码如下：

```
# QSpinBox 自定义委托，适用于整数
class IntegerColumnDelegate(QStyledItemDelegate):
    def __init__(self, minimum=0, maximum=100, parent=None):
        super(IntegerColumnDelegate, self).__init__(parent)
        self.minimum = minimum
        self.maximum = maximum

    def createEditor(self, parent: QWidget, option: QStyleOptionViewItem,
index: QModelIndex):
        spinbox = QSpinBox(parent)
        spinbox.setRange(self.minimum, self.maximum)
        spinbox.setAlignment(Qt.AlignRight | Qt.AlignVCenter)
        return spinbox

    def setEditorData(self, editor: QSpinBox, index: QModelIndex):
        value = int(index.model().data(index, Qt.DisplayRole))
        editor.setValue(value)

    def setModelData(self, editor: QSpinBox, model: QAbstractItemModel,
index: QModelIndex):
        editor.interpretText()
        model.setData(index, editor.value())
```

自定义委托的使用方式如下（对用户输入的整数范围进行限制，年龄为 16～40 岁，分数为 60～100 分）：

```
# 设置委托
self.ageDelegate = IntegerColumnDelegate(16,40)
self.tableView.setItemDelegateForColumn(AGE, self.ageDelegate)
self.scoreDelegate = IntegerColumnDelegate(60,100)
self.tableView.setItemDelegateForColumn(SCORE, self.scoreDelegate)
```

本案例的其他内容和案例 5-11 的基本相同，此处不再介绍。

第 6 章

高级窗口控件

本章介绍一些高级窗口控件，这也是介绍控件的最后一章。本章会介绍 Qt Designer 的最后两大类控件，即布局管理与多窗口控件（容器），同时介绍窗口风格、多线程、网页交互、QSS 等，最后以 Qt 的程序开发技术 QML 收尾。

6.1 窗口风格

使用 Qt 实现的窗口样式，默认使用的就是当前系统的原生窗口样式。在不同的系统中，原生窗口样式的显示效果是不一样的。虽然应用程序关心的是业务和功能，但是也需要实现一些个性化的界面，如 QQ、微信和 360 等软件的界面不仅美观还非常有特色。总而言之，软件界面的设计，直接决定了用户对该软件的第一印象，同时决定了是否可以得到使用者的青睐，所以需要定制窗口样式，以实现统一的窗口风格，并美化窗口界面。

6.1.1 设置窗口风格

每个 Widget 都可以设置风格，代码如下：

```
QWidget.setStyle(style:QStyle)
```

可以获得当前平台支持的所有 QStyle 样式，代码如下：

```
QStyleFactory.keys()
# 本机 output ['windowsvista', 'Windows', 'Fusion']
```

也可以对 QApplication 设置 QStyle 样式，如果其他 Widget 没有设置 QStyle 样式，则默认使用 QApplication 设置的 QStyle 样式，代码如下：

```
QApplication.setStyle(QStyleFactory.create("WindowsXP"))
```

6.1.2　设置窗口样式

Qt 使用 setWindowFlags(Qt.WindowFlags)函数设置窗口样式，该函数的具体参数如下。

（1）Qt 有如下几种基本的窗口类型。

- Qt.Widget：默认窗口，有"最小化"按钮、"最大化"按钮和"关闭"按钮。
- Qt.Window：普通窗口，有"最小化"按钮、"最大化"按钮和"关闭"按钮。
- Qt.Dialog：对话框窗口，有"问号"按钮和"关闭"按钮。
- Qt.Popup：弹出窗口，窗口无边框。
- Qt.ToolTip：提示窗口，窗口无边框，也无任务栏。
- Qt.SplashScreen：闪屏，窗口无边框，也无任务栏。
- Qt.SubWindow：子窗口，窗口无按钮，但有标题。

（2）每种窗口类型都可以有自己的自定义外观（CustomizeWindowHint），包括如下内容：

```
Qt.MSWindowsFixedSizeDialogHint# 窗口无法调整大小
Qt.FramelessWindowHint          # 窗口无边框
Qt.CustomizeWindowHint          # 窗口有边框但无标题栏和按钮，不能移动和拖动
Qt.WindowTitleHint              # 添加标题栏和一个"关闭"按钮
Qt.WindowSystemMenuHint         # 添加系统目录和一个"关闭"按钮
Qt.WindowMaximizeButtonHint # 激活"最大化"按钮和"关闭"按钮，禁止"最小化"按钮
Qt.WindowMinimizeButtonHint # 激活"最小化"按钮和"关闭"按钮，禁止"最大化"按钮
Qt.WindowMinMaxButtonsHint  # 激活"最小化"按钮和"最大化"按钮，相当于
                Qt.WindowMaximizeButtonHint| Qt.WindowMinimizeButtonHint
Qt.WindowCloseButtonHint        # 添加一个"关闭"按钮
Qt.WindowContextHelpButtonHint # 添加"问号"按钮和"关闭"按钮，像对话框一样
Qt.WindowStaysOnTopHint         # 窗口始终处于顶层位置
Qt.WindowStaysOnBottomHint      # 窗口始终处于底层位置
```

设置窗口样式，最一般的方法如下：

```
class MainWindow(QMainWindow):
    def __init__(self,parent=None):
        super(MainWindow,self).__init__(parent)
        # 设置无边框窗口样式
        self.setWindowFlag( Qt.FramelessWindowHint )
```

需要注意的是，基本样式只能使用一个，但是自定义样式可以同时使用多个，它们可以一起使用，但是要使用另一个函数 setWindowFlags()（注意有 s），代码如下：

```
class MainWindow(QMainWindow):
    def __init__(self,parent=None):
        super(MainWindow,self).__init__(parent)
        # 使用一个基本样式和两个自定义样式
        flag = Qt.Window
        flag |= Qt.FramelessWindowHint
        flag |= Qt.WindowTitleHint
        self.setWindowFlags(flag)
```

6.1.3 设置窗口背景

窗口背景主要包括背景色和背景图片。设置窗口背景主要有 3 种方法。

- 使用 QSS 设置窗口背景。
- 使用 QPalette 设置窗口背景。
- 使用 paintEvent 设置窗口背景。

1. 使用 QSS 设置窗口背景

对于 QSS 的详细内容，6.6 节会进行介绍，这里直接简单使用。在 QSS 中，可以使用 background 方式或 background-color 方式设置背景色（或背景图片）。设置窗口的背景色之后，子控件默认会继承父窗口的背景色，如果要为控件单独设置背景图片或图标，既可以对控件单独使用 QSS，也可以对控件使用函数 setPixmap()或 setIcon()来实现。

假设窗口名为 MainWindow，可以使用 setStyleSheet()函数来添加背景图片，示例代码如下：

```
win = QMainWindow()
# 设置窗口名
win.setObjectName("MainWindow")
# 设置背景图片的相对路径
win.setStyleSheet("#MainWindow{border-image:url(images/python.jpg);}")
```

也可以指定图片的绝对路径：

```
win.setStyleSheet("#MainWindow{border-image:url(e:/images/python.jpg);}")
```

运行效果如图 6-1 所示。

图 6-1

也可以使用 setStyleSheet()函数设置窗口的背景色，示例代码如下：

```
win = QMainWindow()
# 设置窗口名
win.setObjectName("MainWindow")
win.setStyleSheet("#MainWindow{background-color: yellow}")
```

运行效果如图 6-2 所示。

图 6-2

2. 使用 QPalette 设置窗口背景

（1）使用 QPalette 设置窗口的背景色，代码如下：

```
win = QMainWindow()
palette= QPalette()
palette.setColor(QPalette.Background , Qt.red )
win.setPalette(palette)
```

（2）使用 QPalette 设置窗口的背景图片。

当使用 QPalette 设置背景图片时，需要考虑背景图片的尺寸。当背景图片的宽度和高度大于窗口的宽度和高度时，背景图片会平铺整个背景；当背景图片的宽度和高度小于窗口的宽度和高度时，则加载多张背景图片。使用的图片素材为 python.jpg，分辨率为478 ×260，表示宽度为 478 像素，高度为 260 像素，如图 6-3 所示。

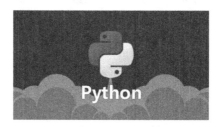

图 6-3

① 当背景图片的宽度和高度大于窗口的宽度和高度时，使用 setPalette()函数添加背景图片，代码如下：

```
win = QMainWindow()
palette= QPalette()
palette.setBrush(QPalette.Background,QBrush(QPixmap("./images/python.jpg")))
win.setPalette(palette)
win.resize(460,  255 )
```

运行效果如图 6-4 所示。

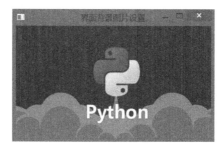

图 6-4

② 当背景图片的宽度和高度小于窗口的宽度和高度时，代码如下：

```
palette= QPalette()
palette.setBrush(QPalette.Background,QBrush(QPixmap("./images/python.jpg")))
win.setPalette(palette)
```

```
win.resize(800,  600 )
```

运行效果如图 6-5 所示。

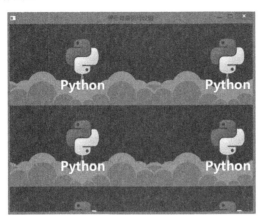

图 6-5

3．使用 paintEvent 设置窗口背景

（1）使用 paintEvent 设置窗口的背景色，代码如下：

```
class Winform(QWidget):
    def __init__(self,parent=None):
        super(Winform,self).__init__(parent)
        self.setWindowTitle("paintEvent 设置背景色")

    def paintEvent(self,event):
        painter = QPainter(self)
        painter.setBrush(Qt.black );
        # 设置背景色
        painter.drawRect( self.rect());
```

运行效果如图 6-6 所示。

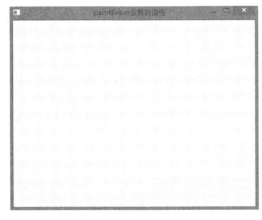

图 6-6

（2）使用 paintEvent 设置窗口的背景图片，代码如下：

```
class Winform(QWidget):
    def __init__(self,parent=None):
        super(Winform,self).__init__(parent)
        self.setWindowTitle("paintEvent 设置背景图片")

    def paintEvent(self,event):
        painter = QPainter(self)
        pixmap = QPixmap("./images/screen1.jpg")
        # 设置窗口的背景图片，平铺整个窗口，随着窗口的改变而改变
        painter.drawPixmap(self.rect(),pixmap)
```

运行效果如图 6-7 所示。

图 6-7

6.1.4 设置窗口透明

如果窗口是透明的，那么通过窗口就能看到桌面的背景。要想实现窗口的透明效果，就需要设置窗口的透明度，代码如下：

```
win = QMainWindow()
win.setWindowOpacity(0.5);
```

透明度的取值范围为 0.0（全透明）～1.0（不透明），默认值为 1.0。

 案例 6-1　WinStyle 案例

本案例的文件名为 Chapter06/qt_WinStyleDemo.py，用于演示修改窗口风格、样式、背景、透明度的方法，部分代码的运行效果如图 6-8 所示。

本案例直观地展示了修改 Qt 风格、样式、背景、透明度之后的效果，为了节约篇幅，这里不再展示代码。

图 6-8

需要注意的是，对于 PyQt 6 来说，无法在实例化之后修改其从父类继承的一些函数，也就是说，在下面的代码中，倒数第 2 行是无效的，paintEvent 是 QWidget 内置的函数，这里使用 PyQt 6 无法修改，但是使用 PySide 6 可以修改：

```python
def updateBackColor(self, button: QRadioButton):
    text = button.text()
    self.initBackColor()
    if text == 'setStyleSheet':
        self.setStyleSheet('color: green; background-color: yellow;')
        self.update()
    elif text == 'setPalette':
        # QPalette 设置
        palette = QPalette()
        palette.setColor(QPalette.ButtonText, Qt.darkCyan)
        palette.setColor(QPalette.WindowText, Qt.red)
        self.setPalette(palette)
        self.update()
    elif text == 'paintEvent':
        self.paintEvent = self._paintEvent
        self.update()
```

解决方法是，虽然不可以修改父类的函数，但是可以修改自己的函数。最简单的方法是继承这个函数，再新增一个 paintEvent 空函数即可：

```python
def paintEvent(self, event):
    return
```

加上这两行代码之后，PyQt 6 就可以正确运行。

如果读者觉得通过指针的方式修改函数比较难以理解，则可以继承 paintEvent，并在这个函数中运行_paintEvent。如果 paintEvent 按钮被按下，则启动_paintEvent 绘图，否则默认绘图，代码如下：

```python
def paintEvent(self, event):
    button = self.buttonGroup.buttons()[-1]
    if button.isChecked() and button.text() == 'paintEvent':
```

```
    self._paintEvent(event)
super(WinStyleDemo,self).paintEvent(event)
```

这样，其他地方不需要修改 paintEvent 对应的指针。

6.2　布局管理

6.2.1　布局管理的基础知识

1．布局管理的作用

Qt 包含一组布局管理类，用于描述小部件在应用程序中的布局方式。当小部件的可用空间发生变化时，这些布局会自动定位和调整小部件的大小，确保它们的排列一致，并且用户界面作为一个整体仍然可用。

所有 QWidget 子类都可以使用布局来管理它们的子类，使用 QWidget.setLayout()函数可以把布局应用到小部件。当以这种方式在 Widget 上设置布局时，它负责以下任务。

- 子部件的定位。
- 合理化窗口的默认尺寸。
- 合理化窗口的最小尺寸。
- 调整窗口大小。
- 内容更改时自动更新。
  - ➢ 子部件的字号、文本或其他内容。
  - ➢ 隐藏或显示子小部件。
  - ➢ 删除子小部件。

2．Qt 中的布局类

Qt 为布局管理设计了很多布局类，这些布局类是为编写 C++代码设计的，允许以像素为单位指定测量值，并且很多都支持 Qt Designer，使用起来非常方便。这些布局类如表 6-1 所示，有的已经使用过，本章主要讲述基于 QLayout 的布局类。

表 6-1

布　局　类	作　　　用
QBoxLayout	水平或垂直排列子小部件
QButtonGroup	用于组织按钮小部件组的容器
QFormLayout	管理输入小部件及其相关标签的形式
QGraphicsAnchor	表示 QGraphicsAnchorLayout 中两个项目之间的锚点
QGraphicsAnchorLayout	可以在图形视图中将小部件锚定在一起布局
QGridLayout	在网格中布置小部件
QGroupBox	带有标题的分组框
QHBoxLayout	水平排列小部件

续表

布　局　类	作　　用
QLayout	布局管理器的基类
QLayoutItem	QLayout 操作的抽象项
QSizePolicy	描述水平方向和垂直方向调整策略的布局属性
QSpacerItem	布局中的空白
QStackedLayout	一堆小部件，一次只能看到一个小部件
QStackedWidget	一堆小部件，一次只能看到一个小部件
QVBoxLayout	垂直排列小部件
QWidgetItem	代表小部件的布局项

3．QLayout 及其子类

Qt 中设计了布局管理的基类 QLayout，它一般不会单独使用，是由具体类 QBoxLayout、QGridLayout、QFormLayout 和 QStackedLayout 继承的抽象基类。这些布局方式对应如下布局类。

- 水平/垂直布局类（QBoxLayout）：可以把所添加的控件在水平/垂直方向上依次排列。它有两个子类，即 QHBoxLayout 和 QVBoxLayout，分别表示水平/垂直布局的快捷方式。
- 网格布局类（QGridLayout）：可以把所添加的控件以网格的形式排列。
- 表单布局类（QFormLayout）：可以把所添加的控件以两列的形式排列。
- 堆叠布局类（QStackedLayout）：可以用于创建类似于 QTabWidget 提供的用户界面。

QHBoxLayout 类的继承结构如图 6-9 所示。

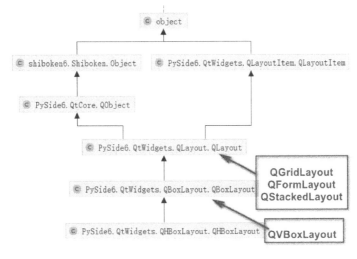

图 6-9

在使用布局管理器时，构造子小部件不需要传递父小部件，布局管理器将自动重新设置小部件的父级（使用 QWidget.setParent()函数）。需要注意的是，这时候需要弄清楚它们之间的父子关系，如有一个 QWidget 实例 F 安装了一个布局管理器 L，该布局管理器又添加了小部件 C，那么小部件 C 是 F 的子代，而不是 L 的子代。

4．布局的整个过程

向布局管理器添加小部件时，布局过程如下。

（1）所有小部件最初将根据它们的函数 QWidget.sizePolicy()和 QWidget.sizeHint()分配一定数量的空间。

（2）如果存在小部件设置了拉伸因子 stretch>0，那么它们将按照其拉伸因子的比例分配空间。

（3）如果所有小部件的拉伸因子设置为 0，那么它们只会在没有其他小部件需要空间的情况下获得更多的空间。其中，空间首先分配给具有扩展大小策略（Expanding Size Policy）的小部件。

（4）如果小部件分配的空间小于其最小尺寸（最小尺寸如果未指定 minimum size 则由 minimum size hint 提供），那么小部件会被分配到它所需的最小尺寸（若小部件没有设置 minimum size 或 minimum size hint，则其大小由拉伸因子决定）。

（5）任何分配的空间大于其最大尺寸的小部件都将分配到它们所需的最大尺寸（若小部件没有设置 maximum size，在这种情况下，拉伸因子起决定作用）。

5．sizePolicy 和 sizeHint

sizeHint 保存小部件的推荐大小，如果该值无效，则没有尺寸建议。如果此小部件没有布局，则 sizeHint()默认返回无效大小，否则返回布局的首选大小。

sizePolicy 保存小部件的默认布局行为，如果有一个 QLayout 管理这个小部件的子部件，则使用该布局指定的 sizePolicy。如果没有 QLayout 管理，则使用 sizePolicy 的结果。sizePolicy 的默认策略是 Preferred/Preferred，这意味着 Widget 可以自由调整大小，但更倾向于 sizeHint()返回的大小。类似按钮的小部件设置大小策略可以指定它们水平拉伸，但垂直固定。这同样适用于 LineEdit 控件（如 QLineEdit、QSpinBox 或 QComboBox）和其他水平方向的小部件（如 QProgressBar）。QToolButton 通常是方形的，因此它们允许在两个方向上增长。支持不同方向的小部件（如 QSlider、QScrollBar 或 QHeader）仅指定在相应方向上的拉伸。可以提供滚动条的小部件（通常是 QScrollArea 的子类）倾向于指定它们可以使用额外的空间，并且它们可以使用小于 sizeHint()的空间。sizePolicy 支持的参数如表 6-2 所示。

表 6-2

参　　数	值	描　　述
QSizePolicy.Fixed	0	控件具有其 sizeHint 所提示的尺寸且尺寸不会再改变
QSizePolicy.Minimum	GrowFlag	控件的 sizeHint 所提示的尺寸就是它的最小尺寸；该控件不能比这个值小；可以扩展得更大，但是没有优势

参　　数	值	描　　述
QSizePolicy.Maximum	ShrinkFlag	控件的 sizeHint 所提示的尺寸就是它的最大尺寸；该控件不能变得比这个值大，如果其他控件需要空间（如分隔线 scparator linc），那么该控件可以随意缩小
QSizePolicy.Preferred	GrowFlag|ShrinkFlag	控件的 sizeHint 所提示的尺寸就是它的期望尺寸；控件可以缩小，也可以变大，但是和其他控件的 sizeHint()（默认 QWidget 的策略）相比没有优势
QSizePolicy.Expanding	GrowFlag|ShrinkFlag|ExpandFlag	控件可以缩小尺寸，也可以变得比 sizeHint 所提示的尺寸大，但它希望能够变得更大
QSizePolicy.MinimumExpanding	GrowFlag|ExpandFlag	控件的 sizeHint 所提示的尺寸就是它的最小尺寸，并且足够使用；该控件不比这个值小，它希望能够变得更大
QSizePolicy.Ignored	ShrinkFlag|GrowFlag|IgnoreFlag	无视控件的 sizeHint，控件将获得尽可能多的空间

6.2.2　Q（V/H）BoxLayout

采用 QBoxLayout 可以在水平和垂直方向上排列控件，它的两个子类为 QHBoxLayout 和 QVBoxLayout，分别是水平/垂直布局的快捷方式。

使用 QBoxLayout 需要在初始化过程中传递方向参数，参数的相关信息如下：

```
""" QBoxLayout(self, arg__1: PySide6.QtWidgets.QBoxLayout.Direction,
parent: typing.Union[PySide6.QtWidgets.QWidget, NoneType] = None) -> None
"""
```

QBoxLayout 的属性如表 6-3 所示。

表 6-3

属　　性	值	描　　述
QBoxLayout.LeftToRight	0	从左到右，水平排列
QBoxLayout.RightToLeft	1	从右到左，水平排列
QBoxLayout.TopToBottom	2	从上到下，垂直排列
QBoxLayout.BottomToTop	3	从下到上，垂直排列

当然，更简单的方法是使用 QBoxLayout 的子类 QHBoxLayout 和 QVBoxLayout，这样更方便，初始化过程中可以不用传递参数。

如果 QBoxLayout 不是顶级布局，则必须先将其添加到其父布局中，然后才能对其进行操作。添加布局的常规方式是调用 parentLayout.addLayout()函数。

完成此操作后，可以使用以下 4 个函数中的一个向 QBoxLayout 添加框（box）。

（1）addWidget(arg__1:QWidget, stretch:int=0, alignment:Qt.Alignment= Default(Qt. Alignment))：将小部件添加到 QBoxLayout 中，并且可以根据需要设置拉伸因子和对齐方式。stretch 参数是拉伸因子，只在 QBoxLayout 中的方向上有效，并且是在 QBoxLayout

中相对于其他控件的拉伸。stretch 的默认值为 0，如果添加的所有部件的 stretch 的取值都是 0，则 Qt 会根据每个小部件的 QWidget.sizePolicy()函数分配空间。stretch 的取值较大的部件会有更大的比例进行拉伸。参数 alignment 用于控制部件的对齐方式，一次最多可以使用一个水平标志和一个垂直标志，如 alignment=Qt.AlignLeft | Qt.AlignTop 表示水平方向上左对齐和垂直方向上靠上对齐，详细的对齐方式如表 6-4 所示。

表 6-4

参　　数	值	描　　述
Qt.AlignLeft	0x0001	水平方向居左对齐
Qt.AlignRight	0x0002	水平方向居右对齐
Qt.AlignHCenter	0x0004	水平方向居中对齐
Qt.AlignJustify	0x0008	水平方向两端对齐
Qt.AlignTop	0x0020	垂直方向靠上对齐
Qt.AlignBottom	0x0040	垂直方向靠下对齐
Qt.AlignBaseline	0x0100	垂直方向与基线对齐
Qt.AlignVCenter	0x0080	垂直方向居中对齐
Qt.AlignCenter	AlignVCenter| AlignHCenter	水平/垂直方向居中对齐

（2）addSpacing(size: int)：创建一个空框，这个框不可以随着窗口的大小而改变。

（3）addStretch(stretch: int = 0)：创建一个空框，可以根据窗口的大小自动伸缩，伸缩比例由拉伸因子 stretch 决定。

（4）addLayout(layout:QtWidgets.QLayout, stretch: int = 0)：将包含另一个 QLayout 的框添加到 QBoxLayout 中，并且可以根据需要设置拉伸因子 stretch。

如果不想按顺序而是在指定位置插入一个框，则可以使用函数 insertWidget()、insertSpacing()、insertStretch()或 insertLayout()

边距默认值由样式提供，小部件的默认边距是 9 像素，窗口的默认边距是 11 像素。间距默认与顶级布局的边距宽度相同，或者与父布局相同。QBoxLayout 提供了以下两种函数用来修改边距。

（1）setContentsMargins()：用于设置 QBoxLayout 每侧的外边框的宽度，这是沿 QBoxLayout 的 4 个边上的保留空间的宽度。

代码如下：

```
"""
setContentsMargins(self, left: int, top: int, right: int, bottom: int) ->
None
setContentsMargins(self, margins: PySide6.QtCore.QMargins) -> None
"""
```

（2）setSpacing()：用于设置 QBoxLayout 内相邻框之间的宽度（可以使用 addSpacing 或 insertSpacing 在特定位置设置更多的空间）。

要从布局中删除小部件，可以调用 removeWidget()函数。在小部件上调用 QWidget.hide()函数也会从布局中隐藏小部件，调用 QWidget.show()函数则可以取消隐藏。

案例 6-2　QBoxLayout 的使用方法

本案例的文件名为 Chapter06/qt_QBoxLayout.py，用于演示 QBoxLayout 的使用方法。本案例同样适用于 QHBoxLayout 和 QVBoxLayout，代码如下：

```python
class BoxLayoutDemo(QWidget):
    def __init__(self, parent=None):
        super(BoxLayoutDemo, self).__init__(parent)
        self.setWindowTitle("Q(H/V)BoxLayout 布局管理例子")
        self.resize(800, 200)

        # 水平布局按照从左到右的顺序添加按钮部件
        # layout = QBoxLayout(QBoxLayout.LeftToRight)
        # layout = QBoxLayout(QBoxLayout.RightToLeft)
        # layout = QVBoxLayout()
        layout = QHBoxLayout()

        # addWidget
        layout.addWidget(QPushButton(str(1)), stretch=1,
alignment=Qt.AlignLeft | Qt.AlignTop)
        layout.addWidget(QPushButton(str(2)), stretch=1)
        layout.addWidget(QPushButton(str(3)), alignment=Qt.AlignRight |
Qt.AlignBottom)

        # addStretch
        layout.addStretch(2)
        layout.addWidget(QPushButton('addStretch1'), stretch=1,
alignment=Qt.AlignTop)
        layout.addStretch(1)
        layout.addWidget(QPushButton('addStretch2'), stretch=2)

        # addSpacing
        layout.addSpacing(10)
        layout.addWidget(QPushButton('addSpacing'))

        # addLayout
        vlayout = QVBoxLayout()
        for i in range(3):
            vlayout.addWidget(QPushButton('addLayout%s' % (i + 1)))

        # 设置边距
        vlayout.setContentsMargins(10, 20, 40, 60)
        vlayout.setSpacing(10)

        layout.addLayout(vlayout)
        self.setLayout(layout)
```

```
        # 显示 sizePolice 和 sizeHint 信息: 基于 QWidget
        _str = ''
        for w in self.findChildren(QPushButton):
            # if hasattr(w,'text'):
            vPolicy = w.sizePolicy().verticalPolicy().name.decode('utf8')
            hPolicy = w.sizePolicy().horizontalPolicy().name.decode('utf8')
            sizeHint = w.sizeHint().toTuple()
            _str = _str + f'按钮: {w.text()},sizeHint:{sizeHint},
sizePolicy:{vPolicy}/{hPolicy}' + '\n'
        self.label = QLabel()
        self.label.setText(_str)
        self.label.setWindowTitle('显示 sizePolice 和 sizeHint 信息: 基于
QWidget')
        self.label.show()

        # 显示 stretch、sizePolice、sizeHint 信息: 基于 Layout
        _str2 = ''
        for i in range(layout.count()):
            item = layout.itemAt(i)
            stretch = layout.stretch(i)
            if isinstance(item.widget(), QPushButton):
                w = item.widget()
                vPolicy = w.sizePolicy().verticalPolicy().name.decode('utf8')
                hPolicy =
w.sizePolicy().horizontalPolicy().name.decode('utf8')
                sizeHint = item.sizeHint().toTuple()
                _str2 = _str2 + f'num:{i},按钮:{w.text()},
stretch:{stretch},sizeHint:{sizeHint},sizePolicy:{vPolicy}/{hPolicy}' + '\n'
            elif isinstance(item, QSpacerItem):
                vPolicy =
item.sizePolicy().verticalPolicy().name.decode('utf8')
                hPolicy =
item.sizePolicy().horizontalPolicy().name.decode('utf8')
                sizeHint = item.sizeHint().toTuple()
                _str2 = _str2 + f'num:{i},QSpacerItem, stretch:{stretch},
sizeHint:{sizeHint},sizePolicy:{vPolicy}/{hPolicy}' + '\n'
            else:  # 处理嵌套 Layout
                for j in range(vlayout.count()):
                    w = vlayout.itemAt(j).widget()
                    _str2 = _str2 + f'num:{i}-{j}, 按钮:{w.text()},
stretch:{stretch},sizeHint:{sizeHint},sizePolicy:{vPolicy}/{hPolicy}' +
'\n'
        self.label2 = QLabel()
        self.label2.setWindowTitle('显示 stretch、sizePolice、sizeHint 信息: 基
于 Layout')
```

```
self.label2.setText(_str2)
self.label2.show()
```

运行脚本，显示效果如图 6-10 所示。

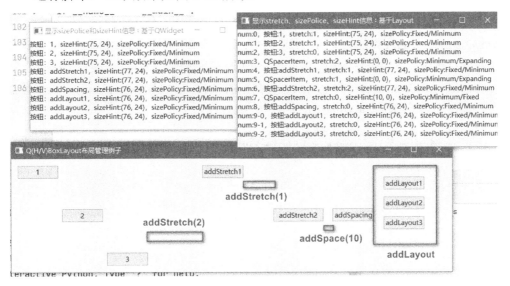

图 6-10

下面对上述代码进行解读。

（1）默认案例使用的是 QHBoxLayout，也可以使用 QBoxLayout，效果是一样的（使用 QVBoxLayout 也可以运行，但是效果一般），代码如下：

```
# layout = QBoxLayout(QBoxLayout.LeftToRight)
# layout = QBoxLayout(QBoxLayout.RightToLeft)
# layout = QVBoxLayout()
layout = QHBoxLayout()
```

（2）addStretch、addSpacing 和 addLayout 的使用效果如图 6-10 中的粗框及对应文字所示，addWidget 的使用效果如图 6-10 中的所有控件所示。

（3）setContentsMargins(10,20,40,60)和 setSpacing(10)的使用效果如图 6-11 中的粗框及对应文字所示，这两个函数定义的是最小边距，可以根据窗口需要放大。

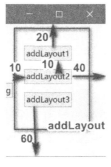

图 6-11

（4）第 1 个 label（左上角）以 QWidget 视角查看子控件的 sizePolicy 策略，第 2 个 label（右上角）以 QLayout 视角查看其布局策略，后者比前者多提供了拉伸因子 stretch。两者对应的 sizeHint 是相同的，尽管 sizeHint 属于不同的主体。

（5）如果添加的所有部件的 stretch 都是 0，则 Qt 会根据每个小部件的 QWidget.sizePolicy()函数分配空间。不巧的是，这里存在小部件 stretch>0，所以 stretch 参数在拉伸过程中具有决定性作用。当窗口很小时，没有剩余空间可以分配，stretch 参数没有什么作用。addStretch 填充的空间水平方向上的 sizePolicy 为 Expanding，可以根据需求伸缩，如图 6-12 所示，addStretch 填充的空间被压缩到最低。

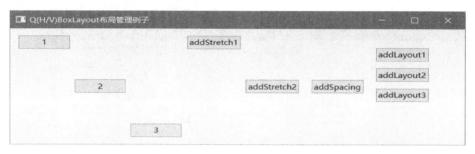

图 6-12

（6）拉伸窗口时，当 addStretch 的填充空间增加到一定程度后，各个控件将按其拉伸因子 stretch 的大小分配剩余空间。如图 6-13 所示，最终 stretch=2 的小部件获得的剩余空间是 stretch=1 的小部件获得的剩余空间的 2 倍，stretch=0 的所有控件不分配剩余空间。需要注意的是，按钮 1 看起来没有变化是因为它有左对齐，但是其占据的空间并不小。

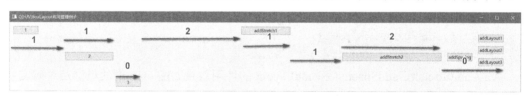

图 6-13

6.2.3　QGridLayout

学完 QBoxLayout 的相关内容之后，读者学习这部分内容就相对简单很多，重复内容不再赘述，这里仅介绍 QGridLayout 的不同之处。

QGridLayout 先从父布局或 parentWidget()函数中获取可用空间，然后将这些空间划分为行和列，由此会产生很多单元格，最后将它管理的小部件放入正确的单元格中。列和行的行为是相同的，因此这里仅介绍列的行为，行也有等价的函数。

每列都有一个最小宽度和一个拉伸因子。在这个列中，使用 setColumnMinimumWidth()函数可以设置一个宽度值，所有小部件的 minimum width 也是宽度值，该列的最小宽度是这些宽度值的最大值。拉伸因子可以使用 setColumnStretch()函数设置，列分配完最小宽度之后，会根据拉伸因子分配剩余空间。需要注意的是，列的宽度可以不同，如果希望两列具有相同的宽度，则必须将它们的最小宽度和拉伸因子设置为相同的值。可以使用函数 setColumnMinimumWidth()和 setColumnStretch()执行此操作。

　　使用函数 addWidget()、addItem()和 addLayout()可以将小部件及其他布局放入单元格中。可以占据多个单元格，QGridLayout 将猜测如何在列/行上分配大小（基于拉伸因子），代码如下：

```
addWidget(self, arg__1: PySide6.QtWidgets.QWidget, row: int, column: int,
alignment: PySide6.QtCore.Qt.Alignment = Default(Qt.Alignment)) -> None
addWidget(self, arg__1: PySide6.QtWidgets.QWidget, row: int, column: int,
rowSpan: int, columnSpan: int, alignment: PySide6.QtCore.Qt.Alignment =
Default(Qt.Alignment)) -> None
addWidget(self, w: PySide6.QtWidgets.QWidget) -> None
addItem(self, arg__1: PySide6.QtWidgets.QLayoutItem) -> None
addItem(self, item: PySide6.QtWidgets.QLayoutItem, row: int, column: int,
rowSpan: int = 1, columnSpan: int = 1, alignment:
PySide6.QtCore.Qt.Alignment = Default(Qt.Alignment)) -> None
addLayout(self, arg__1: PySide6.QtWidgets.QLayout, row: int, column: int,
alignment: PySide6.QtCore.Qt.Alignment = Default(Qt.Alignment)) -> None
addLayout(self, arg__1: PySide6.QtWidgets.QLayout, row: int, column: int,
rowSpan: int, columnSpan: int, alignment: PySide6.QtCore.Qt.Alignment =
Default(Qt.Alignment)) -> None
```

由于 QGridLayout 有行列之分，因此比 QBoxLayout 多了如下参数。

- row：控件的行数，默认从 0 开始。
- column：控件的列数，默认从 0 开始。
- rowSpan：控件跨越的行数。
- columnSpan：控件跨越的列数。

addItem()函数传递的参数 QLayoutItem 是 QSpacerItem（QLayoutItem 的子类）的实例，所以这个函数的作用是填充空格。

 案例 6-3　QGridLayout 的使用方法

　　本案例的文件名为 Chapter06/qt_ QGridLayout.py，用于演示 QGridLayout 的使用方法，代码如下：

```
class GridLayoutDemo(QWidget):
    def __init__(self, parent=None):
        super(GridLayoutDemo, self).__init__(parent)
        grid = QGridLayout()
        self.setLayout(grid)

        # 添加行/列标识
        for i in range(1, 8):
```

```
        rowEdit = QLineEdit('row%d' % (i))
        rowEdit.setReadOnly(True)
        grid.addWidget(rowEdit, i, 0)
        colEdit = QLineEdit('col%d' % (i))
        colEdit.setReadOnly(True)
        grid.addWidget(colEdit, 0, i)
    col_rol_Edit = QLineEdit('rol0_col0')
    col_rol_Edit.setReadOnly(True)
    grid.addWidget(col_rol_Edit, 0, 0, 1, 1)

    # 开始表演
    spacer = QSpacerItem(100, 70, QSizePolicy.Maximum)
    grid.addItem(spacer,0,0,1,1)
    grid.addWidget(QPushButton('row1_col2_1_1'), 1, 2, 1, 1)
    grid.addWidget(QPushButton('row1_col3_1_1'), 1, 3, 1, 1)
    grid.addWidget(QPlainTextEdit('row2_col4_2_2'), 2, 4, 2, 2)
    grid.addWidget(QPlainTextEdit('row3_col2_2_2'), 3, 2, 2, 2)
    grid.addWidget(QPushButton('row5_col5_1_1'), 5, 5, 1, 1)
    spacer2 = QSpacerItem(100, 100, QSizePolicy.Maximum)
    grid.addItem(spacer2, 6, 5, 1, 2)
    grid.addWidget(QPushButton('row7_col6_1_1'), 7, 6, 1, 1)


    hlayout = QHBoxLayout()
    hlayout.addWidget(QPushButton('button_h1'))
    hlayout.addWidget(QPushButton('button_h2'))
    grid.addLayout(hlayout, 7, 1, 1, 2)

    grid.setColumnStretch(5, 1)
    grid.setColumnStretch(2, 1)
    grid.setColumnMinimumWidth(0, 80)

    self.move(300, 150)
    self.setWindowTitle('QGridLayout 例子')
```

运行脚本，显示效果如图 6-14 所示，除了 addWidget 控件是可见的，也标出了不可见的 addItem 控件和 addLayout 控件的用法。

QGridLayout 的其他用法如下：改变了 col2 和 col5 的拉伸因子，在水平拉伸时只有这两列分配剩余空间；将第 1 列的最小宽度修改为 80 像素。

代码如下：

```
grid.setColumnStretch(5, 1)
grid.setColumnStretch(2, 1)
grid.setColumnMinimumWidth(0, 80)
```

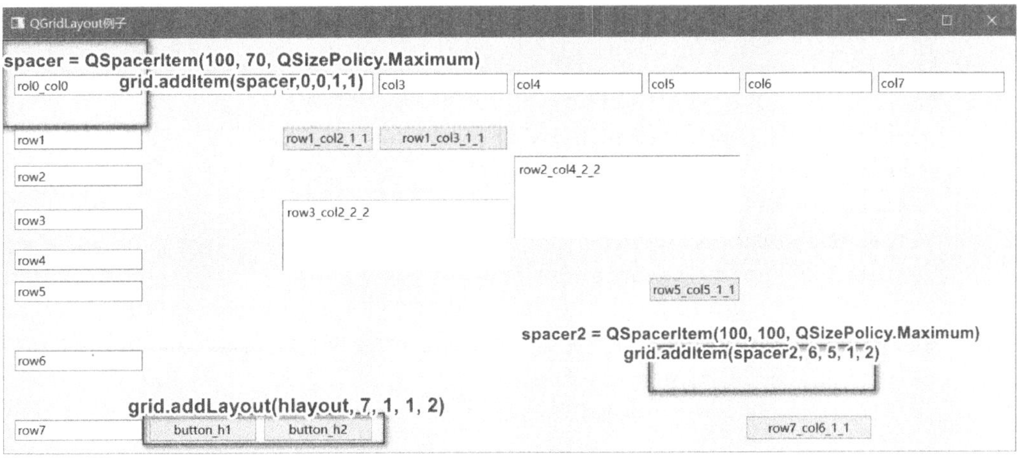

图 6-14

6.2.4 QFormLayout

QFormLayout 是一个使用非常方便的布局类，以两列的形式布置其子项。左列由标签组成，右列由"字段"小部件（line editors、spin boxes 等）组成。实际上，也可以通过 QGridLayout 实现同样效果的两列布局，而 QFormLayout 是一种更高级别的替代方案。QFormLayout 具有以下几方面优点。

1．遵守不同平台的外观和感觉准则

例如，macOS Aqua 和 KDE 中的标签通常使用右对齐，而 Windows 和 GNOME 中的应用程序通常使用左对齐。

2．支持包装长行

对于显示器为小屏的设备，QFormLayout 可以设置为包裹长行，甚至包裹所有行。

3．快速创建标签字段

使用 addRow(self, labelText: str, field: QWidget)会在后台根据 labelText 内容创建 QLabel 实例（标签），并自动设置和 QWidget 实例（字段）的伙伴关系。代码如下：

```
formLayout = QFormLayout()
nameLineEdit = QLineEdit()
emailLineEdit = QLineEdit()
ageSpinBox = QSpinBox()
formLayout.addRow("&Name:", nameLineEdit)
formLayout.addRow("&Email:", emailLineEdit)
formLayout.addRow("&Age:", ageSpinBox)
self.setLayout(formLayout)
```

如果使用 QGridLayout 实现同样的效果，就需要编写更多的代码：

```
nameLineEdit = QLineEdit()
emailLineEdit = QLineEdit()
ageSpinBox = QSpinBox()

nameLabel = QLabel("&Name:")
nameLabel.setBuddy(nameLineEdit)
emailLabel = QLabel("&Email:")
emailLabel.setBuddy(emailLineEdit)
ageLabel = QLabel("&Age:")
ageLabel.setBuddy(ageSpinBox)

gridLayout = QGridLayout()
gridLayout.addWidget(nameLabel, 0, 0)
gridLayout.addWidget(nameLineEdit, 0, 1)
gridLayout.addWidget(emailLabel, 1, 0)
gridLayout.addWidget(emailLineEdit, 1, 1)
gridLayout.addWidget(ageLabel, 2, 0)
gridLayout.addWidget(ageSpinBox, 2, 1)
self.setLayout(gridLayout)
```

QFormLayout 在不同系统中有不同的默认外观，如图 6-15 所示。

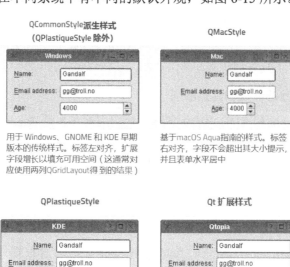

图 6-15

还可以通过调用函数 setLabelAlignment()、setFormAlignment()、setFieldGrowthPolicy()
和 setRowWrapPolicy()来单独覆盖表单样式。例如，要在所有平台上模拟 QMacStyle 的表
单布局外观，但使用左对齐的标签，可以编写如下代码：

```
# 模拟 QMacStyle 表单布局外观，但使用左对齐的标签
formLayout.setRowWrapPolicy(QFormLayout.DontWrapRows)
formLayout.setFieldGrowthPolicy(QFormLayout.FieldsStayAtSizeHint)
formLayout.setFormAlignment(Qt.AlignHCenter | Qt.AlignTop)
formLayout.setLabelAlignment(Qt.AlignLeft)
```

使用这些样式需要注意以下几点。

（1）FieldGrowthPolicy：用于保存表单字段增长的方式，默认值取决于小部件或应用程序的样式，详细内容如表 6-5 所示。

表 6-5

属　　性	值	描　　述
QFormLayout.FieldsStayAtSizeHint	0	字段永远不会超出其有效大小提示，这是 QMacStyle 的默认设置
QFormLayout.ExpandingFieldsGrow	1	水平 sizePolicy 为 Expanding 或 MinimumExpanding 的字段将增长以填充可用空间，其他字段不会超出其有效大小提示，这是 QPlastiqueStyle 的默认策略
QFormLayout.AllNonFixedFieldsGrow	2	所有具有允许它们增长的 sizePolicy 字段都将增长以填充可用空间，这是 Qt 扩展样式及大多数样式的默认策略

（2）RowWrapPolicy：用于保存表单行的换行方式，默认值取决于小部件或应用程序的样式，详细内容如表 6-6 所示。

表 6-6

属　　性	值	描　　述
QFormLayout.DontWrapRows	0	字段总是排列在标签旁边，这是除 Qt 扩展样式之外的所有样式的默认策略
QFormLayout.WrapLongRows	1	给标签足够多的水平空间适应最大宽度，其余的空间分配给字段。如果字段对的 minimum size 大于可用空间，则该字段将换行到下一行。这是 Qt 扩展样式的默认策略
QFormLayout.WrapAllRows	2	字段始终位于其标签下方

（3）对齐（Alignment）的相关信息请参考 6.2.2 节。

 案例 6-4　QFormLayout 的使用方法

本案例的文件名为 Chapter06/qt_QFormLayout.py，用于演示 QFormLayout 的使用方法，代码如下：

```
class FormLayoutDemo(QWidget):
    def __init__(self, parent=None):
        super(FormLayoutDemo, self).__init__(parent)
        self.setWindowTitle("QFormLayout 布局管理例子")
        self.resize(400, 100)

        formLayout = QFormLayout()
```

```
nameLineEdit = QLineEdit()
emailLineEdit = QLineEdit()
ageSpinBox = QSpinBox()
formLayout.addRow("&Name:", nameLineEdit)
formLayout.addRow("&Email:", emailLineEdit)
formLayout.addRow("&Age:", ageSpinBox)

# 模拟 QMacStyle 表单布局外观，但使用左对齐的标签
formLayout.setRowWrapPolicy(QFormLayout.DontWrapRows)
formLayout.setFieldGrowthPolicy(QFormLayout.FieldsStayAtSizeHint)
formLayout.setFormAlignment(Qt.AlignHCenter | Qt.AlignTop)
formLayout.setLabelAlignment(Qt.AlignLeft)

formLayout.addItem(QSpacerItem(30,30))
formLayout.addRow(QPushButton('确认'),QPushButton('取消'))

self.setLayout(formLayout)
```

运行脚本，显示效果如图 6-16 所示。

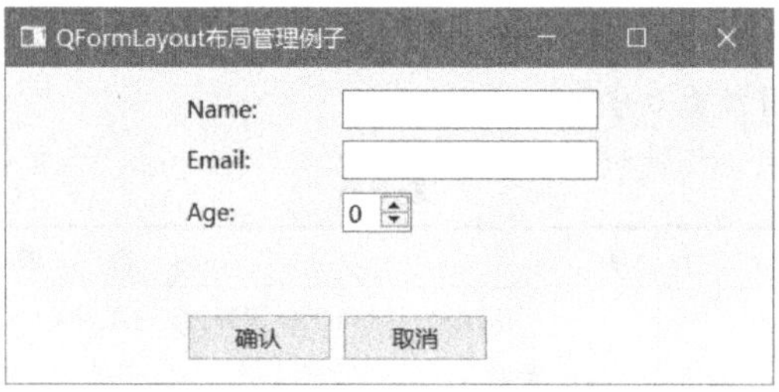

图 6-16

6.2.5 QStackedLayout

QStackedLayout 可以用于创建类似于 QTabWidget 提供的用户界面。QStackedWidget 构建在 QStackedLayout 之上，用于提供类似的功能。6.3.2 节会介绍 QStackedWidget 的使用方法。

QStackedLayout 没有为用户提供切换页面的内在方法。要实现页面切换，通常可以通过存储 QStackedLayout 页面标题的 QComboBox 或 QListWidget 来完成，代码如下：

```
pageComboBox = QComboBox()
pageComboBox.addItem("Page 1")
pageComboBox.addItem("Page 2")
pageComboBox.addItem("Page 3")
pageComboBox.activated.connect(stackedLayout.setCurrentIndex)
```

上面使用 setCurrentIndex(int index)切换页面，其实也可以使用 setCurrentWidget (QWidget w)来切换指定的页面，但传递的参数 w 必须是 QStackedLayout 已经包含的控件。

每当布局中的当前小部件更改或从布局中删除小部件时,都会分别发射 currentChanged (int index)信号和 widgetRemoved(int index)信号。

 案例 6-5 QStackedLayout 的使用方法

本案例的义件名为 Chapter06/qt_QStackedLayout.py,用于演示 QStackedLayout 的使用方法,代码如下:

```python
class StackedLayoutDemo(QWidget):
    def __init__(self, parent=None):
        super(StackedLayoutDemo, self).__init__(parent)
        self.setWindowTitle("QStackedLayout 布局管理例子")
        self.resize(400, 100)
        layout = QVBoxLayout()
        self.setLayout(layout)

        # 添加页面导航
        pageComboBox = QComboBox()
        pageComboBox.addItem("Page 1")
        pageComboBox.addItem("Page 2")
        pageComboBox.addItem("Page 3")
        layout.addWidget(pageComboBox)

        # 添加 QStackedLayout
        stackedLayout = QStackedLayout()
        layout.addLayout(stackedLayout)

        # 添加页面 1~3
        pageWidget1 = QWidget()
        layout1 = QHBoxLayout()
        pageWidget1.setLayout(layout1)
        stackedLayout.addWidget(pageWidget1)
        pageWidget2 = QWidget()
        layout2 = QVBoxLayout()
        pageWidget2.setLayout(layout2)
        stackedLayout.addWidget(pageWidget2)
        pageWidget3 = QWidget()
        layout3 = QFormLayout()
        pageWidget3.setLayout(layout3)
        stackedLayout.addWidget(pageWidget3)

        # 设置页面 1~3
        for i in range(5):
            layout1.addWidget(QPushButton('button%d' % i))
            layout2.addWidget(QPushButton('button%d' % i))
            layout3.addRow('row%d' % i, QPushButton('button%d' % i))
```

```
# 导航与页面链接
pageComboBox.activated.connect(stackedLayout.setCurrentIndex)

# 添加按钮切换导航页 1～3
buttonLayout = QHBoxLayout()
layout.addLayout(buttonLayout)
button1 = QPushButton('页面1')
button2 = QPushButton('页面2')
button3 = QPushButton('页面3')
buttonLayout.addWidget(button1)
buttonLayout.addWidget(button2)
buttonLayout.addWidget(button3)
button1.clicked.connect(lambda: stackedLayout.setCurrentIndex(0))
button2.clicked.connect(lambda:
stackedLayout.setCurrentWidget(pageWidget2))
button3.clicked.connect(lambda: stackedLayout.setCurrentIndex(2))

label = QLabel('显示信息')
layout.addWidget(label)
stackedLayout.currentChanged.connect(lambda x: label.setText('切换到
页面%d' % (x + 1)))
```

运行脚本，显示效果如图 6-17 所示。

图 6-17

上述代码比较简单，单击最上面的 QComboBox 和最下面的页面按钮都可以切换页
面显示的内容，主要内容前面已有叙述，这里不再重复介绍。

 案例 6-6　QLayout 布局管理的使用方法

本案例的文件名为 Chapter06/qt_QLayout.py，用于演示 QLayout 布局管理的使用方法，
代码如下：

```
class LayoutDemo(QDialog):
    def __init__(self, parent=None):
        super(LayoutDemo, self).__init__(parent)

        self.NumGridRows = 3
        self.NumButtons = 4

        self.createMenu()
        self.createHorizontalGroupBox()
        self.createGridGroupBox()
        self.createFormGroupBox()

        # ! [1]
        bigEditor = QTextEdit()
        bigEditor.setPlainText("This widget takes up all the remaining
space in the top-level layout.")

        buttonBox = QDialogButtonBox(QDialogButtonBox.Ok |
QDialogButtonBox.Cancel)
        buttonBox.accepted.connect(self.accept)
        buttonBox.rejected.connect(self.reject)
        # ! [1]

        # ! [2]
        mainLayout = QVBoxLayout()
        # ! [2] #! [3]
        mainLayout.setMenuBar(self.menuBar)
        # ! [3] #! [4]
        mainLayout.addWidget(self.horizontalGroupBox)
        mainLayout.addWidget(self.gridGroupBox)
        mainLayout.addWidget(self.formGroupBox)
        mainLayout.addWidget(bigEditor)
        mainLayout.addWidget(buttonBox)
        # ! [4] #! [5]
        self.setLayout(mainLayout)

        self.setWindowTitle("Basic Layouts")

    # ! [6]
    def createMenu(self):
        self.menuBar = QMenuBar()

        fileMenu = QMenu("&File", self)
        exitAction = fileMenu.addAction("E&xit")
        self.menuBar.addMenu(fileMenu)
        exitAction.triggered.connect(self.accept)
```

```python
    # ! [6]

    # ! [7]
    def createHorizontalGroupBox(self):
        self.horizontalGroupBox = QGroupBox("Horizontal layout")
        layout = QHBoxLayout()
        for i in range(0, self.NumButtons):
            button = QPushButton("Button %d" % (i + 1))
            layout.addWidget(button)
        self.horizontalGroupBox.setLayout(layout)

    # ! [7]

    # ! [8]
    def createGridGroupBox(self):
        self.gridGroupBox = QGroupBox("Grid layout")
        # ! [8]
        layout = QGridLayout()

        # ! [9]
        for i in range(0, self.NumGridRows):
            label = QLabel("Line %d:" % (i + 1))
            lineEdit = QLineEdit()
            layout.addWidget(label, i + 1, 0)
            layout.addWidget(lineEdit, i + 1, 1)

        # ! [9] #! [10]
        smallEditor = QTextEdit()
        smallEditor.setPlainText("This widget takes up about two thirds of
the grid layout.")
        layout.addWidget(smallEditor, 0, 2, 4, 1)
        # ! [10]

        # ! [11]
        layout.setColumnStretch(1, 10)
        layout.setColumnStretch(2, 20)
        self.gridGroupBox.setLayout(layout)

    # ! [12]
    def createFormGroupBox(self):
        self.formGroupBox = QGroupBox("Form layout")
        layout = QFormLayout()
        layout.addRow(QLabel("Line 1:"), QLineEdit())
        layout.addRow(QLabel("Line 2, long text:"), QComboBox())
```

```
    layout.addRow(QLabel("Line 3:"), QSpinBox())
    self.formGroupBox.setLayout(layout)
# ! [12]
```

运行脚本，显示效果如图 6-18 所示。

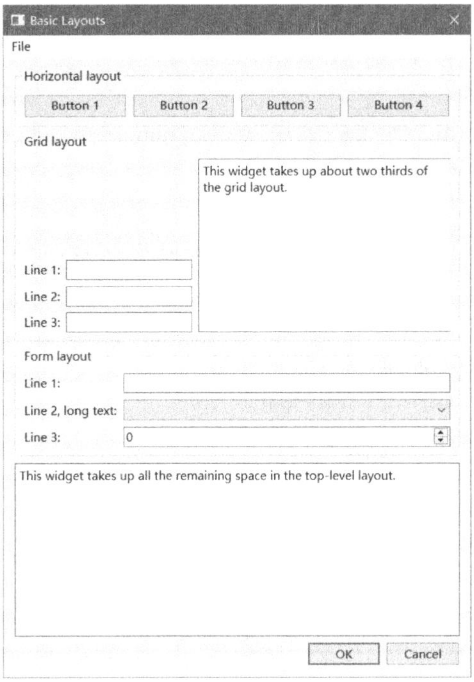

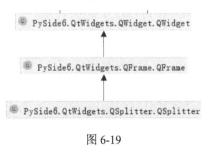

图 6-18

本案例创建的 3 个 QGroupBox 实例分别使用 QHBoxLayout、QGridLayout 和 QFormLayout 布局，并用 QVBoxLayout 接管这 3 个 QGroupBox 实例。

6.2.6 QSplitter

除了上面介绍的 QLayout 布局管理，Qt 中还提供了一个特殊的布局管理器 QSplitter。使用 QSplitter 可以动态地拖动子控件之间的边界，它算是一个动态的布局管理器。QSplitter 允许用户通过拖动子控件的边界来控制子控件的大小，并提供了一个处理拖曳子控件的控制器。从图 6-19 中可以看出，QSplitter 是 QFrame 的子类，和 QLayout 不相关。

PySide6.QtWidgets.QWidget.QWidget

PySide6.QtWidgets.QFrame.QFrame

PySide6.QtWidgets.QSplitter.QSplitter

图 6-19

在 QSplitter 中，各子控件默认是横向布局的，可以使用 Qt.Vertical 进行垂直布局。小部件之间大小的初始分布是通过将初始大小乘以拉伸因子来确定的。可以使用 setSizes()函数来设置所有小部件的大小，使用 sizes()函数返回用户设置的尺寸。也可以分别使用 saveState()函数和 restoreState()函数保存和恢复小部件的大小状态。如果使用 hide()函数隐藏一个小部件，那么它的空间将分配给其他控件。当再次使用 show()函数显示这个小部件时，它将被恢复。

需要注意的是，QSplitter 不支持调用 addLayout()函数，也就是说，它和之前的布局管理不兼容，可以用 addWidget 代替。

QSplitter 类中常用的函数如表 6-7 所示。

表 6-7

函　　数	描　　述
addWidget()	将小控件添加到 QSplitter 管理器的布局中
indexOf()	返回小控件在 QSplitter 管理器中的索引
insertWidget()	根据指定的索引将一个控件插入 QSplitter 管理器中
setOrientation()	设置布局方向：Qt.Horizontal，水平方向；Qt.Vertical，垂直方向
setSizes()	设置控件的初始大小
count()	返回小控件在 QSplitter 管理器中的数量
saveState()	保存拆分器布局的状态
restoreState()	将拆分器的布局恢复到指定的状态。如果状态恢复则返回 True，否则返回 False

案例 6-7　QSplitter 控件的使用方法

本案例的文件名为 Chapter06/qt_QSplitter.py，用于演示 QSplitter 控件的使用方法，代码如下：

```
class SplitterExample(QWidget):
    def __init__(self):
        super(SplitterExample, self).__init__()
        self.setting = {}

        layout = QVBoxLayout(self)
        self.setWindowTitle('QSplitter 布局管理例子')

        self.splitter1 = QSplitter()
        self.lineEdit = QLineEdit('lineEdit')
        self.splitter1.addWidget(self.lineEdit)
        self.splitter1.addWidget(QLabel('Label'))
        buttonShow = QPushButton('显/隐 lineEdit')
        buttonShow.setCheckable(True)
        buttonShow.toggle()
        buttonShow.clicked.connect(lambda:
```

```
self.buttonShowClick(buttonShow))
    self.splitter1.addWidget(buttonShow)
    layout.addWidget(self.splitter1)

    fram1 = QFrame()
    fram1.setFrameShape(QFrame.StyledPanel)
    self.splitter2 = QSplitter(Qt.Vertical)
    self.splitter2.addWidget(fram1)
    self.splitter2.addWidget(QTextEdit())
    self.splitter2.setSizes([50, 100])
    layout.addWidget(self.splitter2)

    self.splitter3 = QSplitter(Qt.Horizontal)
    self.splitter3.addWidget(QListView())
    self.splitter3.addWidget(QTreeView())
    self.splitter3.addWidget(QTextEdit())
    self.splitter3.setSizes([50, 100, 150])
    layout.addWidget(self.splitter3)

    buttonSave = QPushButton('SaveState')
    buttonSave.clicked.connect(self.saveSetting)
    buttonRestore = QPushButton('restoreState')
    buttonRestore.clicked.connect(self.restoreSetting)
    layout.addWidget(buttonSave)
    layout.addWidget(buttonRestore)

    self.setLayout(layout)

def saveSetting(self):
    self.setting.update({"splitter1": self.splitter1.saveState()})
    self.setting.update({"splitter2": self.splitter2.saveState()})
    self.setting.update({"splitter3": self.splitter3.saveState()})

def restoreSetting(self):
    self.splitter1.restoreState(self.setting["splitter1"])
    self.splitter2.restoreState(self.setting["splitter2"])
    self.splitter3.restoreState(self.setting["splitter3"])

def buttonShowClick(self, button):
    if button.isChecked():
        self.lineEdit.show()
    else:
        self.lineEdit.hide()
```

运行脚本，显示效果如图 6-20 所示。

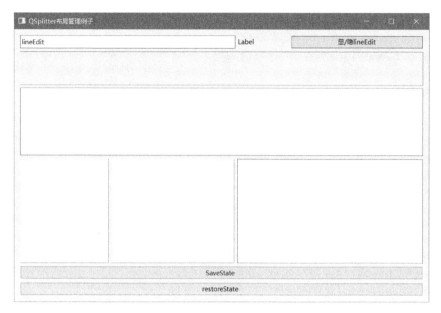

图 6-20

本案例从上到下添加了 3 个 QSplitter 控件。

● splitter1：默认的使用方式，使用按钮控制 QLineEdit 的显示状态和隐藏状态。

● splitter2：使用垂直方式布局，并使用 setSizes([50, 100])分割区间。

● splitter3：使用水平方式布局（默认），并使用 setSizes([50, 100, 150])分割区间。

这里用字典 setting 保存布局的配置，最后两个按钮分别用于保存配置与恢复配置，分别触发如下两个函数，此时可以随便修改布局并保存，代码如下：

```python
def saveSetting(self):
    self.setting.update({"splitter1": self.splitter1.saveState()})
    self.setting.update({"splitter2": self.splitter2.saveState()})
    self.setting.update({"splitter3": self.splitter3.saveState()})

def restoreSetting(self):
    self.splitter1.restoreState(self.setting["splitter1"])
    self.splitter2.restoreState(self.setting["splitter2"])
    self.splitter3.restoreState(self.setting["splitter3"])
```

需要注意的是，初始化时需要触发 saveSetting()函数，并且在主窗口中的 show()函数之后触发，用于确保存储的布局和看到的一致。如果在 show()函数之前触发saveSetting()函数，那么结果会稍有不同，这可能是因为使用 show()函数可以对布局进行微调。代码如下：

```python
if __name__ == '__main__':
    app = QApplication(sys.argv)
    demo = SplitterExample()
    demo.show()
```

```
demo.saveSetting()
sys.exit(app.exec())
```

6.3　容器：装载更多的控件

有时可能会出现这样的情况：所开发的程序包含太多的控件，导致一个窗口中装载不下或装载的控件太多而不美观。本节就来解决这个问题，即如何在现有的窗口中装载更多的控件。在之前的章节中已经介绍了一些容器，如 QFrame、QWidget、QGroupBox、QScrollArea 等，它们都是单一页面的容器，下面介绍多个页面的容器。

6.3.1　QTabWidget

选项卡小部件提供了一个选项卡栏（QTabBar，用来切换页面）和一个页面区域（QWidget，用于显示与选项卡相关的页面）。每个选项卡都匹配了相关页面，页面区域只显示当前页面，隐藏其他页面。用户可以通过单击选项卡或按快捷键 Alt+字母（如果有设置）来显示不同的页面。QTabWidget 类的继承结构如图 6-21 所示。

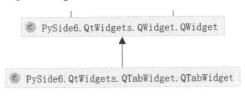

图 6-21

使用 QTabWidget 的常用方法是执行以下操作。

（1）创建一个 QTabWidget。

（2）为选项卡对话框中的每个页面创建一个 QWidget，但不要为它们指定父类。

（3）将子小部件插入 QWidget 页面中，并用布局管理器接管。

（4）调用 addTab()函数或 insertTab()函数将 QWidget 页面放入选项卡小部件中。如果需要，则可以为每个选项卡提供一个带有键盘快捷键的合适标签。

代码如下：

```
self.tabWidget = QTabWidget(self)
self.tab1 = QWidget()
self.tab2 = QWidget()
self.tab3 = QWidget()
self.tabWidget.addTab(self.tab1, "&Page 0")
self.tabWidget.addTab(self.tab2, "Page 1")
self.tabWidget.addTab(self.tab3, "Page 2")
```

上面是 QTabWidget 的最简单的使用方法，下面根据案例介绍 QTabWidget 的其他使用方法。

案例 6-8　QTabWidget 的使用方法

本案例的文件名为 Chapter06/qt_QTabWidget.py，用于演示 QTabWidget 的使用方法。运行脚本，部分显示效果如图 6-22 所示。

图 6-22

【代码分析】

1）选项卡 QTabBar 的相关操作

每个选项卡都有一个 tabText()函数、一个可选的 tabIcon()函数、一个可选的 tabToolTip()函数、一个可选的 tabWhatsThis()函数和一个可选的 tabData()函数。选项卡的属性可以通过函数 setTabText()、setTabIcon()、setTabToolTip()、setTabWhatsThis() 和 setTabData()改变。可以使用 setTabEnabled()函数单独启用或禁用每个选项卡。每个选项卡都可以用不同的颜色显示文本。使用 tabTextColor()函数可以找到选项卡当前的文本颜色。使用 setTabTextColor()函数可以设置特定选项卡的文本颜色。

选项卡的位置由 tabPosition 定义，形状由 tabShape 定义：在默认情况下，标签栏显示在页面区域的上方，可以使用 setTabPosition()函数设置不同的配置。setTabPosition()函数的可选参数如表 6-8 所示。

表 6-8

参　　数	值	描　　述
QTabWidget.North	0	选项卡绘制在页面的上方
QTabWidget.South	1	选项卡绘制在页面的下方
QTabWidget.West	2	选项卡绘制在页面的左侧
QTabWidget.East	3	选项卡绘制在页面的右侧

在默认情况下，选项卡的形状是圆形外观，可以使用 setTabShape()函数设置为其他形状。setTabShape()函数的可选参数如表 6-9 所示。

表 6-9

参　　数	值	描　　述
QTabWidget.Rounded	0	选项卡以圆形外观绘制，这是默认形状
QTabWidget.Triangular	1	选项卡以三角形外观绘制

涉及的代码如下：

```
# 修改选项卡的默认信息
self.tabWidget.setTabShape(self.tabWidget.Triangular)
self.tabWidget.setTabPosition(self.tabWidget.South)

def tab3Init(self):
    layout = QHBoxLayout()
    check1 = QCheckBox('一等奖')
    check2 = QCheckBox('二等奖')
    check3 = QCheckBox('三等奖')
    layout.addWidget(check1)
    layout.addWidget(check2)
    layout.addWidget(check3)
    self.tab3.setLayout(layout)
    self.tabWidget.setTabText(2, "获奖情况")
    self.tabWidget.setTabToolTip(2,'更新：获奖情况')
    self.tabWidget.setTabIcon(2,QIcon(r'images/bao13.png'))
    self.tabWidget.tabBar().setTabTextColor(2, 'red')


_dict = {0:False,2:True,1:True}
check1.stateChanged.connect(lambda x:self.label.setText(f'page2，更新了"一
等奖"获取情况：{_dict[x]}'))
check2.stateChanged.connect(lambda x: self.label.setText(f'page2，更新了"二
等奖"获取情况：{_dict[x]}'))
check3.stateChanged.connect(lambda x: self.label.setText(f'page2，更新了"三
等奖"获取情况：{_dict[x]}'))
```

2）页面管理

可以使用 addTab()函数将 QWidget 页面添加到末尾，或者使用 insertTab()函数在特定位置插入页面，使用 removeTab()函数删除页面，使用 count()函数返回选项卡（页面）总数。结合使用 removeTab()函数与 insertTab()函数可以将选项卡移到指定位置。

当前页面索引可以使用 currentIndex()函数表示，当前 widget 页面使用 currentWidget()函数表示。widget(index:int)返回特定索引的页面，indexOf(widget:QWidget)返回特定页面的索引位置。使用 setCurrentWidget()函数或 setCurrentIndex()函数可以显示特定页面。

这里提供了两种翻页方式：一是自带的方式 QTabBar，二是使用 QComboBox。需要注意的是，由于程序在后面修改了 TabText，因此实际显示的不是 Page n，代码如下：

```
self.tab1 = QWidget()
self.tab2 = QWidget()
self.tab3 = QWidget()
self.tabWidget.addTab(self.tab1, "Page 0")
self.tabWidget.insertTab(1,self.tab2, "Page 1")
self.tabWidget.addTab(self.tab3, "Page 2")
```

```
pageComboBox = QComboBox()
pageComboBox.addItem("Goto Page 0")
pageComboBox.addItem("Goto Page 1")
pageComboBox.addItem("Goto Page 2")
# 导航与页面链接
pageComboBox.activated.connect(self.tabWidget.setCurrentIndex)
```

3）信号与槽

当用户选择一个页面时发射 currentChanged 信号，代码如下：

```
self.tabWidget.currentChanged.connect(self.tabChanged)

def tabChanged(self,index:int):
    a = self.tabWidget.currentWidget()
    text = self.tabWidget.tabBar().tabText(index)
    self.label.setText(f'切换到页面{index},{text}')
```

QTabWidget 是拆分复杂对话框的一种很好的方法，另一种常见的方法是使用 QStackedWidget，两者的功能类似。前者集成 QTabBar 可以很方便地添加页面；后者可以通过 QToolBar、QListWidget、QComboBox 等添加页面导航，自定义程度更高一些。

6.3.2　QStackedWidget

QStackedWidget 是一个堆叠窗口控件，有多个窗口可以显示，但同一时间只有一个窗口可以显示。QStackedWidget 可以用于创建类似于 QTabWidget 提供的用户界面，是一个构建在 QStackedLayout 之上的便捷布局小部件。关于 QTabWidget 的相关内容请参考6.3.1 节，关于 QStackedLayout 的相关内容请参考 6.2.5 节。QTabWidget 继承自 QWidget，而 QStackedWidget 继承自 QFrame，两者没有直接的继承关系。QStackedWidget 类的继承结构如图 6-23 所示。

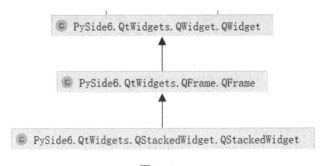

图 6-23

 案例 6-9　QStackedWidget 控件的使用方法

本案例的文件名为 Chapter06/qt_QStackedWidget.py，用于演示 QStackedWidget 控件的使用方法。

运行脚本，显示效果如图 6-24 所示。

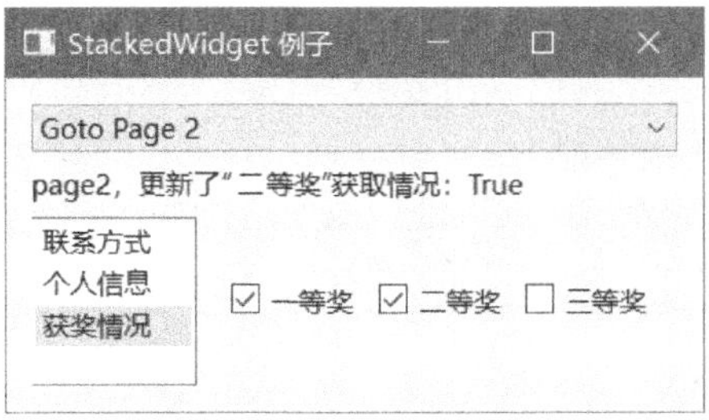

图 6-24

【代码分析】

1）页面切换方法

与 QStackedLayout 一样，QStackedWidget 没有为用户提供切换页面的内在方法。这一点没有使用 QTabWidget 方便，需要手动完成，通常通过存储 QStackedWidget 页面标题中的 QComboBox 或 QListWidget 来完成。

widget() 函数返回给定索引位置的小部件。显示在屏幕上的小部件的索引由 currentIndex() 函数给出，并且可以使用 setCurrentIndex() 函数进行更改。同样，可以使用 currentWidget() 函数检索当前显示的小部件，并使用 setCurrentWidget() 函数进行更改。

本案例提供了 QListWidget 和 QComboBox 两种切换页面的方法，并以 QListWidget 行数作为页面切换的依据，QComboBox 通过改变 QListWidget 行数来间接实现页面切换：

```
self.stackWidget = QStackedWidget(self)


self.listWidget = QListWidget()
self.listWidget.insertItem(0, '联系方式')
self.listWidget.insertItem(1, '个人信息')
self.listWidget.insertItem(2, '获奖情况')
self.listWidget.currentRowChanged.connect(self.stackWidget.setCurrentIndex)


pageComboBox = QComboBox()
pageComboBox.addItem("Goto Page 0")
pageComboBox.addItem("Goto Page 1")
pageComboBox.addItem("Goto Page 2")
# pageComboBox.activated.connect(self.stackWidget.setCurrentIndex)
pageComboBox.activated.connect(self.listWidget.setCurrentRow)
```

下面使用 QListWidget 完成翻页动作：

```
    self.listWidget = QListWidget()
    self.listWidget.insertItem(0, '联系方式')
    self.listWidget.insertItem(1, '个人信息')
    self.listWidget.insertItem(2, '获奖情况')
    self.stack1 = QWidget()
    self.stack2 = QWidget()
```

```
    self.stack3 = QWidget()
    self.stackWidget = QStackedWidget(self)
    self.stackWidget.addWidget(self.stack1)
    self.stackWidget.addWidget(self.stack2)
    self.stackWidget.addWidget(self.stack3)
    vlayout = QVBoxLayout(self)
    self.label = QLabel('用来显示信息')

    self.listWidget.currentRowChanged.connect(
self.stackWidget.setCurrentIndex)
```

2）添加部件的方法

向 QStackedWidget 添加页面时，QWidget 页面将添加到内部列表中，indexOf()函数返回该列表中控件的索引，addWidget()函数把 QWidget 添加到使用列表的末尾，insertWidget()函数把 QWidget 插入给定的索引处，使用 removeWidget()函数可以删除 QWidget，使用 count()函数可以返回 QStackedWidget 窗口中包含的页面数量，代码如下：

```
self.stack1 = QWidget()
self.stack2 = QWidget()
self.stack3 = QWidget()
self.stackWidget = QStackedWidget(self)
self.stackWidget.addWidget(self.stack1)
self.stackWidget.insertWidget(1,self.stack2)
self.stackWidget.addWidget(self.stack3)
```

每个页面添加内容的方法和之前的用法相同，这里以第 3 页为例：

```
self.stack3Init()
    def stack3Init(self):
        layout = QHBoxLayout()
        check1 = QCheckBox('一等奖')
        check2 = QCheckBox('二等奖')
        check3 = QCheckBox('三等奖')
        layout.addWidget(check1)
        layout.addWidget(check2)
        layout.addWidget(check3)
        self.stack3.setLayout(layout)
        _dict = {0:False,2:True,1:True}
        check1.stateChanged.connect(lambda x:self.label.setText(f'page2,更
新了"一等奖"获取情况: {_dict[x]}'))
        check2.stateChanged.connect(lambda x: self.label.setText(f'page2,更
新了"二等奖"获取情况: {_dict[x]}'))
        check3.stateChanged.connect(lambda x: self.label.setText(f'page2,更
新了"三等奖"获取情况: {_dict[x]}'))
```

3）信号与槽

当 QStackedWidget 中的当前页面发生变化或被移除时，分别发射 currentChanged 信号或 widgetRemoved 信号。

本案例使用 currentChanged 信号，当页面切换时在 label 中提示，代码如下：

```
self.stackWidget.currentChanged.connect(self.stackChanged)
def stackChanged(self,index:int):
    text = self.listWidget.currentItem().text()
    self.label.setText(f'切换到页面{index},{text}')
```

6.3.3　QToolBox

QToolBox 和 QStackedWidget 都继承自 QFrame，而 QTabWidget 继承自 QWidget。QToolBox 显示一列选项卡（tabs），当前项目（item）显示在当前选项卡的下方，其他项目隐藏。每个选项卡（tab）都对应一个项目（item，QWidget 页面），并在选项卡列中有一个索引。QToolBox 类的继承结构如图 6-25 所示。

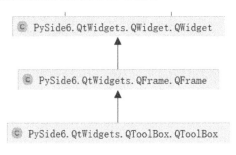

图 6-25

1）选项卡相关操作

QToolBox 和 QTabWidget 的用法非常相似，同样集成了自己的选项卡。QToolBox 通过 item 对选项卡进行操作，其用法都和 item 有关：每个 QToolBox 都有一个 itemText()函数、一个可选的 itemIcon()函数、一个可选的 itemToolTip()函数和一个 widget()函数。可以使用 setItemText()函数、setItemIcon()函数和 setItemToolTip()函数更改项目的属性。可以使用 setItemEnabled()函数单独启用或禁用每个项目。

代码如下：

```
def tool1Init(self):
    layout = QFormLayout()
    line1 = QLineEdit()
    line2 = QLineEdit()
    layout.addRow("姓名", line1)
    layout.addRow("电话", line2)
    self.tool1.setLayout(layout)
    self.toolBox.setItemText(0, "联系方式")
    self.toolBox.setItemToolTip(0, '更新：联系方式')
    self.toolBox.setItemIcon(0, QIcon(r'images/android.png'))
    line1.editingFinished.connect(lambda :self.label.setText(f'page0,更
新了姓名:{line1.text()}'))
```

```
        line2.editingFinished.connect(lambda :self.label.setText(f'page0，更
新了电话：{line2.text()}'))
```

2）页面管理

使用 addItem()函数可以将 item 页面添加到末尾，使用 insertItem()函数可以将页面插入特定位置，使用 count()函数可以返回页面总数。item 既可以用 delete 删除，也可以用 removeItem()函数删除。结合 removeItem()函数和 insertItem()函数可以将 item 移到需要的位置。

代码如下：

```
self.toolBox = QToolBox(self)
    self.tool1 = QWidget()
    self.tool2 = QWidget()
    self.tool3 = QWidget()
    self.toolBox.addItem(self.tool1, "Page 0")
    self.toolBox.insertItem(1, self.tool2, "Page 1")
    self.toolBox.addItem(self.tool3, "Page 2")
```

使用 currentIndex()函数可以返回当前 QWidget 的索引，使用 setCurrentIndex()函数可以设置当前索引。使用 indexOf()函数可以返回特定项的索引，使用 item()函数可以返回给定索引处的项。

代码如下：

```
pageComboBox = QComboBox()
    pageComboBox.addItem("Goto Page 0")
    pageComboBox.addItem("Goto Page 1")
    pageComboBox.addItem("Goto Page 2")
    # 导航与页面链接
    pageComboBox.activated.connect(self.toolBox.setCurrentIndex)
```

3）信号与槽

当当前项改变时发射 currentChanged 信号，代码如下：

```
self.toolBox.currentChanged.connect(self.tabChanged)

def tabChanged(self, index:int):
    a = self.toolBox.currentWidget()
    text = self.toolBox.itemText(index)
    self.label.setText(f'切换到页面{index},{text}')
```

案例 6-10　QToolBox 的使用方法

本案例的文件名为 Chapter06/qt_QToolBox.py，用于演示 QToolBox 的使用方法。

运行脚本，部分显示效果如图 6-26 所示。

QToolBox 的使用方法和 QTabWidget 的使用方法非常相似，为了节约篇幅，这里不再展开介绍。

图 6-26

6.3.4　QDockWidget

QDockWidget 是一个可以停靠在 QMainWindow 内的窗口控件,可以保持浮动状态或在指定位置作为子窗口附加到主窗口中。QDockWidget 类的继承结构如图 6-27 所示。QMainWindow 主窗口中保留了一个用于停靠窗口的区域,这个区域在控件的中央区域,如图 6-28 所示。

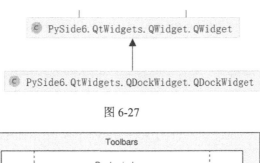

图 6-27

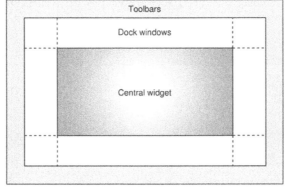

图 6-28

QDockWidget 由标题栏和内容区域组成。标题栏显示停靠 QWidget 标题、浮动按钮和关闭按钮。根据 QDockWidget 的状态,浮动按钮和关闭按钮可能被禁用或根本不显示。

停靠窗口可以在其当前区域内移动或移到新区域,也可以浮动(如取消停靠)。使用

QDockWidget 的相关函数可以限制停靠窗口移动、浮动和关闭的能力，以及允许放置的区域。

标题栏和按钮的视觉外观取决于使用的样式，各系统有其默认的样式。

QDockWidget 使用 setWidget()函数添加子窗口。作为子窗口的包装器，请在子窗口上自定义 size hints、minimum、maximum sizes 和 size policies，QDockWidget 会尊重子窗口的这些设置，调整自己的约束以包含框架和标题。不应该在 QDockWidget 上设置大小约束，因为它们会根据悬浮状态而改变。

QDockWidget 控件在主窗口内可以移到新的区域。QDockWidget 类中常用的函数如表 6-10 所示。

表 6-10

函　　数	描　　述
setWidget()	在 Dock 窗口区域设置 QWidget
setFloating()	设置 Dock 窗口是否可以浮动，如果设置为 True，则表示可以浮动
setAllowedAreas()	设置窗口可以停靠的区域，以下是 Qt 属性：Qt.LeftDockWidgetArea，左侧停靠区域；Qt.RightDockWidgetArea，右侧停靠区域；Qt.TopDockWidgetArea，顶部停靠区域；Qt.BottomDockWidgetArea，底部停靠区域；Qt.AllDockWidgetAreas，所有停靠区域；Qt.NoDockWidgetArea，不显示 Widget
setFeatures()	设置停靠窗口的功能属性，以下是 QDockWidget 属性：DockWidgetClosable，可关闭；DockWidgetMovable，可移动；DockWidgetFloatable，可漂浮；DockWidgetVerticalTitleBar，在左边显示垂直的标签栏；NoDockWidgetFeatures，无法关闭，不能移动，不能漂浮

 案例 6-11　QDockWidget 控件的使用方法 1

本案例的文件名为 Chapter06/qt_QDockWidget.py，用于演示 QDockWidget 控件的使用方法，代码如下：

```python
class DockWidgetDemo(QMainWindow):
    def __init__(self, parent=None):
        super(DockWidgetDemo, self).__init__(parent)
        layout = QHBoxLayout()
        bar = self.menuBar()
        file = bar.addMenu("&File")
        file.addAction("&New")
        file.addAction("&Save")
        file.addAction("&Quit")
        self.textEdit = QTextEdit()
        self.setCentralWidget(self.textEdit)
        self.setLayout(layout)
        self.setWindowTitle("QDockWidget 例子")

        self.createDock1Window()
        self.createDock2Window()
```

```
    self.createDock3Window()
    self.createDock4Window()
    self.createDock5Window()

    file.triggered.connect(lambda x:self.textEdit.insertPlainText(f'\n
单击了菜单:{x.text()}'))
    self.textEdit.clear()
###此处省略一些重复代码,下面会进行展示###
```

运行脚本,部分显示效果如图 6-29 所示。

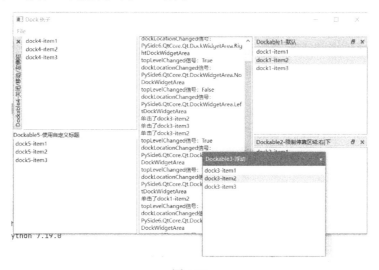

图 6-29

【代码分析】

本案例创建了 5 个 dock 窗口,下面分别进行介绍。

1)标准 dock 窗口+信号与槽

QDockWidget 作为一个容器,使用 setWidget()函数添加子窗口。当 dock 窗口的位置发生变化时会触发 dockLocationChanged 信号,feature 发生变化时会触发 featuresChanged 信号,浮动状态发生变化时会触发 topLevelChanged 信号。使用 addDockWidget()函数可以新增 dock 窗口,这里默认添加到右侧。默认窗口可关闭、可移动、可悬浮,非常灵活,可以通过一些设置限制默认窗口的行为。代码如下:

```
def createDockWidget(self, title='', n=1):
    dockWidget = QDockWidget(title, self)
    listWidget = QListWidget()
    listWidget.addItem(f"dock{n}-item1")
    listWidget.addItem(f"dock{n}-item2")
    listWidget.addItem(f"dock{n}-item3")
    listWidget.currentTextChanged.connect(lambda x:
self.textEdit.insertPlainText(f'\n 单击了{x}'))
    dockWidget.setWidget(listWidget)
```

```
   dockWidget.dockLocationChanged.connect(lambda x:
self.textEdit.insertPlainText(f'\ndockLocationChanged信号：{x}'))
   dockWidget.featuresChanged.connect(lambda x:
self.textEdit.insertPlainText(f'\nfeaturesChanged信号：{x}'))
   dockWidget.topLevelChanged.connect(lambda x:
self.textEdit.insertPlainText(f'\ntopLevelChanged信号：{x}'))
   return dockWidget

def createDock1Window(self):
   dockWidget1 = self.createDockWidget(title="Dockable1-默认", n=1)
     self.addDockWidget(Qt.RightDockWidgetArea, dockWidget1)
```

2）dock 限制停靠区域

使用 setAllowedAreas()函数可以限制停靠区域，用法如前所述，这里限制停靠为右侧和底部，代码如下：

```
def createDock2Window(self):
   dockWidget2 = self.createDockWidget(title="Dockable2-限制停靠区域:右|下",
n=2)
   dockWidget2.setAllowedAreas(Qt.RightDockWidgetArea |
Qt.BottomDockWidgetArea)
   self.addDockWidget(Qt.RightDockWidgetArea, dockWidget2)
```

3）dock 默认浮动

默认是停靠主窗口的，可以通过 setFloating()函数修改为浮动，代码如下：

```
def createDock3Window(self):
   dockWidget3 = self.createDockWidget(title="Dockable3-浮动", n=3)
   dockWidget3.setFloating(True)
   self.addDockWidget(Qt.RightDockWidgetArea, dockWidget3)
```

4）dock 特征限制

使用 setFeatures()函数可以修改 dock 特征，方法如前所述，这里仅允许关闭、移动并打开左侧栏，不允许悬浮，代码如下：

```
def createDock4Window(self):
   dockWidget4 = self.createDockWidget(title="Dockable4-关闭/移动/左侧栏",
n=4)
   self.addDockWidget(Qt.LeftDockWidgetArea, dockWidget4)
   dockWidget4.setFeatures(QDockWidget.DockWidgetClosable |
QDockWidget.DockWidgetMovable|QDockWidget.DockWidgetVerticalTitleBar)
```

5）dock 修改自定义标题

如果对默认标题不满意，则可以通过 setTitleBarWidget()函数修改自定义标题，但是这样默认标题会失效。当自定义标题时，标题小部件必须有一个有效的 QWidget.sizeHint()函数和 QWidget.minimumSizeHint()函数。代码如下：

```
def createDock5Window(self):
    dockWidget5 = self.createDockWidget(title="Dockable5-修改自定义标题",
n=5)
    self.addDockWidget(Qt.LeftDockWidgetArea, dockWidget5)
    dockWidget5.setTitleBarWidget(QLabel('Dockable5-使用自定义标题',self))
```

案例 6-12　QDockWidget 控件的使用方法 2

本案例的文件名为 Chapter06/qt_QDockWidget2.py，用于演示 QDockWidget 控件的使用方法。QDockWidget 的相关内容上面已经介绍过，这里不再叙述。本案例的代码比较长，为了节约篇幅，这里不再列出代码。

运行脚本，显示效果如图 6-30 所示。

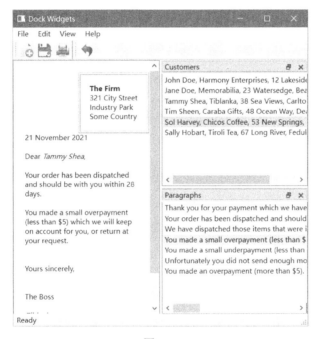

图 6-30

6.3.5　多文档界面 QMdiArea 和 QMdiSubWindow

一个典型的 GUI 应用程序可能有多个窗口，上面介绍的 QTabWidget、QStackedWidget 和 QToolBox 一次只能使用其中的一个窗口，其他窗口需要隐藏。有时需要同时显示多个窗口，这就需要使用 MDI（Multiple Document Interface，多文档界面）的功能，Qt 中通过 QMdiArea 实现 MDI。QMdiArea 通常用作 QMainWindow 中的中心小部件来创建 MDI 应用程序，但也可以将其放置在任何布局中。向主窗口中添加一个区域的代码如下：

```
mainWindow = QMainWindow()
mdiArea = QMdiArea()
mainWindow.setCentralWidget(mdiArea)
```

QMdiArea 是 QAbstractScrollArea 的子类,但其默认滚动条属性是 Qt.ScrollBarAlwaysOff。同样是 QAbstractScrollArea 的子类的还有 QAbstractItemView、QGraphicsView、QScrollArea、QPlainTextEdit 和 QTextEdit,它们都有适合自己的滚动视图功能,可以装载更多的控件。QMdiArea 类的继承结构如图 6-31 所示。

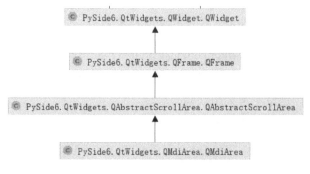

图 6-31

创建 QMdiArea 之后就可以添加子窗口,并以级联模式或平铺模式对子窗口进行排列。添加子窗口可以使用 QMdiArea.addSubWindow(QWidget),传递的参数既可以是 QWidget 实例,也可以是 QMdiSubWindow 实例,因为 QMdiSubWindow 也是 QWidget 的子类,如图 6-32 所示。

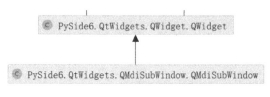

图 6-32

但是无论是哪个参数,addSubWindow()函数都会返回 QMdiSubWindow 实例,所以读者不用纠结这一点,这是创建 QMdiSubWindow 实例的常见方法,代码如下:

```
""" addSubWindow(self, widget: PySide6.QtWidgets.QWidget, flags:
PySide6.QtCore.Qt.WindowFlags = Default(Qt.WindowFlags))
-> PySide6.QtWidgets.QMdiSubWindow """
```

QMdiSubWindow 是 QMdiArea 中的子窗口,也可以是顶层窗口,并且有自己的布局。QMdiSubWindow 由标题栏(Title Bar)和中心区域(Internal Widget)组成,如图 6-33 所示。

图 6-33

和 QWidget 不同，QMdiSubWindow 添加了 setWidget()函数，可以把 QWidget 添加到中心区域中。作为顶层窗口，QMdiSubWindow 可以使用与常规顶层窗口编程相同的 API（如可以调用函数 show()、hide()、showMaximized()和 setWindowTitle()等）。

QMdiSubWindow 还支持特定于 MDI 区域中的子窗口的行为，QMdiSubWindow 和 QMdiArea 一般要放在一起介绍，相关知识点如下。

1）移动和大小调整行为

使用 setOption()函数可以修改窗口移动和大小调整行为，代码如下：

```
def setOption(self, option, on=True):
    """ setOption(self, option:
PySide6.QtWidgets.QMdiSubWindow.SubWindowOption, on: bool = True) -> None
"""
    pass
```

option 参数支持的选项如表 6-11 所示。

表 6-11

选　　项	值	描　　述
QMdiSubWindow.RubberBandResize	0x4	如果启用此选项，则在调整窗口大小时用阴影带来表示窗口轮廓的变化情况，保持窗口原始大小不变，直到操作完成才调整窗口大小，此时它将接收单个 QResizeEvent。默认此选项处于禁用状态
QMdiSubWindow.RubberBandMove	0x8	如果启用此选项，则在移动窗口时用阴影带来表示窗口轮廓的移动情况，保持位置不变，直到移动操作完成才移动窗口，此时它将接收单个 QMoveEvent。默认此选项处于禁用状态

2）窗口遮蔽

isShaded()函数用于检测子窗口是否被遮蔽（中心区域被遮蔽，只有标题栏可见）。使用 showShaded()函数可以进入 shaded 模式。

3）窗口激活、信号与槽

每当窗口状态发生变化（如窗口最小化或恢复）时，QMdiSubWindow 都会发射 windowStateChanged 信号。在激活窗口之前，QMdiSubWindow 会发射 aboutToActivate 信号，激活之后 QMdiArea 会发射 subWindowActivated 信号，QMdiArea.activeSubWindow() 函数返回活动子窗口。当窗口获取用户键盘或鼠标焦点的时候就会处于激活状态，也可以通过 setFocus()函数手动激活。

4）窗口排序

subWindowList(order=None)返回所有子窗口的列表，其排序规则依赖于当前传递的参数 order（WindowOrder 类型），默认 None 是按照创建顺序排序的。也可以选择其他参数，如表 6-12 所示。这种规则同样适用于函数 activateNextSubWindow() 和 activatePreviousSubWindow()，以及函数 cascadeSubWindows()和 tileSubWindows()。对于键盘快捷键来说，同时按下 Ctrl+Tab 键等效于 activateNextSubWindow()函数，同时按下 Ctrl+Shift+Tab 键等效于 activatePreviousSubWindow()函数（这两个函数同样适用于上述

规则）。使用 activationOrder()函数可以返回当前 WindowOrder，使用 setActivationOrder (order)可以修改当前 WindowOrder。

表 6-12

参 数	值	描 述
QMdiArea.CreationOrder	0	窗口按照它们的创建顺序返回
QMdiArea.StackingOrder	1	窗口按照它们的堆叠顺序返回，最顶部的窗口是列表中的最后一个
QMdiArea.ActivationHistoryOrder	2	窗口按照它们被激活的顺序返回

5）视图模式

在默认情况下，视图是常见的子窗口图，也可以切换 tab 选项卡视图。使用 setViewMode() 函数可以修改默认视图，该函数支持的参数如表 6-13 所示。

表 6-13

参 数	值	描 述
QMdiArea.SubWindowView	0	显示带有窗口框架的子窗口（默认）
QMdiArea.TabbedView	1	在选项卡栏中显示带有选项卡的子窗口

既然使用了 tab 选项卡，那么 QTabWidget 关于选项卡的部分设置也同样支持，如 tabPosition 用于设置 tab 标签的位置，tabShape 用于设置 tab 标签的形状，详细内容请参考 QTabWidget 的相关内容。

6）窗口布局

QMdiArea 为子窗口提供了两种内置的布局策略，即 cascadeSubWindows() 和 tileSubWindows()，效果如图 6-34 所示。两者都是槽函数，很容易连接菜单项。

图 6-34

7）键盘交互

子窗口可以进入键盘交互模式，方法是在子窗口的标题栏上右击，在弹出的快捷菜单中选择 Move 命令或 Size 命令，进行移动或大小调整操作。在该模式下，可以使用箭头键和翻页键来移动或调整窗口的大小：keyboardSingleStep 用于控制箭头键调整的步长,keyboardPageStep 用于控制翻页键调整的步长。可以使用函数 keyboardSingleStep()
和 setKeyboardPageStep()修改默认设置。当按下 Shift 键时使用 setKeyboardPageStep()
函数, 否则使用 keyboardSingleStep()函数。

 案例 6-13 QMdiArea 控件和 QMdiSubWindow 控件的使用方法 1

本案例的文件名为 Chapter06/qt_QMdiAreaQMdiSubWindow.py,用于演示 QMdiArea
控件和 QMdiSubWindow 控件的使用方法, 代码如下:

```python
class MdiAreaDemo(QMainWindow):
    def __init__(self, parent=None):
        super(MdiAreaDemo, self).__init__(parent)
        self.count = 0
        self.mdi = QMdiArea()
        self.setCentralWidget(self.mdi)
        self.setWindowTitle("QMdiArea+QMdiSubWindow demo")

        bar = self.menuBar()
        file = bar.addMenu("File")
        file.addAction("New")
        file.addAction("ShowSubList")
        file.addSeparator()
        file.addAction("cascade")
        file.addAction("Tiled")
        file.addSeparator()
        self.nextAct = QAction('Next')
        self.nextAct.setShortcuts(QKeySequence.New)
        self.nextAct.triggered.connect(self.mdi.activateNextSubWindow)
        file.addAction(self.nextAct)
        self.preAct = QAction('Pre')
        self.preAct.setShortcuts(QKeySequence(Qt.CTRL | Qt.Key_P))
        self.preAct.triggered.connect(self.mdi.activatePreviousSubWindow)
        file.addAction(self.preAct)
        file.triggered[QAction].connect(self.windowaction)
        file.addSeparator()
        order = file.addMenu('setOrder')
        order.addAction('create')
        order.addAction('stack')
        order.addAction('activateHistory')
        order.triggered[QAction].connect(self.orderAction)
        file.addSeparator()
        view = file.addMenu('setViewMode')
        view.addAction('subWindow')
        view.addAction('tabWindow')
        view.triggered[QAction].connect(self.viewAction)
```

```
        self.text = QPlainTextEdit()
        self.text.setWindowTitle('显示信息')
        self.text.resize(400, 600)
        self.text.move(100, 200)
        self.text.show()

        # 添加 QWidget 窗口
        widget = QWidget()
        textEdit = QTextEdit(widget)
        layout1 = QHBoxLayout()
        layout1.addWidget(textEdit)
        widget.setLayout(layout1)
        widget.setWindowTitle('QWidget 窗口')
        widget.resize(300, 400)
        self.mdi.addSubWindow(widget)

        # 添加 QWidget 窗口 2
        widget2 = QWidget()
        textEdit2 = QTextEdit()
        mdiWidget = self.mdi.addSubWindow(widget2)
        mdiWidget.setWidget(textEdit2)
        mdiWidget.setWindowTitle('QWidget 窗口 2')

        # 添加 QWidget 窗口 3
        mdiWidget2 = self.mdi.addSubWindow(QTextEdit())
        mdiWidget2.setWindowTitle('QWidget 窗口 3')

        # 添加 QMdiSubWindow 窗口
        mdiSub = self.getMdiSubWindow(title='QMdiSubWindow 窗口')
        self.mdi.addSubWindow(mdiSub)

        # 添加窗口 shaded
        mdiSub2 = self.getMdiSubWindow(title='shaded 窗口')
        self.mdi.addSubWindow(mdiSub2)
        mdiSub2.showShaded()

        # 添加窗口 Option
        mdiSub3 = self.getMdiSubWindow(title='Option 窗口')
        mdiSub3.setOption(mdiSub3.RubberBandMove, on=True)
        mdiSub3.setOption(mdiSub3.RubberBandResize, on=True)
        self.mdi.addSubWindow(mdiSub3)

        self.mdi.subWindowActivated.connect(lambda x:
self.text.insertPlainText(f'\n触发 subWindowActivated信号,title:
{x.windowTitle() if x !=None else x}'))
        self.showInfo()
```

```python
    def getMdiSubWindow(self, title=''):
        mdiSub = QMdiSubWindow()
        mdiSub.setWidget(QTextEdit())
        mdiSub.setWindowTitle(title)
        mdiSub.aboutToActivate.connect(lambda :
self.text.insertPlainText(f'\n 触发 aboutToActivate 信号,title:{title}'))
        mdiSub.windowStateChanged.connect(lambda
old,new:self.text.insertPlainText(f'\n 触发 windowStateChanged 信号,title:
{title},old:{self.getState(old)},new:{self.getState(new)}'))
        return mdiSub

    def getState(self,status):
        if status == Qt.WindowState.WindowNoState:
            return 'WindowNoState'
        elif status == Qt.WindowState.WindowMinimized:
            return 'WindowMinimized'
        elif status == Qt.WindowState.WindowMaximized:
            return 'WindowMaximized'
        elif status == Qt.WindowState.WindowMaximized:
            return 'WindowMaximized'
        elif status == Qt.WindowState.WindowActive:
            return 'WindowActive'
        else:
            return 'None'

    def windowaction(self, q):
        if q.text() == "New":
            self.count = self.count + 1
            sub = self.getMdiSubWindow(title="NewWindow" + str(self.count))
            self.mdi.addSubWindow(sub)
            sub.show()
        elif q.text() == "cascade":
            self.mdi.cascadeSubWindows()
        elif q.text() == "Tiled":
            self.mdi.tileSubWindows()
        elif q.text() == 'ShowSubList':
            self.showInfo()

    def orderAction(self, q):
        if q.text() == 'create':
            self.mdi.setActivationOrder(self.mdi.CreationOrder)
        elif q.text() == 'stack':
            self.mdi.setActivationOrder(self.mdi.StackingOrder)
        elif q.text() == 'activateHistory':
```

```
            self.mdi.setActivationOrder(self.mdi.ActivationHistoryOrder)
        self.showInfo()

    def viewAction(self, q):
        if q.text() == 'subWindow':
            self.mdi.setViewMode(self.mdi.SubWindowView)
        elif q.text() == 'tabWindow':
            self.mdi.setViewMode(self.mdi.TabbedView)

    def showInfo(self):
        orderList =
self.mdi.subWindowList(order=self.mdi.activationOrder())

        self.text.insertPlainText(f'\n当前排序方式:
{self.mdi.activationOrder().name}，最新 subWindowList:')

        count = 1
        for subWindow in orderList:
            title = subWindow.windowTitle()
            title = title.split('--')[1] if '--' in title else title
            subWindow.setWindowTitle(f'{count}--{title}')

print(f'\nnum:{count},title:{subWindow.windowTitle()},shaded:{subWindow.is
Shaded()}')

self.text.insertPlainText(f'\nnum:{count},title:{subWindow.windowTitle()},
shaded:{subWindow.isShaded()}')
            count += 1
```

运行脚本，部分显示效果如图 6-35 所示。

图 6-35

【代码分析】

QWidget 窗口 1～3 显示的是添加 QWidget 实例作为中心区域的 3 种方式。QMdiSubWindow 窗口添加 QMdiSubWindow 实例作为中心区域，同样以这种方式创建的窗口还有 NewWindow(Num)，其是通过 New 菜单添加的窗口实例（Num 指的是编号）。这些窗口之间没有太大的区别，随便使用一种方式就可以。

Option 窗口移动和大小调整的方式和默认的不同，详细内容请参考前面介绍的知识点 "1）移动和大小调整行为"。

当程序刚运行时，shaded 窗口会启动遮蔽状态，对应知识点 "2）窗口遮蔽"。

菜单栏中的 cascade 和 Tiled 这两项会触发两种布局方式，对应知识点 "6）窗口布局"。

菜单栏中的 Next 和 Pre 这两项可以按照顺序或逆序激活窗口；通过 setOption 子菜单可以修改窗口的排序方式；通过菜单栏 showSubList 可以显示当前排序方式，并对每个窗口的标题栏添加编号。上述这些对应知识点 "4）窗口排序"。需要注意的是，当 setOption 为 stack 或 activateHistory 时，触发 Pre 菜单（或 Ctrl+P）会修改 subWindowList()函数，结果是指针只会在最近的两个窗口来回切换，使用快捷键 Ctrl+Shift+Tab 不存在这个问题。

通过 setViewMode 子菜单可以修改窗口的视图模式，对应知识点 "5）视图模式"。

通过 getMdiSubWindow()函数创建的子窗口会绑定 MdiSubWindow 的 windowStateChanged 信号和 aboutToActivate 信号，在窗口初始化的时候也会绑定 QMdiArea.subWindowActivated 信号。这些信号都可以在弹出的窗口 self.text 中查看，对应知识点 "3）窗口激活、信号与槽"。

关于知识点 "7）键盘交互"，在任意一个子窗口的标题栏上右击，在弹出的菜单中选择 Move 命令或 Size 命令就可以进入。

 案例 6-14　QMdiArea 控件和 QMdiSubWindow 控件的使用方法 2

本案例的文件名为 Chapter06/qt_QMdiAreaQMdiSubWindow2.py，用于演示在 PySide 6 的窗口中 QMdiArea 控件和 QMdiSubWindow 控件的使用方法。这是一个官方提供的比较综合的案例，相关内容在案例 6-13 中已经有所讲述，这里不再叙述，感兴趣的读者可以自行研究。

运行脚本，显示效果如图 6-36 所示。

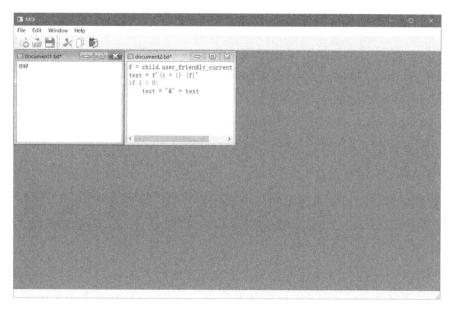

图 6-36

6.3.6 QAxWidget

和前面介绍的多页面容器不同，QAxWidget 是一个单页面容器。QAxWidget 的使用比较复杂，并且很少有人使用，所以笔者放在最后面介绍。QAxWidget 是 Qt 中用来访问 ActiveX 控件的类。QAxWidget 有一个基类 QAxBase。QAxBase 是一个不能直接使用的抽象类，提供了一个 API 来初始化和访问 COM 对象，需要通过子类 QAxWidget 实例化才能使用。QAxBase 通过其 IUnknown 提供 API 实现直接访问 COM 对象，如果 COM 对象实现了 IDispatch 接口，则该对象的属性和函数可以用作 Qt 属性和插槽。QAxWidget 从 QAxBase 继承了大部分与 ActiveX 相关的功能，特别是函数 dynamicCall() 和 querySubObject()。QAxWidget 类的继承结构如图 6-37 所示。

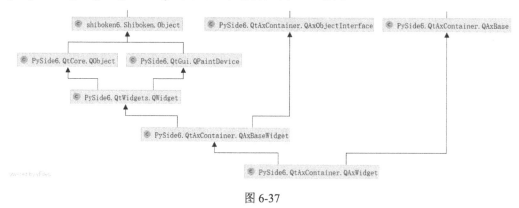

图 6-37

ActiveX 是一种很老的技术，只有 IE 浏览器对其提供支持，其他浏览器已经不再支持。如果是开发浏览器，那么 Qt 有其基于 Chromium 内核的 QWebEngine，使用体验会更好。

案例 6-15　QAxWidget 的使用方法

　　本案例的文件名为 Chapter06/qt_QAxWidget.py，用于演示 QAxWidget 的使用方法，代码如下：

```
class AxWidget(QMainWindow):
    def __init__(self, *args, **kwargs):
        super(AxWidget, self).__init__(*args, **kwargs)
        w = QWidget()
        self.setCentralWidget(w)
        layout = QVBoxLayout(self)
        w.setLayout(layout)
        self.resize(800, 600)
self.setWindowTitle('QAxWidget 案例')

        bar = self.menuBar()
        file = bar.addMenu("&File")
        file.addAction(QIcon('images/open.png'), "&Open")
        file.addAction("&Browser")
        file.addAction("&Exit")
        file.triggered[QAction].connect(self.fileAction)

        self.axWidget = QAxWidget(self)
        layout.addWidget(self.axWidget)


    def fileAction(self, q):
        if q.text() == "&Open":
            self.openFile()
        elif q.text() == "&Browser":
            self.browser()
        elif q.text() == '&Exit':
            QApplication.instance().quit()


    def browser(self):
        print('打开 IE 浏览器')
        # 设置 ActiveX 控件为 IE Microsoft Web Browser
        # 设置 ActiveX 控件的 ID，最有效的方式就是使用 UUID
        # 此处的{8856f961-340a-11d0-a96b-00c04fd705a2}就是 Microsoft Web
Browser 控件的 UUID
        self.axWidget.clear()
        self.axWidget.setControl("{8856f961-340a-11d0-a96b-00c04fd705a2}")
        self.axWidget.setObjectName("webWidget")            # 设置控件的名称
        # 设置控件接收键盘焦点的方式：单击、按 Tab 键
        self.axWidget.setFocusPolicy(Qt.StrongFocus)
        self.axWidget.setProperty("DisplayAlerts", False) # 不显示任何警告信息
```

```python
        self.axWidget.setProperty("DisplayScrollBars", True)      # 显示滚动条
        self.axWidget.setProperty("Silent", True)

        # sUrl = "www.baidu.com"
        # self.axWidget.dynamicCall(f"Navigate({sUrl})")
        self.axWidget.dynamicCall('GoHome()')

    def openFile(self):

        path, _ = QFileDialog.getOpenFileName(
            self, '请选择文件', '', 'excel(*.xlsx *.xls);;word(*.docx
*.doc);;pdf(*.pdf)')
        print('openFile', path)
        if not path:
            return
        if _.find('*.doc'):
            return self.openOffice(path, 'Word.Application')
        elif _.find('*.xls'):
            return self.openOffice(path, 'Excel.Application')
        elif _.find('*.pdf'):
            return self.openPdf(path)
        else:
            self.axWidget.clear()
            # 不显示窗体
            self.axWidget.dynamicCall('SetVisible (bool Visible)', 'false')
            self.axWidget.setControl(path)


    def openOffice(self, path, app):
        self.axWidget.clear()
        if not self.axWidget.setControl(app):
            return QMessageBox.critical(self, '错误', '没有安装  %s' % app)
        # 不显示窗体
        self.axWidget.dynamicCall('SetVisible (bool Visible)', 'false')
        self.axWidget.setProperty('DisplayAlerts', False)
        self.axWidget.setControl(path)

    def openPdf(self, path):
        self.axWidget.clear()
        if not self.axWidget.setControl('Adobe PDF Reader'):
            return QMessageBox.critical(self, '错误', '没有安装 Adobe PDF
Reader')
        self.axWidget.dynamicCall('LoadFile(const QString&)', path)

    def closeEvent(self, event):
        self.axWidget.close()
```

```
        self.axWidget.clear()
        self.layout().removeWidget(self.axWidget)
        del self.axWidget
        super(AxWidget, self).closeEvent(event)
```

打开 Excel 程序，运行脚本，显示效果如图 6-38 所示。

图 6-38

菜单栏 File-Open 支持打开 Word 文件、Excel 文件（需要安装 Office）和 PDF 文件（需要安装 Adobe PDF Reader）。

菜单栏 File-Browser 会调用 IE 浏览器。

本案例主要介绍下面 3 点。

（1）初始化方法：使用 setControl()函数初始化 COM 对象，之前设置的所有 COM 对象都将关闭。

使用 setControl()函数最简单的方式是使用注册组件的 UUID，代码如下：

```
ui.setControl("{8E27C92B-1264-101C-8A2F-040224009C02}")
```

也可以使用注册控件的类名（带版本号或不带版本号），代码如下：

```
ui.setControl( "MSCal.Calendar")
```

最慢但最简单的方式是使用控件的全名，代码如下：

```
ui.setControl( "日历控件 9.0" )
```

也可以从文件初始化对象，代码如下：

```
ui.setControl("c:/files/file.doc")
```

（2）调用 COM 对象可以使用 dynamicCall()函数，传递参数 var1、var1、var2、var3、var4、var5、var6、var7 和 var8，返回 COM 对象的返回值，如果 COM 对象没有返回值或调用失败则返回 None。

代码如下：

```
def dynamicCall(self, name, v1=None, *args, **kwargs): # real signature
unknown; NOTE: unreliably restored from __doc__
    """
    dynamicCall(self, name: bytes, v1: Any = Invalid(typing.Any), v2: Any =
```

```
Invalid(typing.Any), v3: Any = Invalid(typing.Any), v4: Any =
Invalid(typing.Any), v5: Any = Invalid(typing.Any), v6: Any =
Invalid(typing.Any), v7: Any = Invalid(typing.Any), v8: Any =
Invalid(typing.Any)) -> Any
   dynamicCall(self, name: bytes, vars: Sequence[Any]) -> Any
   """
   pass
```

如果 COM 对象是函数，则传递的字符串必须是最初的原型，代码如下：

```
activeX.dynamicCall("Navigate(const QString&)" , "www.qt-project.org")
```

上面的代码是 Qt 版本，在 PySide 6 中的运行不成功，官方也给出了另一种调用对象的方法，调用的对象直接包含参数，代码如下：

```
activeX.dynamicCall("Navigate(\"www.qt-project.org\")")
```

上面的代码同样是 Qt 版本，对于 Python 来说，也可以直接使用如下形式：

```
activeX.dynamicCall("Navigate(www.qt-project.org)")
```

只能通过 dynamicCall()调用这样的函数，它的参数或返回值是 QVariant 支持的数据类型，详细情况如表 6-14 所示。如果要调用的函数的参数列表中具有不受支持的数据类型，则可以使用 queryInterface()函数检索相应的 COM 接口，并直接使用该函数。

表 6-14

COM 类型	Qt 属性	in 参数	输 出 参 数
VARIANT_BOOL	bool	bool	bool&
BSTR	QString	const QString&	QString&
char、short、int、long	int	int	int&
uchar、ushort、uint、ulong	uint	uint	uint&
float、double	double	double	double&
DATE	QDateTime	const QDateTime&	QDateTime&
CY	qlonglong	qlonglong	qlonglong&
OLE_COLOR	QColor	const QColor&	QColor&
SAFEARRAY(VARIANT)	QList<QVariant>	const QList<QVariant>&	QList<QVariant>&
SAFEARRAY(int) SAFEARRAY(double) SAFEARRAY(Date)	QList<QVariant>	const QList<QVariant>&	QList<QVariant>&
SAFEARRAY(BYTE)	QByteArray	const QByteArray&	QByteArray&
SAFEARRAY(BSTR)	QStringList	const QStringList&	QStringList&
VARIANT	type-dependent	const QVariant&	QVariant&
IFontDisp*	QFont	const QFont&	QFont&
IPictureDisp*	QPixmap	const QPixmap&	QPixmap&
IDispatch*	QAxObject*	QAxBase::asVariant()	QAxObject* (return value)
IUnknown*	QAxObject*	QAxBase::asVariant()	QAxObject* (return value)
SCODE, DECIMAL	unsupported	unsupported	unsupported
VARIANT* (Since Qt 4.5)	unsupported	QVariant&	QVariant&

这里所有的参数都以字符串形式传递，这里的控件可以正确解释它们，这种方式比传递正确的参数类型慢。

（3）属性设置：既可以使用 dynamicCall()函数，也可以使用 property()函数。如果使用 dynamicCall()函数，那么传递的字符串必须是属性的名称。当 var1 是有效的 QVariant 时，调用 property setter，否则调用 property getter。

代码如下：

```
activeX.dynamicCall("Value" , 5 );
text = activeX.dynamicCall("Text").toString()
```

对于属性设置来说，使用 property()函数和 setProperty()函数获取和设置属性会更快，代码如下：

```
activeX.setProperty("Silent", True)
```

6.4　多线程

在一般情况下，应用程序都是单线程运行的，但是对于 GUI 程序来说，单线程有时满足不了需求。例如，如果需要执行一个特别耗时的操作，在执行过程中整个程序就会卡顿，此时用户可能以为程序出错，所以就把程序关闭了；或者 Windows 系统也认为程序出错，自动关闭程序。要解决这种问题就涉及多线程的知识。一般来说，多线程技术涉及 3 种方法：一是使用计时器模块 QTimer，二是使用多线程模块 QThread，三是使用事件处理功能。

6.4.1　QTimer

如果要在应用程序中周期性地执行某个操作，如周期性地检测主机的 CPU 值，则需要使用 QTimer（定时器），QTimer 类提供了重复的和单次的定时器。要使用定时器，需要先创建一个 QTimer 实例，将其 timeout 信号连接到相应的槽，并调用 start()函数。然后定时器会以恒定的间隔发射 timeout 信号。start(2000)表示设置时间间隔为 2 秒并启动定时器，代码如下：

```
from PySide6.QtCore import QTimer
# 初始化一个定时器
self.timer = QTimer(self)
# 计时结束并调用 operate()
# 设置时间间隔并启动定时器
self.timer.timeout.connect(self.operate)
self.timer.start(2000)
```

在默认情况下，isSingleShot()返回 False，如果返回 True，则计时器信号只会触发一次，可以通过 setSingleShot(True)修改默认值。

计时器的另一种使用方法是延迟计时，这种方法要使用 singleShot 信号（前者是

timeout 信号），如 singleShot(5000,receiver)表示 5 秒之后会触发 receiver 信号。

QTimer 类中常用的函数如表 6-15 所示。

表 6-15

函　　数	描　　述
start(milliseconds)	启动或重新启动定时器,时间间隔的单位为毫秒。如果定时器已经运行,那么它将被停止并重新启动。如果 isSingleShot()为 True,那么定时器将仅被激活一次
stop()	停止定时器

QTimer 类中常用的信号如表 6-16 所示。

表 6-16

信　　号	描　　述
singleShot	给定时间间隔后, 在调用一个槽函数时发射此信号
timeout	当定时器超时时发射此信号

案例 6-16　QTimer 的使用方法

本案例的文件名为 Chapter06/qt_QTimer.py，用于演示 QTimer 的使用方法，代码如下：

```python
class WinForm(QWidget):
    def __init__(self, parent=None):
        super(WinForm, self).__init__(parent)
        self.setWindowTitle("QTimer demo")
        self.listFile = QListWidget()
        self.label = QLabel('显示当前时间')
        self.startBtn = QPushButton('开始')
        self.endBtn = QPushButton('结束')
        self.autoButon = QPushButton('延迟计时')
        layout = QGridLayout(self)

        # 初始化定时器
        self.timer = QTimer(self)
        self.timer2 = QTimer()
        self.timer2.setSingleShot(True)

        # showTime()
        self.timer.timeout.connect(self.showTime)

        self.checkBox = QCheckBox("单次计时")
        self.checkBox.stateChanged.connect(self.timer.setSingleShot)

        layout.addWidget(self.label, 0, 0, 1, 2)
        layout.addWidget(self.startBtn, 1, 0)
```

```
        layout.addWidget(self.endBtn, 1, 1)
        layout.addWidget(self.checkBox, 1, 2)
        layout.addWidget(self.autoButon, 2, 0, 1, 2)

        self.startBtn.clicked.connect(self.startTimer)
        self.endBtn.clicked.connect(self.endTimer)
        self.autoButon.clicked.connect(self.laterTimer)

        self.setLayout(layout)

    def showTime(self):
        # 获取系统现在的时间
        time = QDateTime.currentDateTime()
        # 设置系统时间的显示格式
        timeDisplay = time.toString("yyyy-MM-dd hh:mm:ss dddd")
        # 在标签上显示时间
        self.label.setText(timeDisplay)

    def startTimer(self):
        # 设置计时间隔并启动
        self.timer.start(1000)
        self.startBtn.setEnabled(False)
        self.endBtn.setEnabled(True)

    def endTimer(self):
        self.timer.stop()
        self.startBtn.setEnabled(True)
        self.endBtn.setEnabled(False)

    def laterTimer(self):
        self.label.setText("<font color=red size=12><b>延迟任务会在 5 秒后启动!
</b></font>")
        self.timer2.singleShot(5000, lambda: QMessageBox.information(self,
'延迟任务标题', '执行延迟任务'))
```

运行脚本，显示效果如图 6-39 所示。

图 6-39

如图 6-40 所示，两张图对应两个 QTimer。"开始"按钮、"结束"按钮和"单次计时"

按钮对应第 1 个 QTimer（第 1 张图），触发 timeout 信号。"单次计时"按钮对应 setSingleShot()函数，用来决定计时器计时 1 次还是多次。"延迟计时"按钮对应第 2 个 QTimer（第 2 张图），在 5 秒之后会弹出延迟任务窗口。

图 6-40

6.4.2 QThread

Qt 中多线程最常用的方法是 QThread，QThread 是 Qt 中所有线程控制的基础，每个 QThread 实例代表并控制一个线程。QThread 有两种使用方式，即子类化或实例化。子类 化 QThread 需要重写 run()函数并在该函数中进行多线程运算，这种方式相对简单一些； 实例化 QThread 需要通过 QObject.moveToThread(targetThread:QThread)函数接管多线 程类。

子类化的使用方式如下：

```python
class WorkThread(QThread):
    count = int(0)
    countSignal = Signal(int)

    def __init__(self):
        super(WorkThread, self).__init__()

    def run(self):
        self.flag = True
        while self.flag:
            self.count += 1
            self.countSignal.emit(self.count)
            time.sleep(1)
```

上述代码的启动方式如下：

```python
self.thread = WorkThread()
self.thread.countSignal.connect(self.flush)
self.label = QLabel('0')
self.thread.start()
def flush(self, count):
    self.label.setText(str(count))
```

实例化代码也需要新建一个类,实例化之后需要通过 moveToThread()函数让 QThread
接管,标准模板如下:

```
class Work(QObject):
    count = int(0)
    countSignal = Signal(int)

    def __init__(self):
        super(Work, self).__init__()

    def work(self):
        self.flag = True
        while self.flag:
            self.count += 1
            self.countSignal.emit(self.count)
            time.sleep(1)
```

上述代码的启动方式如下:

```
self.worker = Work()
self.thread = QThread()
self.worker.moveToThread(self.thread)
self.worker.countSignal.connect(self.flush)
self.thread.started.connect(self.worker.work)
self.label = QLabel('0')
self.thread.start()
def flush(self, count):
    self.label.setText(str(count))
```

上面是 QThread 的最基础的用法。

QThread 会在线程启动和结束时发射 started 信号和 finished 信号,也可以使用函数
isFinished()和 isRunning()查询线程的状态。从 Qt 4.8 开始,可以通过将 finished 信号连接
到 QObject.deleteLater()函数来释放刚刚结束的线程中的对象。如果要终止线程,则可以
使用函数 exit()或 quit()。在极端情况下,要使用 terminate()函数强制终止正在运行的线程
非常危险(并不鼓励这样做),同时要确保在 terminate()函数之后使用 wait()函数。

使用 wait()函数可以阻塞调用线程,直到另一个线程完成执行(或直到经过指定的时
间)。从 Qt 5.0 开始,QThread 还提供了静态的、与平台无关的睡眠函数,如 sleep()、
msleep()和 usleep(),分别允许整秒、毫秒和微秒计时。需要注意的是,一般不使用函数
wait()和 sleep(),因为 Qt 是一个事件驱动的框架。可以使用 finished 信号代替 wait()函数,
使用 QTimer 代替 sleep()函数。

使用静态函数 currentThreadId()和 currentThread()可以返回当前执行线程的标识符,
前者返回线程的平台特定 ID,后者返回一个 QThread 指针。

QThread 类中常用的函数如表 6-17 所示。

表 6-17

函　　数	描　　述
start()	启动线程
wait()	阻止线程，直到满足如下条件之一。 ● 与此 QThread 对象关联的线程已经完成执行（即从 run()函数返回时）。如果线程完成执行，则此函数将返回 True；如果线程尚未启动，则此函数也返回 True。 ● 等待时间的单位是毫秒。如果时间是 ULONG_MAX（默认值），则等待，永远不会超时（线程必须从 run()函数返回）；如果等待超时，则此函数将返回 False
sleep(secs)	强制当前线程睡眠 secs 秒

QThread 类中常用的信号如表 6-18 所示。

表 6-18

信　　号	描　　述
started	在开始执行 run()函数之前，从相关线程发射此信号
finished	当程序完成业务逻辑时，从相关线程发射此信号

案例 6-17　QThread 的使用方法

本案例涉及两个文件，分别为 Chapter06/qt_QThread.py 和 qt_QThread2.py。两个脚本的功能是一样的，只是实现方法稍微不同，前者采用子类化的方式，后者采用实例化的方式，内容稍微不同，读者可以自行对比。qt_QThread.py 用于演示 QThread 子类化的使用方法，代码如下：

```python
class WorkThread(QThread):
    count = int(0)
    countSignal = Signal(int)

    def __init__(self):
        super(WorkThread, self).__init__()

    def run(self):
        self.flag = True
        while self.flag:
            self.count += 1
            self.countSignal.emit(self.count)
            time.sleep(1)


class MainWindow(QMainWindow):

    def __init__(self):
        super(MainWindow, self).__init__()
        self.setWindowTitle('QThread demo')
```

```python
        self.resize(515, 208)
        self.widget = QWidget()
        self.buttonStart = QPushButton('开始')
        self.buttonStop = QPushButton('结束')
        self.label = QLabel('0')
        self.label.setFont(QFont("Adobe Arabic", 28))
        self.label.setAlignment(Qt.AlignCenter)

        layout = QHBoxLayout()
        layout.addWidget(self.label)
        layout.addWidget(self.buttonStart)
        layout.addWidget(self.buttonStop)
        self.widget.setLayout(layout)
        self.setCentralWidget(self.widget)

        self.buttonStart.clicked.connect(self.onStart)
        self.buttonStop.clicked.connect(self.onStop)

        self.thread = WorkThread()
        self.thread.countSignal.connect(self.flush)

        self.thread.started.connect(lambda: self.statusBar().showMessage('多
线程 started 信号'))
        self.thread.finished.connect(self.finished)

    def flush(self, count):
        self.label.setText(str(count))

    def onStart(self):
        self.statusBar().showMessage('button start.')
        print('button start.')
        self.buttonStart.setEnabled(False)
        self.thread.start()

    def onStop(self):
        self.statusBar().showMessage('button stop.')
        self.thread.flag = False
        self.thread.quit()

    def finished(self):
        self.statusBar().showMessage('多线程 finished 信号')
        self.buttonStart.setEnabled(True)


if __name__ == "__main__":
    app = QApplication(sys.argv)
```

```
    demo = MainWindow()
    demo.show()
    sys.exit(app.exec())
```

qt_QThread2.py 用于演示 QThread 实例化的使用方法，代码如下：

```python
class Work(QObject):
    count = int(0)
    countSignal = Signal(int)

    def __init__(self):
        super(Work, self).__init__()

    def work(self):
        self.flag = True
        while self.flag:
            self.count += 1
            self.countSignal.emit(self.count)
            time.sleep(1)


class MainWindow(QMainWindow):

    def __init__(self):
        super(MainWindow, self).__init__()
        self.setWindowTitle('QThread demo')
        self.resize(515, 208)
        self.widget = QWidget()
        self.buttonStart = QPushButton('开始')
        self.buttonStop = QPushButton('结束')
        self.label = QLabel('0')
        self.label.setFont(QFont("Adobe Arabic", 28))
        self.label.setAlignment(Qt.AlignCenter)

        layout = QHBoxLayout()
        layout.addWidget(self.label)
        layout.addWidget(self.buttonStart)
        layout.addWidget(self.buttonStop)
        self.widget.setLayout(layout)
        self.setCentralWidget(self.widget)

        self.buttonStart.clicked.connect(self.onStart)
        self.buttonStop.clicked.connect(self.onStop)

        self.thread = QThread()
        self.worker = Work()
        self.worker.countSignal.connect(self.flush)
```

```
        self.worker.moveToThread(self.thread)
        self.thread.started.connect(self.worker.work)
        self.thread.finished.connect(self.finished)

    def flush(self, count):
        self.label.setText(str(count))

    def onStart(self):
        self.statusBar().showMessage('button start.')
        self.buttonStart.setEnabled(False)
        self.thread.start()

    def onStop(self):
        self.statusBar().showMessage('button stop.')
        self.worker.flag = False
        self.thread.quit()

    def finished(self):
        self.statusBar().showMessage('多线程 finish.')
        self.buttonStart.setEnabled(True)


if __name__ == "__main__":
    app = QApplication(sys.argv)
    demo = MainWindow()
    demo.show()
    sys.exit(app.exec())
```

两个脚本的运行效果相同，如图 6-41 所示。

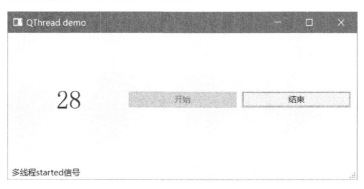

图 6-41

6.4.3　事件处理

Qt 为事件处理提供了两种机制：高级的信号/槽机制，低级的事件处理机制。本节只介绍事件处理机制的 processEvents()函数的使用方法，因为这个函数能够实现实时刷新，表现形式就像多线程一样。第 7 章会详细介绍信号/槽机制和事件处理机制的具体用法。虽然使用 processEvents()函数可以刷新页面，但是一般不建议这样操作，而是把耗时的操作放到子线程中。

对于执行很耗时的程序来说，PySide 6 需要等待程序执行完毕才能进行下一步，这个过程表现在界面上就是卡顿；如果在执行这个耗时的程序时不断运行 QApplication.processEvents()函数，那么就可以实现一边执行耗时的程序，一边刷新页面的功能，给人的感觉就是程序运行很流畅。因此，QApplication.processEvents()函数的使用方法就是，在主函数执行耗时操作的地方加入 QApplication.processEvents()函数。

本案例的文件名为 Chapter06/qt_processEvents .py，用于演示实时刷新页面，代码如下：

```
class WinForm(QWidget):
  def __init__(self,parent=None):
    super(WinForm,self).__init__(parent)
    self.setWindowTitle("实时刷新页面例子")
    self.listFile= QListWidget()
    self.btnStart = QPushButton('开始')
    layout = QGridLayout(self)
    layout.addWidget(self.listFile,0,0,1,2)
    layout.addWidget(self.btnStart,1,1)
    self.btnStart.clicked.connect( self.slotAdd)
    self.setLayout(layout)

  def slotAdd(self):
    for n in range(10):
      str_n='File index {0}'.format(n)
      self.listFile.addItem(str_n)
      QApplication.processEvents()
      time.sleep(1)
```

运行脚本，显示效果如图 6-42 所示。

图 6-42

6.5　网页交互

Qt 使用 QWebEngineView 控件来展示 HTML 页面，并且不再维护老版本中的 QWebView 类，因为 QWebEngineView 使用 Chromium 内核可以为用户带来更好的体验。Qt 慢慢淘汰了 WebKit，取而代之的是使用 WebEngine 框架。WebEngine 框架是基于谷歌的 Chromium 引擎开发的，也就是内部集成了谷歌的 Chromium 引擎。WebEngine 框架基于 Chromium 上的 Content API 进行封装，投入成本比较小，可以很好地支持 HTML 5。

可以通过 PySide6.QtWebEngineWidgets.QWebEngineView 类来使用网页控件，该类的继承结构如图 6-43 所示。

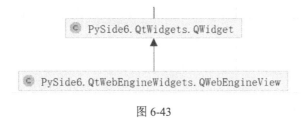

图 6-43

需要注意的是，如果使用 PyQt 6，则需要额外安装 PyQt6-WebEngine 模块才能支持 QtWebEngineWidgets。对 PyQt 6 来说，PyQt6-WebEngine 模块是需要单独安装的，安装方式如下：

```
pip install PyQt6-WebEngine
```

6.5.1　加载内容

可以使用 load()函数将网站加载到 Web 视图中，它实际上使用 GET 方法加载 URL。也可以使用 setUrl()函数加载网站，如果想渲染 HTML 代码，则可以使用 setHtml()函数。

加载内容会发射一些信号，如 loadStarted 信号在视图开始加载时发射，loadProgress 信号在 Web 视图的元素完成加载时发射（如嵌入的图像或脚本）。当视图加载完成时，会发射 loadFinished 信号，它的参数是 True 或 False，表示加载成功或失败。

6.5.2　标题和图标

可以使用 title()函数访问 HTML 文档的标题。此外，网站可以指定一个图标，使用 icon()函数或 iconUrl()函数的 URL 可以访问该图标。如果标题或图标发生变化，则会发射相应的 titleChanged 信号、iconChanged 信号和 iconUrlChanged 信号。使用 zoomFactor()函数可以按比例因子缩放网页中的内容。

6.5.3　QWebEnginePage 的相关方法

Web 另一个非常重要的内容是 QWebEnginePage，它在 Web 引擎页面中包含 HTML

文档的内容、导航链接的历史记录和操作等功能。可以使用 QWebEngineView.page()函数获取 QWebEnginePage。QWebEnginePage 的 API 与 QWebEngineView 非常相似，这里主要使用它的导航功能，如 QWebEnginePage.Back 表示返回操作。QWebEnginePage 的更多操作方法如表 6-19 所示，这些方法属于 QWebEnginePage.WebAction，用来定义网页上执行的操作类型。

表 6-19

操 作 方 法	值	描　　述
QWebEnginePage.NoWebAction	-1	不会触发任何操作
QWebEnginePage.Back	0	在导航链接的历史记录中向后导航
QWebEnginePage.Forward	1	在导航链接的历史记录中向前导航
QWebEnginePage.Stop	2	停止加载当前页面
QWebEnginePage.Reload	3	重新加载当前页面
QWebEnginePage.ReloadAndBypassCache	10	重新加载当前页面，但不要使用任何本地缓存
QWebEnginePage.Cut	4	将当前选中的内容剪切到剪贴板中
QWebEnginePage.Copy	5	将当前选择的内容复制到剪贴板中
QWebEnginePage.Paste	6	从剪贴板中粘贴内容
QWebEnginePage.Undo	7	撤销上一个编辑操作
QWebEnginePage.Redo	8	重做最后的编辑动作
QWebEnginePage.SelectAll	9	选择所有内容。此操作仅在页面内容获得焦点时启用。可以通过调用 JavaScriptwindow.focus()函数来获取焦点，或者启用 FocusOnNavigationEnabled 设置以自动获取焦点
QWebEnginePage.PasteAndMatchStyle	11	使用当前样式粘贴剪贴板中的内容
QWebEnginePage.OpenLinkInThisWindow	12	在当前窗口中打开当前链接（在 Qt 5.6 中添加）
QWebEnginePage.OpenLinkInNewWindow	13	在新窗口中打开当前链接，需要实现 createWindow()函数或 newWindowRequested()函数（Qt 5.6 中添加）
QWebEnginePage.OpenLinkInNewTab	14	在新选项卡中打开当前链接，需要实现 createWindow()函数或 newWindowRequested()函数（在 Qt 5.6 中添加）
QWebEnginePage.OpenLinkInNewBackgroundTab	31	在新的背景选项卡中打开当前链接，需要实现 createWindow()函数或 newWindowRequested ()函数（在 Qt 5.7 中添加）
QWebEnginePage.CopyLinkToClipboard	15	将当前链接复制到剪贴板中（在 Qt 5.6 中添加）
QWebEnginePage.CopyImageToClipboard	17	将单击的图像复制到剪贴板中（在 Qt 5.6 中添加）
QWebEnginePage.CopyImageUrlToClipboard	18	将单击的图像的 URL 复制到剪贴板中（在 Qt 5.6 中添加）
QWebEnginePage.CopyMediaUrlToClipboard	20	将悬停的音频或视频的 URL 复制到剪贴板中（在 Qt 5.6 中添加）
QWebEnginePage.ToggleMediaControls	21	在显示和隐藏悬停的音频或视频元素的控件之间切换（在 Qt 5.6 中添加）
QWebEnginePage.ToggleMediaLoop	22	切换悬停的音频或视频是否应在完成时循环播放（在 Qt 5.6 中添加）
QWebEnginePage.ToggleMediaPlayPause	23	切换悬停的音频或视频元素的播放/暂停状态（在 Qt 5.6 中添加）

续表

操 作 方 法	值	描　　述
QWebEnginePage.ToggleMediaMute	24	将悬停的音频或视频元素静音或取消静音（在 Qt 5.6 中添加）
QWebEnginePage.DownloadLinkToDisk	16	将当前链接下载到磁盘中，需要一个用于函数 downloadRequested()的插槽（在 Qt 5.6 中添加）
QWebEnginePage.DownloadImageToDisk	19	将突出显示的图像下载到磁盘中，需要一个用于函数 downloadRequested()的插槽（在 Qt 5.6 中添加）
QWebEnginePage.DownloadMediaToDisk	25	将悬停的音频或视频下载到磁盘中，需要一个用于函数 downloadRequested()的插槽（在 Qt 5.6 中添加）
QWebEnginePage.InspectElement	26	触发任何附加的 Web Inspector 以检查突出显示的元素（在 Qt 5.6 中添加）
QWebEnginePage.ExitFullScreen	27	退出全屏模式（在 Qt 5.6 中添加）
QWebEnginePage.RequestClose	28	请求关闭网页。如果已定义，则 window.onbeforeunload 运行处理程序，并且用户可以确认或拒绝关闭页面。如果关闭请求被确认，则发出 windowCloseRequested（在 Qt 5.6 中添加）
QWebEnginePage.Unselect	29	清除当前选择（在 Qt 5.7 中添加）
QWebEnginePage.SavePage	30	将当前页面保存到磁盘中。MHTML 是将网页存储在磁盘中的默认格式。需要一个用于函数 downloadRequested()的插槽（在 Qt 5.7 中添加）
QWebEnginePage.ViewSource	32	在新选项卡中显示当前页面的来源，需要实现函数 createWindow()或 newWindowRequested()（在 Qt 5.8 中添加）
QWebEnginePage.ToggleBold	33	切换所选内容或指针位置的粗体,需要 contenteditable="true"（在 Qt 5.10 中添加）
QWebEnginePage.ToggleItalic	34	在选择的位置或指针位置切换斜体，需要 contenteditable="true"（在 Qt 5.10 中添加）
QWebEnginePage.ToggleUnderline	35	切换选择的下画线或指针位置，需要 contenteditable="true"（在 Qt 5.10 中添加）
QWebEnginePage.ToggleStrikethrough	36	在选择的位置或指针位置切换，需要 contenteditable="true"（在 Qt 5.10 中添加）
QWebEnginePage.AlignLeft	37	将包含所选内容或指针位置的行向左对齐，需要 contenteditable="true"（在 Qt 5.10 中添加）
QWebEnginePage.AlignCenter	38	将包含所选内容或指针位置的行居中对齐，需要 contenteditable="true"（在 Qt 5.10 中添加）
QWebEnginePage.AlignRight	39	将包含所选内容或指针位置的行向右对齐，需要 contenteditable="true"（在 Qt 5.10 中添加）
QWebEnginePage.AlignJustified	40	拉伸包含所选内容或指针位置的行，使每行的宽度相等，需要 contenteditable="true"（在 Qt 5.10 中添加）
QWebEnginePage.Indent	41	缩进包含所选择或指针位置的行，需要 contenteditable="true"（在 Qt 5.10 中添加）
QWebEnginePage.Outdent	42	使包含选择或指针位置的行缩进，需要 contenteditable="true"（在 Qt 5.10 中添加）

续表

操作方法	值	描述
QWebEnginePage.InsertOrderedList	43	在当前指针位置插入一个有序列表，删除当前选择，需要 contenteditable="true"（在 Qt 5.10 中添加）
QWebEnginePage.InsertUnorderedList	44	在当前指针位置插入一个无序列表，删除当前选择，需要 contenteditable="true"（在 Qt 5.10 中添加）

使用 QWebEnginePage.action()函数可以获取操作对应的 action（QWebEngineView. pageAction()函数可以提供相同的功能），使用 QWebEnginePage.isEnabled()函数可以确定操作的可用性。使用 QWebEngineView.triggerPageAction()函数或 QWebEnginePage. triggerAction()函数可以触发这些操作，代码如下：

```
self.webEngineView.triggerPageAction(QWebEnginePage.Back)
self.webEngineView.page().triggerAction(QWebEnginePage.Forward)
```

QWebEngineView 针对不同的元素有其默认的上下文菜单，这些菜单包括一些常用的功能，如剪切、复制、粘贴、打开新窗口等。如果要在自定义上下文菜单、菜单栏或工具栏中嵌入这些操作（也可以是 WebAction 的其他操作），则可以先通过 pageAction()函数获得各个操作的 QAction，然后嵌入。需要注意的是，如果想实现"新窗口打开链接"功能，则需要继承 QWebEngineView 并重新实现 createWindow()函数。

6.5.4 运行 JavaScript 函数

QWebEnginePage.runJavaScript()函数对运行 JavaScript 代码提供支持，如支持回调函数，有两种使用方式，如下所示：

```
"""
runJavaScript(self, arg__1: str, arg__2: int, arg__3: object) -> None
runJavaScript(self, scriptSource: str, worldId: int = 0) -> None
"""
```

第 1 种方式支持回调函数（arg_3），会把 JavaScript 代码返回的结果传递给回调函数。前两个参数（arg1 和（arg2）分别是 scriptSource 和 worldId，和第 2 种方法的参数相同。scriptSource 是脚本源文件，worldId 定义了脚本的执行范围。worldId 支持的项目如表 6-20 所示，如果要求不高则使用默认 0 即可。

表 6-20

项目	值	描述
QWebEngineScript.MainWorld	0	页面的 Web 内容使用的世界。在某些情况下，它可以用于向 Web 内容公开自定义功能
QWebEngineScript.ApplicationWorld	1	用于在 JavaScript 中实现的应用程序级功能的默认隔离世界
QWebEngineScript.UserWorld	2	如果应用程序不使用更多的世界，则用户设置的脚本将使用第一个孤立世界。一般来说，如果该功能向应用程序的用户公开，则每个单独的脚本都应该有自己的独立世界

案例 6-18 基于 QWebEngineView 实现基本的 Web 浏览功能

本案例的文件名为 Chapter06/qt_QWebEngineView.py，用于演示基于 QWebEngineView
实现基本的 Web 浏览功能，代码如下：

```python
class WebEngineView(QWebEngineView):
    # 创建一个容器存储每个窗口，否则会崩溃，因为它是 createWindow()函数中的临时变量
    windowList = []

    def createWindow(self, QWebEnginePage_WebWindowType):
        newWin = MainWindow()
        availableGeometry = mainWin.screen().availableGeometry()
        newWin.resize(availableGeometry.width() * 2 / 3,
availableGeometry.height() * 2 / 3)
        newWin.show()
        self.windowList.append(newWin)
        return newWin.webEngineView


class MainWindow(QMainWindow):

    def __init__(self, homeUrl='http://www.baidu.com'):
        super().__init__()

        self.setWindowTitle('PySide6 QWebEngineView Example')
        self.inintToolBar(homeUrl)
        self.initWeb(homeUrl)

    def inintToolBar(self, homeUrl):
        self.toolBar = QToolBar()
        self.addToolBar(self.toolBar)
        self.backButton = QPushButton()
        self.backButton.setIcon(QIcon('images/go-previous.png'))
        self.backButton.clicked.connect(self.back)
        self.toolBar.addWidget(self.backButton)
        self.homeButton = QPushButton()
        self.homeButton.setIcon(QIcon('images/go-home.png'))
        self.homeButton.clicked.connect(lambda:
self.webEngineView.load(homeUrl))
        self.toolBar.addWidget(self.homeButton)
        self.forwardButton = QPushButton()
        self.forwardButton.setIcon(QIcon('images/go-next.png'))
        self.forwardButton.clicked.connect(self.forward)
        self.toolBar.addWidget(self.forwardButton)
        self.refreshButton = QPushButton()
```

```
        self.refreshButton.setIcon(QIcon('images/view-refresh.png'))
        self.refreshButton.clicked.connect(self.load)
        self.toolBar.addWidget(self.refreshButton)

        self.jsButton = QToolButton()
        self.jsButton.setText('runJS1')
        self.jsButton.clicked.connect(self.runJS1)
        self.toolBar.addWidget(self.jsButton)

        self.jsButton2 = QToolButton()
        self.jsButton2.setText('runJS2')
        self.jsButton2.clicked.connect(self.runJS2)
        self.toolBar.addWidget(self.jsButton2)

        self.addressLineEdit = QLineEdit()
        self.addressLineEdit.returnPressed.connect(self.load)
        self.toolBar.addWidget(self.addressLineEdit)

    def initWeb(self, homeUrl):
        self.webEngineView = WebEngineView()
        self.setCentralWidget(self.webEngineView)
        self.addressLineEdit.setText(homeUrl)
        self.webEngineView.load(QUrl(homeUrl))
        self.webEngineView.titleChanged.connect(self.setWindowTitle)
        self.webEngineView.iconChanged.connect(self.setWindowIcon)
        self.webEngineView.urlChanged.connect(self.urlChanged)

        self.webEngineView.loadStarted.connect(lambda:
self.statusBar().showMessage(f'触发 loadStarted 信号'))
        self.webEngineView.loadProgress.connect(lambda x:
self.statusBar().showMessage(f'触发 loadProgress 信号,结果{x}'))
        self.webEngineView.loadFinished.connect(lambda x:
self.statusBar().showMessage(f'触发 loadFinished 信号,结果{x}'))

    def load(self):
        url = QUrl.fromUserInput(self.addressLineEdit.text())
        if url.isValid():
            self.webEngineView.load(url)

    def back(self):
        self.webEngineView.triggerPageAction(QWebEnginePage.Back)

    def forward(self):
        self.webEngineView.page().triggerAction(QWebEnginePage.Forward)
```

```python
    def urlChanged(self, url):
        self.addressLineEdit.setText(url.toString())

    def runJS1(self):
        title = self.webEngineView.title()
        string = f'alert("当前标题是: {title}");'
        self.webEngineView.page().runJavaScript(string)

    def runJS2(self):
        string = '''
        function myFunction()
        {
            return document.title;
        }
        myFunction();
        '''
        def jsCallback(result):
            QMessageBox.information(self, "当前 title", str(result))

        self.webEngineView.page().runJavaScript(string, 0, jsCallback)

if __name__ == '__main__':
    app = QApplication(sys.argv)
    mainWin = MainWindow()
    availableGeometry = mainWin.screen().availableGeometry()
    mainWin.resize(availableGeometry.width() * 2 / 3,
availableGeometry.height() * 2 / 3)
    mainWin.show()
    sys.exit(app.exec())
```

运行脚本，显示效果如图 6-44 所示。

图 6-44

上述代码很简单，左上角的"后退"按钮和"前进"按钮触发了 WebAction 的相关操作，"主页"按钮和"刷新"按钮使用了 load()函数。runJS1 按钮和 runJS2 按钮实现了调用 javascript 方法，后者使用了回调函数。此外，本案例重写了 QWebEngineView. createWindow()函数，以支持多窗口浏览。对于信号与槽，本案例提供了 titleChanged、iconChanged、urlChanged、loadStarted、loadProgress、loadFinished 的使用方法。

这是一个单窗口的简单案例，官方提供了一个更复杂的案例，使用 QTabWidget 可以支持多窗口，保存在 Chapter06\tabbedbrowser\main.py 下。实际上，安装好 PySide 6 之后就可以找到它，该文件在 Lib\site-packages\PySide6\examples\webenginewidgets\tabbedbrowser 下。这个案例基于 QTabWidget 实现了多标签，并重写了 QWebEngineView. createWindow()函数，以支持多窗口跳转。

6.6 QSS 的 UI 美化

QSS（Qt Style Sheets）即 Qt 样式表，是用来自定义控件外观的一种机制。QSS 参考了大量 CSS 的内容，但 QSS 的功能比 CSS 的功能弱得多，体现为选择器比较少，可以使用的 QSS 属性也较少，并且不是所有的属性都可以应用在 Qt 的控件上。QSS 使页面美化与代码层分开，有利于维护。

如果读者学习了本节所有内容之后想要了解更多的信息，如哪些控件可以使用 QSS，可以通过 QSS 设置对应的属性，有多少子控件和伪状态类型，以及控件使用 QSS 的更多案例等，请自行查阅官方网站。

6.6.1 QSS 的基本语法规则

QSS 的语法规则与 CSS 的语法规则几乎相同。QSS 样式由两部分组成：一部分是选择器（Selector），指定哪些控件会受到影响；另一部分是声明（Declaration），指定哪些属性应该在控件上进行设置。声明部分是一系列的"属性:值"对，使用分号（;）分隔各个不同的"属性:值"对，使用花括号（{}）将所有的声明包括在内。例如，以下样式表指定所有的 QPushButton 应使用黄色作为背景色，所有 QCheckBox 应使用红色作为文本颜色：

```
QPushButton { background: yellow }
QCheckBox { color: red }
```

以 QPushButton 为例（QCheckBox 是一样的），QPushButton 表示选择器，指定所有的 QPushButton 类及其子类都会受到影响。需要注意的是，凡是继承自 QPushButton 的子类都会受到影响，这是与 CSS 不同的地方，因为 CSS 应用的都是一些标签，没有类的层次结构，更没有子类的概念。{background:yellow}则是规则的定义，表示指定背景色是黄色。

如果想要对多个选择器进行相同的设置，则可以使用逗号（,）将各个选择器分离，例如：

```
QPushButton, QLineEdit, QComboBox { color: red }
```

它相当于：

```
QPushButton { color: red }
QLineEdit { color: red }
QComboBox { color: red }
```

QSS 可以是文本字符串，既可以使用 QApplication.setStyleSheet(qss:str)在整个应用程序上设置，也可以使用 QWidget.setStyleSheet()函数在特定小部件（及其子级）上设置。基本案例如下：

```
class WindowDemo(QWidget):
    def __init__(self ):
        super().__init__()

        btn1 = QPushButton(self )
        btn1.setText('按钮 1')

        btn2 = QPushButton(self )
        btn2.setText('按钮 2')

        vbox=QVBoxLayout()
        vbox.addWidget(btn1)
        vbox.addWidget(btn2)
        self.setLayout(vbox)
        self.setWindowTitle("QSS 样式")

if __name__ == "__main__":
    app = QApplication(sys.argv)
    win = WindowDemo()
    qssStyle = '''
            QPushButton {
                background-color: red
            }

        '''
    win.setStyleSheet( qssStyle )
    win.show()
    sys.exit(app.exec_())
```

在这个案例中，使用 win.setStyleSheet()函数对整个窗口加载了自定义的 QSS 样式，窗口中的 QPushButton 控件的背景色都为红色。运行效果如图 6-45 所示。

图 6-45

这种使用 setStyleSheet()函数设计的样式在功能上比 QPalette 强大得多。例如，使用 QPalette 将 QPalette.Button 角色设置为红色，这样 QPushButton 按钮会显示为红色。但是，在不同的平台上的表现会有所不同，并且在 Windows 平台和 macOS 平台上还会受到本地主机主题引擎的限制，而 setStyleSheet()函数则没有这个限制。

样式表可以和 QPalette 结合使用，如可以用样式表设置全局设置，在此基础之上针对特定小部件单独使用 QPalette 实现自定义设置，修改特定小部件的颜色。

6.6.2 QSS 选择器的类型

到目前为止，所有案例都使用了最简单的选择器类型，即类型选择器。Qt 样式表支持 CSS2 中定义的所有选择器。最有用的选择器类型如下。

（1）通配选择器：*，匹配所有的控件。

（2）类型选择器：QPushButton，匹配所有的 QPushButton 类及其子类的实例。

（3）属性选择器：QPushButton[name="myBtn"]，匹配所有的 name 属性是 myBtn 的 QPushButton 实例。需要注意的是，该属性可以是自定义的，不一定非得是类本身具有的属性。需要使用 setProperty()函数设置属性名和 value。其核心代码如下：

```
button2 = QPushButton(self )
button2.setProperty( 'name' , 'myBtn' )
button2.setText('按钮2')
```

将所使用的 QSS 修改为属性名为 myBtn 的 QPushButton，并改变背景色，代码如下：

```
win = WindowDemo()
qssStyle = '''
      QPushButton[name="myBtn"] {
             background-color: red
      }
   '''
win.setStyleSheet( qssStyle )
win.show()
```

运行效果如图 6-46 所示，可以看到，只有"按钮 2"的背景色发生变化。

图 6-46

（4）类选择器：.QPushButton，匹配所有的 QPushButton 实例，但是并不匹配其子类。需要注意的是，前面有一个点号，这是与 CSS 中的类选择器不一样的地方。

（5）ID 选择器：#myButton，匹配所有的 ID 为 myButton 的控件，这里的 ID 实际上就是 objectName 指定的值。和属性选择器一样，这里需要设置 objectName，可以使用 setObjectName()函数。

（6）后代选择器：QDialog QPushButton，匹配所有的 QDialog 容器中包含的 QPushButton，不管是直接的还是间接的。

（7）子选择器：QDialog > QPushButton，匹配所有的 QDialog 容器中包含的 QPushButton，其中要求 QPushButton 的直接父容器是 QDialog。

另外，上面所有的选择器可以联合使用，并且支持一次设置多种选择器类型，用逗号隔开。例如，#frameCut,#frameInterrupt,#frameJoin 表示这些 ID 使用相同的规则，#mytable QPushButton 表示选择所有 ID 为 mytable 的容器中包含的 QPushButton 控件。

6.6.3　QSS 子控件

QSS 子控件实际上也是一种选择器，并且应用在一些复合控件上，典型的如 QComboBox，该控件的外观是，有一个矩形的外边框，右边有一个下拉箭头，单击之后会弹出下拉列表。例如：

```
QComboBox::drop-down { image: url(dropdown.png) }
```

上面的样式指定所有 QComboBox 的下拉箭头的图片是自定义的，图片文件为 dropdown.png。

::drop-down 子控件选择器可以与上面提到的选择器联合使用。例如：

```
QComboBox#myQComboBox::drop-down { image: url(dropdown.png) }
```

上述代码表示为指定 ID 为 myQComboBox 的 QComboBox 控件的下拉箭头自定义图片。需要注意的是，子控件选择器实际上是选择复合控件的一部分，也就是对复合控件的一部分应用样式，如为 QComboBox 控件的下拉箭头指定图片，而不是为 QComboBox 控件本身指定图片。上面的代码的显示效果如图 6-47 所示。

图 6-47

6.6.4　QSS 伪状态

QSS 伪状态选择器是以冒号开头的一个选择表达式，如:hover，表示当鼠标指针经过时的状态。伪状态选择器限制了当控件处于某种状态时才可以使用 QSS 规则，伪状态只能描述一个控件或一个复合控件的子控件的状态，所以它只能放在选择器的最后面。以下代码表示当鼠标指针经过 QComboBox 时，其背景色指定为红色，该伪状态:hover 描述的是鼠标指针经过时的状态：

```
QComboBox:hover{background-color:red;}
```

伪状态除了可以描述选择器所选择的控件，还可以描述子控件选择器的状态。以下代码表示当鼠标指针经过 QComboBox 的下拉箭头时，该下拉箭头的背景色变成红色：

```
QComboBox::drop-down:hover{background-color:red;}
```

此外，伪状态还可以用一个叹号来表示状态，如:hover 表示鼠标指针经过的状态，而 :!hover 表示鼠标指针没有经过的状态。以下代码表示鼠标指针没有悬停在 QRadioButton 上：

```
QRadioButton:!hover { color: red }
```

多种伪状态可以同时使用，以下代码表示当鼠标指针经过一个选中的 QCheckBox 时，设置其文字的前景色为白色：

```
QCheckBox:hover:checked { color: white }
```

要实现伪状态的 or 功能，可以用 "," 联合起来，代码如下：

```
QCheckBox:hover, QCheckBox:checked { color: white }
```

伪状态可以和子控件一起出现，代码如下：

```
QComboBox::drop-down:hover { image: url(dropdown_bright.png) }
```

QSS 提供了很多伪状态，一些伪状态只能用在特定的控件上。在 Qt 的帮助文档中有关于伪状态的详细列表。

6.6.5　颜色冲突与解决方法

当多个样式规则指定相同属性的不同值时，就会出现冲突。可以考虑使用以下样式表：

```
QPushButton#okButton { color: gray }
QPushButton { color: red }
```

两个规则都匹配 QPushButton，并且使用不同的颜色。要解决这个问题，必须考虑选择器的特殊性。在上面的示例中，QPushButton#okButton 被认为比 QPushButton 更特殊，因为它指定单个对象，而不是类的所有实例。因此，当发生冲突时，要以 QPushButton#okButton 为准。

类似地，具有伪状态的选择器比不指定伪状态的选择器更具体。因此，以下样式表指定当鼠标指针悬停在 QPushButton 上时呈现白色文本，否则呈现红色文本：

```
QPushButton:hover { color: white }
QPushButton { color: red }
```

对于无法区分特殊性的选择器，通常以最后一个为准。如下代码表示 QPushButton 呈现红色文本：

```
QPushButton:hover { color: white }
QPushButton:enabled { color: red }
```

如果想呈现白色文本，则改变它们的顺序，或添加更具体的规则，代码如下：

```
QPushButton:hover:enabled { color: white }
QPushButton:enabled { color: red }
```

考虑如下冲突：

```
QPushButton { color: red }
QAbstractButton { color: gray }
```

因为 QPushButton 继承了 QAbstractButton，所以很容易认为 QPushButton 比 QAbstractButton 更具体。但是，对于样式表的计算，所有类型选择器都具有相同的特性，并且最后出现的规则优先。因此，这里所有 QAbstractButton（包括子类 QPushButton）的颜色都设置为 gray。如果希望 QPushButton 有红色文本，既可以重新排序，也可以使用.QAbstractButton 不让其匹配子类。

Qt 样式表的特殊性遵循 CSS2 规范，选择器的特殊性计算示例如下。

- 计算选择器中 ID 属性的数量（＝a）。
- 计算选择器中其他属性和伪类的数量（＝b）。
- 计算选择器中元素名称的数量（＝c）。
- 忽略伪元素[即子控件]。

连接 a、b 和 c 这 3 个数字会得到一个特殊值，例如：

```
*                {}  /* a=0 b=0 c=0 -> specificity =   0 */
LI               {}  /* a=0 b=0 c=1 -> specificity =   1 */
UL LI            {}  /* a=0 b=0 c=2 -> specificity =   2 */
UL OL+LI         {}  /* a=0 b=0 c=3 -> specificity =   3 */
H1 + *[REL=up]{}     /* a=0 b=1 c=1 -> specificity =  11 */
UL OL LI.red {}      /* a=0 b=1 c=3 -> specificity =  13 */
LI.red.level {}      /* a=0 b=2 c=1 -> specificity =  21 */
#x34y            {}  /* a=1 b=0 c=0 -> specificity = 100 */
```

6.6.6 继承与多样

1. 颜色的继承

在经典 CSS 中，如果项目的字体和颜色没有明确设置，则自动从父项继承。但是，使用 Qt 样式表，在默认情况下小部件不会自动从其父小部件继承其字体和颜色设置。

例如，考虑 QGroupBox 内的 QPushButton：

```
qApp.setStyleSheet("QGroupBox { color: red; } ");
```

QPushButton 没有明确的颜色集，因此，它没有继承其父项 QGroupBox 的颜色，而是具有系统颜色。如果想为 QGroupBox 及其子对象设置颜色，则可以使用如下代码：

```
qApp.setStyleSheet("QGroupBox, QGroupBox * { color: red; }");
```

如果希望将字体和调色板传播到子小部件，则可以设置 Qt.AA_UseStyleSheetPropagationInWidgetStyles 标志，如下所示：

```
QCoreApplication.setAttribute(Qt.AA_UseStyleSheetPropagationInWidgetStyles,
 True);
```

这种方式的原理如下：使用 QWidget.setFont()函数和 QWidget.setPalette()函数设置字体和调色板会传播到子小部件。在正常情况下，样式表、QWidget.setFont()函数和 QWidget.setPalette()函数的联系是断开的，但是当开启这个标志的时候它们就打开了。所以，表现形式是当样式表的字体和颜色改变时，Qt 会自动触发 QWidget.setPalette()函数和 QWidget.setFont()函数的相应值改变对应的颜色，反之亦然。

2. 多样性

样式表可以在 QApplication、父窗口小部件和子窗口小部件上设置。Qt 会通过合并小部件（包括其所有祖先）和 QApplication 的样式表来获得最终的样式表。当发生冲突时，无论冲突规则的特殊性如何，小部件自己的样式表总是优先于任何继承的样式表和 QApplication 样式表。同样，父小部件的样式表优先于祖父母的样式表和 QApplication 样式表。

先在 QApplication 上设置样式表：

```
qApp.setStyleSheet("QPushButton { color: white }");
```

然后在 QPushButton 上设置样式表：

```
myPushButton.setStyleSheet("* { color: blue }");
```

那么，QPushButton 上的样式表强制 QPushButton（和任何子窗口小部件）具有蓝色文本，尽管 QApplication 样式表提供了更具体的规则集。

6.6.7　Qt Designer 与样式表

Qt Designer 是预览样式表的绝佳工具。右击 Qt Designer 中的任意小部件并选择"改变样式表"命令可以设置样式表。

在 Qt 4.2 及更高版本中，Qt Designer 还包括样式表语法高亮器和验证器。验证器在"编辑样式表"对话框的左下方指示语法是有效的还是无效的，如图 6-48 所示。

图 6-48

当单击"确定"按钮或"应用"按钮时，Qt Designer 对小部件自动显示新样式。

案例 6-19 QSS 的使用方法

本案例的文件名为 Chapter06/qt_QssDemo.py，用于演示使用 QSS 修改应用程序外观的方法，代码如下：

```
class MainWindow(QMainWindow):
    def __init__(self, parent=None):
        super(MainWindow, self).__init__(parent)
        self.resize(477, 258)
        self.setWindowTitle("QssDemo")
        layout = QFormLayout()

        button1 = QPushButton('button1')
        button1.setToolTip('类型选择器，最一般的使用方式')
        layout.addRow('类型选择器',button1)

        buttonProperty = QPushButton('buttonProperty')
        buttonProperty.setProperty('name','btnProperty')
        buttonProperty.setToolTip('属性选择器，根据属性定位')
        layout.addRow('属性选择器',buttonProperty)

        buttonID = QPushButton('buttonID')
        # button1.setMaximumSize(64, 64)
        buttonID.setMinimumSize(64, 64)
        buttonID.setObjectName('btnID')
        buttonID.setToolTip('ID 选择器，单击会触发伪状态')
        layout.addRow('ID 选择器+伪状态',buttonID)

        comboBox = QComboBox()
        comboBox.addItems(['张三','李四','王五','赵六'])
        layout.addRow('子控件',comboBox)

        buttonOwn = QPushButton('控件自定义 QSS')
        buttonOwn.setStyleSheet('''* {
            border: 2px solid #8f8f91;
            border-radius: 6px;
            background-color: gray;
            color: yellow }''')
        buttonOwn.setToolTip('子控件的 QSS 会覆盖父控件的设置')
        layout.addRow('控件自定义 QSS',buttonOwn)

        # 后代选择器
        glayout = QHBoxLayout()
        group = QGroupBox()
```

```
      group.setTitle('groupBox')
      group.setLayout(glayout)
      glayout.addWidget(QPushButton('button'))
      glayout.addWidget(QCheckBox('check'))
      checkBox2 = QCheckBox('check2')
      checkBox2.setObjectName('btnID')
      checkBox2.setMinimumSize(40,40)
      glayout.addWidget(checkBox2)
      layout.addRow('后代选择器',group)

      widget = QWidget()
      self.setCentralWidget(widget)
      widget.setLayout(layout)


if __name__ == "__main__":
   app = QApplication(sys.argv)
   win = MainWindow()

   styleFile = './style.qss'
   with open(styleFile, 'r') as f:
      qssStyle = f.read()
   win.setStyleSheet(qssStyle)
   win.show()

   sys.exit(app.exec())
```

本案例调用了 style.qss 文件，这个文件定义了控件的外观规则，详细内容如下：

```
QMainWindow{
   background-color: yellow
}

QToolTip{
   border: 1px solid rgb(45, 45, 45);
   background: white;
   color: red;
}

QPushButton#btnID{
   border-radius: 30px;
   background-image: url('./images/left.png');
   }

#btnID:hover{
   border-radius: 30px;
   background-image: url('./images/leftHover.png');
```

```
    }

QPushButton#btnID:Pressed{
    border-radius: 30px;
    background-image: url('./images/leftPressed.png');
    }


QPushButton {
    background-color: red
}

QPushButton[name="btnProperty"] {
    background-color: blue
}

QGroupBox {
    background-color: qlineargradient(x1: 0, y1: 0, x2: 0, y2: 1,stop: 0
#E0E0E0, stop: 1 #FFFFFF);
    border: 2px solid gray;
    border-radius: 5px;
    margin-top: 1ex; /* leave space at the top for the title */
}

QGroupBox::title {
    subcontrol-origin: margin;
    subcontrol-position: top center; /* position at the top center */
    padding: 0 3px;
    background-color: qlineargradient(x1: 0, y1: 0, x2: 0, y2: 1,stop: 0
#FF0ECE, stop: 1 #FFFFFF);
}
QGroupBox>QCheckBox{
    background-color: yellow
}
QGroupBox>QPushButton{
    border: 2px solid #8f8f91;
    border-radius: 6px;
    background-color: qlineargradient(x1: 0, y1: 0, x2: 0, y2: 1,
                                    stop: 0 #f6f7fa, stop: 1 #dadbde);
    min-width: 80px;
}


QGroupBox>QPushButton:pressed {
    background-color: qlineargradient(x1: 0, y1: 0, x2: 0, y2: 1,
                                    stop: 0 #dadbde, stop: 1 #f6f7fa);
}
```

```
QGroupBox>QPushButton:flat {
   border: none; /* no border for a flat push button */
}

QGroupBox>QPushButton:default {
   border-color: navy; /* make the default button prominent */
}

QComboBox {
   border: 1px solid gray;
   border-radius: 3px;
   padding: 1px 18px 1px 3px;
   min-width: 6em;
}

QComboBox::drop-down {
   subcontrol-origin: padding;
   subcontrol-position: top right;
   width: 25px;
   background: red;
   border-left-width: 1px;
   border-left-color: darkgray;
   border-left-style: solid; /* just a single line */
   border-top-right-radius: 3px; /* same radius as the QComboBox */
   border-bottom-right-radius: 3px;
}

QComboBox::down-arrow {
   image: url(./images/dropdown.png);
}
```

运行脚本，显示效果如图 6-49 所示。

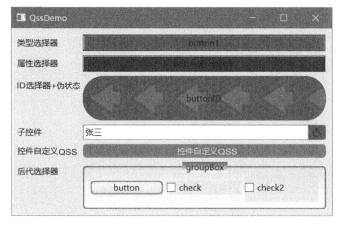

图 6-49

6.6.8 QDarkStyleSheet

除了自己编写的 QSS 样式表，网上还有很多质量很好的 QSS 样式表，如 QDarkStyleSheet，它是一个用于 PyQt 应用程序的深黑色样式表。可以从 GitHub 官网上下载 QDarkStyleSheet 的安装包。

1. 安装 QDarkStyleSheet

可以使用 pip 命令安装 QDarkStyleSheet：

```
pip install qdarkstyle
```

2. 使用 QDarkStyleSheet

QDarkStyle 支持 Qt 4 和 Qt 5 的 Python 版本，目前官方没有提供 Qt 6 的 Python 版本，但是这不影响使用，这里使用 PySide 2 的 QSS 也能运行成功。QDarkStyle 提供的样式表的使用方法如下：

```
import qdarkstyle

# PySide
dark_stylesheet = qdarkstyle.load_stylesheet_pyside()
# PySide 2
dark_stylesheet = qdarkstyle.load_stylesheet_pyside2()
# PyQt 4
dark_stylesheet = qdarkstyle.load_stylesheet_pyqt()
# PyQt 5
dark_stylesheet = qdarkstyle.load_stylesheet_pyqt5()
```

或者使用 QtPy、PyQtGraph、Qt.Py 提供的环境变量：

```
# QtPy
dark_stylesheet = qdarkstyle.load_stylesheet()
# PyQtGraph
dark_stylesheet = qdarkstyle.load_stylesheet(qt_api=os.environ
('PYQTGRAPH_QT_LIB'))
# Qt.Py
dark_stylesheet = qdarkstyle.load_stylesheet(qt_api=Qt.__binding__)
```

可以使用 app.setStyleSheet(dark_stylesheet)开启 dark 模式：

```
app.setStyleSheet(dark_stylesheet )
```

 案例 6-20　QDarkStyle 的使用方法

本案例的文件名为 Chapter06/darkstyleDemoRun.py，用于演示 QDarkStyle 的使用方法，这里不再展示代码。

基本上只需要一行代码就可以使用 dark 主题，使用 PySide 2 或基于 QtPy 的 QSS 都可以运行成功：

```
# app.setStyleSheet(qdarkstyle.load_stylesheet_pyside2())
app.setStyleSheet(qdarkstyle.load_stylesheet())
```

需要注意的是，由于 PyQt 6 放弃了对资源文件的支持，而 qdarkstyle 是通过资源文件的方式载入 QSS 的，因此 PyQt 6 不支持这个模块，这个案例对于 PyQt 6 来说无法使用。

6.7 QML 浅议

本节的案例来源于 PySide 6 官方，部分案例对 PyQt 6 不兼容。笔者没有深入研究QML，所以也不知道如何解决兼容性问题，因为从理论上来说不应该出现这种情况，笔者猜测可能是两者对 QML 解析的差异导致的。

6.7.1 QML 的基本概念

前面介绍的所有内容都是传统的 Qt 知识，本节介绍 Qt 的另一种实现方式，即 QML，这也是 Qt 为适应现代编程而推出的新技术。QML 本身是一种可以看作 HTML 的语言，QPushButton、QLabel 和 QTableView 等绝大部分控件在 QML 中都有对应的标记。关于QML 的内容非常多，本书只介绍 Python 调用 QML 的方式。QML 是 Qt Quick 技术的子集，Qt Quick 是 Qt 6 中使用用户界面技术的总称。Qt Quick 在 Qt 5 中引入，现在已扩展到 Qt 6 中。Qt Quick 本身是多种技术的集合。

- QML：用户界面的标记语言。
- JavaScript：动态脚本语言。
- Qt C++：高度可移植的增强型 C++库。

如果读者了解网页开发，就很容易理解这些技术。可以把 QML 看作 HTML，它们都是标记语言，JavaScript 在这里的作用和网页开发一样，这两者共同组成前端；C++作为后端的运算，用于系统交互和处理繁重的运算，与 Python+Flask 的作用类似。这样做的好处是前端和后端的开发人员可以分离，从而提高开发效率。

6.7.2 QML 与 JavaScript

JavaScript 是 Web 客户端开发的通用语言，非常适合作为一种命令式语言添加到声明性语言 QML 中。JavaScript 和 QML 的基本语法超出了本书的范围，所以这里不会介绍太多，感兴趣的读者可以自行查阅相关文档。下面是在 QML 中使用 JavaScript 的简单示例：

```
Button {
  width: 200
  height: 300
  property bool checked: false
  text: "Click to toggle"

  // JS function
```

```
function doToggle() {
  checked = !checked
}

onTriggered: {
  // this is also JavaScript
  doToggle();
  console.log('checked: ' + checked)
}
}
```

　　Qt 社区中有一个关于在 Qt 现代应用程序中正确混合 QML/JavaScript/Qt C++的问题。
得到普遍认可的观点是将应用程序的 JavaScript 部分限制在最低限度，并在 Qt C++中执
行业务逻辑，在 QML/JavaScript 中执行 UI 逻辑。在实际业务中，应该写多少 JavaScript
代码比较合适呢？这取决于自己的风格，以及对 JavaScript 开发的熟悉程度。

6.7.3　在 Python 中调用 QML

　　在 Qt 中，C++和 QML 交互一般有如下 3 种方法。
- 上下文属性：setContextProperty()函数。
- 向引擎注册类型：调用 qmlRegisterType()函数。
- QML 扩展插件：虽然有最大的灵活性，但是使用 Python 创建 QML 插件比较麻
  烦，所以这种方法不适合用于 Python。

　　下面结合几个案例介绍前两种方法，第 3 种方法不再详细介绍。

　　案例 6-21　在 Python 中调用 QML

　　本案例的代码位于 Chapter06/qmlDemo/basic 下，用于演示在 Python 中调用 QML，
包含两个文件，即 basic.py 和 main.qml。main.qml 文件中的代码如下：

```
import QtQuick
import QtQuick.Window
import QtQuick.Controls

Window {
    width: 640
    height: 480
    visible: true
    title: qsTr("Hello Python World!")
    Column {
        Button {
            text: qsTr("我是 QButton")
            onClicked: console.log('you clicked a button: ' + text)
        }
        Label {
```

```
            id: numberLabel
            text: qsTr("我是QLable")
        }
    }
}
```

Python 调用的 basic.py 文件中的代码如下：

```
import sys
from PySide6.QtGui import QGuiApplication
from PySide6.QtQml import QQmlApplicationEngine
from PySide6.QtCore import QUrl

if __name__ == '__main__':
    app = QGuiApplication(sys.argv)
    engine = QQmlApplicationEngine()
    engine.load(QUrl("main.qml"))

    if not engine.rootObjects():
        sys.exit(-1)

    sys.exit(app.exec())
```

运行脚本，显示效果如图 6-50 所示，单击按钮会触发 JavaScript 函数 console.log()，在控制台中输出一些信息。

图 6-50

案例 6-22 将 Python 对象暴露给 QML：上下文属性

本案例的代码位于 Chapter06/qmlDemo/class-context-property 下，用于演示通过上下文属性的方式把 Python 对象暴露给 QML，包含两个文件，即 class.py 和 main.qml。main.qml 文件中的代码如下：

```
import QtQuick
import QtQuick.Window
import QtQuick.Controls

Window {
    id: root
```

```
    width: 640
    height: 480
    visible: true
    title: qsTr("Hello Python World!")

    Flow {
        Button {
            text: qsTr("Give me a number!")
            onClicked: numberGenerator.giveNumber()
        }
        Label {
            id: numberLabel
            text: qsTr("no number")
        }
    }

    Connections {
        target: numberGenerator
        function onNextNumber(number) {
            numberLabel.text = number
        }
    }
}
```

上述代码要结合 Python 文件 class.py 进行理解，onClicked（发射 clicked 信号）会触发槽函数 numberGenerator.giveNumber()，该函数会发射 numberGenerator.nextNumber 信号，这个信号又被 QML 中的 onNextNumber 捕获，并修改 label 的显示结果。

class.py 文件使用 setContextProperty()函数把 Python 对象 number_generator 暴露给 QML（对应 QML 中的 numberGenerator），这种方式会直接添加到 QML 的上下文环境中，在 QML 中可以直接使用，不需要重新导入，使用方便，但容易导致命名冲突。在 Python 中调用 class.py 文件的代码如下：

```
import random
import sys
from PySide6.QtGui import QGuiApplication
from PySide6.QtQml import QQmlApplicationEngine
from PySide6.QtCore import QUrl, QObject, Signal, Slot

class NumberGenerator(QObject):
    def __init__(self):
        QObject.__init__(self)

    nextNumber = Signal(int, arguments=['number'])

    @Slot()
    def giveNumber(self):
```

```
        self.nextNumber.emit(random.randint(0, 99))


if __name__ == '__main__':
    app = QGuiApplication(sys.argv)
    engine = QQmlApplicationEngine()

    number_generator = NumberGenerator()
    engine.rootContext().setContextProperty("numberGenerator",
number_generator)

    engine.load(QUrl("main.qml"))

    if not engine.rootObjects():
        sys.exit(-1)

    sys.exit(app.exec())
```

需要注意的是，这里对 giveNumber()函数使用 Slot 装饰符将其变成槽函数，否则在 QML 中无法使用这个函数，在 QML 中所有可以调用的函数都应该是槽函数。

运行脚本，显示效果如图 6-51 所示。

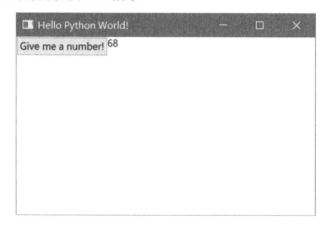

图 6-51

 案例 6-23　将 Python 对象暴露给 QML：注册类型

本案例的代码位于 Chapter06/qmlDemo/class-registered-type 下，用于演示通过向 QML 注册类型的方式将 Python 对象暴露给 QML，包含两个文件，即 class.py 和 main.qml。main.qml 文件中的代码如下（在这个文件中需要导入 Python 注册的模块 Generators，并将类实例化为 NumberGenerator{...}，该实例就可以像任何其他 QML 元素一样工作）：

```
import QtQuick
import QtQuick.Window
import QtQuick.Controls
```

```
import Generators

Window {
    id: root

    width: 640
    height: 480
    visible: true
    title: qsTr("Hello Python World!")

    Flow {
        Button {
            text: qsTr("Give me a number!")
            onClicked: numberGenerator.giveNumber()
        }
        Label {
            id: numberLabel
            text: qsTr("no number")
        }
    }

    NumberGenerator {
        id: numberGenerator
    }

    Connections {
        target: numberGenerator
        function onNextNumber(number) {
            numberLabel.text = number
        }
    }
}
```

这个案例把 Python 对象暴露给 QML，主要使用 qmlRegisterType()函数。qmlRegisterType()
函数来自 PySide6.QtQml 模块并接收 5 个参数：

```
qmlRegisterType(url: Union[PySide6.QtCore.QUrl, str], uri: bytes,
versionMajor: int, versionMinor: int, qmlName: bytes) -> int
```

- url，表示对类的引用，如本案例的 NumberGenerator。
- QML 导入模块的名称，如本案例的'Generators'。
- 主要编号和次要编号，本案例表示版本 1.0。
- QML 的类名称，本案例的'NumberGenerator'.

在 Python 中调用 class.py 的代码如下：

```
import random
import sys
```

```
from PySide6.QtGui import QGuiApplication
from PySide6.QtQml import QQmlApplicationEngine, qmlRegisterType
from PySide6.QtCore import QUrl, QObject, Signal, Slot

class NumberGenerator(QObject):
    def __init__(self):
        QObject.__init__(self)


    nextNumber = Signal(int, arguments=['number'])

    @Slot()
    def giveNumber(self):
        self.nextNumber.emit(random.randint(0, 99))



if __name__ == '__main__':
    app = QGuiApplication(sys.argv)
    engine = QQmlApplicationEngine()

    qmlRegisterType(NumberGenerator, 'Generators', 1, 0, 'NumberGenerator')

    engine.load(QUrl("main.qml"))

    if not engine.rootObjects():
        sys.exit(-1)

    sys.exit(app.exec())
```

运行脚本,显示效果如图 6-50 所示。

案例 6-24 QML 调用 Python 模型

使用 QML 时,在有些情况下需要使用模型视图结构显示一些列表等控件,比较好的方式是用 Python 接管数据模型部分,方便处理数据;QML 和 JavaScript 负责前端部分,实现前端和后端分离。本案例的代码位于 Chapter06/qmlDemo/model 下,用于演示 QML调用 Python 模型的方法。本案例通过向 QML 注册类型的方式把 Python 模型暴露给 QML使用,也可以通过设置上下文属性的方式使用。本案例包含两个文件,即 model.py 和main.qml。在 main.qml 文件中需要导入 Python 注册的模块 PsUtils,将类实例化为CpuLoadModel{...},并绑定给 ListView.model。main.qml 文件中的代码如下:

```
import QtQuick
import QtQuick.Window

import PsUtils
```

```qml
Window {
    id: root

    width: 640
    height: 480
    visible: true
    title: qsTr("CPU Load")

    ListView {
        anchors.fill: parent
        model: CpuLoadModel { }
        delegate: Rectangle {
            id: delegate

            required property int display

            width: parent.width
            height: 30
            color: "white"

            Rectangle {
                id: bar
                width: parent.width * delegate.display / 100.0
                height: 30
                color: "green"
            }

            Text {
                anchors.verticalCenter: parent.verticalCenter
                x: Math.min(bar.x + bar.width + 5, parent.width-width)
                text: delegate.display + "%"
            }
        }
    }
}
```

这个案例需要额外安装 psutil 模块，用来获取系统 CPU 的状态。CpuLoadModel 是自定义模型方法，上面已经介绍过模型的用法，这里不再赘述。psutil.cpu_percent (percpu=True)返回当前 CPU 的使用情况，由于笔者使用的计算机是 4 核处理器，因此会返回 4 个元素的列表，每个元素表示 CPU 的使用率。model.py 文件中的代码如下：

```python
import psutil
import sys

from PySide6.QtGui import QGuiApplication
from PySide6.QtQml import QQmlApplicationEngine, qmlRegisterType
```

```python
from PySide6.QtCore import Qt, QUrl, QTimer, QAbstractListModel

class CpuLoadModel(QAbstractListModel):
    def __init__(self):
        QAbstractListModel.__init__(self)

        self.__cpu_count = psutil.cpu_count()
        self.__cpu_load = [0] * self.__cpu_count

        self.__update_timer = QTimer(self)
        self.__update_timer.setInterval(1000)
        self.__update_timer.timeout.connect(self.__update)
        self.__update_timer.start()

        # The first call returns invalid data
        psutil.cpu_percent(percpu=True)

    def __update(self):
        self.__cpu_load = psutil.cpu_percent(percpu=True)
        self.dataChanged.emit(self.index(0,0), self.index(self.__cpu_count-
1, 0))

    def rowCount(self, parent):
        return self.__cpu_count

    def data(self, index, role):
        if (role == Qt.DisplayRole and index.row() >= 0 and
                index.row() < len(self.__cpu_load) and index.column() == 0):
            return self.__cpu_load[index.row()]
        else:
            return None

if __name__ == '__main__':
    app = QGuiApplication(sys.argv)
    engine = QQmlApplicationEngine()

    qmlRegisterType(CpuLoadModel, 'PsUtils', 1, 0, 'CpuLoadModel')

    engine.load(QUrl("main.qml"))

    if not engine.rootObjects():
        sys.exit(-1)

    sys.exit(app.exec())
```

运行脚本，显示效果如图 6-52 所示，表示笔者计算机 CPU 的使用情况。

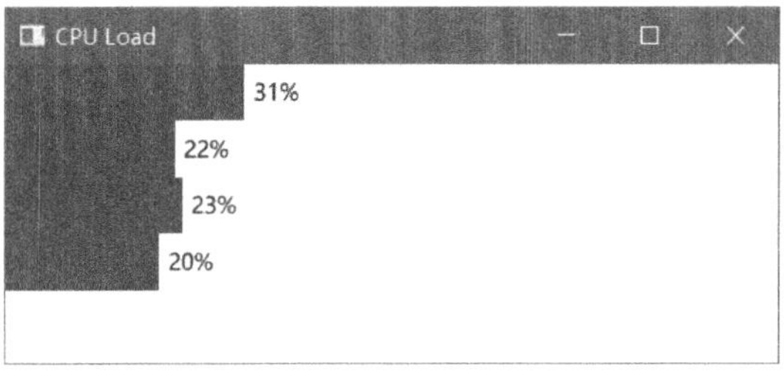

图 6-52

案例 6-25　在 QML 中调用 Python 属性的方法

本案例介绍在 QML 中调用 Python 属性的方法，这是非常常见的一种方法。下面先简单介绍 Python 中的 property()函数，其参数如下：

```
property([fget[, fset[, fdel[, doc]]]])
```

- fget：获取属性值。
- fset：设置属性值。
- fdel：删除属性值。
- doc：属性描述信息。

举例如下：

```
class C(object):
    def __init__(self):
        self._x = None

    def getx(self):
        return self._x

    def setx(self, value):
        self._x = value

    def delx(self):
        del self._x

    x = property(getx, setx, delx, "I'm the 'x' property.")
```

如果 c=C()，则 c.x 将触发 getter 信号，c.x=value 将触发 setter 信号，del c.x 将触发 deleter 信号。

参照 Python 中的 property()函数，Qt 中不仅提供了自己的属性，还提供了信号与槽的支持。由此可以理解，以下代码的几个参数分别表示类型，以及 getter 信号、setter 信号和通知信号（当属性改变时需要发出该信号，通知属性的变化）：

```
from PySide6.QtCore import Property
maxNumber = Property(int, get_max_number, set_max_number,
notify=maxNumberChanged)
```

为什么要绕一圈进行修改呢？这是因为在 QML 中直接通过 JavaScript 更改属性会破

坏与属性的绑定，而通过显式使用 setter()函数可以避免这种情况。

本案例的代码位于 Chapter06/qmlDemo/property 下，用于演示在 QML 中获取与修改 Python 属性的方法。本案例通过设置上下文属性的方式把类的实例 number_generator 提供给 QML。本案例包含两个文件，即 property.py 和 main.qml。main.qml 文件中的代码如下：

```
import QtQuick
import QtQuick.Window
import QtQuick.Controls

Window {
    id: root

    width: 640
    height: 480
    visible: true
    title: qsTr("Hello Python World!")

    Column {
        Flow {
            spacing:22
            Button {
                text: qsTr("update 当前值")
                onClicked: numberGenerator.updateNumber()
            }
            Label {
                id: numberLabel
                text: '当前值: '+numberGenerator.number
            }
            Label {
                id: numberMaxLabel
                text: '最大值: '+numberGenerator.maxNumber
            }
        }
        Flow {
            Slider {
                from: 0
                to: 99
                value: numberGenerator.maxNumber
                onValueChanged: numberGenerator.setMaxNumber(value)
            }
        }
    }
}
```

上述代码中的 onClicked 信号会触发槽函数 numberGenerator.updateNumber()，同时会触发 numberChanged 信号通知当前值的改变。onValueChanged 信号会触发槽函数

numberGenerator.setMaxNumber()，该函数会发射 numberChanged 和 maxNumberChanged 这两个信号通知当前值和最大值的改变。

property.py 文件中的代码如下（这里需要注意两点，maxNumberChanged 使用@Signal 装饰符作为信号，numberChanged 使用 Signal 实例化作为信号，两者的效果是相同的。setMaxNumber()函数和 set_max_number()函数的功能相同，只是为了适应 Qt 的驼峰命名规则，创造了 setMaxNumber()函数，它们两个可以合并成 1 个）：

```python
import random
import sys

from PySide6.QtGui import QGuiApplication
from PySide6.QtQml import QQmlApplicationEngine
from PySide6.QtCore import QUrl, QObject, Signal, Slot, Property


#region number-generator
class NumberGenerator(QObject):
    def __init__(self):
        QObject.__init__(self)
        self.__number = 42
        self.__max_number = 99

    # number
    numberChanged = Signal(int)

    @Slot()
    def updateNumber(self):
        self.__set_number(random.randint(0, self.__max_number))

    def __set_number(self, val):
        if self.__number != val:
            self.__number = val
            self.numberChanged.emit(self.__number)

    def get_number(self):
        return self.__number

    number = Property(int, get_number, notify=numberChanged)

    # maxNumber
    @Signal
    def maxNumberChanged(self):
        pass

    @Slot(int)
    def setMaxNumber(self, val):
        self.set_max_number(val)
```

```python
    def set_max_number(self, val):
        if val < 0:
            val = 0

        if self.__max_number != val:
            self.__max_number = val
            self.maxNumberChanged.emit()

        if self.__number > self.__max_number:
            self.__set_number(self.__max_number)

    def get_max_number(self):
        return self.__max_number

    maxNumber = Property(int, get_max_number, set_max_number,
notify=maxNumberChanged)

#endregion number-generator

#region main
if __name__ == '__main__':
    app = QGuiApplication(sys.argv)
    engine = QQmlApplicationEngine()

    number_generator = NumberGenerator()
    engine.rootContext().setContextProperty("numberGenerator",
number_generator)

    engine.load(QUrl("main.qml"))

    if not engine.rootObjects():
        sys.exit(-1)

    sys.exit(app.exec())
#endregion main
```

运行脚本，显示效果如图 6-53 所示，按下按钮会修改当前值，拖动下面的滑块会修改当前值和最大值。

图 6-53

第 7 章

信号/槽和事件

本章介绍两方面内容：一是信号与槽，二是事件。本章对 PySide/PyQt 的高级内容进行收尾，介绍 PySide/PyQt 框架的最后一部分内容，在之后的章节中会介绍 PySide/PyQt 的 Python 扩展内容及应用，从这些内容中能够看到 Python 生态的强大之处。本章主要是对 Qt 的核心机制信号/槽和事件进行详细的介绍，希望能让读者对它们有清晰的认识。

7.1 信号与槽的简介

7.1.1 基本介绍

1. GUI 之间的通信

在 GUI 编程中，经常涉及控件之间通信的情况，如控件 B 依赖于控件 A，当控件 A 的参数发生变化时，通常希望控件 B 能够立刻知道这个情况，并做出相应的变化，这就是控件之间的相互通信。一般的 GUI 框架使用回调实现这种通信。回调是指向函数的指针，因此，如果希望某个 func 可以及时通知某个事件，则可以在 func 中调用回调，这个回调指向另一个函数的指针。尽管确实存在使用此方法的成功框架，但回调可能不直观，并且在确保回调参数的类型正确性（type-correctness）方面可能会遇到问题。

2. 信号/槽机制

Qt 使用了一种代替回调技术的方法，即信号/槽机制。信号/槽机制的基本原理是当特定事件发生时发出信号，并传递给槽函数。Qt 的小部件有许多预定义的信号，可以将小部件子类化并添加自定义信号。槽是响应特定信号而调用的函数，Qt 的小部件有许多预定义的插槽，但通常会对小部件子类化并添加自己的槽，以方便灵活处理感兴趣的信号。信号/槽机制是类型安全的，Qt 的信号/槽机制可以确保如果将信号连接到槽，那么槽将在正确的时间接收信号的参数并且进行调用。信号/槽机制可以接收任意数量的任意类型的参数。

信号/槽是 Qt 中的核心机制，也是在 PySide/PyQt 编程中对象之间进行通信的机制，从 QObject 或其子类之一（如 QWidget）继承的所有类都可以包含信号与槽。当对象更改状态时，它会根据需要发射信号，而这个信号会被绑定的槽函数捕捉并执行结果，这就是 Qt 中的通信机制。信号只负责发射，不关心是否有槽函数接收。同样，槽函数只用来接收信号，不知道是否有链接到它的信号发射，这体现了 Qt 通信机制的灵活性和独立性。信号/槽机制的示意图如图 7-1 所示。

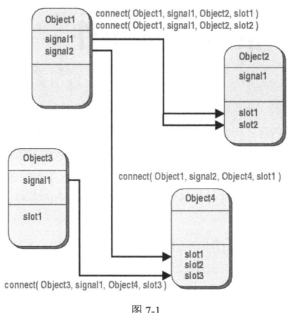

图 7-1

3．信号/槽机制的特点

PySide/PyQt 的窗口控件中有很多内置信号，也可以添加自定义信号。信号/槽机制具有如下特点。

- 一个信号可以连接多个槽，在发射信号时，插槽将按照它们连接的顺序一个接一个地执行。
- 一个信号可以连接另一个信号（在发射第一个信号时立即发射第二个信号）。
- 信号的参数可以是任意 Python 类型。
- 信号永远不能有返回类型。
- 一个槽可以监听多个信号。
- 信号/槽机制完全独立于任何 GUI 事件循环。
- 信号与槽的连接方式既可以是同步的，也可以是异步的。
- 信号与槽的连接可能会跨线程。
- 信号可能会断开。

4．两种通信机制之间的差别

与回调相比，信号/槽机制稍微慢一些，因为它提供了更高的灵活性，但是在实际的应用程序中两种机制的差异微不足道。一般来说，发送连接到某些插槽的信号比直接调

用接收器的性能差 10 倍。这是定位连接对象、安全迭代所有连接（即检查后续接收器在
发射期间没有被破坏），以及以通用方式编组任何参数所需的开销。但是，考虑到字符串、
向量、列表操作、新建实例或删除实例等操作，信号/槽机制的开销只占完整函数调用
的很小一部分。信号/槽机制的简单性和灵活性非常值得这部分开销，这些开销甚至不
会被注意到。

7.1.2 创建信号

Qt 提供了很多内置信号，如 QPushButton 的 clicked 信号、toggled 信号等，这些信号
系统已经定义好，可以满足绝大多数需求。如果需要其他信号，则可以自己定义信号。使
用 QtCore.Signal()函数可以创建信号，也可以为 QObject 及其子类（包括 QWidget 等）
创建信号。

使用 Signal()函数可以创建一个或多个重载的未绑定的信号作为类的属性。信号必须
在创建类时定义，不能在创建类以后作为类的属性动态添加进来。types 表示定义信号时
参数的类型；name 表示信号的名字，该项在默认情况下使用类的属性的名字。信号可以
传递多个参数，并指定信号传递参数的类型，参数类型是标准的 Python 数据类型（如字
符串、日期、布尔类型、数字、列表、元组和字典）。一般的创建方式如下［这是一个可
以传递 4 种参数（str、int、list 和 dict）的信号］：

```
from PySide6.QtCore import Signal
from PySide6.QtWidgets import  QWidget


class WinForm(QWidget):
     # Signal(*types: type, name: Union[str, NoneType] = None,
arguments: Union[str, NoneType] = None)
    btnClickedSignal = Signal(str,int,list,dict)
```

> **！ 注意**：PySide 6 和 PyQt 6 对信号与槽的命名稍有不同，PySide 6 命名为
> Signal 与 Slot，而在 PyQt 6 中对应为 pyqtSignal 与 pyqtSlot，它们只是名字不
> 同而已，使用方式没有区别。
> 因此，可以将 PyQt 6 代码和 PySide 6 代码尽量统一起来，减少后面的麻
> 烦，对 PyQt 6 代码可以尝试做如下修改：
> ```
> from PyQt6.QtCore import pyqtSignal as Signal
> from PyQt6.QtCore import pyqtSlot as Slot
> ```
> 当然，对 PySide 6 代码的修改也是一样的。

7.1.3 操作信号

使用 connect()函数可以把信号绑定到槽函数上。connect()函数的信息如图 7-2
所示。

```
connect(slot[, type=PyQt5.QtCore.Qt.AutoConnection[, no_receiver_check=False]])
    Connect a signal to a slot. An exception will be raised if the connection failed.

    Parameters:  • slot – the slot to connect to, either a Python callable or another bound signal.
                 • type – the type of the connection to make.
                 • no_receiver_check – suppress the check that the underlying C++ receiver instance still exists and
                   deliver the signal anyway.
```

图 7-2

使用 disconnect()函数可以解除信号与槽函数的绑定。disconnect()函数的信息如图 7-3 所示。

```
disconnect([slot])
    Disconnect one or more slots from a signal. An exception will be raised if the slot is not connected to the signal or if the
    signal has no connections at all.

    Parameters:  slot – the optional slot to disconnect from, either a Python callable or another bound signal. If it is
                 omitted then all slots connected to the signal are disconnected.
```

图 7-3

使用 emit()函数可以发射信号。当使用自定义信号时，不仅需要手动触发信号，还需要用 emit()函数。使用内置信号会自动触发，不需要执行 emit()函数。emit()函数的信息如图 7-4 所示。

```
emit(*args)
    Emit a signal.

    Parameters:  args – the optional sequence of arguments to pass to any connected slots.
```

图 7-4

7.1.4　槽函数

槽函数用来接收信号并执行相应的操作。槽函数可以是任何函数，也包括 lambda 表达式，主要作用是执行一些与信号匹配的操作。简单的信号与槽的连接方法如下（这里的 clicked 是 QPushButton 的内置信号）：

```
button2 = QPushButton("信号+槽")
button2.clicked.connect(self.button2Click)
def button2Click(self):
# do something
```

7.2　信号与槽的案例

本节会全面介绍信号与槽的实际使用方法。先把信号简单地分为内置信号和自定义信号，把槽函数分为内置槽和自定义槽，然后介绍它们之间的用法，同时介绍信号与槽的断开方式和连接方式。本节还介绍了 eric 中常用的装饰器信号与槽的用法，以及多线程信号与槽的用法。

案例 7-1　信号与槽的使用方法

本案例的文件名为 Chapter07/qt_SignalSlot.py，用于演示信号与槽的使用方法。

运行脚本，显示效果如图 7-5 所示。

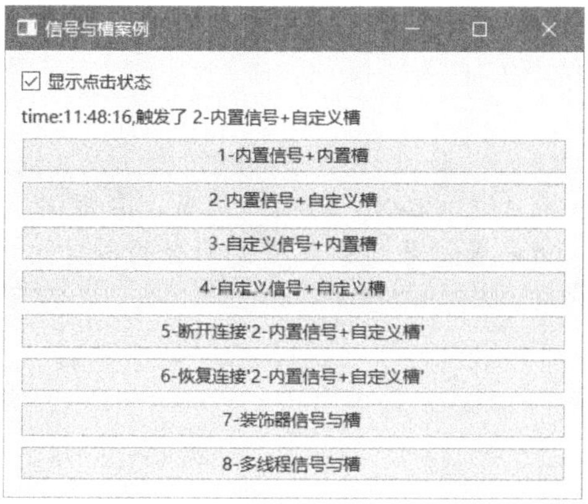

图 7-5

下面分为 8 个方面介绍信号与槽的应用。

7.2.1　内置信号+内置槽函数

这是使用 Qt Designer 的常用方法，无论是信号还是槽函数都使用 Qt 的内置函数，详见按钮 1，代码如下：

```
button1 = QPushButton("1-内置信号+内置槽", self)
layout.addWidget(button1)
button1.clicked.connect(self.checkBox.toggle)
```

button1.clicked 和 checkBox.toggle 都是内置方法，当单击按钮 1 时，会切换 checkbox 的选中状态，效果如图 7-6 所示。

图 7-6

> **注意：** 如果读者想知道一个控件到底有哪些内置信号与内置槽，请参考 2.4.2 节，其中提供了 4 种方法，后期开发使用的是第 3 种方法和第 4 种方法。
>
> 下面使用第 4 种方法以 QPushButton 为例进行介绍。通过 Qt 官方文档查看，QPushButton 有槽函数 showMenu()，如图 7-7 所示。

Reimplemented Public Functions

virtual QSize	minimumSizeHint() const override
virtual QSize	sizeHint() const override

Public Slots

void	showMenu()

Protected Functions

virtual void	initStyleOption(QStyleOptionButton *option) const

图 7-7

QPushButton 是 QAbstractButton 的子类，有如图 7-8 所示的几个信号与槽，QPushButton 的内置信号与内置槽是两者的并集。

Public Slots

void	animateClick()
void	click()
void	setChecked(bool)
void	setIconSize(const QSize &*size*)
void	toggle()

Signals

void	clicked(bool *checked* = false)
void	pressed()
void	released()
void	toggled(bool *checked*)

图 7-8

QAbstractButton 的父类 QWidget 有如图 7-9 所示的内置信号与内置槽。

Public Slots

bool	close()
void	hide()
void	lower()
void	raise()
void	repaint()
void	setDisabled(bool *disable*)
void	setEnabled(bool)
void	setFocus()
void	setHidden(bool *hidden*)
void	setStyleSheet(const QString &*styleSheet*)
virtual void	setVisible(bool *visible*)
void	setWindowModified(bool)
void	setWindowTitle(const QString &)
void	show()
void	showFullScreen()
void	showMaximized()
void	showMinimized()
void	showNormal()
void	update()

Signals

void	customContextMenuRequested(const QPoint &*pos*)
void	windowIconChanged(const QIcon &*icon*)
void	windowTitleChanged(const QString &*title*)

图 7-9

7.2.2 内置信号+自定义槽函数

虽然 Qt 提供的内置信号与内置槽足够丰富，但是信号要实现的往往不是单一的功能，所以需要使用多行代码，也就是说，一个槽函数搞不定，这就需要使用自定义槽函数。自定义槽函数也可以理解为自定义函数，在自定义函数中可以实现复杂的功能。相关代码如下：

```
self.button2 = QPushButton("2-内置信号+自定义槽", self)
layout.addWidget(self.button2)
self.connect1 = self.button2.clicked.connect(self.button2Click)
def button2Click(self):
    self.checkBox.toggle()
    sender = self.sender()
    self.label.setText('time:%s,触发了 %s'%
(time.strftime('%H:%M:%S'),sender.text()))
```

单击按钮 2 会触发 checkbox 的选中状态，并在 label 中显示信号触发的信息，如图 7-10 所示。self.sender()表示信号的发送者，返回 self.button2。connect()函数有一个返回值，可以捕获这个值（这里赋值为 self.connect1），后面可以用来断开连接；connect()函数也可以不返回值。

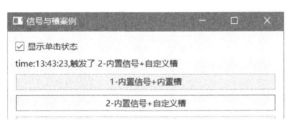

图 7-10

7.2.3 自定义信号+内置槽函数

本案例要使用两个自定义信号，并且把它们放在 __init__()之前定义，如下所示：

```
class SignalSlotDemo(QWidget):
    signal1 = Signal()
    signal2 = Signal(str)


    def __init__(self, *args, **kwargs):
        super(SignalSlotDemo, self).__init__(*args, **kwargs)
```

在实际使用时，自定义信号和内置信号没有太大的区别，只是自定义信号需要通过 emit()函数手动发射。可以通过 button.clicked 信号触发自定义信号的 emit()函数，代码如下：

```
button3 = QPushButton("3-自定义信号+内置槽", self)
self.signal1.connect(self.checkBox.toggle)
```

```
layout.addWidget(button3)
button3.clicked.connect(lambda: self.signal1.emit())
```

按钮 2 和按钮 1 的运行效果相同。

7.2.4 自定义信号+自定义槽函数

和按钮 2 一样，如果需要槽函数实现更多的功能，就需要自定义函数，代码如下：

```
button4 = QPushButton("4-自定义信号+自定义槽", self)
self.signal2[str].connect(self.button4Click)
layout.addWidget(button4)
button4.clicked.connect(lambda: self.signal2.emit('我是参数'))

def button4Click(self, _str):
    self.checkBox.toggle()
    self.label.setText('time:%s,触发了 4-内置信号+自定义槽,并传递了一个参数：
"%s"' %(time.strftime('%H:%M:%S'),_str))
```

运行脚本，显示效果如图 7-11 所示，为了方便说明问题，这里为自定义信号传递一个参数。

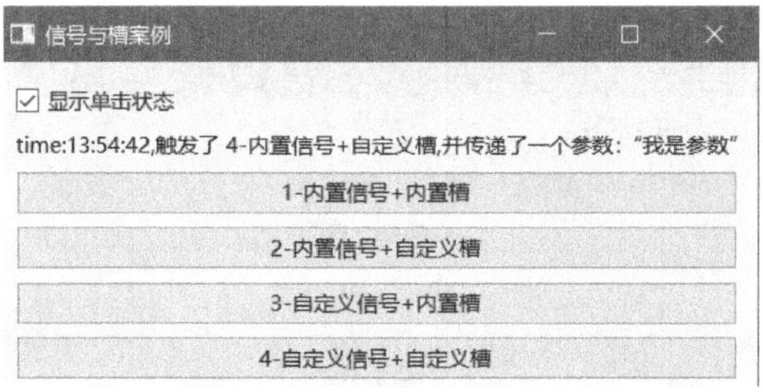

图 7-11

需要注意的是，这里的 self.signal2[str].connect()是标准的写法，也可以去掉[str]，效果是一样的，如下所示：

```
self.signal2.connect(self.button4Click)
```

7.2.5 断开信号与槽连接

有时需要断开部分连接，这就需要使用 disconnect()函数，见按钮 5，代码信息如下：

```
self.button2 = QPushButton("2-内置信号+自定义槽", self)
layout.addWidget(self.button2)
self.connect1 = self.button2.clicked.connect(self.button2Click)
```

```
button5 = QPushButton("5-断开连接'2-内置信号+自定义槽'", self)
layout.addWidget(button5)
button5.clicked.connect(self.button5Click)

def button5Click(self):
    try:
        self.button2.clicked.disconnect()
        self.label.setText("time:%s,断开连接: '2-内置信号+自定义槽'" %
time.strftime('%H:%M:%S'))
    except:
        self.label.setText("time:%s,'2-内置信号+自定义槽'已经断开连接,不用重复断
开" % time.strftime('%H:%M:%S'))
```

这里使用 self.button2.clicked.disconnect()表示断开 button2（即按钮 2）中 clicked 信号的所有连接。也可以指定特定连接，就本案例而言，以下代码的效果是相同的：

```
self.button2.clicked.disconnect()                    # 断开所有连接
self.button2.disconnect(self.connect1)               # 断开特定连接
self.button2.clicked.disconnect(self.button2Click)   # 断开特定连接
```

第一次单击按钮 5 会断开按钮 2 的连接，导致按钮 2 连接失效。再次单击按钮 5 会产生异常，因为连接已经断开，这里通过 try 语句来捕获，结果如图 7-12 所示。

图 7-12

7.2.6　恢复信号与槽连接

恢复连接使用 connect()函数，也就是新建连接，代码如下：

```
button6 = QPushButton("6-恢复连接'2-内置信号+自定义槽'", self)
layout.addWidget(button6)
button6.clicked.connect(self.button6Click)

def button6Click(self):
    if self.isSignalConnect_(self.button2,'clicked()'):
```

```
        self.button2.clicked.disconnect(self.button2Click)
    self.button2.clicked.connect(self.button2Click)
    self.label.setText("time:%s,重新连接了：'2-内置信号+自定义槽
'"%time.strftime('%H:%M:%S'))


def isSignalConnect_(self, obj, name):
    """判断信号是否连接
    :param obj:        对象
    :param name:       信号名，如 clicked()
    """
    index = obj.metaObject().indexOfMethod(name)
    if index > -1:
        method = obj.metaObject().method(index)
        if method:
            return obj.isSignalConnected(method)
    return False
```

　　想要恢复连接，需要确保连接已经断开，否则会出现其他问题。和按钮 5 的断开连接不同，这里使用 isSignalConnect_()函数检测某个信号是否有连接，这样做更智能一些。当然，也可以像按钮 5 一样，直接用 try 语句断开连接，效果是一样的：

```
try:
    self.button2.clicked.disconnect(self.button2Click)
except:
    pass
```

> **注意 1**：使用代码可以知道控件包含哪些信号与槽，这就涉及 Qt 的元对象 metaObject，元对象包含关于继承 QObject 类的信息，如类名、超类名、属性、信号与槽。通过如下代码可以获取 self.button2 包含哪些信号与槽：
> ```
> metaobject = self.button2.metaObject()
> for i in range(metaobject.methodCount()):
>     print(metaobject.method(i).methodSignature())
> ```
> ==》》》
> 输出结果如下：
> ==》》》
> ```
> b'destroyed(QObject*)'
> b'destroyed()'
> b'objectNameChanged(QString)'
> b'deleteLater()'
> ###此处省略一些输出###
> b'setChecked(bool)'
> b'showMenu()'
> b'_q_popupPressed()'.
> ```

注意 2：此外，通过 receivers() 函数可以获取某个信号连接了多少槽函数。例如，下面的代码表示 self.button1.clicked 信号连接了几个槽函数（但是此处的代码只能在 PyQt 6 中运行，不能在 PySide 6 中运行，笔者猜测可能是因为 PySide 6 还不够成熟，在正常情况下两者的使用方式应该是一样的）：

```
self.button1.receivers(self.button1.clicked) #return int
```

上面介绍了某个控件包含哪些信号、某个信号连接几个槽函数、某个信号是否连接槽函数、信号与槽连接的断开和恢复的方法，这些方法可以应对信号与槽断开和连接的大多数问题。

7.2.7　装饰器信号与槽连接

所谓的装饰器信号与槽，就是通过装饰器的方法来定义信号与槽函数，具体的使用方法如下：

```
from PySide6.QtCore import Signal,Slot, QMetaObject
@Slot(参数)
def on_发送者对象名称_发射信号名称(self, 参数):
    pass
```

这种方法有效的前提是已经执行了下面的函数：

```
QMetaObject.connectSlotsByName(QObject)
```

在上面的代码中，"发送者对象名称"就是使用 setObjectName() 函数设置的名称，因此，自定义槽函数的命名规则也可以看成"on + 使用 setObjectName() 函数设置的名称 + 信号名称"，这种方法在 eric IDE 中经常可以见到。接下来介绍具体的使用方法，代码如下：

```
self.button7 = QPushButton("7-装饰器信号与槽", self)
self.button7.setObjectName("button7Slot")
layout.addWidget(self.button7)
QMetaObject.connectSlotsByName(self)


@Slot()
def on_button7Slot_clicked(self):
    self.checkBox.toggle()
    self.label.setText('time:%s,触发了 7-装饰器信号与槽' %time.strftime
('%H:%M:%S'))
```

上面的代码等同于如下代码：

```
self.button7 = QPushButton("7-装饰器信号与槽", self)
layout.addWidget(self.button7)
self.button7.clicked.connect(self.button7Click)


def button7Clicked(self):
    self.checkBox.toggle()
```

```
self.label.setText('time:%s,触发了 7-装饰器信号与槽' %time.strftime
('%H:%M:%S'))
```

单击按钮 7,运行效果如图 7-13 所示。

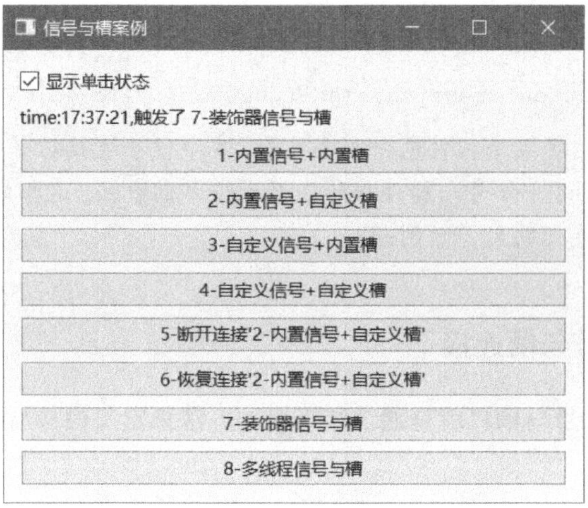

图 7-13

7.2.8 多线程信号与槽连接

有时在开发程序时经常会执行一些非常耗时的操作,这样就会导致界面卡顿。为了解决这个问题,可以创建多线程,使用主线程更新界面,使用子线程实时处理数据,并将结果显示到界面上。

本案例定义了一个后台线程类 BackendThread 来模拟后台耗时的操作,在这个线程类中定义了信号 update_date,每秒发射一次自定义信号 update_date,代码如下:

```
class BackendThread(QThread):
    # 通过类成员对象定义信号对象
    update_date = Signal(str)

    # 处理要做的业务逻辑
    def run(self):
        while True:
            self.update_date.emit(time.strftime('%H:%M:%S'))
            time.sleep(1)
```

把 update_date 信号连接到槽函数 display_time(),这样后台线程每发射一次信号,就可以把最新的时间实时显示在前台的控件 self.button8 上。为了避免多次连接,可以通过 hasattr(self,'backend')函数确保线程只运行一次,代码如下:

```
self.button8 = QPushButton("8-多线程信号与槽", self)
layout.addWidget(self.button8)
self.button8.clicked.connect(self.button8Click)
```

```
def button8Click(self):
    self.checkBox.toggle()
    if hasattr(self,'backend'):
        self.label.setText(f"time:{time.strftime('%H:%M:%S')},已经开启线程,不
用重复开启")
    else:
        # 创建线程
        self.backend = BackendThread()
        # 连接信号
        self.backend.update_date.connect(self.display_time)
        # 开始线程
        self.backend.start()

def display_time(self,tim):
    self.button8.setText(f'8-多线程,time: {tim}')
```

单击按钮 8，运行效果如图 7-14 所示。

图 7-14

7.3　信号与槽的参数

7.2 节介绍了信号与槽的基本使用方法,本节介绍其参数传递的情况。通过为槽函数传递特定的参数,可以实现更复杂的功能。既可以传递 Qt 的内置参数,也可以传递自定义参数,当然,内置参数和自定义参数也可以放在一起传递。自定义参数既可以通过 lambda 表达式传递,也可以通过 partial()函数传递,这些都会在本节进行介绍。

案例 7-2　信号与槽的参数

本案例的文件名为 Chapter07/qt_SignalSlotParam.py,用于演示 Signal 和 Slot 的使

用方法，此处不再赘述代码。

运行脚本，显示效果如图 7-15 所示。

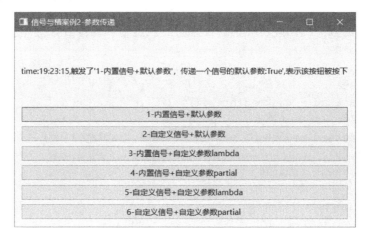

图 7-15

7.3.1 内置信号+默认参数

这部分内容在 7.2 节已经介绍了，此处不再赘述，代码如下：

```
self.button1 = QPushButton("1-内置信号+默认参数", self)
self.button1.setCheckable(True)
layout.addWidget(self.button1)
self.button1.clicked[bool].connect(self.button1Click)

def button1Click(self,bool1):
    if bool1 == True:
        self.label.setText("time:%s,触发了'1-内置信号+默认参数',传递一个信号的默
认参数:%s',表示该按钮被按下"%(time.strftime('%H:%M:%S'),bool1))
    else:
        self.label.setText("time:%s,触发了'1-内置信号+默认参数',传递一个信号的默
认参数:%s',表示该按钮没有被按下"%(time.strftime('%H:%M:%S'),bool1))
```

单击按钮 1，self.button1 的按钮状态会切换，self.label 会显示信号触发情况，结果如图 7-15 所示。

7.3.2 自定义信号+默认参数

这部分内容在 7.2 节已经介绍了，没有什么难度，此处不再赘述，代码如下：

```
button2 = QPushButton("2-自定义信号+默认参数", self)
button2.setCheckable(True)
self.signal2[str].connect(self.button2Click)
layout.addWidget(button2)
button2.clicked.connect(lambda: self.signal2.emit('我是参数'))
```

```
def button2Click(self,_str):
    self.label.setText("time:%s,触发了'2-自定义信号+默认参数',传递一个信号的默认
参数:%s'"%(time.strftime('%H:%M:%S'),_str))
```

运行脚本，显示效果如图 7-16 所示。

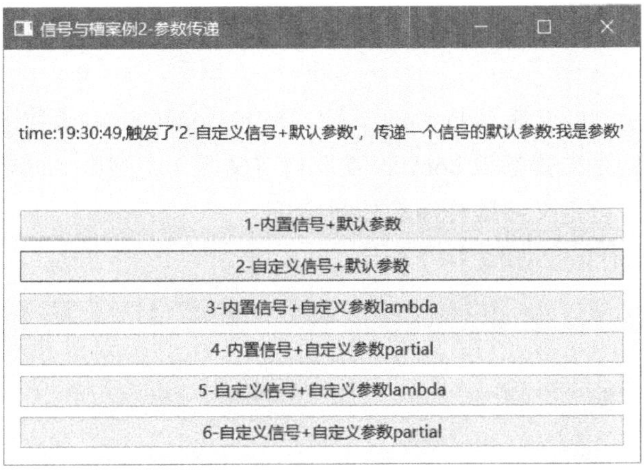

图 7-16

7.3.3 内置信号+自定义参数 lambda

在 PySide/PyQt 编程过程中，经常会遇到为槽函数传递自定义参数的情况，如有一个
信号与槽函数的连接如下：

```
button1.clicked.connect(show_page)
```

对于 clicked 信号来说，它不能发出参数；对于 show_page()槽函数来说，它需要
接收参数，如 show_page()函数可以是这样的：

```
def show_page(self, name):
print(name," 单击啦")
```

于是产生一个问题——信号发出的参数个数为 0，槽函数接收的参数个数为 1，由于
0<1，因此运行之后一定会报错（这是因为信号发出的参数个数必须大于或等于槽函数接
收的参数个数）。

本节通过 lambda 表达式来解决这个问题，下面的章节会介绍通过 functools 中的
partial()函数来解决这个问题，笔者通常使用 lambda 表达式。详见按钮 3，代码如下：

```
self.button3 = QPushButton("3-内置信号+自定义参数 lambda", self)
self.button3.setCheckable(True)
layout.addWidget(self.button3)
self.button3.clicked[bool].connect(lambda
bool1:self.button3Click(bool1,button=self.button3,a=5,b='botton3'))

def button3Click(self,bool1,button,a,b):
    if bool1 == True:
```

```
        _str = f"time:{time.strftime('%H:%M:%S')},触发了'{button.text()}',传
递一个信号的默认参数:{bool1}',表示该按钮被按下。\n 三个自定义参数
button='{button}',a={a},b='{b}'"
    else:
        _str = f"time:{time.strftime('%H:%M:%S')},触发了'{button.text()}',
传递一个信号的默认参数:{bool1}',表示该按钮没有被按下。\n 三个自定义参数
button='{button}',a={a},b='{b}'"
    self.label.setText(_str)
```

如上述代码所示，可以通过 lambda 表达式对 button3Click()函数进行封装，这个函数传递 4 个参数，分别是内置参数 bool1，以及自定义的 3 个参数 button、a、b。内置参数表示按钮按下状态，自定义参数传递额外的信息。

单击按钮 3，运行效果如图 7-17 所示。

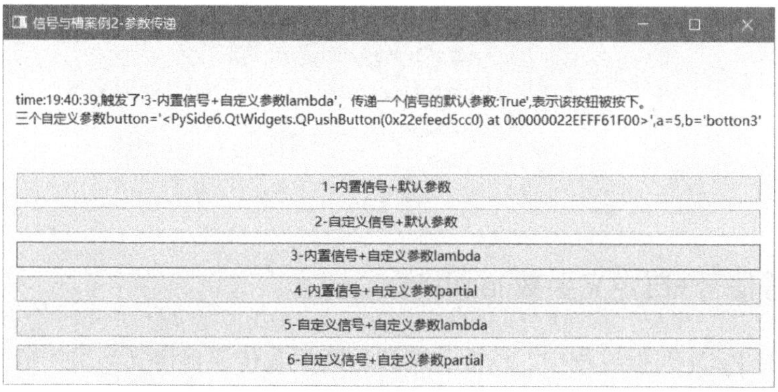

图 7-17

7.3.4 内置信号+自定义参数 partial

使用 partial()函数的效果和使用 lambda 表达式的效果是一样的，这里通过*args 捕获内置参数 bool，代码如下：

```
from functools import partial

self.button4 = QPushButton("4-内置信号+自定义参数 partial", self)
self.button4.setCheckable(True)
layout.addWidget(self.button4)
self.button4.clicked[bool].connect(partial(self.button4Click,*args,button=
self.button4,a=7,b='button4'))

def button4Click(self,bool1,button,a,b):
    if bool1 == True:
        _str = f"time:{time.strftime('%H:%M:%S')},触发了'{button.text()}',传
递一个信号的默认参数:{bool1}',表示该按钮被按下。\n 三个自定义参数
button='{button}',a={a},b='{b}'"
    else:
```

```
    _str = f"time:{time.strftime('%H:%M:%S')}},触发了'{button.text()}',传
递一个信号的默认参数:{bool1}',表示该按钮没有被按下。\n 三个自定义参数
button='{button}',a={a},b='{b}'"
    self.label.setText(_str)
```

单击按钮 4，运行效果如图 7-18 所示。

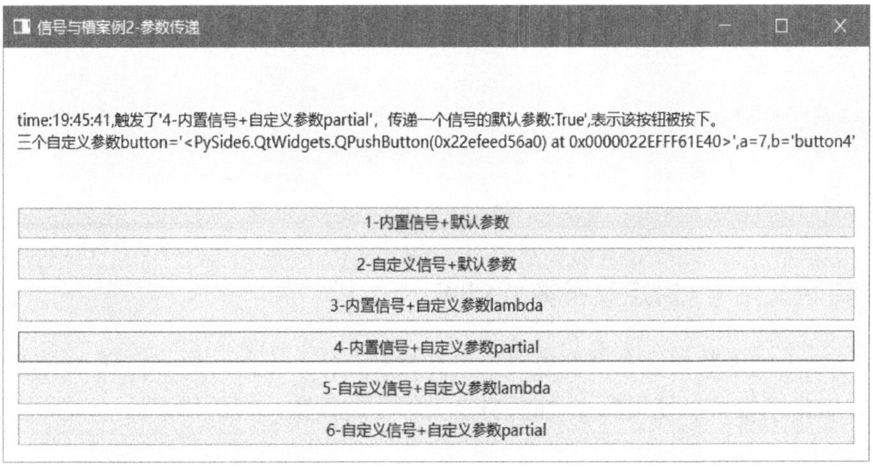

图 7-18

7.3.5　自定义信号+自定义参数 lambda

为了更好地介绍自定义信号的问题，本节定义了比较复杂的信号，即 signal3 = Signal (str,int,list,dict)，使用它可以传递多个不同类型的参数，使用方法如下：

```
signal3 = Signal(str,int,list,dict)
def __init__(self, *args, **kwargs):
    super(SignalSlotDemo, self).__init__(*args, **kwargs)
self.button5 = QPushButton("5-自定义信号+自定义参数 lambda", self)
self.signal3[str,int,list,dict].connect(lambda
a1,a2,a3,a4:self.button5Click(a1,a2,a3,a4,button=self.button5,a=7,b='butto
n5'))
layout.addWidget(self.button5)
self.button5.clicked.connect(lambda: self.signal3.emit('参数
1',2,[1,2,3,4],{'a':1,'b':2}))


def button5Click(self,*args,button,a,b):
    _str = f"time:{time.strftime('%H:%M:%S')}},触发了'{button.text()}',传递信
号的默认参数:{args}',\n 三个自定义参数 button='{button}',a={a},b='{b}'"
    self.label.setText(_str)
```

从上面的代码中可以看出，其使用方法和单一参数的使用方法没有什么不同。单击
按钮 5，运行效果如图 7-19 所示。

图 7-19

7.3.6 自定义信号+自定义参数 partial

使用 partial()函数传递多个参数和单个参数没有什么不同，这一点和 lambda 表达式一样。partial()函数可以使用*args 捕获自定义信号的参数，代码如下：

```
signal4 = Signal(str,int,list,dict)
def __init__(self, *args, **kwargs):
    super(SignalSlotDemo, self).__init__(*args, **kwargs)
self.button6 = QPushButton("6-自定义信号+自定义参数 partial", self)
self.signal4[str,int,list,dict].connect(partial(self.button6Click,*args,bu
tton=self.button6,a=7,b='button6'))
layout.addWidget(self.button6)
self.button6.clicked.connect(lambda: self.signal4.emit('参数 1',2,
[1,2,3,4],{'a':1,'b':2}))


def button6Click(self,*args,button,a,b):
    _str = f"time:{time.strftime('%H:%M:%S')},触发了'{button.text()}',传递信
号的默认参数:{args}',\n 三个自定义参数 button='{button}',a={a},b='{b}'"
    self.label.setText(_str)
```

单击按钮 6，运行效果如图 7-20 所示。

图 7-20

7.4 基于 Qt Designer 的信号与槽

7.2 节和 7.3 节通过手写代码的方式来介绍信号与槽的用法，这种介绍方式比较直观和具体。也可以使用 Qt Designer 创建信号与槽，这种方式的好处是可以可视化创建页面视图，少写很多代码，只需要关注逻辑部分就可以。

本节案例要实现的功能如下：通过一个模拟打印的界面来详细说明信号的使用，在打印时可以设置打印的份数、纸张类型，触发"打印"按钮后，将执行结果显示在右侧；通过 QCheckBox（"全屏预览"复选框）来选择是否通过全屏模式进行预览，并将执行结果显示在右侧。

按 F1 键可以显示 helpMessage 信息。

使用 Qt Designer 新建一个模板名为 Widget 的简单窗口，该窗口的文件名为 MainWinSignalSlog.ui。将 Widget Box 窗格的控件拖曳到窗口中，实现的界面效果如图 7-21 所示。

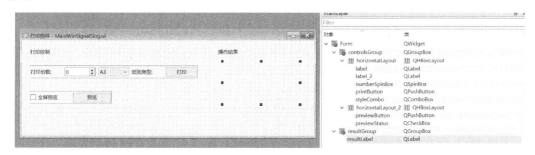

图 7-21

下面对窗口中的控件进行简要说明，如表 7-1 所示。

表 7-1

控 件 类 型	控 件 名 称	作 用
QSpinBox	numberSpinBox	显示打印的份数
QComboBox	styleCombo	显示打印的纸张类型，包括 A3、A4 和 A5
QPushButton	printButton	连接 emitPrintSignal() 函数的绑定，触发自定义信号 printSignal 的发射
QCheckBox	previewStatus	是否全屏预览
QPushButton	previewButton	连接 emitPreviewSignal() 函数的绑定，触发自定义信号 previewSignal 的发射
QLabel	resultLabel	显示执行结果

将界面文件转换为 Python 文件，需要输入以下命令把 MainWinSignalSlog.ui 文件转换为 MainWinSignalSlog.py 文件（如果命令执行成功，那么在 MainWinSignalSlog.ui 文件的同级目录下会生成一个同名的.py 文件）：

```
pysidey-uic.exe -o MainWinSignalSlog.py MainWinSignalSlog.ui
```

案例 7-3　基于 Qt Designer 的信号与槽的使用方法

　　为了使窗口的显示和业务逻辑分离，需要新建一个调用窗口显示的文件 MainWinSignalSlogRun.py，在调用类中添加多个自定义信号，并与槽函数进行绑定，代码如下：

```python
class MyMainWindow(QMainWindow, Ui_Form):
    helpSignal = Signal(str)
    printSignal = Signal(list)
    # 声明一个多重载版本的信号，包括一个带 int 类型和 str 类型的参数的信号，以及一个带 str 类型
    的参数的信号
    previewSignal = Signal([int, str], [str])

    def __init__(self, parent=None):
        super(MyMainWindow, self).__init__(parent)
        self.setupUi(self)
        self.initUI()

    def initUI(self):
        self.helpSignal.connect(self.showHelpMessage)
        self.printSignal.connect(self.printPaper)
        self.previewSignal[str].connect(self.previewPaper)
        self.previewSignal[int, str].connect(self.previewPaperWithArgs)

        self.printButton.clicked.connect(self.emitPrintSignal)
        # self.previewButton.clicked.connect(self.emitPreviewSignal)

    # 发射预览信号
    def emitPreviewSignal(self):
        if self.previewStatus.isChecked() == True:
            self.previewSignal[int, str].emit(1080, " Full Screen")
        elif self.previewStatus.isChecked() == False:
            self.previewSignal[str].emit("Preview")

    # 发射打印信号
    def emitPrintSignal(self):
        pList = []
        pList.append(self.numberSpinBox.value())
        pList.append(self.styleCombo.currentText())
        self.printSignal.emit(pList)

    def printPaper(self, list):
        self.resultLabel.setText("打印: " + "份数: " + str(list[0]) + " 纸张: " +
str(list[1]))

    def previewPaperWithArgs(self, style, text):
```

```
        self.resultLabel.setText(str(style) + text)

    def previewPaper(self, text):
        self.resultLabel.setText(text)


    # 重载单击键盘事件
    def keyPressEvent(self, event):
        if event.key() == Qt.Key_F1:
            self.helpSignal.emit("help message")


    # 显示帮助消息
    def showHelpMessage(self, message):
        self.resultLabel.setText(message)
        self.statusBar().showMessage(message)
```

运行脚本，显示效果如图 7-22 所示。

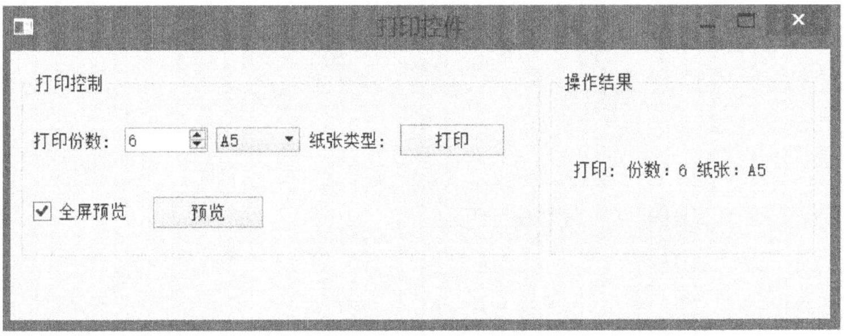

图 7-22

上述代码中的绝大多数内容在 7.2 节和 7.3 节已经有所介绍，需要注意的是，previewSignal 信号可以传递两种类型的参数，分别是两个参数的[int,str]及一个参数的[str]，涉及的代码如下：

```
    # 声明一个多重载版本的信号，包括一个带 int 类型和 str 类型的参数的信号，以及一个带 str 类型
的参数的信号
    previewSignal = Signal([int, str], [str])
def initUI(self):
        self.helpSignal.connect(self.showHelpMessage)
        self.printSignal.connect(self.printPaper)
        self.previewSignal[str].connect(self.previewPaper)
        self.previewSignal[int, str].connect(self.previewPaperWithArgs)
        self.printButton.clicked.connect(self.emitPrintSignal)
        self.previewButton.clicked.connect(self.emitPreviewSignal)


    # 发射预览信号
    def emitPreviewSignal(self):
        if self.previewStatus.isChecked() == True:
            self.previewSignal[int, str].emit(1080, " Full Screen")
```

```
elif self.previewStatus.isChecked() == False:
    self.previewSignal[str].emit("Preview")
```

在 MainWinSignalSlogRun.py 文件中,并没有把 previewButton 按钮和 emitPreviewSignal()
槽函数连接起来,实际上它们却连接成功,这是怎么回事呢?这主要是因为使用 Qt Designer
添加了自定义信号与槽,具体的添加方法如图 7-23 所示。

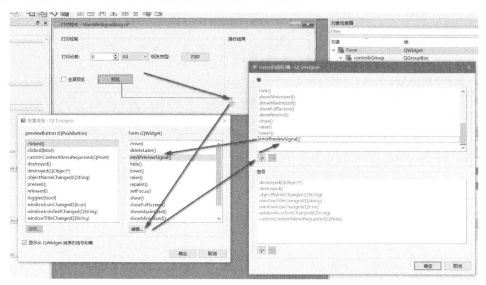

图 7-23

需要注意的是,当这里的目标控件为主窗口时才可以使用自定义槽函数,这一点在
2.4 节已经介绍过。先通过这种方式添加自定义槽函数,然后通过 pyside6-uic 转换成
MainWinSignalSlog.py 文件,在这个文件中可以看到如下代码:

```
self.previewButton.clicked.connect(Form.emitPreviewSignal)
```

可以看到,在 MainWinSignalSlog.py 文件中已经定义了 clicked 信号与槽函数
emitPreviewSignal()的绑定,因此在 MainWinSignalSlogRun.py 文件中可以运行。

这种方式的逻辑比较麻烦,因为 Form.emitPreviewSignal 调用的实际上是子类的方
法,而这个方法对于 Form 本身来说是不存在的。也就是说,它调用了一个不存在的方法,
逻辑不通。对于这行代码,在 MainWinSignalSlogRun.py 文件中定义也是一样的,逻辑上
会更顺畅一些。总的来说,不太推荐使用 Qt Designer 来添加自定义信号与槽函数,建议
在它的启动文件中添加。

7.5 事件处理机制

Qt 为事件处理提供了两种机制:高级的信号/槽机制,以及低级的事件处理机制。
使用信号/槽机制只能解决窗口控件的某些特定行为,如果要对窗口控件做更深层次的
研究,如自定义窗口等,则需要使用低级的事件处理机制。

一般来说，正常的信号/槽机制就够用了，如果有更高层次的需求，如修改鼠标移动和单击、键盘触发机制等，就需要使用事件处理机制。可以认为事件处理机制是信号/槽机制的补充，因此本书把事件处理机制放在本章介绍。

7.5.1　事件处理机制和信号/槽机制的区别

信号/槽机制可以说是对事件处理机制的高级封装，如果说事件是用来创建窗口控件的，那么信号与槽就是用来对这个窗口控件进行使用的。例如，在使用一个按钮时，只需要关注 clicked 信号，不必关注这个按钮如何接收并处理鼠标单击事件，以及发射这个信号。但是如果要重载一个按钮，就需要关注这个问题。如果要改变它的行为，则在按下鼠标按键时触发 clicked 信号，而不是在释放时触发 clicked 信号。

7.5.2　常见事件类型

PySide/PyQt 是对 Qt 的封装，Qt 程序是事件驱动的，它的每个动作都由幕后的某个事件触发。有些事件类型类支持多种动作触发方式，如 QMouseEvent 支持鼠标按键按下、双击、移动等相关操作。事件来源比较广泛，一些事件来自窗口系统（如 QMouseEvent 和 QKeyEvent），一些事件来自其他来源（如 QTimerEvent），有些事件来自应用程序本身。常见的 Qt 事件如下。

- 键盘事件：按键按下和松开。
- 鼠标事件：鼠标指针移动、鼠标按键按下和松开。
- 拖放事件：用鼠标进行拖放。
- 滚轮事件：用鼠标滚轮滚动。
- 绘屏事件：重绘屏幕的某些部分。
- 定时事件：定时器到时。
- 焦点事件：键盘焦点移动。
- 进入事件和离开事件：鼠标指针移入 Widget 内，或者移出。
- 移动事件：Widget 的位置改变。
- 大小改变事件：Widget 的大小改变。
- 显示事件和隐藏事件：Widget 的显示和隐藏。
- 窗口事件：窗口是否为当前窗口。

还有一些常见的 Qt 事件，如 Socket 事件、剪贴板事件、字体改变事件、布局改变事件等。Qt 中所有的事件类型如表 7-2 所示。

表 7-2

事 件 类 型	描　　述
QtCore.QAbstractEventDispatcher	QAbstractEventDispatcher 类提供了一个接口来管理 Qt 的事件队列
QtCore.QBasicTimer	QBasicTimer 类为对象提供计时器事件

事 件 类 型	描 述
QtCore.QEvent	QEvent 类是所有事件类的基类。事件对象包含参数
QtCore.QTimerEvent	QTimerEvent 类包含描述计时器事件的参数
QtCore.QChildEvent	QChildEvent 类包含子对象事件的参数
QtCore.QDynamicPropertyChangeEvent	QDynamicPropertyChangeEvent 类包含动态属性更改事件的参数
QtCore.QTimer	QTimer 类提供重复和单次定时器
QtGui.QEnterEvent	QEnterEvent 类包含描述输入事件的参数
QtGui.QInputEvent	QInputEvent 类是描述用户输入的事件的基类
QtGui.QMouseEvent	QMouseEvent 类包含描述鼠标事件的参数
QtGui.QHoverEvent	QHoverEvent 类包含描述鼠标事件的参数
QtGui.QWheelEvent	QWheelEvent 类包含描述鼠标滚轮事件的参数
QtGui.QKeyEvent	QKeyEvent 类描述了一个按键事件
QtGui.QFocusEvent	QFocusEvent 类包含小部件焦点事件的参数
QtGui.QPaintEvent	QPaintEvent 类包含绘制事件的参数
QtGui.QMoveEvent	QMoveEvent 类包含移动事件的参数
QtGui.QExposeEvent	QExposeEvent 类包含用于公开事件的参数
QtGui.QPlatformSurfaceEvent	QPlatformSurfaceEvent 类用于通知本机 platform surface 相关事件
QtGui.QResizeEvent	QResizeEvent 类包含调整大小事件的参数
QtGui.QCloseEvent	QCloseEvent 类包含描述关闭事件的参数
QtGui.QIconDragEvent	QIconDragEvent 类指示主图标拖动已开始
QtGui.QContextMenuEvent	QContextMenuEvent 类包含描述上下文菜单事件的参数
QtGui.QInputMethodEvent	QInputMethodEvent 类为输入法事件提供参数
QtGui.QTabletEvent	QTabletEvent 类包含描述平板电脑事件的参数
QtGui.QNativeGestureEvent	QNativeGestureEvent 类包含描述手势事件的参数
QtGui.QDropEvent	QDropEvent 类提供了一个在拖放操作完成时发送的事件
QtGui.QDragEnterEvent	QDragEnterEvent 类提供了一个事件，当拖放操作进入小部件时，该事件被发送到小部件
QtGui.QDragMoveEvent	QDragMoveEvent 类提供了一个在拖放操作正在进行时发送的事件
QtGui.QDragLeaveEvent	QDragLeaveEvent 类提供了一个事件，当拖放操作离开小部件时，该事件被发送到小部件
QtGui.QHelpEvent	QHelpEvent 类提供了一个事件，用于请求有关小部件中特定点的有用信息
QtGui.QStatusTipEvent	QStatusTipEvent 类提供了一个用于在状态栏中显示消息的事件
QtGui.QWhatsThisClickedEvent	QWhatsThisClickedEvent 类提供了一个事件，可以用于处理 "这是什么？" 中的超链接、文本
QtGui.QActionEvent	QActionEvent 类提供了在添加、删除或更改 QAction 时生成的事件
QtGui.QHideEvent	QHideEvent 类提供了一个在小部件隐藏后发送的事件
QtGui.QShowEvent	QShowEvent 类提供了在显示小部件时发送的事件
QtGui.QFileOpenEvent	QFileOpenEvent 类提供了一个事件，当请求打开文件或 URL 时将发送该事件

续表

事件类型	描述
QtGui.QShortcutEvent	QShortcutEvent 类提供了一个在用户按下组合键时生成的事件
QtGui.QWindowStateChangeEvent	QWindowStateChangeEvent 类在窗口状态更改之前提供窗口状态
QtGui.QTouchEvent	QTouchEvent 类包含描述触摸事件的参数
QtGui.QScrollPrepareEvent	发送 QScrollPrepareEvent 类以准备滚动
QtGui.QScrollEvent	滚动时发送 QScrollEvent 类
QtGui.QPointingDevice	QPointingDevice 类描述了鼠标、触摸或平板电脑事件源自的设备
QtGui.QPointingDeviceUniqueId	QPointingDeviceUniqueId 标识一个唯一的对象,如标记的令牌或手写笔,它与定点设备(PointingDevice)一起使用
QtGui.QShortcut	QShortcut 类用于创建键盘快捷键
QtWidgets.QGestureEvent	QGestureEvent 类提供触发手势的描述

以 QWidget 为例,所有鼠标事件(如 mouseDoubleClickEvent(QMouseEvent *event)、mouseMoveEvent(QMouseEvent *event) 、 mousePressEvent(QMouseEvent *event) 、 mouseReleaseEvent(QMouseEvent *event))传递的参数 event 都是 QMouseEvent 类的实例。想要修改鼠标的默认行为,就需要重写这些事件函数,并对 QMouseEvent 类的实例进行操作。QWidget 的其他事件如图 7-24 所示,由此可以知道要修改特定事件的类型时需要重写哪些事件方法。

Protected Functions

virtual void	actionEvent(QActionEvent *event)
virtual void	changeEvent(QEvent *event)
virtual void	closeEvent(QCloseEvent *event)
virtual void	contextMenuEvent(QContextMenuEvent *event)
void	create(WId window = 0, bool initializeWindow = true, bool destroyOldWindow = true)
void	destroy(bool destroyWindow = true, bool destroySubWindows = true)
virtual void	dragEnterEvent(QDragEnterEvent *event)
virtual void	dragLeaveEvent(QDragLeaveEvent *event)
virtual void	dragMoveEvent(QDragMoveEvent *event)
virtual void	dropEvent(QDropEvent *event)
virtual void	enterEvent(QEnterEvent *event)
virtual void	focusInEvent(QFocusEvent *event)
bool	focusNextChild()
virtual bool	focusNextPrevChild(bool next)
virtual void	focusOutEvent(QFocusEvent *event)
bool	focusPreviousChild()

图 7-24

virtual void	hideEvent(QHideEvent *event)
virtual void	inputMethodEvent(QInputMethodEvent *event)
virtual void	keyPressEvent(QKeyEvent *event)
virtual void	keyReleaseEvent(QKeyEvent *event)
virtual void	leaveEvent(QEvent *event)
virtual void	mouseDoubleClickEvent(QMouseEvent *event)
virtual void	mouseMoveEvent(QMouseEvent *event)
virtual void	mousePressEvent(QMouseEvent *event)
virtual void	mouseReleaseEvent(QMouseEvent *event)
virtual void	moveEvent(QMoveEvent *event)
virtual bool	nativeEvent(const QByteArray &eventType, void *message, qintptr *result)
virtual void	paintEvent(QPaintEvent *event)
virtual void	resizeEvent(QResizeEvent *event)
virtual void	showEvent(QShowEvent *event)
virtual void	tabletEvent(QTabletEvent *event)
virtual void	wheelEvent(QWheelEvent *event)

图 7-24（续）

7.5.3　使用事件处理的方法

PySide/PyQt 提供了如下 5 种事件处理和过滤的方法（由弱到强），其中前两种方法使用得比较频繁。在一般情况下，应尽量避免使用第 3～5 种方法，因为使用这 3 种方法不仅会增加代码的复杂性，还会降低程序性能。

1）重新实现事件函数

mousePressEvent()、keyPressEvent()和 paintEvent()是常规的事件处理方法。

2）重新实现 QObject.event()函数

该方法一般用在 PySide/PyQt 没有提供事件处理函数的情况下，使用这种方法可以新增事件。

3）安装事件过滤器

如果对 QObject 调用 installEventFilter，则相当于为这个 QObject 安装了一个事件过滤器。QObject 的全部事件都会先传递到事件过滤函数 eventFilter()中，在这个函数中可以抛弃或修改这些事件，如可以对自己感兴趣的事件使用自定义的事件处理机制，对其他事件使用默认的事件处理机制。由于这种方法会对调用 installEventFilter 的所有 QObject 的事件进行过滤，因此如果要过滤的事件比较多，就会降低程序的性能。

4）在 QApplication 中安装事件过滤器

这种方法比上一种方法更强大：QApplication 的事件过滤器将捕获 QObject 的全部事件，并且先获得该事件。也就是说，在将事件发送给其他任何一个事件过滤器之前（就是在第 3 种方法之前），都会先发送给 QApplication 的事件过滤器。

5）重新实现 QApplication 的 notify()函数

PySide/PyQt 使用 notify()函数来分发事件。要想在任何事件处理器之前捕获事件，唯一的方法就是重新实现 QApplication 的 notify()函数。在实践中，只有调试时才会使用这种方法。

7.5.4 经典案例分析

对于第 1 种方法（重新实现事件函数），在前面的案例中已经涉及（可以参考 MainWinSignalSlogRun.py 文件的 keyPressEvent()函数的重载），虽然事件的重载看起来很高级，但使用起来很简单。其他事件的重载与下面的函数差不多：

```
# 重载按键事件
def keyPressEvent(self, event):
    if event.key() == Qt.Key_F1:
        self.helpSignal.emit("help message")
```

案例 7-4 事件处理机制的方法 1 和方法 2

本案例的文件名为 Chapter07/event.py，参考了 *GUI_Rapid GUI Programming with Python and Qt* 中第 10 章的例子，原代码是 PyQt 4 版本的，现在笔者把代码修改为 PySide 6/PyQt 6 版本。这个例子比较经典，涉及 7.5.3 节提到的前两种方法，并且内容很丰富，基本上包含对事件处理的绝大部分需求。

笔者对本案例的大部分难点都做了注释，有经验的读者直接看代码也可以理解。下面对本案例的几个关键点进行说明。

一是类的建立。创建 text 和 message 两个变量，使用 paintEvent()函数把它们输出到窗口中。

update()函数的作用是更新窗口。由于在窗口更新过程中会触发一次 paintEvent()函数（paintEvent()是窗口基类 QWidget 的内部函数），因此在本案例中 update()函数的作用等同于 paintEvent()函数的作用。代码如下：

```
class Widget(QWidget):
    def __init__(self, parent=None):
        super(Widget, self).__init__(parent)
        self.justDoubleClicked = False
        self.key = ""
        self.text = ""
        self.message = ""
        self.resize(400, 300)
        self.move(100, 100)
        self.setWindowTitle("Events")
        QTimer.singleShot(0, self.giveHelp)  # 避免窗口大小重绘事件的影响，可以先
把参数 0 变为 3000（3 秒），然后运行，这样读者就可以明白这行代码的意思
```

```
    def giveHelp(self):
        self.text = "请单击这里触发追踪鼠标功能"
        self.update()  # 重绘事件，也就是触发 paintEvent()函数
```

初始化的运行效果如图 7-25 所示。

图 7-25

二是重新实现窗口关闭事件与上下文菜单事件。上下文菜单事件主要影响 message 变量的结果，paintEvent()函数负责把这个变量在窗口底部输出。代码如下：

```
# 重新实现窗口关闭事件
def closeEvent(self, event):
    print("Closed")


# 重新实现上下文菜单事件
def contextMenuEvent(self, event):
    menu = QMenu(self)
    oneAction = menu.addAction("&One")
    twoAction = menu.addAction("&Two")
    oneAction.triggered.connect(self.one)
    twoAction.triggered.connect(self.two)
    if not self.message:
        menu.addSeparator()
        threeAction = menu.addAction("Thre&e")
        threeAction.triggered.connect(self.three)
    menu.exec(event.globalPos())


# 上下文菜单槽函数
def one(self):
    self.message = "Menu option One"
    self.update()


def two(self):
    self.message = "Menu option Two"
    self.update()
```

```
def three(self):
    self.message = "Menu option Three"
    self.update()
```

运行效果如图 7-26 和图 7-27 所示。

图 7-26

图 7-27

绘制事件是代码的核心事件，它的主要作用是时刻跟踪 text 与 message 这两个变量，并把 text 变量的内容绘制到窗口的中部，把 message 变量的内容绘制到窗口的底部（保持 5 秒后就会被清空）。代码如下：

```
# 重新实现绘制事件
def paintEvent(self, event):
    text = self.text
    i = text.find("\n\n")
    if i >= 0:
        text = text[0:i]
    if self.key:  # 若触发了键盘按钮，则在文本信息中记录这个按钮的信息
        text += "\n\n 你按下了: {0}".format(self.key)
    painter = QPainter(self)
    painter.setRenderHint(QPainter.TextAntialiasing)
    painter.drawText(self.rect(), Qt.AlignCenter, text)  # 绘制文本信息的内容
    if self.message:  # 若文本信息存在则在底部居中绘制信息，5 秒后清空文本信息并重绘
        painter.drawText(self.rect(), Qt.AlignBottom | Qt.AlignHCenter,
                         self.message)
        QTimer.singleShot(5000, self.clearMessage)
        QTimer.singleShot(5000, self.update)

# 清空文本信息的槽函数
def clearMessage(self):
    self.message = ""
```

三是重新实现调整窗口大小事件，代码如下：

```
# 重新实现调整窗口大小事件
def resizeEvent(self, event):
    self.text = "调整窗口大小为: QSize({0}, {1})".format(
        event.size().width(), event.size().height())
    self.update()
```

运行效果如图 7-28 所示。

图 7-28

重新实现鼠标释放事件。若为双击释放，则不跟踪鼠标移动；若为单击释放，则需要改变跟踪功能的状态，如果开启跟踪功能就跟踪，否则不跟踪。代码如下：

```
# 重新实现鼠标释放事件
def mouseReleaseEvent(self, event):
    # 若为双击释放，则不跟踪鼠标移动
    # 若为单击释放，则需要改变跟踪功能的状态，如果开启跟踪功能就跟踪，否则不跟踪
    if self.justDoubleClicked:
        self.justDoubleClicked = False
    else:
        self.setMouseTracking(not self.hasMouseTracking())  # 单击
        if self.hasMouseTracking():
            self.text = "开启鼠标跟踪功能.\n" + \
                        "请移动一下鼠标！\n" + \
                        "单击可以关闭这个功能"
        else:
            self.text = "关闭鼠标跟踪功能.\n" + \
                        "单击可以开启这个功能"
        self.update()
```

运行效果如图 7-29～图 7-31 所示。

图 7-29

图 7-30

图 7-31

重新实现鼠标移动事件与鼠标双击事件，代码如下：

```python
# 重新实现鼠标移动事件
def mouseMoveEvent(self, event):
    if not self.justDoubleClicked:
        globalPos = self.mapToGlobal(event.position())  # 窗口坐标转换为屏幕坐标
        self.text = """鼠标位置：
        窗口坐标为：QPoint({0}, {1})
        屏幕坐标为：QPoint({2}, {3}) """.format(event.position().x(),
event.position().y(), globalPos.x(), globalPos.y())
        self.update()

# 重新实现鼠标双击事件
def mouseDoubleClickEvent(self, event):
    self.justDoubleClicked = True
    self.text = "你双击了鼠标"
    self.update()
```

运行效果如图 7-32 和图 7-33 所示。

图 7-32

图 7-33

重新实现键盘按下事件，代码如下：

```python
# 重新实现键盘按下事件
def keyPressEvent(self, event):
```

```
    self.key = ""
    if event.key() == Qt.Key_Home:
        self.key = "Home"
    elif event.key() == Qt.Key_End:
        self.key = "End"
    elif event.key() == Qt.Key_PageUp:
        if event.modifiers() & Qt.ControlModifier:
            self.key = "Ctrl+PageUp"
        else:
            self.key = "PageUp"
    elif event.key() == Qt.Key_PageDown:
        if event.modifiers() & Qt.ControlModifier:
            self.key = "Ctrl+PageDown"
        else:
            self.key = "PageDown"
    elif Qt.Key_A <= event.key() <= Qt.Key_Z:
        if event.modifiers() & Qt.ShiftModifier:
            self.key = "Shift+"
        self.key += event.text()
    if self.key:
        self.key = self.key
        self.update()
    else:
        QWidget.keyPressEvent(self, event)
```

运行效果如图 7-34 所示。

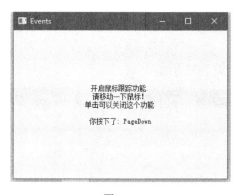

图 7-34

第 2 种事件处理方法是重载 event()函数。对于窗口来说，所有的事件都会传递给 event()函数，该函数会根据事件的类型把事件分配给不同的函数进行处理。例如，绘图事件会交给 paintEvent()函数处理，鼠标移动事件会交给 mouseMoveEvent()函数处理，键盘按下事件会交给 keyPressEvent()函数处理。有一种特殊情况是对 Tab 键的触发行为，event()函数对 Tab 键的处理机制是把焦点从当前窗口控件的位置切换到 Tab 键次序中下一个窗口控件的位置，并返回 True，而不是交给 keyPressEvent()函数处理。因此，这里需要在

event()函数中重新改写按下 Tab 键的处理逻辑,使它与键盘上普通的键没有什么不同。代码如下:

```
# 重新实现其他事件,适用于 PyQt 没有提供该事件的处理函数的情况,Tab 键由于涉及焦点切换,
不会传递给 keyPressEvent()函数,因此需要在这里重新定义
def event(self, event):
    if (event.type() == QEvent.KeyPress and
            event.key() == Qt.Key_Tab):
        self.key = "在 event()中捕获 Tab 键"
        self.update()
        return True
    return QWidget.event(self, event)
```

运行效果如图 7-35 所示。

图 7-35

 案例 7-5 事件处理机制的方法 3

7.5.3 节提到的第 3 种方法的使用也很简单,本案例的文件名为 Chapter07/event_filter.py,代码如下:

```
class EventFilter(QDialog):
    def __init__(self, parent=None):
        super(EventFilter, self).__init__(parent)
        self.setWindowTitle("事件过滤器")

        self.label1 = QLabel("请单击")
        self.label2 = QLabel("请单击")
        self.label3 = QLabel("请单击")
        self.LabelState = QLabel("test")

        self.image1 = QImage("images/cartoon1.ico")
        self.image2 = QImage("images/cartoon1.ico")
        self.image3 = QImage("images/cartoon1.ico")
```

```
        self.width = 600
        self.height = 300

        self.resize(self.width, self.height)

        self.label1.installEventFilter(self)
        self.label2.installEventFilter(self)
        self.label3.installEventFilter(self)

        mainLayout = QGridLayout(self)
        mainLayout.addWidget(self.label1, 500, 0)
        mainLayout.addWidget(self.label2, 500, 1)
        mainLayout.addWidget(self.label3, 500, 2)
        mainLayout.addWidget(self.LabelState, 600, 1)
        self.setLayout(mainLayout)

def eventFilter(self, watched, event):
    ###此处省略一些代码，下面会进行展示###
```

运行脚本，显示效果如图 7-36 和图 7-37 所示。

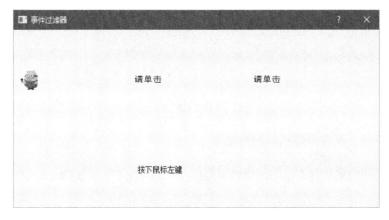

图 7-36

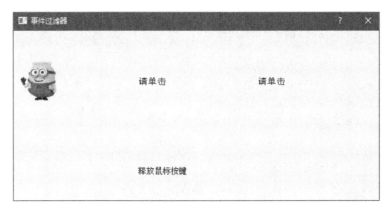

图 7-37

如果使用事件过滤器，那么关键是做好两步。

一是对要过滤的控件设置 installEventFilter，这些控件的所有事件都会被 eventFilter()
函数接收并处理。installEventFilter 的使用方法如下：

```
self.label1.installEventFilter(self)
self.label2.installEventFilter(self)
self.label3.installEventFilter(self)
```

二是在 eventFilter()函数中处理这些控件的事件信息。下面的代码表示这个过滤器
只对 label1 的事件进行处理，并且只处理它的鼠标按下事件（MouseButtonPress）和鼠
标释放事件（MouseButtonRelease）：

```
def eventFilter(self, watched, event):
    # 只对label1的单击事件进行过滤，重写其行为，会忽略其他事件
    if watched == self.label1:
        # 这里对鼠标按下事件进行过滤，重写其行为
        if event.type() == QEvent.MouseButtonPress:
            mouseEvent = QMouseEvent(event)
            if mouseEvent.buttons() == Qt.LeftButton:
                self.LabelState.setText("按下鼠标左键")
            elif mouseEvent.buttons() == Qt.MiddleButton:
                self.LabelState.setText("按下鼠标中间键")
            elif mouseEvent.buttons() == Qt.RightButton:
                self.LabelState.setText("按下鼠标右键")

            '''转换图片大小'''
            transform = QTransform()
            transform.scale(0.5, 0.5)
            tmp = self.image1.transformed(transform)
            self.label1.setPixmap(QPixmap.fromImage(tmp))
        # 这里对鼠标释放事件进行过滤，重写其行为
        if event.type() == QEvent.MouseButtonRelease:
            self.LabelState.setText("释放鼠标按键")
            self.label1.setPixmap(QPixmap.fromImage(self.image1))
    # 其他情况会返回系统默认的事件处理方法
    return QDialog.eventFilter(self, watched, event)
```

需要注意如下 4 行代码：

```
'''转换图片大小'''
transform = QTransform()
transform.scale(0.5, 0.5)
tmp = self.image1.transformed(transform)
self.label1.setPixmap(QPixmap.fromImage(tmp))
```

这 4 行代码表示如果按下鼠标按键，就会对 label1 装载的图片进行缩放（长和宽各
缩放为原来的一半）。

案例 7-6　事件处理机制的方法 4

7.5.3 节提到的第 4 种事件处理方法（在 QApplication 中安装事件过滤器）的使用也非常简单，与第 3 种事件处理方法相比，只需要简单地修改两处代码即可。

屏蔽 3 个 label 标签控件的 installEventFilter 的代码如下：

```
# self.label1.installEventFilter(self)
# self.label2.installEventFilter(self)
# self.label3.installEventFilter(self)
```

对于在 QApplication 中安装 installEventFilter，下面的代码表示 dialog 的所有事件都要经过 EventFilter()函数的处理，而不仅仅是 3 个标签控件的事件：

```
if __name__ == '__main__':
    app = QApplication(sys.argv)
    dialog = EventFilter()
    app.installEventFilter(dialog)
    dialog.show()
    app.exec_()
```

本案例的文件名为 Chapter07/event_filter2.py，由于与前面的代码非常相似，因此这里就不再展示。运行效果如图 7-36 和图 7-37 所示。

为了更好地展示第 4 种方法与第 3 种方法的区别，这里在 eventFilter()函数中添加了如下代码：

```
def eventFilter(self, watched, event):
    print(type(watched))
```

cmd 窗口的输出结果如下：

```
<class 'PySide6.QtGui.QWindow'>
<class 'PySide6.QtGui.QWindow'>
<class 'PySide6.QtGui.QWindow'>
<class '__main__.EventFilter'>
<class 'PySide6.QtGui.QWindow'>
<class '__main__.EventFilter'>
<class '__main__.EventFilter'>
<class 'PySide6.QtGui.QWindow'>
<class '__main__.EventFilter'>
<class '__main__.EventFilter'>
<class 'PySide6.QtWidgets.QLabel'>
<class '__main__.EventFilter'>
<class 'PySide6.QtWidgets.QLabel'>
<class '__main__.EventFilter'>
```

由此可见，第 4 种方法确实过滤了所有事件，不像第 3 种方法那样只过滤 3 个标签控件的事件。

7.5.3 节提到的第 5 种方法（重写 QApplication 的 notify()函数）在实际中基本上用不到，所以这里不再介绍。

第 8 章

Python 的扩展应用

前面已经整体介绍了 PySide/PyQt 的用法，但是这只是局限在 Qt 的范围之内。PySide/PyQt 相对于 Qt 的优势不仅仅在于 Python 的通俗易懂的语法规范，还在于其可以集成利用 Python 的强大生态 PyInstaller、Pandas、Matplotlib、PyQtGraph、Plotly 等。本章主要介绍这些非常流行又好用的模块库在 Qt for Python 中的应用。利用这些模块库，可以大大减少开发程序的工作量，真正达到快速开发 GUI 的目的。

8.1 使用 PyInstaller 打包项目生成.exe 文件

我们开发的 GUI 程序并不一定是给自己用，也可能是给用户或朋友用，使用者可能并不知道如何运行.py 文件，这就有了把.py 文件编译成.exe 文件的需求。本节主要介绍如何通过 PyInstaller 对 PySide/PyQt 项目进行打包，生成可执行的.exe 文件。

PyInstaller 将 Python 应用程序及其所有依赖项捆绑到一个包中（在 Windows 中，这是.exe 文件），用户无须安装 Python 解释器或任何模块即可运行打包的应用程序。PyInstaller 支持 Python 3.6 或更新的版本，并且正确捆绑了主要的 Python 包，如 NumPy、PyQt/PySide、Django、wxPython 等。PyInstaller 支持 Windows、Linux、macOS，并且支持 32 位和 64 位的系统。官方帮助文档的地址是 pyinstaller.readthedocs.io。本节主要介绍如何通过 PyInstaller 对 PySide 6/PyQt 6 项目进行打包，生成可执行的.exe 文件。

8.1.1 安装 PyInstaller

安装 PyInstaller 最简单的方法是使用 pip 命令，代码如下：

```
pip install PyInstaller
```

笔者在计算机中的安装位置为 D:\Anaconda3\Scripts\pyinstaller.exe，按照之前的系统配置，安装完成之后就可以在环境变量中找到，可以查看 PyInstaller 的使用方法，如图 8-1 所示。

图 8-1

8.1.2　PyInstaller 的用法与参数

对于绝大多数程序来说，可以通过一个简短的命令来完成：

```
pyinstaller myscript.py
```

或者添加一些选项，如作为可执行的单文件（.exe）的窗口应用程序：

```
pyinstaller --onefile --windowed myscript.py
```

把打包好的文件分享给其他人，他们可以直接执行这个程序，不需要安装任何特定版本的 Python 和模块，或者说他们不需要安装 Python。

PyInstaller 支持的其他参数如表 8-1 所示。

表 8-1

参　　数	作　　用
-h、--help	查看该模块的帮助信息
-F、-onefile	产生单个的可执行文件
-D、--onedir	产生一个目录（包含多个文件）作为可执行程序
-a、--ascii	不包含 Unicode 字符集的支持
--add-data	要添加到可执行文件的其他非二进制文件或文件夹中，可以多次使用
--add-binary	要添加到可执行文件的附加二进制文件中，可以多次使用
-d、--debug	产生 debug 版本的可执行文件
-w、--windowed、--noconsolc	指定程序运行时不显示命令行窗口（仅对 Windows 有效）
-c、--nowindowed、--console	指定使用命令行窗口运行程序（仅对 Windows 有效）

续表

参　　数	作　　用
-o DIR、--out=DIR	指定 spec 文件的生成目录。如果没有指定，则默认使用当前目录来生成 spec 文件
-p DIR、--path=DIR	设置 Python 导入模块的路径（和设置 PYTHONPATH 环境变量的作用相似）。也可以使用路径分隔符（Windows 使用分号，Linux 使用冒号）来分隔多条路径
-n NAME、--name=NAME	指定项目（产生的 spec）的名字。如果省略该选项，那么第一个脚本的主文件名将作为 spec 的名字

由于参数非常多，因此完整的 pyinstaller 命令可能会变得很长。在开发脚本时，重复运行相同的命令会非常烦琐。可以将命令放在 shell 脚本或批处理文件中，以增加可读性。例如，在 Windows 中，可以使用 bat 文件运行：

```
pyinstaller --noconfirm --log-level=WARN ^
    --onefile --nowindow ^
    --add-data="README;." ^
    --add-data="image1.png;img" ^
    --add-binary="libfoo.so;lib" ^
    --hidden-import=secret1 ^
    --hidden-import=secret2 ^
    --icon=..\MLNMFLCN.ICO ^
        myscript.spec
```

myscript.spec 是 PyInstaller 的规范文件，当执行打包命令时，PyInstaller 做的第一件事是构建一个规范文件。该文件存储在--specpath 目录下，默认为当前目录。规范文件告诉 PyInstaller 如何处理脚本，并将脚本的名称和提供给 pyinstaller 命令的大多数选项进行编码。规范文件实际上是可执行的 Python 代码，PyInstaller 通过执行规范文件的内容来构建应用程序。

在正常情况下，不需要检查或修改规范文件，通常将需要的额外信息（如隐藏导入模块）作为选项提供给 pyinstaller 命令并让它运行就足够了。

在以下 4 种情况下修改规范文件很有用。
- 想将数据文件与应用程序捆绑在一起。
- 想要包含从其他来源并且没有被 PyInstaller 发现的运行时库（.dll 文件或.so 文件）。
- 想将 Python 运行时选项添加到可执行文件中。
- 想创建一个包含合并的公共模块的多程序包。

在 PyInstaller 创建一个规范文件之后，pyinstaller 命令默认将规范文件作为代码执行。打包应用程序是通过执行规范文件创建的，最小的单文件夹应用程序的规范文件的简短示例如下：

```
block_cipher = None
a = Analysis(['minimal.py'],
    pathex=['/Developer/PItests/minimal'],
    binaries=None,
    datas=None,
    hiddenimports=[],
```

```
    hookspath=None,
    runtime_hooks=None,
    excludes=None,
    cipher=block_cipher)
pyz = PYZ(a.pure, a.zipped_data,
    cipher=block_cipher)
exe = EXE(pyz,... )
coll = COLLECT(...)
```

规范文件中的语句创建了 4 个类的实例，分别为 Analysis、PYZ、EXE 和 COLLECT。

（1）Analysis 实例：将脚本名称的列表作为输入，分析所有导入和其他依赖项。生成的对象（分配给 a）包含依赖项列表。

- scripts：命令行命名的 Python 脚本。
- pure：脚本所需的纯 Python 模块。
- pathex：搜索导入的路径列表（如使用 PYTHONPATH），包括选项的路径参数--paths。
- binaries：脚本需要的非 Python 模块，包括--add-binary 选项给出的名称。
- datas：应用程序中包含的非二进制文件，包括--add-data 选项给出的名称。

（2）PYZ 实例：是一个.pyz 存档，包含来自 a.pure 的所有 Python 模块。

（3）EXE 实例：从分析的脚本和 PYZ 存档中构建。该对象创建可执行文件。

（4）COLLECT 实例：从所有其他部分创建输出文件夹。

在单文件模式下，如果不会调用 COLLECT 实例，EXE 实例就会接收所有脚本、模块和二进制文件。如果要修改规范文件，则可以为 Analysis 实例和 EXE 实例添加一些参数。如果读者想了解规范文件的更详细的用法，请参考官方文档。

8.1.3　PyInstaller 案例

本案例的文件名为 Chapter08/install/colorDialog.py，代码如下：

```python
class ColorDialog ( QWidget):
  def __init__(self ):
    super().__init__()
    color = QColor(0, 0, 0)
    self.setGeometry(300, 300, 350, 280)
    self.setWindowTitle('颜色选择')
    self.button = QPushButton('单击选择颜色', self)
    self.button.setFocusPolicy(Qt.NoFocus)
    self.button.move(20, 20)
    self.button.clicked.connect(self.showDialog)
    self.setFocus()
    self.widget = QWidget(self)
    self.widget.setStyleSheet('QWidget{background-color:%s} '%color.name())
    self.widget.setGeometry(130, 22, 100, 100)
```

```
def showDialog(self):
    col = QColorDialog.getColor()
    if col.isValid():
        self.widget.setStyleSheet('QWidget {background-
color:%s}'%col.name())

if __name__ == "__main__":
    app = QApplication(sys.argv)
    qb = ColorDialog()
    qb.show()
    sys.exit(app.exec())
```

编写完 colorDialog.py 文件后，双击该文件即可运行，因为 Python 解释器会执行这个.py 文件（当安装好 Python 后，就会获得一个官方版本的解释器 CPython，这个解释器是使用 C 语言开发的，在命令行下运行 Python 就是启动 CPython 解释器）。双击 colorDialog.py 文件可以得到如图 8-2 所示的窗口。

图 8-2

打开命令行窗口，进入 colorDialog.py 文件所在的目录下，执行下面的命令：

```
pyinstaller -F -w colorDialog.py
```

PyInstaller 自动执行一系列的项目打包过程，最后生成.exe 文件，并且在同目录下的 dist 子文件夹中生成了 colorDialog.exe 文件，如图 8-3 和图 8-4 所示。

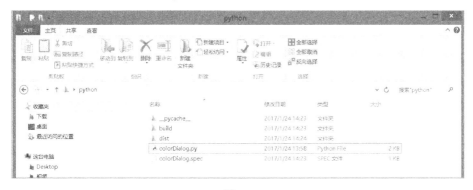

图 8-3

图 8-4

双击 colorDialog.exe 文件的运行效果与前面直接使用 Python 解释器运行 colorDialog.py 文件的效果是一样的。另外，把 colorDialog.exe 文件放到其他安装 Windows 系统的计算机上运行也可以实现相同的效果。

说明：colorDialog.exe 文件可以在未安装 Python 环境的 Windows 系统中运行。但是由于使用的是 64 位的 Python 环境，因此它只能在 64 位的 Windows 系统中运行。如果读者使用 32 位的 Python 环境进行打包，则其结果既可以在 32 位的 Windows 系统中运行，也可以在 64 位的 Windows 系统中运行。所以，如果读者想要打包程序，建议使用 32 位的 Python 环境。

8.2 Pandas 在 PySide/PyQt 中的应用

Pandas 是 Python 的一个数据分析包，是由 AQR Capital Management 于 2008 年 4 月开发的，并于 2009 年年底开源，目前由专注于 Python 数据包开发的 PyData 开发组继续开发和维护，属于 PyData 项目的一部分。Pandas 最初是作为金融数据分析工具而开发的，并为时间序列分析提供了很好的支持。从 Pandas 这个名称就可以看出，它是面板数据（Panel Data）和 Python 数据分析（Data Analysis）的结合。在 Pandas 出现之前，Python 数据分析的主力军只有 NumPy 比较好用；在 Pandas 出现之后，它基本上占据了 Python 数据分析的霸主地位，在处理基础数据尤其是金融时间序列数据方面非常高效。

使 Pandas 与 PySide/PyQt 相结合，最方便的方法就是安装 qtpandas 模块库。使用这个模块库可以把 Pandas 的数据显示在 QTableWidget 上，并自动实现各种 QTableWidget 的功能，如增加、删除、修改、保存、排序等。这些功能实现起来比较麻烦，但是利用 qtpandas 模块库，就可以毫不费力地手动重新实现。

本节内容适合想要简单使用 PySide/PyQt 展示 Pandas 数据，又不想深入了解模型/视图/委托框架的读者学习。如果读者有更高的需求，那么还是需要基于这个框架来开发程序。

8.2.1 qtpandas 模块库的安装

首先安装 Pandas，最简单的方式就是使用 pip 命令：

```
pip install pandas
```

pip 默认的镜像源在国外，所以在安装 Pandas 时经常会遇到超时问题，可以改用清华大学 TUNA 的镜像源，pypi 镜像每 5 分钟同步一次。需要注意的是，清华大学 TUNA 的镜像源地址中的 simple 不可缺少，并且使用的是 https 而不是 http，读者可以自行下载。

然后安装 qtpandas 模块库，它是 Pandas 的一个依赖库，这个库已经很久不更新了，官方的安装方式只支持到 qtpandas 1.03，这个版本只支持到 PyQt 4。GitHub 上最新的 qtpandas 支持到 1.04 版本，并支持 PyQt 5，需要手动下载，不能使用 pip 命令安装。按照官方的意思，这个项目使用 PyQt 4 和 Python 2 已经可以很好地满足项目的需求，没有提升到高版本的动力。但是这两个版本的 qtpandas 都不符合我们的要求，本书将其稍微改写一下，使其能够稍微支持 PySidc 6/PyQt 6。

本书提供的代码中已经包含修改后的 qtpandas，从理论上来说可以无须安装直接使用。如果无法使用，则尝试把 Chapter08\pandasDemo\qtpandas.zip 解压缩到 site-packages 文件路径下即可，把它当作一个正常的模块使用。

8.2.2　官方案例解读

```python
import pandas
import numpy

from PySide6 import QtWidgets
from qtpandas.models.DataFrameModel import DataFrameModel
from qtpandas.views.DataTableView import DataTableWidget


# sys.excepthook = excepthook  # 设置 PyQt 的异常钩子，在本案例中基本上没有什么作用

# 创建一个空的模型，该模型用于存储与处理数据
model = DataFrameModel()

# 创建一个应用，用于显示表格
app = QtWidgets.QApplication([])
widget = DataTableWidget()              # 创建一个空的表格，主要用来呈现数据
widget.resize(500, 300)                 # 调整 Widget 的大小
widget.show()
# 让表格绑定模型，也就是让表格呈现模型的内容
widget.setViewModel(model)

# 创建测试数据
data = {
    'A': [10, 11, 12],
    'B': [20, 21, 22],
    'C': ['Peter Pan', 'Cpt. Hook', 'Tinkerbell']
}
df = pandas.DataFrame(data)

# 下面两列用来测试委托是否成立
df['A'] = df['A'].astype(numpy.int8)    # A 列数据的格式变成整型
df['B'] = df['B'].astype(numpy.float16) # B 列数据的格式变成浮点型
```

```
# 在模型中填入数据 df
model.setDataFrame(df)

# 启动程序
app.exec()
```

这是来自官方案例的 BasicExample.py 文件的内容，其运行效果如图 8-5 所示。

图 8-5

这个案例用到了 Qt 的委托概念，关于委托的详细内容请参考第 5 章。单击新增列的按钮，可以选择不同的数据类型，对应不同的委托，从而显示不同的外观和编辑操作，如图 8-6 所示。

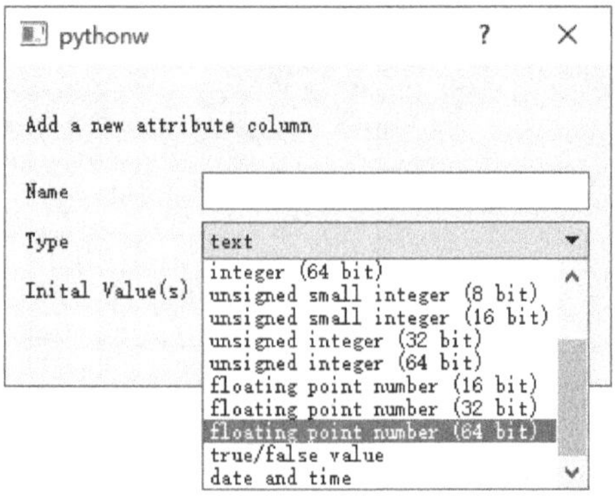

图 8-6

由此可知，qtpandas 基本上完成了 Pandas 与 PyQt 结合的所有事情，剩下的就是调用。那么，如何把 qtpandas 嵌入 PyQt 的主窗口中，而不是像现在这样成为一个独立的窗口？这就是本节要介绍的主要内容。

在这个案例中，核心代码是下面几行，只需要把这几行代码放入 PyQt 的代码中即可：

```
# 创建一个空的模型，该模型用于存储与处理数据
model = DataFrameModel()

widget = DataTableWidget()        # 创建一个空的表格，主要用来呈现数据
widget.resize(500, 300)           # 调整 Widget 的大小
widget.show()
# 让表格绑定模型，也就是让表格呈现模型的内容
widget.setViewModel(model)

# 在模型中填入数据 df
model.setDataFrame(df)
```

初学者更关心如何使用 Qt Designer 来实现 Pandas 与 PySide/PyQt 的结合，这时就会产生一个问题：在 Qt Designer 中并没有 DataTableWidget 和 DataFrameModel 这两个类对应的窗口控件，那么应该如何把它们嵌入 Qt Designer 中呢？这就引出了本章要介绍的另一项内容：提升的窗口部件。

8.2.3　设置提升的窗口部件

所谓提升的窗口部件，就是指有些窗口控件是用户基于 PySide/PyQt 定义的衍生窗口控件，这些窗口控件在 Qt Designer 中没有直接提供，但是可以通过提升的窗口部件这个功能来实现。具体的方法如下。

先从 Container 导航栏中找到 QWidget 并拖入主窗口中，然后右击 QWidget，在弹出的快捷菜单中选择"提升"命令，打开"提升的窗口部件"对话框，如图 8-7 所示，并输入相应的内容。

图 8-7

单击"添加"按钮，发现在"提升的类"选项组中多了一项，如图8-8所示。

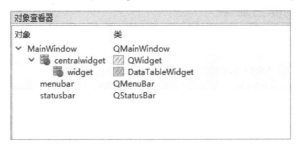

图 8-8

先选中多出的项，然后单击"提升"按钮，在"对象查看器"面板中可以看到如图8-9所示的内容，这说明已经成功地在 Qt Designer 中引入了 DataTableWidget 类。

图 8-9

将 Widget 重命名为 pandastablewidget，这样就基本完成了对提升的窗口部件的操作，核心代码如下（对应的.ui 文件为 Chapter08/pandasDemo/pandas_pyqt.ui）：

```
from qtpandas.views.DataTableView import DataTableWidget

self.pandastablewidget = DataTableWidget(self.centralWidget)
self.pandastablewidget.setGeometry(QtCore.QRect(10, 30, 591, 331))
self.pandastablewidget.setStyleSheet("")
self.pandastablewidget.setObjectName("pandastablewidget")
```

至此，已经实现了 DataTableWidget 类在 Qt Designer 中的应用。

提升的窗口部件是 PySide/PyQt 中非常简单、实用而又强大的功能，利用该功能可以通过 Qt Designer 来实现 Qt 与 Python 两个强大生态之间的交互功能，可以充分利用 Qt 和 Python 的优点来快速开发程序。接下来介绍的内容都是基于这个功能展开的。

8.2.4　qtpandas 的使用

在 8.2.2 节和 8.2.3 节的基础上，下面再添加两个按钮，并设置 clicked 信号的槽，如图 8-10 所示。

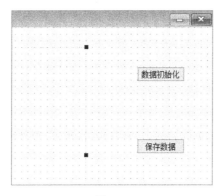

图 8-10

具体的代码如下（对应的文件为 Chapter08/pandasDemo/pandas_pyqt.ui）：

```python
from PySide6.QtCore import Slot
from PySide6.QtWidgets import QMainWindow, QApplication

from Ui_pandas_pyqt import Ui_MainWindow

from qtpandas.models.DataFrameModel import DataFrameModel
import pandas as pd

class MainWindow(QMainWindow, Ui_MainWindow):
    def __init__(self, parent=None):
        super(MainWindow, self).__init__(parent)
        self.setupUi(self)

        '''初始化 pandasqt'''
        widget = self.pandastablewidget
        widget.resize(600, 500)              # 如果对部件的尺寸不满意也可以在这里设置
        self.model = DataFrameModel()        # 设置新的模型
        widget.setViewModel(self.model)

        self.df = pd.read_excel(r'./data/fund_data.xlsx')
        self.df_original = self.df.copy()    # 备份原始数据
        self.model.setDataFrame(self.df)

    @Slot()
    def on_pushButton_clicked(self):
        self.model.setDataFrame(self.df_original)
```

```
    @Slot()
    def on_pushButton_2_clicked(self):
        self.df.to_excel(r'./data/fund_data_new.xlsx')


if __name__ == "__main__":
    import sys
    app = QApplication(sys.argv)
    ui = MainWindow()
    ui.show()
    sys.exit(app.exec())
```

运行脚本，显示效果如图 8-11 所示。

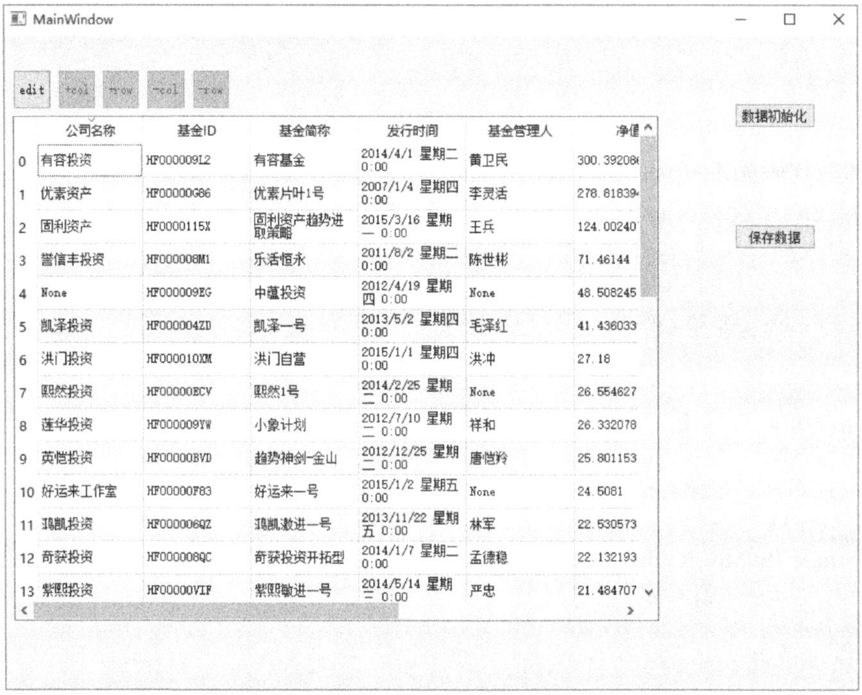

图 8-11

基本上可以实现对表格的绝大部分操作，如增加、删除、修改和保存等，读者可以自行尝试。

对于 qtpandas，笔者只改写了 DataFrameModel 和 DataTableWidget 这两个模块及其相关依赖文件，没有精力兼顾更多。如果读者对 qtpandas 有更高的需求也可以自行修改。

有的读者不喜欢使用 Qt Designer 这种方式，对于这种小 demo 来说一个文件就可以搞定，而使用 Qt Designer 要生成 3 个文件，所以手写代码相对来说更方便一些。本书同样提供了手写代码的使用方式，文件路径为 Chapter08/pandasDemo/qtpandasDemo.py。主要内容和之前的相同，为了节约篇幅，这里不再列出。运行脚本，显示效果如图 8-12 所示。

图 8-12

8.3 Matplotlib 在 PyQt 中的应用

说起 Python 的绘图模块，就不得不提 Matplotlib，基本上每个学习 Python 绘图的人都会接触到 Matplotlib，并且应该是接触的第一个绘图模块。

Matplotlib 是 Python 中的绘图库，提供了一整套和 MATLAB 相似的命令 API，十分适合交互式地制图。也可以非常方便地将 Matplotlib 作为绘图控件，嵌入 GUI 应用程序中。

Matplotlib 的文档相当完备，并且其 Gallery 页面中有上百张缩略图，打开之后就能看到绘图的源代码。这些缩略图基本上可以满足用户日常的绘图需求，如果能够把 Matplotlib 嵌入 PySide/PyQt 中，可以解决很多问题，因为现有 Qt 的绘图生态太难用，门槛太高。简单来说，PySide/PyQt 没有提供比 Matplotlib 更简单、更好用的绘图模块。可以直接在 Gallery 页面中找到符合要求的图像，先获取该图像的源代码，进行简单的修改，然后嵌入 PySide/PyQt 中就可以。

本书使用的是 Matplotlib 3.5.1，但不要使用太低版本的 Matplotlib，因为它们可能不支持 PySide 6/PyQt 6，在本书准备筹备的时候，官方还不支持 PySide 6/PyQt 6，经过一年多的辛苦筹备，官方也正式支持 Qt 6，这也算是巧合，至少不用修改 Matplotlib。

安装 Matplotlib 可以使用 pip 命令：

```
pip install matplotlib
```

本章通过 MatplotlibWidget.py 文件来实现 Matplotlib 与 PySide/PyQt 的结合，这个文件是实现该功能的最简单的案例。

8.3.1 对 MatplotlibWidget 的解读

1．设置绘图类

本案例的文件名为 Chapter08/matplotlibDemo/MatplotlibWidget.py。创建 FigureCanvas，在其初始化过程中建立一个空白的图像。需要注意的是，下面代码的开头两行是用来解决中文和负号显示问题的，也可以把它应用到使用 Matplotlib 进行的日常绘图中：

```python
class MyMplCanvas(FigureCanvas):
    """FigureCanvas 最终的父类其实是 QWidget"""

    def __init__(self, parent=None, width=5, height=4, dpi=100):

        # 配置中文显示
        plt.rcParams['font.family'] = ['SimHei']          # 用来正常显示中文标签
        plt.rcParams['axes.unicode_minus'] = False        # 用来正常显示负号

        self.fig = Figure(figsize=(width, height), dpi=dpi)  # 新建一个视图
        # 建立一个子图，如果要建立复合图，则可以在这里修改
        self.axes = self.fig.add_subplot(111)

        # 3.0 版本之后已经移除，用 self.axes.clear()代替，后面会介绍
        # self.axes.hold(False)  # 每次绘图时不保留上一次绘图的结果

        FigureCanvas.__init__(self, self.fig)
        self.setParent(parent)

        '''定义 FigureCanvas 的尺寸策略，这部分的意思是设置 FigureCanvas，使之尽可能
向外填充空间'''
        FigureCanvas.setSizePolicy(self,
                                   QSizePolicy.Expanding,
                                   QSizePolicy.Expanding)
        FigureCanvas.updateGeometry(self)
```

定义绘制静态图的函数，调用这个函数可以在上一步所创建的空白的图像中绘图。需要注意的是，这部分内容可以随意定义，可以在 Gallery 页面中找到自己需要的图像，获取其源代码，并对静态函数（start_static_plot()）中的相关代码进行替换即可，代码如下：

```python
'''绘制静态图，可以在这里定义自己的绘图逻辑'''
def start_static_plot(self):
    self.fig.suptitle('测试静态图')
    t = arange(0.0, 3.0, 0.01)
    s = sin(2 * pi * t)
    self.axes.plot(t, s)
```

```
self.axes.set_ylabel('静态图：Y轴')
self.axes.set_xlabel('静态图：X轴')
self.axes.grid(True)
```

定义绘制动态图的函数，设置每隔 1 秒就会重新绘制一次图像（需要注意的是，update_figure()函数也可以随意定义），代码如下：

```
'''启动绘制动态图'''
def start_dynamic_plot(self, *args, **kwargs):
    timer = QtCore.QTimer(self)
    # 每隔一段时间就会触发一次 update_figure()函数
    timer.timeout.connect(self.update_figure)
    timer.start(1000)   # 触发的时间间隔为 1 秒


'''可以在这里修改动态图的绘图逻辑'''
def update_figure(self):
    self.fig.suptitle('测试动态图')
    l = [random.randint(0, 10) for i in range(4)]
    self.axes.plot([0, 1, 2, 3], l, 'r')
    self.axes.set_ylabel('动态图：Y轴')
    self.axes.set_xlabel('动态图：X轴')
    self.axes.grid(True)
    self.draw()
```

如果读者不熟悉 axes.plot()、axes.set_ylabel()等函数的作用，则可以参考图 8-13，这个图给出了 Matplotlib 绘图的常用方法与效果。

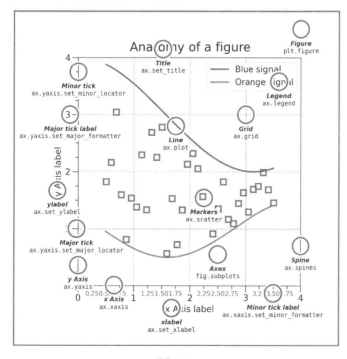

图 8-13

2. 封装绘图类

这部分主要是使用 QWidget 把上面的绘图类和工具栏封装到 MatplotlibWidget 中，只需要调用 MatplotlibWidget 就可以实现绘图功能。

这个案例保留了初始化时就载入图像的接口，把下面注释掉的代码取消注释，那么在载入 MatplotlibWidget 时就会实现绘图功能（其主要适用于那些不需要使用按钮来触发绘图功能的场景），代码如下：

```python
class MatplotlibWidget(QWidget):
    def __init__(self, parent=None):
        super(MatplotlibWidget, self).__init__(parent)
        self.initUi()

    def initUi(self):
        self.layout = QVBoxLayout(self)
        self.mpl = MyMplCanvas(self, width=5, height=4, dpi=100,
title='Title 1')
        # self.mpl.start_static_plot()    # 如果在初始化时呈现静态图，则取消这行注释
        # self.mpl.start_dynamic_plot()   # 如果在初始化时呈现动态图，则取消这行注释
        self.mpl_ntb = NavigationToolbar(self.mpl, self)# 添加完整的工具栏

        self.layout.addWidget(self.mpl)
        self.layout.addWidget(self.mpl_ntb)
```

测试程序如下：

```python
if __name__ == '__main__':
    app = QApplication(sys.argv)
    ui = MatplotlibWidget()
    ui.mpl.start_static_plot()           # 测试静态图的效果
    # ui.mpl.start_dynamic_plot()        # 测试动态图的效果
    ui.show()
    sys.exit(app.exec())
```

运行效果如图 8-14 所示，可以看到结果符合预期。

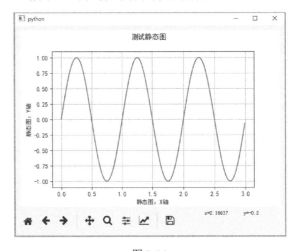

图 8-14

8.3.2　设置提升的窗口部件

本节通过 Qt Designer 来实现 Matplotlib 与 PySide/PyQt 的结合。本案例使用 Qt Designer 生成的窗口文件的位置为 Chapter08/matplotlibDemo/matplotlib_pyqt.ui。

首先，新建一个 QWidget 类，设置提升的窗口部件，如图 8-15 所示。

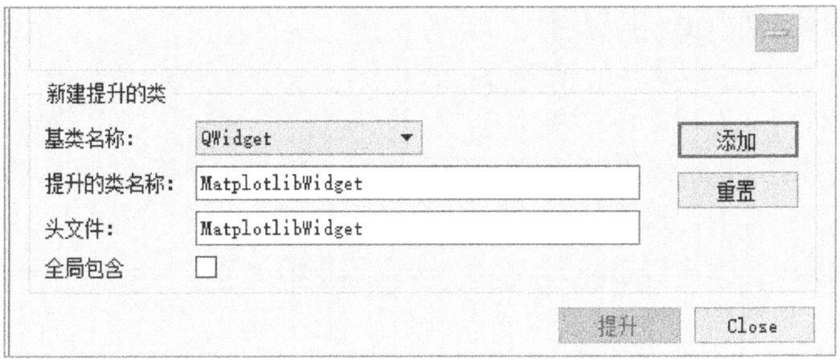

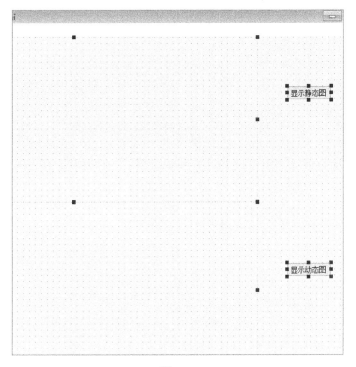

图 8-15

然后，对窗口进行布局与设置，如图 8-16 所示。需要注意的是，这两个 QWidget 都是提升的窗口部件。

图 8-16

最后，使用 Eric 编译窗口，并设置生成 button.click 的对话框代码（或通过其他方式设置相应的信号与槽）。

> ⚠️ **注意**：在生成对话框代码时，可能会提示错误"模型对象没有 MatplotlibWidget"。这是因为 Eric 没有找到 MatplotlibWidget.py 所在的目录，解决办法是先把 MatplotlibWidget.py 文件所在的目录添加到环境变量中，然后重启即可。

8.3.3 MatplotlibWidget 的使用

一是初始化模型。需要注意的是，在初始化过程中隐藏了两个图像，如果想让它们在初始化时就呈现，则把下面代码中的最后两行注释掉就可以（见 Chapter08/matplotlibDemo/matplotlib_pyqt.py 文件）：

```python
class MainWindow(QMainWindow, Ui_MainWindow):
    def __init__(self, parent=None):
        super(MainWindow, self).__init__(parent)
        self.setupUi(self)
        self.matplotlibwidget_dynamic.setVisible(False)
        self.matplotlibwidget_static.setVisible(False)
```

二是设置按钮的触发操作，使隐藏的图像可见，并触发对应的绘图函数：

```python
@pyqtSlot()
def on_pushButton_clicked(self):
        self.matplotlibwidget_static.setVisible(True)
        self.matplotlibwidget_static.mpl.start_static_plot()


@pyqtSlot()
def on_pushButton_2_clicked(self):
        self.matplotlibwidget_dynamic.setVisible(True)
        self.matplotlibwidget_dynamic.mpl.start_dynamic_plot()
```

测试程序，运行效果如图 8-17 所示，可以看到，一个是静态图，一个是动态图，和预期一致。

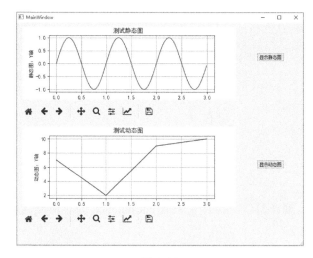

图 8-17

对于这个案例，笔者同样提供了纯代码方式使用 Matplotlib。如果不考虑 Qt Designer 因素，那么选择会有很多，不需要建立 MatplotlibWidget.py 文件，可以直接引用 FigureCanvas。这种代码看起来更简单直观一些，文件路径为 Chapter08/matplotlibDemo/matplotlibDemo.py，主要内容和之前的相同，为了节约篇幅，这里不再单独列出。运行效果如图 8-18 所示。

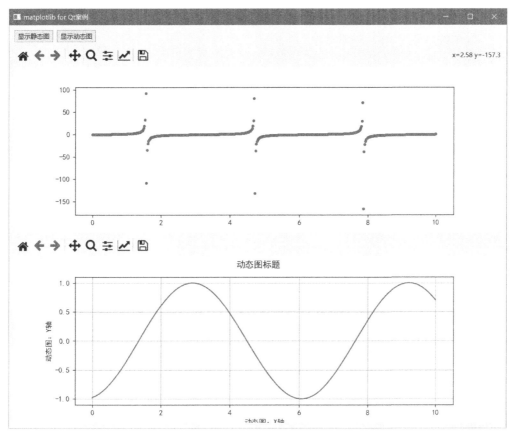

图 8-18

至此，对 Matplotlib 和 PySide/PyQt 结合的使用方法就介绍完毕。通过上述方法，可以轻松地利用 Python 生态进行图像绘制，而不必使用不太成熟的 Qt 绘图。

8.3.4　更多扩展

上面只介绍了两张图的用法，如果想获取其他类型图片的用法，则可以参考官方网站，获取 Matplotlib 的更多案例（见图 8-19）。每张图都有对应的代码，并且这些代码都非常简单，可以参考本书案例稍微修改就可以应用成功，实现 PySide/PyQt 与 Matplotlib 更多种类的绘图交互，这是为 PySide/PyQt 添加绘图功能的最简单的方式。

图 8-19

8.4　PyQtGraph 在 PyQt 中的应用

　　PyQtGraph 是一个高性能的 Python 图形 GUI 库，充分利用了 PyQt 和 PySide 的高质量的图形表现水平及 NumPy 的快速的科学计算与处理能力，在数学、科学和工程领域都有广泛的应用。PyQtGraph 是免费的，并且是在 MIT 的开源许可下发布的。PyQtGraph 的主要目标如下。

- 为数据、绘图和视频等提供快速、可交互的图形显示。
- 提供快速开发应用的工具。

　　要使用 PyQtGraph 就不得不提到 Matplotlib。Matplotlib 基本上是 Python 绘图的标准模块，功能强大，绘图界面也很美观，并且有很多基于 Matplotlib 的绘图库（如 seaborn、ggplot 等）可以在特定领域（如统计等方面）更方便地绘图。因此，如果读者刚开始学习 Python 绘图，并且不需要 PyQtGraph 的特殊功能，则建议使用 Matplotlib。如果读者有如下几方面的考虑，则可以使用 PyQtGraph。

　　（1）性能。如果有高性能绘图、视频或实时交互等方面的需求，则可以使用 PyQtGraph，Matplotlib 不是最佳选择，这算是 Matplotlib 最大的弱点。

　　（2）便携性/易于安装。PyQtGraph 是一个纯 Python 模块，这意味着它几乎可以在 NumPy 和 PyQt 支持的所有平台上运行，无须编译。如果需要应用程序的可移植性，则可以考虑使用 PyQtGraph。

（3）许多其他功能。PyQtGraph 不仅仅是一个绘图库，它尝试涵盖科学/工程应用程序开发的许多方面，具有更高级的功能，如 ImageView 和 ScatterPlotWidget 分析工具、基于 ROI 的数据切片、参数树、流程图、多处理等。

8.4.1　PyQtGraph 的安装

安装 PyQtGraph 最简单的方法就是使用 pip 命令（在本书完稿时，使用的版本为 0.12.4，这个模块比较稳定，使用最新版本也不影响程序运行）：

```
pip install pyqtgraph
```

8.4.2　官方案例解读

PyQtGraph 同时支持 PyQt 和 PySide。在首次导入 PyQtGraph 时，PyQtGraph 会通过填充检查来自动确定要使用哪个库。

- 如果已经导入 PyQt 5，则使用 PyQt 5。
- 如果已经导入 PySide 2，则使用 PyQt 5。
- 如果已经导入 PySide 6，则使用 PyQt 5。
- 如果已经导入 PyQt 6，则使用 PyQt 5。
- 否则，尝试按该顺序导入 PyQt 5、PySide 2、PySide 6 和 PyQt 6。

如果安装了多个库，并且想让 PyQtGraph 使用指定的库，如指定使用 PySide 6，则只需要确保在 PyQtGraph 之前导入 PySide 6：

```
import PySide6  ## this will force pyqtgraph to use PySide6 instead of
PyQt5
import pyqtgraph as pg
```

接下来介绍 PyQtGraph 的案例，官方提供了一个所有案例的代码集合，通过如下两行代码就可以查到：

```
import pyqtgraph.examples
pyqtgraph.examples.run()
```

运行这两行代码就可以弹出一个窗口，窗口左侧显示的是案例标题，右侧显示的是对应的代码，非常直观，如图 8-20 所示。

例如，先单击 Basic Plotting 按钮，然后单击 Run Example 按钮，就会看到一系列优美图像的集合，如图 8-21 所示。

第 1 个图的核心代码如下：

```
import pyqtgraph as pg
Import numpy as np
win = pg.GraphicsWindow(title="Basic plotting examples")
p1 = win.addPlot(title="Basic array plotting",
y=np.random.normal(size=100))
```

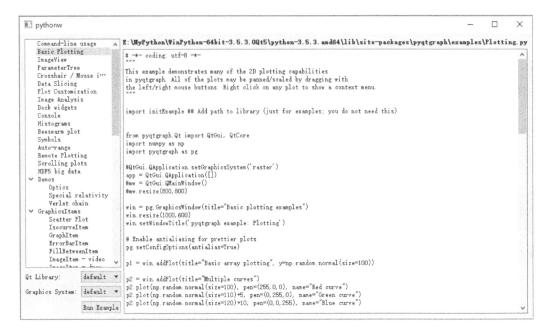

图 8-20

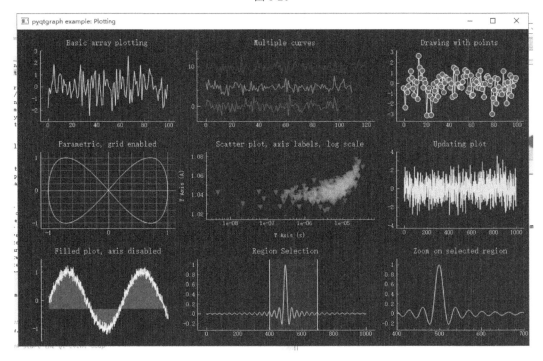

图 8-21

绘图语句既简洁，又通俗易懂。接下来介绍如何结合 Qt Designer 来实现这些代码。

8.4.3 设置提升的窗口部件

和前面介绍的一样，将两个 QWidget 窗口控件拖到主窗口中，并对提升的窗口部件进行设置，如图 8-22 所示。

图 8-22

将它们分别重命名为 pyqtgraph1 和 pyqtgraph2，并对窗口进行布局，.ui 文件的路径为 Chapter08/pyqtgraphDemo/pyqtgraph_pyqt.ui。和之前一样，也要将.ui 文件编译成.py 文件并写一个启动文件，这里直接给出运行结果，如图 8-23 所示。

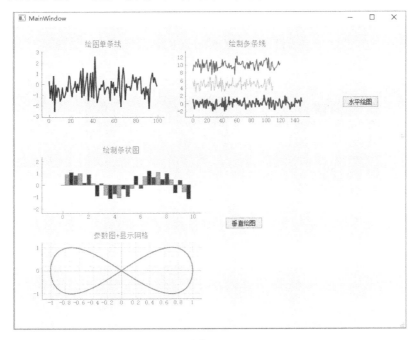

图 8-23

可以看到，图片背景和窗口背景色是一样的。8.4.4 节会详细讲解其中的设置。

8.4.4 PyQtGraph 的使用

首先对程序进行初始化设置（文件的保存路径为 Chapter08/pyqtgraphDemo/pyqtgraph_pyqt.py）：

```
import pyqtgraph as pg
class MainWindow(QMainWindow, Ui_MainWindow):
def __init__(self, parent=None):
super(MainWindow, self).__init__(parent)
    pg.setConfigOption('background', '#f0f0f0') # 设置背景色为灰色
    # 设置前景色（包括坐标轴、线条、文本等）为黑色
    pg.setConfigOption('foreground', 'd')
    pg.setConfigOptions(antialias=True)      # 使曲线看起来更光滑，而不是呈锯齿状
    # pg.setConfigOption('antialias',True)  # 等价于上一条语句，不同之处在于
setConfigOptions 可以传递多个参数进行多项设置，而 setConfigOption 一次只能接收一个参
数进行一项设置
    self.setupUi(self)
```

这里需要详细说明如下两点。

（1）对 pg 的设置要放在主程序初始化设置 self.setupUi(self)之前，否则效果呈现不出来，因为在 setupUi()函数中已经按照默认方式设置好了绘图的背景色、文本颜色、线条颜色等。

（2）获取主窗口的背景色有一个简单的方法：在 Qt Designer 的样式编辑器中随意进入一个颜色设置界面，找到取色器，单击 Pick Screen Color 按钮，对主窗口取色（这里的结果为#f0f0f0），并把这个结果设置为 PyQtGraph 的背景色即可，如图 8-24 所示。

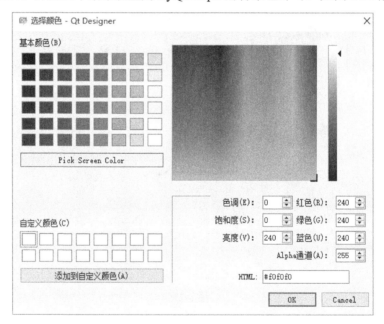

图 8-24

接下来对绘图部分进行介绍：

```
@pyqtSlot()
def on_pushButton_clicked(self):
        self.pyqtgraph1.clear() # 清空里面的内容，否则会发生重复绘图的结果
```

```
        '''第 1 种绘图方式'''
        self.pyqtgraph1.addPlot(title="绘制单条线",
y=np.random.normal(size=100), pen=pg.mkPen(color='b', width=2))


        '''第 2 种绘图方式'''
        plt2 = self.pyqtgraph1.addPlot(title='绘制多条线')

        plt2.plot(np.random.normal(size=150), pen=pg.mkPen(color='r',
width=2), name="Red curve") # pg.mkPen 的使用方法，设置线条颜色为红色，宽度为 2
        plt2.plot(np.random.normal(size=110) + 5, pen=(0, 255, 0),
name="Green curve")
        plt2.plot(np.random.normal(size=120) + 10, pen=(0, 0, 255),
name="Blue curve")
```

第 1 个按钮要处理的是如何在一行显示两张图。可以看到，PyQtGraph 的绘图方法是非常通俗易懂的，通过 addPlot()函数可以在水平方向上添加一张图。

值得说明的是，pg.mkPen()函数是对 Qt 的 QPen 类的简化封装，调用时只需要传递几个字典参数就可以（它的具体使用方法可以参考官方的帮助文档）：

```
@Slot()
def on_pushButton_2_clicked(self):
    '''如果没有进行第一次绘图，则先开始绘图，然后做绘图标记，否则就什么都不做'''
    self.pyqtgraph2.clear()
    plt = self.pyqtgraph2.addPlot(title='绘制条状图')
    x = np.random.randint(1,10,10)
    y1 = np.sin(x)
    y2 = 1.1 * np.sin(x + 1)
    y3 = 1.2 * np.sin(x + 2)

    bg1 = pg.BarGraphItem(x=x, height=y1, width=0.3, brush='r')
    bg2 = pg.BarGraphItem(x=x + 0.33, height=y2, width=0.3, brush='g')
    bg3 = pg.BarGraphItem(x=x + 0.66, height=y3, width=0.3, brush='b')

    plt.addItem(bg1)
    plt.addItem(bg2)
    plt.addItem(bg3)

    self.pyqtgraph2.nextRow()

    p4 = self.pyqtgraph2.addPlot(title="参数图+显示网格")
    x = np.cos(np.linspace(0, 2 * np.pi, 1000))
    y = np.sin(np.linspace(0, 4 * np.pi, 1000))
    p4.plot(x, y, pen=pg.mkPen(color='d', width=2))
    p4.showGrid(x=True, y=True) # 显示网格
```

第 2 个按钮要处理的是如何在一列绘制两张图，关键代码如下：

```
self.pyqtgraph2.nextRow()
```

上述代码表示从下一行开始绘图，这在逻辑上是很容易理解的。

同时可以看到，PyQtGraph 绘图所使用的数据绝大部分是用 NumPy 生成的，这也从侧面说明了 PyQtGraph 的确是基于 PyQt 和 NumPy 开发的，这样做有利于提高绘图的性能。

和之前一样，对于这个案例，笔者同样提供了纯代码的使用方法。这种代码看起来更简单、直观，文件的保存路径为 Chapter08/matplotlibDemo/matplotlibDemo.py，主要内容和之前的完全相同，这里不再单独列出。运行效果如图 8-25 所示。

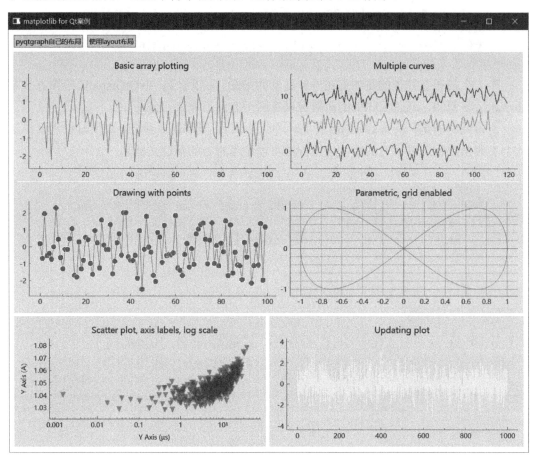

图 8-25

如图 8-25 所示，"pyqtgraph 自己的布局"按钮对应上面的 4 张图（self.plot1），通过 addPlot() 函数和 nextRow() 函数布局，这是 PyQtGraph 绘图的布局方式。"使用 Layout 布局"按钮对应下面的两张图（self.plot21 和 self.plot22），这两张图使用 Qt 的 QHBoxLayout 布局。需要注意的是，plot1 的高度是 plot21 和 plot22 的两倍，这是因为在布局的时候设置 plot1 的 stretch 为 2，plot21 和 plot22 的 stretch 为 1，使它们保持 2：1 的比例拉伸。

8.4.5　更多扩展

可以使用 PyqtGraph 提供的哪些工具嵌入 PySide/PyQt 中呢？因为 PyqtGraph 是基于 PySide/PyQt 写的，所以其所有绘图模块都可以嵌入 PySide/PyQt 中使用，也就是说，以下案例展示的所有 demo 都可以使用：

```
import pyqtgraph.examples
pyqtgraph.examples.run()
```

这些便利模块包含但是不限于如表 8-2 所示的内容。表 8-2 中包含 MatplotlibWidget 便利模块，这个模块和在 Matplotlib 绘图中介绍的 MatplotlibWidget 的功能是一样的，用法也类似。这些模块官方基本上都有 demo，读者直接参考本书案例进行修改即可应用到自己的程序中，这里不再介绍。至此，本书对使用 PyqtGraph 嵌入 PySide/PyQt 的方法就介绍完毕。

表 8-2

序号	模　块	序号	模　块	序号	模　块
1	PlotWidget	11	TableWidget	21	RemoteGraphicsView
2	ImageView	12	TreeWidget	22	MatplotlibWidget
3	SpinBox	13	CheckTable	23	FeedbackButton
4	GradientWidget	14	ColorButton	24	ComboBox
5	HistogramLUTWidget	15	GraphicsLayoutWidget	25	LayoutWidget
6	ConsoleWidget	16	ProgressDialog	26	PathButton
7	ColorMapWidget	17	FileDialog	27	ValueLabel
8	ScatterPlotWidget	18	JoystickButton	28	BusyCursor
9	GraphicsView	19	MultiPlotWidget		
10	DataTreeWidget	20	VerticalLabel		

8.5　Plotly 在 PyQt 中的应用

从本质上来说，Plotly 是基于 JavaScript 的图表库，支持不同类型的图表，如地图、箱形图、密度图，以及比较常见的条状图和线形图等。从 2015 年 11 月 17 日开始，Plotly 个人版本可以免费使用。

Plotly 一经问世就得到了快速发展，特别是开源之后，导致其服务器的发展跟不上用户数量的增长，因此，使用在线版本的 Plotly 绘图有些卡。幸运的是，plotly.js 已经开源，可以使用离线版本的 Plotly，不但绘图速度快，而且效果和在线版本的没什么不同。因此，本节将以离线版本的 Plotly 为例进行介绍。

除了 Python，Plotly 还可以很好地支持 JavaScript、R、MATLAB，并且绘图效果一样。也就是说，Plotly 的跨平台性非常强，这也是 Plotly 的优势之一。

本节主要介绍 Plotly 在 PySide/PyQt 中的应用，因此不会对 Plotly 的基础知识做过多的介绍，但是会给出一些经典的案例。

8.5.1 Plotly 的安装

安装 Plotly 最简单的方法就是使用 pip 命令：

```
pip install plotly
```

8.5.2 案例解读

在打算把 Plotly 嵌入 GUI 开发中之前，笔者一直想在 Plotly 官网中找到相关的线索，遗憾的是，在 Plotly 的帮助文档中并没有找到与 PyQt 结合使用的具体方法。经过笔者的实践，发现可以通过 PyQt 的 QWebEngineView 类封装 Plotly 生成的绘图结果，从而实现 Plotly 与 PyQt 的交互。

这里使用了 QWebEngineView 类，该类从 PyQt 5.7 才开始引入。引入 QWebEngineView 类的最主要的原因是在 PyQt 5.6 及以前版本中使用的是 QWebView 类，QWebView 类使用的是 WebKit 内核，这个内核比较陈旧，对 JavaScript 的一些新生事物（如 Plotly）的支持性不好。而 QWebEngineView 类使用的是 Chromium 内核，利用 Chrome 浏览器的优势可以完美地解决其兼容性问题。但是，QWebEngineView 类有一个比较大的缺点，就是启动速度比较慢，相信在日后的发展中，PyQt 团队会慢慢解决这个问题。

QWebEngineView 与 Plotly 交互非常简单。本案例的文件名为 Chapter08/demo_plotly_pyqt.py，代码如下：

```
from PySide6.QtWebEngineWidgets import QWebEngineView
class Window(QWidget):
    def __init__(self):
        QWidget.__init__(self)
        self.qwebengine = QWebEngineView(self)
        self.qwebengine.setGeometry(QRect(50, 20, 1200, 600))
        self.qwebengine.load(
QUrl.fromLocalFile('\plotly_html\if_hs300_bais.html'))
```

其核心代码是最后两行，表示新建一个 QWebEngineView，以及在 QWebEngineView 中载入文件。

需要注意的是，if_hs300_bais.html 是用 Plotly 生成的 HTML 本地文件。8.5.4 节会介绍如何利用代码生成 if_hs300_bais.html 文件。程序的运行效果如图 8-26 所示。

可以看到，这个图非常漂亮，可以动态显示当前时间点的价格。在 Plotly 的绘图结果中也可以找到一些其他方法，依次单击右上角的几个按钮就可以发现这些方法。此外，若想查看区间图，则可以按住鼠标左键向右拖动，如图 8-27 所示。

图 8-26

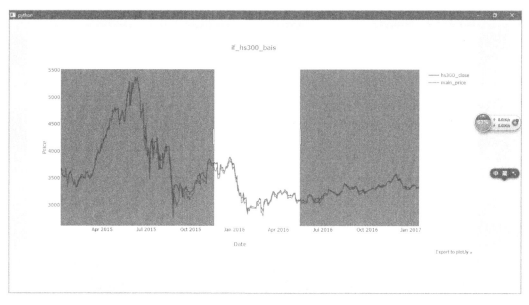

图 8-27

如果要恢复为初始图的样子，则单击图 8-26 中右上角的 autoscale 按钮即可。

8.5.3　设置提升的窗口部件

由于 Qt Designer 没有直接提供 QWebEngineView 类，因此需要通过提升的窗口部件来间接提供这个类。

和前面介绍的一样，将两个 QWidget 窗口控件拖到主窗口中，对提升的窗口部件进行设置，如图 8-28 所示，该.ui 文件的保存路径为 Chapter08/plotlyDemo/plotly_pyqt.ui。

图 8-28

8.5.4　Plotly 的使用

QWebEngineView 只需接收 Plotly 生成的 HTML 文件路径就可以实现渲染 Plotly 的结果，因此，启动文件需要基于 Plotly 生成 HTML 文件，并返回给 QWebEngineView 渲染（代码见 Chapter08/plotlyDemo/plotly_pyqt.py 文件）：

```
from Ui_plotly_pyqt import Ui_MainWindow
from PySide6.QtCore import *
from PySide6.QtGui import *
from PySide6.QtWidgets import *
import sys
import plotly.offline as pyof
import plotly.graph_objs as go
import pandas as pd
import os

class MainWindow(QMainWindow, Ui_MainWindow):

    def __init__(self, parent=None):
        super(MainWindow, self).__init__(parent)
        self.setupUi(self)

        plotly_dir = 'plotly_html'
        if not os.path.isdir(plotly_dir):
            os.mkdir(plotly_dir)
        self.path_dir_plotly_html = os.getcwd() + os.sep + plotly_dir
```

```
        self.qwebengine.setGeometry(QRect(50, 20, 1200, 600))
        self.qwebengine.load(
QUrl.fromLocalFile(self.get_plotly_path_if_hs300_bais()))


    def get_plotly_path_if_hs300_bais(self,file_name='if_hs300_bais.html'):
        path_plotly = self.path_dir_plotly_html + os.sep + file_name
        df = pd.read_excel(r'plotly_html\if_index_bais.xlsx')

        '''绘制散点图'''
        line_main_price = go.Scatter(
            x=df.index,
            y=df['main_price'],
            name='main_price',
            connectgaps=True,   # 这个参数表示允许连接数据缺口
        )

        line_hs300_close = go.Scatter(
            x=df.index,
            y=df['hs300_close'],
            name='hs300_close',
            connectgaps=True,
        )
        data = [line_hs300_close, line_main_price]

        layout = dict(title='if_hs300_bais',
                    xaxis=dict(title='Date'),
                    yaxis=dict(title='Price'),
                    )

        fig = go.Figure(data=data, layout=layout)
        pyof.plot(fig, filename=path_plotly, auto_open=False)
        return path_plotly

app = QApplication(sys.argv)
win = MainWindow()
win.showMaximized()
app.exec()
```

对于这个案例，get_plotly_path_if_hs300_bais()函数是 Plotly 绘图的主体，需要注意以下 3 点。

（1）文件绘图使用的是离线绘图模式，而不是在线绘图模式。因为离线绘图模式的速度非常快，在线绘图模式由于对方服务器的原因会比较卡。代码如下：

```
import plotly.offline as pyof
```

（2）禁止自动在浏览器中打开，设置 auto_open 参数为 False：

```
pyof.plot(fig, filename=path_plotly, auto_open=False)
```

（3）绘图完成后将绘图结果保存在本地，通过函数返回保存的路径，并让 QWebEngineView 调用这条路径实现 PyQt 与 Plotly 的交互：

```
return path_plotly
```

qwebengine.load 会加载 HTML 路径，并且进行渲染：

```
self.qwebengine.setGeometry(QRect(50, 20, 1200, 600))
self.qwebengine.load(QUrl.fromLocalFile(self.get_plotly_path_if_hs300_bais
()))
```

这几行代码的作用类似于前面提到的代码：

```
self.qwebengine.load(QUrl.fromLocalFile('\if_hs300_bais.html'))
```

运行效果如图 8-29 所示。

图 8-29

> **注意**：这里首先从 Plotly 中绘图，并把结果保存到本地，然后通过 QWebEngineView 加载这个本地文件。这样就产生了以硬盘写入与读取的问题，显然会拖慢程序的运行速度。
>
> 针对这个问题，另一种思路是使用 QWebEngineView.setHtml()函数（详见 Chapter08/plotlyDemo/PyQt_plotly_setHtml.py），但是这种思路存在问题，案例无法成功运行。这是因为 setHtml()函数无法显示超过 2MB 的内容，否则会触发 loadFinished 信号 success=false。所以，本章提供的解决方案虽然不是最完美的，但是目前笔者所知道的比较好的方案。

同样，笔者提供了纯代码的使用方式，文件的保存路径为 Chapter08/plotlyDemo/plotlyDemo.py，代码的主要内容和之前的一样，为了节约篇幅，这里不再列出。运行效果如图 8-30 所示。

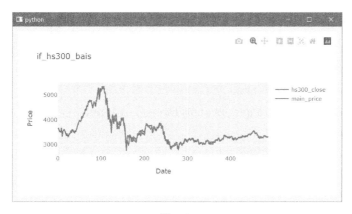

图 8-30

8.5.5　Plotly 的更多扩展

这里仅仅展示了 Plotly 的一个案例，如果读者需要了解更多的案例，则可以自行查阅官方网站，如图 8-31 所示。

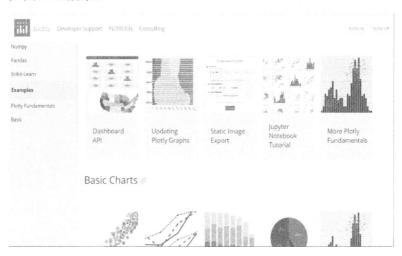

图 8-31

读者需要做的仅仅是对相关案例的代码进行修改，并修改 get_plotly_path_if_hs300_bais()函数，使之支持需要实现的绘图结果。

8.5.6　Dash 的使用

Dash 每月下载约 600 000 次，是用于在 Python、R、Julia 和 F#（实验性）中快速构建数据应用程序的原始低代码框架。Dash 基于 Plotly.js、React.js 及 Flask 编写，非常适合快速构建与部署 Web 交互式数据应用程序。使用 Dash，几行代码就可以建立一个可视化的网页。

Dash 基于 Flask，可以看作 Flask 的增强版，用于简化网页开发的步骤，最重要的是利用其强大的 Plotly 生态，简化网页可视化绘图的门槛。使用 Dash，可以使用几行代码就能建立一个可视化绘图的网页，通过这种网页地址和 QWebEngineView 结合。当然，也可以通过本地浏览器（如 Chrome）进行访问。

　　这里使用纯代码的方式和 Dash 交互，可以参考 8.5.3 节把 Dash 嵌入 Qt Designer 中使用。本案例的保存路径为 Chapter08/plotlyDemo/dashDemo.py，主窗口代码如下：

```python
class MainWindow(QWidget):
    def __init__(self, parent=None):
        super(MainWindow, self).__init__(parent)

        layout = QVBoxLayout()
        self.setLayout(layout)

        layoutH = QHBoxLayout()
        buttonReload1 = QPushButton('载入网页 1')
        buttonReload2 = QPushButton('载入网页 2')
        layoutH.addWidget(buttonReload1)
        layoutH.addWidget(buttonReload2)
        layoutH.addStretch(1)
        layout.addLayout(layoutH)
        buttonReload1.clicked.connect(self.onButtonReload1)
        buttonReload2.clicked.connect(self.onButtonReload2)

        self.qwebengine = QWebEngineView(self)
        layout.addWidget(self.qwebengine)

    def onButtonReload1(self):
        if hasattr(self, 'thread1'):

self.qwebengine.load(QUrl(f'http://127.0.0.1:{self.thread1.port}/'))
            return
        self.thread1 = WorkThread()
        self.thread1.start()

self.qwebengine.load(QUrl(f'http://127.0.0.1:{self.thread1.port}/'))

    def onButtonReload2(self):
        if hasattr(self, 'thread2'):

self.qwebengine.load(QUrl(f'http://127.0.0.1:{self.thread2.port}/'))
            return
        self.thread2 = WorkThread2()
        self.thread2.start()
```

```
self.qwebengine.load(QUrl(f'http://127.0.0.1:{self.thread2.port}/'))


if __name__ == '__main__':
    app = QApplication(sys.argv)
    win = MainWindow()
    win.showMaximized()
    app.exec()
```

运行脚本，显示效果如图 8-32 和图 8-33 所示。

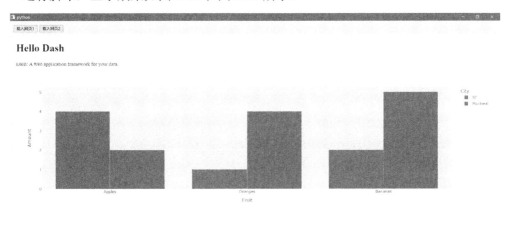

图 8-32

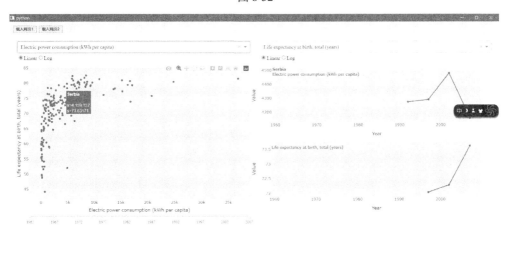

图 8-33

第 2 个按钮对应的第 2 张图的功能比较强大，实现了非常炫酷的动态交互，但是代码过于复杂，感兴趣的读者可以自行研究，这里只介绍第 1 张图（对应第 1 个按钮）的代码。把 Dash 放在子线程中启动，代码如下：

```python
def onButtonReload1(self):
    if hasattr(self, 'thread1'):
        self.qwebengine.load(
QUrl(f'http://127.0.0.1:{self.thread1.port}/'))
        return
    self.thread1 = WorkThread()
    self.thread1.start()
    self.qwebengine.load(QUrl(f'http://127.0.0.1:{self.thread1.port}/'))
```

WorkThread 代码如下（Dash 主体在 run()函数中启动）：

```python
class WorkThread(QThread):
    port = 8800

    def __init__(self):
        super(WorkThread, self).__init__()

    def run(self):
        app = Dash(__name__)
        # assume you have a "long-form" data frame
        # see https://plotly.com/python/px-arguments/ for more options
        df = pd.DataFrame({
            "Fruit": ["Apples", "Oranges", "Bananas", "Apples", "Oranges",
"Bananas"],
            "Amount": [4, 1, 2, 2, 4, 5],
            "City": ["SF", "SF", "SF", "Montreal", "Montreal", "Montreal"]
        })

        fig = px.bar(df, x="Fruit", y="Amount", color="City",
barmode="group")

        app.layout = html.Div(children=[
            html.H1(children='Hello Dash'),

            html.Div(children='''
                    Dash: A web application framework for your data.
                '''),

            dcc.Graph(
                id='example-graph',
                figure=fig
            )
        ])
        app.run_server(debug=False, port=self.port)
```

代码中的 html.H1 对应网页中的标题 1，html.Div 对应网页中的 div 段。dcc.Graph 对应使用 Plotly 生成的绘图。app.run_server 启动本地网页接口，这时候可以在窗口中看到第 1 张图。事实上，如果能看到第 1 张图，那么在浏览器中打开 127.0.0.1:8800 也可以看到相同的效果；如果能看到第 2 张图，那么在浏览器中打开 127.0.0.1:8801 也可以看到相同的效果。

8.5.7　Dash 的更多扩展

Dash 官方给出了很多集成案例，读者可以自行登录官方网站查看，这些案例的效果如图 8-34 所示。

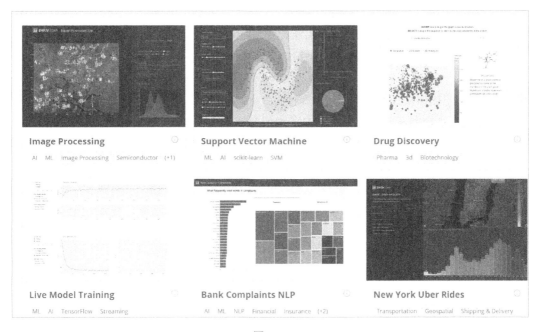

图 8-34

实际上，其他 Web 开发框架（如 Flask、Django 等）也可以通过这种方式集成，这里只是在介绍 Plotly 的时候顺带介绍了 Dash，并且这个框架的门槛非常低，用起来非常简单。

第 9 章

实战应用

前面介绍了 PySide/PyQt 的基本用法与扩展应用，接下来介绍其实践应用。

从理论上来说，使用 Qt 能做的事情，使用 PySide/PyQt 也能做，但是大多数人不会使用 PySide/PyQt 开发 WPS Office、Photoshop 等这样的大型软件，只是利用 PySide/PyQt 相对于 Qt 的便捷性快速开发一些小型软件。

因为笔者是金融从业人员，所以本章主要介绍 PySide/PyQt 在金融领域的应用。在金融领域中，懂得 IT 技术的人具有相对优势，因为金融离不开数据分析与处理，数据分析与处理离不开编程。那么使用 PySide/PyQt 能做什么呢？不太熟悉编程的金融从业人员有数据处理方面的需求，但是又没有精力学习数据分析的技能，因此非常需要一些 GUI 工具来解决数据处理方面的问题。相对于直接提供源代码让他们运行，提供一个 GUI 窗口他们更容易接受。

本章提供的案例开发时间比较早，因此使用 Qt Designer 多一些，现在可能更倾向于使用纯代码的方式写代码，因为笔者对 Qt 的各种控件都已经非常熟悉，写起来得心应手。由于本书的基础部分已经介绍得非常详细，并且内容足够多，案例也非常丰富。为了减轻读者的负担，笔者删减了一些内容，只保留两个案例。

9.1　在量化投资中的应用

量化投资，简单来说，就是指通过计算机编程的方法从历史数据中找到可以营利的规律，并把它应用到未来数据上，在未来数据上实现营利。与传统投资相比，量化投资最大的特点是在投资策略中广泛地应用程序化思想。

虽然量化投资的核心营利策略与 PySide/PyQt 没有什么关系，但是这并不意味着 PyQt 就不能应用于量化投资中。实际上，任何投资策略的最终结果都需要一个 GUI 来呈现，这就是 PySide/PyQt 在量化投资中的意义。根据笔者的经验，投资策略结果的 GUI 呈现只适合作为回测平台的一个扩展，如果读者没有开源的或者自己写的回测平台，那么就没有必要为每个投资策略的结果单独呈现一份 GUI，那样做无异于浪费时间。

本节的目的是给现有的回测平台适配基于 PySide/PyQt 的 GUI 输出结果。本节使用的回测平台是笔者自用的简易回测框架，并且该框架已经使用几年了。该框架虽然简单易用，但是其底层基于 Pandas 矢量化运算，性能非常强大，从理论上来说其运算性能相比纯 Python 框架有几十倍的提升。整个回测框架由几个文件构成，非常简单。回测框架的保存路径为 Chapter09/myQuant/quant。如图 9-1 所示，只有如下几个文件：rhQuant.py 是回测框架主体；rhPlot 文件夹是可视化绘图系统，提供了 Plotly 和 PyQt 两套可视化系统；my_talib.py 文件中是一些技术指标的源代码，本节用不到。

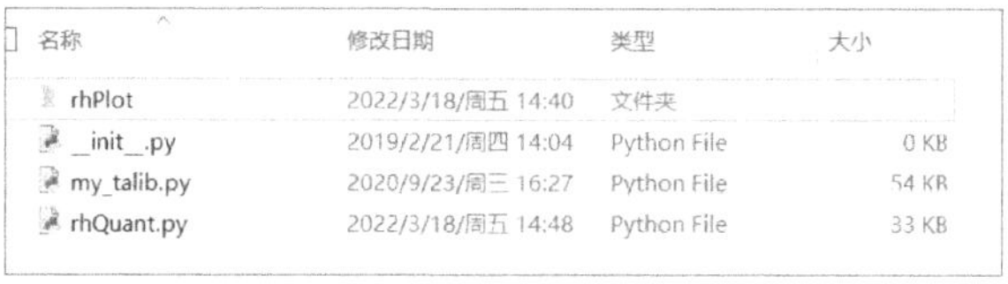

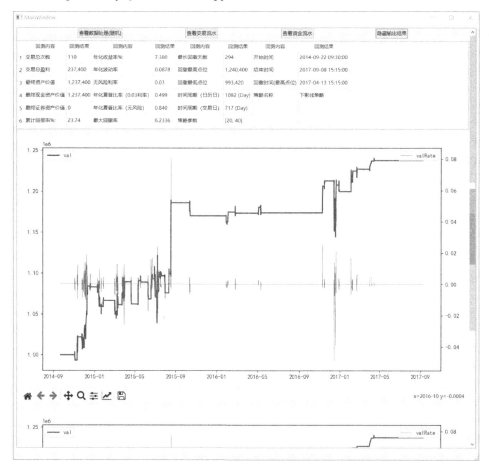

图 9-1

运行 Chapter09/myQuant/runDemo.py 文件，效果如图 9-2 所示。

图 9-2

这是 PyQt 的可视化系统效果，下面对这个界面进行解读。

这里仅对如何使用回测框架进行介绍，也就是对 runDemo.py 文件进行简单的解读，毕竟不是所有人都对量化投资感兴趣。

一是策略的初始化设置，如策略名称、起止时间、资金量等都需要在这里设置，代码如下：

```
def __init__(self):
    super().__init__()
    '''necessary, 以下变量必须重写'''
    # self.start_time = '2017-01-01'    # str 回测的初始时间
    self.start_time = '2014-09-01'      # str 回测的初始时间
    self.end_time = '2017-09-1'         # str 回测的初始时间
    # self.end_time = '2021-01-23'      # str 回测的终止时间
    self.capitalStart = 1e6             # 初始化资金量
    self.strategyName = '下影线策略'      # 策略名称
    # self.timeEndFlag = '15:00:00'
    # 记录高频数据每天最后一个交易时刻的标记，若数据为日度数据，可设置为''
    self.timeEndFlag = ''

    '''options, 以下变量可以根据实际情况进行重写'''
    self.plotMode = 'pyqt'                        # 支持 Plotly 与 PyQt 两种输出模式

    # self.code_tup = ('000001.XSHG',"000016.XSHG")
    self.code_tup = ("000001.XSHG",)  # 000016.XSHG 上证 50
    self.colDropList: list = ['high', 'low', 'open', 'day_t', 'pubdate_t',
'net_profit_t']  # 设置在 tradeFlow 中要删除的一些列表

    '''custom, 以下变量为策略自定义的变量'''
    # self.strategyName = self.strategyName + self.base_code
```

二是读取数据与处理数据，init_data()函数用来读取数据，data_pre()函数用来处理数据。trade_flag 表示如果当前时刻（bar）的成交量比过去 5 根 bar 成交量的均值大 2 倍，则赋值为 1，否则为 0；ser_low_shadow 表示超过 0.1 的下影线长度，ser_high_shadow 表示超过 0.1 的上影线长度，shadow_sum 表示两者之和，会相互抵消。代码如下：

```
def init_data(self):
    df = pd.read_csv(r'data/TF.CFE_15.csv')
    df['code'] = 'TF.CFE'
    self.df_data = df

def data_pre(self, df):
    """
    数据预处理函数，定义 groupby('code').apply(func)中的 func，需要被子类继承
    :param df: DataFrame, 单个证券的历史数据，以索引为时间
    :return:
```

```
"""
# 前向填充价格与成交量，因为高频数据在有些时刻是空值
df['close'] = df['close'].fillna(method='ffill')
df['volume'] = df['volume'].fillna(method='ffill')
df['volume_avg'] = df['volume'].rolling(5).mean()
df['trade_flag'] = np.where(df['volume'] > 2 * df['volume_avg'], 1, 0)

OC_max = df.loc[:, ['close', 'open']].max(1)
OC_min = df.loc[:, ['close', 'open']].min(1)
ser_low_shadow = np.where(OC_min - df['low'] > 0.1, 1, 0)
ser_high_shadow = np.where(df['high'] - OC_max > 0.1, -1, 0)
df['shadow_sum'] = ser_high_shadow + ser_low_shadow
return df
```

三是每个时刻（bar）都会触发 on_bar()函数，在这个函数中需要验证自己的开仓/平仓/清仓/止损等各种逻辑，这里验证了开仓、平仓、清仓的逻辑，代码如下：

```
def on_bar(self, tim, df_now):
    """
    行情推送的主函数，在该函数中可以触发 on_open()、on_close()等函数，需要被子类继承
    :param tim: 日期格式，当前 bar 对应的时间
    :param df_now: DataFrame，当前时刻所有证券的行情数据，索引是代码
    :return:
    """

    '''检测清仓'''
    # if str(tim).split(' ')[-1] == '15:15:00':
    if tim.strftime('%H-%M') == '15:15':
        print(tim)
        '''检测并处理清仓信息'''
        self.on_clear(tim, df_now)
    else:
        '''检测平仓'''
        self.on_close(tim, df_now)

        '''检测开仓'''
        self.on_open(tim, df_now)
```

对于开仓函数 on_open()，当 trade_flag＝＝1 且 shadow_sum！=0 时开仓。shadow_sum！=0 表示有上影线和下影线；shadow_sum！>0 表示下影线比上影线长，开多仓；shadow_sum！<0 表示上影线比下影线长，开空仓。trade_volume 表示开仓数量，这里的 self.contractUnit 表示合约乘数，国债期货默认是 10 000，开 5 手大概是 500 万元持仓市值，如果有 100 万元本金，则大概有 5 倍杠杆。这个杠杆很低，因为国债期货可以有 50 倍以上的杠杆，在这个策略中可以通过缩减本金或扩大成交数量来提高收益率，这里不再演示。on_open()函数的代码如下：

```python
def on_open(self, tim, df_now):

    """
    开仓的逻辑，该函数可以触发 on_trade() 函数进行交易，参数与 self.on_bar() 保持一致，
需要被子类继承
    """
    # 只允许一次开仓
    if len(self.posFullDict) > 0:
        return


    code = df_now.index[0]
    close = df_now.at[code, 'close']


    trade_flag = df_now.at[code, 'trade_flag']
    shadow_sum = df_now.at[code, 'shadow_sum']
    if trade_flag == 1 and shadow_sum != 0:
        cash = self.posValSer['cash']
        if shadow_sum > 0:
            trade_volume = 5 * self.contractUnit * 1
        else:
            trade_volume = 5 * self.contractUnit * -1
        '''记录这次交易信息的组合信息'''
        self.posDict = {}
        self.posDict['stock'] = {code: trade_volume}
        self.posDict['trade_time'] = tim
        # self.posDict['macd'] = macd
        self.posDict['open_num'] = self.countOpen
        self.posDict['pos_num'] = len(self.posFullDict) + 1
        self.posDict['trade_day'] = tim.strftime('%Y-%m-%d')
        self.posDict['trade_way'] = '多开'
        self.posDict['code'] = code
        self.posDict['trade_price'] = close
        self.posDict['loss_price'] = close
        self.posDict['left_day'] = 2
        self.posDict['contractUnit'] = self.contractUnit
        self.posFullDict[self.countOpen] = self.posDict  # 增加持有信息


        self.countOpen += 1
        logging.info('开<---,开:{}-平:{}-清:{}'.format(self.countOpen,
self.countClose, self.countClear))


        fee = 5 * 4 * 2
        self.on_trade(tim, code, trade_volume, df_now, fee=fee,
dealType='close')
        logging.info('开仓<---{}'.format(code))
```

当开仓完毕之后，持有 3 根 bar 就平仓，这是 on_close()函数的逻辑，代码如下：

```
def on_close(self, tim, df_now):
    """平仓逻辑，该函数可以触发 on_trade()函数进行交易，参数与 self.on_bar()保持一
致，需要被子类继承"""
    _posFullDict = copy.deepcopy(self.posFullDict)
    # df = df_now.copy()
    for open_num in _posFullDict:
        self.posDict = _posFullDict[open_num]
        trade_stock = self.posDict['stock']
        trade_way = self.posDict['trade_way']

        # 开仓当天不可以平仓
        trade_time = self.posDict['trade_time']
        if trade_time.date() == tim.date():
            return None

        left_day = self.posDict['left_day']

        if left_day == 0:
            '''触发平仓信号'''
            del self.posFullDict[open_num]  # 删除组合持仓记录
            self.countClose += 1
            logging.info('平<---,开:{}-平:{}-清:{}'.format(self.countOpen,
self.countClose, self.countClear))
            for code in trade_stock:
                trade_volume = trade_stock[code]
                self.posDict['trade_way'] = '多平' if trade_way == '多开' else
'空平'
                self.on_trade(tim, code, trade_volume * -1, df_now,
dealType='close')
                logging.info('平仓<---{}'.format(code))
        else:
            self.posFullDict[open_num]['left_day'] -= 1
```

只要时间达到 15:15 就会触发清仓，on_clear()函数会平掉所有持仓仓位，代码如下：

```
def on_clear(self, tim, df_now):
    """清仓逻辑，该函数可以触发 on_trade()函数进行交易，参数与 self.on_bar()保持一
致，需要被子类继承"""

    _posFullDict = copy.deepcopy(self.posFullDict)
    # df = df_now.copy()
    for open_num in _posFullDict:
        self.posDict = _posFullDict[open_num]
        trade_stock = self.posDict['stock']
```

```
        code = self.posDict['code']

        '''触发平仓信号'''
        del self.posFullDict[open_num]    # 删除组合持仓记录
        self.countClear += 1
        logging.info('平<---,开:{}-平:{}-清:{}'.format(self.countOpen,
self.countClose, self.countClear))
        for code in trade_stock:
            trade_volume = trade_stock[code]
            self.posDict['trade_way'] = '清'
            self.on_trade(tim, code, trade_volume * -1, df_now,
dealType='close')
            logging.info('清仓<---{}'.format(code))
```

这个策略回测框架使用起来非常简单，按照上面的方式写好之后，可以用下面的方式启动，其他情况都由回测框架解决：

```
if __name__ == '__main__':
    '''运行回溯测试'''
    qt = StrategyDemo()         # 初始化参数
    qt.init_log()               # 初始化日志
    qt.init_data()              # 初始化数据
    qt.init_run()               # 回溯测试之前的处理
    qt.run()                    # 回溯测试
```

当策略回测完毕之后，会对策略的回测结果进行计算与显示输出，以便于查看运行效果，这就用到了 GUI 知识。这部分内容涉及 Chapter09/myQuant/quant/rhPlot/rhQuant_matplotlib_show.py 文件，这是.ui 启动文件，运行该文件会显示 Qt 界面。

回测结果如图 9-3 所示。

	查看数据处理(随机)		查看交易流水		查看资金流水		隐藏输出结果
回测内容	**回测结果**	**回测内容**	**回测结果**	**回测内容**	**回测结果**	**回测内容**	**回测结果**
1 交易总次数	110	年化收益率%:	7.380	最长回撤天数	294	开始时间	2014-09-22 09:30:00
2 交易总盈利	237,400	年化波动率	0.0878	回撤最高点位	1,240,400	结束时间	2017-09-08 15:15:00
3 最终资产价值	1,237,400	无风险利率	0.03	回撤最低点位	993,420	回撤时间(最高点位)	2017-04-13 15:15:00
4 最终现金资产价值	1,237,400	年化夏普比率 (0.03利率)	0.499	时间周期 (日历日)	1082 (Day)	策略名称	下影线策略
5 最终证券资产价值	0	年化夏普比率 (无风险)	0.840	时间周期 (交易日)	717 (Day)		
6 累计回报率%:	23.74	最大回撤率	6.2336	策略参数	[20, 40]		

图 9-3

可以使用 QTableWidget 构建表格来呈现回测结果，其数据填充方法在 show_plot()函数中，代码如下：

```
def show_plot(self, qt=None):

    if qt is not None:
        list_result = qt.plotDataList
```

```
    pickle_file = open('plotDataList.pkl', 'wb')  # 以 wb 方式写入
    pickle.dump(list_result, pickle_file) # 向 pickle_file 中写入 plotDataList
    pickle_file.close()
else:
    pickle_file = open('plotDataList.pkl', 'rb')  # 以 rb 方式读取
    # 读取以 pickle 方式写入的文件 pickle_file
    list_result = pickle.load(pickle_file)
    pickle_file.close()
list_result.append(['', ''])  # 为了能够凑够 24*2（原来为 22*2）
list_result.append(['', ''])  # 为了能够凑够 24*2（原来为 22*2）
len_index = 6
len_col = 8
list0, list1, list2, list3 = [list_result[6 * i:6 * i + 6] for i in
range(0, 4)]
arr_result = np.concatenate([list0, list1, list2, list3], axis=1)
self.tableWidget.setRowCount(len_index)
self.tableWidget.setColumnCount(len_col)
self.tableWidget.setHorizontalHeaderLabels(['回测内容', '回测结果'] * 4)
self.tableWidget.setVerticalHeaderLabels([str(i) for i in range(1,
len_index + 1)])
# self.setMinimumHeight(200)
# self.tableWidget.setMinimumWidth(40)

for index in range(len_index):
    for col in range(len_col):
        self.tableWidget.setItem(index, col,
QTableWidgetItem(arr_result[index, col]))
self.tableWidget.resizeColumnsToContents()
```

四是使用 Matplotlib 绘图，这里使用第 8 章的成果，Chapter09/myQuant/quant/rhPlot/
rhMatplotlibWidget.py 文件中存放了嵌入 Qt Designer 的类，需要设置提升的窗口，具体如
何设置及如何使用请参考第 8 章的内容。

这里提供两张净值图（见图 9-2），上面是数据的原始频率，如 15 分钟频率的净值曲
线，下面是日频的净值曲线，因为很多产品只看日频的净值曲线，并且净值图中的所有计
算指标都是基于日频的净值曲线的频率净值数据计算得到的，代码如下：

```
class MainWindow(QMainWindow, Ui_MainWindow):
    """
    RhQuant 是基于 PyQt 的绘图类
    """

    def __init__(self, qt=None, parent=None):
        super(MainWindow, self).__init__(parent)
        self.setupUi(self)
```

```
self.matplotlibwidget_day.setMinimumHeight(650)
self.matplotlibwidget_static.setMinimumHeight(650)
if qt is not None:
    self.qt = qt
    # self.matplotlibwidget_dynamic.setVisible(False)
    # self.matplotlibwidget_static.setVisible(False)
    self.show_plot(self.qt)
    self.matplotlibwidget_static.mpl.start_static_plot(self.qt)
    self.matplotlibwidget_day.mpl.start_day_plot(self.qt)
else:
    self.show_plot()
    self.matplotlibwidget_static.mpl.start_static_plot()
    self.matplotlibwidget_day.mpl.start_day_plot()
```

两张图的效果基本一样，如图 9-4 所示。

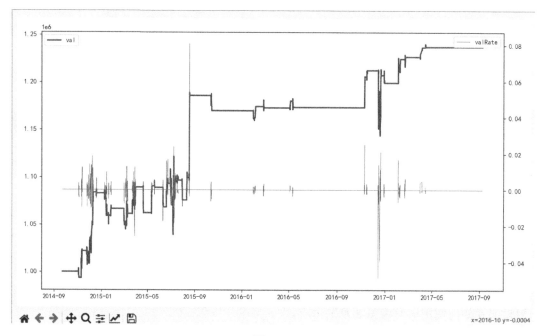

图 9-4

最后需要说明的是，这个框架提供了两种视图，一种是之前展示的 PyQt 视图，另一种是 Plotly 视图，在 runDemo.py 文件的 __init__()函数中。进行如下修改即可启动 Plotly 视图：

```
self.plotMode = 'plotly' # 支持 Plotly 与 PyQt 两种输出模式
```

修改完之后，运行 runDemo.py 文件会输出一个 HTML 文件（Chapter09/myQuant/out/下影线策略.html）并自动打开，效果如图 9-5 所示，这个结果和 PyQt 输出模式类似，只不过方便分享与存储，这也是笔者非常喜欢与常用的模式。

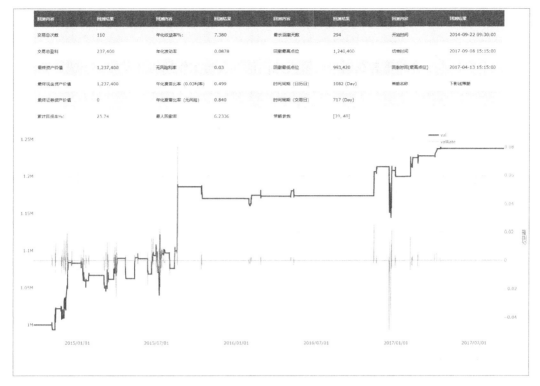

图 9-5

综上，本节简单介绍了使用量化投资框架的整个流程，这是笔者自用的一个简易框架，能够发挥很多作用，笔者用它测试了很多策略，虽然不能上实盘，但是回测起来非常方便，能上实盘的框架远没有这么简单。如果读者对这个框架感兴趣，可以自行研究。

9.2　在券商投研中的应用

金融行业之所以能够获利，最根本的原因是它是一个资金融通的中介，把资金从创造价值增值能力低的主体转移到创造价值增值能力高的主体上。主体又可以分为国家、行业、公司和个人投资者。由于个人投资者的资金增值容量有限，并且很难获取信息，因此笔者分析的基本单位是公司。对于个人投资者来说，从公开信息中获取公司基本情况的途径有免费的新浪财经网页、同花顺、大智慧等，也有付费的 Wind 金融终端；而对于机构这样的专业投资者，在分析公司基本情况时还需要从公司发布的各种报告中挖掘出隐藏的信息。因此，如何快速、高效地获取各种报告中的信息对于机构投资者来说是一个难题，下面介绍如何解决这个难题。

虽然可以从同花顺、大智慧及 Wind 金融终端获取公司报告，但是这些报告需要一个个地获取，效率比较低。

本节给出的做法是用 PySide/PyQt 抓取并模拟某网站来实现各种功能。为什么要设计一个 GUI 而不直接使用现成的网页搜索呢？这是因为网站的公告信息同样需要一个个地单击获取，不够智能，实现不了我们想要的功能。

这个案例主要介绍笔者在国内一家大型的证券公司工作期间开发的一个快速获取公司公告的工具，该工具一经问世就受到了业界的好评。这个案例具有完整性和实战性，无须修改就可以使用。软件虽然很简单，但是背后的逻辑却很烦琐。下面介绍具体的细节部分。

9.2.1　从爬虫说起

这个 GUI 案例主要用来模拟网站的行为，因此最低层调用的一定是网络爬虫，GUI 仅仅是对爬取的结果封装一个壳而已。本节不会对爬虫知识进行深入讲解，只介绍如何调用已经写好的爬虫程序。

在 Chapter09/juchao/craw.py 文件中，只能看到一个简单的函数：

```python
import requests

def get_one_page_data(key, date_start='', date_end='',
fulltext_str_flag='false', page_num=1,
pageSize=30,sortName='nothing',sortType='desc'):
    '''
    :param key: 搜索的关键字
    :param date_start: 起始时间
    :param date_end: 终止时间
    :param fulltext_str_flag: 是否是内容搜索，默认为 false，即标题搜索
    :param page_num: 要搜索的页码
    :param pageSize: 每页显示的数量
    :param sortName: 排序名称。对应关系如下：'相关度': 'nothing', '时间':
'pubdate', '代码': 'stockcode_cat', 默认为相关度
    :param sortType: 排序类型。对应关系如下：'升序': 'asc', '降序': 'desc', 默认为降序
    :return: 总页码和当前页码的信息
    '''
    params = {'searchkey': key,
              'sdate': date_start,
              'edate': date_end,
              'isfulltext': fulltext_str_flag,
              'sortName': sortName,
              'sortType': sortType,
              'pageNum': str(page_num),
              'pageSize': str(pageSize)}
    key_encode = requests.models.urlencode({'a': key}).split('=')[1]

    url = 'http://www.xxx.com.cn/new/fulltextSearch/full'
    headers = {'Accept': 'application/json, text/javascript, */*; q=0.01',
               'Accept-Encoding': 'gzip, deflate',
```

```
          'Accept-Language': 'en-US,en;q=0.9,zh-CN;q=0.8,zh;q=0.7',
          'Connection': 'keep-alive',
          'Cookie': "JSESSIONID=23E2CC3023E06C05019FD45FE1BFFFFE;
insert_cookie=37836164; routeId=.uc2; _sp_ses.2141=*; SID=57e23463-a251-
4611-a9ca-a852461cedff; xxx_user_browse=688981,gshk0000981,%s;
_sp_id.2141=85f1158d-08ae-4474-9644-
377d28341141.1610205512.2.1610253491.1610205652.de893c50-a907-4359-b834-
904524a6a37f"%key_encode,
          'Host': 'www.xxx.com.cn',
          'Referer':
'http://www.xxx.com.cn/new/fulltextSearch?notautosubmit=&keyWord=%s' %
key_encode,
          'User-Agent': 'Mozilla/5.0 (Windows NT 10.0; WOW64)
AppleWebKit/537.36 (KHTML, like Gecko) Chrome/87.0.4280.88 Safari/537.36',
          'X-Requested-With': 'XMLHttpRequest'}
   try:
      r = requests.get(url, headers=headers, params=params, timeout=20)
      # r.encoding = 'utf-8'
      page_content = r.json()
      page_value = page_content['announcements']
      total_page_num = page_content['totalpages']
      if total_page_num==0:
         return 0,[]
      else:
         return total_page_num, page_value
   except:
      return None, []


if __name__ == '__main__':
   total_num, page_value = get_one_page_data('中国中车', date_start='2015-
01-05', date_end='2015-07-03')
   print(total_num, page_value)
```

可以看到，这个函数传递的参数很详细，这些参数可以模拟从网页中获取的全部信息（模拟的网页为 http://www.xxx.com.cn/xxx-new/fulltextSearch? code=&notautosubmit=&keyWord）。唯一不同的是，这里返回的是每页显示 30 条信息（pageSize=30），而官方网站每页只能显示 10 条信息。

9.2.2　程序解读

1. Qt Designer 界面

本节的案例使用的 UI 界面文件是 Chapter09/juchao/run.ui。上面爬取的所有参数在这个界面中都有相对应的控件，如图 9-6 所示。

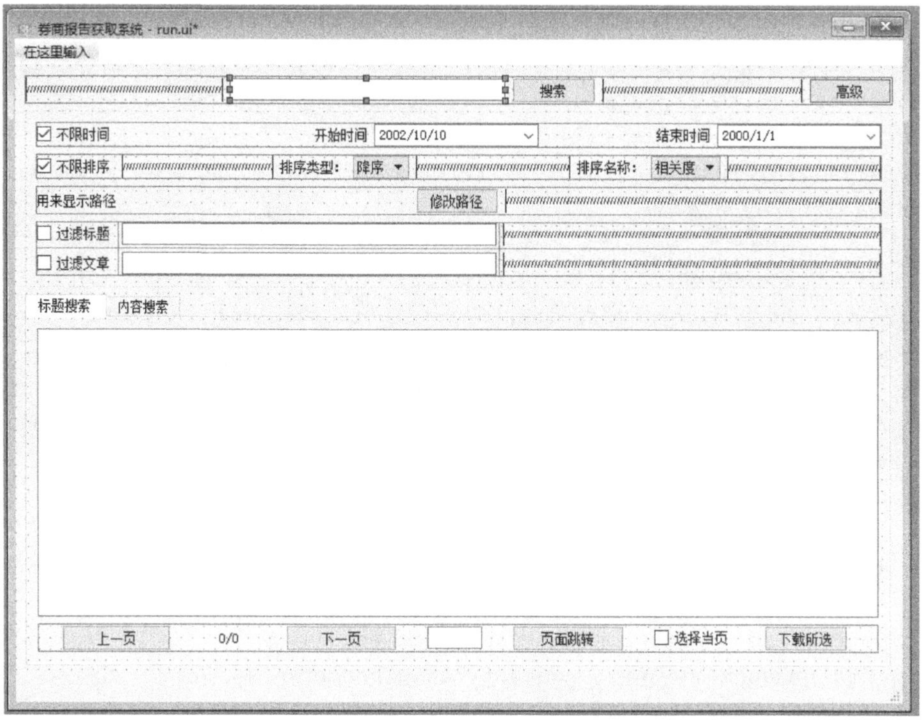

图 9-6

2. 软件的初始化

软件的初始化包括 3 个部分：设置属性、连接信号与槽、初始化下载目录。

对于属性的设置，需要注意的是 self.frame_advanced.hide()，表示默认隐藏高级选项的内容，因为这些高级选项已经放在一个 frame 控件中。

对于信号与槽的连接，这部分内容比较难理解，会在本节后续部分进行讲解。

本案例对应的文件的路径为 Chapter09/juchao/run.py，下面是软件初始化的一些信息，部分信息稍后会用到：

```
signal_status = Signal(str, list)  # 自定义的信号，用来显示状态栏

def __init__(self, parent=None):
    """
    Constructor

    @param parent reference to the parent widget
    @type QWidget
    """
    super(MainWindow, self).__init__(parent)
    self.setupUi(self)
    self.total_pages_content = 1
```

```
    self.total_pages_title = 1
    self.current_page_num_title = 1
    self.current_page_num_content = 1
    self.sort_type = 'desc'
    self.sort_name = 'nothing'
    self.comboBox_dict = {'相关度': 'nothing', '时间': 'pubdate', '代码':
'stockcode_cat', '升序': 'asc', '降序': 'desc'}
    self.frame_advanced.hide()  # 默认隐藏 frame 控件
    # 存储要下载的信息，每个元素是字典形式，存储要下载的标题、URL 等信息
    self.download_info_list = []
    self.download_path = os.path.abspath(r'./下载')
    self.label_show_path.setText('当前保存目录为: ' + self.download_path)
    # 设置 tableWidget 的默认选择方式
    self.tableWidget_title_checked = Qt.Unchecked
    self.tableWidget_content_checked = Qt.Unchecked
    self.select_title_page_info = set()     # 记录 checkBox_select 选择的页面信息
    self.select_content_page_info = set()   # 记录 checkBox_select 选择的页面信息
    self.filter_title_list = []             # 用来显示过滤 title 的 list
    self.filter_content_list = []           # 用来显示过滤 content 的 list


    '''下面 4 行代码一定要按照顺序执行，否则 self.start_time 与 self.end_time 这两行代
码会无效'''
    self.dateEdit.setDateTime(datetime.datetime.now())
    self.dateEdit_2.setDateTime(datetime.datetime.now())
    self.start_time = ''
    self.end_time = ''


    self.dateEdit.setEnabled(False)
    self.dateEdit_2.setEnabled(False)
    self.comboBox_type.setEnabled(False)
    self.comboBox_name.setEnabled(False)
    self.lineEdit_filter_content.setEnabled(False)
    self.lineEdit_filter_title.setEnabled(False)


    '''连接信号与槽'''
    '显示或隐藏高级选项'
    self.pushButton_setting_advanced.toggled['bool'].connect
(self.frame_advanced.setHidden)
    '下载'
    self.pushButton_download_select_title.clicked.connect
(self.download_pdf)
    self.pushButton_download_select_content.clicked.connect
(self.download_pdf)
    download_thread.signal.connect(self.show_status) # 子线程的信号连接主线程的槽
    '修改存储路径'
    self.pushButton_change_save_path.clicked.connect(self.change_save_path)
```

```
'tableWidget 相关'
self.tableWidget_title.itemChanged.connect(self.select_item)
self.tableWidget_content.itemChanged.connect(self.select_item)
self.tableWidget_title.cellClicked.connect(self.view_one_new)
self.tableWidget_content.cellClicked.connect(self.view_one_new)
'状态条显示'
self.signal_status.connect(self.show_status)   # 状态栏信号绑定槽
'在 lineEdit 控件上按 Enter 键就可以触发搜索或跳转到页码'
self.lineEdit.returnPressed.connect(self.on_pushButton_search_clicked)
self.lineEdit_filter_title.returnPressed.connect
(self.on_pushButton_search_clicked)
self.lineEdit_filter_content.returnPressed.connect
(self.on_pushButton_search_clicked)
self.lineEdit_content_page.returnPressed.connect
(self.pushButton_content_jump_to.click)
self.lineEdit_title_page.returnPressed.connect(lambda:
self.page_go('title_jump_to'))
'页码跳转函数'
self.pushButton_title_down.clicked.connect(lambda:
self.page_go('title_down'))
self.pushButton_content_down.clicked.connect(lambda:
self.page_go('content_down'))
self.pushButton_title_up.clicked.connect(lambda:
self.page_go('title_up'))
self.pushButton_content_up.clicked.connect(lambda:
self.page_go('content_up'))
self.pushButton_title_jump_to.clicked.connect(lambda:
self.page_go('title_jump_to'))
self.pushButton_content_jump_to.clicked.connect(lambda:
self.page_go('content_jump_to'))
'选择标题或内容'
self.checkBox_select_title.clicked['bool'].connect
(self.select_checkBox)
self.checkBox_select_content.clicked['bool'].connect
(self.select_checkBox)
'显示/下载过滤操作'
self.checkBox_filter_title.clicked['bool'].connect (self.filter_enable)
self.checkBox_filter_content.clicked['bool'].connect
(self.filter_enable)

'初始化下载目录'
if not os.path.isdir(self.download_path):
    os.mkdir(self.download_path)
```

3. 开始搜索

打开软件，先在文本框中输入关键词，然后单击"搜索"按钮，触发信号/槽机制，

代码如下：

```
@Slot()
def on_pushButton_search_clicked(self):
    """
    Slot documentation goes here.
    """

    # 处理日期输入错误的情况
    if self.end_time < self.start_time:
        reply = QMessageBox.information(self, "日期出错", "开始日期%s>截止日
期%s，请重新选择" % (self.start_time, self.end_time),
                                    QMessageBox.Yes, QMessageBox.Yes)
        # self.start_time = ''
        # self.end_time = ''
        return

    self.download_info_list = []          # 每次重新搜索都要清空下载购物车
    self.current_page_num_title = 1       # 初始化搜索，默认当前页码为1
    self.current_page_num_content = 1
    self.update_tablewidget_title()       # 更新标题搜索
    self.update_tablewidget_content()     # 更新内容搜索
```

其实不仅单击按钮时需要触发这个槽函数（on_pushButton_search_clicked()），在文本框中按 Enter 键时也需要触发这个槽函数，于是就生成了如下代码（在 __init__() 函数中）：

```
在 lineEdit 控件上按 Enter 键就可以触发搜索或跳转到页码'
self.lineEdit.returnPressed.connect(self.on_pushButton_search_clicked)
self.lineEdit_filter_title.returnPressed.connect )
(self.on_pushButton_search_clicked)
self.lineEdit_filter_content.returnPressed.connect
(self.on_pushButton_search_clicked)
```

上面的代码表示无论是在搜索的 lineEdit 控件中还是过滤的 lineEdit 控件中，只要按 Enter 键，就会触发这个槽函数。这里使用了两种方法来连接信号与槽，其中一种方法很常见，就是用 Eric 生成的信号与槽连接，另一种方法则是用自定义的信号与槽连接。下面还会介绍更多的连接方法，如传递参数。

接下来分析这个槽函数，可以看到，初始化按钮除了更新一些初始化参数，下面两行代码起关键作用：

```
self.update_tablewidget_title()       # 更新标题搜索
self.update_tablewidget_content()     # 更新内容搜索
```

update_tablewidget_title()函数和 update_tablewidget_content()函数的功能从本质上来说是一样的，下面以 update_tablewidget_title()函数为例展开介绍：

```
def update_tablewidget_title(self, page_num=1):
    '''更新 tablewidget_title'''
    key_word = self.lineEdit.text()
    '''从网络爬虫中获取数据'''
    total_pages_title, dict_data_title = get_one_page_data(key_word,
fulltext_str_flag='false', page_num=page_num, date_start=self.start_time,
date_end=self.end_time,sortName=self.sort_name, sortType=self.sort_type)
    '''把数据显示到表格上'''
    if total_pages_title != None:
        self.total_pages_title = total_pages_title
        self.show_tablewidget(dict_data_title, self.tableWidget_title,
clear_fore=False)
        self.label_page_info_title.setText(
            '%d/%d' % (self.current_page_num_title, self.total_pages_title))
# 更新当前页码信息
```

可以看到，update_tablewidget_title()函数主要包括两部分：一是从网页中抓取信息；二是把从网页中抓取的信息显示到表格上，主要使用 show_tablewidget()函数，而 self.label_page_info_title.setText()函数则用来显示当前页码信息。show_tablewidget()是本节最重要的函数，下面拆分成几部分来解读：

```
def show_tablewidget(self, dict_data, tableWidget, clear_fore=True):
    '''传入 dict_data 与 tableWidget，以实现在 tableWidget 上呈现 dict_data'''
    '''提取自己需要的信息：'''
    if clear_fore == True:   # 检测在搜索之前是否要清空下载购物车的信息
        self.download_info_list = []
```

之所以检测是否要清空下载购物车的信息，是因为调用的 show_tablewidget()是页码跳转函数，当单击"下一页"按钮时，希望保留下载购物车的信息。而新建一个搜索（单击"搜索"按钮），则表示需要清空下载购物车的信息。

每次页码跳转或新建搜索都应该清空状态栏的内容，所以会有下面的代码：

```
# 此处位置在函数 show_tablewidget()内部
'更新状态栏信息'
self.signal_status.emit('clear', [])  # 清空状态栏
```

我们希望这个软件能够把之前选中的页面记录下来，并且在下一次跳转到这些页面时能够自动选中它们。这个功能网络爬虫是无法实现的，需要用代码手动实现：

```
# 此处位置在函数 show_tablewidget()内部
'检测 checkBox 之前是否已经被选中过，若被选中过则设置为选中，否则设置为不选中'
if tableWidget.objectName() == 'tableWidget_title':
    if self.current_page_num_title in self.select_title_page_info:
        self.checkBox_select_title.setCheckState(Qt.Checked)
    else:
        self.checkBox_select_title.setCheckState(Qt.Unchecked)
    flag = 'title'
else:
```

```
if self.current_page_num_content in self.select_content_page_info:
    self.checkBox_select_content.setCheckState(Qt.Checked)
else:
    self.checkBox_select_content.setCheckState(Qt.Unchecked)
flag = 'content'
```

过滤信息的显示在"自定义过滤"部分进行讲解，这里先略过。代码如下：

```
# 此处位置在函数 show_tablewidget()内部
'''检测过滤显示的信息'''
if self.lineEdit_filter_title.isEnabled() == True:
    filter_text = self.lineEdit_filter_title.text()
    self.filter_title_list = self.get_filter_list(filter_text)
else:
    self.filter_title_list = []
if self.lineEdit_filter_content.isEnabled() == True:
    filter_text = self.lineEdit_filter_content.text()
    self.filter_content_list = self.get_filter_list(filter_text)
else:
    self.filter_content_list = []
```

下面处理从网络中获取的数据。需要说明的是，可以为结果自定义添加标记 dict_target['flag'] = flag。之所以这样做，是因为服务器返回的标题搜索结果与内容搜索结果有相同的内容。如果把这些相同的内容添加到下载购物车中，则无法明确下载购物车中的基本元素到底是来自标题搜索还是内容搜索，这样就无法建立下载购物车与标题搜索和内容搜索之间一一对应的关系，不方便管理购物车。而加上标记之后，就可以实现一一对应的关系。代码如下：

```
# 此处位置在函数 show_tablewidget()内部
'''从传入的网络爬虫抓取的数据中提取自己需要的数据'''
if len(dict_data) > 0:
    # key_word = self.lineEdit.text()
    len_index = len(dict_data)
    list_target = []  # 从 dict_data 中提取目标数据，基本元素是下面的 dict_target
    for index in range(len_index):
        dict_temp = dict_data[index]  # 提取从服务器中返回的其中一行信息
        # 从 dict_temp 中提取自己需要的信息，主要包括 title、content、time、download_url 等
        dict_target = {}
        '提取标题与内容'
        _temp_title = dict_temp['announcementTitle']
        _temp_content = dict_temp['announcementContent']
        # <em>和</em>是服务器对搜索关键字添加的标记，这里剔除它们
        for i in ['<em>', '</em>']:
            _temp_title = _temp_title.replace(i, '')
            _temp_content = str(_temp_content).replace(i, '')

        dict_target['title'] = _temp_title
```

```
        dict_target['content'] = _temp_content

        '提取时间'
        _temp = dict_temp['adjunctUrl']
        dict_target['time'] = _temp.split(r'/')[1]

        '提取 URL'
        download_url = 'http://static.xxx.com.cn/' +
dict_temp['adjunctUrl']
        dict_target['download_url'] = download_url
        dict_target['flag'] = flag
        # print(download_url)
        '添加处理的结果'
        list_target.append(dict_target)
```

同样，对于下载过滤，也放在"自定义过滤"部分进行讲解。代码如下：

```
# 此处位置在函数 show_tablewidget() 内部
    '''根据过滤规则进行自定义过滤，默认是不过滤'''
    df = DataFrame(list_target)
    df = self.filter_df(df, filter_title_list=self.filter_title_list,
                        filter_content_list=self.filter_content_list)

    '''过滤后更新 list_target'''
    _temp = df.to_dict('index')
    list_target = list(_temp.values())

else:  # 处理没有数据的情况
    list_target = []
```

获取完数据之后，接下来显示这些数据。首先确定需要显示数据的行数、列数，以及每行的名称、每列的名称。代码如下：

```
# 此处位置在函数 show_tablewidget() 内部
'''tableWidget 的初始化'''
list_col = ['time', 'title', 'download_url']
len_col = len(list_col)
len_index = len(list_target)  # list_target 可能有所改变，需要重新计算长度
if tableWidget.objectName() == 'tableWidget_title':
    self.list_target_title = list_target
else:
    self.list_target_content = list_target
tableWidget.setRowCount(len_index)              # 设置行数
tableWidget.setColumnCount(len_col)             # 设置列数
# 设置垂直方向上的名字
tableWidget.setHorizontalHeaderLabels(['时间', '标题', '查看'])
tableWidget.setVerticalHeaderLabels([str(i) for i in range(1, len_index +
```

```
1)])   # 设置水平方向上的名字
tableWidget.setCornerButtonEnabled(True)    # 在左上角单击就可以全选
```

下面对每行和每列填充数据：

```
# 此处位置在函数 show_tablewidget()内部
'''填充 tableWidget 的数据'''
for index in range(len_index):
    for col in range(len_col):
        name_col = list_col[col]
        if name_col == 'download_url':
            item = QTableWidgetItem('查看')
            item.setTextAlignment(Qt.AlignCenter)
            font = QFont()
            font.setBold(True)
            # font.setWeight(75)
            font.setWeight(QFont.Weight(75))
            item.setFont(font)
            item.setBackground(QColor(218, 218, 218))
            item.setFlags(Qt.ItemIsUserCheckable | Qt.ItemIsEnabled)
            tableWidget.setItem(index, col, item)
        elif name_col == 'time':
            item = QTableWidgetItem(list_target[index][name_col])
            item.setFlags(Qt.ItemIsUserCheckable |
                          Qt.ItemIsEnabled)
            '''查看当前行所代表的内容是否已经在下载购物车中，如果在就设置为选中'''
            if list_target[index] in self.download_info_list:
                item.setCheckState(Qt.Checked)
            else:
                item.setCheckState(Qt.Unchecked)
            tableWidget.setItem(index, col, item)
        else:
            tableWidget.setItem(index, col,
QTableWidgetItem(list_target[index][name_col]))
# tableWidget.resizeColumnsToContents()
tableWidget.setColumnWidth(1, 500)
```

运行脚本，显示效果如图 9-7 所示。结合结果进行解读效果会更好。

（1）为什么右侧的"查看"功能不使用 QPushButton 而使用 QTableWidgetItem？这是因为如果使用 QPushButton，单击按钮只会触发 QPushButton 的信号/槽机制，并且会完全覆盖 tableWidget 的信号/槽机制，因此不会触发 tableWidget 的信号/槽机制；而使用 QTableWidgetItem 则没有这个问题，所以这里使用 QTableWidgetItem。代码如下：

```
item = QTableWidgetItem('查看')
item.setTextAlignment(Qt.AlignCenter)
font = QFont()
font.setBold(True)
font.setWeight(75)
```

```
item.setFont(font)
item.setBackground(QColor(218, 218, 218))
item.setFlags(Qt.ItemIsUserCheckable | Qt.ItemIsEnabled)
tableWidget.setItem(index, col, item)
```

图 9-7

（2）使用 QTableWidgetItem 自带的 check 功能而不是嵌入 CheckBox 控件，也是这个原因，注意下面开启 check 功能的方法。

（3）对于表格页面中的某行记录，如果之前选中过，那么当下次跳转到这个页面时，希望能够自动选中它。代码如下：

```
item = QTableWidgetItem(list_target[index][name_col])
item.setFlags(Qt.ItemIsUserCheckable |
              Qt.ItemIsEnabled)
'''查看当前行所代表的内容是否已经在下载购物车中，如果在就设置为选中'''
if list_target[index] in self.download_info_list:
    item.setCheckState(Qt.Checked)
else:
    item.setCheckState(Qt.Unchecked)
tableWidget.setItem(index, col, item)
```

（4）可以指定第 2 列的宽度为 500（tableWidget.setColumnWidth(1, 500)），也可以根据列的内容长度自动调整列的宽度（tableWidget.resizeColumnsToContents()）：

```
# tableWidget.resizeColumnsToContents()
tableWidget.setColumnWidth(1, 500)
```

4．页面跳转

页面跳转要实现的是如图 9-8 所示的这几个控件的功能。

图 9-8

首先，从__init__()函数中的信号与槽出发，查看程序的实现方式：

```
'页面跳转函数'
self.pushButton_title_down.clicked.connect(lambda:
self.page_go('title_down'))
self.pushButton_content_down.clicked.connect(lambda:
self.page_go('content_down'))
self.pushButton_title_up.clicked.connect(lambda: self.page_go('title_up'))
self.pushButton_content_up.clicked.connect(lambda:
self.page_go('content_up'))
self.pushButton_title_jump_to.clicked.connect(lambda:
self.page_go('title_jump_to'))
self.pushButton_content_jump_to.clicked.connect(lambda:
self.page_go('content_jump_to'))
```

可以看到，所有的页面跳转函数都指向 page_go()函数，并且此处使用的是可以传递参数的信号/槽机制。

另外，在 lineEdit 控件上按 Enter 键，呈现的效果与单击"页面跳转"按钮的效果一样。代码如下：

```
self.lineEdit_content_page.returnPressed.connect(self.pushButton_content_j
ump_to.click)
self.lineEdit_title_page.returnPressed.connect(lambda:
self.page_go('title_jump_to'))
```

> **！注意**：这里使用两种实现方法：一种方法是通过单击"页面跳转"按钮来间接触发 page_go()函数；另一种方法是直接触发 page_go()函数。这两种实现方法的结果是一样的。

下面介绍 page_go()函数做什么：

```
def page_go(self, go_type):
    '''页面跳转主函数'''
    if go_type == 'title_down': # 触发"下一页"按钮
        _temp = self.current_page_num_title
        self.current_page_num_title += 1
```

```
    # 如果待跳转的页面真实、有效，则继续；否则不进行跳转
    if 1 <= self.current_page_num_title <= self.total_pages_title:
        self.update_tablewidget_title(page_num=self.current_
page_num_title)
    else:
        self.current_page_num_title = _temp
```

当在标题搜索页面中单击"下一页"按钮时，会触发 page_go() 函数，并传递 title_down 参数。上面的代码的作用如下：若下一页是有效的，则跳转；否则不跳转。

页码的跳转的实现方式也是一样的：若待跳转的页码是有效的（就是待跳转的页码 PageNum 的大小在 1 与页码最大值之间），则跳转；否则不跳转。代码如下：

```
# 此处位置在 page_go() 函数内部
elif go_type == 'title_jump_to':
    _temp = self.current_page_num_title
    self.current_page_num_title = int(self.lineEdit_title_page.text())
    if 1 <= self.current_page_num_title <= self.total_pages_title:
        self.update_tablewidget_title(page_num=self.current_
page_num_title)
    else:
        self.current_page_num_title = _temp
```

5. 快速选择

快速选择解决的是如图 9-9 所示的黑色框中选项的选择问题。

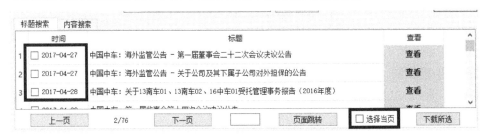

图 9-9

相关的信号与槽的代码如下（其中前两行代码由 tableWidget 的信号触发，后两行代码由 checkBox 控件的信号触发）：

```
'tableWidget 相关'
self.tableWidget_title.itemChanged.connect(self.select_item)
self.tableWidget_content.itemChanged.connect(self.select_item)
'选择标题或内容'
self.checkBox_select_title.clicked['bool']
connect(self.select_checkBox)
self.checkBox_select_content.clicked['bool'].
connect(self.select_checkBox)
```

下面先从 select_item() 函数开始解读，它是最基本的选择函数：

```
def select_item(self, item):
    '''处理选择 item 的主函数'''
    # print('item+change')
    column = item.column()
    row = item.row()
    if column == 0:  # 只针对第 1 列
        if item.checkState() == Qt.Checked:
            if item.tableWidget().objectName() == 'tableWidget_title':
                download_one = self.list_target_title[row]
            else:
                download_one = self.list_target_content[row]
            if download_one not in self.download_info_list:
                self.download_info_list.append(download_one)
                self.signal_status.emit('select_status', [])
        else:
            if item.tableWidget().objectName() == 'tableWidget_title':
                download_one = self.list_target_title[row]
            else:
                download_one = self.list_target_content[row]
            if download_one in self.download_info_list:
                self.download_info_list.remove(download_one)
                self.signal_status.emit('select_status', [])
```

上述代码的意思如下：如果第 1 列（column=0）的 item.checkState 为选中状态，那么从当前表格中找出当前行的信息，若信息不在下载购物车（self.download_info_list）中，则添加进去，同时在状态栏上显示 select_status 信息；如果 item.checkState 为未选中状态，那么从当前表格中找出当前行的信息，若信息在下载购物车（self.download_info_list）中，则需要把信息删除，同时在状态栏上显示 select_status 信息。

需要说明的是，self.signal_status.emit('select_status', [])函数有一个空列表参数，用来向状态栏发送额外的信息。这里不需要额外的信息，所以传递一个空列表就可以，但是不能省略。

当单击"下载所选"按钮后，将会触发下面的函数：

```
def select_checkBox(self, bool):
    sender = self.sender()  # sender()返回的是触发了这个信号的那个控件
    if sender.objectName() == 'checkBox_select_title':
        self.select_checkBox_one(sender, self.tableWidget_title)
    elif sender.objectName() == 'checkBox_select_content':
        self.select_checkBox_one(sender, self.tableWidget_content)
```

然后调用下面的函数：

```
def select_checkBox_one(self, sender, tableWidget):
    if sender.checkState() == Qt.Checked:
        self.select_tableWidget(tableWidget)
        if tableWidget.objectName() == 'tableWidget_title':
```

```
        self.select_title_page_info.add(self.current_ page_num_title)
      elif tableWidget.objectName() == 'tableWidget_content':
        self.select_content_page_info.add(self.current_
page_num_content)
    else:
      self.select_tableWidget_clear(tableWidget)
      if tableWidget.objectName() == 'tableWidget_title':
        if self.current_page_num_title in self.select_title_page_info:
          self.select_title_page_info.remove
(self.current_page_num_title)
      elif tableWidget.objectName() == 'tableWidget_content':
        if self.current_page_num_content in
self.select_content_page_info:
          self.select_content_page_info.remove
(self.current_page_num_content)
```

上述代码的意思如下：如果"选择当页"的 checkBox 处于选中状态，则触发 self.select_tableWidget(tableWidget)函数全选当前列表的所有内容，并对当前页面已经选中的内容做标记；否则，触发 self.select_tableWidget_clear(tableWidget)函数不选择当前列表的所有内容，如果标记了"选择当页"则删除标记。这里之所以要进行标记和删除标记，是为了方便在页面跳转时自动帮助用户选中已经标记的页面，详见 show_tablewidget()函数。

可以看到，下面的两个函数是核心，其内容也非常简单：

```
def select_tableWidget(self, tableWidget):
    '''选择 tableWidget 的函数'''
    row_count = tableWidget.rowCount()
    for index in range(row_count):
        item = tableWidget.item(index, 0)
        if item.checkState() == Qt.Unchecked:
            item.setCheckState(Qt.Checked)

def select_tableWidget_clear(self, tableWidget):
    '''清除选择 tableWidget 的函数'''
    row_count = tableWidget.rowCount()
    for index in range(row_count):
        item = tableWidget.item(index, 0)
        if item.checkState() == Qt.Checked:
            item.setCheckState(Qt.Unchecked)
```

6．下载所选

当选择好内容之后，接下来就要进行下载，毕竟下载才是最终的目的。"下载所选"虽然只是一个按钮，但是真正实现起来却不太容易，因为用户希望在下载时，既可以知道下载的进度，又可以使用软件进行新的搜索，这就产生了以下两个问题。

- Qt 的多线程问题（这里是指主线程负责前端的使用，子线程负责后端的下载）。

- Qt 的子线程与主线程进行交互的问题（这里是指使用子线程修改主线程的状态栏的显示结果）。

在 Python 中，用于解决多线程问题的方法有很多，但是如果需要实现子线程向主线程发射信号，则建议使用 Qt 的多线程技术。这是因为 Python 的多线程（如 threading）不容易实现信号的发射，与状态栏的槽函数交互困难，而使用 Qt 的 QThread 则不存在这个问题。

下面从__init__()函数中的信号与槽开始介绍：

```
'下载'
self.pushButton_download_select_title.clicked.
connect(self.download_pdf)
self.pushButton_download_select_content.clicked.
connect(self.download_pdf)
download_thread.signal.connect(self.show_status)  # 连接子线程的信号与主线程的槽
```

download_thread 是 WorkThread 类的实例，专门用来下载数据。关于 WorkThread 类的用法，稍后再进行说明。这里的 download_thread.signal.connect(self.show_status)函数表示将子线程的自定义信号 signal 与主线程的槽函数 show_status()进行连接，这样就可以实现子线程与主线程的交互。此外，self.download_pdf 是最关键的函数，下面对其进行解读：

```
def download_pdf(self):
    '''下载 PDF 的主函数'''
    if download_thread.isRunning() == True:
        QMessageBox.warning(self, '警告!', '检测到下载程序正在运行，请不要重复运行',
QMessageBox.Yes)
        return None

    download_thread.download_list = self.download_info_list.copy()
    download_thread.download_path = copy.copy(self.download_path)
    download_thread.start()
```

首先，检测这个子线程是否正在执行下载操作，如果是则不进行下一步操作。因为单击"下载所选"按钮之后会有一个初始化的时间，用户可能会在这段时间连续单击这个按钮，这样做可以防止出现这种情况。

其次，向 download_thread 的实例传递下载的列表和下载路径参数。

最后，启动 download_thread 的下载函数 download_thread.start()。

下面重点介绍 WorkThread 类。实际上，与 threading.Thread 类相比，WorkThread 类仅仅多出了一个信号：

```
class WorkThread(QThread):
    #声明一个包括 str 类型和 list 类型的参数的信号
    signal = pyqtSignal(str, list)

    def __int__(self):
```

```
        self.download_list = self.download_path = []
        self.download_list_err = []
        self.filter_content_list = self.filter_title_list = []
        super(WorkThread, self).__init__()


    def main_download(self, download_list, download_path,
download_status='download_status'):
        count_all = len(download_list)
        count_err = count_right = count_num = 0
        self.download_list_err = []
        for key_dict in download_list:
            count_num += 1
            download_url = key_dict['download_url']
            time = key_dict['time']
            title = key_dict['title']
            total_title = time + '_' + title
            total_title = total_title.replace(':', ': ')
            total_title = total_title.replace('?', '? ')
            total_title = total_title.replace('*', '★')

            file_path = download_path + os.sep + '%s.pdf' % total_title
            if os.path.isfile(file_path) == True:  # 若文件已经存在，则默认为下载成功
                count_right += 1
                signal_list = [count_num, count_all, count_right, count_err,
title]
                self.signal.emit(download_status, signal_list)  # 循环结束后发出信号
                continue
            else:
                f = open(file_path, "wb")  # 先建立一个文件，以免其他线程重复建立这个文件
                try:
                    r = requests.get(download_url, stream=True)
                    data = r.raw.read()
                except:
                    self.download_list_err.append(key_dict)
                    count_err += 1
                    f.close()
                    os.remove(file_path)  # 文件下载失败，要先关闭open()函数，然后删除文件
                    signal_list = [count_num, count_all, count_right,
count_err, title]
                    # 循环结束后发射信号
                    self.signal.emit(download_status, signal_list)
                    continue
                f.write(data)
                f.close()
                count_right += 1
```

```
                signal_list = [count_num, count_all, count_right, count_err,
title]
                self.signal.emit(download_status, signal_list) # 循环结束后发射信号

    def run(self):
        self.main_download(self.download_list, self.download_path,
download_status='download_status')
        self.main_download(self.download_list_err, self.download_path,
download_status='download_status_err')
        self.main_download(self.download_list_err, self.download_path,
download_status='download_status_err')
```

上面的代码并不难理解，但是有 3 点需要注意。

（1）由于路径中不能出现":"、"?"和"*"等字符，因此要对它们进行替换：

```
download_url = key_dict['download_url']
time = key_dict['time']
title = key_dict['title']
total_title = time + '_' + title
total_title = total_title.replace(':', '： ')
total_title = total_title.replace('?', '？ ')
total_title = total_title.replace('*', '★')
```

（2）每次下载无论是否成功，都要向主程序发射信号：

```
signal_list = [count_num, count_all, count_right, count_err, title]
self.signal.emit(download_status, signal_list)  # 循环结束后发射信号
```

signal_list 是传递的额外的信号，可以在主线程的 show_status()函数中查看它的使用方法：

```
def show_status(self, type, list_args):
    if type == 'download_status':
        count_num, count_all, count_right, count_err, title = list_args
        self.statusBar().showMessage(
            '完成:{0}/{3}，正确:{1}，错误: {2}，本次下载: {4}'.format(count_num,
count_right, count_err, count_all, title))
    if type == 'download_status_err':
        count_num, count_all, count_right, count_err, title = list_args
        self.statusBar().showMessage(
            '重新下载失败: 完成:{0}/{3}，正确:{1}，错误: {2}，本次下载:
{4}'.format(count_num, count_right, count_err, count_all, title))
    if type == 'select_status':
        self.statusBar().showMessage('已选择：%d' %
len(self.download_info_list))
    if type == 'change_save_path_status':
        self.statusBar().showMessage('保存目录修改为：%s' %
self.download_path)
    if type == 'clear':
```

```
self.statusBar().showMessage(' ')
```

（3）当第一次下载操作运行完毕之后，可能会有一些漏网之鱼（因为存在下载失败被忽略的情况），解决方法就是重复两次下载失败的操作。在一般情况下，第一次下载就可以 100%成功，另外两次下载操作仅仅是多加一层保险而已。代码如下：

```
def run(self):
    self.main_download(self.download_list, self.download_path,
download_status='download_status')
    self.main_download(self.download_list_err, self.download_path,
download_status='download_status_err')
    self.main_download(self.download_list_err, self.download_path,
download_status='download_status_err')
```

7．查看功能

查看功能解决的是单击如图 9-10 所示的"查看"按钮，就可以自动打开相应的 PDF 文件的问题。

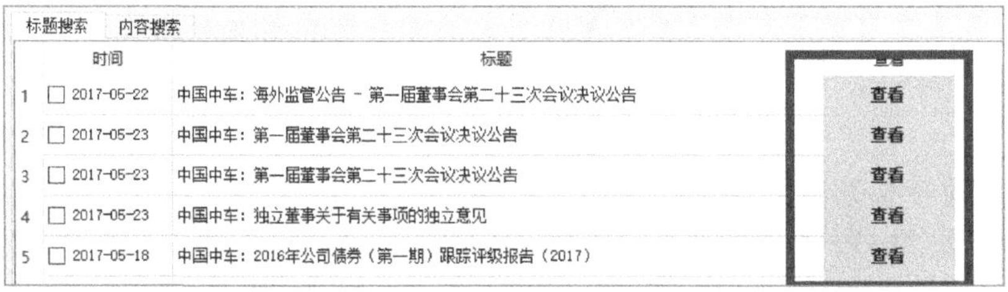

图 9-10

这部分内容很简单，下面从__init__()函数的信号与槽开始介绍：

```
self.tableWidget_title.cellClicked.connect(self.view_one_new)
self.tableWidget_content.cellClicked.connect(self.view_one_new)
```

可以看到，主要是 view_one_new 在起作用：

```
def view_one_new(self, row, column):
    '''查看新闻的主函数'''
    sender = self.sender()
    if column == 2:  # 只针对第 3 列--->查看
        if sender.objectName() == 'tableWidget_title':
            download_one = self.list_target_title[row]
        else:
            download_one = self.list_target_content[row]
        download_path = copy.copy(self.download_path)
        view_thread = threading.Thread(target=self.view_one_new_thread,
args=(download_path, download_one), daemon=True)
        view_thread.start()
```

这里的查看功能使用的也是多线程，因为用户希望在后台下载 PDF 文件的过程中，不影响自己对软件的操作。由于这里的子线程与主线程不进行交互，因此不需要使用 QThread，只需使用相对简单的 threading 模块就可以。代码如下：

```python
def view_one_new_thread(self, download_path, download_one):
    '''查看功能的多线程程序'''
    download_url = download_one['download_url']
    title = download_one['title']
    title = title.replace(':', ': ')
    title = title.replace('?', '? ')
    title = title.replace('*', '★')

    path = download_path + os.sep + '%s.pdf' % title
    if not os.path.isfile(path):
        try:
            r = requests.get(download_url, stream=True)
            data = r.raw.read()
        except:
            return
        f = open(path, "wb")
        f.write(data)
        f.close()
    os.system(path)
```

子线程中的查看功能实现起来很简单：只需要将相应的 PDF 文件下载到本地，并用系统默认的 PDF 查看器打开即可。打开 PDF 文件仅仅需要如下一行代码：

```python
os.system(path)
```

8. 结果排序

有时候用户可能需要对结果进行排序处理，其实质就是模拟网页的操作，因此排序方法和官网的排序方法一致，如图 9-11 所示。

图 9-11

当勾选"不限排序"复选框时，会触发下面的函数：

```python
@Slot(bool)
def on_checkBox_sort_flag_clicked(self, checked):
    if checked == True: # 恢复默认的排序
        self.comboBox_name.setEnabled(False)
        self.comboBox_type.setEnabled(False)
        self.sort_name = 'nothing'
        self.sort_type = 'desc'
    elif self.comboBox_name.currentText() == '相关度': # 相关度有些特殊
        self.comboBox_name.setEnabled(True)
```

```
        # 如果 comboBox_name.currentText()=="相关度"，则这个控件不可用。这是模
拟官网的操作
        self.comboBox_type.setEnabled(False)
        self.sort_name = 'nothing'
        self.sort_type = 'desc'
    else: # 其他的则设置对应的参数
        self.comboBox_name.setEnabled(True)
        self.comboBox_type.setEnabled(True)
        sort_name = self.comboBox_name.currentText()
        sort_type = self.comboBox_type.currentText()

        self.sort_name = self.comboBox_dict[sort_name]
        self.sort_type = self.comboBox_dict[sort_type]
```

上述代码的含义如下：如果不需要对结果进行排序，则设置 sort_name 和 sort_type 为默认值；如果需要排序，则设置为如下形式。

- 如果"排序名称"选择的是"相关度"，则不允许选择排序名称（这是模拟官网的结果）。
- 如果"排序名称"没有选择"相关度"，则可以选择排序名称。

排序名称和排序类型两个 comboBox 对应的代码如下（其逻辑同上）：

```
@Slot(str)
def on_comboBox_name_currentTextChanged(self, p0):
    if p0 == '相关度':
        self.comboBox_name.setEnabled(True)
        self.comboBox_type.setEnabled(False)
        self.sort_name = 'nothing'
        self.sort_type = 'desc'
    else:
        self.comboBox_name.setEnabled(True)
        self.comboBox_type.setEnabled(True)
        sort_name = self.comboBox_name.currentText()
        self.sort_name = self.comboBox_dict[sort_name]

@Slot(str)
def on_comboBox_type_currentTextChanged(self, p0):
    sort_type = self.comboBox_type.currentText()
    self.sort_type = self.comboBox_dict[sort_type]
```

9．时间过滤

时间过滤功能相对简单，无非是修改传递时间的参数，代码如下：

```
@Slot(QDate)
def on_dateEdit_dateChanged(self, date):
    self.start_time = self.get_dateEdit_time(self.dateEdit)

@Slot(QDate)
```

```
def on_dateEdit_2_dateChanged(self, date):
    self.end_time = self.get_dateEdit_time(self.dateEdit_2)
```

10. 自定义过滤

这部分不仅实现了完整的模拟官方网站的功能，还间接实现了对官方网站进行自定义搜索的功能。用户可以通过设置关键词对搜索结果进行自定义过滤。GUI 的呈现如图 9-12 所示。

图 9-12

当勾选"过滤标题"复选框或"过滤文章"复选框后，对应的 lineEdit 就会设置为可用状态，这时如果鼠标指针在 lineEdit 上停留一会儿，则会出现如图 9-12 所示的提示框，用来说明过滤搜索的使用方法。这个提示框的设计通过 Qt Designer 就可以实现——单击鼠标右键，在弹出的快捷菜单中选择"改变工具提示"命令。

下面仍然从 __init__()函数的信号与槽开始分析这部分内容：

```
'显示/下载过滤操作'
self.checkBox_filter_title.clicked['bool'].connect(self.filter_enable)
self.checkBox_filter_content.clicked['bool'].connect(self.filter_enable)
```

可见，filter_enable()函数是最关键的：

```
def filter_enable(self, bool):
    sender = self.sender()
```

```
    if sender.objectName() == 'checkBox_filter_title':
        if bool == True:
            self.lineEdit_filter_title.setEnabled(True)
        else:
            self.lineEdit_filter_title.setEnabled(False)
    elif sender.objectName() == 'checkBox_filter_content':
        if bool == True:
            self.lineEdit_filter_content.setEnabled(True)
        else:
            self.lineEdit_filter_content.setEnabled(False)
```

使用 filter_enable()函数解决的问题非常简单，以过滤标题的 checkBox 为例——当勾选 "过滤标题" 复选框时，对应的 lineEdit 就设置为可用状态，否则设置为不可用状态。

接下来对 show_tablewidget()函数中的过滤部分进行解读：

```
'''检测过滤显示的信息'''
if self.lineEdit_filter_title.isEnabled() == True:
    filter_text = self.lineEdit_filter_title.text()
    self.filter_title_list = self.get_filter_list(filter_text)
else:
    self.filter_title_list=[]
if self.lineEdit_filter_content.isEnabled() == True:
    filter_text = self.lineEdit_filter_content.text()
    self.filter_content_list = self.get_filter_list(filter_text)
else:
    self.filter_content_list=[]
```

如果启用了 lineEdit_filter_title 或 lineEdit_filter_content，就从中选取过滤的信息；否则，就设置为[]（不过滤）。可以通过 get_filter_list()函数对所选取的文本信息进行进一步的加工，使之更容易被处理：

```
def get_filter_list(self,filter_text):
    #剔除空格，(，)，（，），换行符等元素
    filter_text = re.sub(r'[\s()（）]','',filter_text)
    filter_list = filter_text.split('&')
    return filter_list
```

以输入的关键词 "中国&中车&(年度|季度)" 为例，这里的圆括号 "()" 仅仅是为了便于理解，没有其他的意思。同时，考虑到用户也可能会输入全角状态下的圆括号 "（）" 和空格等元素，因此要删除这些非中文字符。最后，所输入的关键词在这个函数中会返回列表['中国', '中车', '年度|季度']，接下来它会被派上用场：

```
'''根据过滤规则进行自定义过滤，默认是不过滤'''
df = DataFrame(list_target)
df = self.filter_df(df,filter_title_list=self.filter_title_list,
filter_content_list = self.filter_content_list)
'''过滤后，更新 list_target'''
_temp = df.to_dict('index')
```

```
list_target = list(_temp.values())
```

上述代码的含义如下：先把 list_target 变成 DataFrame，然后对 DataFrame 进行过滤，最后把 DataFrame 变成 list_target。在这里过滤的主函数是 filter_df()：

```
def filter_df(self, df, filter_title_list=[],filter_content_list=[]):
    '''
    过滤 df 的主函数
    :param df: df.columns
            Out[10]:
            Index(['content', 'download_url', 'time', 'title'],
dtype='object')

    :param filter_title_list: filter_title_list=['成都','年度'|'季度']
    filter_content_list: filter_content_list=['成都','年度'|'季度']
    :return: df_filter
    '''
    for each in filter_title_list:
        ser = df.title
        df = df[ser.str.contains(each)]
    # 处理内容返回为 None 的情况，作用是若没有文章内容返回，则不进行过滤
    filter_content_list = [each + '|None' for each in filter_content_list]
    for each in filter_content_list:
        ser = df.content
        df = df[ser.str.contains(each)]
    return df
```

这里用到了 Pandas 模块的一些基本技巧。Pandas 是 Python 在处理数据方面的"瑞士军刀"级别的模块，根据笔者的经验，90%以上的数据处理任务 Pandas 基本上都能够胜任，并且性能卓越。现在对 ser.str.contains()函数进行简单的说明。Pandas 对字符串的处理统一封装到 str 类中，contains()接收的参数是一个正则表达式，因此"年度|季度"表示的是年度或季度。ser.str.contains("年度|季度")返回的是一个布尔类型的 Series（Pandas 中常用的一个类，也就是 ser 实例化的类），包含"年度|季度"的为 True，不包含的为 False。

接下来 show_tablewidget()函数把过滤后的 list_target 显示到 tableWidget 上，在下载时也会进行这样的过滤。

至此，本书最后一个案例介绍完毕。这是本书最具有实战性的案例，可以看出，想要开发出一个具有实用价值的案例是一项很复杂的工程，需要认真处理各方面的细节。在读者的不断求索中，能够与本书相遇也是一种缘分。如果读者能够从本书中获取自己想要的东西，那么笔者会感觉非常欣慰。

附录 A

Qt for Python 代码转换

在不同版本的 Qt for Python 代码中，PySide 6/PyQt 6/PyQt 5 是最常见的，笔者关心的是 PySide 6/PyQt 6 之间及 PyQt 6/PyQt 5 之间的差异。

笔者推荐读者学习 QtPy 模块，因为这个模块对 PyQt 5、PyQt 6、PySide 6、PySide 2 提供支持，并且可以很好地处理它们之间的差异。

A.1 PySide 6 和 PyQt 6 相互转换

PySide 6 和 PyQt 6 之间最大的区别是许可方式：PyQt 6 在 GPL 或商业许可下可用，而 PySide 6 在 LGPL 许可下可用。

- 对于使用 PyQt（GPL）构建的应用程序，如果分发软件，则必须向用户提供软件的源代码。
- 对于使用 PySide（LGPL）构建的应用程序，如果分发软件，则无须将应用程序的源代码给用户。如果要修改 LGPL 库（PySide 本身的源代码），则需要共享源代码。在一般情况下不会修改 PySide 库。

如果计划在 GPL 下发布软件，或者不准备分发软件，那么 PyQt 6 的 GPL 可以满足需求。但是，如果想分发软件但不共享源代码，则需要从 Riverbank 购买 PyQt 6 的商业许可证或使用 PySide 6。

> **!** 注意：Qt 本身在 Qt 商业许可证，以及 GPL 2.0、GPL 3.0 和 LGPL 3.0 许可证下可用。

由于 PySide 6 和 PyQt 6 都是 Qt for Python 的绑定，对于绝大部分代码来说，二者可以互通，不兼容的地方很小。对于差异部分，第 1 章已经介绍过，PySide 6 和 PyQt 6 之间最显著的差异有两个，了解了这两个差异基本上就可以解决 PySide 6 和 PyQt 6 之间 95%的兼容性问题。

一是信号与槽的命名，PySide 6 和 PyQt 6 关于信号与槽有不同的命名，使用下面的方法可以统一起来，代码如下：

```
from PySide6.QtCore import Signal,Slot
from PyQt6.QtCore import pyqtSignal as Signal,pyqtSlot as Slot
```

二是关于枚举的问题。PySide 6 对枚举的选项提供了快捷方式，如 Qt.DayOfWeek 枚举包括星期一到星期日这 7 个值，在 PySide 中使用星期三可以直接用 Qt.Wednesday，而在 PyQt 6 中需要完整地使用 Qt.DayOfWeek.Wednesday。当然，在 PySide 6 中使用 Qt.DayOfWeek.Wednesday 也不会出错。对于所有其他枚举也一样，PySide 6 可以使用快捷方式，PyQt 6 不可以。解决这个问题最简单的方式是从官方帮助文档中查询枚举的完整路径，如附图 A-1 所示，在 Qt 助手中随便一查就可以查到枚举的名称与路径。

附图 A-1

使用这种方法有极少数查不到的枚举，如 QDateTimeEdit.Section.DateSections_Mask（快捷方式为 QDateTimeEdit.DateSections_Mask），可以到 Qt 官方网站进行查询，或者通过 QDateTimeEdit 进行间接查询。

也可以是使用 qtpy 模块，这个模块可以把 PySide/PyQt 统一起来，假设 Python 环境只安装了 PyQt 6 和 QtPy，没有安装 PySide 等，它会为 PyQt 6 的枚举添加快捷方式，简单来说就是通过如下方式导入的 Qt 模块可以直接使用 Qt.Wednesday：

```
from qtpy.QtCore import Qt
```

掌握了上面两种方法基本上就可以解决 PySide 6 和 PyQt 6 之间 95%的兼容性问题。如果读者想要了解它们之间更详细的信息，可以简单了解后面的内容，这些在实际开发中并不一定能用到，并且有些问题看到之后就知道如何解决。这些内容并不是全部，主要是笔者碰到的一些差异。

（1）PySide 6 的很多字符串的返回值为 bytes 类型（最常见的是使用 pyside6-uic.exe 编译的.py 文件），如 QCheckBox().checkState().name 返回 b'Checked'，这种无法正常显示中文，所以需要使用.decode('utf8')把它转换成 UTF8 格式，使它支持中文。而 PyQt 6 则默认支持 UTF8 格式，可以正常显示中文，无须转换。

（2）关于 Qt 模块，在 PySide 6 中 QtGui 和 QtCore 都可以导入，但 QtGui 中的 Qt 来源于 QtCore，两者的使用基本上没有区别。而在 PyQt 6 中只能从 QtCore 导入。

（3）PyQt 6 的 QObject 没有 emit()函数和 connect()函数，所以以下代码在 PySide 6 中可用但是不适用于 PyQt 6：

```
self.connect(editor, SIGNAL("returnPressed()"), self.commitAndCloseEditor)
self.emit(SIGNAL("dataChanged(QModelIndex,QModelIndex)"), index, index)
```

这种信号与槽的使用方式适用于 PyQt 4 和 PySide，用法和 C++类似，在 PyQt 5 及 PySide 2 之后，可以使用下面的方式代替，这也是推荐的方式：

```
self.editor.returnPressed.connect(self.commitAndCloseEditor)
self.dataChanged.emit(index, index)
```

（4）在一些事件中，如 QDropEvent，PySide 6 支持 pos()函数（返回 QPoint，整数坐标）和 position()函数（返回 QPointF，浮点数坐标），PyQt 6 只支持 position()函数，可以通过 QPointF.toPoint()函数把它们转换成 QPoint。

（5）在 QFileDialog.getOpenFileName()文件目录参数中，PySide 6 是 dir，PyQt 6 是 directory。

（6）在 QFontDialog.getFont()函数中，PySide 6 返回(bool, QFont)，PyQt 6 返回(QFont, bool)。

（7）在 QInputDialog.getInt()函数中，PySide 6 的参数 minValue 和 maxValue 对应 PyQt 6 的参数 min 和 max。

（8）PySide6.QtAxContainer 模块对应 PyQt6.QAxContainer。

（9）PySide6.QtCore.QSize(75, 24)有一个 toTuple()函数，返回 Python 的 Tuple 类型 (75,24)。PyQt6.QtCore.QSize(75, 24)则没有这个方法，使用(QSize().width(), QSize().height()) 代替。

（10）案例 3-10 的代码在 PyQt 6 中重新打开时无法实现高亮，这可能是因为 PyQt 6 根据垃圾回收机制删除了语法高亮部分的内容，在实例化的时候绑定到 self 就可以解决这个问题。对于 PySide 6 来说，如下代码没有问题：

```
highlighter = PythonHighlighter(self.editor.document())
```

但是对于 PyQt 6 来说，需要改成如下形式才能正确运行：

```
self.highlighter = PythonHighlighter(self.editor.document())
```

（11）案例 4-9 对 PyQt 6 会报错，这可能是因为已经被 QDialog 使用的 QDialogButtonBox 无法被其他控件使用，解决这个问题有以下两种思路。

一是每次新建的弹出对话框都新建 QDialogButtonBox：

```
# 错误用法
button1.clicked.connect(lambda: self.show_dialog(buttonBox_dialog))
# 正确用法
button1.clicked.connect(lambda:self.show_dialog(self.create_buttonBox()))
```

二是使用之前的弹出对话框，不新建：

```
def show_dialog(self, buttonBox):
    if hasattr(self,'dialog'):
        self.dialog.exec()
        return
    self.dialog = QDialog(self)
    # 案例 4-9 的代码和 PySide 6 对应的 show_dialog()函数相同，这里不再赘述
```

（12）关于 WhatsThis 提示，PySide 6 使用的是类实例方法 whatsThis.createAction (self)，whatsThis 是 QWhatsThis 类的实例，而 PyQt 6 只能使用静态函数，也就是 QWhatsThis. createAction (self)；对于 whatsThis.enterWhatsThisMode()函数来说也一样。

（13）对于 PyQt 6 来说，案例 6-1 无法在实例化之后修改从父类继承的一些函数，也就是说，以下代码的第 2 行是无效的，paintEvent 是 QWidget 内置的函数，这里使用 PyQt 6 无法修改，但是使用 PySide 6 就可以修改：

```
elif text == 'paintEvent':
    self.paintEvent = self._paintEvent
    self.update()
```

解决办法是虽然不可以修改父类的函数，但是可以修改自己的函数。最简单的方法是继承这个函数就可以，新增一个 paintEvent 空函数：

```
def paintEvent(self, event):
    return
```

加上这两行代码之后使用 PyQt 6 就可以正确运行。

（14）关于.ui 文件。

PySide 6 使用 pyside6-uic.exe 命令可以将.ui 文件编译为.py 文件：

```
pyside6-uic.exe -o test.py  test.ui
```

PyQt 6 使用 pyuic6.exe 命令可以将.ui 文件编译为.py 文件：

```
pyuic6.exe -o test.py  test.ui
```

PySide 6 加载资源文件的方式如下：

```
import sys
from PySide6 import QtWidgets
from PySide6.QtUiTools import QUiLoader


loader = QUiLoader()

app = QtWidgets.QApplication(sys.argv)
window = loader.load("mainwindow.ui", None)
```

```
window.show()
app.exec()
```

PyQt 6 加载资源文件的方式如下：

```
import sys
from PyQt6 import QtWidgets
from PyQt6 import QtWidgets, uic

app = QtWidgets.QApplication(sys.argv)

window = uic.loadUi("mainwindow.ui")
window.show()
app.exec()
```

A.2 从 PySide 2/PyQt 5 到 PySide 6/PyQt 6

PyQt 6 的枚举不能使用快捷方式（如不能直接使用 Qt.Wednesday，必须间接使用 Qt.DayOfWeek.Wednesday），除此之外，其他绑定（如 PySide 6/PySide 2/PyQt 5）都可以使用。此外，PyQt 6 不再提供对资源文件.qrc 的支持，没有提供 pyrcc6.exe 工具，其他绑定都可以支持。使用 PyQt 6 需要额外注意这些。

从 PySide 2 到 PySide 6，从 PyQt 5 到 PyQt 6，它们对各自的模块都会尽量保持最大的兼容性，也就是说，在绝大多数情况下，只需要进行如下替换即可：

```
from PySide2 import *
from PyQt5 import *
```

替换成如下形式：

```
from PySide6 import *
from PyQt6 import *
```

剩下的主要是 Qt 6 和 Qt 5 之间的差异，对两者都适用，下面选取几个说明。

1. exec()和 exec_()

在之前 PyQt 5/PySide 2 的程序中会发现执行程序使用 app.exec_()，而 PyQt 6/PySide 6 使用 app.exec()，两者的差异如下：QApplication 类的 exec_()来自 PyQt 4 及以前版本，因为在 Python 2 中，exec 是 Python 的关键字（Python 3 不是），为了避免冲突，PyQt 5 延续了 exec_()。对于 PyQt 6/PySide 6 来说，没有支持 Python 2 的计划，并且官方也不再维护 Python 2。所以，不用考虑 Python 2 用户的情绪，恢复了 app.exec()。

2. QAction 位置的变化

在 Qt 5 中，QAction 位于 QtWidgets 模块，在 Qt 6 中已迁移到 QtGui 模块，代码如下：

```
from PyQt5.QtWidgets import QAction
from PySide2.QtWidgets import QAction
from PyQt6.QtGui import QAction
```

```
from PySide6.QtGui import QAction
```

3．高分辨率屏幕支持

Qt 6 默认启用对高分屏的支持，可以通过如下代码关闭：

```
QApplication.setHighDpiScaleFactorRoundingPolicy(Qt.HighDpiScaleFactorRoun
dingPolicy.Floor)
```

4．QMouseEvent 事件方法

Qt 6 相对 Qt 5 关于 QMouseEvent 事件的函数如下。

- globalPos()已弃用，使用 globalPosition().toPoint()代替。
- globalX()和 globalY()已弃用，使用 globalPosition().x()和 globalPosition().y()代替。
- localPos()已弃用，使用 position()代替。
- screenPos()已弃用，使用 globalPosition()代替。
- windowPos()已弃用，使用 scenePosition()代替。
- x()和 y()已弃用，使用 position().x()及 position().y()代替。

5．弃用 QApplication.desktop()

QApplication.desktop() 返 回 的 QDesktopWidget 实例已经不再支持，使用
QWidget.screen()、QApplication.primaryScreen()或 QApplication.screens()代替。

6．正则表达式

QRegExp 模块已弃用，使用 QRegularExpression 代替。

7．QPalette 调色板

QPalette 调色板枚举值 Foreground 和 Background 已弃用，使用 WindowText 和 Window
代替。

以上是笔者遇到的部分差异信息，并不是全部，仅供读者参考。

如何知道哪些函数是已弃用的呢？可以参考官方帮助文档，以 QMouseEvent 为例来
说明，如附图 A-2 所示。

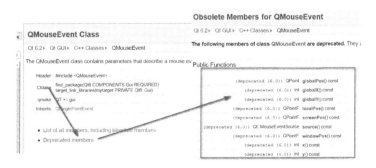

附图 A-2

在一般情况下，通过官方帮助文档总能快速找到解决方法。

C++ to Python 代码转换

除了想要学习 PySide 2/PyQt 5 生态的案例，读者可能还想学习其他生态的案例，如 C++的 Qt。Qt 的生态非常丰富，官方为 Qt 提供的 demo 比 PySide 6 的丰富很多，我们可能需要把这些 C++代码转换成 PySide 6/PyQt 6 代码，这就是本附录要介绍的内容。

与 C++代码相比，Python 代码要精简很多，下面以 appendix\B-CtoPyhtonDemo 中的文件为例展开介绍。这个工程文件夹有几个文件，其中 qt_QDialog2.py 是 Python 文件，其他都是 C++相关的文件，如附图 B-1 所示。

附图 B-1

对于 C++文件，需要重点改写的是 main.cpp 文件和 finddialog.cpp 文件。main.cpp 文件中的代码如下：

```cpp
#include <QApplication>

#include "finddialog.h"

int main(int argc, char *argv[])
{
    QApplication app(argc, argv);
    FindDialog dialog;

    dialog.show();

    return app.exec();
```

```
}
```

对应的 Python 文件中的代码如下：

```
if __name__ == '__main__':
    app = QApplication(sys.argv)
    demo = FindDialog()
    demo.show()
    sys.exit(app.exec())
```

对于 finddialog.cpp 文件，主要是创建一个 FindDialog 类：

```
//! [0]
FindDialog::FindDialog(QWidget *parent)
    : QDialog(parent)
{}
```

对应的 Python 文件中的代码如下：

```
class FindDialog(QDialog):
    def __init__(self, parent=None):
            super(FindDialog, self).__init__(parent)
```

剩下的是一些属性的创建。在 C++ 中：

```
findButton = new QPushButton(tr("&Find"));
findButton->setDefault(true);
moreButton = new QPushButton(tr("&More"));
moreButton->setCheckable(true);
moreButton->setAutoDefault(false);

buttonBox = new QDialogButtonBox(Qt::Vertical);
buttonBox->addButton(findButton, QDialogButtonBox::ActionRole);
    buttonBox->addButton(moreButton, QDialogButtonBox::ActionRole);
```

对应的 Python 文件中的代码如下：

```
# topRight: QPushButton * 2
findButton = QPushButton("&Find")
findButton.setDefault(True)
moreButton = QPushButton("&More")
moreButton.setCheckable(True)
moreButton.setAutoDefault(False)
buttonBox = QDialogButtonBox(Qt.Orientation.Vertical)
buttonBox.addButton(findButton, QDialogButtonBox.ButtonRole.ActionRole)
    buttonBox.addButton(moreButton,
QDialogButtonBox.ButtonRole.ActionRole)
```

对于信号与槽，C++ 代码如下：

```
connect(moreButton, &QAbstractButton::toggled, extension,
&QWidget::setVisible);
```

对应的 Python 文件中的代码如下：

```
    moreButton.toggled.connect(extension.setVisible)
```

以上是 appendix\B-CtoPyhtonDemo 中 C++代码转换为 Python 文件的主要内容。

这里没有给出函数的转换情况，如果有 C++函数，如如下函数形式：

```
void FindDialog::testFunc()
{
}
```

则对应的 Python 代码如下：

```
class FindDialog(QDialog):
def  testFunc(self):
    pass
```

下面给出 finddialog.cpp 文件中的完整代码：

```
#include <QtWidgets>

#include "finddialog.h"

//! [0]
FindDialog::FindDialog(QWidget *parent)
   : QDialog(parent)
{
    label = new QLabel(tr("Find &what:"));
    lineEdit = new QLineEdit;
    label->setBuddy(lineEdit);

    caseCheckBox = new QCheckBox(tr("Match &case"));
    fromStartCheckBox = new QCheckBox(tr("Search from &start"));
    fromStartCheckBox->setChecked(true);

//! [1]
    findButton = new QPushButton(tr("&Find"));
    findButton->setDefault(true);

    moreButton = new QPushButton(tr("&More"));
    moreButton->setCheckable(true);
//! [0]
    moreButton->setAutoDefault(false);

//! [1]

//! [2]
    extension = new QWidget;

    wholeWordsCheckBox = new QCheckBox(tr("&Whole words"));
    backwardCheckBox = new QCheckBox(tr("Search &backward"));
    searchSelectionCheckBox = new QCheckBox(tr("Search se&lection"));
```

```
//! [2]

//! [3]
    buttonBox = new QDialogButtonBox(Qt::Vertical);
    buttonBox->addButton(findButton, QDialogButtonBox::ActionRole);
    buttonBox->addButton(moreButton, QDialogButtonBox::ActionRole);

    connect(moreButton, &QAbstractButton::toggled, extension,
&QWidget::setVisible);

    QVBoxLayout *extensionLayout = new QVBoxLayout;
    extensionLayout->setContentsMargins(QMargins());
    extensionLayout->addWidget(wholeWordsCheckBox);
    extensionLayout->addWidget(backwardCheckBox);
    extensionLayout->addWidget(searchSelectionCheckBox);
    extension->setLayout(extensionLayout);
//! [3]

//! [4]
    QHBoxLayout *topLeftLayout = new QHBoxLayout;
    topLeftLayout->addWidget(label);
    topLeftLayout->addWidget(lineEdit);

    QVBoxLayout *leftLayout = new QVBoxLayout;
    leftLayout->addLayout(topLeftLayout);
    leftLayout->addWidget(caseCheckBox);
    leftLayout->addWidget(fromStartCheckBox);

    QGridLayout *mainLayout = new QGridLayout;
    mainLayout->setSizeConstraint(QLayout::SetFixedSize);
    mainLayout->addLayout(leftLayout, 0, 0);
    mainLayout->addWidget(buttonBox, 0, 1);
    mainLayout->addWidget(extension, 1, 0, 1, 2);
    mainLayout->setRowStretch(2, 1);

    setLayout(mainLayout);

    setWindowTitle(tr("Extension"));
//! [4] //! [5]
    extension->hide();
}
//! [5]
```

对应的 Python 代码（qt_Qdialog2.py）如下：

```
# -*- coding: utf-8 -*-
import sys
```

```python
from PyQt6.QtCore import *
from PyQt6.QtGui import *
from PyQt6.QtWidgets import *


class FindDialog(QDialog):

    def __init__(self, parent=None):
        super(FindDialog, self).__init__(parent)
        self.setWindowTitle("Extension")

        # topLeft: label+LineEdit
        label = QLabel("Find w&hat:")
        lineEdit = QLineEdit()
        label.setBuddy(lineEdit)
        topLeftLayout = QHBoxLayout()
        topLeftLayout.addWidget(label)
        topLeftLayout.addWidget(lineEdit)

        # left: topLeft + QCheckBox * 2
        caseCheckBox = QCheckBox("Match &case")
        fromStartCheckBox = QCheckBox("Search from &start")
        fromStartCheckBox.setChecked(True)
        leftLayout = QVBoxLayout()
        leftLayout.addLayout(topLeftLayout)
        leftLayout.addWidget(caseCheckBox)
        leftLayout.addWidget(fromStartCheckBox)

        # topRight: QPushButton * 2
        findButton = QPushButton("&Find")
        findButton.setDefault(True)
        moreButton = QPushButton("&More")
        moreButton.setCheckable(True)
        moreButton.setAutoDefault(False)
        buttonBox = QDialogButtonBox(Qt.Orientation.Vertical)
        buttonBox.addButton(findButton,
QDialogButtonBox.ButtonRole.ActionRole)
        buttonBox.addButton(moreButton,
QDialogButtonBox.ButtonRole.ActionRole)

        # hide QWidge
        extension = QWidget()
        extensionLayout = QVBoxLayout()
        extension.setLayout(extensionLayout)
        extension.hide()
        # hide QWidge: QCheckBox * 3
```

```python
        wholeWordsCheckBox = QCheckBox("&Whole words")
        backwardCheckBox = QCheckBox("Search &backward")
        searchSelectionCheckBox = QCheckBox("Search se&lection")
        extensionLayout.setContentsMargins(QMargins())
        extensionLayout.addWidget(wholeWordsCheckBox)
        extensionLayout.addWidget(backwardCheckBox)
        extensionLayout.addWidget(searchSelectionCheckBox)

        # mainLayout
        mainLayout = QGridLayout()
        mainLayout.setSizeConstraint(QLayout.SizeConstraint.SetFixedSize)
        mainLayout.addLayout(leftLayout, 0, 0)
        mainLayout.addWidget(buttonBox, 0, 1)
        mainLayout.addWidget(extension, 1, 0, 1, 2)
        mainLayout.setRowStretch(2, 1)
        self.setLayout(mainLayout)

        # signal & slot
        moreButton.toggled.connect(extension.setVisible)


if __name__ == '__main__':
    app = QApplication(sys.argv)
    demo = FindDialog()
    demo.show()
    sys.exit(app.exec())
```

附录 C

本书一些通用枚举表格目录

本书以表格的形式呈现了很多枚举、属性和函数参数等的用法。有些表格根据目录也可以快速定位，如与 QFormLayout 有关的枚举用法，可以根据目录快速定位到 6.2.4 节；有些比较重要但又难以根据目录定位，下面用附表 C-1 列举出来。

附表 C-1

表 格	内 容	出 现 章 节
表 3-2	对齐方式	3.2.1 节
表 3-13	QFont 字体粗细	3.4.1 节
表 3-30	QFontDatabase.WritingSystem，只显示特定书写系统的字体，如简体中文、韩文等	3.7.7 节
表 3-46	获取焦点	3.10.4 节
表 4-13	Qt.GlobalColor 支持的标准颜色	4.2.2 节
表 4-26	Qt 中的标准快捷键与 Windows 和 macOS 中的快捷键的对应关系	4.4.2 节
表 6-2	sizePolicy 策略	6.2.1 节

附录 D

优秀 PySide/PyQt 开源项目推荐

如果读者想再进一步，则可以学习国内外一些优秀的开源项目，本附录列举了一些笔者了解的优秀的开源项目供读者参考。有些是应用案例，有些可以看作 Qt for Python 的扩展，当然肯定有一些优秀项目本书没有介绍。这些项目大多基于 PyQt 5，由于篇幅有限，对于这些项目仅做简要介绍，感兴趣的读者可以自行研究。

D.1 QtPy：PySide/PyQt 统一接口

QtPy 是一个小型抽象层，对 PyQt 5、PyQt 6、PySide 6、PySide 2 进行封装并提供统一支持的接口，可以直接使用 QtPy 导入 Qt for Python 的各种模块，而不是从 PySide 或 PyQt 中导入。因为 QtPy 处理了很多 PyQt 5、PyQt 6、PySide 6、PySide 2 之间的兼容性的问题，所以在开发程序时使用 QtPy 可以极大地降低程序的迁移成本，从而有更多的时间关注自己的代码，而不是代码迁移。

GitHub 项目的地址为 spyder-ide/qtpy（在 GitHub 上搜索 spyder-ide/qtpy 即可找到该项目，由于合规性因素未列出完整地址）。也可以使用 pip 命令安装 QtPy，代码如下：

```
pip install qtpy
```

D.2 qtmodern：主题支持

qtmodern 和之前介绍的 qdarkstyle 一样，都是主题模块，提供了白色主题和黑色主题，确保 PyQt/PySide 应用程序在多个平台上看起来更美观且效果统一，如附图 D-1 所示。

GitHub 项目的地址为 gmarull/qtmodern，也可以使用 pip 命令安装 qtmodern，代码如下：

```
pip install qtmodern
```

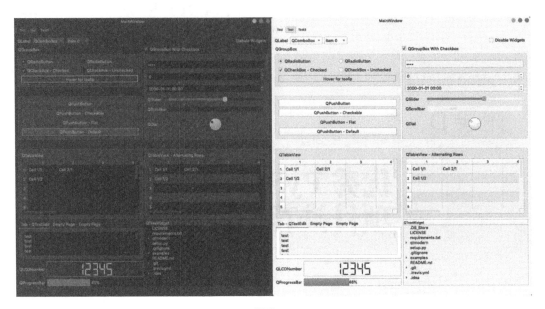

附图 D-1

使用方法如下：

```
import qtmodern.styles
import qtmodern.windows


app = QApplication()
win = YourWindow()


qtmodern.styles.dark(app)
mw = qtmodern.windows.ModernWindow(win)
mw.show()
```

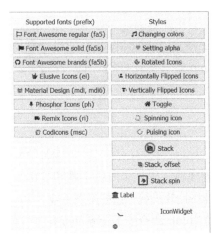

附图 D-2

D.3　QtAwesome：字体与图标支持

为 PyQt 和 PySide 应用程序添加字体与图标的支持，效果如附图 D-2 所示。

GitHub 项目的地址为 spyder-ide/qtawesome。

D.4　pyqgis：地理信息系统软件

QGIS 是一个开源地理信息系统。该项目诞生于 2002 年 5 月，同年 6 月在 SourceForge 上作为项目成立。该项目致力于使所有人都可以使用地理信息系统（Geographic Information System，GIS）软件。QGIS 支持在大多数 UNIX、Windows 和 macOS 平台上运行。QGIS 是使用 Qt 和 C++ 开发的，pyqgis 是对 Python 的绑定，用于为 QGIS 开发插件，可以在 QGIS 的 Python 环境中开发。

QGIS 旨在成为一个用户友好的 GIS，提供通用的功能和特性。该项目最初的目标是提供一个 GIS 数据查看器。QGIS 已达到其发展阶段，用于满足 GIS 日常数据查看需求、数据捕获、高级 GIS 分析，以及复杂地图、地图集和报告形式的演示。QGIS 支持丰富的网格和矢量数据格式，使用插件架构轻松添加新格式支持。QGIS 在 GNU 通用公共许可证（GPL）下发布。在此许可下开发 QGIS 意味着可以检查和修改源代码。

D.5 notepad：简易记事本程序

基于 Python 2 和 PyQt 5 构建的简单记事本如附图 D-3 所示。GitHub 项目的地址为 BrainAxe/Awesome-Notepad。

附图 D-3

D.6 qt_style_sheet_inspector：Qt 样式表检查修改器

Qt 样式表检查修改器的功能如下。
- 在运行时查看应用程序的当前样式表。
- 在运行时更改样式表（按快捷键 Ctrl+S）。
- 使用搜索栏帮助查找特定类型或名称（按 F3 键）。
- 可以撤销/重做更改（按快捷键 Ctrl+Alt+Z 或 Ctrl+Alt+Y）。

效果如附图 D-4 所示。

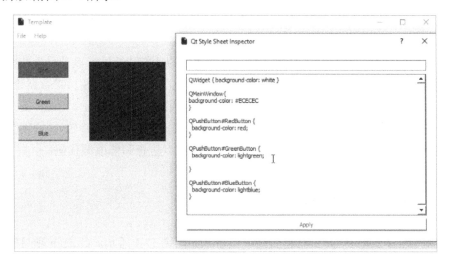

附图 D-4

这是一个免费软件，需要使用 PyQt 5 才能工作。GitHub 项目的地址为 ESSS/qt_style_sheet_inspector。

D.7　QssStylesheetEditor：Qt 样式表编辑器

QssStylesheetEditor 是一个功能强大的 Qt 样式表编辑器，不仅支持实时预览、自动提示和自定义变量，还支持预览自定义 UI 代码，以及引用 QPalette 等功能。

软件界面如附图 D-5 所示。GitHub 项目的地址为 hustlei/QssStylesheetEditor。

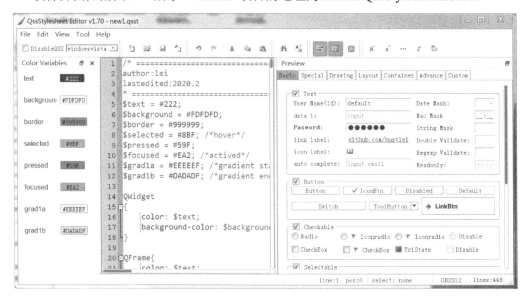

附图 D-5

QssStylesheet Editor 的功能如下。

- QSS 代码高亮，代码折叠。
- QSS 代码自动提示和自动补全。
- 实时预览 QSS 样式效果，可以预览几乎所有的 qtwidget 控件的效果。
- 支持预览自定义界面代码。
- 支持在 QSS 中自定义变量。
- 自定义变量可以在颜色对话框中拾取变量的颜色。
- 支持通过颜色对话框改变 QPalette，并在 QSS 中引用。
- 支持使用相对路径引用图片，以及引用资源文件中的图片。
- 支持切换不同的系统主题，如 XP 主题、Vista 主题等（不同主题下的 QSS 效果略有差异）。
- 能够在 Windows、Linux 和 UNIX 平台上运行。
- 支持多种语言（目前已支持中文、英文、俄文）。

D.8　PyDracula：一个基于 PySide 6 / PyQt 6 的现代 GUI 程序

PyDracula 是基于 PySide 6/PyQt 6 的现代 GUI 程序，界面效果如附图 D-6 所示。

附图 D-6

GitHub 项目的地址为 Wanderson-Magalhaes/Modern_GUI_PyDracula_PySide6_or_PyQt6。

此界面可以免费用于任何用途，但是如果读者打算将其用于商业用途，则可以考虑捐赠来帮助维护该项目和其他项目，这有助于保持这个项目和其他项目的活跃度。

D.9　PySimpleGUIQt：简易 GUI 框架

PySimpleGUI 为 GUI 框架 Tkinter 提供了简易封装，使用简单代码就可以开发一个 GUI 程序；PySimpleGUIQt 是对应的 Qt 版本，并且在不断更新中。如果读者只需要非常简单的 GUI，则可以考虑使用这个模块。

GitHub 项目的地址为 PySimpleGUI/PySimpleGUI。也可以使用 pip 命令安装 PySimpleGUI，代码如下：

```
pip install --upgrade PySimpleGUIQt
```

D.10　FeelUOwn：音乐播放器 1

FeelUOwn 是一个稳定、用户友好及高度可定制的音乐播放器，界面效果如附图 D-7 所示。

附图 D-7

FeelUOwn 的特性包括以下几点。

- 安装简单，对初学者比较友好，默认提供国内各音乐平台插件（如网易云、虾米、QQ 等）。
- 基于文本的歌单，方便与朋友分享、设备之间同步。
- 提供基于 TCP 的交互控制协议。
- 类似于.vimrc 和.emacs 的配置文件.fuorc。
- 有友善的开发上手文档，核心模块覆盖了较好的文档和测试。

GitHub 项目的地址为 feeluown/FeelUOwn。可以通过 pip 命令安装，但是还需要额外配置，详见官方帮助文档。

D.11　MusicPlayer：音乐播放器 2

MusicPlayer 是一个整合了多家音乐网站（目前网易云/虾米/QQ 音乐）的播放器，相对来说没有 FeelUOwn 活跃。GitHub 项目的地址为 HuberTRoy/MusicBox。

MusicPlayer 的功能包括以下几点。

- 支持网易云、虾米、QQ 音乐的歌单/搜索，可以播放音乐，以及查看音乐信息（歌词）。
- 根据所听歌曲推荐歌曲。
- 有桌面歌词系统。
- 支持下载音乐。
- 支持网易云手机号登录同步歌单。
- 可以尽可能还原网易云音乐体验。
- 可以跨平台。
- 可以使用 QSS 设置样式，类似于 CSS 的自定义扩展。

界面效果如附图 D-8 所示。

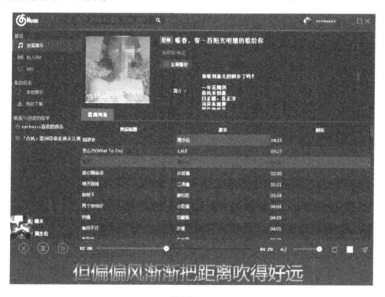

附图 D-8

D.12　15 个应用程序的集合

这些应用程序展示了 PyQt 框架的各个部分，包括高级小部件、多媒体、图形视图和无装饰的窗口。然而，最有趣且功能最完整的应用程序是扫雷、纸牌和绘画。

（1）网络浏览器（单窗口，不支持多标签）：MooseAche。

（2）网络浏览器（多标签窗口）：Mozzarella Ashbadger。

（3）扫雷舰：扫月舰。

（4）记事本：No2Pads。

（5）计算器：Calculon（Qt Designer）。

（6）文字处理器：Megasolid Idiom。

（7）网络摄像头/快照：NSAViewer。

（8）媒体播放器：故障灯。

（9）便利贴：棕色便笺（Qt Designer）。

（10）油漆：Piecasso（Qt Designer）。

（11）解压缩：7Pez（Qt Designer）。

（12）翻译器：Translataarrr（Qt Designer）。

（13）天气：Raindar（Qt Designer）。

（14）货币转换器：甜甜圈（PyQtGraph）。

（15）纸牌：Ronery（QGraphicsScene）。

绝大多数程序唯一的要求是 PyQt5，极少有其他要求。所有代码均在 MIT 下获得许可，这样就可以自由地重用代码，在商业和非商业项目中重新混合，唯一的要求是在分发时包含相同的许可证。

GitHub 项目的地址为 pythonguis/15-minute-apps。另外，这是国外的一个非常好的学习 PySide/PyQt 网站维护的项目，缺点是没有中文。

D.13　youtube-dl-GUI：油管下载程序

这个项目是用 PyQt 编写的 youtube-dl GUI 程序。它基于 youtube-dl 开发，youtube-dl 是由多个贡献者维护并公开发布的视频下载脚本。该 GUI 程序基于 Python 3.x 编写，并根据 MIT 许可证发布（不是公开发布的）。

GitHub 项目的地址为 yasoob/youtube-dl-GUI。界面效果如附图 D-9 所示。

附图 D-9

此应用程序具有以下功能。

- 支持从 200 多个网站下载视频。
- 允许并行下载多个视频。
- 分别显示每个视频的下载统计信息。
- 恢复中断的下载。
- 以最佳质量下载视频。

D.14 自定义 Widgets

该项目为 PyQt 程序提供一些很漂亮的自定义小部件，用来简化 UI 开发过程。这些小部件可以先在 QT Designer 中使用，然后导入 PyiSide/PyQt 代码中。

GitHub 项目的地址为 KhamisiKibet/QT-PyQt-PySide-Custom-Widgets。也可以通过 pip 命令安装 Widgets，代码如下：

```
pip install QT-PyQt-PySide-Custom-Widgets
```

部分界面效果如附图 D-10 和附图 D-11 所示。

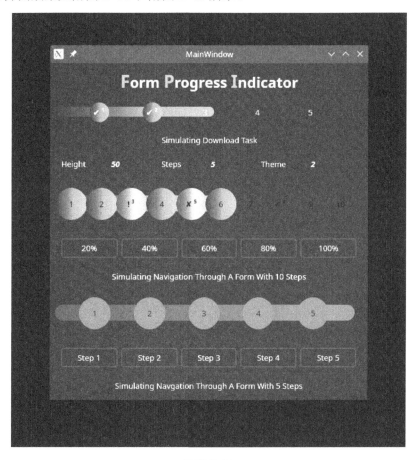

附图 D-10

附图 D-11

D.15　vnpy：开源量化交易平台

之所以把 vnpy 放在最后是因为它其实包括两个不同的项目，虽然这两个项目之间存在争议，但都是优秀的开源量化交易平台，都是基于 PyQt 5 的开源项目。

两个项目的名字非常相似，至于两者各自有什么特点，两者之间有什么关系，以及哪个更合适自己，感兴趣的读者可以自己研究。